国家电网有限公司

技能人员专业培训教材

输电线路运检（330kV及以上）

上册

国家电网有限公司　组编

图书在版编目（CIP）数据

输电线路运检. 330kV 及以上：全 2 册 / 国家电网有限公司组编. —北京：中国电力出版社，2020.7

国家电网有限公司技能人员专业培训教材

ISBN 978-7-5198-4466-0

Ⅰ. ①输…　Ⅱ. ①国…　Ⅲ. ①输电线路–电力系统运行–技术培训–教材②输电线路–检修–技术培训–教材　Ⅳ. ①TM726

中国版本图书馆 CIP 数据核字（2020）第 043685 号

出版发行：中国电力出版社
地　　址：北京市东城区北京站西街 19 号（邮政编码 100005）
网　　址：http://www.cepp.sgcc.com.cn
责任编辑：王　南（010-63412876）
责任校对：黄　蓓　常燕昆　王海南　郝军燕
装帧设计：郝晓燕　赵姗姗
责任印制：石　雷

印　　刷：三河市百盛印装有限公司
版　　次：2020 年 7 月第一版
印　　次：2020 年 7 月北京第一次印刷
开　　本：710 毫米×980 毫米　16 开本
印　　张：80.5
字　　数：1564 千字
印　　数：0001—2000 册
定　　价：242.00 元（上、下册）

本书编委会

前　言

为贯彻落实国家终身职业技能培训要求，全面加强国家电网有限公司新时代高技能人才队伍建设工作，有效提升技能人员岗位能力培训工作的针对性、有效性和规范性，加快建设一支纪律严明、素质优良、技艺精湛的高技能人才队伍，为建设具有中国特色国际领先的能源互联网企业提供强有力人才支撑，国家电网有限公司人力资源部组织公司系统技术技能专家，在《国家电网公司生产技能人员职业能力培训专用教材》（2010年版）基础上，结合新理论、新技术、新方法、新设备，采用模块化结构，修编完成覆盖输电、变电、配电、营销、调度等50余个专业的培训教材。

本套专业培训教材是以各岗位小类的岗位能力培训规范为指导，以国家、行业及公司发布的法律法规、规章制度、规程规范、技术标准等为依据，以岗位能力提升、贴近工作实际为目的，以模块化教材为特点，语言简练、通俗易懂，专业术语完整准确，适用于培训教学、员工自学、资源开发等，也可作为相关大专院校教学参考书。

本书为《输电线路运检（330kV及以上）》分册，共分为上、下两册，由康宇斌、王德海、颜靖、邵九、陈永丰、龚政雄、曹爱民、战杰、郭方正、赵军、张哲编写。在出版过程中，参与编写和审定的专家们以高度的责任感和严谨的作风，几易其稿，多次修订才最终定稿。在本套培训教材即将出版之际，谨向所有参与和支持本书籍出版的专家表示衷心的感谢！

由于编写人员水平有限，书中难免有错误和不足之处，敬请广大读者批评指正。

目　录

下　册

第三部分　输电线路运行

第四部分　输电线路检修及应急处理

第五部分　输电线路生产管理系统

第六部分　输电运检规程规范

第一部分

输电线路测量

第一章

测量的基本知识

模块1　概述（Z04E1001Ⅰ）

【模块描述】本模块包含测量的一般概念、测量在输电线路工程建设中的任务及作用、测量中常见的名词概念、测量工作的三个基本观测量。通过概念描述、要点讲解，了解测量的一般概念、测量在输电线路工程建设中的任务及作用、测量中常见的名词概念、测量工作的三个基本观测量。

【正文】

一、测量的一般概念

测量是人们在长期的生产实践中发明创造的一种应用科学。它的主要任务是：一方面是用各种仪器和工具测定地球表面上的形状和大小，然后用比例尺和符号把实际地形缩小绘制成各种地图，为经济建设、国防建设及科学研究提供技术资料；另一方面是把各种工程建设中已设计好的工程图样或建筑物的位置测设在地面上，这一过程被称做测量。

测量包括的范围很广，在超大地域或整个地球测量它的形状和大小，要考虑地球的曲率和重力等影响，这种测量叫做大地测量。在一个小地区内测绘地面上的形状和大小，而不考虑地球表面的曲率，把地面当作平面，这样的测量叫做普通测量。专为某一个建设项目，如为修建铁路、公路、农田水利、各种类型工矿企业的建设等而测量，叫做工程测量，输电线路施工测量就是工程测量中的一种。

二、测量在输电线路工程建设中的任务及作用

输电线路工程在初步设计阶段要用地形图选择路径，经过实际勘测调查研究，找出经济合理的路径方案，测绘平、断面图作为杆塔定位的依据；在工程施工阶段，要依据平断面图对杆塔位置进行复核，依据杆塔中心桩准确地测定杆塔基础和拉线基础位置，观测架空线的弛度；在竣工验收时，要用测量方法检查导地线架设工程质量，以保证线路安全运行。可以说，在输电线路整个建设过程中，都离不开测量工作。

三、测量中常见的名词概念

（一）铅垂线、水平线、水平面和水准面

铅垂线（见图 1–1–1）就是重力方向线，可用悬挂垂球的细线方向来表示。垂球为金属制成的倒圆锥。将一端打结的细线的另一端穿过一个空心螺旋，并旋于倒圆锥底部用以悬挂垂球。垂球悬挂时细线的延长线应通过垂球尖端。

与铅垂线正交的直线称为水平线；与铅垂线正交的平面称为水平面。

海水面在没有风浪和潮汐的影响而处于静止状态时称为水准面。湖泊的水面处于静止状态时也是一个水准面，水准面是一个曲面（见图 1–1–2）。其特性是：曲面上任一点的铅垂线都垂直于这个曲面，所有满足这个特性的曲面都是水准面，因此水准面可以有无限多个，其中与静止状态的平均海水面相吻合并延伸到大陆内部的水准面称为大地水准面。

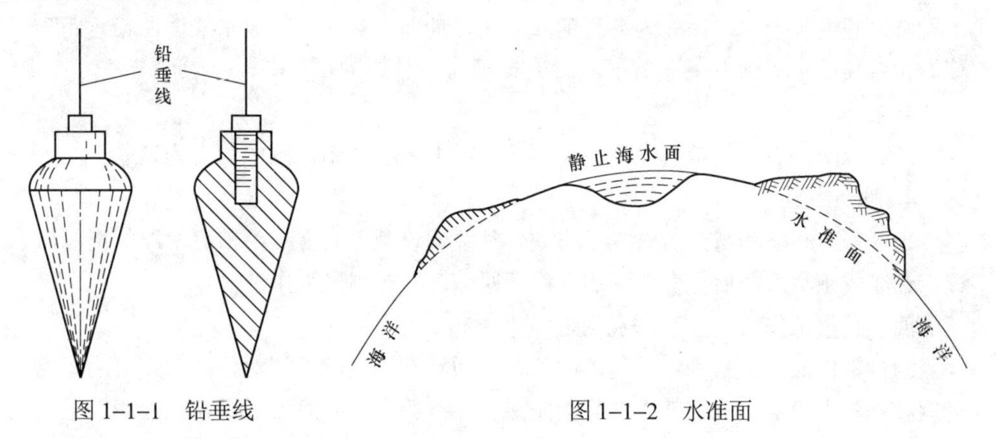

图 1–1–1　铅垂线　　图 1–1–2　水准面

（二）地面点的高程

测量工作的根本任务是确定工程在地面点的位置，即确定它的平面位置和高程，因此，首先要确定投影基准面。在测量中一般是以大地水准面作为投影基准面。我国早期采用吴淞高程系，它是旧海关（吴淞海关港务司署）设立吴淞零点水尺，记载定出 1871～1900 年出现的最低潮位为零点，当时称为“吴淞零点”。我国根据青岛验潮站 1950～1956 年的黄海验潮资料，求出该站验潮井里横按铜丝的高度为 3.61m，并确定为黄海平均海水面，统一规定以青岛观测站所测量的平均海水面作为大地水准面，并以它作为高程的起标面，称为黄海高程系，即国家水准原点（青岛原点）高程为 72.289m。同时吴淞高程系经过修正，我国部分地区仍然在使用，目前吴淞高程等于国家八五基准加上 1.953m。

根据各地的验潮结果表明，不同地点平均海水面之间还存在着差异，对于一个国

家来说，只能根据一个验潮站所求得的平均海水面作为全国高程的统一起算面——高程基准面。由于 1956 年黄海高程系统的平均海水面所采用的验潮资料时间只有 6 年，未达到潮汐变化的一个周期（一个周期一般为 18.61 年），同时发现早期验潮资料中含有粗差，必须重新确定一个新的国家高程基准，为此根据青岛验潮站 1952～1979 年的验潮资料计算确定，新的黄海高程基准面作为全国高程的统一起算面，称为“1985 国家高程基准”，其水准原点（青岛原点）高程为 72.260m，即 1985 年高程基准面高出原 1956 年黄海平均海水面 0.029m。

1. 绝对高程

绝对高程是指地面点投影到大地水准面的铅垂距离，简称高程，如图 1–1–3 所示，图中 H_A、H_B 均为绝对高程。

2. 相对高程

常以假设一个水准面作为高程的起算面，地面点到这个假设水准面的铅垂距离，称为相对高程，如图 1–1–3 所示，图中的 H'_A、H'_B 均为相对高程。

3. 高差

地面上两点高程的差值，称为高差，如图 1–1–3 所示，图中的 h 为高差。

4. 假设高程

山区输电线路测量，有时为了方便，往往假设某点为零点，前后线路杆塔测量以该点计算成正负，最后与变电站的高程还原，可减轻测量工作量。

四、测量工作的三个基本观测量

测量工作的任务是确定地面点的位置，而点与点之间的相对位置关系可用距离、角度和高差来确定。三个基本观测量如图 1–1–4 所示，地面点 A、B 在投影面上的位置是 a 和 b，实际工作中，并不能直接测出它们的坐标和高程，而是观测水平角 β_1、β_2 和丈量水平距离 D_1、D_2 以及施测各点之间的高差，再根据已知点 N 的坐标及高程，推算各点的点位。由此可见，角度、距离和高差是测量工作的基本观测量，也是确定地面点位的基本要素，称为测量三要素。

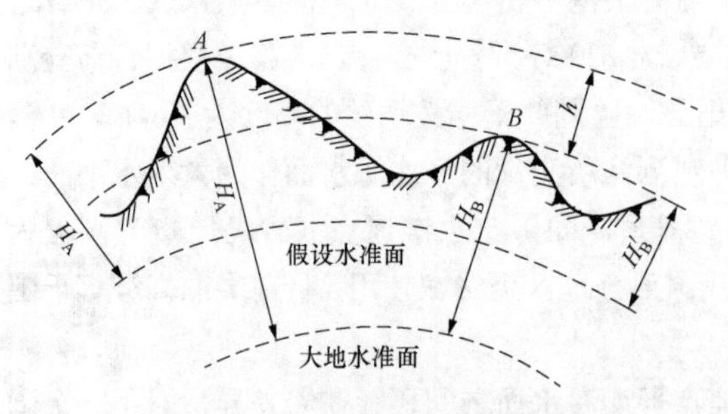

图 1–1–3 绝对高程和相对高程

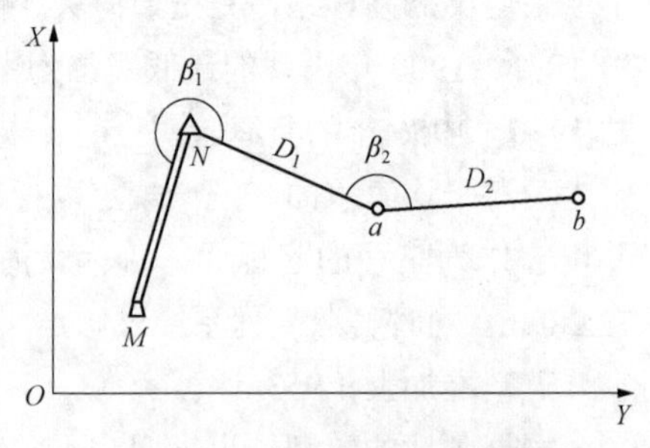

图 1–1–4 三个基本观测量

【思考与练习】

1. 什么叫测量？它的主要任务是什么？
2. 什么叫普通测量？什么叫大地测量？什么叫工程测量？
3. 水平面、水准面、大地水准面有何差异？
4. 什么叫绝对高程、相对高程和高差？

模块 2　水准测量（Z04E1002 Ⅰ）

【模块描述】本模块包含水准测量原理（见图 1–2–1）、水准仪及其使用、水准测量的实施。通过结构分析、功能介绍、操作流程及步骤讲解，掌握水准测量原理、水准仪及其使用。

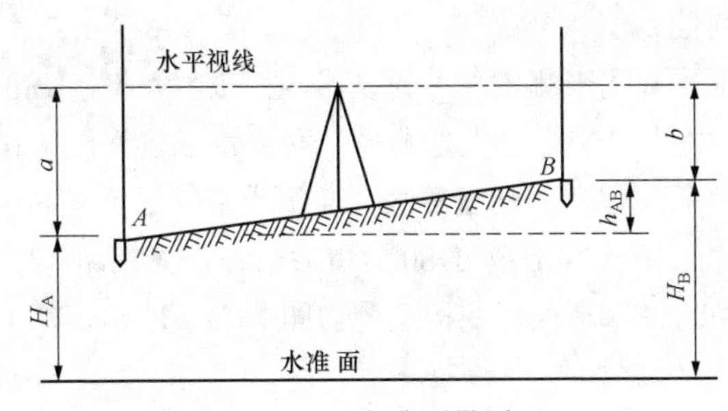

图 1–2–1　水准测量原理

【正文】

一、水准测量原理

水准测量如图 1–2–1 所示，已知 A 点的高程为 H_A，欲测定 B 点对 A 点的高差 h_{AB}，计算出 B 点的高程 H_B。可在 AB 之间安置水准仪，在 A、B 点上竖立水准尺。测量方向由 A 至 B，根据水准仪提供的水平视线截于 A 尺上的读数为 a，B 尺上的读数为 b，则 B 点对 A 点差为

$$H_{AB} = a - b \qquad (1\text{–}2\text{–}1)$$

式中　a——后视读数（简称后视），通常是已知高程点 A 的水平视线截尺读数；

b——前视读数（简称前视），是未知高程点 B 的水平视线截尺读数。

两点的高差等于后视读数减前视读数，高差有正负值，当后视读数 a 大于前视读数 b（即地面 B 点高于 A 点），高差 h_{AB} 为正值，反之为负值。测得 A 点至 B 点的高差后，可求得 B 点的高程

$$H_B = H_A + H_{AB} \tag{1-2-2}$$

上式是通过高差的计算而求得 B 点的高程。高程的计算也可以用视线高程的方法进行计算，即

$$H_B = (H_i + a) - b = H_i - b \tag{1-2-3}$$

式中 H_i——视线高程，它等于已知 A 点的高程 H_A 加 A 点尺上的后视读数 a。

用高差法计算点的高程，适用于在一个测站上有一个后视读数和一个前视读数；视线高程法适用于一测站上有一个后视读数和多个前视读数。每一个测站只有一个视线高程 H_A（作为每一站的常数），分别减去各待测点上的前视读数，即可求得各点的高程。

从上述可知，水准测量原理是应用水准仪所提供的水平视线来测定两点间的高差，根据已知点的高程和两点间的高差，计算所求点的高程。

二、水准仪及其使用

水准仪是提供水平视线来测定高差的仪器，按其精度分为 DS0.5、DS1、DS3、DS10 多种型号，“D”和“S”分别为“大地测量”和“水准仪”汉语拼音第一个字母，数字 0.5、1、3、10 是表示仪器的精度等级，即每千米往返测量高差中数的偶然中误差分别为±0.5、±1、±3、±10mm。DS0.5 和 DS1 为精密水准仪。水准仪主要由望远镜、水准器和基座组成，水准仪主要构造图如图 1-2-2 所示。

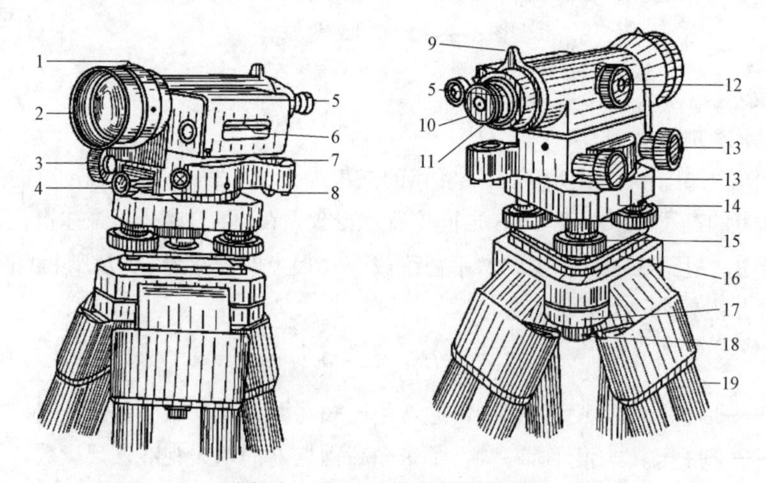

图 1-2-2 水准仪主要构造图

1—准星；2—物镜；3—微动螺旋；4—制动螺旋；5—符合水准器观测镜；6—水准管；7—水准盒；8—校正螺丝；9—照门；10—目镜；11—目镜对光螺旋；12—物镜对光螺旋；13—微倾螺旋；14—基座；15—脚螺旋；16—连接板；17—架头；18—连接螺旋；19—三脚架

（一）望远镜组成及其成像原理

望远镜由物镜、目镜和十字丝三个主要部分组成。它的主要作用是能使让用者看清远处的目标，并提供一条照准读数用的视线。

DS3 型微倾水准仪望远镜是内对光式倒像望远镜，其构造图如图 1–2–3 所示，其成像原理图如图 1–2–4 所示，目标经过物镜和对光凹透镜的作用，在镜筒内造成倒立、缩小的实像，通过调节对光凹透镜，可以清晰地成像在十字丝平面上。目镜的作用是放大，人眼经过目镜，可以看到目标的小实像与十字丝一起放大了的虚像。十字丝的作用是提供照准目标的标准。

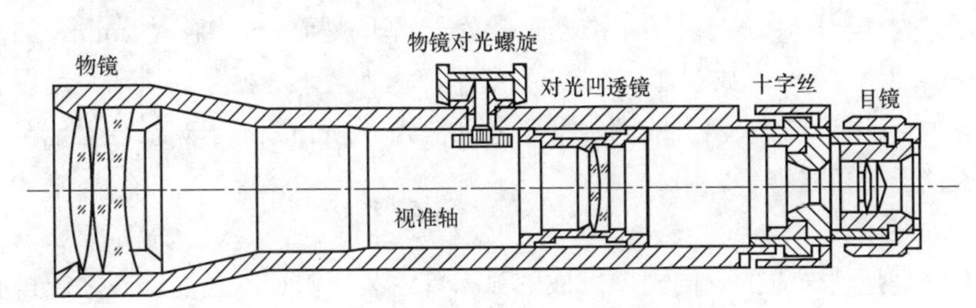

图 1–2–3　DS3 型微倾水准仪望远镜构造图

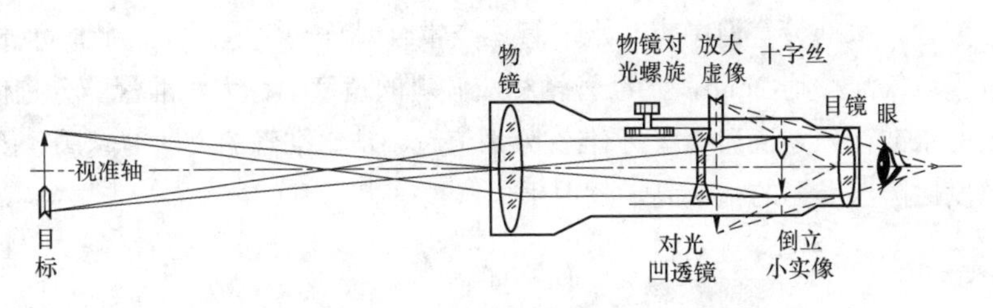

图 1–2–4　DS3 型微倾水准仪望远镜成像原理图

为了提高望远镜成像的质量，物镜、对光透镜和目镜都是由多块透镜组合而成。物镜与对光透镜组合后的等效焦距与目镜等效焦距之比，称为望远镜放大率，即人眼通过目镜所看到的目标影像的大小与不通过目镜直接看到该目标的大小之比。DS3 水准仪望远镜的放大率一般为 28 倍。

十字丝分划板是一块具有刻线的玻璃片，通过校正螺丝固定在望远镜筒上，十字丝构造图如图 1–2–5 所示，十字丝中央交点和物镜光心的连线称为视准轴，即视线。十字丝玻璃片上的上、下短丝是测距离用的，称为视距丝。水准测量就是当视线水平时，用中间横丝截取水准尺读数。

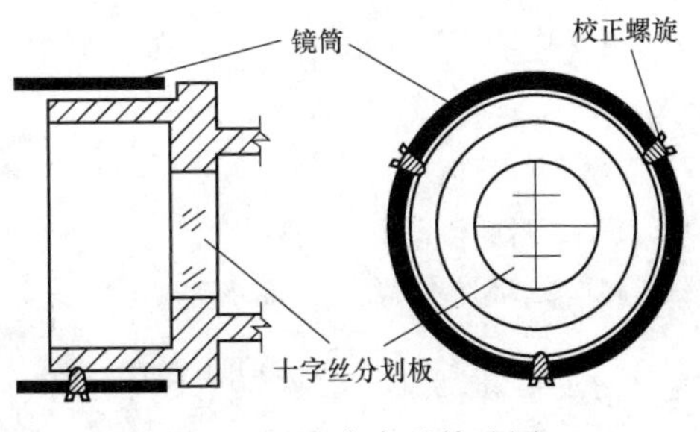

图 1–2–5　十字丝构造图

为了控制望远镜的左右水平转动，以便视准轴对准目标，水准仪一般装有一套制动螺旋和微动螺旋。有些仪器是靠摩擦制动，只设微动螺旋。

（二）水准器

水准器是标志视线是否水平、竖轴是否铅垂的装置。水准器分为圆水准器和水准管两种。

1. 圆水准器

圆水准器顶面内壁是一个球面，如图 1–2–6（a）所示，球面中心的外壁刻有一个圆圈，其圆心称为圆水准器零点，零点的法线称为圆水准器轴线。当气泡中心与零点重合时，称为气泡居中。此时圆水准器轴就处于铅垂位置。气泡移动 2mm，圆水准器轴相应倾斜的角度为 τ，如图 1–2–6（b）所示，称为圆水准器分划值，是用以表示圆水准器灵敏度的标准。仪器上的圆水准器分划值为 8/2mm。由于圆水准器地精度低，只适用于仪器的粗略整平之用。

2. 水准管

水准管是把玻璃管的纵向内壁磨成圆弧，管内装酒精和乙醚混合液，密封而成，如图 1–2–7 所示。水准管圆弧中点 O 称为水准管零点，过零点与内壁圆弧相切的直线称为水准管轴。水准管气泡中点与水准管零点重合时称为气泡居中，此时水准管轴处于水平位置。气泡移动 2mm，水准管轴相应倾斜的角度 τ 称为水准管的分划值。DS3 级水准仪的水准管分划值为 20。水准管分划值越小，水准管的灵敏度越高。因此，水准管的精度比圆水准器的精度高，适用于仪器精确整平。

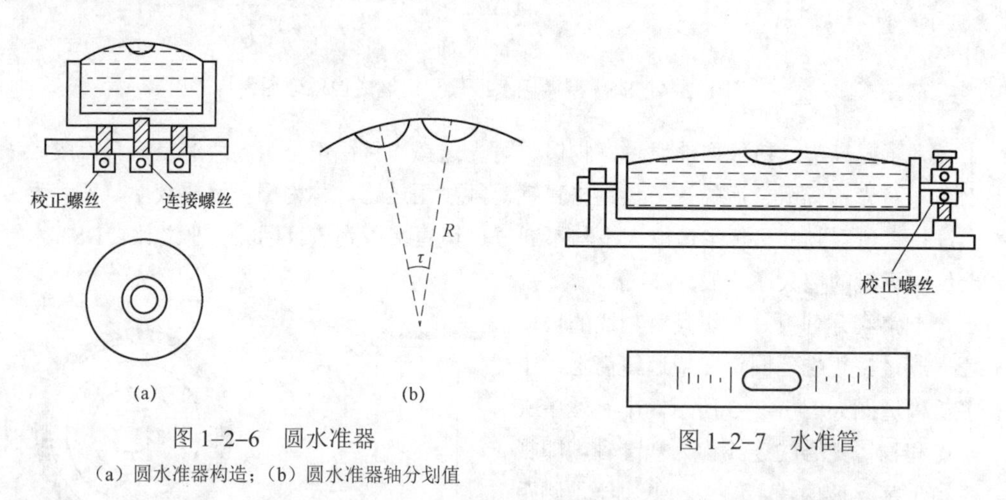

图 1–2–6 圆水准器

（a）圆水准器构造；（b）圆水准器轴分划值

图 1–2–7 水准管

为了提高判别水准管气泡居中的准确度，在水准管的上方设置一组符合棱镜，如图 1–2–8 所示，借棱镜组的反射将气泡两端的半像反映在望远镜旁边的观察窗内。

如图 1–2–8（b）所示为水准管气泡不居中，水准管两端的影像错开，这时可转动微倾螺旋，以使水准管连同望远镜沿竖向作微小转动达到水准管气泡居中，此时两端的影像吻合，如图 1–2–8（c）所示。这种设有微倾螺旋的水准仪称为微倾式水准仪。

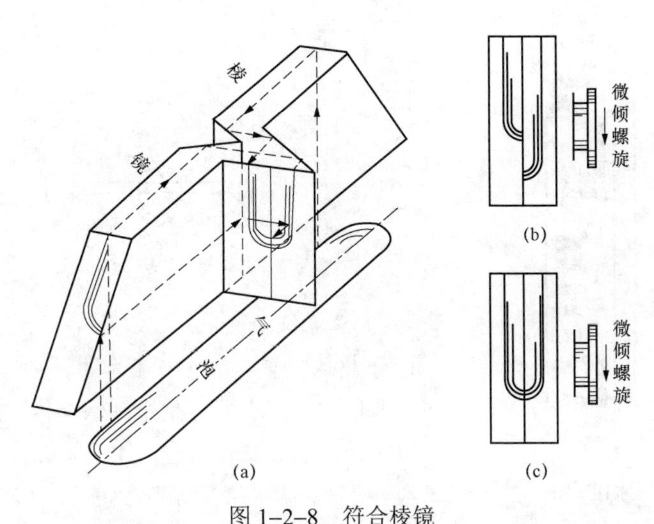

图 1–2–8　符合棱镜

（a）微倾式水准仪；（b）水准管气泡不居中；（c）水准管气泡居中

（三）基座及三脚架

基座由轴座、脚螺旋和连接板组成。仪器上部通过竖轴插入轴座内，由基座承托，旋紧中心螺旋，使仪器与三脚架相连接。三脚架一般为木质或金属，脚架可伸缩，便于携带及调整仪器高度。

（四）水准尺及尺垫

水准尺是水准测量的重要工具，用优质木料或塑料制成。如图 1–2–9 所示。水准尺的零点一般在尺的底部，尺的刻划是黑（红）白相间，每格是 lcm 或 0.5cm，每分米（dm）处均注数字。超过 1m 有的加注红点，如有 2 个红点表示整米数为 2m；有的米数用数字表示，如 15 则表示 1.5m。

水准尺一般分为双面水准尺和塔尺两种。双面尺尺长 3m，一面为黑面分划，黑白相间，尺底为零；另一面为红面分划，红白相间，尺底为一常数（如 4.687m 或 4.787m）。普通水准测量用黑面尺读数，三、四等水准测量用黑、红面尺读数进行校核。塔尺可以伸缩，尺长一般为 5m，适用于普通水准测量。塔尺上的“E”为厘米标记，短头端为 5cm 处，长头端为 10cm 处，即分米处。

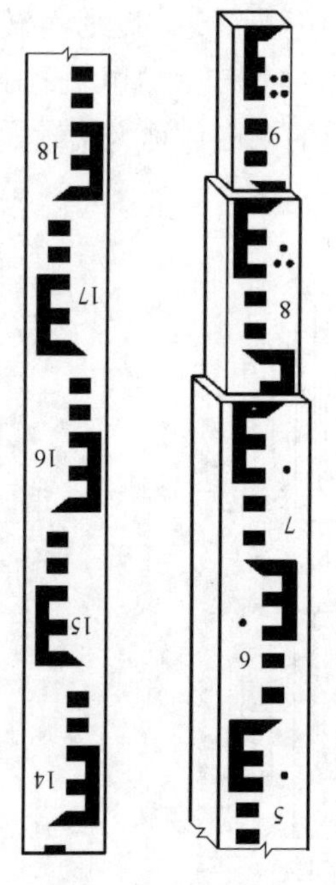

图 1–2–9 水准尺

尺垫顶面是三角形或圆形状，用生铁铸成或铁板压成，中央有凸起的半圆顶，如图 1–2–10 所示。使用时将尺垫压入土中，在其顶部放置水准尺。应用尺垫的目的是临时标志点位，避免土壤下沉和立尺点位置变动而影响读数。

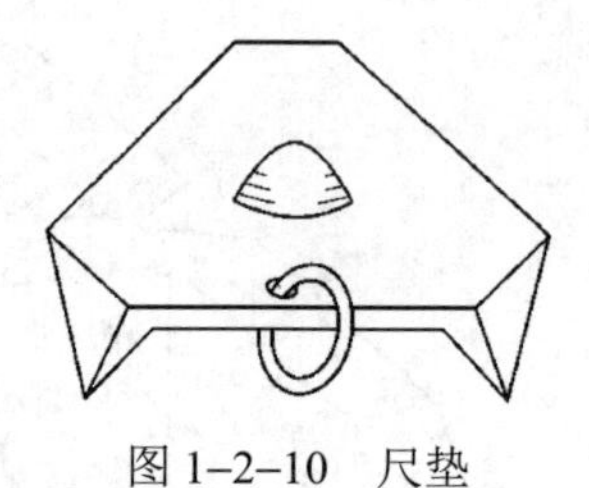

图 1–2–10 尺垫

（五）水准仪的使用

1. 仪器的安置

水准仪的安置主要是整平圆水准器，使仪器概略水平。做法是：选好安置位置，用连接螺旋将仪器紧固在三脚架上，先踏实两支架腿尖，前后、左右摆动另一支架腿使圆水准器气泡概略居中，然后用脚螺旋使气泡完全居中。转动脚螺旋使气泡移动的操作规律是：气泡需要向哪个方向移动，左手拇指（或右手食指）就向哪个方向转动脚螺旋。整平圆水准器如图 1–2–11 所示，如果气泡偏离在图 1–2–11（a）的位置，首先按箭头所指方向两手同时相对转动脚螺旋①和②，使气泡移到图 1–2–11（b）的位置；再按图中箭头所指方向转动脚螺旋③，使气泡居中，一般要反复几次，直至气泡完全居中为止。

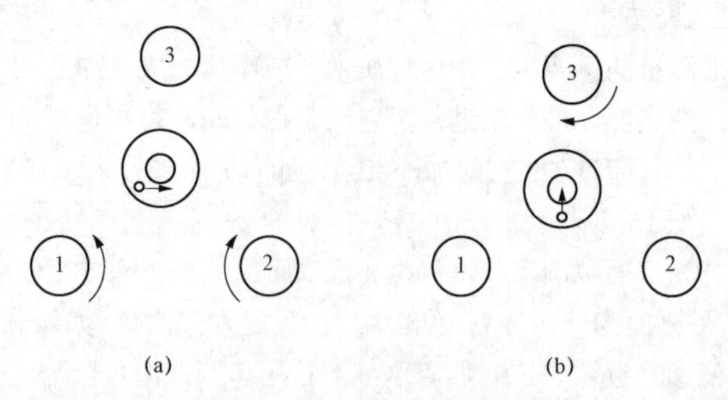

图 1–2–11 整平圆水准器

（a）使气泡向两脚中心移动；（b）使气泡完全居中

2. 对光照准

先将望远镜对着明亮背景，转动目镜对光螺旋，使十字丝清晰。然后松开制动螺旋，转动望远镜，利用镜筒上的准星和照门照准目标后，这时尺像应已在望远镜视场内，可旋紧制动螺旋。转动物镜对光螺旋使尺像清晰，再旋转微动螺旋使尺像位于横丝中部。随之应消除望远镜视差，当观测者眼睛在目镜后上、下晃动时，如果十字丝交点总是指在尺像的一个固定位置，即横丝读数没有变化，说明无视差现象，物像已成像在十字丝面上，如图 1–2–12（a）所示；如果影像与十字丝有相互错动的相对运动现象，说明有视差，原因是物像没有成像在十字丝面上，如图 1–2–12（b）所示，对读数的准确性有影响。应继续仔细进行物镜对光，直到消除视差。

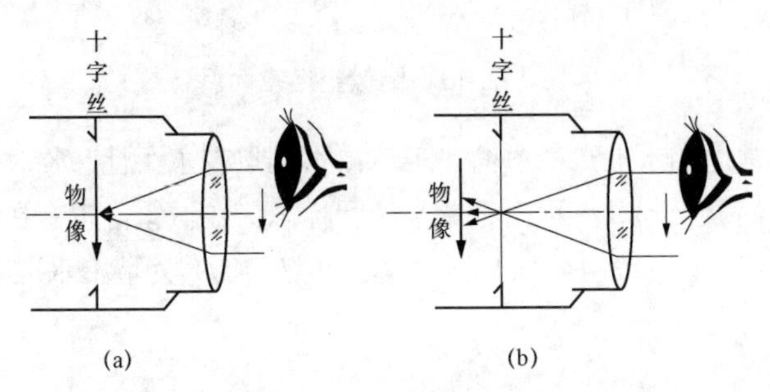

图 1–2–12 视差现象

（a）没有视差现象；（b）有视差现象

3. 精密整平

转动微倾螺旋，使符合水准气泡居中，即气泡两端的像吻合，如图 1–2–8（c）所示。转动微倾螺旋时用力要轻匀，以免符合气泡上下错动不停。

4. 读数

以十字丝横丝为准，读出其指示数值。读数时注意尺上注字，依次读出 m、dm、cm，估读出 mm。使用仪器前应辨认望远镜是正像还是倒像，图 1–2–13 为倒像望远镜读尺的例子，为方便读数，对于倒像望远镜，应使用倒像的水准尺，往上数字越小，往下数字越大，对于正像望远镜，应使用正像的水准尺，往下数字越小，往上数字越大。每次从望远镜内读数前及读数后都应检查符合气泡是否居中，以保证视线在水平时读数。

三、水准测量的实施

（一）水准点

为了已确定的高程能长久保存，作为水准测量的依据而设立的标志称为水准点（见图 1–2–14）（一般以 *BM* 表示）。水准点应按照水准路线等级，根据不同性质的土壤及实际需要情况，每隔一定的距离埋设不同类型的水准点标志或标石。

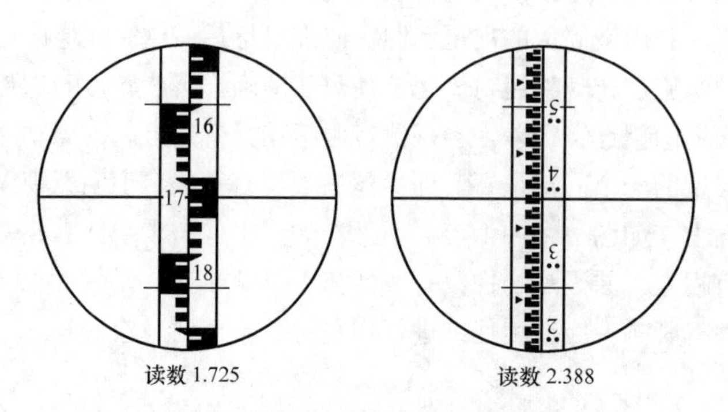

图 1–2–13 倒像望远镜读尺

现将工程中常用的水准点标志简述于下：水准点有永久性和临时性两种。永久性水准点由石料或混凝土制成，顶面设置半球状标志，在城镇区也有在稳固的建筑物墙上设置墙上水准点。图 1–2–14（a）为国家水准点，（b）为墙上水准点。

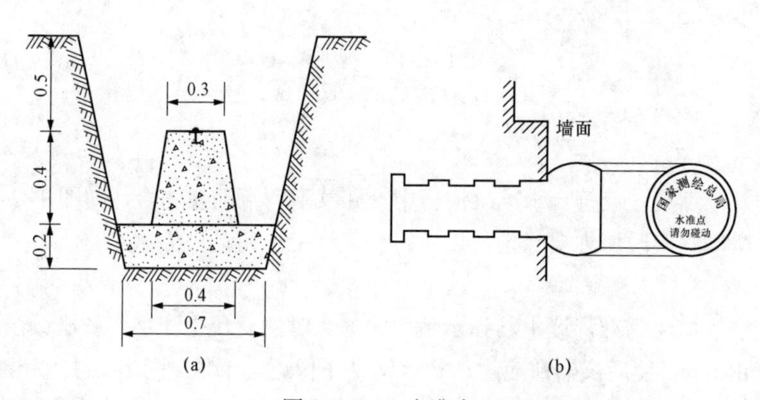

图 1–2–14 水准点

（a）国家水准点；（b）墙上水准点

水准点也可以用混凝土制成，中间插入钢筋，或选定在突出的稳固岩石或房屋的勒脚。临时性的水准点可打下木桩，桩顶用水泥砂浆保护。

（二）水准测量的实施

当地面两点间的高差较大或两点间的距离较远，超过允许的视线长度，或两点间地形复杂、通视困难，这样安置一次仪器不能测出两点间的高差，必须在其间安置多次仪器分段进行观测。

水准测量如图 1–2–15 所示，A、B 两点的距离较远，地面起伏变化较大。已知 A 点的高程 H_A，现要测定 B 点的高程 H_B。观测步骤如下：后司尺员在 A 点立尺，前司尺员视地形情况在前方选择转点 1 放置尺垫立尺，在距两尺子大致相等的地面设测站 1 安置水准仪。当视线水平时先对 A 尺读数为 a_1，记入表 1–2–1 中相应的后视读数栏内；然后对转点 1 的尺读数为 b_1，记入表中相应的前视读数栏内。转点的符号为 TP，第 1 个转点为 TP_1。转点的作用是传递高程，是临时立尺点。至此，第 1 测站的工作结束。TP_1 点的尺保持不动，搬仪器到第 2 测站，持 A 点的水准尺前进，选定 TP_2 点立尺。当视线水平时，对 TP_1 点的尺读数为 a_2，记入后视读数栏内；对 TP_2 点的尺读数为 b_2，记入前视读数栏内，第 2 测站工作结束，按以上方法安置第 3、4、5 和第 6 站，测至 B 点。

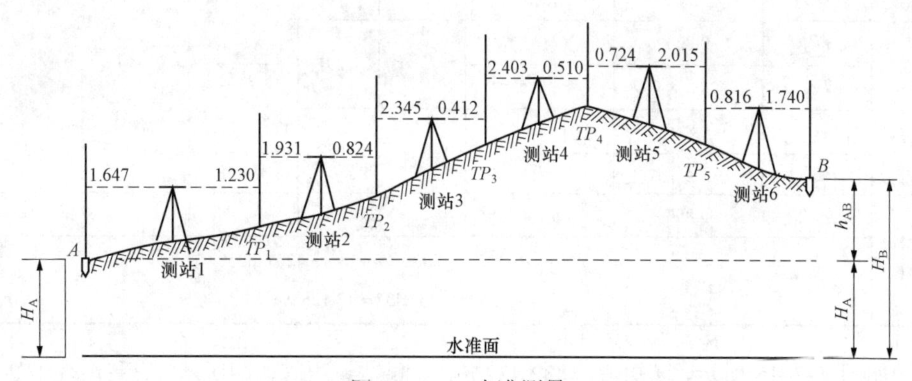

图 1–2–15　水准测量

计算各测站的高差。设各测站的高差顺序为 h_1、h_2、h_3、h_4、h_5、h_6，其中

$$h_1 = a_1 - b_1$$

$$h_2 = a_2 - b_2$$

$$\cdots$$

$$h_6 = a_6 - b_6$$

将以上各式相加得

$$\sum h = \sum a = \sum b$$

上式说明，两点的总高差等于各站高差之和，也等于后视读数之和减去前视读数之和。

表 1–2–1　　　　水 准 测 量 手 簿

测站	点号	后视读数（m）	前视读数（m）	高差（m）		高程（m）	备　注
				+	−		
1	A	1.647		0.417		32.432	
	TP_1		1.230				
2	TP_1	1.931		1.107			
	TP_3		0.824				
3	TP_2	2.345		1.933			
	TP_3		0.412				$H_B=H_A+\sum h$ $=35.558$（m）
4	TP_3	2.043		1.893			
	TP_4		0.510				
5	TP_4	0.724			1.291		
	TP_5		2.015				
6	TP_5	0.816			0.933		
	B		1.749			35.558	
	总和	9.866	6.740	+3.126			
计算的检核	$\sum h=\sum a-\sum b=9.866-6.740=+3.126$（m） $H_B-H_A=35.558-32.432=+3.126$（m）						

如图 1–2–15 所示，已知 $H_A=32.432\text{m}$，各测站观测值如图所示，记录在表 1–2–1 中，A 点至 B 点的高差 $h_{AB}=\sum h=+3.126\text{m}$。所求点 B 点的高程为

$$H_B=H_A+h_{AB}=32.432+3.126=35.558\text{（m）}$$

计算是否有误，应予校核

$$\sum a-\sum b=9.866-6.740=+3.126\text{（m）}$$

$$H_B-H_A=35.558-32.432=+3.126\text{（m）}$$

原计算 $\sum h=+3.126$（m），3 个数值结果相同，计算无误。

（三）水准测量作业应注意事项

水准测量作业是集体工作，必须互相配合，各自做好工作，测量人员认真负责，不得粗心大意，这就能避免出错或少出错，否则，就会造成局部或全部返工。下面就水准测量容易出错的地方提出几条注意事项。

（1）每次读数之前，都应先检查一下圆水准气泡是否居中，水准管气泡象是否吻合，然后读数。

（2）读数时要注意，尺的像有正像或倒像，均应从小到大读取读数，不要把尺上的米数、分米数、厘米数读错。例如，没有注意分米注记上的小红点，而把 1.567m 误读成 0.567m；又如把 1.025 误读成 1.25，即没有读出零分米，而把厘米、毫米当做分米、厘米读了。

（3）观测员读数要清楚，记录员要听清楚记正确，最好是记录完再复诵核对一次；记录要清楚、整齐；记录有误不准擦去及涂改，应划去重写。

（4）要把前视、后视读数记入相应的读数栏内，不要记错格。

（5）为了保证水准器测量精度，观测员一定要消除视差，走动时不要碰动三脚架，观测时不要手扶三脚架。

（6）扶尺员要把尺扶正，并应根据地势情况，要用步测尽量使前、后视距相等，以消除误差。

（7）在土质松软地方，转点处尺垫应踩实，避免观测时尺下沉，影响高差。

（8）安置仪器时，脚架一定要踩实，在烈日照射下，要撑伞遮住太阳光，以免影响水准管气泡的稳定；若迎着日光观测时，物镜应加遮光罩。

（9）测量计算必须进行检核。

【思考与练习】

1. 什么是前视、后视？水准测量中为什么要求前后视距离相等？

2. 什么是视差？产生的原因是什么？如何发现与消除？

3. 水准测量中，什么是转点？有何作用？

4. 已知 A 点的高程为 22.202m，按表 1–2–1 格式填入图 1–2–16 水准测量数据，计算 B 点的高程，并进行计算的检核。

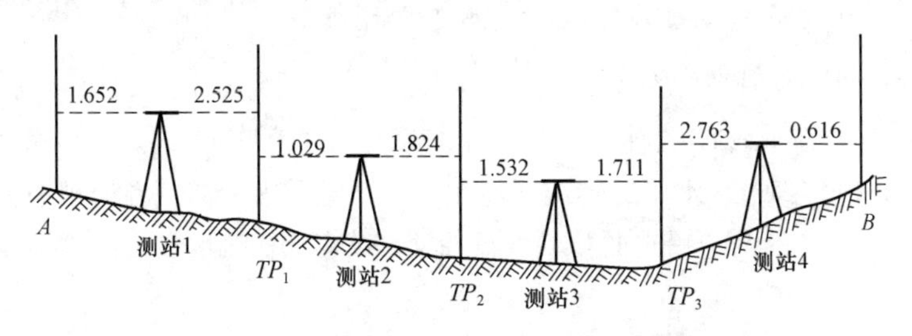

图 1–2–16　水准测量

◢ 模块 3　角度测量（Z04E1003 Ⅰ）

【模块描述】本模块包含角度测量的概念、光学经纬仪的结构与使用、水平角观测、竖直角观测、电子经纬仪简介。通过概念描述、要点讲解、操作流程及步骤讲解，了解角度测量的概念、电子经纬仪构成，熟悉光学经纬仪的结构。掌握水平角观测、竖直角观测的方法。

【正文】

角度测量是输电线路测量的基本工作之一，它包括水平角测量和竖直角测量，常用的测量仪器为经纬仪。

一、角度测量的概念

（一）水平角的概念及测量原理

地面上一点到两个目标点的方向线，垂直投影到水平面上所形成的角称为水平角，也就是说地面上任意两条方向线的水平角是过该两条方向线的两个铅垂面所夹的二面角，如图1–3–1（a）所示，A、O、B为地面上任意三点，通过OA和OB分别作两个铅垂面，它们与水平面P的交线oa和ob的夹角β就是OA、OB所夹的水平角。

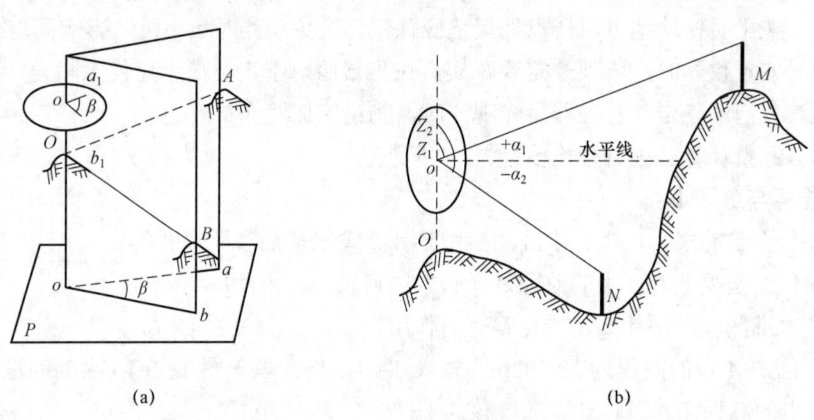

图1–3–1 角度测量的概念

（a）水平角；（b）竖直角

在过O点的铅垂线O_o上水平安置一个刻度盘，中心在O_o线上，再有一个照准目标的望远镜，既能绕O_o水平旋转，又能在一个竖直面内俯仰，当望远镜分别照准A和B时，过A和B的两个铅垂面与刻度盘相交，设交线在刻度盘上的读数分别为a_1和b_1，则水平角为

$$\beta = a_1 - b_1 \tag{1–3–1}$$

（二）竖直角的概念及测量原理

在一个竖直面内，方向线和水平线的夹角称为该方向线的竖直角（又称垂直角），如图1–3–1（b）所示，方向线在水平线之上称为仰角，符号为正；方向线在水平线之下称为俯角，符号为负。角值变化范围为–90°～+90°。如果在安置于竖直面内的刻度盘上能得到某倾斜视线与水平线的对应读数，则两读数之差即为该倾斜视线的竖直

角值。

在测量中也可用方向线与指向天顶的铅垂线之间的夹角表示竖直角，称为天顶距 Z，图 1–3–1（b）中的 Z_1、Z_2，天顶距变化范围为 0°～180°，同一观测目标的天顶距与竖直角的关系是两者之和等于 90°，即

$$\alpha_1 + Z_1 = 90^\circ \qquad \alpha_2 + Z_2 = 90^\circ \tag{1–3–2}$$

二、光学经纬仪的结构与使用

经纬仪是输电线路工程主要测量仪器之一，可用来测量水平角度、竖直角度、距离和高程。经纬仪的种类很多，它的结构也是多种多样的，一般常用的普通经纬仪有游标和光学两种。目前，输电线路工程测量中大多采用光学经纬仪。

工程上常用的光学经纬仪有 DJ1、DJ2、DJ6 等类型。D、J 分别为大地测量和经纬仪的汉语拼音第一个字母，数字 1、2、6 是表示仪器的精度等级，即该类仪器的一测回水平方向中的误差，以秒为单位来表示。数字越小，仪器精度越高。现以我国苏州第一光学仪器厂生产的 J2（DJ2）光学经纬仪为例介绍光学经纬仪结构和使用。

（一）仪器结构

J2 光学经纬仪主要由基座、水平度盘和照准部三大部分组成，如图 1–3–2 所示。

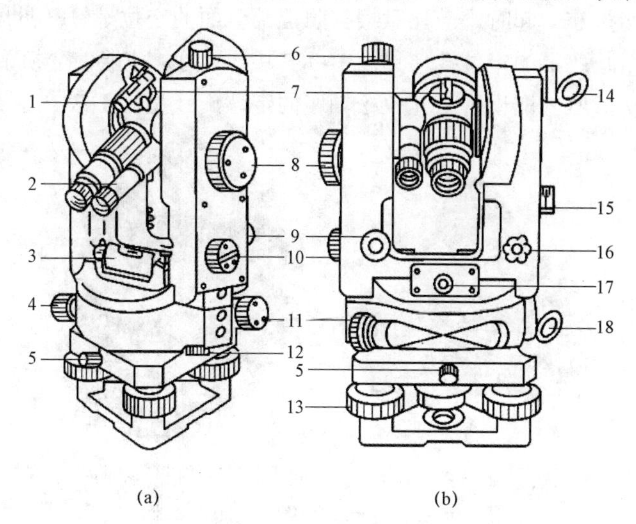

图 1–3–2　J2 光学经纬仪的构造

（a）盘左经纬仪结构；（b）盘右经纬仪结构

1—望远镜反光扳手轮；2—读数显微镜；3—照准部水准管；4—照准部制动螺旋；5—轴座固定螺旋；6—望远镜制动螺旋；7—光学瞄准器；8—测微手轮；9—望远镜微动螺旋；10—换像手轮；11—照准部微动螺旋；12—水平度盘变换手轮；13—脚螺旋；14—竖盘反光镜；15—竖盘指标水准管观察镜；16—竖盘指标水准管微动螺旋；17—光学对中器目镜；18—水平度盘反光镜

1. 基座

基座由轴座、脚螺旋和连接板等组成。转动脚螺旋可使照准部的水准器居中，从而使竖轴铅直、度盘水平。连接螺旋可使仪器与三脚架固连在一起。在连接螺旋上悬挂垂球，指示水平度盘的中心位置，借助垂球将水平度盘中心安置在所测角顶的铅垂线上。J2 光学经纬仪还装有光学对中器，它比垂球对中具有精度高和不受风吹而摆动的优点。使用仪器时，切勿放松连接螺旋，否则，易造成经纬仪从基座中脱落，使仪器损坏。

2. 水平度盘

这部分包括水平度盘、度盘变换手轮等。

水平度盘用光学玻璃制成，在度盘上依顺时针方向刻注有 0°～360° 分划线，相邻两分划线所夹的圆心角，称为度盘的分划值，本类仪器度盘的分划值为 20′（或 10′）。

图 1–3–2 中的 12 为水平度盘变换手轮，是用来转动水平度盘的。观测时，扳开安装在水平度盘外壳下方的保护盖，转动度盘变换手轮，将水平度盘转至所需的度数，随即将保护盖关闭，以防止水平度盘转动。

水平度盘的特点为换盘手轮是嵌在轴座内的。因此，在使用前如果仪器的照准部和三角基座未连接在一起时，应注意根据照准部下面的定位螺钉（见图 1–3–3 中 2）仔细地插入三角基座上的定位孔（见图 1–3–3 中 1）内，才能使变换手轮正确地嵌入轴座内。仪器从基座内取出，应先放松轴座固定螺旋（见图 1–3–2 中 5）。

图 1–3–3 J2 经纬仪的三角基座和照准部

1—定位孔；2—定位螺钉；3—圆水准器

3. 照准部

照准部由望远镜、读数设备、竖直度盘、水准器、竖轴和支架等部分组成。望远镜的构造和水准仪望远镜一样，都是用来照准远方目标的，它和横轴固连在一起安在支架上。当横轴水平时，望远镜绕横轴旋转将使视准轴扫出一个竖直面。在支架一侧设有一套望远镜制动和微动螺旋，用以控制望远镜的俯、仰，在照准部外壳上设有一套水平制动和微动螺旋，用以控制照准部水平方向转动。读数设备是把度盘和测微器分划线通过一系列透镜的放大和棱镜的折射，反映在读数显微镜内进行读数。竖直度盘是为了测量竖直角而设，固定在横轴的一端，另设有竖盘指标水准管和微动螺旋。照准部上设有水准管，用以精确定平，指示水平度盘是否水平。圆水准器用作概略定平。照准部下面有一竖轴，可插入筒状的轴座内，使整个照准部绕竖轴水平转动。

（二）仪器使用

1. 经纬仪的安置

（1）对中。对中是把经纬仪水平度盘的中心安置在所测角的顶点铅垂线上。其方法是：首先，将三脚架安置在测站点上，架头大致水平，用垂球概略对中后，踏牢三脚架。其次，用连接螺旋将仪器固定在三脚架上，此时若垂球尖偏离测站点较大，则将三脚架提起移动；若偏离较小，可将连接螺旋略微旋松，移动仪器基座，使仪器垂球尖准确地对准测站点标心，然后再旋紧连接螺旋。用垂球对中时，悬挂垂球的线长度要调节合适，垂球不宜过高，以免不易分辨偏差大小。对中的误差一般应小于 3mm。

如果使用带有光学对中器的仪器，对中方法是：先目估或悬吊垂球大致对中，然后整平仪器，旋转光学对中器的目镜，使分划板清晰；再拉出或推进对中器的目镜管，使测站点的标志成像清晰，然后在架头上平移仪器，直至测站点标心与对中器的刻划圈中心重合，再旋紧连接螺旋。这时应检查照准部水准管气泡是否仍然居中，如有偏离要再次整平，然后再检查对中情况并精确对中。由于整平与对中相互影响，一般要反复进行调整，直到气泡居中，同时测站点标心与对中器刻划圈中心重合为止。

（2）整平（见图 1–3–4）。整平是用脚螺旋使照准部水准管气泡居中，使仪器的竖轴铅直和水平度盘水平。整平方法如下。

1）使照准部水准管与任意两个脚螺旋连线平行，如图 1–3–4（a）所示，两手向相反方向相对旋转①、②两个脚螺旋，使水准管气泡居中，气泡移动的方向与左手大拇指转动的方向一致。

2）将照准部平转 90°，如图 1–3–4（b）所示，调节脚螺旋③使水准管气泡居中。

3）将照准部转回到原来位置，重复以上操作，如此反复进行，直到气泡在此互为 90° 的两个位置都居中为止。此时如在其他位置上气泡又有偏离，则属于仪器误差，有待校正。整平后，照准部在任何位置上气泡的最大偏离量不应超过一格。

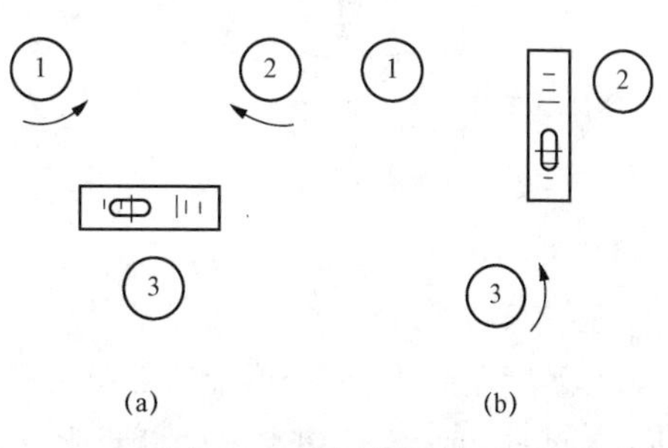

图 1–3–4　经纬仪整平

（a）水准管与任意两个脚螺旋连线平行；

（b）水准管与任意两个脚螺旋连线垂直

2. 对光和瞄准

用望远镜瞄准目标，包括目镜对光、物镜对光和瞄准等项基本操作。

（1）目镜对光：先松开水平制动螺旋和望远镜制动螺旋，将望远镜指向天空或白色明亮背景，调节目镜对光螺旋使十字丝清晰。

（2）初步瞄准目标和物镜对光：转动仪器，利用望远镜上的瞄准器对准目标，固定水平制动螺旋和望远镜制动螺旋。此时目标像应已在望远镜视场内，再调节物镜对光螺旋，使目标清晰并消除视差。

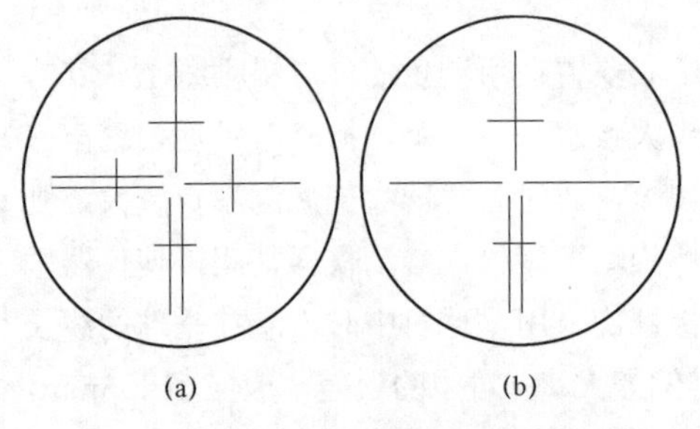

图 1–3–5 光学经纬仪十字丝

（a）十字丝竖丝、横丝双丝；（b）十字丝竖丝双丝

（3）精确瞄准目标：转动照准部水平微动螺旋和望远镜的微动螺旋，使十字丝竖丝中央部分精确瞄准目标点。光学经纬仪的十字丝一般如图 1–3–5 所示。

瞄准目标时要用十字丝的中央部位。如观测水平角，可视目标影像的大小情况，将目标影像夹在双纵丝内且与双丝对称，或用单纵丝与目标重合，目标点瞄准方法如图 1–3–6 所示。如用垂球线作为瞄准的目标，应注意使垂球尖准确对正测点，并瞄准垂球线的上部，如图 1–3–6（a）所示。为了减少目标倾斜对水平角的影响，如图 1–3–6（b）、（c）所示，应尽可能瞄准目标底部。

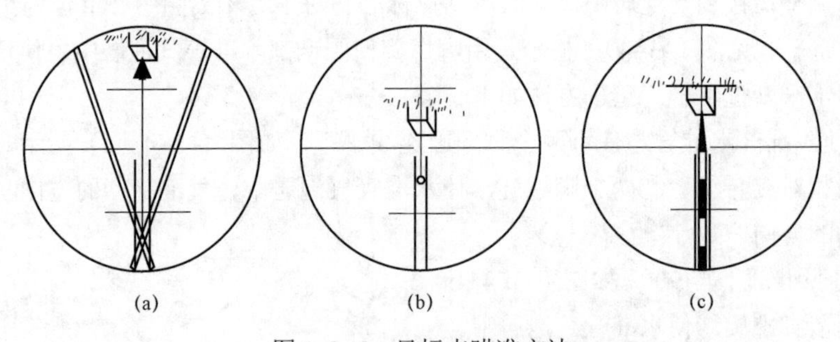

图 1–3–6 目标点瞄准方法

（a）垂球瞄准；（b）一般目标瞄准；（c）标杆瞄准

3. 读数方法及读数

（1）度盘读数。两个度盘读数都是用望远镜旁边的读数显微镜去读取。如图 1–3–2 所示，水平度盘影像用水平度盘照明反光镜 18 照明，竖直度盘影像用竖盘照明反光镜 14 照明。J2 光学经纬仪的读数窗中只能看到水平度盘或竖直度盘两者之一的影像。位于支架外侧的换像手轮 10，用以变换两度盘的影像，欲使显微镜中现出水平度盘

影像，顺时针方向转动换像手轮 10，到转不动为止，欲使显微镜中现出竖直度盘影像，则反时针方向转动换像手轮，到转不动为止。无论哪个度盘的影像出现于显微镜中、测微小窗的影像总是出现于度盘影像的左边，转动读数显微镜 2 可使度盘的影像清晰。

（2）水平度盘读数。如图 1–3–2 所示，放松制动螺旋 4 和 6，转动照准部，用望远镜上的光学瞄准器 7 的十字丝粗略找准目标，轻轻锁紧制动螺旋 4 和 6，旋转照准部微动螺旋 11 和望远镜微动螺旋 9，使望远镜分划板十字丝精确照准目标。目标小于双丝之间的宽度宜用双丝瞄准，反之则用单丝瞄准。

顺时计转动换像手轮 10 到转不动为止，使盖面白线成水平，打开与转动水平度盘照明反光镜 18，使水平度盘有均匀、明亮的光线照明。调节读数显微镜 2，使度盘影像清晰、明确。拨开水平度盘变换手轮的护盖，转动变换手轮 12，使在读数窗内看到所需之度盘读数，关好护盖，应注意在转动变换手轮 12 时不宜用力过大，以免影响望远镜竖丝偏离目标。在置换度盘位置后，宜检查一下望远镜内见到的目标是否移动。

读数符合方法：转动测微手轮 8，读数显微镜内见到度盘上下两部分影像相对移动，直到上下格线精确符合为止。这时读数窗内已显出度、分、秒。当符合时，必须尽可能的小心正确，因为这是直接影响着读数的精度。测微手轮的最后转动必须是同一顺时针方向的。当转动测微手轮至测微尺刻划末端时，应注意不宜再继续转动，以免损伤测微尺。

读数方法：J2 光学经纬仪度盘读数窗口有两种，一种如图 1–3–7 所示，整度数出上窗中央或偏左的数目字读得，上窗中的小框内的数字为整十位分数；余下的个位分数与秒数从左边的小窗内读得。测微尺上下共刻 600 格，每小格为 1″，共计 10′，左边的数目字为分，右边的数目字乘以 10″，再数到指标线的格数即秒数。度盘上读得的读数加上测微尺上读得的读数之和即为全部的正确的读数。另一种如图 1–3–8 所示，按正像在左（中心偏左或中心），倒像在右（中心偏右或中心），相距最近的一对注有度数的对径分划（两者相差 180°）进行，正像分划线所注度数即为要读的度数；正像分划线和倒像分划线间的格数乘以度盘分划值的一半，即为度盘的整十位分数，不足 10′ 的个位分数和秒数则在测微尺上读得。

（3）竖直度盘读数。如图 1–3–2 所示，反时针方向转动换像手轮 10 至转不动为止，使盖面白线成竖直位置，打开和转动竖盘照明反光镜 14，使竖直度盘有均匀、明亮光线照明，按上述读数符合方法和读数方法即可读得竖直度盘的读数。但在每次读数前应旋转竖盘指标微动螺旋 16，使在观察棱镜 15 内看到的竖盘水准器水泡精确符合。

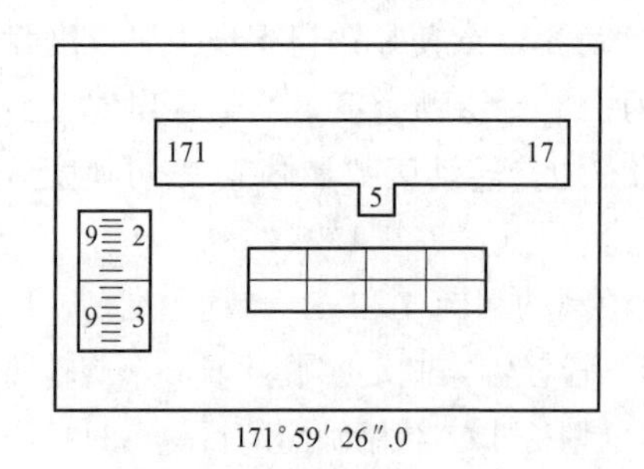

图 1–3–7 度盘读数窗口（一）

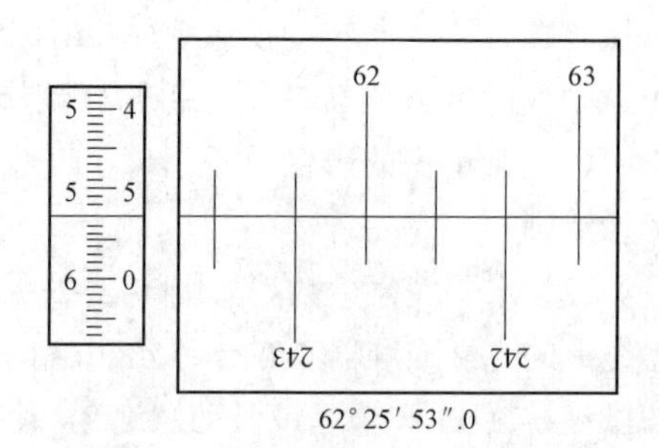

图 1–3–8 度盘读数窗口（二）

三、水平角观测

当使用经纬仪在实地观测水平角时，为了防止错误和消减仪器误差，以保证观测的结果能达到所需的精度，还必须按一定的操作程序进行观测。

在一个测站上，每次只观测一个水平角时，可采用测回法。如在一个测站上每次要同时观测相邻两个或两个以上的水平角时，可采用方向观测法，或称为全圆测回法。

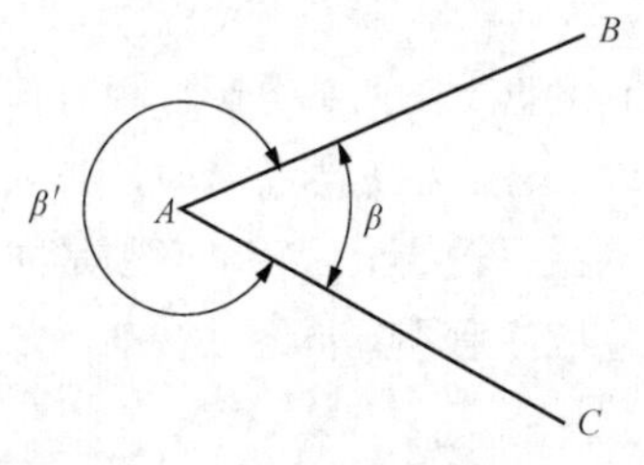

图 1–3–9 左方点、右方点的概念

为了叙述方便，先将一些术语说明如下：

左方点和右方点：如图 1–3–9 所示，观测者立于测站点 A，面向测点 B、C，量测水平角 β，则称测点 B 为左方点，测点 C 为右方点；如要量测水平角 β'，则测点 C 为左方点，B 为右方点。

盘左与盘右（或正镜与倒镜）是指经纬仪竖盘的位置与望远镜位置而言。当望远镜瞄向目标时，如竖盘在望远镜的左侧，称此时竖盘置位为“盘左”，或称望远镜位置为“正镜”，如图 1–3–2（a）所示。如竖盘在望远镜的右侧，则称为“盘右”或“倒镜”，如图 1–3–2（b）所示。

（一）测回法

在测站点（角顶）安置经纬仪，用盘左和盘右各观测水平角一次，盘左观测时为上半测回，盘右观测时为下半测回。如两次观测角值相差不超过容许误差，则取其平均值作为一测回的结果。这一观测法称为测回法。

观测之前，先在测点标志上垂直竖立供瞄准的目标（如测杆、吊垂球线）。在测站点（见图 1–3–9 中的 A）上安置经纬仪，对中、整平后，进行目镜对光，然后按下述步骤进行操作。

（1）上半测回，盘左。

1）瞄准左方点（见图 1–3–9 中的 B）的目标，读水平度盘读数。例如，$b_{左} = 55°14'18''$，记入水平角观测手簿内，见表 1–3–1。

表 1–3–1 水平角观测手簿（测回法）

测站	测点	竖盘位置	水平度盘读数			角值			平均角值			备注
			°	′	″	°	′	″	°	′	″	
A	B	左	55	14	18	62	03	34	62	03	21	B A C $\Delta\beta=+26''$ $30''<+26''<+30''$ 符合要求
	C		117	17	52							
	B	右	235	13	53	62	03	08				
	C		297	17	01							

2）顺时针方向转动照准部，瞄准右方点（如图 1–3–9 中的 C）的目标，读数得 $c_{左}=117°17'52''$，记录。

计算上半测回角值

$$\beta_{左}=c_{左}-b_{左} \tag{1–3–3}$$

例：$117°17'52''-55°14'18''=62°03'34''$。

（2）下半测回，盘右。

1）倒转望远镜，逆时针方向转动照准部，在盘右位置瞄准右方点 C，读数得 $c_{右}=297°17'01''$，记录。

2）逆时针方向转动照准部，瞄准左方点 B，读数得 $b_{左}=235°13'53''$，记录。

计算下半测回角值

$$\beta_{右}=c_{右}-b_{右} \tag{1–3–4}$$

例：$297°17'01''-235°13'53''=62°03'08''$。

（3）计算上、下两半测回间角值之差 $\Delta\beta$，评定其精度，检查有无超限。上、下半测回间角值之差（称为较差）

$$\Delta\beta=\beta_{左}-\beta_{右} \tag{1–3–5}$$

使用光学经纬仪观测水平角一测回，其允许偏差为：$\Delta\beta_{容}=\pm30''$。

根据（1）和（2）有

$$\Delta\beta=62°03'34''-62°03'08''=+26''$$

因

$$30''<+26''<+30''$$

故符合要求。其平均值见表1–3–1，如超限，要查明原因，加以重测。

注意：

1）在半测回过程中，不能变动度盘。为了消除水平度盘的分划误差，在完成上半测回的观测后，可变动水平度盘约90°，然后进行下半测回的观测，操作同前。

2）当水平角要求的精度较高时，可重复观测2～3测回。为了消除度盘的分划误差，各测回要改变水平度盘的起始读数，其变动值可参考方向观测法。每测回的操作方法及容许误差同前，各测回平均值间的互差视精度要求而定，一般可取其容许误差为+35″，如符合要求则取各测回平均值作为最后结果。

（二）全圆测回法（方向观测法）

如果目标为三个或三个以上时，为了能一次测出各目标间的角值，同时使各个方向的观测结果具有相同的精度，则应采用全圆测回法观测，其操作步骤如下。

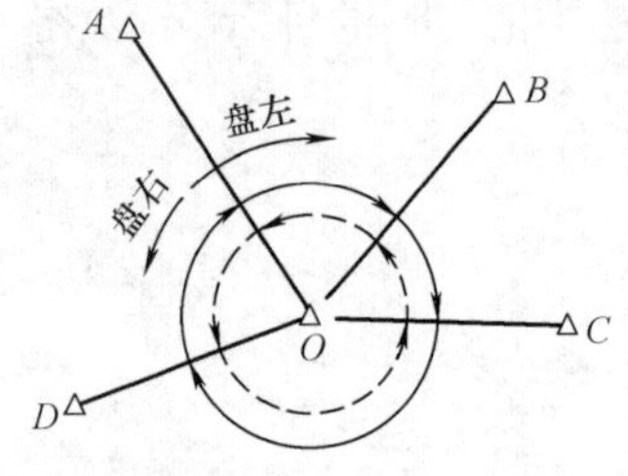

图1–3–10 全圆测回法

（1）全圆测回法如图1–3–10所示，安置仪器于O点，盘左位置调整水平度盘读数稍大于0°处（仅为了计算简便），选一清晰目标A作为起始方向，读取读数α记入表1–3–2中。

（2）顺时针依次照准B、C、D分别读取读数为b、c、d，记入表1–3–2中。

（3）继续顺时针再次照准A点方向，读取读数α'，称为归零。读数α与α'差称为半测回归零差，对于J2经纬仪不应超过±12″，对于J6经纬仪不应超过±18″，否则应重新观测。

以上操作称为上半测回。

（4）纵转望远镜成盘右位置，照准目标A并逆时针方向旋转照准部依次照准D、C、B、A各方向，分别读取读数记入表格，称为下半测回，半测回归零差仍不应超过限差。

表1–3–2 水平角观测手簿（全圆测回法）

测回数	目标点	水平度盘读数						2c	$\frac{L+(R\pm180°)}{2}$			归零方向			平均方向值			备注
		L			R													
		°	′	″	°	′	″	″	°	′	″	°	′	″	°	′	″	
									0	02	09							
Ⅰ	A	0	02	12	180	02	00	+12	0	02	06	0	00	00	0	00	00	
	B	82	47	36	262	47	30	+6	82	47	33	82	45	24	82	45	32	

续表

测回数	目标点	水平度盘读数						2c	$\frac{L+(R\pm180°)}{2}$			归零方向			平均方向值			备注
		L			R													
		°	′	″	°	′	″	″	°	′	″	°	′	″	°	′	″	
Ⅰ	C	151	24	24	331	24	12	+12	151	24	18	151	22	09	151	22	17	A B C D O 82°45′32″ 68°36′45″ 79°25′51″
	D	230	50	18	50	50	00	+18	230	50	09	230	48	00	230	48	08	
	A	0	02	18	180	02	06	+12	0	02	12							
Ⅱ									90	29	50							
	A	90	30	00	270	29	48	+12	90	29	54	0	00	00				
	B	173	15	30	353	15	32	2	173	15	31	82	45	41				
	C	241	52	18	61	52	12	+6	241	52	15	151	22	25				
	D	321	18	12	141	18	00	+12	321	18	06	230	48	16				
	A	90	29	48	270	29	42	+6	90	29	45							

如果要求观测几个测回，则各测回仍按前述规定变换水平度盘起始读数位置。

四、竖直角观测

（一）竖直度盘构造与注记形式

光学经纬仪竖直度盘构造如图 1–3–11 所示，竖直度盘固定在望远镜横轴的一端，并与横轴垂直，当望远镜在竖直面内转动时，竖直度盘在竖直面内也随着转动。竖盘指标与竖直度盘指标水准管连在一起，不随望远镜作竖直面内的运动。但通过竖盘水准管微动螺旋能使竖盘指标与水准管一起作微小转动，当指标水准管气泡居中，则竖盘指标处在正确位置。

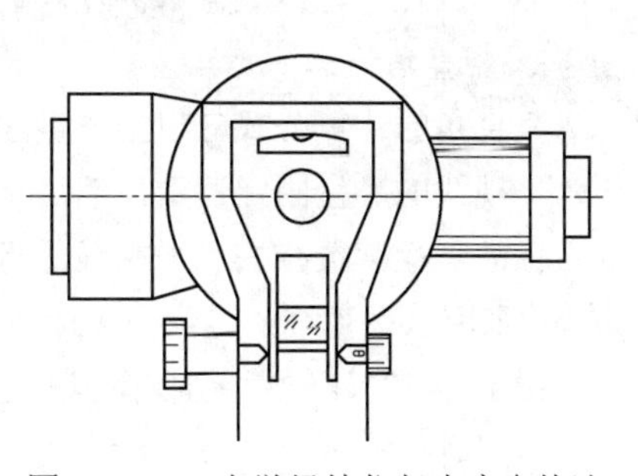

图 1–3–11 光学经纬仪竖直度盘构造

光学经纬仪的竖盘由玻璃制作，其刻划注记有顺时针与逆时针两种类型，如图 1–3–12 所示。当竖盘指标水准管气泡居中，望远镜视线水平时，竖盘读数应为 90° 的整倍数（如 0°、90°、180°、270°）。这就是竖直角观测中水平视线所具有的竖直度盘读数的固定值。

（二）竖直角观测与计算

1. 竖直角观测

（1）安置仪器于测站上，盘左位置使十字丝中央交点对准目标点。

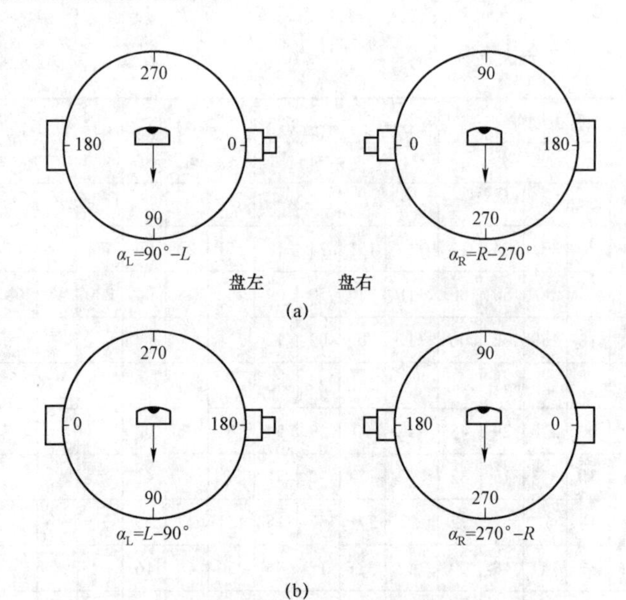

图 1–3–12 光学竖盘注记类型

（a）顺时针注记；（b）逆时针注记

（2）整平竖盘指标水准管，读取竖盘盘左读数 L，记入观测手簿（见表 1–3–3）。

（3）倒转望远镜成盘右位置，重复上述（1）、（2）步骤得盘右读数 R，并记录。

2. 竖直角计算

竖直角的计算公式应根据竖盘注记形式确定。方法是：先将望远镜大致放平，辨明水平视线的竖盘固定读数，然后将望远镜上仰，如果对应的竖盘读数增大，则用瞄准目标的竖盘读数减去水平视线的竖盘固定读数，即得到该目标的竖直角；如果读数减小，则用水平视线的竖盘固定读数减去瞄准目标的竖盘读数，得到该目标的竖直角。

图 1–3–12（a）为顺时针注记，则竖直角计算公式为

盘左时

$$\alpha_L = 90° - L \tag{1–3–6}$$

盘右时

$$\alpha_R = R - 270° \tag{1–3–7}$$

式中 α_L、α_R——盘左竖直角值、盘右竖直角值。

图 1–3–12（b）为逆时针注记，则竖直角计算公式为

盘左时

$$\alpha_L = L - 90° \tag{1–3–8}$$

盘右时

$$\alpha_R = 270° - R \tag{1-3-9}$$

竖直角观测记录手簿见表 1-3-3。

表 1-3-3　　竖直角观测记录手簿

测站	目标	竖盘位置	竖盘读数			半测回竖直角			一测回竖直角			备注
			°	′	″	°	′	″	°	′	″	
A	P	左	101	15	30	11	15	30	11	15	18	盘左 270 0 180 90
		右	258	44	54	11	15	06				
	Q	左	80	16	12	9	43	48	9	43	42	
		右	279	43	36	9	43	36				

观测竖直角时，竖盘指标水准气泡必须居中，否则指标位置不正确，读数有偏差。但每次读数时必须做到水准气泡严格居中既麻烦又费时间，所以现在采用了竖盘指标自动归零补偿器代替水准管，称之为自动归零装置。值得注意的是，当长时间使用，特别是在使用后未及时锁紧补偿器，使吊丝受振，就会产生指标差甚至导致装置失灵，所以使用前应进行检查，使用后及时将装置锁住。

五、电子经纬仪简介

与传统的光学经纬仪相比，电子经纬仪采用了光电测角手法，在精度上超过了光学经纬仪，在数据自动获取和处理上，光学经纬仪是无法与之相比拟的。可以断言，电子经纬仪将逐渐取代光学经纬仪。

电子经纬仪是电子测角仪器，它与光学经纬仪有着相似的结构特征，仍然是采用度盘，但是，电子测角的度盘不是在度盘上按某一个角度单位刻上刻划线并根据刻划线读取角度值，而是在度盘上取得电信号，根据电信号再转换成角度。因此，电子经纬仪与传统经纬仪最主要的不同是读数系统。光学经纬仪是采用光学度盘、光路显示系统和目视读数；电子经纬仪则是采用光电扫描度盘自动计数、自动显示系统。它可以与电磁波测距仪组合成全站式电子速测仪，将野外电子手簿记录的数据传入计算机，以进行数据处理和绘图。

各厂所生产的不同型号电子经纬仪，采用的电子测角系统按取得电信号的方式不同而分为编码度盘测角系统、光栅度盘测角系统和光栅动态侧角系统三种。

图 1-3-13（a）为 Wild T1000 型电子经纬仪外形，水平角和竖直角测角精度为±3″，显示分辨率为 1″，水平度盘可在粗略整平的基础上自动整平，为了便于盘左、盘右观测，在仪器的两侧都有可照明的控制板，上面有两个显示窗，可同时显示出水平角和

竖直角，还有 6 个多功能键，单测角时只用一个键，其他功能键主要是作为照明和连接测距仪、记录器的操作键；工作温度为 20℃～50℃，电源为 12V，工作电流很小，仅为 0.06A。

图 1–3–13（b）为 Wild T2000 型电子经纬仪外形，其测角模式有两种，一种是单角测量，另一种是跟踪测量，仪器可跟踪活动目标旋转而改变显示的数据。水平角和竖直角一测回的测角中误差为 0.5″。光学对中器、圆水准器和水准管设在照准部上，当竖轴倾斜时，仪器可自动测出并显示其数据，故可借此精确定平仪器，精度可达 1″。制动螺旋和两个微动螺旋同轴，两个微动螺旋用于快速瞄准和精确照准，竖直度盘指标可自动归零。中心操纵面板由一个键盘和三个显示器组成，键盘上有 18 个键，可发出不同的指令，三个显示器中一个是提示显示，两个是数据显示。

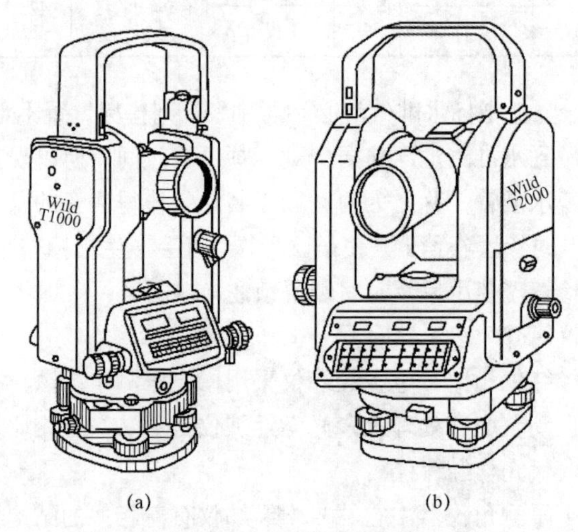

(a) (b)

图 1–3–13 电子经纬仪外形

（a）Wild T1000 型外形；（b）Wild T2000 型外形

图 1–3–14 所示是 Wild T2000 型电子经纬仪动态测角系统图，是一个具有旋转光栅的动态测角系统，度盘上刻有 1024 条栅线，其栅距的分划值为 φ_0；内含栅线和缝隙，相应为不透光区和透光区，盘上刻有两个指示光栏，L_S 为固定光栏，安置在度盘外缘；L_R 为可动光栅，随照准部转动，安置在度盘内边缘。φ 为照准某方向后 L_R 和 L_S 之间的角度，读 φ 角时，度盘开始旋转，计取通过光栏间的栅线数，即可求得角度值。由图可见，$\varphi = n\varphi_0 + \Delta\varphi$，即夹角为 n 个整周期 φ_0 和不足整周期 $\Delta\varphi$ 之和，它们分别由粗测和精测求得。粗测和精测数据由微处理机进行衔接处理，即得角度值。

粗测是为测量求出 φ_0 的个数 n_0。在度盘同一径向的外、内缘上设有两个标记 a 和 b，度盘旋转时从标记 a 通过 L_S 时起，计数器开始记录整个间隙 φ_0 的个数。当另一个

标记 b 通过 L_R 时，计数器停止计数，此时计数器所得到的数值就是 φ_0 的个数 n。

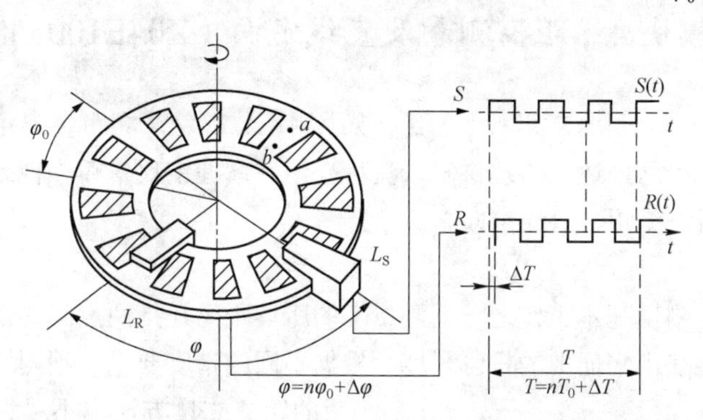

图 1–3–14　电子经纬仪动态测角系统图

精测是为测量出 $\Delta\varphi$，通过光栏 L_S 和 L_R 产生 R 和 S 两个信号，$\Delta\varphi$ 可由 S 和 R 的相位差求得。精测开始后，度盘开始旋转，当某一分划通过 L_S 时，开始精测计数，计取通过计数脉冲的个数，一个脉冲代表一定的角值（例如 2″）；而另一个分划继而通过 L_R 时停止计数。由计数器中所计的数值即可求得 $\Delta\varphi$。度盘一周有 1024 个间隙，每一个间隙计一次 $\Delta\varphi$ 的数，当度盘旋转一周可测得 1024 个 $\Delta\varphi$，然后取平均值，可求出最后 $\Delta\varphi$ 值。测角精度取决于精测精度。

粗测、精测数据由微处理器进行处理后，得角度值并自动显示。

【思考与练习】

1. 什么叫水平角？水平角观测原理是什么？在同一竖直面内，由一点至两目标的方向线间的水平角时多少？为什么？

2. 什么叫竖直角？竖直角观测原理是什么？在同一竖直面内，由一点至两目标的方向线间的夹角，是否为竖直角？为什么？

3. 角度观测中，经纬仪对中和整平的目的是什么？

4. 简述测回法测水平角的操作程序。方向观测法与测回法有何不同？两种方法各用于何种场合？

5. 观测水平角时，如果经纬仪的水平度盘随着照准部转动，能否测出水平角？为什么？用测回法观测水平角时，如果水平度盘是逆时针方向递增注记的，如何计算水平角？

6. 简述电子经纬仪的特点，电子经纬仪有哪些光电测角方法？

模块4 距离测量及直线定向（Z04E1005Ⅱ）

【模块描述】本模块涵盖钢尺量距、视距测量、视差法测距、三角分析法测距、直线定向。通过概念描述、原理讲解、流程介绍，掌握钢尺量距、视距测量、视差法测距、三角分析法测距、直线定向。

【正文】

距离丈量是测量基本工作之一，测量上的所谓距离是指两点间的直线长度，水平距离指两点连线在水平面上的投影长度。根据不同的精度要求，不同地形情况，所采用的距离丈量方法也不尽相同。本章主要介绍钢尺量距、视距测量、视差法测距、三角分析法测距等方法，同时还讨论直线定向方法。

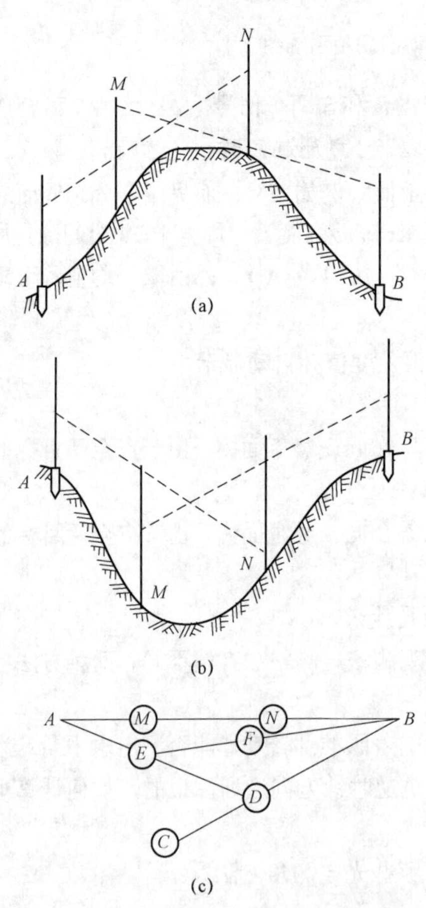

图1–4–1 直线定线
（a）A、B不通视；（b）中间地势太低；
（c）逐次趋近法

一、钢尺量距

（一）直线定线

如果地面两点之间距离大于尺的长度或地面起伏较大，需要分段丈量时，在待测距离的两点直线上，设立一些标志标明两点间的直线位置，作为分段丈量的根据，这项工作称为直线定线（见图1–4–1），一般量距用目估定线，精密量距时要用经纬仪定线。

（1）直线两端点 A、B 间能通视的定线方法。先在 A、B 两点上立好标杆，由一测量员在 A 点标杆后约1m处，用单眼通过 A 点标杆的一侧瞄准 B 标杆同一侧形成视线，指挥另一测量员持标杆 C 向 AB 方向线上移动，直到与 A、B 标杆形成的视线重合为一线为止。此时即可在标杆 C 处做好标志。

（2）直线两端点 A、B 间不能直接标定出直线时的定线方法，如图1–4–1（a）及（b）所示，可采用逐次趋近使相邻三根标杆在同一直线上的方法。如图1–4–1（c）

所示，先在 A、B 处立标杆，选一个能与 B 点通视的 C 点插标杆，再在 CB 方向上选 D 点插标杆，并要求 D 与 A 通视；将 C 点处的标杆移至 DA 方向上可与 B 通视的 E 点；再将 D 点处的标杆移至 EB 方向上的 F 点；依次类推，直至 M、N、B 三点与 N、M、A 三点分别处在一条直线上，则 A、M、N、B 四点在一直线上。

（3）延长直线的定线方法。为了消除仪器误差，常用重转法，即是采用经纬仪正倒镜取平均的方法。如图 1–4–2（a）所示，欲将直线 AM 延长至 B 处，做法是：仪器置于 M 点，盘左时以 A 点为后视，纵转望远镜，在视线上定出 B_1，再以盘右后视 A 点，纵转望远镜，在视线上定出 B_2，若 B_1、B_2 两点重合，即是 B 的位置。若不重合，且 B_1B_2 之长在允许范围内，则取 B_1B_2 的中点 B，这时 AM 即正确延长到 B 点。在实际工作中，应尽可能地使后视边大于延长直线的长度，以减少照准误差对延长边的影响。

延长直线定线时，若视线经常遇到障碍物，应根据实际情况组成适当的几何图形，越过障碍，如图 1–4–2（b）所示为一辅助等边三角形。也可组成矩形、正方形或组成其他可用几何关系解算边、角关系的图形。

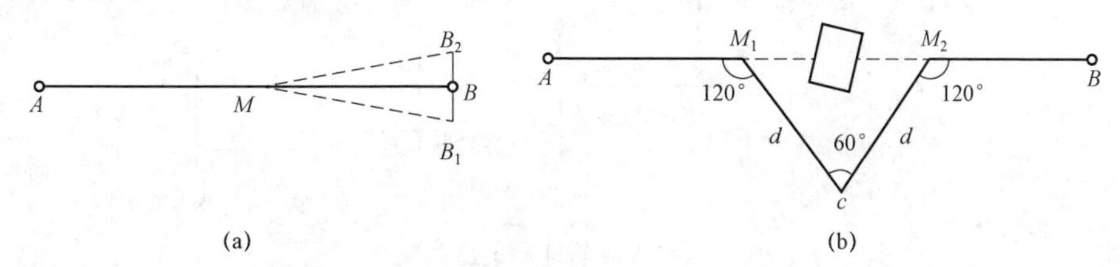

图 1–4–2　延长直线的定线方法

（a）重转法；（b）辅助等边三角形

（二）直线的一般丈量法

在平坦地段，沿地面直接丈量水平距离，可先在地面定出直线方向，也可边定线边丈量，丈量时，后司尺员持钢尺零端，前司尺员持钢尺末端，通常用测钎标志尺端位置，尽量用整尺段 l 丈量。一般仅末尺段用零尺段丈量，设其长度为 q，如共量 n 整尺段，则总长为

$$D = nl + q \tag{1–4–1}$$

为了防止丈量中发生错误，同时也为了提高精度，通常采用往返丈量进行比较，若符合要求，取其平均值作为丈量最后结果。一般用相对误差形式表示成果精度，计算方法如下

$$K = \frac{|D_1 - D_2|}{D_{eq}} = \frac{\Delta D}{D_{eq}} = \frac{1}{M} \tag{1–4–2}$$

相对误差 K 常化为分子为 1 的分数形式，D_1 为往丈量，D_2 为返丈量。例如：丈

量一直线段，$D_1=135.235\text{ m}$，$D_2=135.215\text{ m}$，则相对误差按上式计算结果为 1/6761≈1/6700。

平坦地区量距，其精度要求达到 1/2000 以上，在困难地区要求在 1/1000 以上，本例符合精度要求，取平均值作丈量得最终成果为

$$D=(135.235+135.215)/2=135.225\text{（m）}$$

如果地面倾斜变化较大，丈量时可将尺子一端抬高或两端同时抬高使尺子水平。习惯做法是将尺子一端贴在地面对准测点，另一端抬高，目估水平，用垂球将抬高的一端投于地面并标定位置。倾斜地面的距离丈量如图 1–4–3 所示，则 AB 距离为 $l_1+l_2+l_3+\cdots+l_n$，称为平量法。若地面均匀倾斜，可沿地面丈量斜距，再测出两点的高差或倾斜角，然后根据几何关系将倾斜距离化算成水平距离，称为斜量法。

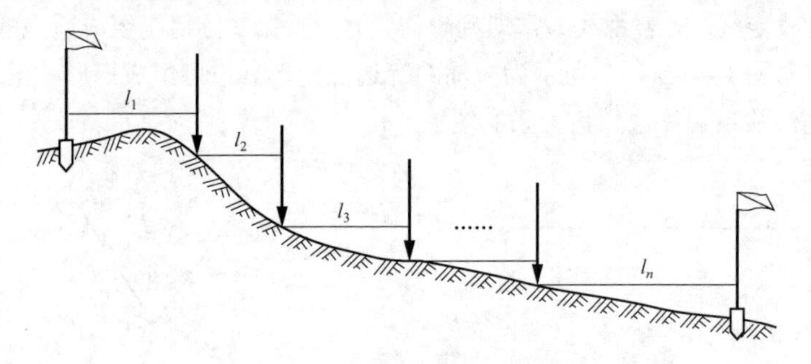

图 1–4–3 倾斜地面的距离丈量

二、视距测量

（一）视距测量的概念

视距测量是利用视距装置与视距尺，一次照准读数可同时测定地面上两点间的水平距离和高差的方法。水准仪和经纬仪望远镜上的十字丝分划板上除十字丝的竖丝和横丝外，还刻有上、下对称的两条短线，即为视距用的视距丝。视距测量中的视距尺可用水准尺，也可用特制的视距尺。

（二）视线水平时的水平距离和高差公式

1. 视线水平时的距离公式

如图 1–4–4 所示，在 A 点安置仪器并使视线成水平，在 B 点铅直竖立视距尺，则视线与视距尺垂直。根据光学原理，经过上、下视距丝 m、n 并平行于物镜光轴的光线，经折射必通过物镜前焦点 F，而与视距尺相交于 M、N 点。因ΔMFN与ΔmFn相似，则有

$$d/l=f/p \qquad d=lf/p$$

式中　d ——物镜前焦点 F 到视距尺间的水平距离；

f ——物镜焦距；

p ——仪器上、下两视距丝的间距；

l ——上、下两视距丝在视距尺上读数之差，称为尺间隔。

由图可知，仪器中心到视距尺的水平距离 D 可由下式计算，即

$$D = d + f + s = lf / p + (f + s) \tag{1-4-3}$$

式中　s ——仪器中心至物镜光心的长度；

f / p ——常数，称为视距乘常数。通常用 K 表示，多数仪器在构造上使 $K = 100$；

$f + s$ ——可按常数看待，称为视距加常数，通常用 C 表示。

则水平距离公式可写成

$$D = Kl + C \tag{1-4-4}$$

目前生产的内对光望远镜，设计可使加常数 C 接近于 0，所以得

$$D = Kl \tag{1-4-5}$$

2. 视距水平时的高差公式

由图 1–4–4 可以看出，当视线水平时，A、B 两点间的高差为

$$h = i - v \tag{1-4-6}$$

式中　i——仪器高，由横轴中心量至地面桩顶（高程已知点）的铅垂距离；

v——目标高，即中丝读数。

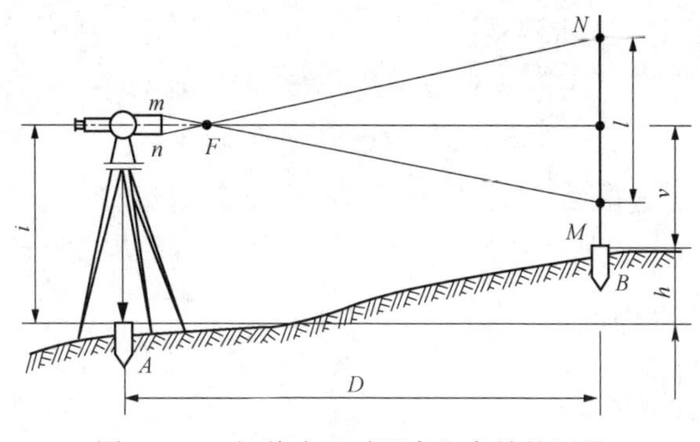

图 1–4–4　视线水平时距离和高差的测量

（三）视线倾斜时的水平距离和高差公式

1. 视线倾斜时的水平距离公式

视距测量时，如果地面坡度较大，则必须在视线倾斜的状态下施测，如图 1–4–5 所示，视线与铅直竖立的视距尺不垂直，这时除应观测尺间隔 l 外尚应测定竖直角 α，

用这两个观测数据来计算测站点到测点间的水平距离。推导视线倾斜时视距公式的步骤是，先将尺间隔 MN 换算成相当于视线和视距尺垂直时的尺间隔 $M'N'$，然后计算斜距 D'，再利用斜距 D' 和竖直角 α 计算水平距离 D。

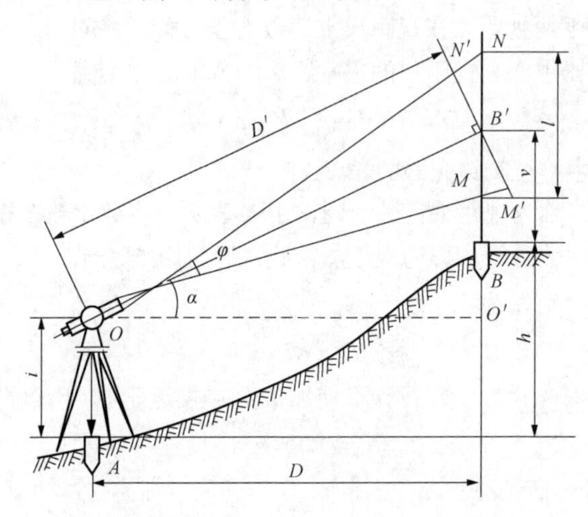

图 1–4–5 视线倾斜时距离和高差的测量

在图 1–4–5 中，通过视准轴与视距尺的交点 B' 作视准轴的垂线 $M'N$，则 $\angle NB'N'$、$\angle MB'M'$ 与竖直角 α 相等。由于一般视距仪的上、下丝夹角 $\varphi=34°20''$，则 $\angle NN'B'$ 和 $\angle MM'B'$ 都与 90° 相差 $\varphi/2=17'10''$，若将它们近似视为直角，所引起的误差不超过 1/40 000，可略而不计。由此可得：

$$M'B'=MB'\cos\alpha;\ N'B'=NB'\cos\alpha$$

则

$$M'B'+N'B'=(MB'+NB')\cos\alpha$$

式中 $M'B'+N'B'$ ——视距尺与视线垂直时的尺间隔，以 l' 表示；

$MB'+NB'$ ——视距丝在视距尺上实际读取的尺间隔，以 l 表示。

则上式可写为

$$l'=l\cos\alpha$$

应用式（1–4–5）可得

$$D'=Kl'=Kl'\cos\alpha$$

由直角 $\Delta OO'B'$ 得视线倾斜时的水平距离计算公式

$$D=D'\cos\alpha=Kl\cos^2\alpha \tag{1–4–7}$$

2. 视线倾斜时的高差公式

由图 1–4–5 可以看出，当视线倾斜时，A、B 两点间的高差可由下式算出：

$$h=D\tan\alpha+i-v$$

以式（1–4–7）代入上式得到

$$h=Kl\cos^2\alpha\tan\alpha+i-v=\frac{1}{2}Kl\sin 2\alpha+i-v \qquad (1\text{–}4\text{–}8)$$

式（1–4–8）中的第一项$\frac{1}{2}Kl\sin 2\alpha$称为初算高差，通常以$h'$表示，当竖直角$\alpha$为仰角时，其值为正，俯角则为负。

（四）视距测量的实施

如图1–4–5所示，欲测A、B两点间的水平距离D和高差h，其方法如下：

（1）在测站点A安置仪器，量取仪器高i。

（2）盘左位置照准竖立在测点B的视距尺，分别读取中、上、下三丝读数并算出视距间隔l。同时，整平竖盘指标水准管，如果仪器有竖盘自动归零装置，则应打开补偿器开关，读取竖盘读数，计算竖直角。

以上完成了半测回，如果为了提高精度并进行校核，应在盘右位置按上述方法再观测半测回，最后求得两半测回的尺间隔平均值l和竖直角的平均值α，再计算水平距离D和高差h。

在视距测量观测时，根据测区中地形、通视等情况，可分别使中丝读数位置及观测形式选用以下三种方法之一：

1）在地势平坦，通视良好地区，可尽量使用水平视线（$\alpha=0$）施测，其特点是计算公式简单，精度较好。

2）如果地形起伏较大，不可能用水平视线施测，即可采用倾斜视线测算，但尽量使中丝读数v位于仪器高i处，即$i=v$，则式（1–4–8）中$i-v$项等于零，简化了计算。

3）如测区地形起伏较大，障碍又多，中丝读数不可能读到仪器高i，为了简化计算可使中丝读数为仪器高加一个整米数，则式（1–4–8）中$i-v$项将等于一整米数。

（五）视距测量的操作举例

（1）视距测量实例如图1–4–6所示，测A、B两点的水平距离和高差。

1）在A点安置仪器、整平、对中，量出仪器高i。

2）在B点上立视距尺，尺应垂直。

3）观测人员使望远镜瞄准视距尺，并使十字横线所对尺上读数v等于仪器高i。

4）使竖盘游标水准管气泡居中，测出竖

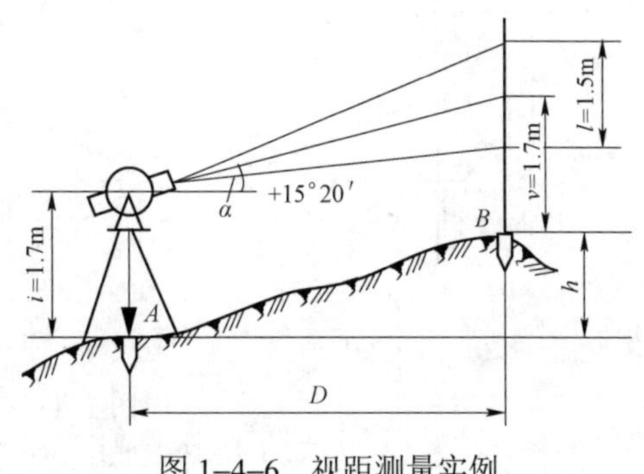

图1–4–6　视距测量实例

直角α（用正、倒镜各测一次取其平均值）。

5）读出上下视距线所切尺上的读数，其差即为视距l。

以上所测数据要随时做好记录，以备计算。

设$i=v=1.7\text{m}$，$\alpha=15°20'$，$l=1.5\text{m}$。

水平距离 $D=Kl\cos^2\alpha=100\times1.5\cos15°20'=139.511\text{（m）}$

高差
$$h=\frac{1}{2}Kl\sin2\alpha+i-v$$
$$=\frac{1}{2}\times100\times1.5\sin(2\times15°20')+1.5-1.5=38.253\text{（m）}$$

（2）测高低不同两点间的水平距离和高差时，理论上应使中线对准尺上的读数等于仪器高，读上下视距线尺上的读数而算出视距。但是在观测时，有时视距尺与仪器等高处的刻划线被障碍物遮蔽，不能读出十字中线尺上的读数。这时，可以使望远镜升高，视线越过障碍物，使十字中线和视距线对准尺上任一能读到的刻划线数字，测出竖直角，以计算其高度和水平距离，从计算高度中减去仪器高与十字中线读数之差，即得两点间的实际高差。计算水平距离时，也按上述竖直角及视距来计算，对水平距离并无影响。

三、视差法测距

视差法测距是用经纬仪和横基尺测量水平角，并通过计算求得水平距离的一种方法。一般用于控制测量中的距离测量，在量距困难地区，特别是山区可以用来代替钢尺量距。

（一）横基尺视差法测量原理

视差法测距如图 1–4–7（a）所示，为求A、B两点间水平距离，可在B点安置一已知长度为b并垂直于AB的横基尺，在A点用经纬仪观测夹角γ，称为视差角，则A、B两点的水平距离为

$$D=\frac{b}{2}\cot\frac{\gamma}{2} \tag{1–4–9}$$

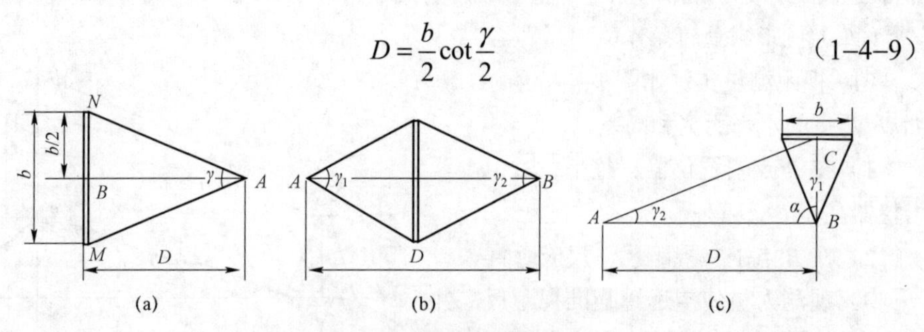

图 1–4–7 视差法测距

（a）等腰三角形；（b）菱形环节；（c）辅助基线环节

如两点间距离较长，为保证精度可沿测线连续布置菱形环节，逐个观测，分别计算求得距离总和，图 1–4–7（b）为一菱形环节，横基尺在 A、B 之间，则其水平距离为

$$D=\frac{b}{2}\left(\cot\frac{\gamma_1}{2}+\cot\frac{\gamma_2}{2}\right) \tag{1–4–10}$$

如果两点间距离很长且两点之间不便安置仪器时，则采用增长基线方法，即在线段一端布置辅助基线环节，如图 1–4–7（c）所示，分别观测 γ_1、α 和 γ_2，则 AB 之间的水平距离为

$$D=\left(\frac{b}{2}\cot\frac{\gamma_1}{2}\right)\frac{\sin(\alpha+\gamma_2)}{\sin\gamma_2} \tag{1–4–11}$$

（二）横基尺及其使用方法与视差角的观测

视差法测距通常使用 1、2m 或 3m 长的横基尺，图 1–4–8 为 2m 横基尺，二端和中间均有观测标志，中部有水准器（见图 1–4–9 中的 1）和瞄准设备。瞄准设备包括瞄准器 4 和方向准直管 2。

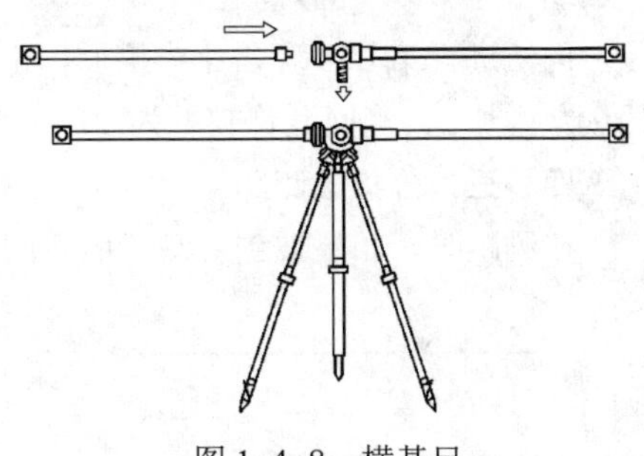

图 1–4–8　横基尺

观测视差角前，先将横基尺安置在测线的端点三脚架上，对中整平，以准直器瞄准经纬仪，使横基尺垂直于测线。准直器内可看到一明亮三角形，当用其尖端照准测站经纬仪时，见图 1–4–9 中的 4，横基尺就与测线垂直了。方向准直管用于检查横基尺垂直于测线的程度，当经纬仪望远镜中看到准直管内的明亮线条呈双凹截面状（见图 1–4–9 中 3 的 a）时，则表示横基尺严格垂直于测线。

（三）视差角观测方法

视差角观测的精度要求很高，通常用 J2 级经纬仪观测，因视差角的两个目标为横基尺的左、右标志，位于相同高度，可消除经纬仪视准轴误差和横轴不水平误差在视差角值上的影响。在观测程序上不必用盘左、盘右，仅用一个盘位即可。其观测方法有多种，其中一种称为全圆半测回法。全圆半测回法的方法如下。

（1）首先测小角，即视差角：照准左标志并读数；顺时针转动照准部照准右标志并读数，即完成上半测回。

（2）再测大角，即 360° 减视差角：完成上半测回后，略变动度盘，一般以测微轮使读数增加 2，再用度盘变位螺旋使度盘上下分划对齐，重新照准右标志并读数；顺

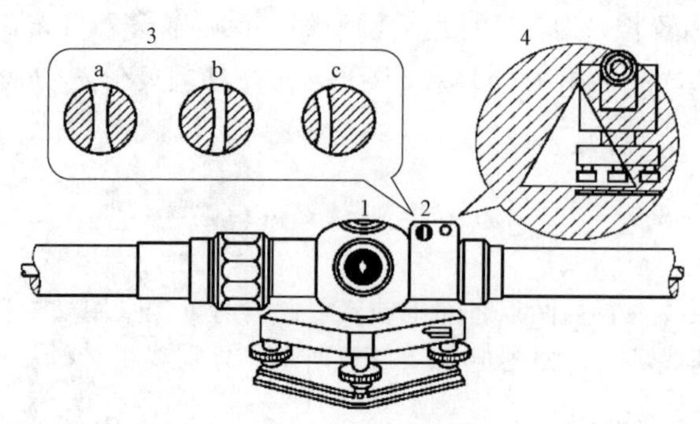

图 1–4–9 横基尺的结构

1—水准器；2—方向准直管；3—镜像；4—瞄准器

时针转动照准部照准左标志读数，则完成了下半测回。以上两个半测回为一对，至此完成了一对半测回的观测。

同法进行第 3、第 4 个半测回，组成另外一对，一般需要测两对，每半测回测微器读数增加 2。测回允许较差为 3（或 4）。

四、三角分析法测距

在测距时，如果遇到要测的两点间的距离较远，而中间又有河流、高山或其他障碍物，用直接丈量法和视距法测量有困难时，可以采取三角分析法测距，如图 1–4–10 所示，若要测 F、G 两点间的水平距离 A，其测法如下。

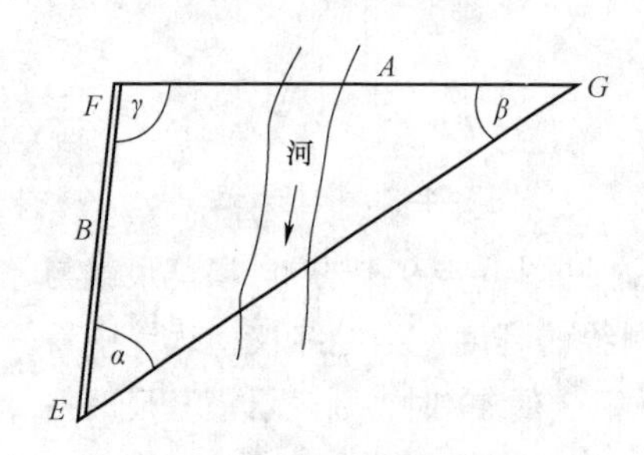

图 1–4–10 三角分析法测距

（一）基线测量

首先选出 F、E 间的一条基线 B。这条基线很重要，因为要根据它来推算要测的距离，所以这条基线要选在地势较平坦，适合量距的地方，要用钢卷尺精确地丈量出它的长度。

（二）水平角测量

测出α、β、γ这三个水平角，这三个内角之和应等于 180°。但实际上由于测角有误差，必定要出现角闭合差φ，$\varphi=\alpha+\beta+\gamma-180°$，当闭合差在容许范围以内时，则反其符号按 1/3 平均分配到三个角的角度值上。也就是说，如闭合差为正，则从各角度值中减去闭合差的 1/3；如为负时，则从各角度值中加上闭合差的 1/3。

（三）距离计算

根据上面已经测得三个角的角度值和基线长可以算出其余的两个边长。

在平面三角学任意三角形的边角关系中，正弦定理为

$$\frac{A}{\sin\alpha}=\frac{B}{\sin\beta}=\frac{C}{\sin\gamma}$$

那么，已知基线 B 和 $\angle\alpha$、$\angle\beta$，则

$$A/\sin\alpha = B/\sin\beta$$

$$A = B\frac{\sin\alpha}{\sin\beta} \quad (1\text{–}4\text{–}12)$$

在输电线路采用本法测距时，有下列要求：

（1）基线尽可能与所求边垂直，基线长度最好不小于所求边的 1/6。如地形复杂测量困难，最小也不应小于 1/9。

（2）基线长度应用钢卷尺拉成水平往返丈量，其相对误差不应大于 1/2000。

（3）对三角形各角应用水平度盘最小读数为 1′的经纬仪。以测回法施测一测回，半测回之差不大于±1.5′，三角形闭合差不大于±2′。

例：如图 1–4–10 所示，设已测得基线 $B=50\text{m}$，3 个水平角测完平差后，$\angle\alpha=58°26'$，$\angle\beta=30°43'$，$\angle\gamma=90°51'$，求 F、G 间之水平距离 A。将上列数据代入式（1–4–12），则

$$A = B\frac{\sin\alpha}{\sin\beta} = 50\times\frac{\sin 58°26'}{\sin 30°43'} = 83.403\text{（m）}$$

五、直线定向

（一）直线定向概念

确定地面两点间的平面位置关系，必须知道两点的水平距离及其连线的方向，确定直线与标准方向的角度关系称为直线定向。测量中常用的标准方向有如下三种。

1. 真子午线方向

通过地球表面某点并指向地球南北极的方向，称为该点的真子午线方向。它可以用天文测量方法测定，或者用陀螺经纬仪测定。指向北极星的方向可以近似地作为真子午线方向。一般工程常利用国家已测设的三角点成果推测出本工程各直线段的真子午线。

2. 磁子午线方向

磁子午线是用罗盘仪测定的，是磁针在地球磁场的作用下，磁针自由静止时其轴线所指的方向。磁子午线方向可用罗盘仪测定。地球磁南北极与地球南北极并不一致，磁北极在加拿大北部布提亚半岛，其位置约为西经 101°，北纬 75°；磁南极在南极大陆，其位置约在东经 114°，南纬 68°。因此，磁子午线与真子午线不一致，如图 1–4–11

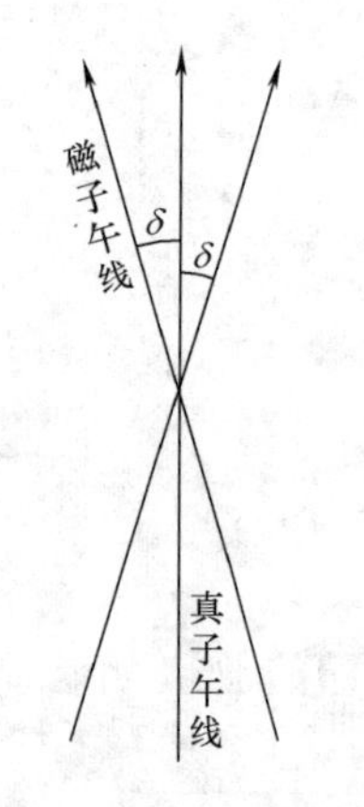

图1-4-11 子午线

所示，其夹角称为磁偏角。磁偏角大小与测站所在位置有关，偏于真子午线以东为东偏，偏于真子午线以西为西偏。地球上不同地点的磁偏角也不同，中国磁偏角变化为6°～10°，北京地区的磁偏角为西偏约5°（-5°）。由于两极对不同地点磁针两端吸引力不同，因而磁针静止时不水平，为此要在磁针的一端配以重物来调节。在北半球，重物应配在南端。

3. 坐标纵轴（X轴）方向

在测量工作中，通常采用平面直角坐标确定地面点的位置，因此，取坐标纵轴（X 轴）作为直线定向的标准方向。

（二）直线方向的表示方法

1. 方位角

测量学中直线定向常采用方位角表示。由标准方向北端起，顺时针方向量测到某直线的水平角，称为此直线的方位角，其角值的变化范围是 0°～360°，如图 1-4-12 所示。如果标准方向 ON 采用真子午线方向，则称为真方位角，用 A 表示。标准方向 ON 如采用磁子午线方向，则称为磁方位角，用 Am 表示。标准方向 ON 如采用坐标纵轴方向，则称为坐标方位角或称方向角，用 α 表示。

在图 1-4-12 中，每一条直线都有两个端点，在起点 O 处所确定的直线 $O \to A$ 的方位角为45° 32′12″，写作 α_{OA}。在终点A处所确定的直线$A \to O$的方位角为225° 32′12″，写作 α_{AO}。若确定直线 $O \to A$ 的方位角为正方位角，则直线 $A \to O$ 的方位角为反方位角，它们之间相差 180°，对于正、反坐标方位角，其关系式为

$$\alpha_{OA} = \alpha_{AO} \pm 180° \qquad (1-4-13)$$

2. 象限角

象限角是从标准方向的北端或南端开始，依顺时针或逆时针方向量至直线的锐角，并注出象限名称，称为象限角。其角值的变化范围为 0°～90°，常用 R 表示，并注明直线所在象限，如图 1-4-13 所示，R_{OA} = 北东60°36′（或 $N60°36'E$），R_{OB} = 南东43°23′（或 $S43°23'E$）。

坐标方位角和象限角是表示直线方向的两种不同的方法，两者之间既有区别又有联系，坐标方位角与象限角换算见表 1-4-1。

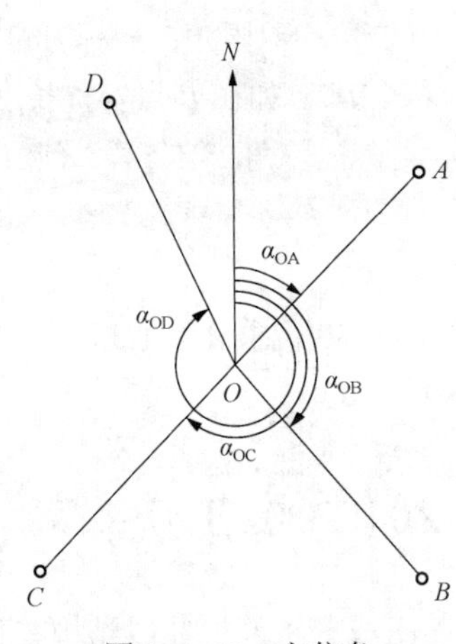

图 1–4–12　方位角

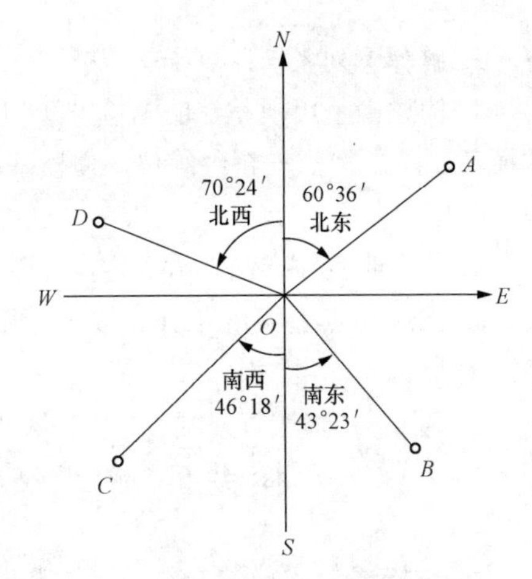

图 1–4–13　象限角

表 1–4–1　　　　坐标方位角与象限角换算

直线方向	由 α 推算 R	由 R 推算 α
北东（*NE*）第Ⅰ象限	$R=\alpha$	$\alpha=R$
南东（*SE*）第Ⅱ象限	$R=180°-\alpha$	$\alpha=180°-R$
南西（*SW*）第Ⅲ象限	$R=\alpha-180°$	$\alpha=180°+R$
北东（*NW*）第Ⅳ象限	$R=360°-\alpha$	$\alpha=360°-R$

【思考与练习】

1. 在距离测量时，为什么要定线？目估定线和经纬仪定线各适用什么情况？

2. 完成表 1–4–2 中视距测量的各项计算。

测站 A　仪器高 $i=1.48\text{m}$　$\alpha_L=90°-L$　测站高程 $H_0=162.385\text{m}$

表 1–4–2　　　　视 距 测 量 记 录

测点	尺读数				竖盘读数 L	竖直角 α	水平距离 D	高差 h	高程 H	备注
	下丝	上丝	尺间距 l	中丝 v						
1	2.264	0.700		1.480	97°12′40″					
2	2.003	0.960		1.480	85°50′24″					
3	2.343			1.800	105°44′36″					上丝无法读数
4	2.201	0.600		1.400	85°37′12″					

3. 解释下列名词：真子午线；磁子午线方向；方位角；象限角；坐标方位角。

4. 简述横基尺视差法的测量方法、使用情况和观测方法。如在 *B* 点安置长度为 2m 的横基尺，在 *A* 点安置经纬仪，使横基尺垂直 *AB*，测得视差角 2°15′54″，问 *AB* 间的水平距离为多少？

5. 什么叫直线定向？直线定向有哪几种标准方向？

6. 已知 *A* 点磁偏角为 16′，*AB* 直线的磁方位角 145°30′，求 *AB* 直线的真方位角，并绘图表示。

◢ 模块 5　测距仪的应用（Z04E3002Ⅱ）

【模块描述】本模块介绍电磁波测距仪的分类、组成、主要性能、结构与使用。通过概念描述、要点讲解、操作流程及步骤讲解，了解测距仪构成，熟悉测距仪的结构。掌握测距仪测距的方法。

【正文】

电磁波测距按载波不同，一般有可分为光电测距和微波测距。测距信号采用可见光或红外光作为载波的称为光电测距，此类仪器称为光电测距仪；采用微波段的无线电波作为载波的称为微波测距仪，在工程上应用最为广泛的是以激光或红外光为载波的测距仪。

激光测距仪是利用激光对目标的距离进行准确测定的仪器。激光测距仪在工作时向目标射出一束很细的激光，由光电元件接收目标反射的激光束，计时器测定激光束从发射到接收的时间，计算出从观测者到目标的距离；激光测距仪是目前使用最为广泛的测距仪，激光测距仪又可以分类为手持式激光测距仪（测量距离 0～300m），望远镜激光测距仪（测量距离 500～3000m），价格较贵。

红外测距仪是利用调制的红外光进行精密测距的仪器，测程一般为 1～5km。利用的是红外线传播时的不扩散原理：因为红外线在穿越其他物质时折射率很小，所以长距离的测距仪都会考虑红外线，而红外线的传播是需要时间的，当红外线从测距仪发出碰到反射物被反射回来被测距仪接受到再根据红外线从发出到被接受到的时间及红外线的传播速度就可以算出距离，红外测距比激光测距仪的优点便宜，易制，安全，缺点是精度低，距离近，方向性差，仪器笨重。

这两种仪器也可以用于测高，因价格高或仪器笨重，通常在输电线路用于距离测量。

目前国内外生产的红外测距仪型号各异，按其组成部分来说主要包括：测距仪主机、反光镜、电源及充电机等。测距仪主机主要由其内装有发射光学系统和接收光学系统的照准头和内有电子线路测相器等的控制器组成；反射镜是用作使照准头发射的光线折返，以及作为水平角和竖直角观测时的照准目标。

测距仪按结构形式可分为组合式、整体式和分离式。组合式即测距仪和经纬仪不是一个整体，当作业时将各部件组合起来安装成一整体使用；整体式即发射、接收和控制显示系统，甚至与测角系统联合制成一个整体；分离式即是照准头和控制显示部分互相分离，作业时照准头安置在经纬仪或基座上，而控制显示部分安置在附近，两者有电缆连接。

测距仪按测程，可分为测程小于 3km 的短程光电测距仪，测程在 3～15km 的中程光电测距仪和测程在 15km 以上的长程光电测距仪。

各种测距仪由于其结构不同，操作方法也各有不同，使用时应严格按照仪器出产厂家提供的使用说明书进行操作，以下仅介绍 DCH–3 型红外测距仪的构造与使用方法。

一、DCH–3 红外测距仪的主要性能

DCH–3 红外测距仪是组合式，作业时将测距仪主机安装在 J2 经纬仪上。它采用砷化镓（GaAs）发光二极管为光源，仪器内设有两个测尺频率，精测调制频率为 14 985 543Hz；粗测调制频率为 149 855Hz，距离读数分辨率为 1mm，测距仪自身质量为 2.5kg。仪器的主要性能如下。

（一）测程

测程是指仪器满足设计所能测量的最远距离，它与大气通视情况和所用棱镜个数有关系，DCH–3 红外测距仪在标准大气能见度条件下，一块棱镜测程为 2000m，三块棱镜测程为 3000m。

（二）精度

测距仪的精度是指一次测量中误差。DCH–3 红外测距仪一次测距中误差为±（$5mm+5\times10^{-6}D$），跟踪测距中误差为±（$10\sim20mm+5\times10^{-6}D$），其中，$D$ 为所测的距离。

（三）功能

仪器能进行气象及各种仪器常数改正；距离变化时，仪器可以自动调整光强；光线受行人、车辆等运动物体的阻碍时，仪器会自动停止测量，而当挡光物体离开后仪器又能自动继续测量；当由键盘输入天顶距、方位角后，可显示出水平距离、高差和纵横坐标增量；可进行跟踪测量；能进行距离单位转换（公制 m↔英制 F）和角度单位转换（360°制 D↔400°制 G）。

二、DCH–3 红外测距仪的构造

DCH–3 红外测距仪构造主要包括：安装在经纬仪上的测距主机（见图 1–5–1）、反光镜（见图 1–5–2）、电源和充电设备，望远镜和测距仪一起转动进行距离、天顶距、水平角测量。

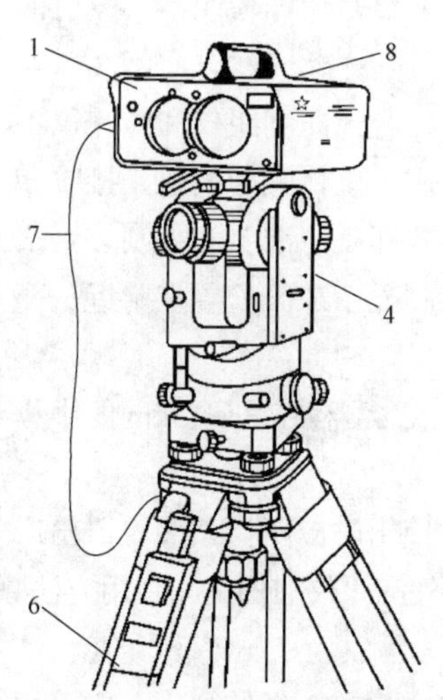

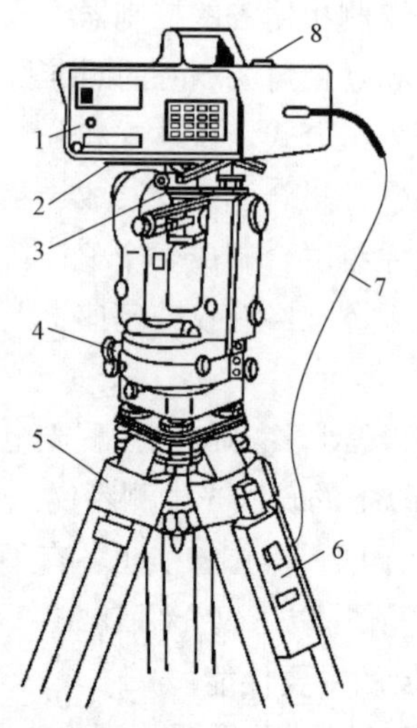

图 1–5–1 DCH–3 红外线测距仪构造

1—测距仪主机；2—夹紧装置；3—连接器；4—光学经纬仪；5—三脚架；
6—电池盒；7—电源电缆线；8—橡皮盖

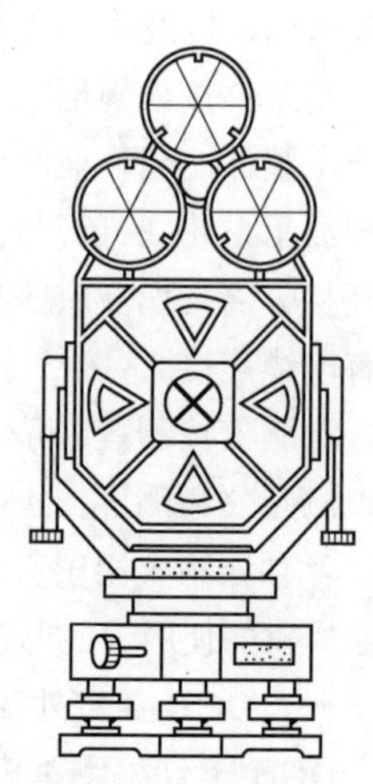

图 1–5–2 测距仪反光镜

三、仪器的操作与使用

（一）仪器的安装

在测站上安置经纬仪，对中、整平后，将经纬仪放置在盘左位置上，再把测距仪通过锁紧机构安装在经纬仪的照准部上。同时打开气压表，并将温度计放在离开地面的通风处，避免阳光直晒，做好读数准备。

按常规方法在待测距离的另一端立起三脚架，并装上三角基座，用光学对点器仔细整平、对中，再根据测程大小和大气透明情况，确定棱镜数目，将其安装在可倾斜靶上，随后将可倾斜靶插入三角基座孔中，利用靶心的瞄准器瞄准测程另一端测站上的经纬仪望远镜，然后固定好，即安装完毕。

若进行跟踪测量、地形测量或精度要求不很高的其他测量作业时，可使用可倾斜反射器，如图 1–5–3 所示。使用方法是：将测杆水准器套在测杆上，放置位置以使用者目视水准器方便为准，然后将可倾斜反射器也套在测杆上，使棱镜面朝测站方向，旋转带有角度刻度的棱镜盒，使之大致对准测站经纬仪，手扶测量标杆使水准器水准气泡居中，使测量标杆处于铅垂状态。

（二）测距仪照准与检查

检查经纬仪对中、整平情况后，用经纬仪照准可倾斜的黄色靶心，接通电源后，触按操作面板上的 ON 键，仪器进行自检，自检合格后显示“88888888”，若不合格显示“**LLLLLLLL**”。触按 SIG 键，有回光信号时，显示屏上出现横道线，同时听到蜂鸣器音响信号。

检查是否正确照准的方法是：分别微调经纬仪的垂直和水平微调螺旋，同时通过望远镜观察上下、左右偏离中心到蜂鸣音响消失瞬间的偏离范围是否与照准中心对称。从水平度盘和竖直度盘读数左右、上下各自偏离的读数差在 0～1 为佳。或观察显示屏上横道线消失的瞬间来代替蜂鸣器的音响判断，以检验偏离范围是否与照准中心对称。准确照准使三光轴平行是减少光束相位不均匀性对测量距离精度影响的重要措施。

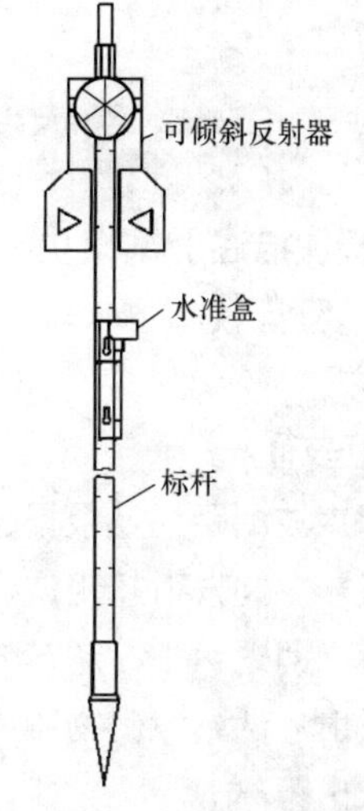

图 1–5–3　可倾斜反射器

（三）距离测量步骤

（1）按状态键 STA 选择测量方式。共有五种状态：单次测量、可倾斜反射器单次测量、平均值测量、可倾斜反射器平均值测量、跟踪测量等。

（2）按数字键，设置参数。根据已获得的测量参数值如天顶距、水平角、温度、气压值、平均次数等一一置入，若置数不符合范围，如水平角超出 360° 或置数不符合逻辑（如 65′、75 HHHHHHHH 等），将显示并闪烁，表示错误，然后迅速自动恢复初始状态，此时可重新置入正确参数。

（3）按 MEAS 键启动测量显示测量结果。在测量过程中不出现符号“▨”，蜂鸣器也不响。在单次测量和平均值测量的首次测量过程中，显示板上有逐渐增多的横道线，表示测量正在进行；当横道增到 7 个时测量结束，自动清除横道，显示测量结果。

（4）选择读数。根据测得的斜距和置入的参数，自动显示结果，继续按功能键 FUC 分别取出并显示有关结果。显示的标志不同，代表的内容不同，如：◺ 显示为斜距；◿ 为高差；◺ 为水平距离；X 为 x 轴方向的坐标增量 Δx；Y 为 y 轴方向的坐标增量 Δy。如果数值为负则在显示结果的同时显示出“–”号。

在新的一次测量前上述结果一直保存，可以随时取出检查。

【思考与练习】

1. 测距仪分类有哪些？各有何特点？
2. 测距仪由哪些部分组成？各自有何作用？
3. 简述 DCH–3 红外测距仪距离测量步骤。

◢ 模块 6 测高仪的应用（Z04E3003Ⅱ）

【模块描述】本模块涉及超声波测高仪的结构、功能和测高仪的使用。通过概念描述、要点讲解、操作流程介绍，了解超声波测高仪的结构，熟悉测高仪基本使用的方法。

【正文】

超声波测距仪是根据超声波遇到障碍物反射回来的特性进行测量的。超声波发射器向某一方向发射超声波，在发射同时开始计时，超声波在空气中传播，途中碰到障碍物就立即返回来，超声波接收器收到反射波就立即中断停止计时。通过不断检测产生波发射后遇到障碍物所反射的回波，从而测出发射超声波和接收到回波的时间差 T，然后求出距离 L。

测量时，超声波线缆测高仪垂直对准被测量的导线，波束到达导线后反射，仪器接收反射波后，就能自动计算出波束行程的距离。使用该仪器时不需要接触电力（通讯）架空线、手工操作，瞬时完成，大屏幕液晶数字可以显示输电线与地面最低 1～6 根线的依次对地距离，可以测量导线对地安全距离和线间交叉跨越的测量。

超声波测距仪，由于超声波受周围环境影响较大，所以一般测量距离比较短，测量精度比较低，但价格比较低，一般几百元左右，一般用于输电线路测量高度、交叉跨越，特别是水田地段线路测量交叉，比其他测量方法简单、安全。

图 1–6–1 RIC2000E 测高仪结构图

测高仪具有以下特点：可测量 6 根离地最高（低）导线的对地距离，自动换算线间（交叉跨越）垂直距离；仪器具备自检功能可很容易让用户检查仪器的精度，对着墙面就可校正仪器；进一步改进了对杂散讯号的抑制，使得性能更稳定、测量更方便，按一次键就完成全部操作。目前各种方便、使用的测高一起很多，现场使用方便，适合运行人员单人使用，特别是在水田地段测量安全、简便，以下以爱尔兰 RIC2000E 测高仪（见图 1–6–1）为例详细介绍。

快速测量：同时测量 6 根线缆高度至 30m。（通过面板上的选择开关，可从下往上测量，或从上往下测量）。

测量：线缆、电力架空线路的高度；电缆（电线）垂度；和顶部余隙自动换算线缆间（交叉跨越）垂直距离。可测量室内对墙体的距离，对电杆、变压器和其他目标的距离可达25m。

安全保障：超声波测量原理。无需接触到被测量的导体

非常精确：采用大型测量头，测量精度0.5%。比市场现有超声波测高仪精度高，测量高度可达30m。进一步改进了对杂散讯号的抑制，使得性能更稳定。

简单易用：保留简单实用的3键设计，最新设计的折弯型测量头，容易对准线缆位置并同时观看测量结果。测量方便，容易对准线缆位置及观看测量结果。

校验方便：仪器具备自检功能可很容易让用户检查仪器的精度，对着墙面就可校正仪器。免维护无需调整，保证可靠。

电脑软件：Datalog功能（选项）可把现场测量结果存储在内存里，并可下载到电脑中，让您分析一年四季线缆高度随时间、温度的变化，寻找规律。RIC2000E测高仪操作说明如下。

一、功能键说明

R阅读键：依次读取所测第一至第六根导线的读数。M测量键：按一下即完成全部测量功能。Auto/Off 电源开关：按一下打开电源，不按任何键三分钟后，电源自动关闭。R和M键：同时按这两个键，消除所有数据。TOP/BTM开关：在TOP位置，测离地最高第六至第一根导线。在BTM位置，测离地最低第一至第六根导线。Mea/Cal开关：在Mea位置，仪器测架空导线；在Cal位置，仪器测室内距离或其他大物体的距离，也可以测标准物体的距离，作为检验仪器精度的依据。

二、操作步骤

① 打开ON键；② 站在导线下方与导线平行位置；③ 等显示屏温度值与大气温度一致；④ 如果测导线高度，把Mea/Cal开关定到Mea位置，如果测离地最低第一至第六根导线，把TOP/BTM开关定到下档，如果测离地最高至第一根导线，把该开关定到上档。⑤ 两手水平握稳测高仪（也可置于水平地面），按下M键，约2～3s后松开。⑥ 按R即显示测量值。如TOP/BTM开关在下档，显示屏按顺序显示离地最近的导线与仪器底部的距离，第一根线与第二根线的距离，第三根线与第二根线的距离……如所测的导线数量不够六根，显示值为“———”。如TOP/BTM开关在上档，显示屏按顺序显示离地最高的导线与仪器底部的距离，第六根导线与第五根导线的距离，第五根导线与第四根导线的距离……（注：该值前面有“-”符号，表示负值），其余依次类推。⑦ 同时按R和M键，清除所有数据。

三、电池低电压报警和更换电池

电池电压低于6V，仪器会自动报警，并在显示屏中间上方有显示。用户应及时更换电池，否则测量值不准，电池漏液会严重损坏仪器。

【思考与练习】

1. 简述超声波线缆测高仪的原理。

2. 超声波线缆测高仪特点有哪些？

3. 超声波线缆测高仪应用的注意事项是什么？

模块7 绝缘测量绳的应用（Z04E3001Ⅰ）

【模块描述】本模块涉及绝缘测量绳的使用方法、过程。通过概念描述、要点讲解、操作流程介绍，熟悉绝缘测量绳使用的方法，掌握绝缘测量绳的操作步骤。

【正文】

一、输电线路交叉跨越物的测量

（1）测试绳及工、用具的选择。

（2）工用具的使用和检查。

（3）测量工作的操作步骤、技术规范及注意事项。

（4）详细记录测量数据。

二、说明事项

（1）1人测量。

（2）气象条件正常，天气干燥，且测量区域内无水。

（3）戴安全帽，穿工作服。

三、工具、材料、设备、场地

（1）50m带标记绝缘测试绳1条。

（2）温度计1支、重锤、数据记录表、记录笔。

（3）利用现有停电线路或利用培训线路操作。

四、工用具选择

（1）测试绳：在实验周期内实验合格的绝缘测绳。

（2）重锤：大小合适，方便工作。

（3）温度计：显示温度准确。

（4）数据记录表：提前准备，科目齐全。

五、操作步骤

（1）检查测具：重锤拧紧，测绳刻度标示清晰。

（2）测量温度准备：将温度计放置在距交叉跨越点10m处测量环境温度。

（3）准备测绳：目测交叉跨越物上方导线距地面距离，放出多于目测距离长度的测绳已备使用。

（4）测量Ⅰ：站在交叉跨越点水平 3m（视实际情况而定）处，右手握在距测绳重锤 30cm 处，左手将余绳拿好。

（5）测量Ⅱ：右手抡动重锤，使其按照圆的轨迹运动，眼睛注视导线，当重锤沿着圆形轨迹向上运动时松手，利用惯性将重锤向导线上方抛出。

（6）测量Ⅲ：测绳跃过导线后搭在被测导线上，这时继续放线到左手能握住重锤处停止。

（7）测量Ⅳ：双手捋着测绳到交叉跨越点处，左手放开重锤，右手调节测绳至最佳观测处，记下交叉距离读数。

（8）测量Ⅴ：记下读数后，站在距导线 3m 处，用手握住测绳缓慢往回拽，当重锤碰到导线后，稍微用力下拽，重锤即可掉下。

（9）测量Ⅵ：盘好测绳。

（10）记录数据：观看温度计，将交叉距离读数和环境温度记入数据记录表中。

（11）收好测量用工器具：测量工作结束。

六、数据记录表

（1）电压等级（kV）。

（2）线路名称。

（3）杆号。

（4）距离杆塔__号（大号或小号侧）水平距离_____（m）。

（5）交叉跨越物名称。

（6）环境温度（℃）。

（7）测量人。

（8）交叉垂直距离_____（m）。

七、安全及其他要求

（1）严格执行安全工作规程。

（2）动作熟练流畅，无野蛮作业。

绝缘测量绳常温、干燥保管即可，但按带电作业绝缘绳试验，通常这种方法用于 110kV 输电线路交跨测量。

【思考与练习】

1. 使用绝缘测量绳，测量前的准备工作有哪些？
2. 简述使用绝缘测量绳进行输电线路交叉跨越物的测量的操作步骤。
3. 简述绝缘测量绳的保管要求及使用范围。

第二章

输电线路的专业测量

模块 1　输电线路复测和分坑（Z04E1007Ⅲ）

【模块描述】本模块包含线路杆塔桩复测、杆塔的定位与基础分坑、拉线基础分坑和拉线长度的计算、施工基准面的测定。通过概念描述和操作过程讲解，掌握线路杆塔桩复测、杆塔的定位与基础分坑、拉线基础分坑和拉线长度的计算、施工基准面的测定方法。

【正文】

一、线路杆塔桩复测

输电线路杆塔基础的位置是根据设计部门测定的杆塔桩来确定的。杆塔桩位、档距等的误差不许超过允许范围。但线路在勘测设计工作结束，到开始施工这个期间，往往因施工前各项准备工作要间隔一段时间。在这段时间里，时常因受外界影响发生杆塔桩偏移或丢桩等情况。所以在开工伊始，要会同原设计部门对线路上各杆塔桩及杆塔桩间的档距进行一次全面复测。在复测过程中，如发现档距与原设计数据不符，或杆塔桩偏移、丢桩等情况，应与设计部门研究校正档距、桩位、补钉丢失桩，然后开始施工。

（一）直线杆塔桩复测

直线杆塔桩复测，以直线桩为基准，用重转法（见 Z04E1005Ⅱ内容）亦即正倒镜分中法来复测。如图 2–1–1（a）所示，Z_1、Z_2 为直线桩，5 号为直线杆塔桩。把仪器置于 Z_2 桩上，先用正镜后视 Z_1 桩上的标杆，然后竖转望远镜前视 5 号桩侧测得一点 A；望远镜沿水平方向旋转，仍瞄准 Z_1（此时为倒镜），再竖转望远镜前视 5 号桩侧测得一点 B，量出 AB 之中点 C，如 C 点恰与 5 号桩重合，则说明该直线杆塔桩是正确的。如不重合时，量出 C 至 5 号桩间的水平距离 D，D 即为杆塔桩横线偏移值，D 值一般要求应不大于 50mm（应按技术规范之规定），如不超过此限度，则认为合格；如超过时，应将杆塔桩移至 C 点上，以 C 点为改正后的杆塔桩位。

另一种方法是用测水平角的测回法来确定，如图 2–1–1（b）所示。图中 Z_2、Z_3 为直线桩，5 号为直线杆塔中心桩。将仪器安置在 5 号桩上，依据后视 Z_2 桩为基准，复核盘左、盘右测水平角∠$Z_2$5 号 Z_3 的平均角度值是否为 180°。如实测水平角平均值在 180°±1′以内时，则认为杆塔中心桩 5 号是在线路的中心线上；而实测的水平角平均值超过 180°±1′时，则杆塔中心桩位置发生了偏移，根据角度和桩间距离可计算出偏移值。如横线路方向偏移值超出允许值，需采用正、倒镜分中法予以纠正。

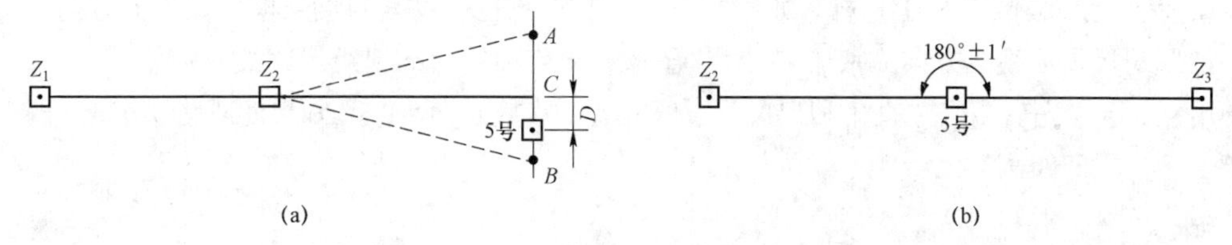

图 2–1–1　直线杆塔桩复测方法

（a）重转法；（b）测回法

（二）转角杆塔桩复测

转角杆塔桩复测，是复查转角的角度值是否与原设计的角度值相符合。如图 2–1–2 所示，仪器安置在转角桩 J_2 上，后视转角桩为 Z_5（如相距远不能后视为 Z_6，亦可后视中间直线桩），前视转角桩为 Z_6（或其间直线桩），测其右角 β，用测回法测一个测回。如测得的角度值与原设计的角度值之差不大于 1′30″（应按技术规范之规定），则认为合格；如大于 1′30″，则应慎重复测以求得正确的角度值，而后与设计单位研究改正原设计角度。

这里有一点要说明，输电线路所说的转角杆塔桩的转角角度，是指转角桩的前一直线的延长线和后一直线（线路进行方向）的夹角（见图 2–1–2）。这个角在前一直线延长线左面的角叫做左转角，在右面的角叫做右转角。图 2–1–2 中 α 角就是线路的左转角。要以这个角度值和原设计的角度值相对比，以判定角度是否正确。

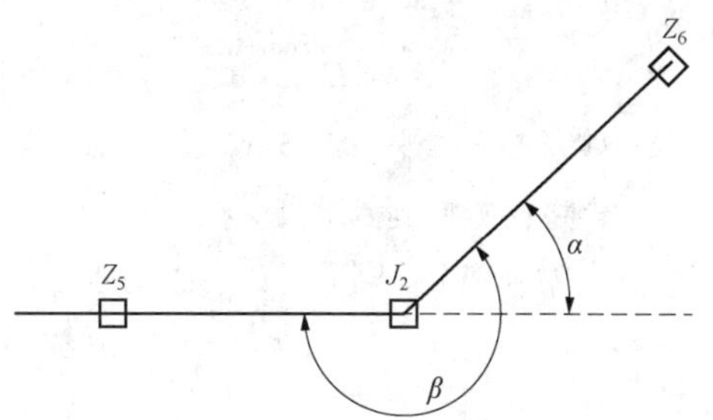

图 2–1–2　转角杆塔桩复测方法

（三）档距和标高的复测

线路塔位桩间的档距和标高要用视距法进行复测。特别是对相邻杆塔间有凸起地形和交叉跨越物（如铁路、电力线、通航河流等）时，就必须进行复测，以防止原测量成果有错误或误差较大。若在竣工后发现导线对地、对被跨越物安全距离不符合规定标准，会造成返工浪费。例如，导线对地安全距离不够，就要挖掉大量土方，导线对其他被跨越物安全距离不够，无论是改变本线路设计，还是要改建被跨越物，都会造成很大的损失，所以说这项复测是很有必要的。

下面举例说明档距和标高的复测方法，如图2–1–3所示，*A*、*B*杆塔桩之间有一个地形凸起点*C*（这个点通常叫做危险点，因为它与导线弧垂接近）。要测*A*、*B*、*C*三点之标高和距离。其测法是，将仪器安置在*A*桩（也可安置在*C*点）上，量出仪器高*i*，使望远镜瞄准*B*桩上标杆（如不能透视*B*桩时；也可以其间直线桩标定仪器方向），指挥司尺员沿视线方向立尺于*C*点上，望远镜十字横线对准视距尺读数*v*(使*v*等于*i*)。用正、倒镜先后测出竖直角和尺间隔的平均值。设竖直角为+5°20′尺间隔为1.03m（即上下丝之间距离）。

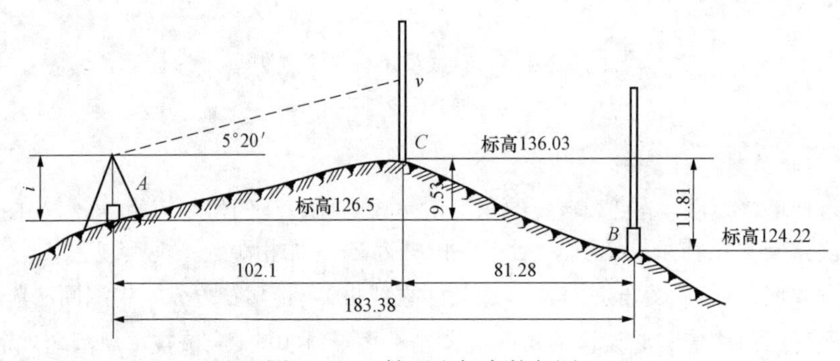

图2–1–3　档距和标高的复测

则*A*、*C*两点间的水平距离为

$$D = Kl\cos^2\alpha = 100\times1.03\times\cos^2 5°20' = 102.1\,(\mathrm{m})$$

如*A*桩标高为126.5m，则*C*点的标高为$126.5 + 9.53 = 136.03\,(\mathrm{m})$

再将仪器移到*C*点上，在*B*桩上立尺，依同法观测，设测得的平均竖直角为–8°16′，尺间隔为0.83m，则*C*、*B*两点的水平距离为

$$D = 100\times0.83\times\cos^2 8°16' = 81.28\,(\mathrm{m})$$

高差为：

$$h = 81.28\times\tan 81°.28'' = 11.81\,(\mathrm{m})$$

已知*C*点复测后的标高为136.03 m，*C*、*B*两点高差为–11.81 m，则*B*桩复测后的标高为$136.03 - 11.81 = 124.22\,(\mathrm{m})$。*A*、*B*桩间复测后的档距为$102.1 + 81.28 = 183.38\,(\mathrm{m})$。

根据复测后各桩间的档距和标高与原设计数据相比较，档距误差一般要求应不大于设计档距的1%，高差应不超过±0.5m。如超过允许规范，应与设计单位会同处理。

（四）丢桩补测

补桩有两种情况：一是由于设计测量到施工测量要经过一段时间，因外界影响，当杆塔桩丢失或移位时，需要补桩测量，称为丢桩补测；二是设计时某杆塔位桩由某控制桩位移得到，如5号的杆塔位置为Z_5+30，即5号的位置由Z_5桩前视30m定位，这也需要复测时补桩测量，称为位移补桩。补桩测量应根据塔位明细表、平断面图上原设计的桩间距离、档距、转角度数进行补测钉桩，并按现行的DL/T 5076《220kV及以下架空送电线路勘测技术规程》进行观测。

1. 丢桩补测

（1）补直线桩。直线桩丢失或被移动，应根据线路断面图上原设计的桩间距离，用正、倒镜分中延长直线法测定补桩。

（2）补直线杆塔位桩。直线杆塔位中心桩丢失或被移动，也应按线路杆塔明细表、平断面图上原设计的档距，采用正、倒镜分中延长直线法测量补桩。

（3）补转角杆塔位桩。当个别转角杆塔位丢桩后，应做补桩测量，施测方法如图2-1-4所示。设图中J_2为丢失的转角桩，将仪器安置于Z_5桩上，以后视Z_4为依据标定线路方向，采用正、倒镜分中延长直线的方法，根据设计图纸提供的桩间距离，在望远镜的前视方向上，J_2的前后分别钉A、B两个临时木桩，并钉上小铁钉。再将仪器移至直线桩Z_6上安置，以前视直线桩Z_7为依据，依上述同法，分钉立C、D临时木桩。

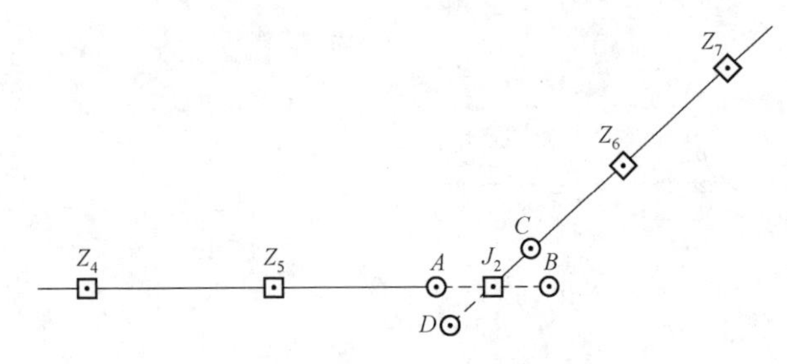

图2–1–4　补转角杆塔位桩的测量

四个临时木桩应选在丢失的转角桩J_2附近，钉桩高度适中。然后用细线分别扎在A、B和C、D上小铁钉上，并且拉紧扎牢，AB与CD两线相交点即为转角桩中心位置，补钉上J_2转角桩，再用垂球线沿交点放下，垂球尖对准桩面的点，钉上小铁钉标记，则完成补转角桩测量。

若补测的转角桩J_2周围地形较平，且仪器安置在Z_6直线桩时，通过望远镜能清楚看到A、B两钉连接的细线，也可不钉C、D临时木桩，用望远镜十字丝与A、B细线的交点直接钉木桩和钉小铁钉。

2. 位移补桩

位移杆塔位中心桩绝大部分都是直线杆塔位桩，但是，当线路位于规划区，路径由规划确定情况下，遇到水塘等在设计测量时无法钉立转角杆塔位桩时，设计通过两线段来计算转角交点或规划提供杆塔位坐标，也需通过位移确定转角杆塔位桩。施测时根据线路杆塔明细表、平断面图上的设计位移值，采用正、倒镜分中延长直线法测量补桩。测量方法与上述补直线杆塔位桩和补转角杆塔位桩相同。

（五）钉辅助桩

当线路杆塔中心桩复测确定后，应及时在杆塔中心桩的纵向及横向钉立辅助桩。钉立辅助桩的目的是以备施工时标定仪器的方向；当基础土方开挖施工或其他原因使杆塔中心桩覆盖、丢失或被移动时，可利用辅助桩位恢复杆塔位中心桩原来的位置；再则还可检查基础根开、杆塔组立质量，因此辅助桩被称为施工控制桩。

直线杆塔辅助桩的测钉方法如图 2–1–5 所示。将仪器安置在杆塔位中心桩上，用望远镜瞄准前后杆塔桩或直线桩，指挥在视线方向上，本杆塔桩位不远处的合适位置，钉立 A 辅助桩，倒镜视线上钉立 C 辅助桩，通常 A、C 称为顺线路或纵向辅助桩；然后将望远镜沿水平方向旋转 90° 角，再在线路中心线垂直方向上钉立 B、D 两辅助桩，则称为横向辅助桩。

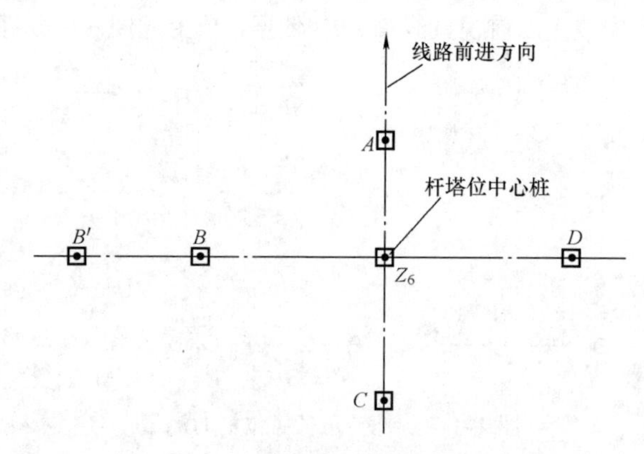

图 2–1–5 直线杆塔辅助桩的测钉方法

辅助桩的位置应根据地形情况和杆塔的高度而定，距杆塔中心桩一般为 20～30m。若地形较为平坦，其距离可选在大于杆塔高度。位置应选择在不易受碰动的地方为宜。当遇有特殊地形不便在杆塔桩两侧钉立桩时，也可以在同一侧钉两个桩（如图 2–1–5 中的 B 桩）。

（六）线路复测注意事项

线路复测是线路施工的第一道重要的工序，也是发现和纠正设计测量错误的重要环节，所以它关系到整个线路工程的质量。因此，在复测中应注意以下事项：

（1）在线路施工复测中使用的仪器和量具都必须经过检验和校正。

（2）在复测工作中，应先观察杆塔位桩是否稳固，有无松动现象，如有松动应先将杆塔位桩钉稳固后，再进行复测。

（3）复测后的杆塔位桩上，应清楚注记文字或符号，并涂与设计测量不同颜色来标识。以示区别和确认复测成果。

（4）废置无用的桩应拔掉，以免混淆。

（5）在城镇或交通频繁地区，在杆塔桩周围应钉保护桩，以防碰动或丢失。

二、杆塔的定位与基础分坑

（一）杆塔定位的方法和要求

（1）根据设计部门提供的线路平、断面图和杆塔明细表，核对现场导线桩，从始端杆桩位开始安置经纬仪，向前方逐基定位。

（2）经纬仪安置时要以桩顶圆钉中心对中，然后选择距离 500m 左右的方向桩上的圆钉，以后视或前视进行瞄准，再倒转镜筒 180° 复核前、后视方向桩有无偏差，无误后即可定位。仪器偏差不应超过 3′。如果偏差过大，应检查原因，是否认错桩位或其他原因。

应注意安置仪器对中或前、后视竖立标杆，都必须以柱顶圆钉中心为准，不允许任意凭一般导线桩的中心为准，不允许瞄准最近的桩位去测远方杆塔，否则必有较大误差。

（3）根据杆塔明细表上注明的每基杆塔的导线桩号，到达现场先进行核对，再用皮尺量出应加减的尺寸（向前方为加，向后为减），即为该杆塔的中心桩位置，若现场导线桩遗失，可参考平、断面图上的距离复测。

（4）直线杆塔定位时，安放一次仪器，可以前、后视连续定位，待前方已看不清或地形有障碍时，再依上法向前移动仪器。

（5）每基杆塔除钉立主中心桩外，还必须同时钉必要的副桩，副桩距主桩的距离一般取 3～5m。在主桩的顶端两边用红漆注明杆号，在副桩顶端两边注上“副”字，表示与主桩区别，以免认错。

（6）直线杆塔定位如图 2–1–6、图 2–1–7 所示，图中主、副桩之间距离数字为参考数据，施工图另有规定时，应照施工定位图的规定。

（7）转角杆塔定位时，将仪器安放在中心桩位置，瞄准转角前后两方向，依次钉好前后顺线路方向的副柱（通称顺线桩）。再根据转角度数，钉内侧角的二等分线分角桩，转角内侧合力方向的副桩，通称下风桩，外侧（受力反向）的副桩，通称上风桩。图 2–1–8 为转角杆塔定位图。图中 L_1、L_2、L_3 的距离，可参考表 2–1–1。

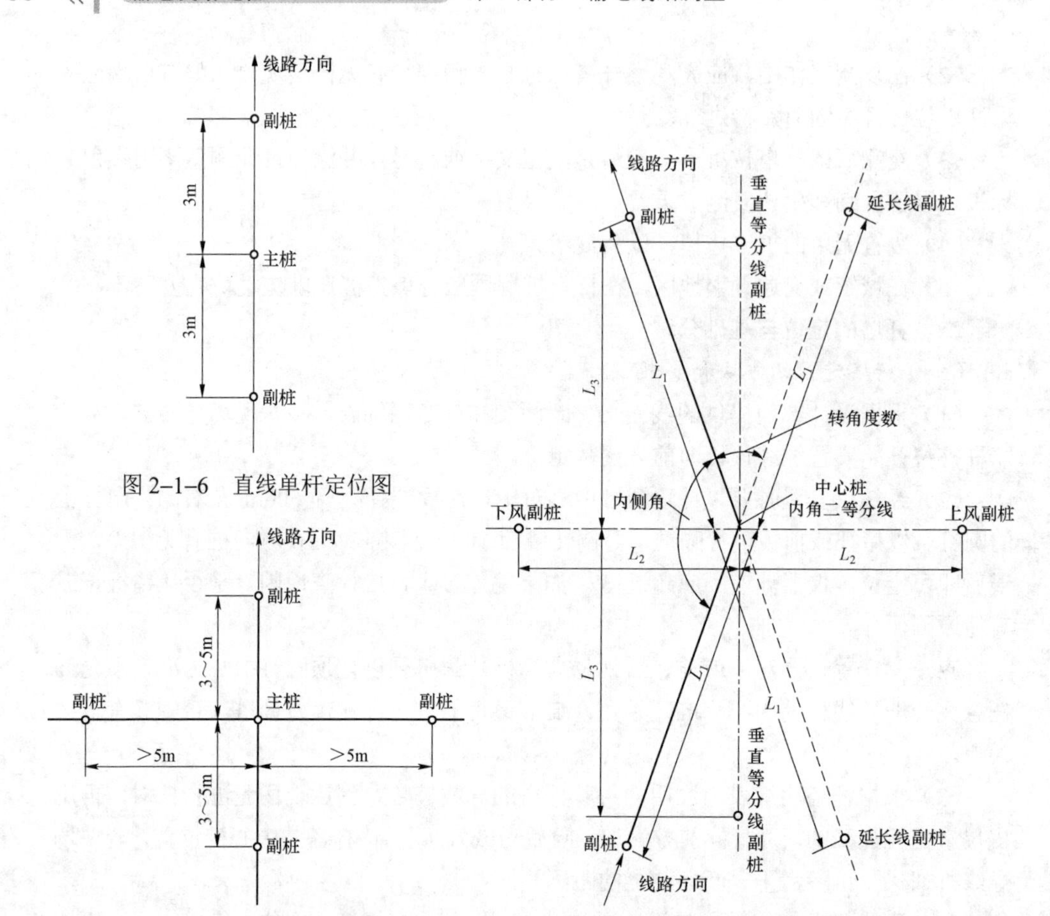

图 2–1–6 直线单杆定位图

图 2–1–7 直线双杆及直线塔定位图

图 2–1–8 转角杆塔定位图

表 2–1–1 转角杆塔定位桩的距离 m

杆塔种类		L_1	L_2	L_3
10kV	单、双杆	5	3	
	铁塔	8	5	5
35kV	单杆	5	3	
	双杆	10	5	5
	铁塔	15	5	5
110kV	单杆	10	5	
	双杆	15	10	10
	铁塔	20	1	12

（8）转角杆塔应复测转角度数是否与原设计相同，若不符合时，应再复测前、后视桩位。如确非前、后视桩位所造成的偏差，并已超过30′时，可根据前后各两个以上直线桩重行交角，重钉中心桩，并将新转角度记录上报。

（9）转角杆塔的中心位置，不允许有任何移动。直线杆塔定位时，如发现地形不利于立杆必须移位时，一般允许在顺线方向前后移动不超过2m（110kV线路为5m）的范围内。若超过，应得到有关部门同意。

（10）每基杆塔定位以后，为了避免农作物等遮没木桩以致无法寻认，有条件时可在主桩（中心桩）旁插一面小旗，小旗上标明杆号与杆塔型代号。

（11）通常使用的杆塔型代号含义见表2–1–2。

（12）每日定位的情况，应由定位负责人填写记录表格上报。

表2–1–2 杆塔型代号

杆塔名称	代　号	杆塔名称	代　号
直线杆	Z	分支杆塔	F
耐张杆塔	N	钢筋混凝土杆	G
转角杆塔	J	铁　塔	T
终端杆塔	D	双回路	S
换位杆塔	H	拉线式铁塔	X

（二）杆塔基础的分坑

杆塔基础分坑测量，就是把杆塔基础坑的位置测设到线路指定的杆塔位上，并钉立木桩作为基坑开挖的依据。分坑测量包括分坑数据计算和坑位测量两个步骤。

1. 分坑数据计算

一条线路上有多种杆塔类型和基础形式，同一类型的杆塔，由于配置基础形式的不同，其分坑数据也不同，所以两者组合的分坑数据繁多。

分坑测量是依据施工图设计的线路杆塔（基础）明细表的杆塔类型，查取基础根开（相邻基础中心距离）与其配置的基础形式，获得基础底面宽和坑深。在坑口放样时，还需考虑基础施工中的操作裕度和基础开挖的安全坡度，从而计算出分坑测量的数据。图2–1–9是铁塔基础图的一种，图2–1–9（a）为正面图；图2–1–9（b）为平面布置图。

坑口尺寸是根据基础底面宽、坑深、坑底施工操作裕度以及安全坡度进行计算，如图2–1–10所示。坑口尺寸计算为

$$a = D + 2e + 2\eta h \qquad (2\text{–}1\text{–}1)$$

式中 a——坑口放样尺寸；

D——基础底面宽度，设基础底面为正方形；

e——坑底施工操作裕度；

η——安全坡度；

h——设计坑深。

图 2–1–10 是一个铁塔板式基础的剖视图，图中 D 和 h 是基础施工图中分别给定的基础设计宽度和埋深，e 是为施工安装模板而增加的操作裕度，η 与土壤的安息角有关，也就是坑壁土坡稳定的安全坡度，根据不同的土壤性质和坑深，取值也不同。坑深在 3m 以内不加支撑的安全坡度和操作裕度 e 可参考表 2–1–3 取值。

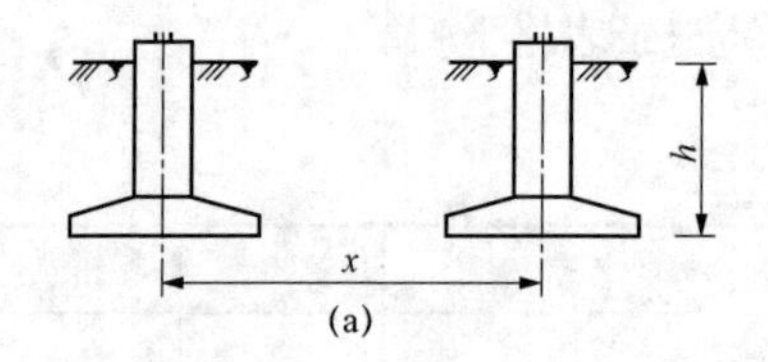

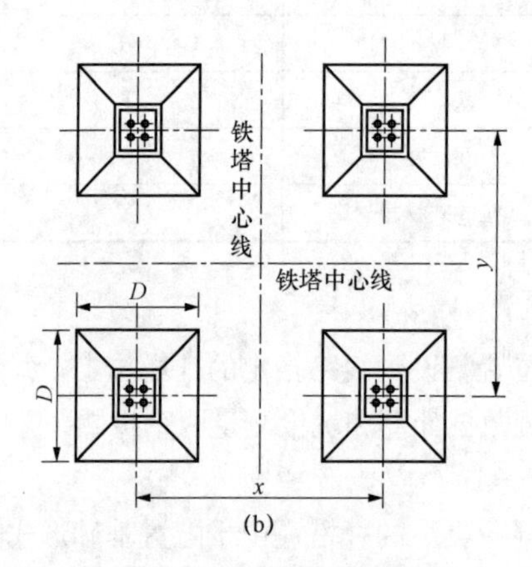

图 2–1–9 铁塔基础图

（a）正面图；（b）平面布置图

D—基础底面宽度；x—基础正面根开；

y—基础侧面根开；h—设计坑深

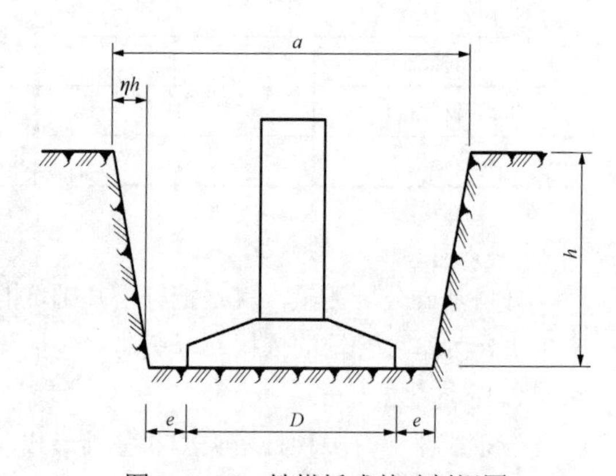

图 2–1–10 铁塔板式基础剖视图

表 2–1–3 一般基坑开挖的安全坡度和施工操作裕度

土壤类别	砂石、砾土、淤泥	砂质黏土	黏土	坚土
坡度系数η	1:0.67	1:0.50	1:0.30	1:0.22
坑底施工操作裕度 e（m）	0.3	0.20	0.20	0.10～0.20

2. 用经纬仪分坑

使用经纬仪分坑方法，比较准确，并可同时对定线桩位进行校验或补桩。以下介绍用经纬仪对双杆及铁塔分坑的基本方式。

（1）带拉线直线双杆基础分坑如图 2–1–11 所示。

1）将仪器置于中心桩 O 点，对前后副桩进行瞄准。无前后副桩时，对前后方向桩，然后钉出顺线方向的副桩。

2）将仪器镜筒旋转 90°，从 O 点垂直线路方向量 $(L-a)/2$、$L/2$、$L/2$、$(L+a)/2$，得 A、B、C 三点在 B 点桩上钉圆钉，同时钉副桩及人字拉线坑位桩。

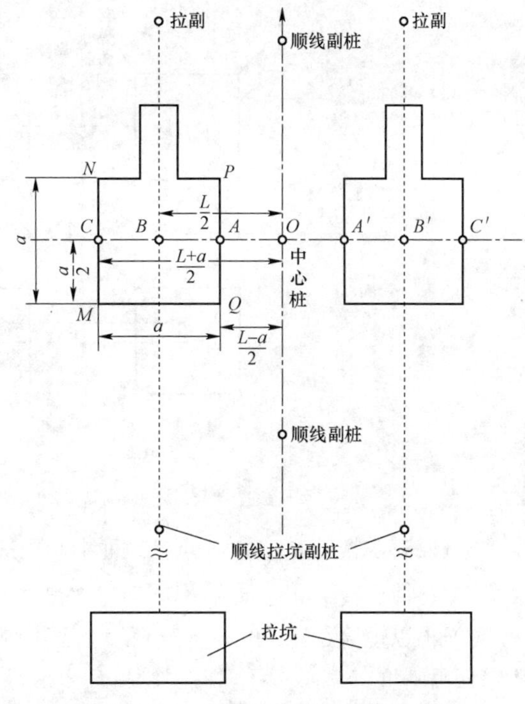

图 2–1–11　带拉线直线双杆基础分坑

3）取1.618a 线长，两端分别置于 A、C 两点，在距一端 $a/2$ 处拉紧线得点 M，这时线形 A、C、M 成为直角三角形；在距另一端 $a/2$ 处拉紧线得点 N，再反向另一面同样的方法得 P、Q。沿 $MNPQ$ 连线用石灰粉在地面上画白线，即得基坑的完整四边线，并依立杆方向画出马槽线。

4）仪器镜筒向另一侧倒转 180°（即倒镜），即可钉另一边同样桩位，画出另一基坑。

5）将仪器移置于 B 点，对垂直线路方向瞄准以后，镜筒旋转 90°，钉出顺线方向前后的拉线坑位桩。拉线坑分坑见后文介绍的用皮尺分拉坑。

6）最后要核对图纸无误后，再用铁锹沿白粉线开挖。这时对施工不需要的木桩 A、B、C 等均可拔除。

（2）正方形铁塔基础分坑示意图如图 2–1–12 所示。

1）将仪器置于中心桩 O 点，与双杆同样钉出顺线方向的前后副桩。

2）镜筒旋转 90°，钉垂直线路的两边副桩。

3）镜筒回转到 45° 钉副桩 C，在 ON 上取 $ON=0.707(x-a)$，$OM=0.707(x+a)$，得 M、N 两点。x 为坑心间距离，a 为基坑边长。

4）取 $2a$ 线长，将两端分别置于 M、N 两点，拉紧中心点即得 P 点，反方向即得 Q 点。

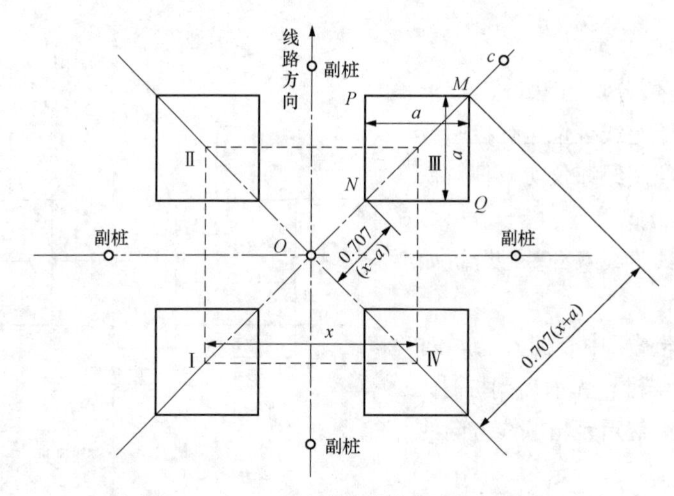

图 2-1-12 正方形铁塔基础分坑示意图

5）取石灰粉沿 $NPMQ$ 各点在地面上画白线，即得第三只基坑。

6）镜筒反转 180°，即可用同样方法得第一只塔基坑。

7）再以镜筒右转 90°，同样可在地面上画出第二只基坑；镜筒反转 180°即可画出第四只基坑。

8）最后复核图纸及整个塔基尺寸完全正确无误之后，用铁锹沿白线挖土。

分开式铁塔基础的顺序，通常以面向前进方向，左边的后方为第一只，依次顺时针方向左前方为第二只，右边前方为第三只，右后方为第四只。

（3）矩形铁塔基础分坑示意图如图 2-1-13 所示。

1）将仪器置于中心桩 O 点，瞄准前、后视，钉下 A、B 桩，使 $OA=OB=(x+y)/2$，x、y 分别为不同的矩形坑长边与短边坑心间的距离。

2）将仪器镜筒旋转 90°，钉 C、D 桩，同样使 $CO=DO=(x+y)/2$。

3）将仪器移置于 A 点，瞄准 D 点即得 AD 线，在此线上量取 $PD=0.707(y+a)$，$QD=0.707(y-a)$，得 P、Q 两点。a 为基坑边长。

4）取 $2a$ 线长，将两端分别置于 P、Q 两点，拉紧线的中点即得 M 点，反方向即得 N 点。

5）取石灰粉沿 $NPMQ$ 在地面上画白线，即得第三只基坑。

6）将仪器镜筒从 D 点旋转 90°，可观测到 C 点，同样从 AC 线上可以画出第二只基坑白粉线。

7）将仪器置于 B 点，依同样方法划第一只和第四只基坑。

8）复核图纸及整个塔基尺寸，完全正确无误后，用铁锹沿粉线在四周挖土。

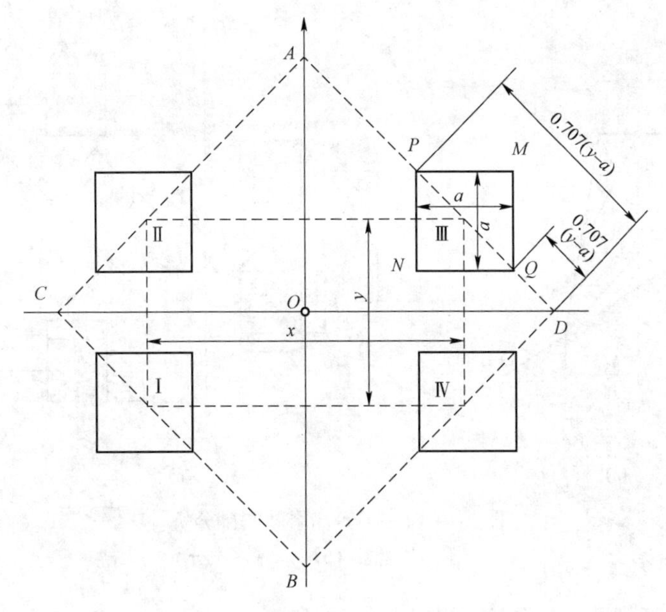

图 2–1–13　矩形铁塔基础分坑示意图

9）在 AD 线上，若自 A 点开始量取 P 、Q 两点，使 $AP=0.707(x-a)$ ，$AQ=0.707(x+a)$ ，同样可得基坑的四角 $NPMQ$ 。从 B 点起量亦相同。

（4）不等高塔腿的基础分坑，如图 2–1–14 所示。当塔基在坡地时，短腿之间的根开为 b_1 ，长腿之间的根开为 b_3 ，短腿与长腿之间的根开为 $b_2=(b_1+b_3)/2$ 基础坑口宽度为 a ，b_1 小于 b_3 。

分坑前首先计算以下各值

$$F_1=0.707(b_3+a),\quad F_2=0.707(b_3-a),\quad F_0=0.707b_3$$

$$F_1'=0.707(b_1+a),\quad F_2'=0.707(b_1-a),\quad F_0'=0.707b_1$$

将经纬仪置于 O 点，调好后前视线路方向的前一个中心桩，顺时针方向转 45°，在此方向线上定出 C 点。倒镜定出 A 点。再逆时针转 90°，在此方向定出 D 点，倒镜定出 B 点。在 OC 方向线上从 O 点起量出水平距离 F_2 得点 1，再量出水平距离 F_1 得点 3。取 $2a$ 线长，使其两端分别与点 1、点 3 重合，在线的中点把线向一侧拉紧得点 2，再向另一侧拉紧得点 4，如图 2–1–14（b）所示。

同样在 OD 方向线上量出 D 坑口的四个角顶。在 OB 方向线上从 O 点起量出水平距离得点 4，再量出水平距离得点 2。取 $2a$ 线长，得出点 1 和点 3。

同样在 OA 方向线上量出 A 坑口的四个角顶。

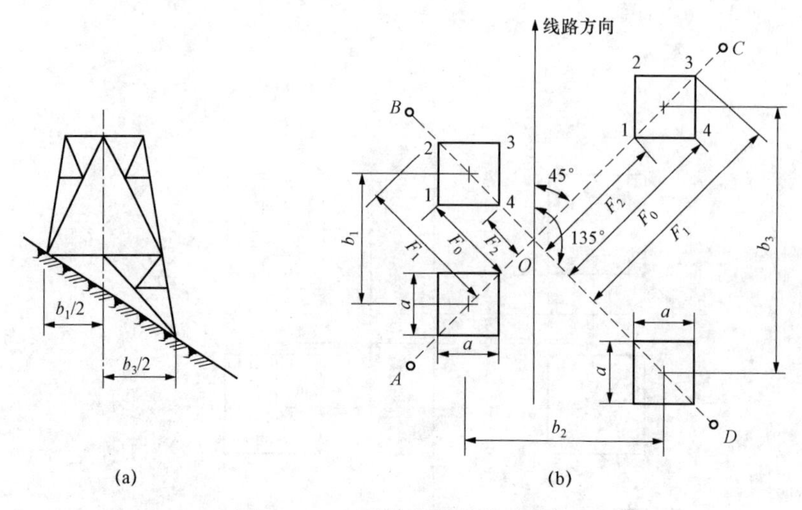

图 2-1-14 不等高塔腿基础分坑

（a）不等高塔腿；（b）不等高基础分坑

（5）转角杆塔基础的分坑。转角杆塔的杆塔位桩有两种形式：一种是杆塔位中心桩即是转角杆塔的杆塔位桩，称为无位移转角杆塔；另一种是杆塔位中心桩不是转角杆塔的杆塔位桩，转角杆塔位桩与杆塔位中心桩之间有一段距离，称为有位移转角杆塔。这两种杆塔的分坑测量的方法不尽相同，下面简要介绍它们的施测方法。

1）无位移转角杆塔基础的分坑测量，如图 2-1-15 所示，该图是一基右转角无位移转角塔的示意图，其转角值设为α。分坑测量方法：① 在线路转角α的角平分线上通过塔位桩 O 点测定出两条 A、B 和 C、D 相互垂直的线，以这两条相互垂直的线作为分坑的基准线。② 将仪器安置在转角塔位中心桩 O 点上，望远镜瞄准线路前视或后视方向的杆塔桩或直线桩，同时将水平度盘调至整 0° 位置，即置零。然后顺时针或逆时针旋转照准部，测出$(180°-\alpha)/2$水平角，沿视线方向钉 D 辅助桩，倒转望远镜钉 C 辅助桩；再使望远镜水平旋转 90° 角，此时水平度盘角值为$(180°-\alpha)/2+90°$，沿正、倒视线方向钉 A、B 辅助桩。转角塔一般为等根开等坑口宽度，因此，接下来按直线塔基础分坑方

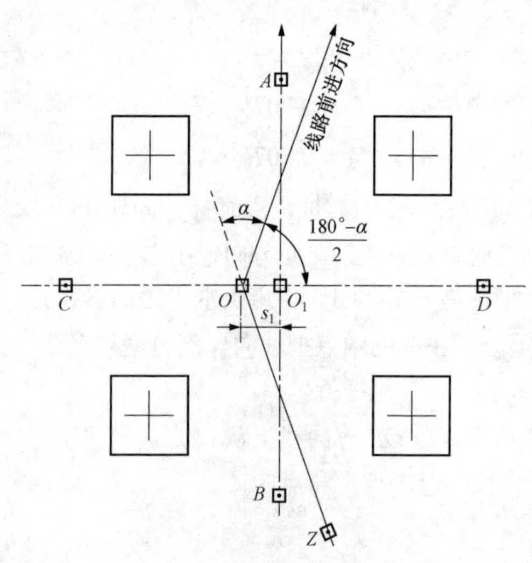

图 2-1-15 无位移转角塔基础的分坑

法进行测量。

2）有位移转角杆塔基础的分坑测量。杆塔的位移是由于转角、横担宽度、不等长横担以及直线杆塔换位等原因引起的。当转角杆塔的转角值较大，导线横担较宽或不等长时，使导线挂线后，会引起线路实际角度的变化；当直线杆塔换位时，由于导线位置的变换（相当于转角）而引起直线杆塔及其绝缘子串上的附加水平分力。为了消除这种影响，必须将塔位中心桩向设计确定的位移方向上平移一段距离。下面将介绍转角塔的等长宽横担和不等长宽横担的分坑测量方法。

（a）等长宽横担转角塔基础的分坑。等长宽横担转角塔塔位中心桩位移图如图 2–1–16 所示，图中 s_1 是转角桩 O 至塔位桩 O_1 之间的位移距离，其值按下式计算

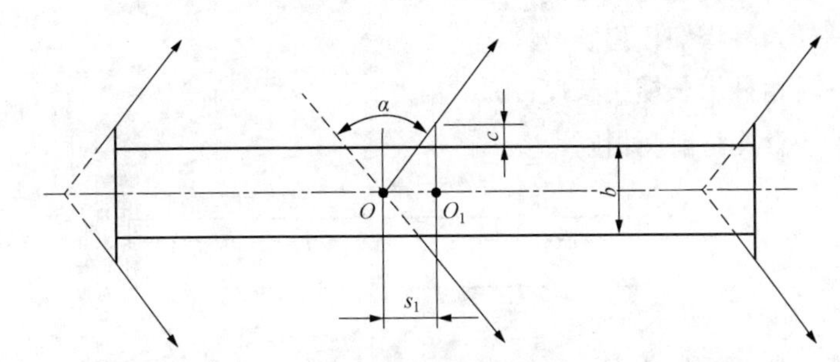

图 2–1–16　等长宽横担转角塔塔位中心桩位移图

$$s_1 = \left(\frac{b}{2} + c\right)\tan\frac{\alpha}{2} \qquad (2–1–2)$$

式中　b ——横担宽度；

c ——绝缘子金具串挂线板长度；

α ——线路转角。

图 2–1–17 是等长宽横担转角塔基础的分坑示意图。将仪器安置于线路转角桩 O 点上，以后视杆塔桩或直线桩为依据，将水平度盘置零，测出 $(180°-\alpha)/2$ 水平角，在望远镜正、倒镜的视线方向上钉 C、D 辅助桩；在线路转角的内角 OD 连线上，量取 $OO_1 = s_1$，钉立转角塔位中心 O_1 桩。将仪器移至 O_1 桩上，望远镜瞄准 D

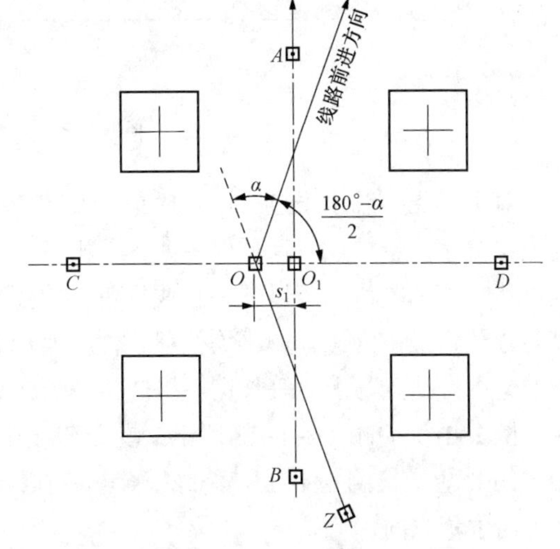

图 2–1–17　等长宽横担转角塔基础的分坑

桩，水平旋转90°，在正、倒镜的视线方向上钉立A、B辅助桩。最后，根据上述钉立的A、B、C、D四个辅助桩，按前述的铁塔基础的分坑方法进行施测。

（b）不等长宽横担转角塔基础的分坑测量。不等长宽横担转角铁塔塔位中心桩位移图如图2–1–18所示，外角横担长，内角横担短，塔位中心桩位移距离s按下式计算

$$s=\left(\frac{b}{2}+c\right)\tan\frac{\alpha}{2}+s_2$$
$$s_2=\frac{1}{2}(L_2-L_1) \qquad (2\text{–}1\text{–}3)$$

式中 s_2——悬挂点设计预偏距离；

L_1——转角杆塔短横担长度；

L_2——转角杆塔长横担长度；

b、c、α的意义与前面相同。

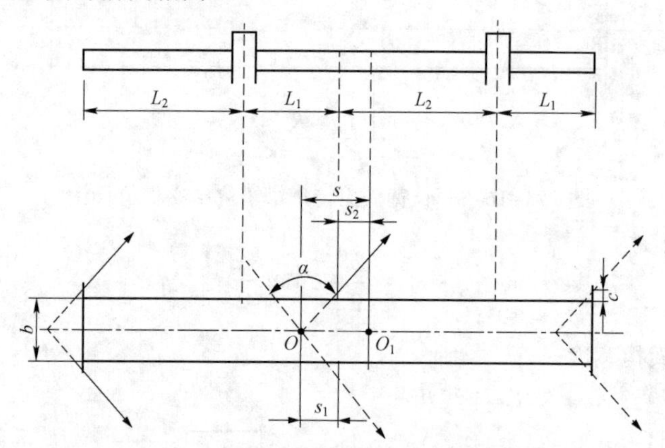

图2–1–18 不等长宽横担转角塔塔位中心桩位移图

对于三相导线水平排列，且横担等宽转角杆塔的位移值按上式计算；当三相导线的横担宽度或悬挂点设计预偏距离各不相等时（如A字形转角杆、三角形转角塔），其位移方向和数值，应以两侧直线杆塔上的控制相的转角最小为原则进行位移，或者以各相转角最小为原则作平均位移。位移值计算后，其位移桩、辅助桩的测量以及基础的分坑方法，与上述等长宽横担转角塔的施测方法完全相同。

例2–1–1 如图2–1–18所示，该线路转角为60°，已知横担宽为0.8m，长横担侧为3.1m，短横担侧为1.7m，绝缘子金具串挂线板长度为0.1m。求杆塔中心桩位移值，并说明位移方向。

解 按题意求解，得

$$s_1=\left(\frac{b}{2}+c\right)\tan\frac{\alpha}{2}=\left(\frac{0.8}{2}+0.1\right)\tan\frac{60^\circ}{2}=0.289\text{（m）}$$

$$s_2=\frac{1}{2}(a-b)=\frac{1}{2}(3.1-1.7)=0.7\text{（m）}$$

$$s=s_1+s_2=0.289+0.7=0.989\text{（m）}$$

答：向内角侧位移 0.989m。

3. 用皮尺分坑

各地在输电线路施工实践中，创造出很多简单实用的分坑方法。下面介绍一种用皮尺分坑的办法，可供参考。

（1）直线单杆分坑如图 2–1–19 所示。

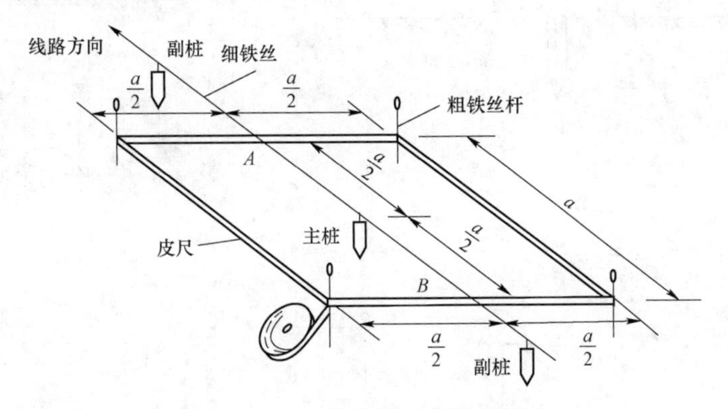

图 2–1–19　直线单杆分坑示意图

1）用细铅丝将主、副桩的圆钉连成一线。

2）沿铅丝从主桩中心点量出 $a/2$，得前后 A、B 两点。a 为坑口边长。

3）将皮尺上 $a/2$ 处与 A 点重合，$2.5a$ 处与 B 点重合。

4）拉紧皮尺，在皮尺 O 起点和 a、$2a$、$3a$ 处各插一个铁丝钎，并使 $4a$ 处与 O 点重合，即成一正方形。

5）沿皮尺方框四周撒石灰粉，在马槽处约留 50cm 的缺口。

6）量出马槽，撒石灰粉。

7）最后用铁锹沿灰粉线向内挖 10～15cm 深的一层面土。注意主、副桩均应保留，不应有移动，分坑挖土示意图如图 2–1–20 所示。

8）分坑完成后，直线单杆分坑俯视图如图 2–1–21 所示。

（2）双杆分坑如图 2–1–22 所示。

1）用细铅丝将线路垂直方向的两边副桩，与中心桩的圆钉连接成一线。

2）从中心桩圆钉中心向两边各量出 $L/2$，即为两主坑中心。L 为双杆根开。

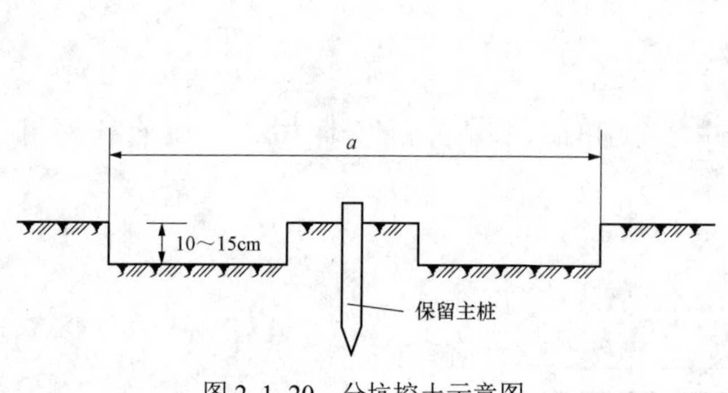

图 2–1–20 分坑挖土示意图

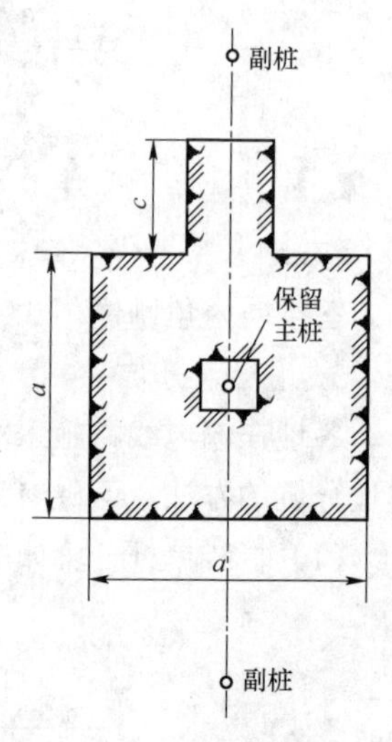

图 2–1–21 直线单杆分坑俯视图

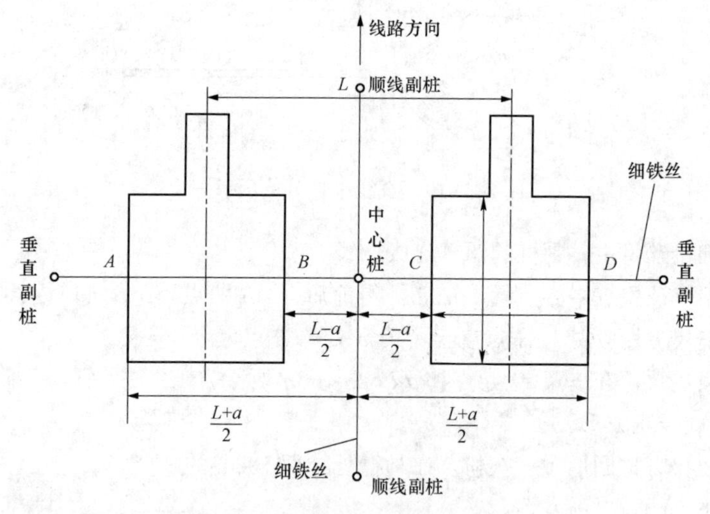

图 2–1–22 直线双杆分坑示意图

3）从中心桩圆钉向两边各量出 $(L-a)/2$ 与 $(L+a)/2$，即得 A、B、C、D 四点。

4）将 A、B、C、D 四点以两只单杆坑看待，用上面单杆分坑方法即得双杆基坑。

5）马槽方向应配合立杆需要而定，可以向前或向后。

（3）拉线坑分坑如图 2–1–23 所示。

1）拉线坑是根据定位时的拉线方向副桩和坑位桩进行分坑的。无坑位桩时，可根据分坑图规定的尺寸，沿拉线副桩的方向量出拉坑位置。无拉线副桩时，则应根据杆型图或组装图上的拉线角度和安装高度，计算拉坑位置。拉坑的方向必须对准主杆中心。

2）图 2–1–23 为带四角拉线的单杆拉坑分坑图。分坑时，以主杆中心 O 和拉线副桩 M 或拉坑坑位桩 A 相连的直线为拉坑中心线。B 点为此线延长线上的一点，AB=坑宽 b。

3）将皮尺 $a/2$ 处与 A 点重合，将（$1.5a+b$）处与 B 点重合。a 为拉坑坑口的长度，b 为坑口的宽度。

4）以皮尺上的 O、a、$(a+b)$、$(2a+b)$、$(2a+2b)$ 五点，使 $(2a+2b)$ 与 O 重合，圈成长方形，用铁丝钎插在地上，并使长方形与 $OMAB$ 线成垂直。

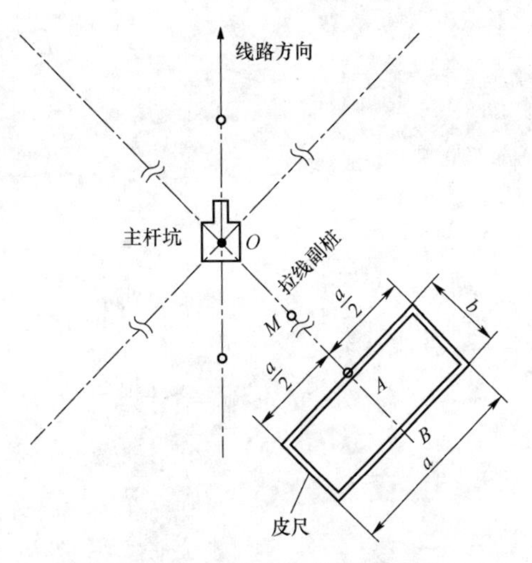

图 2–1–23　拉线坑分坑示意图

5）沿皮尺四周撒石灰粉，用铁锹挖去粉线内面土 10～15cm。

6）其余各拉坑的分坑分法相同。

7）拉坑一般不先开马槽，等到拉盘放入以后，在内边中心点处开一马槽式深沟，放入拉线棒。拉线棒的对地夹角应符合设计规定。

8）双杆拉坑的分坑方法，基本与单杆相同。但注意拉坑方向要对准相应拉线的主杆中心，见图 2–1–11 的顺线拉坑副桩与拉坑。

（4）转角杆分坑。

1）以转角的内侧角二等分线为基线（即通称上风、下风的这一条线），杆坑必须与基线垂直，拉线方向应指向对应拉线的主杆中心。

2）分坑时应注意拉坑的位置，一般顺线拉坑应在线路通过转角中心点的延长线方向。转角合力拉线坑应在内侧角二等分线的反向侧（即上风侧）。设计另有规定时，应照设计图纸分坑。

3）图 2–1–24 为转角单杆主坑及拉坑分坑示意图。

4）图 2–1–25 为转角双杆主坑及拉坑分坑示意图。主坑中心至顺线拉坑中心的连线应与顺线延长线平行。设计另有规定时，应按照设计规定。

5）转角杆若为不等边横担，按照规定应先将原转角中心桩沿内侧角二等分线，向下风侧位移偏心距离 a，然后将新中心桩当做主桩进行分坑，不等边横担的转角杆如图 2–1–26 所示。偏心距离按 $a=(L-l)/2$ 进行计算，其中 a 为偏心距离（由原转角中心应向下风侧偏移距离）。

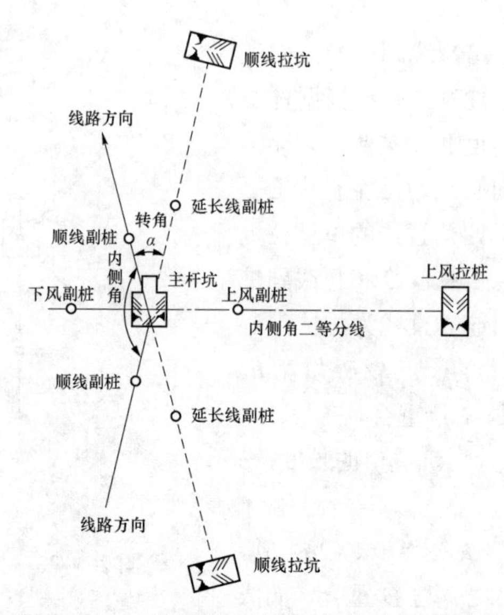

图 2-1-24 转角单杆主坑及拉坑分坑示意图

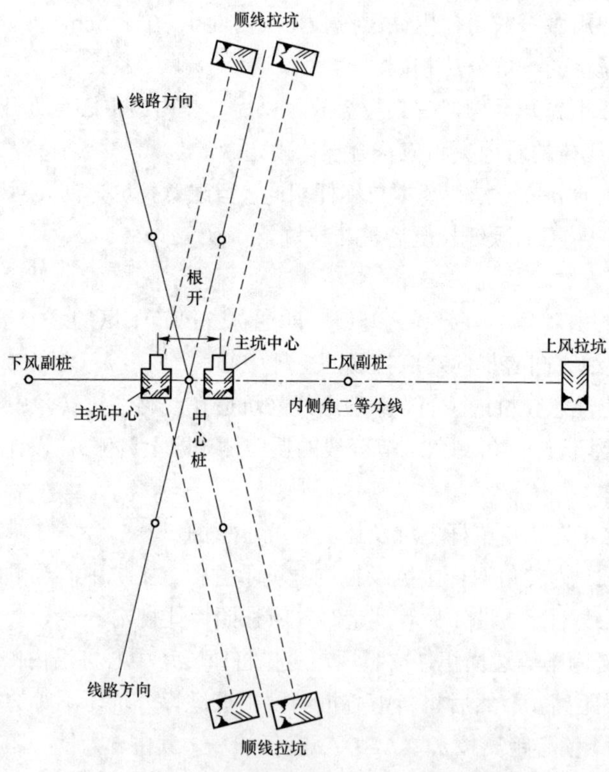

图 2-1-25 转角双杆主坑及拉坑分坑示意图

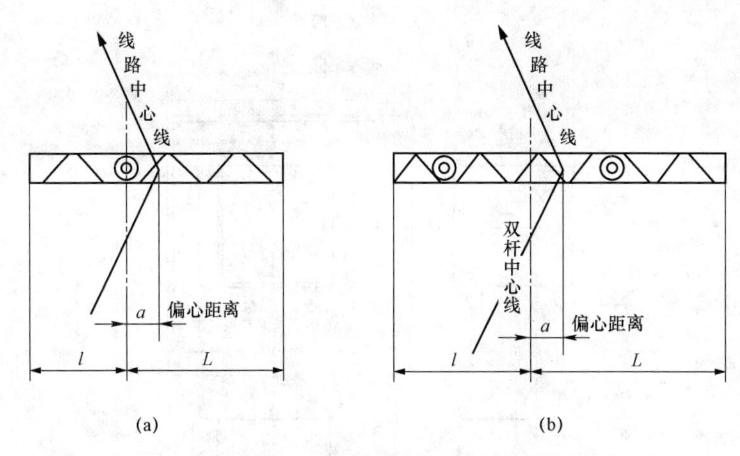

图 2–1–26　不等边横担的转角杆

（a）转角单杆；（b）转角双杆

（5）窄基础铁塔分坑示意图如图 2–1–27 所示。窄基础铁塔多为整体式基础（通称大块基础），分坑方法与直线单杆相同，不需要开马槽。

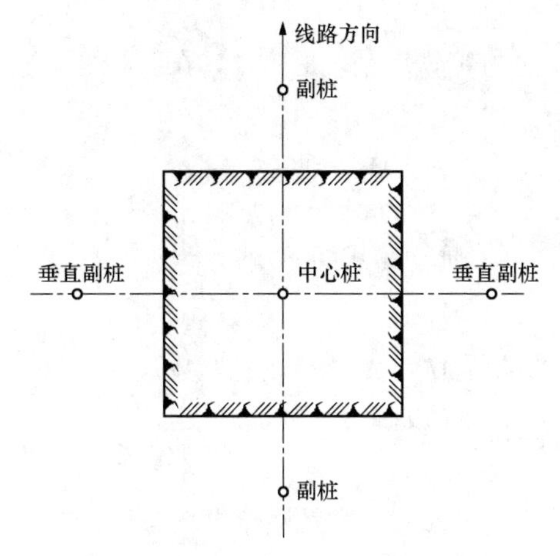

图 2–1–27　窄基础铁塔分坑示意图

（6）宽基铁塔分开式基础分坑示意图如图 2–1–28 所示。

1）根据定位的顺线副桩和垂直副桩，在 OA、OB 线上量任一整数 y，得 A、B 两点。

2）以 $2y$ 长的皮尺，两端分别置 A、B 两点，手持皮尺中点，拉紧即得 C 点，连 OC 即为 45° 分角线。

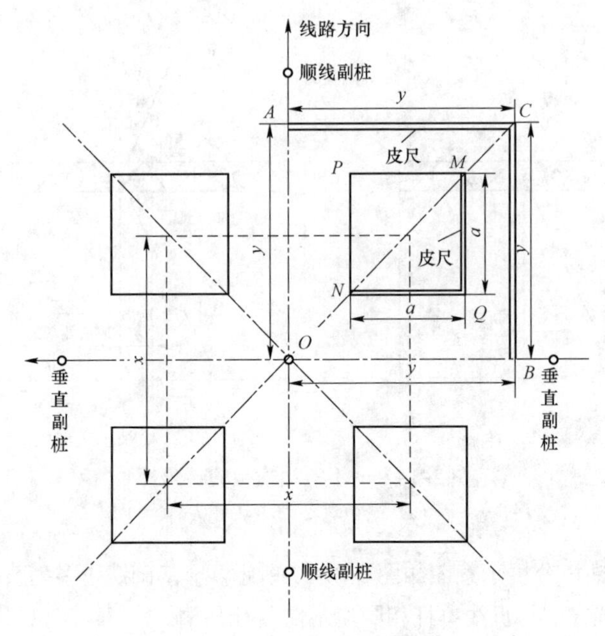

图 2-1-28 宽基铁塔分开式基础分坑示意图

3）同上面用经纬仪分方形铁塔基坑的方法，在 OC 线上量 OM 及 ON 距离，定出 M 及 N 两点

$$OM = 0.707(x + a)$$
$$ON = 0.707(x - a)$$

式中 x——塔腿根开或设计基坑中心间距离；

a——基坑边长。

4）取 $2a$ 长皮尺，两端置 M、N 两点，拉紧皮尺的中点，即得 P、Q 两点。

5）取石灰粉沿 M、P、N、Q 画线并分坑。

【思考与练习】

1. 为什么要进行线路复测？其内容及注意事项是什么？

2. 怎样进行转角测量？

3. 杆塔定位的要求和方法是什么？

4. 分坑的要求和方法是什么？

5. 如何利用经纬仪进行正方形、矩形铁塔的分坑？并画出某正方形、矩形铁塔和带位移转角双杆基础分坑具体尺寸布置图，写出分坑步骤。

模块 2　杆塔基础操平找正和杆塔检查（Z04E1004Ⅱ）

【模块描述】本模块包含杆塔基础操平找正、钢筋混凝土电杆拨正及杆塔检查。通过概念描述和操作过程介绍、图表对比、计算举例，掌握杆塔基础操平找正、钢筋混凝土电杆拨正及杆塔检查的要求及方法。

【正文】

一、杆塔基础操平找正

基础的操平找正工作，按基础的不同型式一般分为混凝土杆基础、铁塔地脚螺栓基础和插入式基础等几种。下面分别说明各种类型基础的操平找正方法。

（一）混凝土电杆基础

混凝土电杆基础分为单杆和双杆两类，一般都设有底盘，操平找正就是将底盘按设计要求放在坑底的正确位置，具体操作步骤如下。

1. 双杆基础

（1）检查坑深及坑底操平。

1）将仪器安置在杆位中心桩或中心桩前后的线路中心线上适当位置。

2）调整经纬仪（或水准仪）使视线水平，固定垂直度盘，量取仪器高。双杆基础检查坑深及坑底操平如图 2-2-1 所示，将塔尺竖立于坑底，以中心桩处基面为准，塔尺上的读数 H 按下式计算

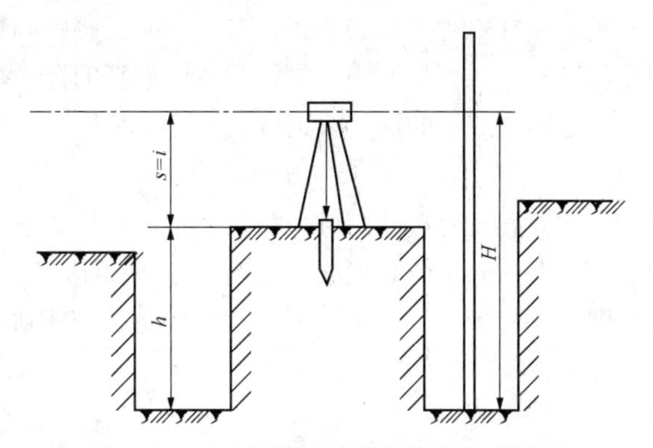

图 2-2-1　双杆基础检查坑深及坑底操平

$$H = s + h \tag{2-2-1}$$

式中　s ——视线高（中心桩处基面至水平视线的垂直距离，当仪器安置在中心桩上时，视线高等于仪器高 i，即 $s = i$）；

h ——设计坑深加上底盘厚度。

3）将塔尺立于两基础坑内的四角及中心进行操平。按计算出的 H 值，若仪器水平视线与塔尺上 H 值处重合，则表示坑深满足设计要求并且坑底平整。

4）操平时，如果塔尺上的 H 值处高于水平视线时，表示坑深不够，应再挖至标准位置；如果塔尺上的 H 值处低于水平视线，则表示坑深超过要求的深度。

基础坑深度的允许误差为+100mm、-50mm，坑底应平整，同基基础坑在允许误差范围内按最深一坑进行操平。基础坑深度超过规定值在100～300mm时，超深部分以填土夯实处理；深度超过规定值在300mm以上时，其超深部分以铺石灌浆处理。

（2）底盘找正。

1）将底盘画好中心线并确定中心点，然后放入坑内，进行找正。

2）仪器安置在杆位中心桩上，前视或后视相邻杆塔位中心桩，水平度盘对零。然后仪器转90°角，在此方向线上，两基础坑的外侧各钉一辅助桩。

3）在两辅助桩上拉一细铁线，以中心桩为零点，用钢尺在线上向两侧各量1/2根开距离，并画一记号。

4）在记号处悬吊一垂球，垂球尖端应为底盘的中心位置。移动底盘使盘中心与垂球尖端对准即可。

5）底盘找正后，应再进行操平，若有误差，则再进行调整及找正，直至两底盘找正并且处于同一深度为止。

2. 单杆基础

单杆的杆位中心桩就是杆本身的中心位置，在分坑时已将中心桩移出，在线路方向适当距离钉有两个辅助桩，以便控制中心桩的位置。单杆的操平找正方法和双杆基本相同，操平找正时，可参照双杆的操平找正方法进行操平找正。

（二）地脚螺栓基础

地脚螺栓基础有等根开和不等根开基础两种，它们的操平找正方法基本相同。不同的是进行找正时，等根开基础用的是地脚螺栓内对角线找正，而不等根开基础用的是外对角线找正，如图2-2-2所示。其他的操平找正方法及步骤基本相同。下面以等根开基础为例，说明地脚螺栓基础的操平找正方法。

1. 底盘模板找正

（1）安置仪器于塔位中心桩 O 点，在与线路中心线成45°、135°的方向，分别钉出四个水平桩 A、B、C、D。水平桩顶部要求高出地脚螺栓5～10cm。

（2）对四个基础坑按混凝土杆基础坑的操平方法进行操平。但基础坑深度误差超过+100mm时，其超深部分以铺石灌浆处理，并将四坑基础中心位置找出。

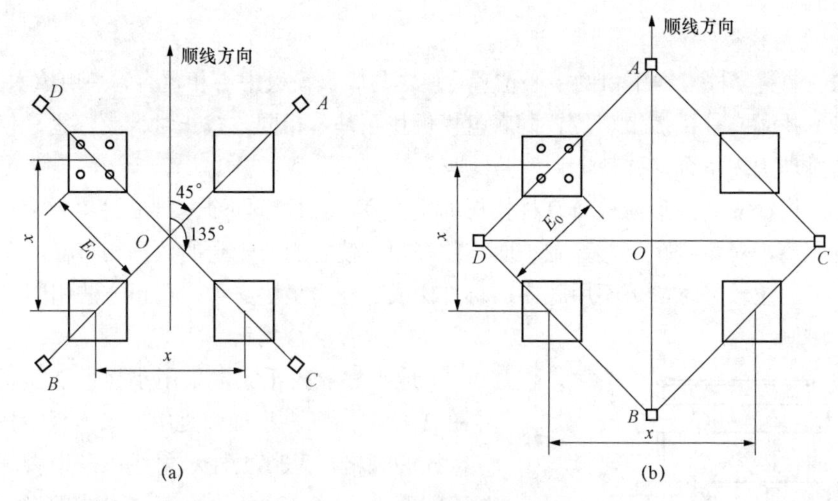

图 2–2–2　地脚螺栓基础找正

（a）内对角线找正；（b）外对角线找正

（3）地脚螺栓基础模板如图 2–2–3 所示，将底盘模板放入基坑内、对成正方形并且固定。在模板四边中点各钉一小钉，用线绳拉成十字，十字交点为底盘模板的中心位置。

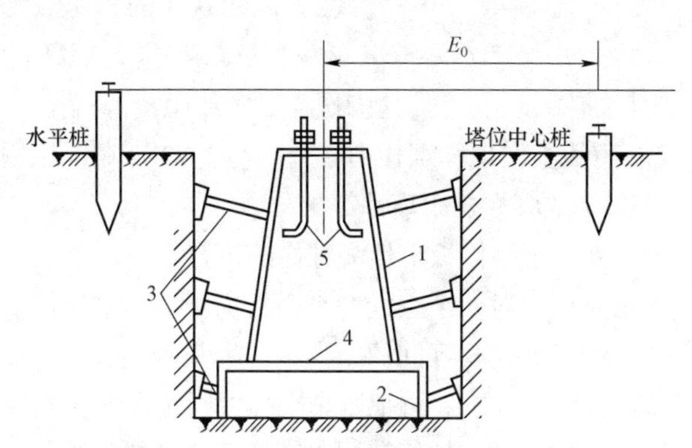

图 2–2–3　地脚螺栓基础模板

1—立柱模板；2—底盘模板；3—模板撑木；4—固定立柱模板的横木；5—地脚螺栓

（4）将四个水平桩顶的小钉，用细铁线 A 与 B、C 与 D 分别相连，并拉紧固定。

（5）用钢尺从水平桩上两条铁线的交点（即塔位中心桩 O 点）起，沿铁线量至坑口中心距离 $E_0 = 0.707x$ 画一作找正用的标记。

（6）底盘模板找正时，在标记处悬吊垂球，移动和调整底盘模板，使中心对准垂球尖，并使底盘模板的对角线与铁线的方向一致。多阶梯的模板找正方法相同。

2. 立柱模板找正

（1）调整立柱模板下口的中心位置，使之与底盘模板中心相重合，并用撑木固定。

（2）找正立柱模板上口位置同底盘模板找正基本相同。找正时调整撑木，使上口中心与垂球尖端重合，并使上口对角线与铁线方向一致。

（3）模板安装完后应检查立柱模板的垂直度，并检查四个基础立柱模板上口中心的相互距离，对角线距离及基础顶面高差等项，使它们与规定的数据相符合。

（4）地质较好时，可不用底模，将阶梯或立柱用垫块支承，找正方法相同。

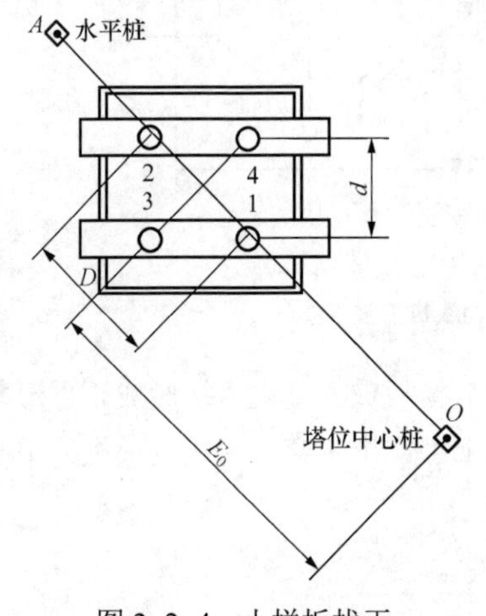

图 2–2–4 小样板找正

3. 地脚螺栓找正

地脚螺栓找正大多采用小样板法找正，如图 2–2–4 所示，小样板是用两条木板，按地脚螺栓的规格，基础主柱对角线以及地脚螺栓相互间的距离 d，对角线距离 D 做成的样板。利用小样板进行地脚螺栓找正的步骤如下：

（1）将地脚螺栓套入小样板内，并放在立柱模板上。检查并校正，使水平桩上两铁线相交点与塔位中心桩上小钉在同一铅垂线上。

（2）以两铁线的相交点为零点，用钢尺在 OA 铁线上量距离 $E_0+0.5D$、$E_0-0.5D$（D 为地脚螺栓对角线距离），得 1、2 两点。

（3）找正时，使对角线上两地脚螺栓中心分别与 1、2 点在一铅垂线上。再调整 3、4 螺栓，使 3 到 2、4 到 1 地脚螺栓距离都等于 d。

按以上办法找正另外三个小样板上地脚螺栓的位置。

（4）地脚螺栓找正完后，对四个主柱的小样板操平，力求在同一平面上。然后用钢尺测量，使各个基础地脚螺栓相互间的距离、四个基础地脚螺栓相互间的距离和各个地脚螺栓的位置都符合设计要求。再把四个小样板固定在立柱模板上。

（5）小样板固定后，按基础立柱标高测出基础面应在的位置，并作记号。然后按此记号适当调整各地脚螺栓，露出基础面的长度不能小于设计要求，并使它们处于同一高度。如果设计的转角塔等有内角基础面抬高的要求时，其坑底标高、基础面及地脚螺栓相应要抬高。

（三）插入式基础

插入式基础种类较多，有浇制和预制装配式、等根开和不等根开、等高腿和不等高腿基础等。它们的操平找正方法基本相同，但各有自己的特点。现以浇制式为主，介绍插入式基础的操平找正方法。

1. 浇制式基础

（1）坑底和垫块操平找正。

1）按混凝土杆的操平方法操平坑底，超深部分处理按地脚螺栓基础。然后将混凝土垫块放入坑内，并在垫块中心作一标记以便找正。

2）垫块操平找正如图 2–2–5 所示，在塔位中心桩安置仪器，测量出对角线方向，在坑外侧钉辅助桩 A、B、C、D。

3）从中心桩 O 点到各辅助桩拉一钢尺，在塔脚半对角线处（坑位中心 E_0 处）悬吊垂球，移动垫块使其中心与垂球尖端对准。

4）四个基础坑的垫块找正好后进行操平，使垫块均在同一水平面上。

（2）塔脚操平找正。

1）塔脚操平找正如图 2–2–6 所示，将塔腿上部第一层塔材组装好，然后进行塔腿的操平找正。

2）找正时，先在各塔腿主材位于基础面半根开处作一印记 E、F、G、H。经纬仪安置在中心桩 O 点，将 E、F、G、H 点控制在对角线上，并用钢尺测量，使任一面相邻两塔腿印记间的距离符合图纸尺寸要求。若不满足要求，则应拨动塔脚调整到正确位置。

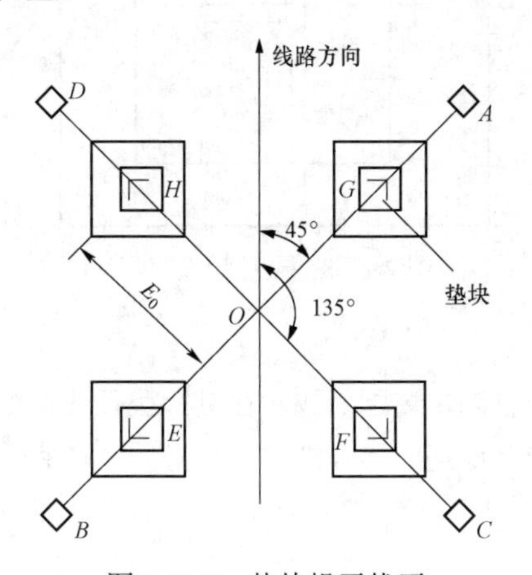

图 2–2–5 垫块操平找正

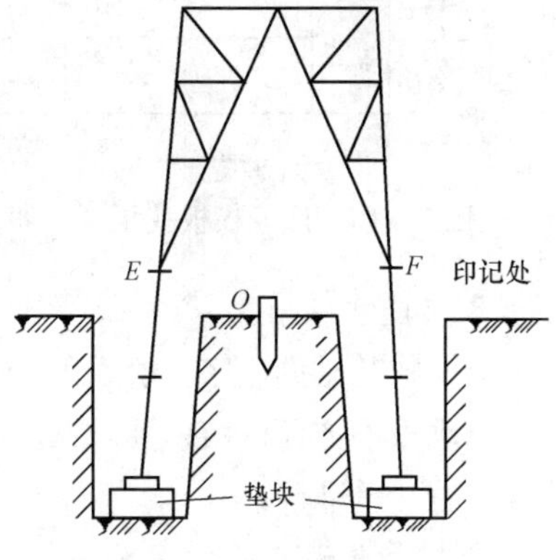

图 2–2–6 塔脚操平找正

3）各塔脚找正后，在四个塔腿的同一高度处（或印记处）沿塔腿拉一钢尺，将仪器镜头调平，测量各塔腿高差，直至使四个塔腿处于同一平面上或不超过允许误差为止。

4）找正塔腿位置或调整塔腿高差时，各塔腿互相有影响。因此每次找正或调整后必须全部复查一次。

（3）模板找正。插入式基础的底模板和立柱模板位置是根据塔脚主材位置决定的。底座模板找正如图2–2–7所示，底座模板找正首先应算出 e 值，测量出四个 A 点位置并拉线绳，使线绳与塔脚的两边相切，然后将四个底模板操平。即

$$e = 0.5L + h \times M - d \tag{2–2–2}$$

式中 L ——底座模板上口尺寸；

h ——垫块顶面至底模上口的高度；

d ——角钢准距；

M ——塔腿设计坡度比，$M = X_1 / X_2$。

立柱模板找正如图2–2–8所示，立柱模板上口的找正与底座模板找正一样。它的 e 值是二分之一的立柱模板上口宽减去角钢准距。

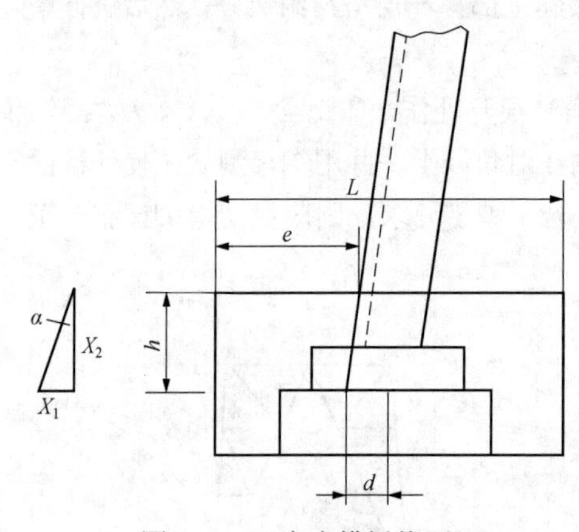

图2–2–7 底座模板找正

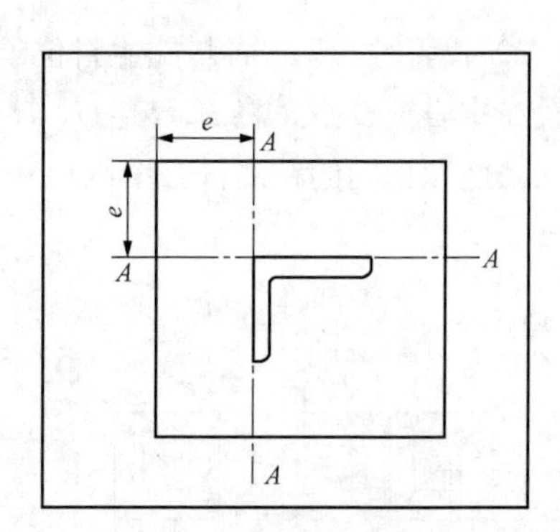

图2–2–8 立柱模板找正

2. 预制装配式基础

预制装配式基础的底座一般用角钢或混凝土预制块装配而成。在进行拨正或调整高差时，移动很不方便，所以要求在坑底操平或下底座时要仔细测量。必须使坑底平整且底座位置尽量准确。

3. 不等根开基础

不等根开基础的塔腿部正侧两面的根开数不同，找正时很容易弄错。所以，操平找正时要作出明显的标记，并做到随时检查。

4. 不等高塔腿基础

因不等高塔腿基础的长腿坑中心斜距离与短塔腿中心斜距离不相等，所以坑底根开和对角线也不相等，下垫块或底座时应特别注意。找正时因长短腿基础处印记不在同一高度，可以从长短腿上端同一位置的螺丝孔往下量同一距离作印记进行拨正。

以上预制装配式基础、不等根开基础及不等高塔腿基础的操平找正方法，与浇制式基础有关部分的操平找正方法基本相同，可按相应的方法进行操平找正。

关于基础的操平找正，应严格达到准确无误。但是，实际操作时，由于各方面因素的影响，不可能达到十分准确。所以在不影响工程质量的前提下，在规范中定出了允许误差值。

表 2–2–1 列出了整基铁塔基础尺寸施工允许误差值，施工时应按要求执行。

表 2–2–1　　整基铁塔基础尺寸施工允许偏差

项　　目		地脚螺栓式		主角钢插入式		高塔基础
		直线	转角	直线	转角	
整基基础中心与中心桩间的位移（mm）	横线路方向	30	30	30	30	30
	顺线路方向	—	30	—	30	—
基础根开及对角线尺寸（‰）		±2		±1		±0.7
基础顶面或主角钢操平印记间相对高差（mm）		5		5		5
整基基础扭转（′）		10		10		5

注　1. 转角塔基础的横线路方向是指内角平分线方向，顺线路方向是指转角平分线方向。
2. 基础根开及对角线是指同组地脚螺栓中心之间或塔腿主角钢准线间的水平距离。
3. 相对高差是指抹面后的相对高差。转角塔及终端塔有预偏时，基础顶面相对高差不受 5mm 的限制。
4. 高低腿基础顶面标高差是指与设计标高之比。
5. 高塔是指按大跨越设计，塔高在 80m 以上的铁塔。

二、钢筋混凝土电杆拨正及杆塔检查

（一）钢筋混凝土电杆拨正

钢筋混凝土电杆（简称电杆），按照不同材料、种类和使用条件，设计成多种型式，有带拉线的和不带拉线的单杆、A 型杆、门型杆。图 2–2–9 是拉线单杆，图 2–2–10 是 A 型拉线杆，图 2–2–11 是门型拉线杆，另外还有主杆带有外斜坡度 A 型拉线杆，如图 2–2–12 所示。这里只介绍一般常用的门型杆拨正方法。

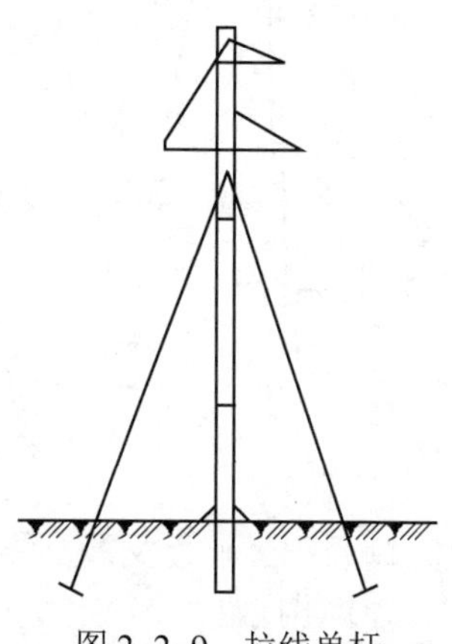
图 2–2–9　拉线单杆

门型杆用作直线杆也用作转角、耐张杆，但设计强度不同。当门型杆用于大转角时，在转角外侧还另设有拉线（见图 2–2–11）。

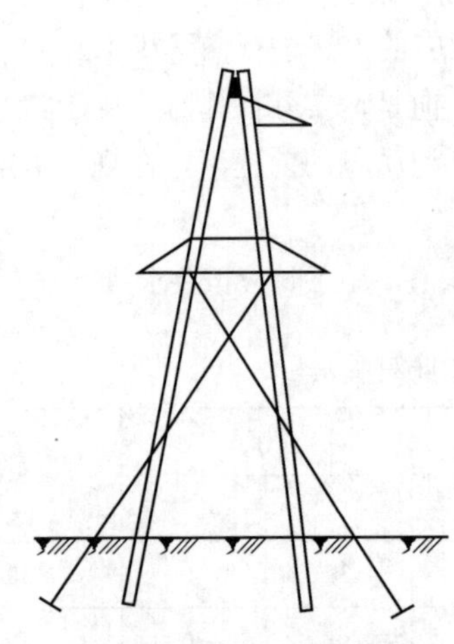

图 2-2-10 A 型拉线杆

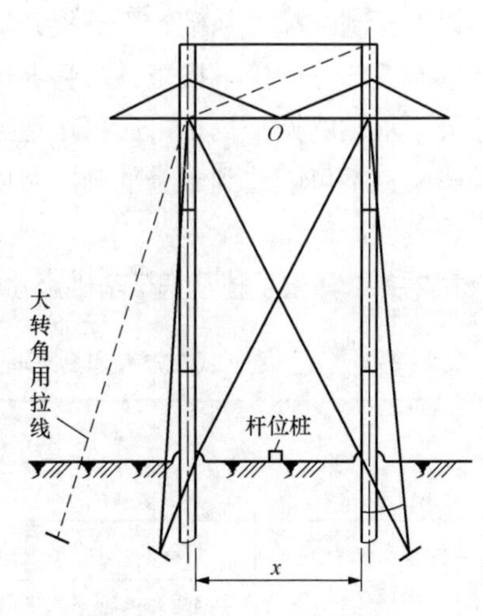

图 2-2-11 门型拉线杆

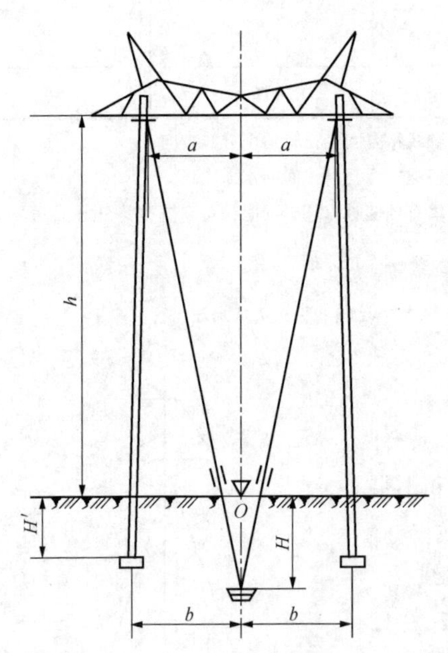

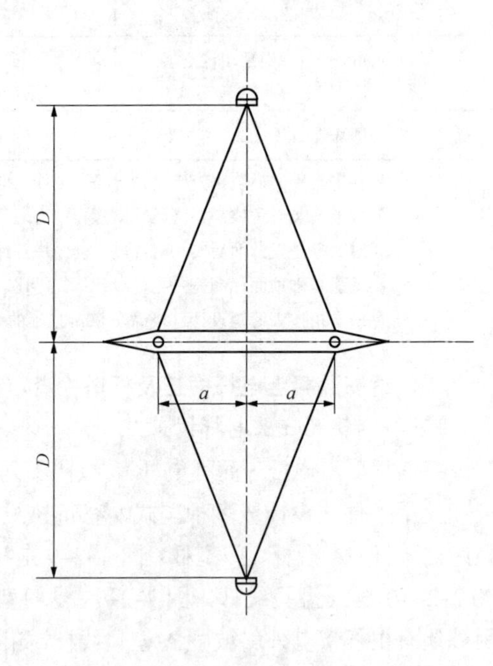

图 2-2-12 主杆带有外斜坡度 A 型拉线杆

1. 门型直线杆拨正（见图 2-2-13 和图 2-2-14）

（1）下底盘。下底盘之前，应先检查坑深，使其符合设计数据，而后将底盘下到坑内。

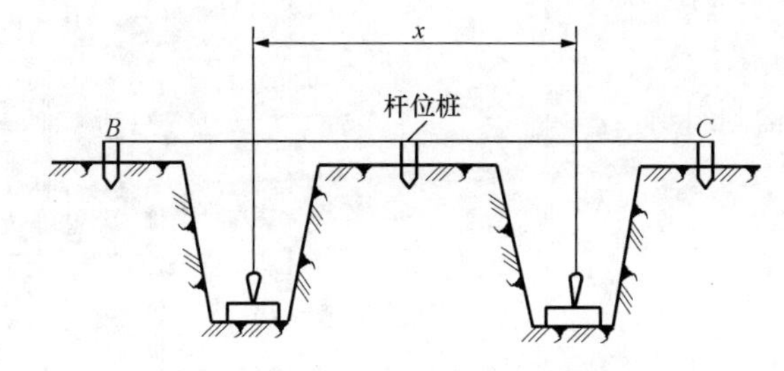

图 2–2–13　门型直线杆正面拨正

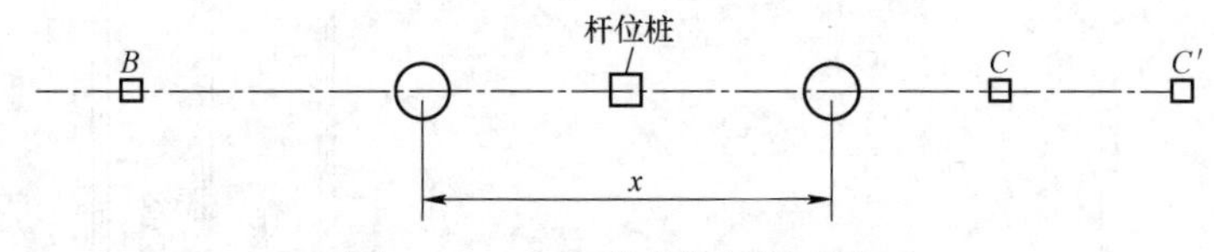

图 2–2–14　门型直线杆侧面拨正

底盘的拨正方法是在杆位桩左右两侧（垂直线路方向）测钉辅助桩 B、C，并使桩顶在同一水平面上。在桩顶小钉上绑上拉线，根据两底盘中心间距离 x（即设计根开），在线绳上悬挂垂球，当垂球静止时，拨动底盘中心对准垂球尖端，底盘即处于正确位置。而后再操平底盘。

（2）拨正。经纬仪安置在线路中线辅助桩上，望远镜瞄准杆位桩，当杆立起之后，拨动杆身，使横担中点 O 和杆的根开 x 中点与望远镜视线恰巧重合（见图 2–2–11），则杆的正面即拨正。再将仪器移到杆的侧面 C 辅助桩上（见图 2–2–14），望远镜瞄准 C 辅助桩，拨动杆身，使望远镜十字竖线平分杆身，并使两杆正相重合，则侧面即拨正。拨正侧面有时影响正面，所以拨正侧面之后，还要检查正面是否有偏差，直至正、侧面都拨正为止。

2. 门型转角杆拨正

门型转角杆的拨正方法与门型直线杆基本相同，所不同的是，门型杆位置在线路转角 θ 的二等分线 FF 的垂直线 GG 线上，如图 2–2–15 所示。如转角杆无位移距离时，两个杆对称立在转角桩两侧。在拨正杆的正面时，仪器安置在 FF 线上，拨正杆的侧面时仪器安置在 GG 线上。这样，拨正及观测方法就和门型直线杆相同了。

3. 倾斜门型转角杆拨正

倾斜门型转角杆拨正如图 2–2–16 所示，当杆组立后，杆结构要向转角外侧倾斜一个角度 θ（按设计规定），所以转角外侧坑要比转角内侧坑深一些，而使受拉侧杆稳定。设转角内侧坑深为 h，转角外侧坑深为 h_1，则

$$h_1 = h + x\tan\theta \qquad (2–2–3)$$

式中 x ——杆根开；

θ ——杆结构倾斜角。

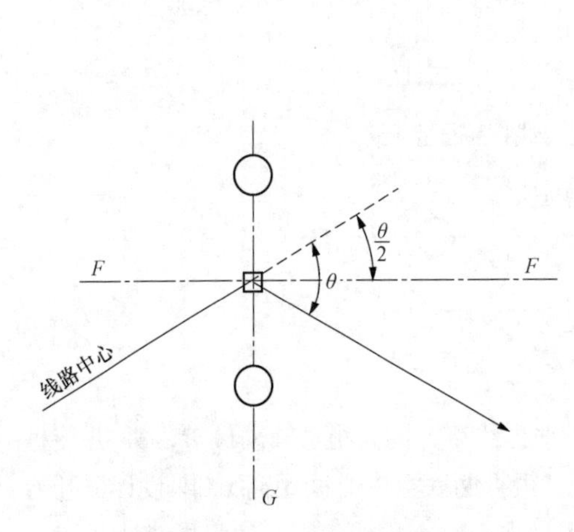

图 2–2–15 门型转角杆拨正

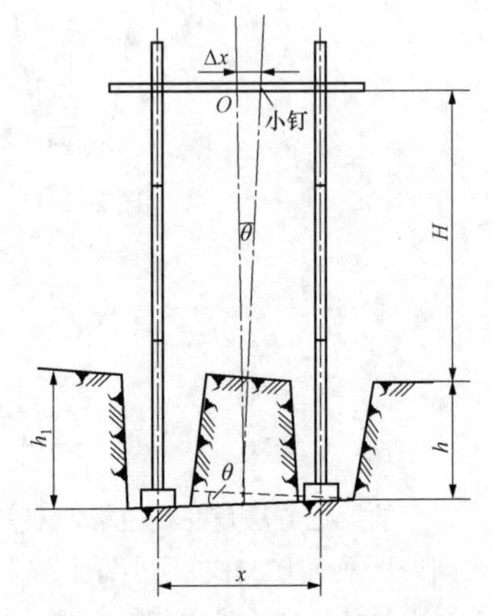

图 2–2–16 倾斜门型转角杆拨正

下底盘之前，应先检查坑深 h 、h_1，要使其符合设计数据，才能保证杆结构倾斜 θ 角。

杆结构倾斜了 θ，那么，横担中点偏离线路转角二等分线的距离为 Δx，即

$$\Delta x = (H + h)\tan\theta \tag{2-2-4}$$

为了拨正和检查方便，常在立杆前算出，并从横担中点量出距离处钉一小钉或画记号作为标志。拨正杆的正面时，仪器安置在线路转角二等分线上，望远镜瞄准转角桩。当杆起立时，望远镜仰视横担。此时，拨动杆身使横担上小钉或记号与视线恰相重合，则杆结构即倾斜了 θ，这样杆正面即拨正完毕。侧面拨正方法与门型转角杆相同。

（二）混凝土杆检查

为保证质量，杆组立后，要进行下列各项检查，杆塔组立后的安装尺寸允许误差表 2–2–2。

表 2–2–2 杆塔组立后的安装尺寸允许误差表

误 差 名 称	电压等级（kV）			
	110	220～330	500	高塔
电杆结构根开	±30mm	±5‰	±3‰	
电杆结构面与横线路方向扭转（即迈步）	30mm	1%	5‰	

续表

误差名称	电压等级（kV）			
	110	220～330	500	高塔
双立柱杆塔横担在主柱连接处的高差（‰）	5	3.5	2	
直线杆塔结构倾斜（‰）	3	3	3	1.5
直线杆塔结构中心与中心桩之间横线路方向位移（mm）	50	50	50	
转角杆塔结构中心与中心桩之间横、顺线路方向位移（mm）	50	50	50	
等截面拉线塔主柱弯曲	2‰	1.5‰	1‰，最大300mm	

1. 门型直线杆检查

（1）结构根开检查。检查实测杆的根开是否与设计根开数据相符合。

（2）结构倾斜检查。杆结构倾斜有两种情况：一种是杆结构横线路倾斜，另一种是杆结构顺线路倾斜。

杆结构横线路倾斜的检查方法如图 2–2–17 所示，经纬仪安置在线路中线上，使望远镜视线瞄准横担中点 O，然后俯视根开中点 O_1，如视线恰与 O_1 重合，这说明杆正面没有倾斜；如不重合，而视线偏于 O_2，量出 O_1 与 O_2 间的距离 Δx，Δx 即为横线路倾斜值。

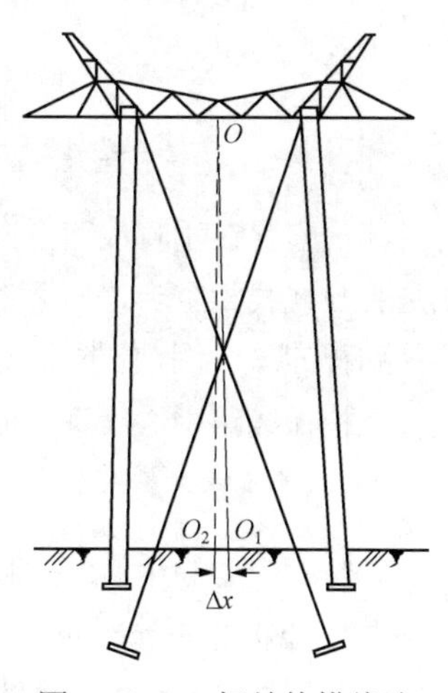

图 2–2–17　杆结构横线路倾斜的检查

杆结构顺线路倾斜的检查方法如图 2–2–18 所示，经纬仪安置在线路垂直方 C_1 补助桩上，使望远镜视线平分横担处之杆身，然后俯视杆根，如视线仍平分杆根，则无倾斜，要视线偏于 a 点，量出视线与杆根中线间距离 y_1，则 y_1 即为顺线路一侧杆的倾斜值。经纬仪移置于杆的另一侧，依同法测出倾斜值 y_2，则顺线路倾斜

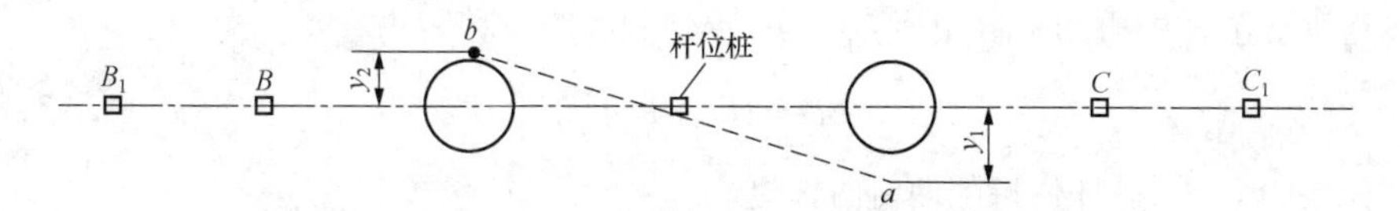

图 2–2–18　杆结构顺线路倾斜的检查

$$\Delta y = (y_1 - y_2)/2 \tag{2-2-5}$$

如偏值在同侧，则相加除以 2。

$$杆的结构倾 = \sqrt{\Delta x^2 + vy^2}\Big/H \tag{2-2-6}$$

式中 H ——杆的呼称高。

（3）结构在线路中心线垂直面内的扭转（即迈步）检查如图 2–2–19 所示。杆组立后，两杆应对称地位在杆位桩的两侧，也就是说，两杆中心的连线通过杆位桩垂直线路中线。如不垂直时，则一杆在前一杆在后。所谓迈步是一种形象的说法，就像人走路一样，一脚在前一脚在后。

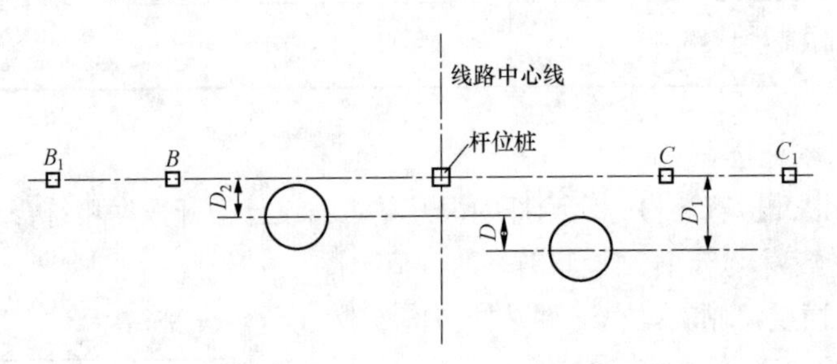

图 2–2–19 结构在线路中心线垂直面内的扭转检查

经纬仪安置在垂直线路方向 C_1 辅助桩上，望远镜瞄准 C 辅助桩，然后观测杆根中心线是否与视线相重合，如不重合时，应量出视线与杆根中心线的垂直距离 D_1；再将仪器移到杆的另一侧，仪器安置在 B_1 辅助桩上，望远镜瞄准 B 辅助桩，依同法测出 D_2，则电杆结构在线路中心线垂直面内的扭转为

$$D = D_1 + D_2 \tag{2-2-7}$$

（4）结构中心与中心桩（杆位桩）位移的检查，如图 2–2–20 所示，杆的结构中心 O 应与中心桩相重合，如不重合，则出现结构中心向横线路或顺线路方向位移。

横线路位移的检查。将经纬仪安置在线路中线辅助桩上，望远镜视线瞄准杆位桩，如视线不与杆的实际根开中点 O 相重合，量出线路中线与 O 点间的垂直距离 Δx，Δx 就是横线路位移距离。

顺线路位移的检查。将仪器安置在杆位桩两侧的辅助桩上，按照迈步检查方法测出线路垂线至杆中心的垂直距离 D_1、D_2，则顺线路位移距离

$$\Delta D = (D_1 + D_2)/2 \tag{2-2-8}$$

如果 D_1、D_2 在杆位桩的两侧时，则

$$\Delta D = (D_1 - D_2)/2$$

另一种简便检查方法是不用经纬仪，如图 2–2–20 所示，在杆的根部用线绳绕成∞字形，绳的交点 O 即是杆结构中心。如 O 点不与杆位桩重合，自 O 点起向线路垂线和线路中线可以直接量出 Δx 、ΔD 位移距离。

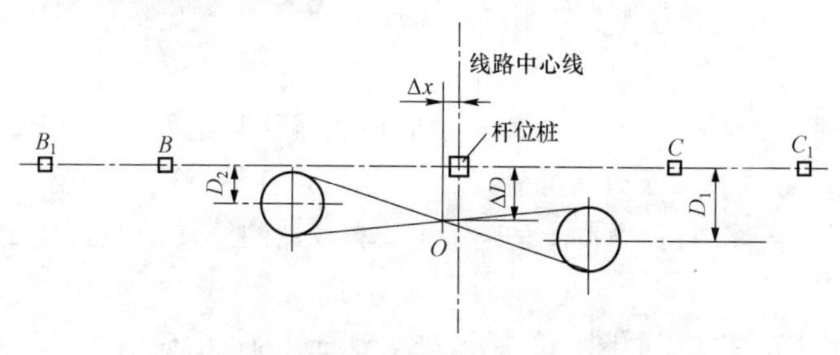

图 2–2–20 结构中心与中心桩位移的检查

（5）横担歪扭检查。横担歪扭检查和铁塔横担歪扭检查方法相同，可参阅（三）的内容。

2. 门型转角杆检查

门型转角杆的检查项目和方法，基本上与门型直线杆相同。检查时仪器安放的位置也和拨正时一样，要安置在线路转角二等分线和二等分线的垂直线上。

安放的位置也和拨正时一样，要安置在线路转角二等分线和二等分线的垂直线上。

3. 倾斜门型转角杆检查

倾斜门型转角杆，要检查杆结构正面倾斜角 θ 是否符合设计数值（见图 2–2–16）。

检查时，仪器安置在线路转角二等分线上，望远镜瞄准转角桩（无位移转角），然后上视横担，如视线正与横担上原来钉的小钉或记号重合（也可直接量视线与横担中点间的距离），则说明杆结构倾斜角符合设计距离，并根据此距离计算出倾斜角，然后以计算角度与设计角度比较，求出其误差值。

假设实测横担中点与视线间距离为 Δx ，计算角度为 θ，则

$$\theta' = \arctan\frac{\Delta x}{H+h} \qquad (2–2–9)$$

其他检查项目和方法与门型转角杆相同，但不检查横担高差。

（三）铁塔检查

这里只介绍杆塔组装后杆塔结构的检查项目和检查方法。关于质量标准应按有关技术规范的规定见表 2–2–2。

铁塔检查的主要项目有：结构根开及对角线、结构倾斜、横担扭转三项。

1. 结构根开及对角线的检查

检查时，用钢卷尺量度塔脚实际根开及对角线距离，看它是否与设计数据相符合，

如果不符合，其误差应不超过技术规范的规定。对于全方位铁塔，由于各接腿不等长，各基础顶面高差较大，用钢卷尺量度塔脚实际根开和对角线距离困难，可采取通过量取塔腿底脚螺栓中心至塔位中心桩之间的斜距，并用水准仪或经纬仪量取两点间的高差，用勾股定理计算对角线距离和根开距离。

2. 结构倾斜检查

经纬仪安置在线路中线和通过塔位中心桩的线路垂线方向上（转角塔仪器安置在线路转角二等分线和二等分线的垂线上），也可以在铁塔的正面及侧面透视前后主材、斜材，如相重合时，在此方向上估略确定安置仪器的位置。仪器距塔的距离为60～70m。

图2–2–21是铁塔的正面图，图中a、b、c分别为正面横担、平口、接腿的中点，图2–2–22中a'、b'、c'分别为横担、平口、接腿横断面中心点。如果铁塔结构无倾斜现象时，仪器在塔的四侧观测a、b、c和a'、b'、c'时，各应在一条竖直线上。如不在一条竖直线上，则说明结构有倾斜现象。下面介绍两种检查方法。

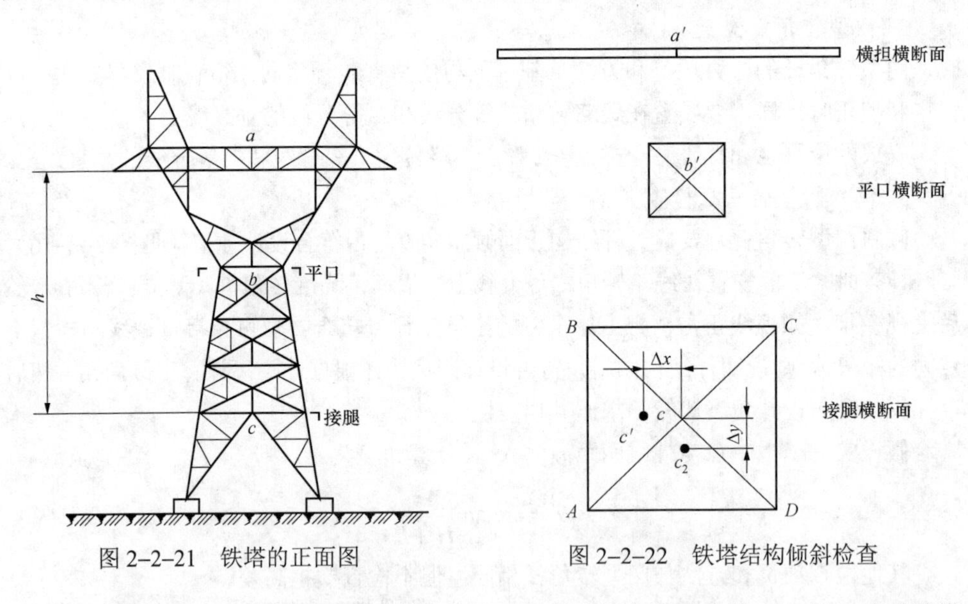

图2–2–21 铁塔的正面图

图2–2–22 铁塔结构倾斜检查

（1）铁塔接腿、平口有水平交叉斜材时，仪器安置在线路中线上，望远镜瞄准横担横断面中心点a'，固定度盘，然后俯视接腿c'点，如视线不与c'点重合，而落于c_1点上，量出c'至c_1间的距离Δx，Δx即是铁塔正面向AB侧的倾斜值。再将仪器移到铁塔的侧面（通过塔位中心桩与线路中线的垂线上），望远镜瞄准横担中心点a'，固定度盘，然后俯视接腿c'点，如视线不与c'点重合，而偏于c_2，量出c'与c_2间的距离Δy，Δy就是铁塔向AD侧的倾斜值。整基铁塔结构倾斜值为

$$铁塔结构倾=\sqrt{\Delta x^2+\Delta y^2}/h \qquad (2\text{-}2\text{-}10)$$

式中　h——自横担中心至接腿中心的垂直距离。

（2）铁塔结构在平口、接腿处没有水平交叉斜材时，其中点是不易找到的，我们分别测出铁塔四侧的倾斜值，以平均值法计算出整基铁塔结构倾斜值，如图 2–2–23 所示，仪器分别安置在铁塔正面前后位置上，望远镜瞄准横担中点 a，然后俯视接腿水平铁中点 c，如视线都不与 c 点重合而偏于 c_1、c_2，量出其偏差值 d_1、d_2；再将仪器移到铁塔的两侧，依同法测出其侧面偏差值 d_3、d_4，依下列各式计算正、侧面及整基铁塔结构的倾斜值。

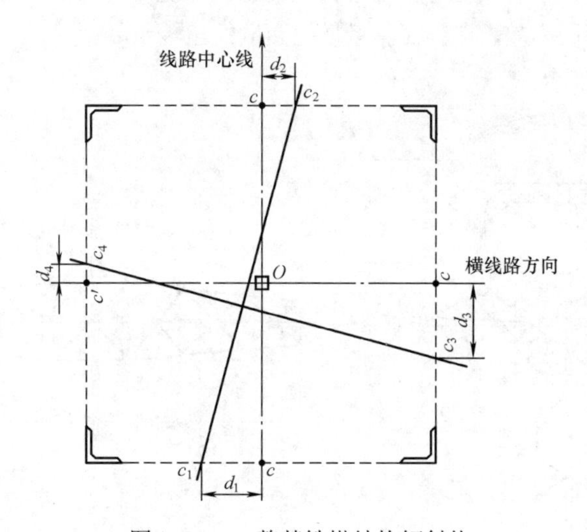

图 2–2–23　整基铁塔结构倾斜值

正面倾斜值为

$$\Delta x=(d_1-d_2)/2 \qquad (2\text{-}2\text{-}11)$$

侧面倾斜值为

$$\Delta y=(d_3-d_4)/2 \qquad (2\text{-}2\text{-}12)$$

当偏差值在接腿中点同侧时，结构倾斜值应相加除以 2。整基铁塔结构倾斜值按式（2–2–10）计算。

例 2–2–1　如图 2–2–23 所示，设测得的 d_1 为 30mm，d_2 为 10mm，d_3 为 26mm，d_2 为 10mm，横担至接腿中心间的垂直距离 h 为 12.8m。试求整基铁塔结构的倾斜值。

解　按式（2–2–11）、式（2–2–12）及式（2–2–10）计算，则

$$\Delta x=(d_1-d_2)/2=(30-10)/2=10\text{（mm）}$$

$$\Delta y=(d_3-d_4)/2=(26-10)/2=8\text{（mm）}$$

整基铁塔结构的倾斜值为

$$\sqrt{\Delta x^2+\Delta y^2}/h=\sqrt{10^2+8^2}/12\,800=0.001$$

转角塔和非转角塔结构倾斜的允许值为3/1000，而该塔的倾斜值为1/1000，是符合质量要求的。

3. 横担歪扭检查（见图2–2–24）

横担歪扭检查是检查横担与铁塔结构面的歪扭情况。在测铁塔结构倾斜的同时，在正面测横担两端的高差，在侧面测量横担两端的扭转距离。

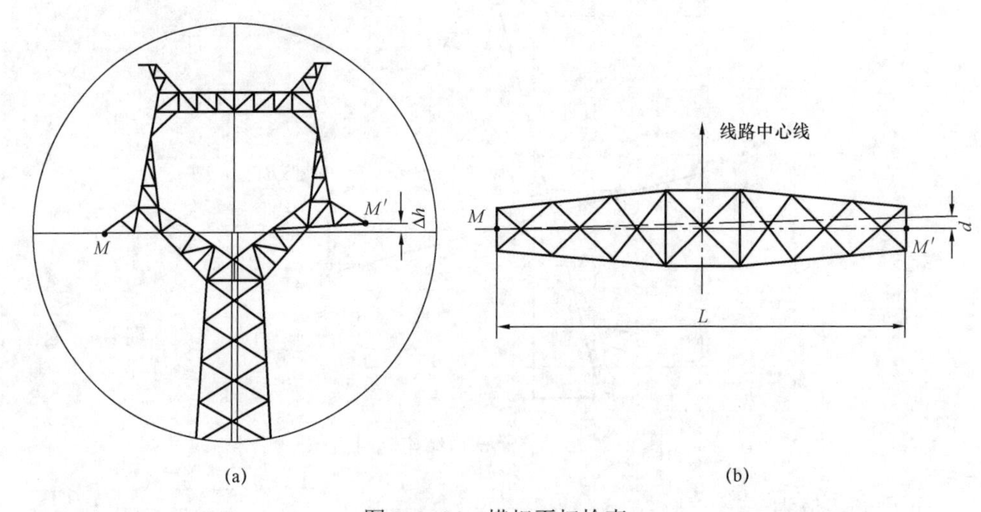

图2–2–24 横担歪扭检查

（a）检查横担水平；（b）检查横担歪扭

图2–2–24（a）是从仪器望远镜里看到的检查横担的形象。在检查时，仪器安置在铁塔正面，使望远镜十字线交点对准横担一端M点；仰角不变，转动经纬仪，使望远镜十字线交点对准横担另一端M'，如M'仍与十字线交点相重合，则说明横担是水平的，如不重合时，测出其两端相对高差Δh。仪器移置在铁塔侧面，如图2–2–24（b）所示，使望远镜十字竖线对准横担一端M，如另一端M'与十字竖线重合，则说明横担不歪扭，如不重合，应测出其歪扭矩离d。横担歪扭值按式（2–2–13）计算

$$\text{横担歪扭值}=\sqrt{\Delta h^2+d^2}/L \tag{2–2–13}$$

式中　L ——横担长。

例 2–2–2　如图 2–2–24 所示，设测得 Δh 为 20mm，d 为 18mm，L 为 8m。求横担歪扭值。

解　将上列数据代入式（2–2–13），则

$$横担歪扭值 = \sqrt{\Delta h^2 + d^2} / L = \sqrt{20^2 + 18^2} / 8000 = 0.003$$

横担歪扭允许值规定为 5/1000，在上例中歪扭值为 3/1000，在允许范围内，认为合格。

【思考与练习】

1. 对双杆基础如何检查坑深及坑底操平？
2. 试述等根开地脚螺栓基础的操平找正方法。
3. 试述浇制式基础的操平找正方法。
4. 门型直线杆的底盘如何拨正？
5. 门型转角杆、倾斜门型转角杆如何进行拨正？
6. 钢筋混凝土杆组立后需进行哪些检查？如何进行检查？
7. 铁塔组立后，需进行哪些检查？如何进行检查？

模块 3　交叉跨越测量（Z04E1006Ⅱ）

【模块描述】本模块介绍交叉跨越垂距测量。通过概念描述、操作过程详细介绍、计算举例，熟悉中点高度法的测量方法、过程，掌握交叉跨越垂距和导线对地距离测量的方法。

【正文】

一、中点高度法

中点高度方法（见图 2–3–1）适用平地，测量步骤如下。

（1）将经纬仪安平在档距中央（即 $l/2$）外侧、约 50m 并垂直线路方向的 E 处，待经纬仪调平后测量档距中央 c 点的导线垂直角 θ_1，水平距离 l_1。

（2）测导线悬挂点 a 的垂直角 θ_2，水平距离 l_2。

（3）测导线悬挂点 c 的垂直角 θ_3，水平

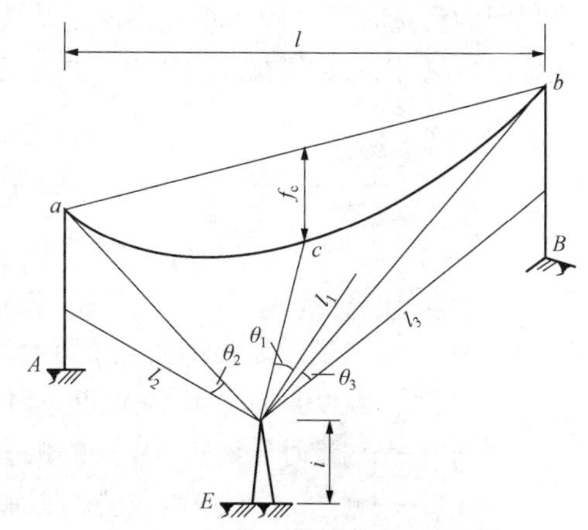

图 2–3–1　中点高度法测量导线弧垂

距离 l_3。

则

$$H_a = l_2 \tan\theta_2 + i + H_E \tag{2-3-1}$$

$$H_b = l_3 \tan\theta_3 + i + H_E \tag{2-3-2}$$

$$H_c = l_1 \tan\theta_1 + i + H_E \tag{2-3-3}$$

$$f = (H_a + H_b)/2 - H_c = (l_2 \tan\theta_2 + l_3 \tan\theta_3)/2 - l_1 \tan\theta_1 \tag{2-3-4}$$

式中 H_E ——E 点的标高，m；

H_a、H_b、H_c ——分别为 a、b、c 相对 E 点的标高，m；

f ——c 点弧垂，m；

i ——仪高，m。

二、测量交叉跨越垂距

导线 1 与通信线 2 的交叉跨越距离按图 2-3-2 所示进行测量。

测量时可将经纬仪安平在交叉跨越大角二等分线方向并距交叉点约 50m 处，调平经纬仪后在交叉点的地面上竖立塔尺作为方向，这时经纬仪测量交叉点导线 d 点和通信线 e 点的垂直角分别为 θ_1 和 θ_2，水平距离为 b，根据测量结果，交叉跨越距离

$$\Delta h = b(\tan\theta_1 - \tan\theta_2) \tag{2-3-5}$$

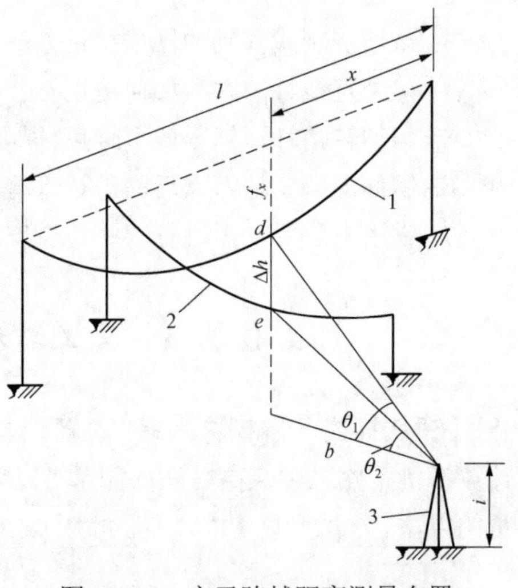

图 2-3-2 交叉跨越距离测量布置

1—导线；2—被跨越的通信线；3—经纬仪

因为测量时导线的弧垂并不一定是最大弧垂情况，因此导线在最大弧垂时的交叉跨越距离 h_0 等于

$$h_0 = \Delta h - \Delta f_x \tag{2-3-6}$$

$$\Delta f_x = 4\left(\frac{x}{l} - \frac{x^2}{l^2}\right)\left[a\sqrt{f^2 + \frac{3l^4}{8l_0^2}(t_m - t)} - f\right] \tag{2-3-7}$$

式中 Δf_x ——测量时导线弧垂 f_x 换算为最高温度时导线弧垂的增量，即由测量时的温度 t 升高到最高温度 t_m 时导线弧垂的增量，m；

f ——测量时导线档距中央的弧垂，m；

f_x ——测量时导线在交叉点的弧垂，m；

l ——交叉点所在电力线路的档距，m；

l_0 ——代表档距，m；

t_m ——最高温度，℃；

t ——测量时的温度，℃；

a ——导线热膨胀系数，1/℃；

x ——交叉点到最近杆塔的距离，m。

三、测量导线与地面任意点的对地距离

测量导线与地面任意点 C 的垂直距离，可按图 2–3–3 进行测量。首先将经纬仪安平在测点线路垂直方向并距线路约 50m 处。调平经纬仪后在 C 点竖立塔尺，经纬仪对准塔尺读数为 h，垂直角为 θ_2，水平距离为 b，则地面 C 点的标高 H_c 等于

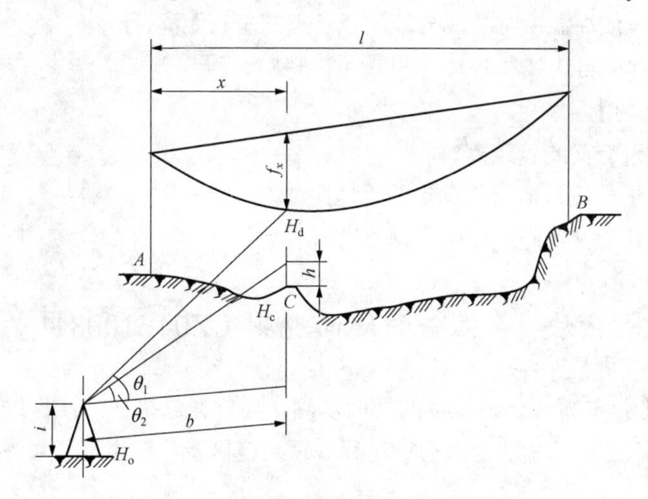

图 2–3–3　导线对地任意点的距离测量

$$H_c = H_0 \pm b\tan\theta_2 + i - h \qquad (2\text{–}3\text{–}8)$$

式中　H_c ——地面任意点 C 的标高，m；

H_0 ——经纬仪地面标高，m；

i ——仪高，m；

h ——塔尺上的读数，m；

b ——C 点距经纬仪的水平距离，m；

θ_2 ——垂直角，（°），仰角取“+”，俯角取“–”。

然后经纬仪望远镜筒沿塔尺方向向上移动，当镜筒内的中线与导线相切时读取角 θ_1 为垂直角，相切点 d 的标高

$$H_d = H_0 + b\tan\theta_1 + i \qquad (2\text{–}3\text{–}9)$$

则导线对地面任意点 C 的垂直距离等于

$$H = H_{d} - H_{c} = b\tan\theta_{1} \pm b\tan\theta_{2} + h \qquad (2-3-10)$$

式中 H ——导线与地面任意点 C 的垂直距离，m；

H_{d} ——相切点 d 的标高，m；

θ_{1} ——垂直角，（°）。

其他符号含义同式（2–3–7）。

上式中 H 为任意温度时的值，最高温度时

$$H_{max} = H - \Delta f_{x} \qquad (2-3-11)$$

式中 H_{max} ——最高温度时导线与地面任意点的垂直距离，m；

H 、Δf_{x} 含义与式（2–3–10）和式（2–3–7）相同。

【思考与练习】

1. 如何测量交叉跨越距离？
2. 如何测量导线与地面任意点的对地距离？
3. 输电线路交叉跨越测量的方法有哪几种？

◢ 模块4 弧垂的地面观测（Z04E1008Ⅲ）

【模块描述】本模块介绍弧垂的地面观测。通过概念描述、操作过程详细介绍、计算举例，熟悉各种弧垂的地面观测过程、适用范围及注意事项，掌握各种弧垂的观测方法。

【正文】

导线弧垂观测的方法一般有异长法、等长法（平行四边形法）、角度观测法和平视法。在实际操作时，为了操作简便，不受档距、悬挂点高差在测量时所引起的影响，减少观测时大量的现场计算量以及掌握弧垂的实际误差范围，应首先选用异长法和等长法。当客观条件受到限制，不能采用异长法和等长法观测时，可选用角度法进行观测。

一、异长法

1. 观测方法

观测档内不连有耐张绝缘子串的异长法观测导线的弧垂如图2–4–1所示，A、B 是观测档不连耐张绝缘子串的导线悬挂点，$A_{1}B_{1}$ 是导线的一条切线，其与观测档两侧杆塔的交点分别为 A_{1} 和 B_{1}。a、b 分别为 A 至 A_{1} 点，B 至 B_{1} 点的垂直距离，f 是观测档所要观测的弧垂计算值。

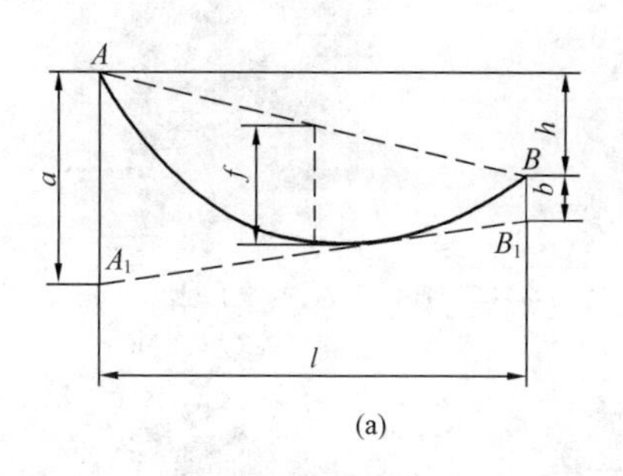

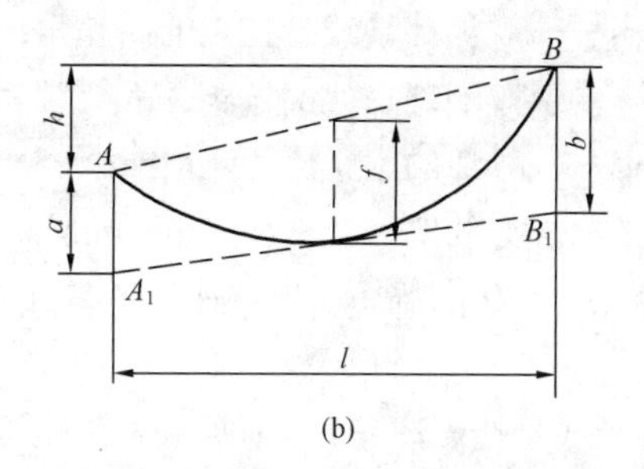

图 2–4–1　观测档内不连有耐张绝缘子串的异长法观测导线的弧垂弧垂

（a）低悬挂点观测弧垂；（b）高悬挂点观测弧垂

异长法观测导线的弧垂是一种不用经纬仪观测弧垂的方法，在实际观测时，将两块长约 2m，宽 10～15cm 红白相间的弧垂板水平地绑扎在杆塔上，其上缘分别与 A_1、B_1 点重合。当紧线时，观测人员目视（或用望远镜）两弧垂板的上部边缘，待导线稳定并与视线相切时，该切点的垂度即为观测档的待测弧垂 f 值。

异常法观测弧垂时，当两端弧垂板上缘 A_1 和 B_1 等高，即 A_1B_1 连线与导线相切的线水平，此时又称为平视法观测弧垂，可见平视法是异常法的特例，其观测和计算方法完全相同。

2. 观测档的弧垂观测数据计算

（1）弧垂值 f 的计算。观测档的弧垂值 f 要根据输电线路施工图中的塔位明细表，按观测档所在耐张段的代表档距和紧线时的气温查取安装弧垂曲线中对应的弧垂值，再根据观测档的档距进行计算。在计算时，还需考虑观测档内有、无耐张绝缘子串，悬挂点高差以及观测点选择的位置等条件。

观测档观测弧垂值的计算公式如下。

1）观测档导线悬挂点高差 h 时

$$f=\frac{gl^2}{8\sigma_0}=f_o\left(\frac{l}{l_o}\right)^2 \tag{2-4-1}$$

2）观测档导线悬挂点高差 $h\geqslant 10\%l$ 时

$$f_\varphi=\frac{gl^2}{8\sigma_0\cos\varphi}=\frac{f_o}{\cos\varphi}\left(\frac{l}{l_o}\right)^2=f\left[1+\frac{1}{2}\left(\frac{h}{l}\right)^2\right] \tag{2-4-2}$$

式中　f ——悬挂点高差 $h<10\%l$ 时，档距中点弧垂，m；

f_φ ——悬挂点高差 $h\geqslant 10\%l$ 时，档距中点弧垂，m；

l_o ——耐张段导线代表档距，m；

f_o ——对应于代表档距的导线弧垂，m；

φ ——观测档导线悬挂点的高差角；

l ——观测档导线的档距，m；

σ_0 ——导线的水平应力，MPa；

g ——导线的比载，N/（m·mm²）。

（2）a、b 值的确定。根据计算的弧垂值，选定一适当的 a 值，然后按下列关系计算 b 值。

1）导线悬挂点高差 $h<10\%l$ 时

$$b=(2\sqrt{f}-\sqrt{a})^2 \tag{2-4-3}$$

2）导线悬挂点高差 $h\geqslant 10\%l$ 时

$$b=(2\sqrt{f_\varphi}-\sqrt{a})^2 \tag{2-4-4}$$

3. 适应范围

异长法观测弧垂方法是以目视或借助于低精度望远镜进行观测，由于观测人员视力的差异及观测时视点与切点间水平、垂直距离的误差等因素，因此，本观测法一般适应于观测档导线两端挂点高差较大、档距较短、弧垂较小且导线悬挂曲线不低于两侧杆塔根部连线。

在选取 a 和 b 值时，应注意两数值不要相差过大，通常取 $a=(2\sim3)$ 为最宜。如视线倾斜角过大或档距太大，b 点的弧垂板看不清楚时，可采用角度法观测。

4. 弧垂调整

在实际施工中，观测档的弧垂值都是在紧线前，按当时气温计算，并按计算的弧垂值绑扎好两侧弧垂板。但是，往往在紧线画印时与实际气温存在差异，这个气温差将引起导线的实际弧垂与原计算弧垂值之间存在 Δf 的变化值，为了使测定的弧垂及时调整到气温变化后所要求的弧垂值，必须调整观测档一侧的弧垂板的垂直距离 Δa，其正确的调整量按下式计算

$$\Delta a=2\sqrt{\frac{a}{f}}\Delta f \tag{2-4-5}$$

例 2-4-1 设原绑扎弧垂板时的弧垂值 $f=7.0\text{m}$，取 $a=3.5\text{m}$，因气温变化弧垂改变为7.3m，改变量 $\Delta f=0.3\text{m}$。试求 Δa 值。

解 用式（2-4-5）计算

$$\Delta a=2\sqrt{\frac{a}{f}}\Delta f=2\sqrt{\frac{3.5}{7}}\times0.3=0.424(\text{m})$$

由以上计算结果可知，本例目测侧的弧垂板由原绑扎点向下移动0.42m距离。

二、等长法

1. 观测方法和计算公式

等长法又称平行四边形法，也是一种用目视观测弧垂的方法。观测时，自观测档内两侧杆塔的导线悬挂点 A 和 B 分别向下量取垂直距离 a 和 b，并使 a、b 等于所要测定的弧垂 f 值（$a=b=f$）。在 a、b 值的下端边缘 A_1 及 B_1 处，各绑一块弧垂板。在紧线时，从一侧弧垂板上部边缘透视另一侧弧垂板上部边缘，调整导线的张力，当导线稳定并与 A_1B_1 视线相切，此时导线弧垂即测定了。

观测档内弧垂值的计算，按式（2–4–1）或式（2–4–2）相应的公式，计算出观测档的观测弧垂 f 值。

2. 弧垂调整

使用等长法观测弧垂时，同样存在紧线前后的气温变化而引起的弧垂有 Δf 值变化的问题。为使测定的弧垂，由原计算弧垂 f 值及时地调整到气温变化后的所要求弧垂值，可只移动任一侧杆塔上的弧垂板进行弧垂调整。弧垂板的调整值按下式计算。

当气温上升时弧垂板的调整量为

$$\Delta a_{\mathrm{M}}=4\left(1+\frac{\Delta f}{f}-\sqrt{1+\frac{\Delta f}{f}}\right)f \qquad (2\text{–}4\text{–}6)$$

当气温下降时弧垂板的调整量为

$$\Delta a_{\mathrm{N}}=4\left(\sqrt{1+\frac{\Delta f}{f}}-1+\frac{\Delta f}{f}\right)f \qquad (2\text{–}4\text{–}7)$$

例 2–4–2　设原绑扎弧垂板的弧垂 $f=5\mathrm{m}$，$a=3.6\mathrm{m}$。因气温上升，观测时的弧垂值为 5.2m。试求弧垂板的调整量 Δa 值。

解　$$\Delta f=5.2-5=0.2\mathrm{m}$$

用式（2–4–6）计算

$$\begin{aligned}\Delta a_{\mathrm{M}}&=4\left(1+\frac{\Delta f}{f}-\sqrt{1+\frac{\Delta f}{f}}\right)f\\&=4\left(1+\frac{0.2}{5}-\sqrt{1+\frac{0.2}{5}}\right)\times5=0.403\ 92(\mathrm{m})\end{aligned}$$

如上述可知，实际施工中，一般习惯于调整一侧弧垂板，以 2 倍 Δf 值作为弧垂板调整量的方法，等长法弧垂调整如图 2–4–2 所示。其适用范围为

当气温上升时　$$\frac{\Delta f}{f}\leqslant16.36\%$$

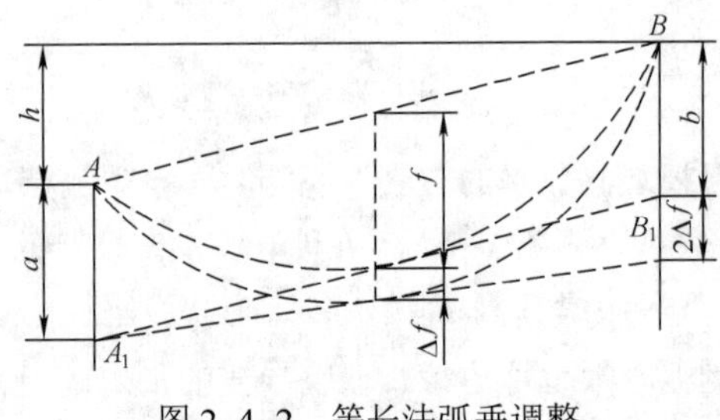

图 2-4-2 等长法弧垂调整

当气温下降时 $\frac{\Delta f}{f} \leqslant 12.31\%$

当超过以上范围时，按变化后的弧垂值同时调整两侧弧垂板。

3. 等长法观测弧垂的范围

等长法适用于导线悬挂点高差不太大的弧垂观测档。

三、角度观测法

角度观测法是用仪器（经纬仪、全站仪）测竖直角观测弧垂的一种方法。该方法适用山区或跨河档距，不仅解决了目测误差和视力限制无法使用其他观测方法时的观测问题，而且可根据不同情况将仪器支在不同位置进行观测。紧线时，调整导线的张力，使导线稳定时的弧垂与望远镜的横丝相切，观测档的弧垂即为确定。角度观测法有档端观测法、档内观测法和档外观测法。

1. 角度法弧垂观测方法和计算公式

（1）档端观测法。档端观测法示意图如图 2-4-3 所示，操作步骤如下：

1）将经纬仪支在导线悬点 A 的下方，求出 a 值

$$a = AA' - i \tag{2-4-8}$$

式中 a——架线悬点与经纬仪横轴的高差，m；

i——经纬仪高度，m。

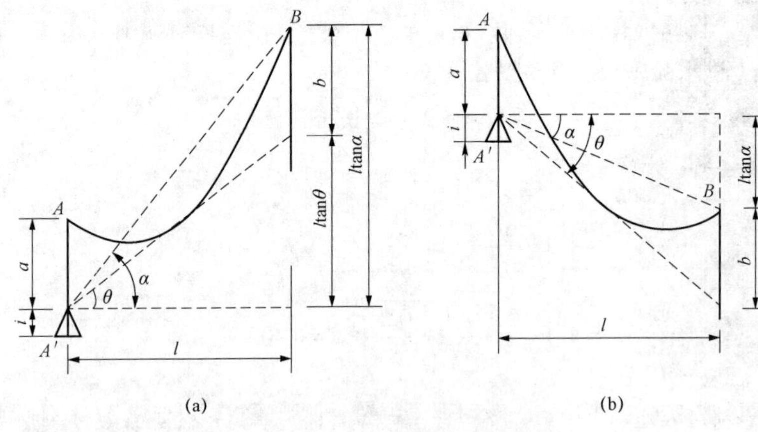

图 2-4-3 档端观测法示意图

（a）仰角；（b）俯角

再求出 b 值及观测角 θ 为

$$b=(2\sqrt{f}-\sqrt{a})^2 \tag{2-4-9}$$

$$\theta=\arctan\left(\tan a-\frac{b}{l}\right) \tag{2-4-10}$$

式中　θ——经纬仪观测角，仰角为正，俯角为负，(°)；

a——导线远方悬点 B 的垂直角，(°)。

2）调好经纬仪观测角，收紧导线使之与经纬仪中丝相切，这时弧垂达到设计要求值。

3）根据边线弧垂值修正要求（见弧垂观测注意事项），调整经纬仪观测角，对边线进行观测。

这种方法不适用于 b 值较小的情况。

（2）档外、档内观测法。档外、档内观测法示意图如图 2–4–4 所示，观测角为

$$\theta=\arctan\frac{h+a-b}{l+l_1} \tag{2-4-11}$$

$$b=(2\sqrt{f}-\sqrt{a'})^2 \tag{2-4-12}$$

$$a'=a-l_1\tan\theta \tag{2-4-13}$$

式中　l_1——经纬仪与近方杆塔水平距离，档外观测法取正，档内观测法取负（以下同），m。

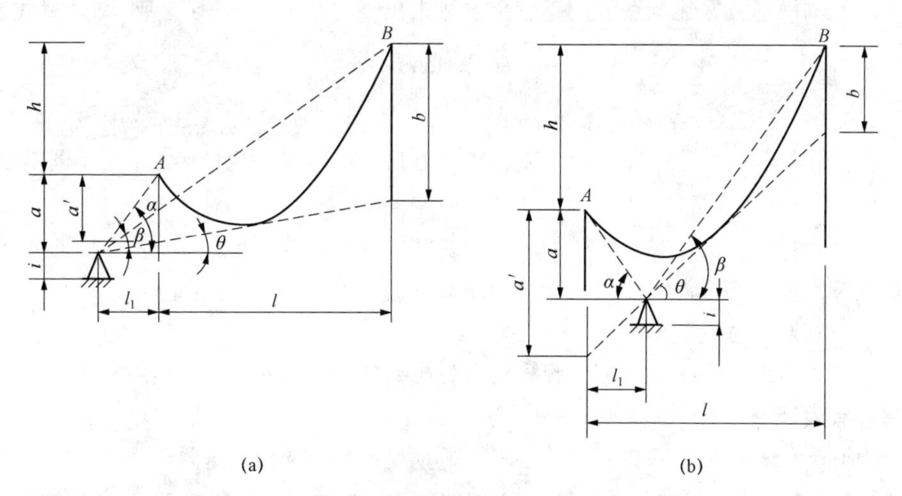

图 2–4–4　档外、档内观测法示意图

（a）档外观测法；（b）档内观测法

$$b=4f-4\sqrt{a'f}+a'=4f-4\sqrt{(a-l_1\tan\theta)f}+a-l_1\tan\theta \tag{2-4-14}$$

将式（2–4–14）代入式（2–4–11），并整理，得

$$\tan^2\theta+\frac{2}{l}\left(4f-h+8\frac{l_1 f}{l}\right)\tan\theta+\frac{1}{l^2}[(4f-h)^2-16af]=0 \tag{2–4–15}$$

取

$$A=\frac{2}{l}\left(4f-h+\frac{8l_1 f}{l}\right) \tag{2–4–16}$$

$$B=\frac{1}{l^2}[(4f-h)^2-16af] \tag{2–4–17}$$

则式（2–4–15）成为

$$\tan^2\theta+A\tan\theta+B=0 \tag{2–4–18}$$

$$\theta=\arctan\left[\left(-\frac{A}{2}+\sqrt{\left(\frac{A}{2}\right)^2-B}\right)\right] \tag{2–4–19}$$

2. 观测的操作步骤

（1）将经纬仪支在合适的观测位置，测出 a 值

$$a=l_1\tan\alpha \tag{2–4–20}$$

式中 a——近方导线悬点与经纬仪横轴的高差，m；

α——近方导线悬点 A 的垂直角，（°）。

（2）测出远方导线悬点 B 的垂直角 β，求出高差 h（h 有正负之别）。计算式为

$$h=(l+l_1)\tan\beta-a \tag{2–4–21}$$

式中 h——导线悬点高差，m。

由式（2–4–16）、式（2–4–17）求出 A、B 后，再用式（2–4–19）求出不同气温时的观测角 θ。

档外、档内观测法是在档端无法支架经纬仪或档端观测 b 值太小才使用的方法。为提高准确度，选择观测点应使 $\theta<\arctan h/l$。

四、观测弧垂注意事项

（1）为争取工作主动，事先应将所用观测数据测好，并按最近出现气温，用计算器算好有关观测参数。

（2）为使导地线弧垂符合设计要求，弧垂观测档的选择很重要，其选择原则应按照 GB 50233《110kV～750kV 架空输电线路施工及验收规范》第 7.5.3 条的要求执行。

（3）观测弧垂应顺着阳光由低处向高处观测，并尽量避免弧垂板背面有树木等物。

（4）温度计应放在阳光照射不到的地方，这样测得气温方可代表实际气温。观测时实际气温与计算弧垂气温相差不超过 2.5℃时可不调整弧垂板。

（5）经纬仪置于中线下方观测边线的观测角为

$$\theta=\arctan\left[\sqrt{\frac{\left[\frac{1}{2}l\sqrt{\frac{a-l_1\tan\theta}{f}}+l_1\right]^2}{\left[\frac{1}{2}l\sqrt{\frac{a-l_1\tan\theta}{f}}+l_1\right]^2+D^2}}\tan\theta\right] \tag{2-4-22}$$

式中　D——边线与中线的距离，m；余者同前。

档外观测时 l_1 为正，档内观测时 l_1 为负，档端观测时 l_1 为 0。经纬仪观测边线的水平转角为

$$\alpha'=\frac{D}{\frac{1}{2}l\sqrt{\frac{a-l_1\tan\theta}{f}}+l_1} \tag{2-4-23}$$

五、弧垂调整时导线长度调整量的计算

观测弧垂后，将导线放下画印，安装耐张绝缘子串或避雷线金具串并挂线后，有时因操作失误使实际弧垂与观测值不符。如果弧垂超出允许误差，需对导线长度做调整，确保弧垂达到要求。

任何一个档距内导线长度为

$$L=\frac{l}{\cos\varphi}+\frac{g^2l^3}{24\sigma_0^2}\cos\varphi \tag{2-4-24}$$

整个耐张段内导线长度为

$$\sum_{i=1}^{n}L_i=\sum_{i=1}^{n}\frac{l_i}{\cos\varphi_i}+\frac{g^2}{24\sigma_0^2}\sum_{i=1}^{n}l_i^3\cos\varphi_i \tag{2-4-25}$$

式中　L_i——耐张段内第 i 档导线长度，m；

l_i——耐张段内第 i 档档距，m；

φ_i——耐张段内第 i 档悬点高差角，（°）。

观测档弧垂为

$$f_g=\frac{gl_g^2}{8\sigma_0\cos\varphi_g} \tag{2-4-26}$$

式中　f_g——观测档要求弧垂，m；

φ_g——观测档悬点高差角，（°）；

l_g——观测档档距，m。

由式（2-4-25）、式（2-4-26）可得

$$\sum_{i=1}^{n}L_i=\sum_{i=1}^{n}\frac{l_i}{\cos\varphi_i}+\frac{8}{3}\times\frac{f_g^2\cos^2\varphi_g}{l_g^4}\sum_{i=1}^{n}l_i^3\cos\varphi_i \tag{2-4-27}$$

挂线后实际弧垂为 $f_g+\Delta f$，耐张段内导线长度为

$$\sum_{i=1}^{n}L_i+\Delta L=\sum_{i=1}^{n}\frac{l_i}{\cos\varphi_i}+\frac{8}{3}\times\frac{f_g^2\cos^2\varphi_g}{l_g^4}\sum_{i=1}^{n}l_i^3\cos\varphi_i \tag{2-4-28}$$

式中 ΔL——耐张段内导线长度增量，m。

由式（2-4-27）、式（2-4-28）可得

$$\Delta L=\frac{8}{3}\times\frac{\cos^2\varphi_g}{l_g^4}(2f_g+\Delta f)\Delta f\sum_{i=1}^{n}l_i^3\cos\varphi_i \tag{2-4-29}$$

又由于耐张段代表档距为，$l_0=\sqrt{\dfrac{\sum_{i=1}^{n}l_i^3\cos^2\varphi_g}{\sum_{i=1}^{n}\dfrac{l_i}{\cos\varphi_i}}}$，故式（2-4-29）可近似写成

$$\Delta L=\frac{8}{3}\times\frac{l_0^2\cos^2\varphi_g}{l_g^4}(f_{g0}^2-f_g^2)\sum_{i=1}^{n}\frac{l_i}{\cos\varphi_i} \tag{2-4-30}$$

式中 f_{g0}——弧垂观测档的实测弧垂，m。

ΔL 为正时应将导线收紧，反之应将导线放松。

【思考与练习】

1. 简述各种弧垂观测方法的施测步骤及适用范围。
2. 观测弧垂应注意哪些事项？
3. 弧垂调整时导线长度调整量的计算是什么？

第三章

全站仪及全球定位系统

模块1　全站仪的基本应用（Z04E2001Ⅲ）

【模块描述】本模块涉及全站仪的内部结构、全站仪的分类、光电测距原理、电子测角系统和全站仪的使用。通过概念描述、要点讲解、操作流程介绍，了解全站仪的内部结构、全站仪的类型、光电测距原理、电子测角系统，熟悉全站仪基本使用的方法。

【正文】

一、概述

全站仪又称全站型电子速测仪，是近几年发展和普及起来的先进测量仪器，它主要由光电测距仪、电子微处理机、数据终端等组成。这种仪器既可测距，又能测角，而且能自动记录测量数据，可以程序控制和数据存储，进行数据的自动转换，计算出测站点之间的高差和坐标增量，通过仪器上的液晶显示器显示出测算结果，通过配置适当的接口可使野外采集的测量数据直接传输到计算机进行数据处理或进入自动化绘图系统。

全站仪具有与光学经纬仪类似的结构特征，测角的方法和步骤与光学经纬仪基本相似。但是，由于生产厂家的不同，外部结构和应用软件也有所差异，其使用操作也不完全一样，因此本节仅以NTS–660型全站仪为例介绍其结构、仪器的操作使用及其注意事项。

二、全站仪的结构和功能

1. 仪器主要技术参数

该型号仪器在气象条件良好时，使用一块棱镜的测程为1.8km，三块棱镜为2.6km。其测距精度可达±（$2+2\times10^{-6}\times D$）mm。测距时间：精测模式时，每次用时为3s，最小显示距离为1mm；跟踪测量模式时，每次用时为1s，最小显示距离为10mm。角度最小读数为1，精度为2级。双轴液体电子传感补偿，工作范围3，精度1。配备可充电的镍氢电池，充满后连续工作时间可达8h。

2. 全站仪的基本构造和功能

（1）NTS–660 型全站仪。

1）NTS–660 型全站仪如图 3–1–1 所示。

图 3–1–1 NTS–660 型全站仪

1—望远镜把手；2—目镜调焦螺旋；3—仪器中心标志；4—目镜；5—数据通信接口；6—底板；7—圆水准校正螺旋；8—圆水准器；9—管水准器；10—垂直制动螺旋；11—垂直微动螺旋；12—望远镜调焦螺旋；13—电池 NB–30；14—电池锁紧杆；15—物镜；16—水平微动螺旋；17—水平制动螺旋；18—整平脚螺旋；19—基座固定钮；20—显示屏；21—光学对中器；22—粗瞄准器

2）操作面板如图 3–1–2 所示。

① 显示屏。一般上面几行显示观测数据，底行显示软键功能，它随测量模式的不同而变化。

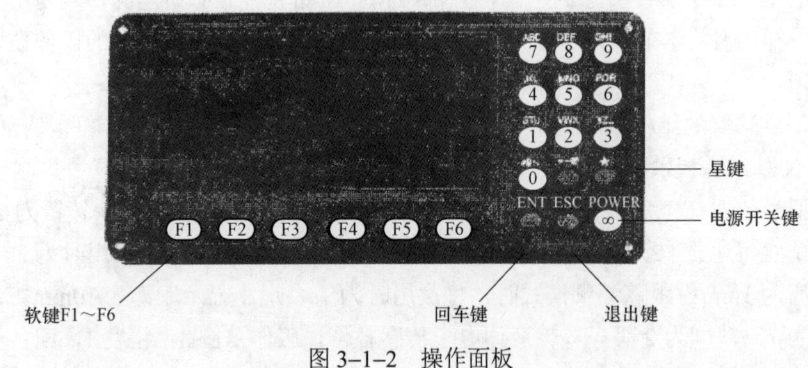

图 3–1–2 操作面板

② 对比度。利用星键（★）可调整显示屏的对比度和亮度。

③ 显示符号。仪器中所显示及出现的符号其含义见表 3–1–1。

表 3–1–1 显示符号含义

符号	含　义	符号	含　义
V	垂直角	*	电子测距正在进行
V（%）	百分度	m	以米为单位
HR	水平角（右角）	ft	以英尺为单位
HL	水平角（左角）	F	精测模式
HD	平距	T	跟踪模式（10mm）
VD	高差	R	重复测量
SD	斜距	S	单次测量
N	北向坐标	N	N 次测量
E	东向坐标	10–6	大气改正值
Z	天顶方向坐标	psm	棱镜常数值

3）操作键。显示面板上的各操作键的功能见表 3–1–2。

表 3–1–2 操作键功能表

按键	名称	功　能	按键	名称	功　能
F1～F6	软键	功能参见所显示的信息	★	星键	用于仪器若干常用功能的操作
0～9	数字键	输入数字，用于欲置数值	ENT	回车键	数据输入结束并认可时按此键
A～/	字母键	输入字母	POWER	电源键	控制电源的开/关
ESC	退出键	退回到前一个显示屏或前一个模式			

4）功能键（软键）。软键功能标记在显示屏的底行。该功能随测量模式的不同而改变，具体功能见表 3–1–3。

表 3–1–3 功能键表

模式	显示	软键	功　能
角度测量	斜距	F1	倾斜距离测量
	平距	F2	水平距离测量

续表

模式	显示	软键	功能
角度测量	坐标	F3	坐标测量
	置零	F4	水平角置零
	锁定	F5	水平角锁定
	记录	F1	将测量数据传输到数据采集器
	置盘	F2	预置一个水平角
	R/L	F3	水平角右角/左角变换
	坡度	F4	垂直角/百分度的变换
	补偿	F5	设置倾斜改正，若打开补偿功能，则显示倾斜改正值
斜距测量	测量	F1	启动斜距测量，选择连续测量/*N*次（单次）测量模式
	模式	F2	设置单次精测/*N*次精测/重复精测/跟踪测量模式
	角度	F3	角度测量模式
	平距	F4	平距测量模式，显示*N*次或单次测量后的水平距离
	坐标	F5	坐标测量模式，显示*N*次或单次测量后的坐标
	记录	F1	将测量数据传输到数据采集器
	放样	F2	放样测量模式
	均值	F3	设置*N*次测量的次数
	m/ft	F4	距离单位米或英尺的变换
平距测量	测量	F1	启动平距测量，选择连续测量/*N*次（单次）测量模式
	模式	F2	设置单次精测/*N*次精测/重复精测/跟踪测量模式
	角度	F3	角度测量模式
	斜距	F4	斜距测量模式，显示*N*次或单次测量后的倾斜距离
	坐标	F5	坐标测量模式，显示*N*次或单次测量后的坐标
	记录	F1	将测量数据传输到数据采集器
	放样	F2	放样测量模式
	均值	F3	设置*N*次测量的次数
	m/ft	F4	米或英尺的变换
坐标测量	测量	F1	启动坐标测量，选择连续测量/*N*次（单次）测量模式
	模式	F2	设置单次精测/*N*次精测/重复精测/跟踪测量模式
	角度	F3	角度测量模式
	斜距	F4	斜距测量模式，显示*N*次或单次测量后的倾斜距离

续表

模式	显示	软键	功　能
坐标测量	平距	F5	平距测量模式，显示 *N* 次或单次测量后的水平距离
	记录	F1	将测量数据传输到数据采集器
	高程	F2	输入仪器高/棱镜高
	均值	F3	设置 *N* 次测量的次数
	m/ft	F4	米或英尺的变换
	设置	F5	预置仪器测站点坐标

5）星键（★键）模式。按下（★）键即可看到仪器的若干操作选项。这些选项分两页屏幕显示，如图 3–1–3 所示。按［F5］（P1↓）键查看第 2 页屏幕，再按［F5］（P2↓）可返回第 1 页屏幕。

由星键（★）可做如下操作第 1 页屏幕：

① 查看日期和时间。

② 显示器对比度调节［F1］和［F2］。

③ 显示器背景灯照明的开/关［F3］。

④ 显示内存的剩余容量［F4］。

第 2 页屏幕：

⑤ 电子圆水准器图形显示［F2］。

⑥ 接收光线强度（信号强弱）显示［F3］。

⑦ 设置温度、气压、大气改正值（PPM）和棱镜常数值（PSM）［F4］。

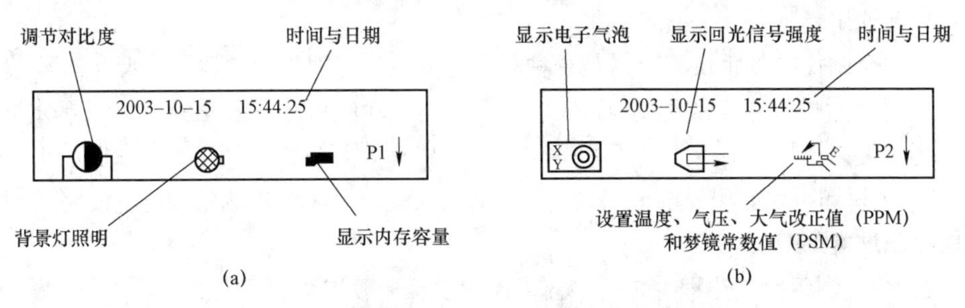

图 3–1–3　星键（★键）模式屏幕显示

（a）第 1 页屏幕；（b）第 2 页屏幕

（2）反射棱镜。全站仪在进行距离测量等作业时，需在目标处放置反射棱镜。反射棱镜有单（三）棱镜组，可通过基座连接器将棱镜组与基座连接，再安置到三脚架上，也可直接安置在对中杆上。棱镜组由用户根据作业需要自行配置，棱镜组如图 3–1–4 所示。

（3）电源。本机采用可充电镍氢电池，配用 NC–30 充电器。

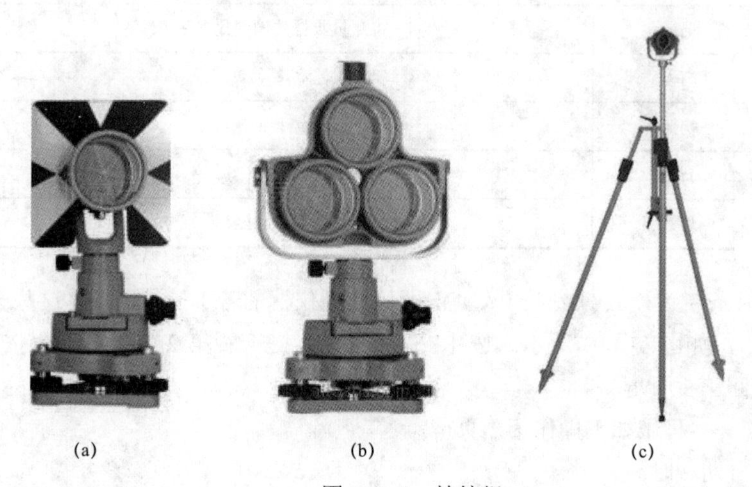

(a) (b) (c)

图 3–1–4 棱镜组

（a）单棱镜组；（b）三棱镜组；（c）对中杆

三、全站仪的分类

（1）全站仪按其结构，分为整体型和组合型（又称积木型）两种。

1）整体型。测距、测角与电子计算单元和仪器的光学、机械系统设计成一个整体。

2）组合型。电子测距仪、电子经纬仪各为一独立的整体，既可单独使用，又可组合在一起使用。

（2）全站仪的测距仪部分，是一种利用电磁波进行测量的仪器。因此，按载波和发射光源的不同，可分为微波测距仪、激光测距仪和红外测距仪三种。按测程分类，可分为三类：

1）短程测距仪。测程小于 3km，用于普通工程测量和城市测量，送电线路工程测量就属于这类测距仪。

2）中程测距仪。测程为 3～15km，通常用于一般等级的控制测量。

3）长程测距仪。测程为大于 15km，通常用于国家控制网及特级导线测量。

按照我国国家计量检定规程的规定，全站仪中电子测距仪和电子经纬仪的准确度等级划分见表 3–1–4。

表 3–1–4　　电子测距仪和电子经纬仪的准确度等级划分表

准确度等级	测角标准偏差（″）	测距标准偏差（mm）
Ⅰ	$\lvert m_\beta \rvert \leqslant 1$	$\lvert m_\beta \rvert \leqslant 5$
Ⅱ	$1 < \lvert m_\beta \rvert \leqslant 2$	$\lvert m_\beta \rvert \leqslant 5$
Ⅲ	$2 < \lvert m_\beta \rvert \leqslant 6$	$5 < \lvert m_\beta \rvert \leqslant 10$
Ⅳ	$6 < \lvert m_\beta \rvert \leqslant 10$	$\lvert m_\beta \rvert \leqslant 10$

注　测角标准偏差为一测回水平方向标准偏差；测距标准偏差为每千米测距标准偏差。

四、光电测距原理

光电测距即电磁波测距，它是以电磁波作为载波，传输光信号来测量距离的一种方法。它的基本原理是利用仪器发出的光波（光速 c 已知），通过测定出光波在测线两端点间往返传播的时间 t 来测量距离 D。光电测距原理如图 3–1–5 所示，当 A 点仪器发射的电磁波，经 B 点棱镜反射后返回到 A 点，则 AB 间的距离为

$$D = \frac{1}{2}ct \tag{3–1–1}$$

式中　D ——AB 间的距离，m；

c ——电磁波在空气中传播的速度，约为 $3\times10^8\,\mathrm{m/s}$；

t ——电磁波在 AB 间传播的时间，s。

式中除以 2 是因为光波经历了两倍的路程。

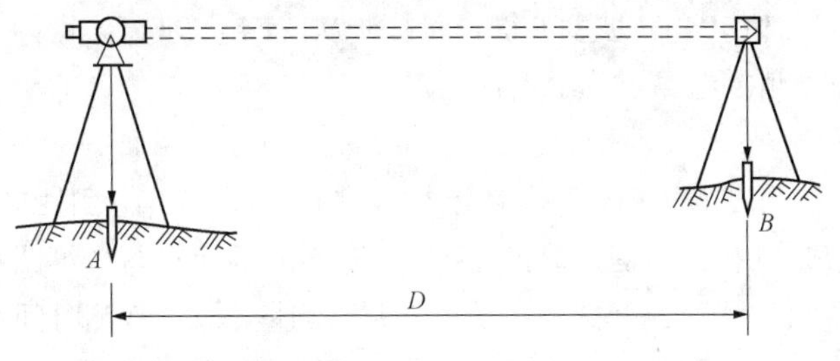

图 3–1–5　光电测距原理

根据测定时间的方式不同，又分为脉冲式测距仪和相位式测距仪。脉冲式测距仪是直接测定光波传播的时间，由于这种方式受到脉冲的宽度和电子计数器时间分辨率限制，所以测距精度不高，一般为 1～5m。相位式光电测距仪是利用测相电路直接测定光波从起点出发经终点反射回到起点时，因往返时间差引起的相位差来计算距离，该法测距精度较高，一般可达 5～20mm。目前短程测距仪大都采用相位法计时测距。

五、全站仪的使用（以 NTS–660 型全站仪为例）

1. 测量前的准备工作

（1）安置仪器。将全站仪安置在测站点上，并进行对中、整平，过程与经纬仪基本相同。

（2）开机设置。确认显示窗中显示有足够的电池电量，当电池电量不多时，应及时更换电池或对电池进行充电。

1）设置温度和气压。设置大气改正时，须量取温度和气压，由此即可求得大气改正值。

2）设置棱镜常数。根据不同厂家的棱镜，应预先设置相应的棱镜常数。

2. 角度测量

将测量模式切换为角度测量（一般开机的默认模式为角度测量模式，可以根据工作需要设置开机默认模式）。以下操作均可依据显示屏上的中文操作菜单进行。

（1）水平角（右角）和垂直角测量。盘左照准后视目标，按［F4］（置零）键和［F6］（设置）键，设置后视目标的水平角读数为 0°0′0″。顺时针旋转照准部，照准前视目标，仪器显示该目标的水平角和垂直角。

（2）水平角测量模式（右角/左角）的转换。在角度测量模式下，按［F6］（P1↓）键，进入第 2 页显示功能，按［F3］键，水平角测量右角模式转换成左角模式，可类似右角观测方法进行左角观测。每按一次［F3］（R/L）键，右角/左角便依次切换。在参数设置模式，右角/左角转换开关可以关闭。

（3）垂直角与百分度模式的转换。在角度测量模式下，按［F6］（P1↓）键，进入第 2 页功能菜单，按［F4］（坡度）键，每按一次［F4］（坡度）键，垂直角显示模式便依次转换。垂直角零起算点位于天顶位置。

3. 距离测量

（1）设置。在角度测量模式下，照准棱镜中心，按［F1］（斜距）键或［F2］（平距）键，并按［F2］（模式）键，选择连续精测模式，显示在窗口第四行右面的字母表示如下测量模式：F——精测模式（这是正常距离测量模式，观测时间约 3s，最小显示距离为 1mm）；T——跟踪模式（此模式测量时间要比精测模式短，主要用于放样测量中，在跟踪运动目标或工程放样中非常有用）；R——连续（重复）测量模式；S——单次测量模式；N——*N* 次测量模式。若要改变测量模式，按［F2］（模式）键，每按下一次，测量模式就改变一次。

（2）距离测量。当预置了观测次数时，仪器就会按设置的次数进行距离测量并显示出平均距离值。若预置次数为 1，则由于是单次观测，故不显示平均距离。仪器出厂时设置的是单次观测。

在角度测量模式下，设置观测次数：按［F1］（斜距）键或［F2］（平距）键。按［F6］（P1↓）键，进入第2页功能。按［F3］（均值）键，输入观测次数。按［ENT］键，进行N次观测。照准棱镜中心。按［F1］（斜距）键或［F2］（平距）键，选择斜距或平距测量模式，显示出平均距离并伴随蜂鸣声，同时屏幕上“*”号消失。观测结束后按［F1］（测量）键可重新进行测量。若测量结果受到大气折光等因素影响，则自动进行重复观测。按［F3］（角度）键返回到角度测量模式。

（3）放样。该功能可显示测量的距离与预置距离之差

显示值=观测值–标准（预置）距离

可进行各种距离测量模式如平距（HD）、高差（VD）或斜距（SD）的放样。如高差的放样：在距离测量模式下按［F6］（P1↓）键进入第2页功能，按［F2］（放样）键，输入待放样的高差值并按［ENT］键，观测开始，移动棱镜直到距离之差接近零为止。一旦将标准距离重新设置为“0”或关机，即可返回到正常距离测量模式。

4. 坐标测量

坐标测量是全站仪的常用功能之一，是根据已知测站点和后视的坐标或已知测站点坐标及后视方位角，通过角度和距离的测量求出未知点坐标的方法（即极坐标法）。

在程序菜单中按［F6］键，进入该菜单的第2页，再按［F3］键进入放样菜单，按［F3］（坐标数据）键。在坐标数据菜单中，按［F3］键，进入采集新点坐标选择项，按［F1］（极坐标）键。按［F6］键进行设置后视方位角。输入测站点点号，如作业中没有该点的坐标数据，输入该点坐标。如作业中存在该点的坐标便显示方位角，若后视方位角正确，用仪器瞄准后视点后按［F5］（是）键设置后视方位角。输入仪器高，按［ENT］键。

输入观测点的点号，按［ENT］键。输入棱镜高并按［ENT］键，用仪器瞄准观测点，按［F5］（是）键便进行测量，采集该点坐标。按［F5］（是）键保存坐标。屏幕便显示输入另一观测点的点号的输入屏幕。点号自动加一。

5. 后方交会

后方交会程序从存储在作业中的两个已知坐标的点计算新采集点（测站点）的坐标，会显示测站至每一已知点上测量的角度和距离，并显示平距和高差的残差。如果软件不能计算新点的坐标，会显示“错误！”信息。如接受显示的残差，下一屏幕便显示新点的坐标。

将仪器安置在新点上，在程序菜单中按［F6］键，进入该菜单的第2页，再按［F3］键进入放样菜单。在显示的放样菜单中按［F3］（坐标数据）键。在坐标数据菜单中，按［F3］键，进入采集新点坐标选择项，按［F2］（后方交会）键。输入后方交会的测站点点号，按［ENT］键，输入仪器高，按［ENT］键，输入测量的第一个点的点号，

该点用于后方交会计算中。输入棱镜高后按［ENT］键。用仪器瞄准第一个观测点，按［F5］键测量角度和距离，显示水平角、平距和高差。输入要测量的第二点点号后并按［ENT］键。

输入第二点棱镜高并按［ENT］键，用仪器瞄准第二点，按［F5］（是）键便测量角度和距离，显示水平角、平距和高差，在仪器完成测量后便显示残差，如合格按［F5］（是）键后，便显示新的坐标。按［F5］键将该点坐标存储到作业中，按［F6］键重新开始后方交会。

6. 坐标放样

坐标放样就是把一个已知点的坐标在地面上标识出来。按［F1］键进入程序菜单，按［F6］键翻页，选择屏幕上的［F2］键坐标放样，进行放样之前应该新建一个作业来保存我们所测量的数据，这样才方便我们调用所测量的数据。选择F4选项进入，按［F1］键可以查看内存，上面显示出文件名以及文件里面的坐标点的个数，返回按［ESC］键。选择［F1］键设置方向角，输入测站点的记录号，按［ENT］键，如该点未知，则需要输入测站点的坐标；输入后视点的记录号，输入测站点仪器高，按［ENT］键；输入所放样点的记录号，按［ENT］键；输入放样点的棱镜高，按［ENT］键。进入坐标放样的模式，按［F1］键（角度），则显示出仪器望远镜和放样点的夹角，按［F2］键（距离），则显示出测站点到放样点的距离，按［F3］键则可以改变测量的模式，如精测、跟踪等模式，按［F4］键坐标，则可以测量出棱镜点的坐标值，按［F5］键指挥，则显示出棱镜到放样点之间的一个差值，通过移动棱镜的位置和不断的测量出棱镜的位置来逐渐缩小差值。当测量出来的差值为0时，则放样点被找到。放样结束，按［ENT］键。

7. 面积测量

该程序可利用测点或文件中的数据计算出某区域的面积。按［F1］键进入程序菜单的第一页，再按［F1］键进入标准测量菜单，选择程序菜单，再选择解析坐标，选择面积计算。若按［F5］键（是），即是在面积计算中使用具体的点号，屏幕则显示内存中所存储的坐标点，按［F2］键查找功能，输入点名，按［ENT］键可以找到想要点名的数据，按［F6］键翻到第二页，按［F4］键开始可显示文件中第一个点的数据，按［F5］键结尾可显示最后一个点的数据，再按［F6］键翻到第一页，如果该点是进行面积计算的点，通过［F5］键标记对该点做标记，按标记键后在该点的末尾显示“M”，按［F3］键（或［F4］键）寻找下一个点，并对该点做标记，至少对三个点做了标记后，再按［ENT］键，则显示面积计算的结果，屏幕中显示计算机面积的点数和该点数所形成的封闭区域的面积。计算完成后按［F5］键确定，便退出该屏幕返回到解析坐标菜单。

六、全站仪使用的注意事项

1. 检验与校正

仪器在出厂时均经过严密的检验与校正，符合质量要求。但仪器经过长途运输或环境变化，其内部结构会受到一些影响。因此，新购买本仪器以及到测区后在作业之前均应对仪器进行检验与校正，以确保作业成果精度。

2. 注意事项

（1）日光下测量应避免将物镜直接对准太阳。建议使用太阳滤光镜以减弱这一影响。

（2）避免在高温和低温下存放仪器，亦应避免温度骤变（使用时气温变化除外）。

（3）仪器不使用时，应将其装入箱内，置于干燥处，并注意防震、防尘和防潮。

（4）若仪器工作处的温度与存放处的温度差异太大，应先将仪器留在箱内，直至适应环境温度后再使用。

（5）若仪器长期不使用，应将电池卸下分开存放，并且电池应每月充电一次。

（6）运输仪器时应将其装于箱内进行，运输过程中要小心，避免挤压、碰撞和剧烈振动。长途运输最好在箱子周围使用软垫。

（7）架设仪器时，尽可能使用木脚架，因为使用金属脚架可能会引起振动影响测量精度。

（8）外露光学器件需要清洁时，应用脱脂棉或镜头纸轻轻擦净，切不可用其他物品擦拭。

（9）仪器使用完毕后，应用绒布或毛刷清除仪器表面灰尘。仪器被雨水淋湿后，切勿通电开机，应用干净软布擦干并在通风处放一段时间。

（10）作业前应仔细全面检查仪器，确定仪器各项指标、功能、电源、初始设置和改正参数均符合要求时再进行作业。

（11）若发现仪器功能异常，非专业维修人员不可擅自拆开仪器，以免发生不必要的损坏。

【思考与练习】

1. 何为全站仪？全站仪有哪几部分组成？
2. 简述全站仪进行角度测量、距离测量、坐标测量和放样的基本过程。
3. 全站仪使用有哪些注意事项？

◢ 模块 2　全球定位系统应用（Z04E3004Ⅲ）

【模块描述】 本模块介绍全球定位系统 GPS 的组成、定位原理、作业模式和误差源。通过概念描述、原理讲解，了解全球定位系统 GPS 的组成、定位原理、定位作业模式，熟悉影响GPS定位精度的因素。

【正文】

一、GPS在电力线路测量中应用的必要性

随着全社会的进步，传统燃料已经有柴火改为煤或液化气、沼气、电等，由于无人砍伐，大部分地区，地表植被越来越茂盛，树木高大，在电力线路测量中，由于不好通视，使用传统的测量仪器（如全站仪、经纬仪等）进行测量越来越显困难。一方面，随着国民经济发展，环境保护越来越受到重视，砍伐通道因，越来越难以获得林业部门的审批；另一方面，砍伐通道的赔偿费用也越来越高，由于全球定位系统GPS测量方式无须通视，特别适合山区、林区、地表植被多、建筑物多等地区的输电线路测量。

二、全球卫星定位系统简介

GPS作为新一代卫星导航定位系统，经过二十多年的发展，已经成为一种被广泛采用的系统。是一种借助于分布在空中的多个GPS通信卫星确定地面点的位置的新型定位系统。在测量中采用卫星定位技术，主要用于高精度大地测量和控制测量，以建立各种类型和等级的测量控制网；现在，它还用于各种类型的工程施工放样、测图及工程变形观测等测量工作中，尤其是在建立测量控制网方面，卫星定位技术已基本上取代了常规测量手段，成为主要的技术手段。目前，我国采用卫星定位技术布设了新的国家大地测量控制网，很多城市也都采用该技术建立了城市控制网。现在在各种类型的工程测量中，已开始大量采用卫星定位技术，如北京地铁GPS网、云台山隧道GPS网、秦岭铁路隧道施工GPS控制网等。

GPS能独立、迅速和精确地确定地面点的位置，与常规控制测量技术相比，有许多优点：不要求测站间的通视，因而可以按需布点，且不需建造测站觇标；控制网的网形已不再是决定精度的重要因素，点与点之间的距离可以自由布设；可以在较短时间内以较少的人力消耗来完成外业观测工作，观测（卫星信号接收）的全天候优势更为显著；由于GPS接收仪器的高度自动化，内外业紧密结合，软件系统的日益完善，可以迅速提交测量成果；精度高，用载波相位进行相对定位，可达到$\pm(5\text{mm}+10^{-6}\times D)$的精度；节省经费和工作效率高，用卫星定位技术建立测量控制网，要比常规测量技术节省70%～80%的外业费用，同时，由于作业速度快，使工期大大缩短，所以经济效益显著。

三、全球卫星定位系统的组成

全球卫星定位系统由三部分组成，即空中GPS卫星星座、地面监控部分和用户设备部分（GPS接收机）。

（一）GPS卫星星座

GPS卫星星座由24颗卫星构成，其中21颗工作卫星，3颗备用卫星，24颗卫星

均匀分布在 6 个轨道面上，轨道面倾角为 55°，各轨道面之间相距 60° 轨道平均高度 20 200km，卫星运行周期为 11 小时 58 分 12 秒（恒星时）。此种 GPS 卫星星座卫星的空间布置保证了在地球上任何地点、任何时刻至少。

均能同时观测到 4 颗（及以上）卫星，以满足精密导航与定位的需要。每颗 GPS 卫星上装备有 4 台高精度原子钟，它为卫星定位提供高精度的时间标准，另外还携带无线电信号收发机和微处理机等设备。

所谓恒星时（ST），由春分点的周日视运动所确定的时间，它是以地球自转周期为基础，并与地球自转角度相对应的一种时间系统。春分点连续两次通过本地子午圈的时间间隔为一恒星日，含 24 恒星时，所以恒星时在数值上等于春分点相对于本地子午圈的时角。一恒时为 60 恒星分，一恒星分为 60 恒星秒。

（二）地面监控部分

地面监控部分主要由分布在全球的 9 个地面站组成，其中包括卫星观测站、主控站和信息注入站。监控站 5 个，在主控站的直接控制下对 GPS 卫星进行连续观测和收集有关的气象数据，进行初步处理并储存和传送到主控站，用以确定卫星的精密轨道。主控站 1 个，协调和管理所有地面监控系统的工作，推算各卫星的星历、钟差和大气延迟修正参数，并将这些数据和管理指令送至注入站。注入站 3 个，在主控站的控制下，将主控站传来的数据和指令注入到相应卫星存储器，并观测注入信息的正确性。

（三）GPS 接收机

GPS 接收机包括接收机主机、天线和电源，其主要功能是接收 GPS 卫星发射的信号，以获得必要的导航和定位信息及观测量，并经初步数据处理而实现实时导航和定位。目前国内常用的静态定位 GPS 接收机主要有 Trimble、Leica、Ashtech、Novatel、Sokkia、中海达、南方等厂家生产的接收机。

GPS 接收机按其用途和使用频率的不同具有多种形式。

1. 按卫星信号频率分类

（1）单频接收机。只能接收 L1 载波信号，测定载波相位观测值进行定位。由于不能有效消除电离层延迟影响，因此精度较低。只适用于短基线（＜20km）的测量。

（2）双频接收机。可以同时接收 L1、L2 载波信号（L1 和 L2 是 GPS 卫星发射两种频率的载波信号，即频率为 1575.42MHz 的 L1 载波和频率为 1227.60MHz 的 L2 载波，波长分别为 19.03cm 和 24.42cm）。利用双频技术，消除或减弱电离层的影响。用于差分定位时其精度可达亚米级至厘米级。

2. 按接收机的用途分类

（1）导航型接收机。此类型接收机主要用于运动载体的导航，它可以实时给出载体的位置和速度。这类接收机一般采用 C/A 码伪距测量，单点实时定位，精度较低。

（2）测量型接收机。主要用于精密大地测量和精密工程测量。这类仪器主要采用载波相位观测值，进行相对定位，定位精度高。仪器结构复杂。送电线路工程测量就使用这类仪器。

在 L1 和 L2 载波信号上又分别调制着多种信号，这些信号主要有：

1）C/A 码又被称为粗捕获码（粗码），它被调制在 L1 载波上。

2）P 码又被称为精码，它被调制在 L1 和 L2 载波上。

导航信息被调制在 L1 载波上，其信号频率为 50Hz，包含有 GPS 卫星的轨道参数、卫星钟改正数和其他一些系统参数。用户一般需要利用此导航信息来计算某一时刻 GPS 卫星在地球轨道上的位置，导航信息也称为广播星历。

四、GPS 定位原理

GPS 定位的方法是多种多样的，用户可以根据不同的测量要求采用不同方法。

伪距定位所采用的观测值为 GPS 伪距观测值，采用的伪距观测值既可以是 C/A 码伪距（粗码），也可以是 P 码伪距（精码）。伪距定位的优点是数据处理简单，定位条件要求低，能非常容易地实现实时定位；其缺点是观测值精度低，C/A 码伪距观测值精度约 3m，而 P 码伪距的观测值精度在 30cm 左右。

载波相位定位所采用的观测值为 GPS 载波相位观测值，即 L1、L2 或它们的某种线性组合。其优点是观测值精度高，一般达到 2mm；缺点是数据处理复杂。

五、GPS 定位作业模式

静态定位作业是由两台或两台以上 GPS 接收机设置在待测基线端点上，捕获和跟踪 GPS 卫星的过程中固定不变，接收机高精度地测量 GPS 信号的传播时间，利用 GPS 卫星在轨的已知位置，解算出接收机天线所在位置的三维坐标。

动态定位作业是用 GPS 接收机测定一个运动物体的运行轨迹。GPS 接收机所安置于运动载体上（如航行中的船舰、空中的飞机、行走的车辆等）。载体上的 GPS 接收机天线在跟踪 GPS 卫星的过程中相对地球而运动，接收机用 GPS 信号实时地测得运动载体的状态参数（瞬间三维位置和三维速度）。

相位差分定位作业技术（Real Time Kinematic，RTK）技术，如图 3–2–1 所示，作业方法是在基准站上安置一台 GPS 接收机，对所有可见 GPS 卫星进行连续地观测，并将其观测数据通过无线电传输设备实时地发送给用户观测站，在用户观测站上，GPS 接收机在接收 GPS 卫星信号的同时，通过无线电接收设备，接收基准站传输的观测数据，然后根据相对定位的原理，实时地提供观测点的三维坐标，并达到厘米级的高精度。满足了一般工程测量的要求，目前送电线路的 GPS 定位大多采用这种作业模式。

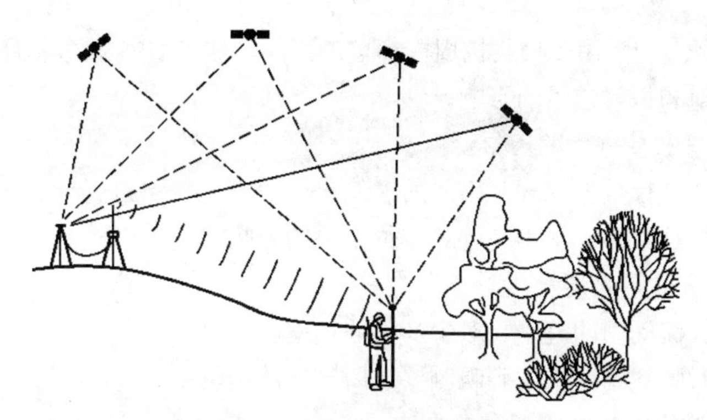

图 3–2–1　相位差分定位示意图

六、GPS 定位的误差源

在利用 GPS 进行定位时，会受到各种因素的影响，影响 GPS 定位精度的因素有以下五个方面。

1. 与 GPS 卫星有关的因素

（1）卫星星历误差。在进行 GPS 定位时，计算某时刻 GPS 卫星位置所需的卫星轨道参数是通过星历提供的，所计算出的卫星位置会与真实位置有所差异，这种差异就是星历误差。

（2）卫星钟差。GPS 卫星上所安装的原子钟的钟面时与 GPS 标准时间之间的钟差。

（3）卫星信号发射天线相位中心偏差。GPS 卫星上信号发射天线的标称相位中心与其真实相位中心之间的差异。

2. 与接收机有关的因素

（1）接收机钟差。GPS 接收机所使用钟的钟面时与 GPS 标准时间之间的钟差。

（2）接收机天线相位中心偏差。GPS 接收机天线的标称相位中心与其真实相位中心之间的差异。

（3）接收机软件和硬件造成的误差。在进行 GPS 定位时，定位结果会受到处理与控制软件和硬件的影响。

3. 与传播途径有关的因素

（1）电离层延迟。由于地球周围的电离层对电磁波的折射效应，使得 GPS 信号的传播速度发生变化，这种变化称为电离层延迟。电磁波所受电离层折射的影响与电磁波的频率以及电磁波传播途径上的电子总量有关。

（2）对流层延迟。由于地球周围的对流层对电磁波的折射效应，使得 GPS 信号的传播速度发生变化。这种变化称为对流层延迟。电磁波所受对流层折射的影响与电磁波传播途径上的温度、湿度和气压有关。

（3）多路径效应。由于接收机周围环境的影响，使得GPS接收机所接收到的卫星信号中包含反射和折射信号的影响。

4. 数据处理软件方面的因素

（1）用户在进行数据处理时引入的误差。

（2）数据处理软件算法不完善对定位结果的影响。

5. 操作因素引起的误差

（1）基站、流动站的整平、对中产生的误差。

（2）采点时收敛精度未达到观测要求所产生的定位误差。

七、GPS进行输电线路测量的方法

设计阶段的测量工作主要包括选线、平断面测量和定位、塔基断面测量三个部分；施工复测则较简单，根据设计单位提供的平断面图对档距、高差、转角角度进行复核即可。

选线时一般是事先确定线路路径沿线各个转角桩的位置，通过GPS测量获得各个转角桩的坐标和高程，然后通过室内计算或手簿的计算功能确定线路在各个转角桩上的转角度数。

在进行平断面和定位测量时，事先将各转角桩的坐标及高程输入手簿，然后通过GPS直线放样功能根据前后两个转角桩的坐标确定直线方向，在直线方向上和直线两侧一定范围内采集地形点数据，并在直线上合适的塔位打桩并测定桩位的坐标及高程数据，这样逐个耐张段进行测量，就完成了整条线路的平断面和定位测量。

平断面测量和定位测量完成后，通过排位确定杆塔位置，然后在各杆塔中心桩周边一定范围内（根据选用杆塔的根开不同确定测量范围，一般测量范围为杆塔根开外5m范围内）均匀地测量地形数据，就完成了塔基测量。通过室内工作生成塔基地形图并根据基础摆放方位切断面，即可生成塔基断面。

在施工复测阶段，一般是根据设计部门提供的平断面图和杆塔坐标数据，逐塔测量坐标和高程，并与设计部门提供的数据进行校核，无误后在各塔位前后与中心桩通视的位置打上方向桩，给分坑测量提供参照点。

（一）不同地形情况下应用GPS进行选线测量时方法的选择

GPS测量虽不要求通视，但进行动态测量时由于基站和流动站之间的电台数据链为甚高频，其波长一般只有十几厘米，基本无绕射能力，要求基站和流动站之间不能有高山遮挡；而动态测量时基站一般要求摆放在坐标和高程已知的点位上，为获得较高的精度，基站点最好摆放在进行过静态测量的点位上。基于以上特点，GPS选线测量在不同地形地区需要采用不同的测量方法，下面将分别按照平原及一般丘陵地区和山区的GPS选线测量方法进行论述。

1. 平原及一般丘陵地区 GPS 的选线测量方法

平原及一般丘陵地区由于地形缓和，运输方便，可直接选取转角塔位作为静态测量控制点；线路转角之间的直线上无高的遮蔽物，动态测量较方便，一般一个基站可控制两侧各 6～8km 的直线。因此采用 GPS 动静态选线均较方便，一般可采用动静态结合的方式进行选线工作。

具体测量时可根据杆塔坐标测量的允许误差来确定静态测量点位的数量和间距，并非每个转角位置均需进行静态测量。一般可每隔 5km 左右选择一个转角位置进行静态测量以得到精确的坐标和高程数据并求得转换参数，其间的直线塔位和转角塔位均可采用动态测量方式进行测量。由于 GPS 动态测量的误差一般在 $20mm+1\times10^{-6}$ 边长，且两个静态控制点之间的动态测量误差不传递，在 5km 的范围内采用动态测量的方式获得直线和转角塔位的坐标和高程数据其精度完全可以满足要求。在实际测量过程中，在两个静态测量的转角塔位之间确定转角塔位并测量其坐标、高程数据，然后进行每个耐张段的断面、定位测量工作，这些工作可一次性完成，提高了工效。最后采用 GPS 动态测量方式进行塔基断面测量，采用测高仪或全站仪补测跨越。

2. 山区 GPS 测量

山区线路受地形限制，往往无法保证所有转角均位于沿线制高点，可能转角之间的直线上有很高的高山，而 GPS 动态测量要求基站和流动站之间无高山遮蔽基站和流动站之间的数据链连接，并且基站电台功耗较大，常要求采用较大的蓄电池以提供稳定的供电，而大蓄电池往往较重，较难运上高山，在山岭密集地区即使在一个山顶制高点也控制不了多远的距离，因此，山区线路宜采用 GPS 动态测量方法进行选线工作。

其具体方式为沿交通较为方便的山区道路路侧及其附近做一系列的静态控制点，基站摆放在这些控制点上，用动态测量的方式进行选线、平断面和定位测量、塔基断面测量，最后用测高仪或全站仪测量跨越情况。单个静态点控制的范围在方圆 5km 左右，这样可大大方便作业，测量精度也可得到保证。选取点位的时候要尽量靠近线路路径，以保证基站和流动站之间的数据链传输，具体位置需要现场视地形和遮挡物的情况确定。

（二）图上选线的重要性

无论任何地形、在任何地区进行终勘测量，先期室内的图上选线工作都是外业工作的重要依据。因此，初勘工作十分重要，要在图上仔细描出各种跨越点的具体位置；同时，进行室内图上选线是要仔细考量地形等各种因素的影响，尽量选择最优的路径，以避免外业工作时发现路径不合理的现象从而对图上选出路径作出过多改动从而降低工效。图上选线工作是否合理是决定终勘测量工效的关键因素。

（三）外业工作流程

GPS 测量外业工作的一般流程如下：

（1）根据图上选线定出的重要转角位置或控制点位置打下转角桩、点记。

（2）GPS 至各点进行静态测量。

（3）下载数据后进行室内计算，求得静态点的坐标、高程、转换参数等数据。

（4）根据室内计算结果进行后续动态测量。

当需要提供塔基地形图以备征地时，GPS 静态测量尚须联测至已知坐标控制点，以便将坐标控制点引至线路全线，同时与塔基断面测量数据一起上机绘制塔基地形图。流程中的后续测量指动态选线测量、定位测量、断面测量、塔基地形测量等。

（四）GPS 静态测量的组网方式

GPS 静态测量时可采用连续三角锁的方法很方便的将线路各个转角或控制点纳入网中，线路上各个三角形之间只须共一条边即可。进行坐标联测时至少需要三个点，最好有四个点。当三个已知坐标点位于线路一端时（现场较多的情况），与已知点之间的网形可加密以提高测量精度。如网形一；三个已知点分别位于线路两端及中间时，可参照网形二。如无需提供塔基地形图时，可采用任意坐标系，此时无需进行已知点的联测工作，组网也很简便，只需采用连续三角锁即可。

【思考与练习】

1. 全球卫星定位系统有何用途？

2. 全球卫星定位系统由哪几部分组成？

3. 平原及一般丘陵地区 GPS 的选线测量方法？

第二部分

输电线路施工及验收

第四章

基　础　施　工

模块 1　土的分类及性质（Z04F1001 Ⅰ）

【模块描述】本模块包含土的工程分类、土壤的性质及岩石等。通过内容介绍、图表对比、计算举例，了解土的工程分类、土的物理性质，掌握土的现场鉴别方法，熟悉输电线路工程中岩石的分类。

【正文】

了解土的分类及土的物理性质，掌握土的现场鉴别方法，是进行线路基础施工应具备的知识。下面就介绍这几方面的内容。

一、土的分类及鉴别方法

1. 土的工程分类

工程中将土分为岩石、碎石土、砂土、黏性土及人工填土。

（1）岩石。岩石的种类很多，按不同的分类方法有不同的类型。工程勘察规范中的岩石分岩浆岩、沉积岩和变质岩。输电线路工程设计中，岩石一般以其坚固性和风化程度来划分。

1）按坚固性划分。岩石分为硬质岩石和软质岩石，见表 4–1–1。

表 4–1–1　　按岩石坚固性分类表

石分类		R_b（×9.8N/cm^2）	代表性岩石
硬质岩石	极硬岩	＞600	（1）流纹岩、安山岩、花岗岩、闪长岩、玄武岩、辉绿岩等；（2）硅质、钙质胶结的砾岩、砂岩、灰岩、白云岩等；（3）片麻岩、石英岩、大理岩等
	硬质岩	300～600	
软质岩石	软质岩	50～300	（1）凝灰岩等喷出岩；（2）泥质的砾岩、砂岩、页岩、炭质页岩、泥灰岩、泥岩、黏土岩等；（3）绿泥石片岩、云母片岩、千枚岩、板岩等
	极软岩	≤50	

注　R_b 极限抗压强度。

2）按风化程度划分。岩石按风化程度划分，分为微风化、中等风化和强风化，见表 4–1–2。

表 4–1–2　　岩石按风化程度分类表

岩石类别	风化程度	野外观测的特征	开挖或钻探情况
硬质岩石	微风化	岩石表面和裂隙面稍有风化迹象	开挖需爆破。钢砂钻进，岩芯采取率 75%
	中等风化	部分矿物风化变质，颜色变浅。锤击声脆，不易击碎	开挖用撬棍或爆破。钢砂钻进，岩芯采取率 40%～75%
	强风化	大部分矿物显著风化变质，部分长石、云母等已风化为黏土矿物。原岩结构、构造仍保存可辨。岩块可用手折断	开挖用镐或撬棍，用土钻不易钻进
软质岩石	微风化	岩石表面和裂隙面稍有风化迹象	开挖用撬棍或爆破。钨钢砂钻进，岩芯较完整
	中等风化	部分矿物风化变质，颜色变浅。裂隙附近的矿物多风化成土状。裂隙常被黏性土充填，锤击易击碎	开挖用镐或撬棍。钨钢砂钻进，岩芯破碎
	强风化	含大量黏土矿物，干时多呈碎块状，浸水或干湿交替时可较快软化或泥化，在地表多呈数厘米的松散碎片	开挖用锹或镐，可用土钻钻进

3）岩石容许承载力 R（kN/m^2）。输电线路工程设计中，岩石的容许承载力取值，一般按岩石类别结合风化程度取用，具体数值见表 4–1–3。

表 4–1–3　　岩 石 容 许 承 载 力 R　　kN/m^2

岩石类别	强风化	中等风化	微风化
硬质岩石	500～10 000	1500～2500	≥4000
软质岩石	200～500	700～1200	1500～2000

（2）碎石土。粒径大于 2mm 的颗粒含量超过全质量 50%的土称碎石土。根据颗粒级配及形状碎石土分为漂石、块石、卵石、碎石、圆砾和角砾，见表 4–1–4。其中碎石又分密实、中密和稍密三种。

表 4–1–4　　碎 石 分 类 表

碎石土的分类	颗粒形状	颗粒级配
漂石（块石）	圆形及亚圆形为主（棱角状为主）	粒径大于 200mm 的颗粒超过全质量 50%
卵石（碎石）	圆形及亚圆形为主（棱角状为主）	粒径大于 20mm 的颗粒超过全质量 50%
圆砾（角砾）	圆形及亚圆形为主（棱角状为主）	粒径大于 2mm 的颗粒超过全质量 50%

（3）砂土。粒径大于 2mm 的颗粒含量不超过全质量 50%，塑性指数 I_p 不大于 3 的土称为砂土。根据颗粒级配不同砂土分为砾砂、粗砂、中砂、细砂和粉砂，见表 4–1–5。砂土根据天然空隙比的不同分为密实、中密、稍密和松散，见表 4–1–6。砂土的孔隙率一般为 30%～40%，透水性较大，当砂土的孔隙完全被水充满时，即成饱和状态，此时挖坑时就可能发生流砂现象，坑壁可能出现坍塌，施工较为困难。

表 4–1–5　　砂土按颗粒级配分类表

砂的名称	颗粒级配
砾砂	粒径大于 2mm 的颗粒质量占全质量 25%～50%
粗砂	粒径大于 0.5mm 的颗粒质量超过全质量 50%
中砂	粒径大于 0.25mm 的颗粒质量超过全质量 50%
细砂	粒径大于 0.1mm 的颗粒质量超过全质量 75%
粉砂	粒径大于 0.1mm 的颗粒质量不超过全质量 75%

表 4–1–6　　砂土按密实度（天然空隙比）分类表

砂土的名称	密实程度			
	密实	中密	稍密	松散
砾砂、粗砂	$e<0.6$	$0.6\leqslant e\leqslant 0.75$	$0.7\leqslant e\leqslant 0.85$	$e>0.85$
中砂、细砂、粉砂	$e<0.7$	$0.7\leqslant e\leqslant 0.85$	$0.85\leqslant e\leqslant 0.95$	$e>0.95$

（4）黏性土。黏性土颗粒很细，具有黏性和可塑性。黏性土按工程地质特征分老黏性土、一般黏性土、红黏性土。老黏性土为第四纪晚更新世及其以前沉积的黏性土，该黏性土沉积年代久，有很好的物理性质。一般黏性土为第四纪全新世沉积的黏性土，它分布最广，工程性质变化范围很宽。红黏性土是碳酸盐类岩石经风化后残积、坡积形成的褐红色（亦有棕红、黄褐色）黏土。

黏性土按塑性指数 I_p 分为：

黏土　　　　$I_p>17$

亚黏土　　　$10<I_p\leqslant 17$

轻亚黏土　　$3<I_p\leqslant 10$

黏性土按液性指数 I_L 分为：

坚硬　　　　$I_L\leqslant 0$

硬塑　　　　$0<I_L\leqslant 0.25$

可塑　　　　$0.25<I_L\leqslant 0.75$

软塑　　$0.75 < I_L \leqslant 1$

流塑　　$I_L > 1$

黏性土定名时，应先按工程地质特性划分类型，再按塑性指数确定。

（5）人工填土。人工填土分为下列三种。

1）素填土：由碎石、砂土、黏性土等组成的填土，经分层压实者统称为压实填土。

2）杂填土：含有建筑垃圾、工业废料、生活垃圾等杂物的填土。

3）冲填土：由水力冲填泥砂形成的沉积土。

2. 土的现场鉴别方法

为了简易、方便、及时区分土的类别，可用开挖、钻探、刀切捻摸、浸水等方法观察其特征、状态、颜色、含有物等情况。

（1）岩石的野外鉴别方法。各类岩石的鉴别，一般都采取开挖、钻探、槽探等方法，取岩土样送试验室鉴别确定。

在现场粗略的鉴别可用简易方法进行，可参见表 4–1–2。

（2）碎石土野外鉴别方法。碎石土类型鉴别方法见表 4–1–7。碎石土密度鉴别方法见表 4–1–8。

表 4–1–7　　碎石土类型鉴别方法

类别	土的名称	观测颗粒粗细	干燥状态及强度	湿润时用手拍击状态	粒着程度
碎石土	卵（碎）石	一半以上颗粒超过 20mm	颗粒完全分散	表面无变化	无黏着感觉
	圆（角）砾	一半以上颗粒超过 2mm（小高粱粒大小）	颗粒完全分散	表面无变化	无黏着感觉

表 4–1–8　　碎石土密度野外鉴别方法

密实度	骨架颗含和排列	开挖情况	钻探情况
密实	骨架颗粒含量大于总质量的 70%，呈交错排列，连续接触	锹镐挖掘困难，用撬棍方能松动；坑壁一般较稳定	钻进极困难，冲击钻探时，钻杆、吊锤跳动剧烈，孔壁较稳定
中密	骨架颗粒含量等于总质量的 60%～70%，呈交错排列，大部分接触	锹镐可挖掘，坑壁有掉块现象，从坑壁取出大颗粒处，能保持颗粒凹面形状	钻进极困难，冲击钻探时，钻杆、吊锤跳动不剧烈，孔壁有坍塌现象
稍密	骨架颗粒含量等于总质量的 60%，排列混乱，大部分不接触	锹可挖掘，坑壁易坍塌，从坑壁取出大颗粒后，砂性土立即塌落	钻进较容易，冲击钻探时，钻杆稍有跳动，孔壁易坍塌

（3）砂土的野外鉴别方法。砂土的类别鉴别方法见表 4–1–9。砂土密实度野外鉴别见表 4–1–10。

表 4-1-9 砂土的类别鉴别方法

类别	土的名称	观测颗粒粗细	干燥状态及强度	湿润时用手拍击状态	黏着程度
砂土	砾砂	约有 20%～50%的颗粒超过 2mm（小高粱粒大小）	颗粒完全分散	表面无变化	无黏着感觉
	粗砂	约有一半以上的颗粒超过 0.5mm（细小米粒大小）	颗粒完全分散，但有个别胶在一起	表面无变化	无黏着感觉
	中砂	约有一半以上的颗粒超过 0.25mm（白菜籽粒大小）	颗粒基本分散，局部胶结但一碰即散	表面偶有水印	无黏着感觉
	细砂	大部分颗粒与粗豆米粉（>0.1mm）近似	颗粒大部分分散，小量胶结，部分稍加碰撞即散	表面有水印（翻浆）	偶有轻微黏着感觉
	粉砂	大部分颗粒与小米粉近似	颗粒小部分分散，大部分胶结，稍加压力即散	表面有显著翻浆现象	有轻微黏着感觉

表 4-1-10 砂土密实度野外鉴别方法

砂的密度	挖坑情况及特征	砂的密度	挖坑情况及特征
松散	用手可以挖动，铁铲可以自由插入	密实	坑壁很稳定，铁铲难以插入土中
中密	坑壁易发生掉块，以脚压铁铲可以进入土中		

（4）黏土的野外鉴别方法。一般黏性土野外鉴别方法见表 4-1-11，新近沉积性黏土野外鉴别方法见表 4-1-12。

表 4-1-11 黏性土的野外鉴别方法

土的名称	湿润时用刀切	用手捻摸时的感觉	黏着程度	湿土搓条情况
黏土	切面非常光滑规则，刀刃有黏滞阻力	湿土用手捻有滑腻感觉，当水分较大时极为黏手，感觉不到有颗粒存在	湿土极易黏着物体，干燥后不易剥去，用水反复洗才能去掉	能搓成小于 0.5mm 土条（长度不短于手掌），手持一端不致断裂
亚黏土	稍有光滑面，切面规则	仔细捻摸感到有少量细颗粒，稍有滑腻和黏滞感	能黏着物体，干燥后较易剥掉	能搓成小于 0.5～2mm 土条
轻亚黏土	无光滑面，切面比较粗糙	感觉有细颗粒存在或粗糙，有轻微黏滞感	一般不黏着物体，干燥后一碰剥掉	能搓成小于 2～3mm 土条，土条很短

表 4-1-12 新近沉积性黏土野外鉴别方法

沉积环境	颜色	结构性	含有物
河漫滩和山前洪冲积扇（锥）的表层，古河道，已填塞的湖、塘、沟、谷；河道泛滥区	颜色较深而暗，呈褐、暗黄或灰色，含有机质较多时带灰黑色	结构性差，用手扰动原状土时极易变软，塑性较低的土还有振动析水现象	在完整的剖面中无原生的粒状结核体，但可能含有圆形的钙质结构体（如姜结石）或贝壳等，在城镇附近可能含有少量碎砖陶片或朽木等人活动的遗物

（5）人工填土、淤泥、黄土、泥炭的野外鉴别方法。人工填土、淤泥、黄土、泥炭的野外鉴别方法见表 4–1–13。

表 4–1–13　　人工填土、淤泥、黄土、泥炭的野外鉴别方法

土的名称	观察颜色	夹杂物质	形状（构造）	浸入水中的现象	湿土搓条情况
人工填土	无固定颜色	砖瓦碎块、垃圾、炉灰等	夹杂物显露于外，构造无规律	大部分变为稀软淤泥，其余部分为碎瓦炉渣在水中单独出现	一般能搓成 3mm 土条但易断，遇有杂质甚多即不能搓条。一般淤泥质土接近轻亚黏土，能搓成 3mm 土条（长至 3mm）容易断裂
淤泥	灰黑色有臭味	池沼中半腐朽的细小动物遗体，如草根、小螺壳等	夹杂物轻，仔细观察可以发现构造常呈层状，但有时不明显	外观无显著变化，在水面出现气泡	搓条情况与正常的亚黏土相似
黄土	黄褐两色的混合色	有白色粉末出现在纹理之中	夹杂物质常清晰显见（肉眼可见）	即行崩散而分成散的颗粒集团，在水面上出现很多白色液体	一般能搓成 3mm 土条，但残渣甚多时，仅能搓成 3mm 以下的土条
泥炭（腐殖土）	深灰或黑色	有半腐朽的细小动物遗体，其含量超过 60%	夹杂物有时可见，构造无规律	极易崩碎，变为稀软淤泥，其余部分为植物根和动物残体渣滓悬浮于水中	

二、土壤的性质

1. 土壤的物理性质

土壤的物理性质有：

（1）土的容重。土壤在天然状态下，单位体积土的质量叫土的容重。土的容重实际就是土的密度。土的容重随所含水分的多少而变，一般在 1.2～2.0t/m^3。

（2）土的上拔角。基础埋在土壤中，当基础受到上拔力作用时，基础上的土壤成倒截锥台体拔出，它和柱体所成的夹角称上拔角，拔出的土体形状如图 4–1–1 所示。

（3）土的摩擦力。土体在剪刀作用下，就产生一部分土对另一部分土相对滑动的趋向，这个滑动受到土粒之间的摩擦力所阻止，这个摩擦力称为土的内摩擦力。

（4）许可耐压力。单位面积土壤允许承受的压力，单位为 Pa。

（5）土的抗剪角。土的抗剪试验如图 4–1–2 所示，给土样施以垂直压力 N，再逐渐施以水平力为 T，直到土样剪断为止。试验证明不同的垂直压力 N，使土样剪断的水平力 T 不同，它们之间的关系是

$$T = N\tan\gamma \qquad (4\text{–}1\text{–}1)$$

式中　T ——土的剪切力或称土的抗剪力，kN；

N ——相应的土壤压力，kN；

γ ——土的抗剪角。

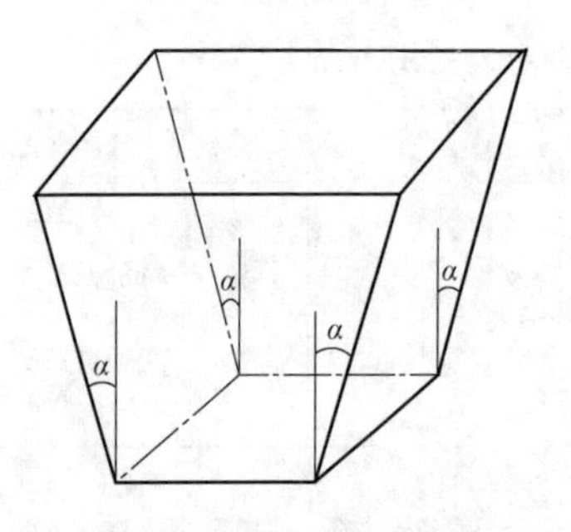

图 4-1-1 拔出的土体形状

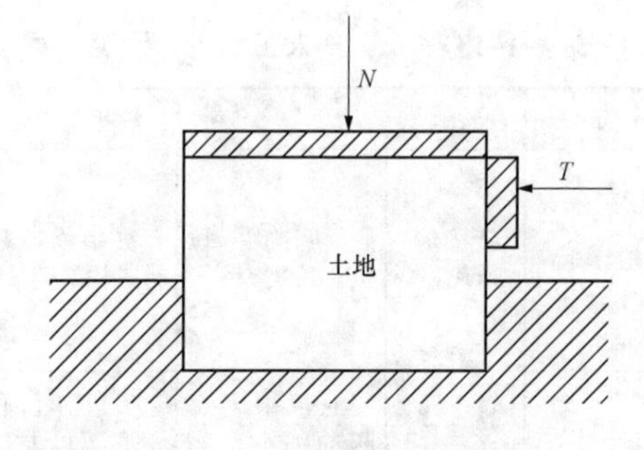

图 4-1-2 土的抗剪试验

对砂性土抗剪力等于土的内摩擦力，所以抗剪角等于内摩擦角，而黏性土其抗剪力等于凝聚力与内摩擦力之和。土的抗剪特性如图 4-1-3 所示，在实际工程中，杆塔或拉线坑，都是用填土夯实，基本上破坏了原状土的状态。故亦视为非黏性土。为安全计，宜将土壤的抗剪角按内摩擦角考虑。

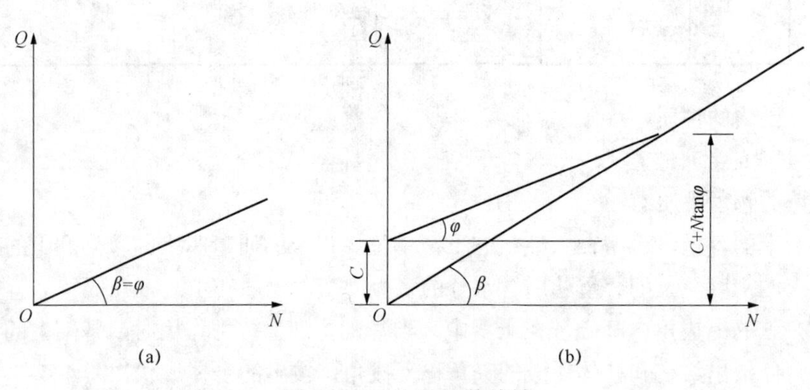

图 4-1-3 土的抗剪特性

（a）非黏性土；（b）黏性土

（6）被动土压力（或称被动土抗力）。土体对基础侧面的压力称为主动压力。当基础受到外力作用时，基础即对土壤施以推力，此时土体对基础产生反力，此反力称为被动土抗力。

（7）边坡度和操作裕度。当地质条件较好，土质均匀且无地下水，无挡土设施，停留时间较短时基坑的边坡度和操作裕度见表 4-1-14。

表 4–1–14　　一般基坑的边坡度和操作裕度

土质分类	砂土、砾土、淤泥	砂质黏土	黏土、黄土	坚土
边坡度（深:宽）	1:0.75	1:0.5	1:0.3	1:0.15
操作裕度（m）	0.3	0.2	0.2	0.2

2. 土壤的物理特性参数

各类土壤的物理特性参数见表 4–1–15。

表 4–1–15　　各类土壤的物理特性参数

土壤名称	土壤状态	计算密度（t/m^3）	计算上拔角（°）	计算抗剪角（°）	被动土抗力（kN/m^3）	许可耐压力（kN/m^2）
黏土及亚黏土	坚硬	1.8	30	45	105.0	250～300
	硬塑	1.7	25	35	62.6	200～250
	可塑	1.6	20	30	48	150～200
	软塑	1.5	10～15	15～20	27.2～35.2	100～150
亚砂土	坚硬	1.8	27	40	82.8	250
	可塑	1.7	23	35	62.6	150～200
大块碎石类	不论夹砂或黏土	2.0	32	40	92	300～500
砾砂	不论湿度	1.8	30	37	72.0	350～450
粗砂		1.7	28	35	62.5	250～350
中砂细砂		1.6	26	32	52.2	150～300
粉砂		1.5	22	25	36.9	100～250

【思考与练习】

1. 工程中将土分为哪几类？野外如何鉴别各类土壤？
2. 工程勘察规范中的岩石分哪几类？岩石按风化程度分哪几类？
3. 什么叫碎石土？根据颗粒级配及形状碎石土分哪几类？
4. 什么叫砂土？根据颗粒级配不同砂土分哪几类？
5. 黏性土按工程地质特征分哪几类？人工填土分哪几类？
6. 一般基坑的边坡度和操作裕度是多少？

◢ 模块 2　开挖型基础施工（Z04F1002 Ⅰ）

【模块描述】本模块包含基础材料、基础开挖、钢筋混凝土基础施工、预制基础安装等。通过内容介绍、要点归纳、作业流程介绍、图表对比，掌握基础开挖方法、钢筋混凝土基础施工方法及预制基础安装方法。

【正文】

一、作业内容

1. 现浇基础施工

其中包括：

（1）施工前的准备。

（2）钢筋的加工与钢筋笼、模板及地脚螺栓（或插入角钢）的安装。

（3）混凝土的搅拌、浇灌与捣固。

（4）基础的养护及拆模。

2. 预制基础施工

其中包括：

（1）电杆基础安装。

（2）铁塔混凝土预制装配式基础安装。

（3）铁塔金属支架装配式基础安装。

二、作业前准备

（一）技术准备

技术准备包括以下方面。

（1）技术资料。技术资料包括杆塔明细表、基础型式配制表、基础施工图、基础施工手册。

（2）对施工人员进行技术交底内容有基础的型式、尺寸、施工方法、安全措施、质量要求等。

（二）工具器的准备

（1）基础施工工器具（例如模板等）运往现场前必须进行检查、维修，确保合格的工器具运往现场。

（2）基础施工阶段使用的计量仪器及量具（如钢尺等）应在施工前送计量检测单位校验，确保使用的计量仪器及量具正确无误且在校验有效期内。

（3）基础施工用的机械设备（如搅拌机、振捣器等）必须选择适用的规格、型号。施工前必须试机检查。现浇钢筋混凝土基础施工过程中所用到的工具主要有：混凝土搅拌机，发电机，乙炔气焊机（电焊机），钢筋加工机，配电箱，插入式振捣器，测量工具（包括经纬仪、塔尺、钢卷尺、垂球等），磅秤，生、熟料推车，溜槽，试块盒，塌落度筒，模板等。预制基础安装中所用到的工具主要有：木杆、麻绳、钢绳、滑车组、地滑车、钢绳套、铁锹、木杠挂钩、绞磨（人工吊装法工器具）；起重机、钢绳套、挂钩、铁锹（起重车吊装法）；撬棍、枕木、千斤顶、经纬仪或水平仪、垂球、鱼弦、钢尺、塔尺、花杆、十字样板等（操平找正工器具）。

（三）场地布置

现浇钢筋混凝土基础施工场地布置要求如下。

（1）搅拌机布置在坑边附近，但不应对坑边有扰动。

（2）发电机布置在场区内边缘，配电箱布置在搅拌机附近，电源线架空布置，避免与运输道路交叉。用电设备要有可靠的接地装置。

（3）水泥、砂、石、水运输到位。砂、石料单独堆放，堆放下部铺垫彩条布，保证不落地；水泥堆放要避开积水或雨水冲刷的位置，必须下有支垫和上有防雨遮盖，防止受潮，并就近布置在搅拌台周围。

（4）生、熟料运输通道应平整，松软通道应铺垫板。

（5）地脚螺栓（插入式角钢）、模板、钢筋等材料工具运输到位，且分类堆放整齐，布置在临时工棚附近。

（6）检查、确认到位原材料符合规范要求；作业机具和安全防护用具满足使用并符合安规要求。

现浇钢筋混凝土基础施工的场地布置平面图如图 4–2–1 所示。预制基础安装场地布置比较简单，这里不做介绍。

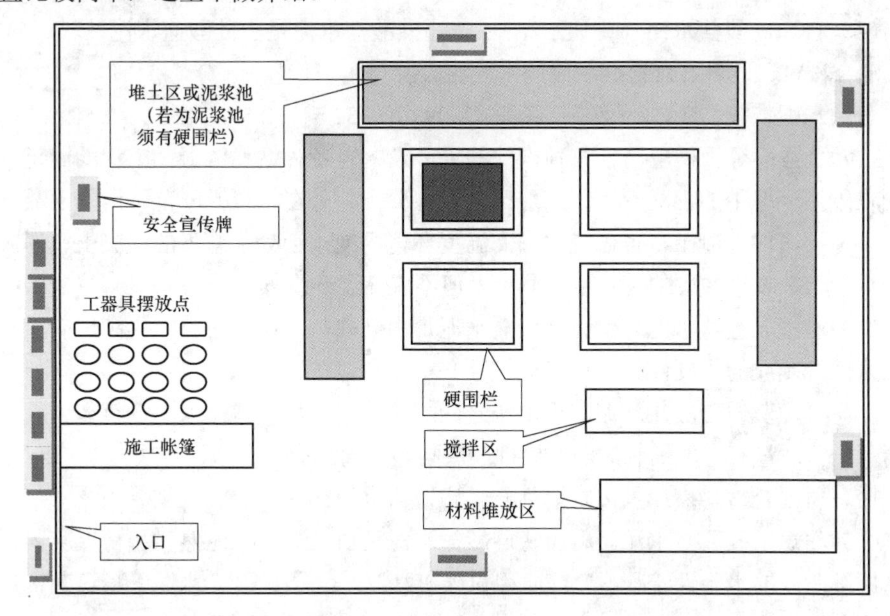

图 4–2–1　现浇钢筋混凝土基础施工平面布置图

（四）基础材料

配制混凝土的原材料包括水泥、沙、石、水、钢筋和外加剂等，其一般要求如下。

1. 水泥

水泥是一种无机粉状水硬性胶凝材料，水泥加水搅拌后成塑性浆体，能在空气和水中硬化，并把砂石等材料牢固地胶结在一起，具有一定的强度。水泥的质量是影响混凝土强度的关键因素之一。配置输电线路工程上的混凝土用水泥，可选用硅酸盐水泥、普通硅酸盐水泥、矿渣硅酸盐水泥，很少使用火山灰质硅酸盐水泥和粉煤灰硅酸盐水泥。

（1）硅酸盐水泥。硅酸盐水泥是由硅酸盐水泥熟料、0～5%石灰石或粒化高炉矿渣、适量石膏磨细制成的水硬性凝结材料。硅酸盐水泥的特点是：快硬、早强、标号较高，其早期强度较掺混合材料的普通硅酸盐水泥高5%～10%，其抗冻性，耐磨性也好，可配置高标号混凝土，适用于重要工程及高强度混凝土构件，但不适用于厚大体积的混凝土。

硅酸盐水泥按GB 175—2007/XG1—2009《〈通用硅酸盐水泥〉国家标准第1号修改单》分为42.5、42.5R、52.5、52.5R、62.5、62.5R六个强度等级。强度等级中有“R”代号的，表示为早强型水泥，这类水泥具有较高的早期强度，其3日后，强度应能达到28日强度的50%水平上。

（2）普通硅酸盐水泥（普通水泥）。普通硅酸盐水泥是由硅酸盐水泥熟料、6%～15%混合材料、适量石膏磨细制成的水硬性胶凝材料，代号P·O。

普通水泥，按GB 175—2007/XG1—2009分为32.5、32.5R、42.5、42.5R、52.5、52.5R六个强度等级，应用于各种构件的生产及配置各种钢筋混凝土工程的施工，优先用在干燥环境中的混凝土、严寒地区露天混凝土、处在水位升降范围内的混凝土、有抗渗性要求的混凝土，也可使用在高温度环境中或永远处于水下的混凝土、厚大体积的混凝土、要求快硬的高强度混凝土，但不宜高温蒸汽养护。

（3）矿渣硅酸盐水泥。矿渣硅酸盐水泥是由硅酸盐水泥熟料和粒化高炉矿渣、适量石膏磨细制成的水硬性胶凝材料，代号P·S。

（4）火山灰质硅酸盐水泥。火山灰质硅酸盐水泥是由硅酸盐水泥熟料和火山灰质混合材料、适量石膏磨细制成的水硬性胶凝材料，简称火山灰水泥，代号P·P。水泥中火山灰质混合材料掺加量按质量百分比计为20%～50%。

（5）粉煤灰硅酸盐水泥。粉煤灰硅酸盐水泥是由硅酸盐水泥熟料和粉煤灰、适量石膏磨细制成的水硬性胶凝材料，简称粉煤灰水泥，代号P·F。水泥中粉煤灰掺量按质量百分比计为20%～40%。

矿渣水泥、火山灰水泥、粉煤灰泥按GB 175—2007/XG1—2009分为32.5、32.5R、

42.5、42.5R、52.5、52.5R。

2. 砂

砂是石质的细粒状材料，系由岩石风化而成。按其产源不同，分为河砂、海砂、江砂及山砂四种，以河砂、江砂质量为好。在混凝土中作细骨料。

砂按颗粒大小分为：粗砂，平均粒径不小于0.5mm；中砂，平均粒径为0.35～0.5mm；细砂，平均粒径为0.25～0.35mm；特细砂，平均粒径小于0.25mm。

砂粒粗，表面积小，所需用胶合表面的水泥量也少。因此，拌制混凝土用粗砂或中砂。平均粒径小于0.25mm的砂不宜使用。

砂必须颗粒坚硬、洁净，砂中的含泥量和泥块含量应符合表4–2–1的规定。

表4–2–1　　砂中的含泥量和泥块含量

混凝土强度等级	大于或等于C30级	小于C30	混凝土强度等级	大于或等于C30级	小于C30
含泥量（按重量计，%）	≤3.0	≤5.0	泥块含量（按重量计，%）	≤1.0	≤2.0

对于有抗冻、抗渗或其他特殊要求的混凝土用砂，含泥量应不大于3.0%，泥块含量应不大于1.0%。

对于C10号和C10号以下的混凝土用砂，应根据水泥标号及含泥量和泥块含量予以放宽。

砂不宜混有草根、树叶、树枝、塑料品、煤块、炉渣等杂物。砂中若含有云母、轻物质、有机物、硫化物及硫酸盐等有害物质，其含量应符合表4–2–2的规定。有抗冻、抗渗要求的混凝土，砂中云母含量不应大于1.0%。砂中如发现含有颗粒状的硫酸盐或硫化物杂质时，则要进行专门检验，确定能满足混凝土耐久性要求时，方能采用。

表4–2–2　　砂中的有害物质限值

项目	质量指标
云母含量（按质量计）	≤2.0%
轻物质含量（按质量计）	≤1.0%
硫化物及硫酸盐含量（折算成SO_3按质量计）	≤1.0%
有机物含量（用比色法试验）	颜色不应深于标准色，如深于标准色，则应按水泥胶砂强度试验方法，进行强度对比试验，抗压强度比不应低于0.95

3. 石

混凝土所用的石按来源不同分碎石和卵石。石是混凝土中的粗骨料。碎石是经过人工或机械加工破碎而成，有棱角、表面粗糙，和水泥浆胶合比较好，在同样条件下，碎石混凝土比卵石混凝土强度高，但和易性差。卵石由天然风化而成无棱角，按产地不同可分为河卵石、海卵石和山卵石。河卵石比较洁净。

石子按其粒径分为：细石，粒径5～20mm；中石，粒径20～40mm；粗石，粒径40～100mm。

送电线路的钢筋混凝土基础，一般采用中石，为便于浇灌，在钢筋混凝土中，石子的最大粒径不得大于钢筋间最小净距的3/4。无筋混凝土基础采用粗石，粗石的最大粒径不得大于基础最小断面最小边长的1/4。掺入无筋混凝土基础的大块石，不得有裂缝、夹层，其强度不得低于混凝土用石标准，尺寸宜为150～250mm，且不得使用卵石。碎石和卵石比重随着岩石种类不同而异，大多为2.5～2.7。它们密度为1400～1800kg/m^3。不论用何种石子，其强度必须大于混凝土强度。

预制混凝土构件及现场浇制基础使用的碎石或卵石，必须符合JGJ 52《普通混凝土用砂、石质量及检验方法标准（附条文说明）》的规定。

4. 水

混凝土浇筑用水必须符合JGJ 63《混凝土用水标准（附条文说明）》的规定。按此规定，输电线路现浇混凝土宜使用饮用水，当无饮用水时，可使用河溪水或清洁的池塘水。水中不得含有油、盐、糖、酸、碱等有害的化学物质，其上游亦无有害化合物流入，有怀疑时应进行检验。不得使用海水拌制混凝土。

5. 钢筋

（1）输电线路基础施工时所采用到的钢筋有普通钢筋和预应力钢筋，普通钢筋系指用于钢筋混凝土结构中的钢筋和预应力混凝土结构中的非预应力钢筋。这两种钢筋应按下列规定选用：

1）普通钢筋宜采用HRB 400级和HRB 335级钢筋，也可采用HPB 235级钢筋和RRB 400级钢筋；对C15强度等级的钢筋混凝土采用HPB 235钢筋，多用于现浇钢筋混凝土基础；C20及以上强度等级的钢筋混凝土采用HRB 335、HRB 400和RRB 400钢筋。

2）预应力钢筋宜采用预应力钢绞线、钢丝，也可采用热处理钢筋。

（2）对钢筋的一般规定如下：

1）混凝土结构所采用的各种钢筋的质量，应符合现行国家标准规定，并应有出厂质量证明书或试验报告单。

2）钢筋表面或每捆（盘）钢筋应有标志。

3）钢筋在加工过程中，如发现脆断、焊接性能不良或力学性能显著不正常等现象，应根据现行国家标准对该批钢筋进行化学成分检验或其他专项检验。

4）对有抗震要求的框架结构纵向受力钢筋应进行检验，检验所得的强度实测值应符合：① 钢筋的抗拉强度实测值与屈服强度实测值的比值不应小于 1.25。② 钢筋的屈服强度实测值与钢筋的强度标准值的比值，当按一级抗震设计时，不应大于 1.25；当按二级抗震设计时，不应大于 1.4。

5）钢筋在运输和储存时，不得损坏标志，应按批分别堆放整齐，避免锈蚀或油污。

6）钢筋的级别、种类和直径应按设计要求采用。当需要代换时，应征得设计单位的同意，并应符合：① 不同种类钢筋的代换，应按钢筋受拉承载力设计值相等的原则进行。② 当构件受抗裂、裂缝宽度或挠度控制时，钢筋代换后应进行抗裂、裂缝宽度或挠度验算。③ 钢筋代换后，应满足混凝土结构设计规范中所规定的钢筋间距、锚固长度、最小钢筋直径、根数等要求。④ 对重要受力构件，不宜用Ⅰ级光面钢筋代换变形（带肋）钢筋。⑤ 梁的纵向受力钢筋与弯起钢筋应分别进行代换。⑥ 对有抗震要求的框架，不宜以强度等级较高的钢筋代替原设计中的钢筋；当必须代换时，其代换的钢筋检验所得的实际强度，尚应符合抗震的要求。⑦ 预制构件的吊环，必须采用未经冷拉的Ⅰ级热轧钢筋制作，严禁以其他钢筋代换。

7）冷拉钢筋可采用热轧钢筋加工制成。冷拉Ⅰ级钢筋适用于钢筋混凝土结构中的受拉钢筋，冷拉Ⅱ、Ⅲ、Ⅳ级钢筋可用作预应力混凝土结构的预应力筋。

（3）钢筋加工应满足下列要求：

1）钢筋加工的形状、尺寸必须符合设计要求。钢筋的表面应洁净、无损伤，油渍、漆污和铁锈等应在使用前清除干净。不得使用带有颗粒状或片状老锈的钢筋。

2）钢筋应平直，无局部曲折。调直钢筋时应符合规定。

3）钢筋的弯钩或弯折应符合：① HPB 235（Q235）钢筋（即原Ⅰ级钢筋）末端需要作 180° 弯钩，其圆弧弯曲直径 D 不应小于钢筋直径 d 的 2.5 倍，平直部分长度不宜小于钢筋 d 的 3 倍，钢筋末端 180° 弯钩如图 4–2–2 所示；用于轻骨料混凝土结构时，其弯曲直径 D 不应小于钢筋直径 d 的 3.5 倍。② HRB 335（20MnSi）、HRB 400（20MnSiV、20MnSiNb、20MnTi）钢筋（即原Ⅱ、Ⅲ级钢筋）末端需作 90° 或 135° 弯折时，HRB 335（原Ⅱ级）钢筋弯曲直径 D 不宜小于钢筋直径 d 的 4 倍；HRB 400（原Ⅲ级）钢筋不宜小于钢筋直径 d 的 5 倍，钢筋末端 90° 及 135° 弯钩

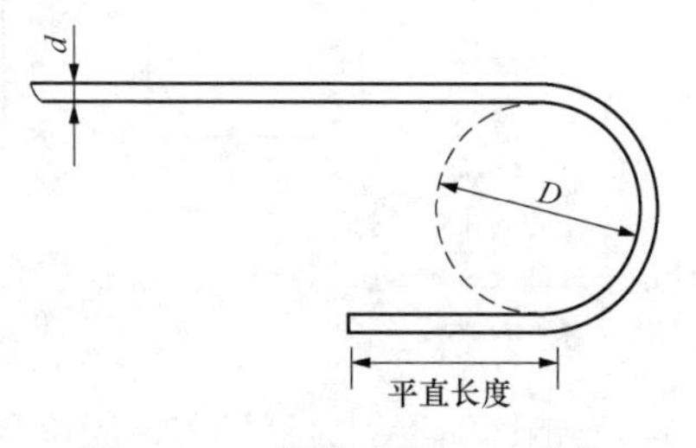

图 4–2–2 钢筋末端 180° 弯钩

如图4–2–3所示，平直部分长度应按设计要求确定。③ 弯起钢筋中间部位弯折处的弯曲直径D，不应小于钢筋直径的5倍，钢筋弯折加工如图4–2–4所示。

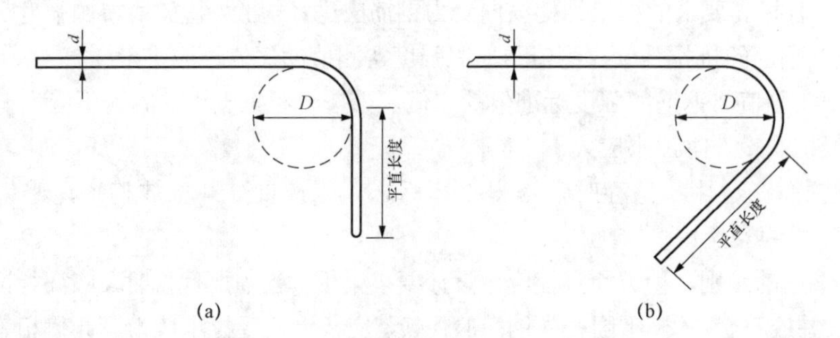

图4–2–3 钢筋末端90°及135°弯钩

（a）90°弯钩；（b）135°弯钩

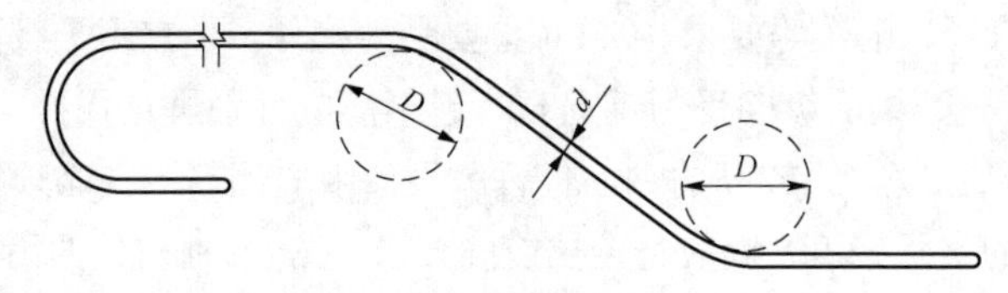

图4–2–4 钢筋弯折加工

4）箍筋的末端应作弯钩，弯钩形式应符合设计要求。当设计无具体要求时，用Ⅰ级钢筋或冷拔低碳钢丝制作的箍筋，其弯钩的弯曲直径应大于受力钢筋直径，且不小于箍筋直径的2.5倍；弯钩平直部分的长度，对一般结构，不宜小于箍筋直径的5倍，对有抗震要求的结构，不应小于箍筋的10倍。

弯钩形式可按图4–2–5（a）、（b）加工，对有抗震要求和受扭的结构，可按图4–2–5（c）加工。

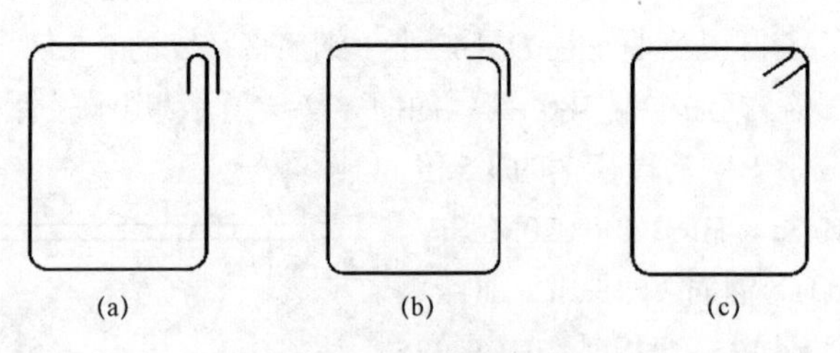

图4–2–5 弯钩形式

（a）90°/180°；（b）90°/90°；（c）135°/135°

5）钢筋加工的允许偏差，应符合表4–2–3的规定。

表 4–2–3　钢筋加工的允许偏差　mm

项目	允许偏差	项目	允许偏差
受力钢筋顺长度方向全长的净尺寸	±10	弯起钢筋的弯折位置	±20

（4）钢筋焊接应满足下列要求。

1）钢筋焊接的接头形式焊接工艺和质量验收，应符合国家现行标准 JGJ 18《钢筋焊接及验收规程》的有关规定。

2）钢筋焊接前，必须根据施工条件进行试焊，合格后方可施焊。焊工必须有焊工考试合格证。

3）热轧钢筋的对接焊接，可采用闪光对焊、电弧焊、电渣压力焊或气压焊。钢筋骨架和钢筋网片的交叉焊接宜采用电阻点焊。钢筋与钢板的 T 形连接，宜采用埋弧压力焊或电弧焊。钢筋焊接接头的试验方法应符合 JGJ/T 27《钢筋焊接接头试验方法标准》的有关规定。采用钢筋气压焊时，其施工技术条件和质量要求应符合 JG/T 94《钢筋气压焊机》的规定。

4）冷拉钢筋的闪光对焊或电弧焊，应在冷拉前进行；冷拔低碳钢丝的接头不得焊接。

5）轴心受拉和小偏心受拉杆件中的钢筋接头，均应焊接。普通混凝土中直径大于 22mm 的钢筋和轻骨料混凝土中直径大于 20mm 的 HPB 235（原Ⅰ级）钢筋及直径大于 25mm 的 HRB 335、HRB 400（原Ⅱ、Ⅲ级）钢筋的接头，均宜采用焊接。对轴心受压和偏心受压柱中的受压钢筋的接头当直径大于 32mm 时，应采用焊接。

6）对有抗震要求的受力钢筋的接头，宜优先采用焊接或机械连接。钢筋接头不宜设置在梁端、柱端的箍筋加密区范围内。

7）当受力钢筋采用焊接接头时，设置在同一构件内的焊接接头应相互错开。焊接接头位置如图 4–2–6 所示，在任一焊接接头中心至长度为钢筋直径 d 的 35 倍且不小于 500mm 的区段 l 内，同一根钢筋不得有两个接头。

注　1. 接头宜设置在受力较小部位，且在同一根钢筋全长上宜少设接头。

2. 承受均布荷载作用的屋面板、楼板、檩条等简支受弯构件，当在受拉区内配置的受力钢筋少于 3 根时，可在跨度两端各 1/4 跨度范围内设置一个焊接接头。

8）焊接接头距钢筋弯折处，不应小于钢筋直径的 10 倍，且不宜位于构件的最大弯矩处。

9）装配式框架结构预制柱的钢筋外露长度，应按设计要求采用，当设计无具体要求时，预制柱钢筋外露长度应符合表 4–2–4 的规定。

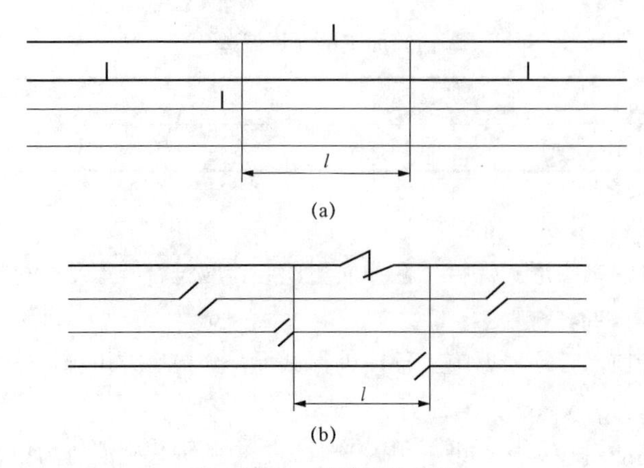

图 4–2–6 焊接接头位置

（a）对接焊接头；（b）搭接焊接头

表 4–2–4 **预制柱钢筋外露长度** mm

<table>
<tr><th rowspan="2">接头形式</th><th colspan="2">受力钢筋根数</th><th rowspan="2">接头形式</th><th colspan="2">受力钢筋根数</th></tr>
<tr><th>≤14 根</th><th>＞14 根</th><th>≤14 根</th><th>＞14 根</th></tr>
<tr><td>坡口焊</td><td>250</td><td>350</td><td>搭接焊</td><td>$250+\int W$</td><td>$350+\int W$</td></tr>
</table>

注 W 为焊缝长度（mm），其值应按 JGJ 18 确定。

10）焊接网和焊接骨架的焊点应符合设计要求；当设计无具体要求时，应按下列规定进行焊接：① 焊接骨架的所有钢筋相交点必须焊接。② 当焊接网片只有一个方向受力时，受力主筋的全部相交点必须焊接；当焊接网两个方向受力时，则四周边缘的两根钢筋的全部相交点均应焊接；其余的相交点可间隔焊接。

11）焊接网及焊接骨架外形尺寸的允许偏差应符合表 4–2–5 的规定。

表 4–2–5 **焊接网及焊接骨架的允许偏差** mm

<table>
<tr><th>项 目</th><th>允许偏差</th><th colspan="2">项 目</th><th>允许偏差</th></tr>
<tr><td>网的长、宽</td><td>±10</td><td colspan="2">骨架的长</td><td>±10</td></tr>
<tr><td rowspan="2">网眼的尺寸</td><td rowspan="2">±10</td><td colspan="2">箍筋间距</td><td>±10</td></tr>
<tr><td rowspan="2">受力钢筋</td><td>间距</td><td>±10</td></tr>
<tr><td>骨架的宽及高</td><td>±5</td><td>排距</td><td>±5</td></tr>
</table>

（5）钢筋绑扎应符合下列规定。

1）钢筋的交叉点应采用铁丝扎牢；铁丝可用线径为 1.0～0.8mm（18 号～20

号）线。

2）板和墙的钢筋网，除靠近外围两行钢筋的相交点全部扎牢外，中间部分交叉点可间隔交错扎牢，但必须保证受力钢筋不产生位置偏移；双向受力的钢筋必须全部扎牢。

3）绑扎网和绑扎骨架外形尺寸的允许偏差应符合表 4–2–6 的规定。

表 4–2–6　　绑扎网和绑扎骨架的允许偏差　　mm

<table>
<tr><th>项目</th><th>允许偏差</th><th colspan="2">项目</th><th>允许偏差</th></tr>
<tr><td>网的长、宽</td><td>±10</td><td colspan="2">骨架的长</td><td>±10</td></tr>
<tr><td rowspan="2">网眼的尺寸</td><td rowspan="2">±20</td><td colspan="2">箍筋间距</td><td>±20</td></tr>
<tr><td rowspan="2">受力钢筋</td><td>±10</td><td>±10</td></tr>
<tr><td>骨架的宽及高</td><td>±5</td><td>±5</td><td>±5</td></tr>
</table>

4）钢筋的绑扎接头应符合：① 搭接长度的末端距钢筋弯折处，不得小于钢筋直径的 10 倍，接头不宜位于构件最大弯矩处。② 钢筋搭接处，应在中心和两端用铁丝扎牢。③ 受拉钢筋绑扎接头的搭接长度应符合表 4–2–7 的规定；受压钢筋绑扎接头的搭接长度应取受拉钢筋绑扎接头搭接长度的 0.7 倍。④ 焊接骨架和焊接网采用绑扎连接时，应符合：焊接骨架和焊接网的搭接接头，不宜位于构件的最大弯矩处；焊接网在非受力方向的搭接长度，宜为 100mm。

表 4–2–7　　受拉钢筋绑扎接头的搭接长度

<table>
<tr><th colspan="2" rowspan="2">钢筋类型</th><th colspan="3">混凝土强度等级</th></tr>
<tr><th>C20</th><th>C25</th><th>高于 C25</th></tr>
<tr><td colspan="2">HPB 235（原Ⅰ级）钢筋</td><td>35d</td><td>30d</td><td>25d</td></tr>
<tr><td rowspan="2">月牙纹</td><td>HRB 335（原Ⅱ级）钢筋</td><td>45d</td><td>40d</td><td>35d</td></tr>
<tr><td>HRB 400（原Ⅲ级）钢筋</td><td>55d</td><td>50d</td><td>45d</td></tr>
<tr><td colspan="2">冷拔低碳钢丝（mm）</td><td colspan="3">300</td></tr>
</table>

注　1. 当 HRB 335、HRB 400（原Ⅱ、Ⅲ级）钢筋直径 d 大于 25mm 时，其受拉钢筋的搭接长度应按表中数值增加 $5d$ 采用。

2. 当螺纹钢筋直径 d 不大于 25mm 时，其受拉钢筋的搭接长度应按表中值减少 $5d$ 采用。

3. 当混凝土在凝固过程中受力钢筋易受扰动时，其搭接长度宜适当增加。

4. 在任何情况下，纵向受拉钢筋的搭接长度不应小于 300mm；受压钢筋的搭接长度不应小于 200mm。

5. 轻骨料混凝土的钢筋绑扎接头搭接长度应按普通混凝土搭接长度增加 $5d$，对冷拔低碳钢丝增加 50mm。

6. 当混凝土强度等级低于 C20 时，HPB 235、HRB 335（原Ⅰ、Ⅱ级）钢筋的搭接长度应按表中 C20 的数值相应增加 $10d$，HRB 400（原Ⅲ级）钢筋不宜采用。

7. 对有抗震要求的受力钢筋的搭接长度，对一、二级抗震等级应增加 $5d$。

8. 两根直径不同钢筋的搭接长度，以较细钢筋的直径计算。

各受力钢筋之间的绑扎接头位置应相互错开，如图 4–2–7 所示。

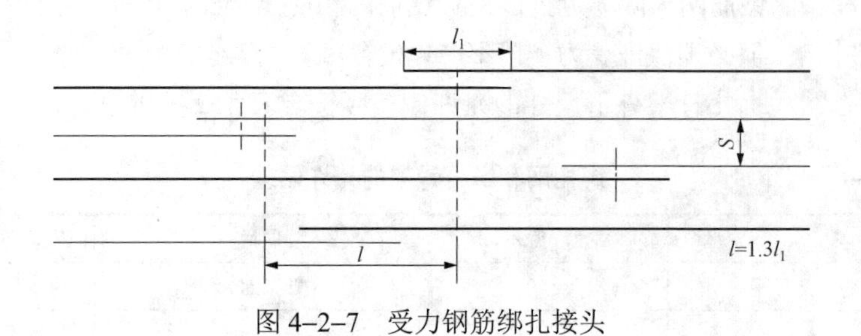

图 4–2–7 受力钢筋绑扎接头

6. 外加剂

混凝土掺用的外加剂，应采用符合标准的产品。首次使用时应经试验，符合质量要求后方投入使用。

（五）模板

（1）在输电线路工程施工中积极推广选用胶合板、塑料板，也使用组合钢模板。

（2）模板及其支架必须符合下列规定：

1）符合工程结构各部分形状尺寸，位置正确。

2）具有足够的承载能力、刚度和稳定性，厚度不宜少于 2.5mm。

3）构造简单，装拆方便，并便于钢筋的绑扎、安装和混凝土的浇筑等要求。

4）模板的接缝不应漏浆。

（3）组合钢模板等的设计制造和施工应符合 GB 50214《组合钢模板技术规范》的规定。

（4）模板与混凝土接触面应涂隔离剂。

（5）对模板及其支架应定期维修，钢模板及钢支架应防止锈蚀。

（6）组合钢模板及配件，宜选用标准化定型制成品。

三、危险点分析与控制措施

1. 现浇基础施工中存在的危险点及控制措施

（1）挖掘基坑时砸伤、工具伤人及触电。控制措施如下。

1）在超过 1.5m 深的坑内挖坑时，抛土要特别注意防止土回落坑内，并且要清除坑边的余土。

2）在土质松软的地方挖坑时，要有防止塌方的措施，如采用挡板并加撑木等。

3）在居民区或交通道路附近挖坑，应设坑盖板或可靠围栏，夜间挂红灯，防止行人及牲畜掉进坑内。

4）坑内外传递工具时不许乱扔。

5）在泥水坑、流沙坑施工所用抽水的电气设备必须合格，防止漏电伤人。

6）在市内或居民区内挖坑，应与有关单位取得联系，查明地下设施，防止刨坏电缆伤人。

（2）支模过程中因模板倒塌或跌落将工作人员砸伤，控制措施如下。

1）采用的挡土板、撑木等强度足够，模板应用绳索沿木板滑入坑内，不得在坑边上下直接用手传递，以防脱手伤人。

2）模板支撑牢固，连接可靠，防止倾覆。

3）不得沿模板撑木上下或在撑木上放置重物。

（3）混凝土浇筑过程中砸伤、碰伤、触电。控制措施如下。

1）检查搅拌机料斗挂钩情况时，料斗下方不得有人。

2）搅拌机必须装设支架，不能以轮胎代替支架；搅拌机运转时，严禁将工具伸入滚筒内扒料；清洗搅拌机时，人身体不得进入滚筒内。

3）搅拌机应可靠接地。

4）搭设的下料平台应牢固可靠。

5）坑边不准堆放工具和材料，并经常检查坑边有无裂缝。

6）用手推车向坑内倾倒混凝土时，倒料平台口应有挡车设施，倒料时不得将手推车撒把。

7）操作电动振捣棒的人员应戴绝缘手套，坑下人员应戴安全帽。

8）施工人员禁止在横木和模板支撑木上行走。

（4）拆模和养护时模板脱落伤人、炭火燃烧伤人、液化气爆炸伤人、养护液挥发毒气伤人。相应的控制措施如下。

1）拆装模板时应用绳索或起吊工具吊运，不能用手直接传递。装模板时，各部位应连接牢固，并用支撑撑牢。

2）冬季采用炭火暖棚养护时，火源不得靠近易燃物，并应设置人员看护。工作人员不能在坑内睡觉。

3）采用液化气保暖时，应采取防止液化气罐爆炸的措施，并要防止液化气罐漏气。

4）采用养护液自然养护时，涂刷养护液的工作人员必须戴防毒面具。自然养护期间人员进入坑内检查应防止中毒。

2. 预制基础安装中存在的危险点及控制措施

预制基础安装中存在的危险点有因为绳索断裂、预制构件跌落而造成碰伤、砸伤。控制措施如下。

（1）吊装预制构件的绳索强度应足够。

（2）预制构件不得直接将其推入坑内。

（3）吊装构件时，坑内不得有人，作业人员不得随吊件上下。

（4）坑内预制构件找正时，作业人员应站在吊件侧面。

四、操作步骤和质量标准

（一）现浇钢筋混凝土基础施工

现浇钢筋混凝土基础施工程序：基坑开挖→钢筋笼安装→模板组装→混凝土的搅拌→混凝土的浇灌与捣固→基础的养护与拆模→混凝土质量检查与表面缺陷修补。

1. 基坑开挖

（1）一般基坑土方的挖掘。一般基坑土方的挖掘是指杆塔基础坑、拉线坑、接地槽、排水沟和一般的施工基面土方的挖掘。土体类别只限于碎石土、砂土、黏土和人工填土，且地下水位应在挖掘深度以下。施工方法可用人工直接挖掘和用机械挖掘，在施工条件许可时，应尽量采用新技术和机械化施工。

基坑开挖基本要求：① 按设计施工要求先降低基面后进行基坑开挖，对于降基量较小的，可与基坑开挖同时完成。② 作业人员在开挖前应熟悉设计图纸，如杆塔明细表、基础配置表、基础施工图等。③ 作业人员在开挖前应检查现场分坑结果：杆位桩、控制桩是否完好；转角方向，中心桩位移，上拔下压基础布置是否正确；基坑坑口尺寸及相互几何尺寸；核对地表土质、水情，判断地下水状态。④ 杆塔基础坑深应以设计施工基面为基准。拉线基础坑深在设计未提出施工基面时，应以拉线基础中心地面标高为基准。⑤ 杆塔基坑深度允许偏差为+100mm～−50mm；同一基基坑深度在允许偏差范围内按最深一坑操平。⑥ 岩石基坑及拉线坑不允许有负误差。⑦ 实际坑深偏差超深100mm以上时，铁塔现浇基础坑，其超深部分应采用铺石灌浆处理。对于混凝土电杆基础、铁塔预制基础、铁塔金属基础等，其坑深与设计坑深偏差值在+100～+300mm时，其超深部分应采用填土或砂、石夯实处理。当不能以填土或砂、石夯实处理时，其超深部分按设计要求处理，设计无具体要求时，按铺石灌浆处理。当坑深超过规定值在+300mm以上时，其超深部分应采用铺石灌浆处理。拉线基础坑超深，对拉线基础的安装位置与方向有影响时，其超深部分应采用填土夯实处理。⑧ 基坑底面应平整。

（2）土坑开挖。送电线路基坑分散，交通不便，一般采用人工开挖。挖坑时，作业人员直接用铲分层分段平均往下挖掘。土方量少时，可直接抛掷土块，土方量较大时，则用三脚架或置摇臂抱杆吊筐出土。开挖时，根据不同土质适当放边坡，防止坑壁坍塌。每挖1m左右即应检查边坡的斜度，进行修边，随时控制纠正偏差。开挖时，要做到坑底平整。基坑挖好后，为防止坑底扰动应尽量减少暴露时间，及时进行下道工序的施工。如不能立即进行下道工序，则应预留150～300mm土层，在铺石灌浆时或基础施工前开挖。

（3）流动性淤泥土质开挖。流动性淤泥土质开挖时容易坍塌，可参照下列方法选用开挖。

1）阶梯式边坡。开挖时，把边坡挖成阶梯状，阶梯比例为 1:1，阶梯高度小于 500mm。

2）采用挡土板。按基础底层尺寸每边加 200mm 做上下两个方木框架，上下框间距 1m 左右，四周外侧铺木板（下端削尖，以便打入），与两框架用扒钉联成整体，作为框架柱，起挡土作用，挡土板示意图如图 4–2–8 所示。一边挖土，一边将框架柱打入土中，框架柱入土深度必须大于 300mm。上下框架也可用槽钢替代，木板用钢板替代。基坑断面尺寸较大时，可在框架中间加一根拉线，通过调节装置固定到锚桩上。

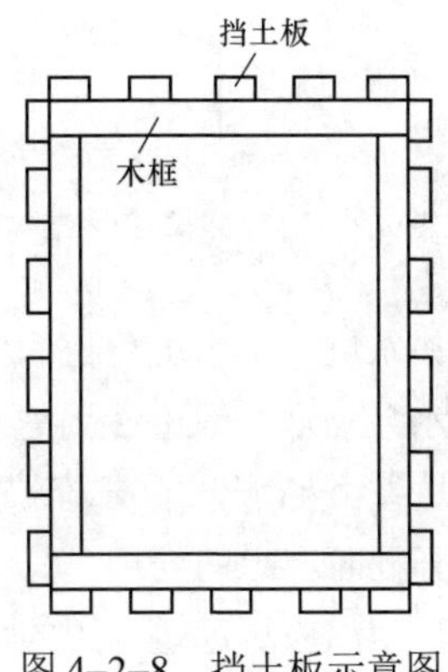

图 4–2–8　挡土板示意图

3）锚定式钢板支撑。在坑四周每 1m 左右打入角钢桩或钢管桩，在桩与坑壁间插入钢板（或木板钢模板），桩的上端，通过拉线、调节装置固定在锚桩上。桩打入坑底 300mm 以上，边挖土边打桩，边将挡土板插入桩与土之间，直至设计深度。锚定式钢板支撑如图 4–2–9 所示。

4）短桩横隔板支撑。一些基坑刚开始挖掘时，不易坍塌，往往挖至坑底时才坍塌，所以可在坑底四周，每隔 1m 用短桩（角钢或钢管）打入土中 300～400mm，在坑壁与桩间横插入钢模作挡土板，防止坑底坑壁坍塌，短桩横隔板支撑如图 4–2–10 所示。

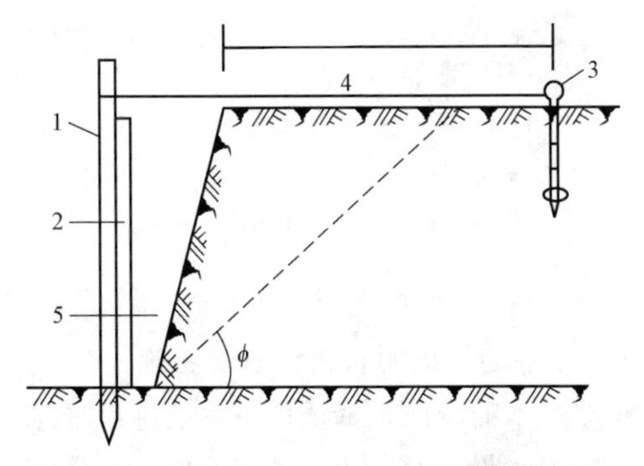

图 4–2–9　锚定式钢板支撑

1—角钢桩；2—钢模板；3—地钻；4—拉线装置；5—回填土；ϕ—土的内摩擦角

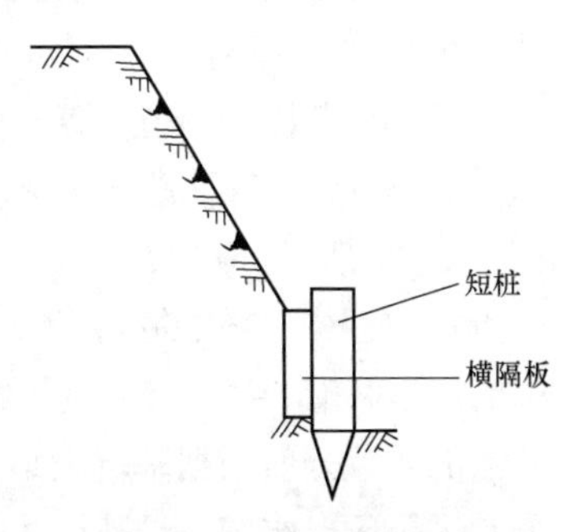

图 4–2–10　短桩横隔板支撑

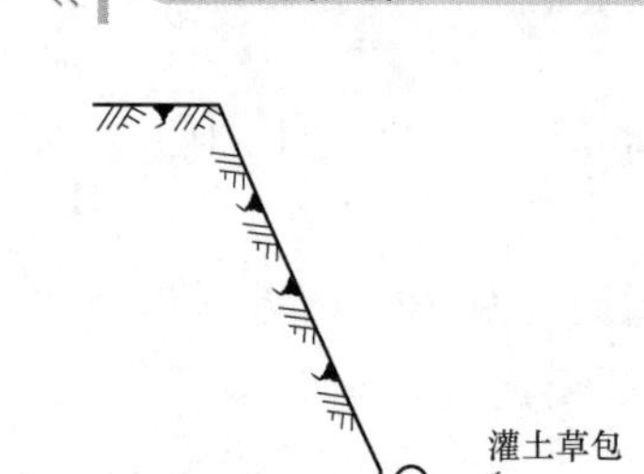

图4–2–11 袋装土护壁

5）袋装土护壁。用草包或编织袋灌土，在坑底筑成临时挡土墙，以加固坑壁，防止坍塌，袋袋土护壁如图4–2–11所示。

流动性淤泥土质开挖时，地下水位一般较高，所以要采取排水措施，并尽可能地避免雨季施工。如果有地面水，就应在来水方向截水，截不住的话，则应在坑口 3m 以外开挖排水沟或尽量利用原有天然沟道排水。坑内水则应用手撤水泵（俗称“皮老虎”）、机动式电动水泵排水。排水前，应先在坑底内角或对角挖集水坑，集水坑可挖深些，坑壁可用竹片作临时加固，并随基坑挖深而加深，以便于水泵抽水。渗透性强的基坑，出水要引得远些，以防渗回坑内，抽水时要注意不挖动坑壁，抽水设备安置离开基坑边2m以外，如坑较深，该距离还应加大。

开挖时弃土的处理：① 在平地，土堆放坑的四周，距坑口 1m 以外；② 土质较差的，距离应更远些，土的堆高宜小于 2m；③ 在山坡，弃土应堆放在基坑下坡，并设置挡土栅板。

（4）流砂土质开挖。流砂土质的基坑开挖，可采用前述的挡土板方法施工，另可采用下述方法。

1）井点法。井点法就是沿基坑四周将许多直径较细的井点管沉入地下蓄水层，以总管（集水管）连续抽水，带动井点管不断地抽吸地下水，改变地下水压力的渗透方向，使地下水位沿井点形成稳定的“下降漏斗”，从而带来井点管相互作用范围的水位降低，便于基础施工，轻型井点降低地下水位原理图如图4–2–12所示。

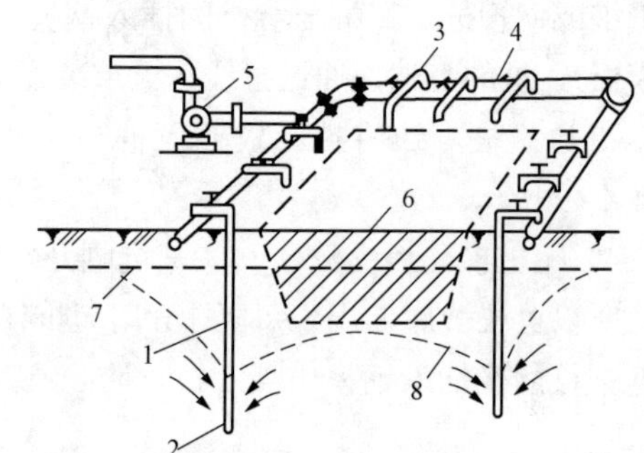

图4–2–12 轻型井点降低地下水位原理图

1—井点管；2—滤管；3—弯连接管；4—集水总管；5—水泵；6—基坑；7—原有地下水位线；8—降低后地下水位线

井点管由直径 38～50mm 钢管做成，长约 2.5m（根据需要而定），下端间隔钻有10mm左右的小孔，并用滤网包扎做成滤管，上端通过透明软管与总管连接。

井点的布置一般根据基坑大小、土质和地面水的流向、降低地下水的深度要求而定，通常采用环形布置。沿基坑边每隔 0.8～1.6m 设一个井点，井点距坑边不应小于0.8m，其入土深度应比基坑底深0.9～1.2m。

井点管一般用冲水管冲孔后再将井点管沉放。冲孔必须保持垂直，上下均必须有适当孔径，冲孔深度须比井点管深 0.5m 左右。井点管与孔壁之间应及时用粗砂灌实，距地面下 0.5～1m 的深度内，应用黏土填严密，防止漏气。

井点管通过透明塑料管与集水总管连接起来，总管宜选用 100～127mm 的钢管，分节连接，每节长 4m 左右。集水管与抽水设备连接，通过抽水设备把地下水抽出。

管井系统各部件均应安装严密，防止漏气。在人工降低地下水位的过程中，应对整个井点系统加强维护和检查，防止漏气及“死井”，保证不间断地进行抽水。

抽水设备可选用 QJD–60 轻型井点水喷射泵，该泵所需动力 7.5kW，排水量 $60m^3/h$，抽水深度 96m，适用于一般输电线路基础施工。

2）混凝土护管。混凝土护管的方法，也称为沉井法。护管是内径 1.8m，高为 0.8m，壁厚为 0.1m，有上下企口的圆形管，沉井底部有 45° 刃口，内壁应为麻面（也可根据基础形式不同，设计不同规格的护管）。混凝土护管应有足够的强度。

将混凝土护管置于坑位上，护管中心与基坑中心重合。在护管内挖土，使护管自然下沉，为避免护管倾斜、偏移，应沿护管内周均匀向下开挖，不能沿护管一侧下挖。使用两节以上护管时，必须等前一护管已下到与地面相平时再按企口对接第二节护管。混凝土护管不作回收，而作为基础的外周。

为防止流砂流入管内，在开挖前先在护管周围堆上一定数量和一定高度的小石子。开挖后，随着护管的下沉，管外一部分砂子进入管内后，石子也跟着下沉，使护管下端外周约 0.5m 厚的范围被石子占据，这样石子可以起到隔砂的作用，砂涌现象大大减少。

（5）垫层处理。当地基强度不足，设计要求作垫层处理时，开挖基坑要考虑垫层深度。垫层一般采用铺石灌浆的方式，厚度 150mm，宽度按基础外边加 150mm。对土质很差的基础坑，可先抛毛石，然后铺石灌浆。垫层用的碎石级配要良好，碎石最大粒径不宜大于 5mm，含泥量不宜大于 3%，砂浆不宜低于 50 号。

2. 钢筋笼安装

基础的钢筋笼（包括钢筋骨架、钢筋网、地脚螺栓、插入式塔脚等），在地面上已绑扎或焊接完成后，即可用起重机或抱杆将其安装在基抗或模板内，安装应遵守下列有关规定。

（1）对于大型基础的钢筋笼，吊点处应予补强避免变形。吊点应选在钢筋笼重心以上处。钢筋笼起吊应用大绳控制，平稳放入基坑或模板内。操作人员应互相配合，确保安全。

（2）对于大型基础的地脚螺栓安装，由于质量较大，固定地脚螺栓的十字样板必须有足够的强度和稳定性，以免发生变形或下沉。这种十字架样板宜用槽钢制作，并在地脚螺栓丝扣上涂以黄油包好保护。

（3）对于插入式塔腿的安装，应按设计图纸在坑底设置垫块定位，用起重机或抱杆吊入基坑或模板内，按规定的高度、根开、对角线及基础的相对位置尺寸，进行操平找正，用找正架牢靠固定。

（4）受力钢筋的混凝土保护层厚度，应符合设计要求；当设计无具体要求时，不应小于受力钢筋直径，并应符合表 4–2–8 的规定。

表 4–2–8　　钢筋的混凝土层厚度　　mm

环境与条件	中构件名称	混凝土强度等级		
		低于 C25	C25 及 C30	高于 C30
室内正常环境	板、墙、壳	15		
	梁和柱	25		
露天或室内高湿度环境	板、墙、壳	35	25	15
	梁和柱	45	35	25
有垫层	基础	35		
无垫层		70		

注 1. 轻骨料混凝土的钢筋保护厚度应符合国家现行标准 JGJ 12《轻骨料混凝土结构设计规程》的规定。
2. 处于室内正常环境由工厂生产的预制构件，当混凝土强度等级不低于 C20 且施工质量有可靠保证时，其保护层厚度可按表中规定减少 5mm，但预制构件中的预应力钢筋（包括冷拔低碳钢丝）的保护层厚度不应小于 15mm；处于露天或室内高湿度环境的预制构件，当表面另作水泥砂浆抹面层且有质量保证措施时，保护层厚度可按表中室内正常环境中构件的数值采用。
3. 钢筋混凝土受弯构件·钢筋端头的保护层厚度一般为 10mm 预制的肋形板，其主肋的保护层厚度可按梁考虑。
4. 板、墙、壳中分布钢筋的保护层厚度不应小于 10mm；梁性中箍筋和构造钢筋的保护层厚度不应小于 15mm。

（5）安装钢筋时，配置的钢筋级别、直径、根数和间距均应符合设计要求。绑扎或焊接的钢筋网和钢筋骨架，不得有变形、松脱和开焊。钢筋位置的允许偏差，应符合表 4–2–9 规定。

表 4–2–9　　钢筋位置的允许偏差　　mm

项　目		允许偏差
受力钢筋的排距		±5
钢筋弯起点位置		20
箍筋、横向钢筋间距	绑扎骨架	+20
	焊接骨架	±10

续表

项目		允许偏差
焊接预埋件	中心线位置	5
	水平高差	+3 0
受力钢筋的保护层	基础	±10
	柱、梁	±5
	板、墙、壳	±3

3. 模板的组装

(1) 安装前的准备工作如下。

1) 安装前应做好技术交底。有关操作人员应熟悉施工设计图纸和说明书，对运到现场的模板及配件，应按品种规格数量逐项清点和检查，不符合质量要求的不得使用。周转使用的钢模板及配件修复后的质量标准，见表 4–2–10。

表 4–2–10　钢模板及配件修复后的质量标准　mm

项目		允许偏差	项目		允许偏差
钢模板	板面平面度	≤2.0	配　件	U 形卡卡口残余变形	≤1.2
	凸棱直线度	≤1.0		钢楞及支柱直线度	$\leqslant \int^{*}/1000$
	边肋不直度	不得超过凸棱高度			

注　*为钢楞及支柱的长度。

2) 采用预组装模板施工时，装模板的组应在组装平台或经平整处理过的场地上进行。组装完毕后应予编号，并应按表 4–2–11 的组装质量标准逐块检验后进行试吊，试吊完毕后应进行复查，并再检查配件的数量、位置和紧固情况。

表 4–2–11　钢模板施工组装标准质量标准　mm

序号	项　目	允　许　偏　差
1	两钢模板间的拼缝宽	≤2.0
2	相邻模板的高低差	≤2.0
3	组装模板板面平面度	≤2.0（用 2m 长平尺检查）
4	组装模板板面的长宽尺寸	≤长度和宽度的 1/1000，最大±4.0
5	组装模板两对角线长度差值	≤对角线长度的 1/1000，最大≤0.7

3）检查合格的大模板，应按照安装程序进行堆放或装车。当大模板平行叠放时，每层立向应加垫木，上下对齐，底层模板应垫离地面100mm以上。装车时应整堆捆紧。立放时，应采取措施，保证稳定。

4）隔离剂宜在钢模板安装之前涂刷。

5）模板落在土地面时，应将地面预先整平夯实，并应有可靠的定位措施，基柱的模板应有可靠的支承点，其平直度应用仪器校正。

（2）模板的安装。

1）基础最低层断面的处理：① 按基础底层尺寸配制好的钢模板放入坑内，连接成整体，用水平尺调平，以基础桩校正。② 土质较好，地下水位低，可用土模代钢模。③ 坑壁易坍塌，钢模板不易取出的坑位，可用混凝土预制砌块代替模板，并将混凝土砌块作为基础的一部分。

2）阶梯模逐层安装。把配制好的钢模放入坑内，连接成整体，用水平尺操平，以控制桩校正。为使阶梯模设置在设计规定的位置，必须解决模板层间连接问题，具体方法有：① 用混凝土预制砌块搁阶梯模板。砌块强度等级同现浇混凝土，砌块厚度同底层模板高，放置于阶梯四角下。混凝土浇灌后，砌块作为基础的一部分。② 直托梁。模板断面尺寸小于3m的模板可搁于直托梁上。直托梁一般可用槽钢制作。③ 斜托梁。模板断面尺寸大于3m的模板可搁于斜托梁上。斜托梁一般是由角钢组成的桁架结构。模板长度大于4m，可在斜托梁中部增设角钢支撑，一并浇入基础。④ 角钢支架。承托较小钢模板时，可用角钢支架，即在底层模板上平面四角，连四根角钢，上层模板搁在角钢上。

3）立柱模板安装。把拼装好的立柱安装在指定位置。立柱的层间连接一般用直托梁，或采用悬吊的方法。立柱安装后，以控制桩校正，同时要检查立柱倾斜，不能超过规定值。

4）安装钢筋笼。将绑扎好的钢筋笼放入或吊入模盒内，用铁丝将钢筋笼多点固定于地脚螺栓的十字样架上，钢筋笼下面用铁丝多点固定于模板上或用砌块垫钢筋笼。为了保证钢筋保护层厚度，钢筋与模板间的间隙应符合设计要求。施工中可采用水泥砂浆块垫在钢筋与模板之间。钢筋笼的安装或现场绑扎应与模板安装配合。

5）地脚螺栓安装。地脚螺栓一般采用十字样架及连接板将地脚螺栓固定在立柱模板上。利用地脚螺栓的丝扣，用上下两只螺母将地脚螺栓固定在十字样架上，螺母拧紧前调整好地脚螺栓的小根开尺寸和露出基础顶面的尺寸，然后将十字样架用连接板固定在立柱模板上，并调整好地脚螺栓大根开及地脚螺栓与立柱的相对位置。为了防止混凝土浇制过程中地脚螺栓与主筋的倾斜，可用10号铁丝将地脚螺栓和主筋的下端固定在模板上。

地脚螺栓露出的丝扣部分需抹上黄油，并用水泥袋纸包扎，防止生锈腐蚀和粘上砂浆。

6）钢模板的支撑。钢模板组合后，其整体钢性很差，为了保证模板承受混凝土的侧压力，必须对模板支撑。支撑前，应以控制桩为基准，对整基模板、地脚螺栓安装尺寸检查调整，并做好记录。支撑时应根据基坑实际情况布置模板支撑，做到支撑稳固可靠，防止浇制捣固混凝土时模板晃动、移位与变形。

底层模和阶梯模可用木方条支撑，立柱可用杂木棍或圆杉木条支撑，支撑点间距要适中，撑木与坑壁间垫以小方木板。

基坑边坡较大，支撑困难时，可用拉的方法固定，即在基础四个立柱外侧的四个角，按对角方向用钢绞线通过调节装置锚固在地锚上。四个立柱内侧的四个角，用钢绞线对拉，保证基础大根开的正确性，从而达到固定立柱的目的。

基坑需要大开挖，四个腿或两个腿的基坑挖通时，可采用模板夹具，夹具装在模板上，达到补强的目的。

7）基础预偏。

当等高腿转角塔基础、终端塔基础设计要求采取预偏措施时，基础的四个基础顶面应按预偏值抹成斜平面，并应共在一个整斜平面内。为此，可在浇筑混凝土前，根据预偏要求在立柱钢板内侧划上斜线，做好标记，以便施工时掌握。

（3）安装模板时的注意事项

1）应将已按设计图纸尺寸拼装成片的模板，安装在规定的位置，对于最下层台阶，可立在垫层上，如无垫层可直接立在已整平的坑底。为防止倾倒，两侧要撑牢。支立第二层和第三层以及立柱模板时，应将拼装好的模板坐在横档上，横档两端搁在下层已支好的模板上。横挡一般利用槽钢或方木制作，基础模板组合示意图如图 4–2–13 所示。

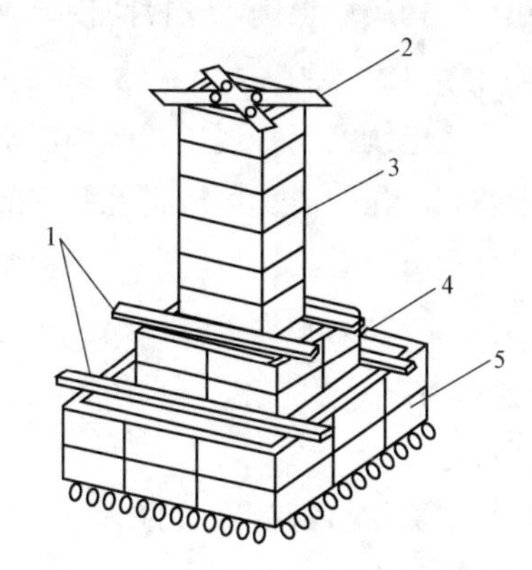

图 4–2–13　基础模板组合示意图

1—固定角钢；2—角钢斜撑；3—铁模板；4—第二层铁模板；5—底层铁模板

2）在泥水坑内，对比较大的基础，为防止钢模板变形或下沉，应在方框的四个角上加角钢斜撑，模板下侧适当垫以垫块，以保证在浇制过程中不坍塌，在方框上加角钢斜撑如图 4–2–14 所示。

3）在向基坑内运送较大块组合钢模板时，宜用吊车或抱杆吊运，以保证人身和设备安全，如系较小块模板可用人力传递，但不得抛扔。对于所使用的柱箍、斜撑、支柱等，宜选用定型标准件。

4）为防止模板变形或发生倾倒，模板与坑壁之间应用定型标准件支撑牢固，坑壁端应加垫板，以保证可靠。基础立柱较高或坑壁土质较软应增加斜撑数量。必要时，沿主柱的支撑点设长垫板并加两个或以上槽钢柱箍（0.8m 设一处）。在柱箍处也应设斜撑。斜撑应对称布量，受力要均匀，保证浇筑及捣固过程中安全可靠不走动。模板支撑示意图如图 4–2–15 所示。

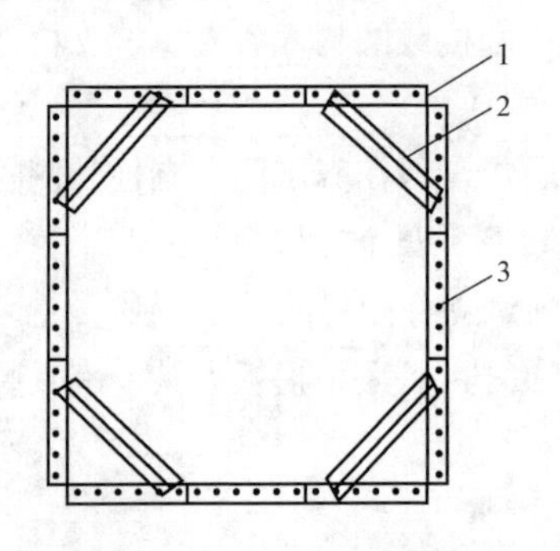

图 4–2–14　在方框上加角钢斜撑

1—横挡；2—固定地脚螺栓支架；3—立柱铁模板

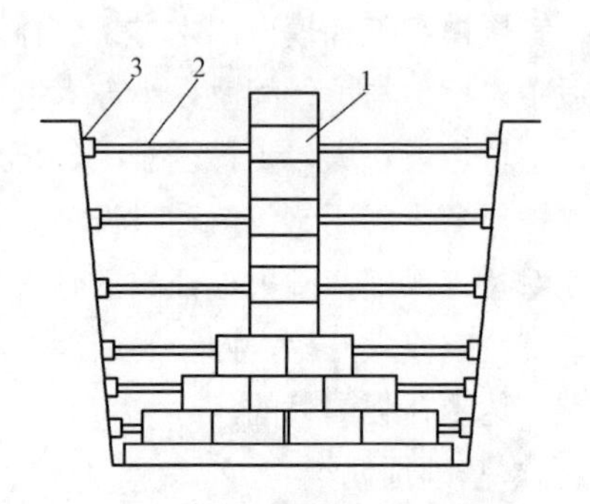

图 4–2–15　模板支撑示意图

1—钢模板；2—支撑木；3—垫木板

5）模板支立以后，应按设计图纸尺寸进行操平找正和测量检查，保证根开、对角线尺寸及结构尺寸正确，模板间接缝应严密堵塞，以防漏浆。

4. 混凝土的搅拌

（1）输电线路工程现场拌制和浇筑混凝土施工，其施工条件比较差，应实行严格的质量控制。在一般地区应实施台秤配料、机械搅拌、机械振捣三原则，即采用混凝土各成分用量的质量比以及用台秤称量的各成分质量比，以自落式搅拌机（机动或电动）拌制，以动力式振捣器振捣。在特大山区大型搅拌浇筑机械难以运达时，可选用小型机具，在个别地方也可采用人工拌制和浇筑方法。在搅拌混凝土的过程中，应遵守下列规定：

混凝土原材料每盘称量的偏差，不得超过表 4–2–12 中允许偏差的规定。

表 4–2–12　混凝土原材料称量的允许偏差　%

材料名称	允许偏差	材料名称	允许偏差
水泥、混合材料	+2	水、外加剂	+2
粗、细骨料	±3		

注 1. 各种衡器应定期校验，保持准确。

2. 骨料含水率应经常测定，雨天施工应增加测定次数。

（2）采用机械拌制混凝土，即采用倒落式搅拌机，应先将砂料倒入提升斗中，然后将水泥、石料亦倒入斗中，再将提升斗内的砂、水泥、石升起，一并倒入搅拌机滚筒中，这样可把水泥夹在砂石之间，使水泥不致飞扬，最后加入定量用水，进行拌制。机械拌制混凝土的搅拌最短时间，可按表 4–2–13 实施。

表 4–2–13　　　　混凝土搅拌的最短时间　　　　s

混凝土坍落度（mm）	搅拌机机型	搅拌机出料量（L）		
		＜250	250～500	＞500
≤30	强制式	60	90	120
	自落式	90	120	150
＞30	强制式	60	60	90
	自落式	90	90	120

注　1. 混凝土搅拌的最短时间系指自全部材料装入搅拌筒中起，到开始卸料止的时间。

2. 当掺有外加剂时，搅拌时间应适当延长。

3. 全轻混凝土宜采用强制式搅拌机搅拌，砂轻混凝土可采用自落式搅拌机搅拌，但搅拌时间应延长 60～90s。

4. 采用强制式搅拌机轻骨料混凝土的加料顺序是：当轻骨料在搅拌前预湿时，先加粗、细骨料和水泥搅拌 30s，再加水继续搅拌；当轻骨料在搅拌前未预湿时，先加 1/2 的总用水量和粗、细骨料搅拌 60s，再加水泥和剩余用水量继续搅拌。

5. 当采用其他形式的搅拌设备时，搅拌的最短时间应按设备说明书的规定或经试验确定。

5. 混凝土的浇灌与捣固

（1）在浇灌混凝土前，应检查下列内容：

1）模板扣件规格与对拉螺栓、钢楞的配套和坚固情况。

2）斜撑、支柱的数量和着力点。

3）钢楞、对拉螺栓及支柱的间距。

4）各种预埋件和预留孔洞的规格尺寸、数量、位置及固定情况。

5）模板结构的整体稳定。

（2）混凝土的浇灌与捣固遵守下列规定：

1）混凝土运至浇筑地点，应符合浇筑时规定的坍落度，当有离析现象时，必须在浇筑前进行二次搅拌。

2）混凝土应以最少的转载次数和最短的时间，从搅拌地点运至浇筑地点。

混凝土从搅拌机中卸出到浇筑完毕的延续时间不宜超过表 4–2–14 的规定。

表 4-2-14 混凝土从搅拌机中卸出到浇筑完毕的延续时间 min

混凝土强度等级	气温		混凝土强度等级	气温	
	不高于25℃	高于25℃		不高于25℃	高于25℃
不高于C30	120	90	高于C30	90	60

注 1. 对掺用外加剂或采用快硬水泥拌制的混凝土，其延续时间应按试验确定。
2. 对轻骨料混凝土，其延续时间应当缩短。

3）采用泵送混凝土应符合：① 混凝土的供应，必须保证输送混凝土的泵能连续工作。② 输送管线宜直，转弯宜缓，接头应严密，如管道向下倾斜，应防止混入空气，产生阻塞。③ 泵送前应选用适量的与混凝土内成分相同的水泥浆或水泥砂浆润滑输送管内壁；预计泵送间歇时间超过45min或当混凝土出现离析现象时，应立即用压力水或其他方法冲洗管内残留的混凝土。④ 在泵送过程中，受料斗内应具有足够的混凝土，以防止吸入空气产生阻塞。

4）在地基或基土上浇筑混凝土时，应清除淤泥和杂物，并应有排水和防水措施。对干燥的非黏性土，应用水湿润；对未风化的岩石，应用水清洗，但其表面不得留有积水。

5）对模板及其支架、钢筋和预埋件必须进行检查，并做好记录，符合设计要求后方能浇筑混凝土。

6）在浇筑混凝土前，对模板内的杂物和钢筋上的油污等应清理干净；对模板的缝隙和孔洞应予堵严；对木模板应浇水湿润，但不得有积水。

7）混凝土自高处倾落的自由高度，不应超过2m。

8）在浇筑竖向结构混凝土前，应先在底部填以50～100mm厚与混凝土内砂浆成分相同的水泥砂浆；浇筑中不得发生离析现象；当浇筑高度超过3m时，应采用串筒、溜管或振动溜管使混凝土下落。

9）在降雨雪时不宜露天浇筑混凝土。当需浇筑时，应采取有效措施，确保混凝土质量。

10）混凝土浇筑层的厚度，应符合表4-2-15的规定。

表 4-2-15 混凝浇筑层厚度 mm

捣实混凝土的方法	浇筑层的厚度
插入式振捣	振捣器作用部分长度的1.25倍
表面振动	200

续表

捣实混凝土的方法		浇筑层的厚度
人工捣固	在基础、无筋混凝土或配筋稀疏的结构中	250
	在梁、墙板、柱结构中	200
	在配筋密列的结构中	150
轻骨料混凝土	插入式振捣	300
	表面振动（振动时需加荷）	200

11）浇筑混凝土应连续进行。当必须间歇时，其间歇时间宜缩短，并应在前层混凝土凝结之前，将次层混凝土浇筑完毕。混凝土运输、浇筑及间歇的全部时间不得超过表 4–2–16 的规定，当超过时应留置施工缝。

表 4–2–16　　混凝土运输、浇筑和间歇的允许时间　　min

混凝土强度等级	气温		混凝土强度等级	气温	
	不高于 25℃	高于 25℃		不高于 25℃	高于 25℃
不高于 C30	210	180	高于 C30	180	150

注　当混凝土中掺有促凝或缓凝型外加剂时，其允许时间应根据试验结果确定。

12）采用振捣器捣实混凝土应符合：① 每一振点的振捣延续时间，应使混凝土表面呈现浮浆且不再沉落。② 当采用插入式振捣器时，捣实普通混凝土的移动间距，不宜大于振捣器作用半径的 1.5 倍；捣实轻骨料混凝土的移动间距，不宜大于其作用半径；振捣器与模板的距离，不应大于其作用半径的 0.5 倍，并应避免碰撞钢筋、模板、芯管、吊环、预埋件或空心胶囊等；振捣器插入下层混凝土内的深度应不小于 50mm。③ 当采用表面振动器时，其移动间距应保证振动器的平板能覆盖已振实部分的边缘。④ 当采用附着式振动器时，其设置间距应通过试验确定，并应与模板紧密连接。⑤ 当采用振动台振实干硬性混凝土和轻骨料混凝土时，宜采用加压振动的方法，压力为 1～3kN/m^2。

13）在混凝土浇筑过程中，应经常观察模板、支架、钢筋、预埋件和预留孔洞的情况，当发现有变形、移位时，应及时采取措施进行处理。

14）在浇筑与柱和墙连成整体的梁和板时，应在柱和墙浇筑完毕后停歇 1～1.5h，再继续浇筑。

15）大体积混凝土的浇筑应合理分段分层进行使混凝土沿高度均匀上升；浇筑应在室外气温较低时进行，混凝土浇筑温度（指混凝土振捣后，在混凝土 50～100mm 深处的温度）不宜超过 28℃。

16）浇筑混凝土应填写施工记录，其格式可按照输电线路施工记录表要求填写。

17）当混凝土浇筑到基础立柱上表面（基面）时，即应进行操平，达到浇筑和抹面一次完成，避免二次抹面可能出现的起皮现象。

6. 大体积混凝土基础的浇筑

（1）水化热对大体积混凝土的影响。对于大体积混凝土来说，由于水泥水化热的作用，同时因混凝土内部不易散热，温度升高，而外部容易散热，温度较低，产生内外温差，使混凝土内部产生膨胀，而外部产生收缩，内部混凝土和外部混凝土互相约束，产生不均匀的内应力。当外部混凝土因收缩而产生的拉应力超过混凝土的抗拉强度时，就产生裂缝，使结构的功能受到损害，使用年限缩短。

（2）大体积混凝土结构的灌筑。大体积混凝土结构的灌筑可采用图 4–2–16 所示的方法。

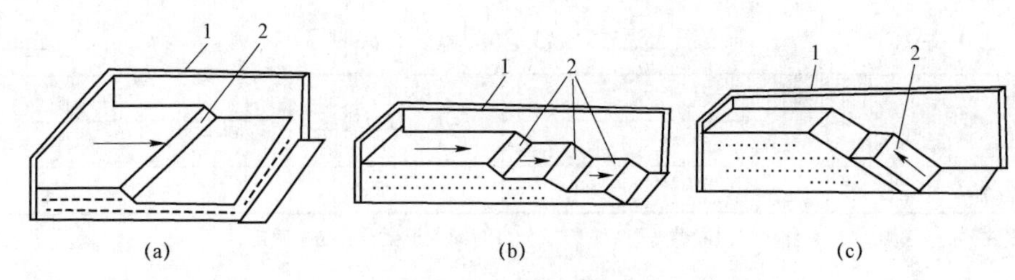

图 4–2–16　大体积混凝土基础浇筑方案

（a）全面分层法；（b）分段分层法；（c）斜面分层法

1—模板；2—新灌基础

1）全面分层法：在整个基础内全面分层灌筑混凝土，做到第一层灌筑完后再浇第二层，但浇筑第二层时，第一层还未初凝。适用结构平面不太大的基础。

2）分段分层法：混凝土从底层开始灌筑，进行一定距离后回来灌筑第二层，如此依次向前灌筑以上各层，适用厚度不太大而面积或长度较大的基础。

3）斜面分层法：振捣工作从灌筑层下端开始，逐步上移，适用结构的长度超过厚度三倍的结构。

分层的厚度决定于振动器的棒长和振动力的大小，也要考虑混凝土供应量大小和浇筑量的多少，一般有 20～30cm。

（3）大体积混凝土浇筑时采用措施。在浇筑大体积混凝土时，由于混凝土水化热温度高，凝结快，施工上必需的处理时间也相应缩短，可以采用以下一些措施：

1）浇筑混凝土应在室外气温较低时进行（如夏天利用早晚气温较低时灌筑），混凝土的最高灌筑温度不宜超过 28℃。

2）选用水化热较低的水泥，如矿渣水泥、火山灰水泥、粉煤灰水泥等。

3）选择合宜的砂、石级配，尽量减少水泥用量，使水化热相应降低。

4）尽量降低每立方米混凝土用水量。

5）降低混凝土入模温度，具体做法有：砂、石被免日光直晒，必要时砂石上洒水，以利散热，在夏季可用低温水（井水）或冰水拌制混凝土。

6）采用适当缓凝剂。

7. 混凝土冬季施工

寒冷季节，当室外日平均气温连续五天稳定低于5℃或最低温度低于–35℃时，混凝土工程的施工即进入冬季施工。

混凝土工程不宜在冬季施工，因为混凝土依靠水泥与水发生水化作用而产生强度。当温度低于混凝土冰点温度（新浇混凝土的冰点为–0.3～0.5℃）以下时，混凝土中的水就开始结冰，不仅水泥不能与冰发生化学反应，而且因水结成冰之后，产生体积膨胀，引起混凝土内部结构的破坏，强度显著降低。只有当混凝土的强度增长至混凝土强度等级的40%或达到5MPa时，才能抵抗水结成冰时体积膨胀的破坏。

因工期需要必须在冬季施工时，要采取以下措施。

（1）加速凝固，增加早期强度。

1）使用早强水泥，如普通硅酸盐水泥，高标号水泥。

2）减少水灰比，加强捣固。

3）增加混凝土搅拌时间。

4）加热材料温度至15～20℃。

5）使用早强剂，但不能使用含氯盐的早强剂。

（2）采用保温养护。

1）蓄热法：混凝土基础浇灌完毕后，立即用适当的保温材料如木锯屑、生石灰或干砂覆盖在混凝土上面，保证混凝土有一定的温度和湿度，达到养护的目的。

2）暖棚法：在浇灌完毕的基础上部搭设暖棚，暖棚内生有火炉，控制温度在20～25℃。

此外还有蒸气加热，电气加热养护等方法，但在线路基础上施工较困难，故一般不采用。

（3）大体积混凝土基础养护。所谓大体积混凝土，是指混凝土实体最小尺寸不小于1米的大体量结构物。根据以往施工经验，大体积混凝土养护过程中，采用强制或不均匀的冷却降温措施成本较高，且容易产生裂缝。浇筑完毕后，初凝前应进行喷雾养护工作。初凝后，及时按照温控技术措施的要求进行保湿养护，始终保持混凝土表面湿润。考虑大体积混凝土长时间暴露容易产生微裂缝，影响工艺和外观质量，应及时进行回填，基础上表面给予适当覆盖。

8. 基础的养护与拆模

输电线路工程现浇混凝土的养护，有自然养护和过氯乙烯薄膜养护等。混凝土自然养护就是在自然气候条件下，采取浇水润湿或防风保湿等措施进行养护；过氯乙烯薄膜养护混凝土（简称薄膜养护），就是在基础混凝土拆膜后，随即在混凝土外表面全部涂刷一层过氯乙烯溶液并形成薄膜，防止混凝土体内自身水分的蒸发，达到自身养护的目的。

（1）混凝土自然养护。

1）对已浇筑完毕的混凝土，应加以覆盖和浇水，并应符合。① 应在浇筑完毕后的12h以内（当天气炎热，干燥有风时，应在3h以内）对混凝土加以覆盖和浇水。② 混凝土的浇水养护的时间，对采用硅酸盐水泥、普通硅酸盐水泥或矿渣硅酸盐水泥拌制的混凝土，不得少于7日（GB 50233《110kV～500kV架空送电线路施工及验收规范》规定不得少于5日），对掺用缓凝型外加剂或有抗渗性要求的混凝土，不得少于14日。③ 浇水次数应能保持混凝土处于润湿状态。④ 混凝土的养护用水应与拌制用水相同。⑤ 基础拆模后经表面检查合格后应立即回填土，并应按规定加以覆盖和浇水。

注意，当日平均气温低于 5℃时，不得浇水；当采用其他品种水泥时，混凝土的养护应根据所采用水泥的技术性能确定。

2）对大体积混凝土的养护，应根据气候条件采取控温措施，并按需要测定浇筑后的混凝土表面和内部温度，将温差控制在设计要求的范围以内；当设计无具体要求时，温差不宜超过25℃。

3）在已浇筑的混凝土强度未达到1.2N/mm^{2}以前，不得在其上踩踏或安装模板及支架。

（2）混凝土薄膜养护法。为了解决山区混凝土基础养护用水缺少问题，可采用过氯乙烯塑膜养护法（简称薄膜养护法）。基础混凝土在拆模并经表面检查后即在其敞露的全部表面涂刷薄膜养生液，形成塑料薄膜保护层，可防止混凝土内部水分的蒸发，达到混凝土内部水分自身养护的目的。

过氯乙烯薄膜养生液的配方为：过氯乙烯树脂（基料）10%；粗苯（溶剂）86%；邻苯二甲酸二丁酯（助溶剂）3%；丙酮（溶剂）1%。

过氯乙烯薄膜养生液的配制方法：按上述配方的比例，分别算出树脂、粗苯、二丁酯、丙酮的质量。根据容器的大小先将一定量的粗苯倒入容器内，然后把二丁酯和丙酮倒入粗苯内，最后再边加树脂边搅拌把树脂加完，这时溶液逐渐变稠，但由于树脂溶解较慢，不能立即全部溶解，可每隔10～20min搅拌一次，直到溶解液没有悬浮颗粒为止。另外应注意，因苯等挥发性强，除了在搅拌时以外，必须将容器严格密封。

涂刷基础方法。在工地上按“配制方法”配制好的树脂溶液，储装在密封的铁皮桶内，同时准备密封的铁皮小桶，供施工时领取使用，领取一桶现装一桶，施工人员即可带小桶和油刷，在基础拆模检查后，随即涂刷，涂刷程序是自上而下，基础各表面均需涂刷。涂刷时刷子不得拉得过长，以免漏刷而造成薄膜不完整。根据经验，每千克树脂溶液可刷 3～4m^2。基础的试体块也同样涂刷树脂溶液保护。

安全注意事项：配方中粗苯、丙酮是燃点很低、挥发性特强的危险品，且对人体的呼吸道和神经系统有刺激作用，因此在配制和涂刷过程中，必须采取有效的安全措施，防止火灾和中毒事故发生，其具体要求如下。

1）应单独存放，可设在远离建筑物的下风向侧。

2）配制应在露天开阔的地方进行。

3）配制和涂刷人员，必须佩戴防毒的过滤口罩，盒内的活性炭要按规定定期更换。

4）存放和配制地点，要设置一定数量的四氯化碳灭火器及其他消防器材。

5）工作完毕要把手清洗干净。

6）操作过程中不允许一人单独进行作业。

（3）基础模板的拆除。基础模板的拆除应遵守以下规定。

1）拆除模板时，应保证混凝土表面及棱角不受损坏，且强度不低于设计强度的 30%（或 2.5MPa）。

2）拆模时间随养护时的环境温度及所用的水泥品种而有所不同。在不同气温自然养护条件下的基础拆模时间，可参照表 4–2–17。

表 4–2–17　　　　基础模板允许拆模时间参考表

平均温度（℃） 时间（日） 水泥品种	+5	+14	+15	+20	+25	+30
硅酸盐水泥或普通硅酸盐水泥	7	5	4	3.5	3.0	2.5
矿碴硅酸盐水泥	10	8	7	6	5	4

3）拆模应自上而下进行，轻轻敲击减少对混凝土的振动，要使混凝土表面四周棱角不受损坏。

4）拆除的模板及配件应立即将表面残留的水泥、砂浆清除干净，对变形和损坏的钢模板及配件，应及时修理校正。对暂不使用的钢模板，板面应涂防锈油，背面补涂防锈漆，并按规格分类堆放，底面应垫离地面，妥善遮盖。

5）基础拆模后应立即进行其质量检查，并作好检查记录。

6）严禁将钢模板用作脚手板、铺路、垫物等其他用途。

7）装车运输时，钢模板应装入集装箱，支承件应捆成捆，连接件应分类装箱，不得散乱装运。

9. 混凝土质量检查与表面缺陷修补

（1）混凝土在拌制和浇筑过程中应按下列规定进行检查。

1）检查拌制混凝土所用原材料的品种、规格和用量，每一工作班日或每基基础至少两次。

2）检查混凝土在浇筑地点的坍落度，每一工作班日或每个基础腿至少两次。

3）在每一工作班日内，当混凝土配合比由于外界影响有变动时，应及时检查。

4）混凝土的搅拌时间应随时检查。

（2）混凝土的强度通过试块进行检查。

（3）基础尺寸检查。

1）现浇铁塔基础检查：① 立柱断面尺寸用钢尺测量允许偏差为：–1%。② 钢筋保护层厚度用钢尺测量允许偏差为：–5mm。③ 整基基础中心位移允许偏差为：顺线路 30mm；横线路 30mm。④ 整基基础扭转：一般塔 10′；高塔 5′。⑤ 同组地脚螺栓中心对立柱中心偏移用钢尺测量允许偏差为：10mm。⑥ 基础顶面间高差允许偏差为：5mm。⑦ 基础根开及对角线尺寸允许偏差为：一般塔±2‰；高塔±0.7‰。

2）铁塔拉线基础检查：① 底板断面尺寸用钢尺测量允许偏差为：–1%。② 钢筋保护层厚度用钢尺测量允许偏差为：–5mm。③ 拉线基础拉环中心与设计位置偏移用钢尺测量允许偏差为：20mm。

（4）混凝土表面缺陷的修整应符合下列规定。

1）面积较小且数量不多的蜂窝或露石的混凝土表面，可用 1:2～1:2.5 水泥砂浆抹平，在抹砂浆之前，必须用钢丝刷或加压水洗刷基层。

2）较大面积的蜂窝、露石和露筋应按其全部深度凿去薄弱的混凝土层和个别突出的骨料颗粒，然后用钢丝刷或加压水洗刷表面，再用比原混凝土强度等级提高一级的细骨料混凝土填塞，并仔细捣实。

3）对影响混凝土结构性能的缺陷，必须会同设计等有关单位研究处理。

（二）装配式基础安装

1. 前期检查

（1）预制件入现场材料库后，应进行以下检查工作。

1）品种、规格、结构尺寸，预埋件位置及尺寸允许偏差见表 4–2–18。

2）连接用铁附件的配合尺寸，表面镀层状况。

3）混凝土预制件的表面有无裂纹。放置平地检查时不得有纵向裂纹，横向裂纹宽度不得超过 0.05mm。

4）出厂时混凝土强度不得低于设计强度 80%。

表 4-2-18 预应力和普通混凝土预制构件加工尺寸允许偏差表 mm

<table>
<tr><th colspan="2">项 目</th><th>底盘、拉线盘、卡盘</th><th>其他装配式预制构件</th></tr>
<tr><td colspan="2">长度</td><td>-10</td><td>±10</td></tr>
<tr><td rowspan="2">断面尺寸</td><td>宽</td><td>-10</td><td>±5</td></tr>
<tr><td>厚</td><td>-5</td><td>±5</td></tr>
<tr><td colspan="2">弯曲</td><td></td><td>1/700</td></tr>
<tr><td rowspan="3">预埋铁件（预留孔）对设计位置的偏有效期</td><td>中心线位置</td><td>10</td><td>5</td></tr>
<tr><td>安装孔距</td><td>±5</td><td>±5</td></tr>
<tr><td>螺栓露出长度</td><td>+10，-5</td><td>+10，-5</td></tr>
</table>

注 1. 本表不包括环形混凝土电杆；
2. 用肉眼不能直接明显看出的网状纹，龟纹与水纹不算裂缝；
3. 底盘、拉线盘、卡盘的中心线位移是指拉线盘的 U 形环、拉线盘、卡盘的安装孔及底盘圆槽的实际加工位置与图纸位置偏差

（2）合格品按品种规格放置，不合格品须作好标记，另行堆放。

1）装配式预制基础，为保证现场安装方便，宜随机取样在现场材料库进行试装。

2）预制件采用吊车或人工滑杆卸车，不得从车箱内直接翻甩卸车。

2. 底拉盘安装

（1）安装前的检查内容。

1）主杆坑控制桩、拉线控制桩、杆位中心桩。

2）主杆坑、拉线坑深，双杆根开。

3）拉线坑马道及方位，斜埋拉盘坑底坡度。

（2）底盘安装。

1）吊盘法。在坑口设置三脚架，架顶绑好滑车组，吊起底盘，慢慢放入坑内，安装底盘的吊盘法如图 4-2-17 所示，也可用人字抱杆或摇臂抱杆吊底盘入坑。吊盘法适用于较重的底盘。

2）滑盘法。用两根木杠或钢管，搁于坑底和坑壁之间，用撬棒将底盘前移，底盘后端带上反向拉绳，将底盘沿木杠滑到坑底，再抽出木杠，使底盘置于坑底，滑盘法如图 4-2-18 所示，滑盘法多用于边坡较大的基坑。

底盘入坑前，两基坑底必须操平，底盘入坑后利用控制桩校正底盘中心位置，底盘四周以填土夯实，其安装允许误差应保证电杆组立后符合表 4-2-19 规定。

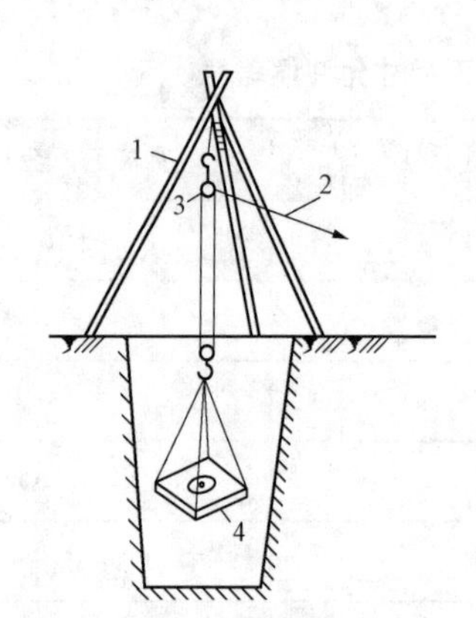

图 4–2–17 安装底盘的吊盘法

1—三脚架；2—牵引钢绳；3—滑轮；4—底盘

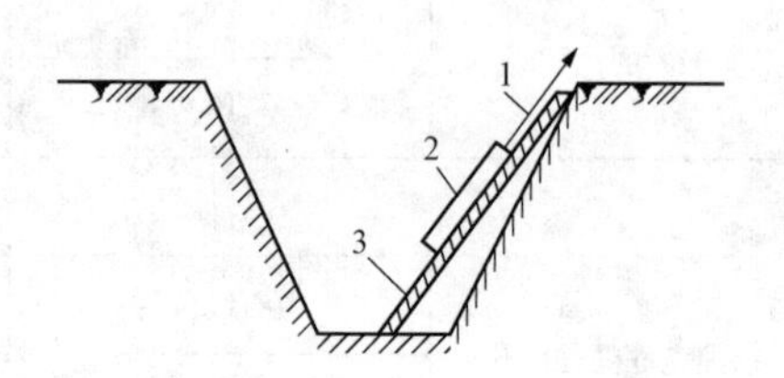

图 4–2–18 滑盘法

1—牵引绳；2—底盘；3—木板

表 4–2–19 **杆塔组立允许偏差**

偏差项目	电压等级			
	110kV	220～330kV	500kV	高塔
电杆结构根开	±30mm	±0.5%	±0.3%	
电杆结构面与横线路方向扭转（即迈步）	30mm	1%	0.5%	
双立杆塔横担在主柱连接处的高差（%）	0.5	0.35	0.2	
直线杆塔结构倾斜（%）	0.3	0.3	0.3	0.15
直线杆结构中心与中心桩间横线路方向位移（mm）	50	50	50	
转角杆结构中心与中心桩间横、顺线路方向位移（mm）	50	50	50	
等截面拉线塔立柱弯曲	0.2%	0.15%	0.1%，最大 30mm	

（3）拉线盘安装。

1）较重的拉盘可用吊盘法，即利用三脚架或人字抱杆、摇臂抱杆吊盘入坑；较轻的拉盘可人工放置，即利用绳索，撬棒将拉盘放入坑内。

2）拉盘安装时要做到：① 拉盘有足够的埋深，拉盘在坑底斜放，使拉盘与拉线方向垂直；② 开好“马道”，使拉棒只受拉力，不受弯曲力；③ 受力侧原状土尽量不要破坏；④ 认真搞好回填土，回填时拉棒要拉挺。

3）拉线盘入坑后，校正拉线盘安装位置，应满足：① 沿拉线方向，左右偏差不超过拉线盘中心至相对应电杆拉线挂点水平距离的 1%；② 沿拉线方向，前后允许位移值应满足拉线安装后对地夹角值与设计值之差，不应超过 1°，个别特殊地形不能满足时，由设计提出具体办法；③ 对于交叉拉线，应检查两拉盘之间的前后位移。

3. 装配式预制基础安装

（1）安装前的检查。安装前作好下述检查。

1）检查基坑控制桩、杆塔中心桩及方向桩。

2）基坑深度及根开尺寸，坑底面平整情况，基坑操平前应预先测量一下各预制件厚度及立柱高度，组合后的两坑基础构件高度应基本一致，如稍有差值，在坑底操平时有意识调节坑深，以保证立柱顶面成同一标高。

3）按施工图检查预制件及连接件的规格、数量、表面质量。

（2）预制件的吊装。

1）预制基础预制件运达现场桩位时，应按各坑位置分别堆放，离坑口不宜太远（一般控制在 3m 以内，以利抱杆吊装），同时应核对件号与规格是否与设计要求符合。

2）装配式预制基础的构件，必须用构架（人字抱杆、摇臂抱杆）滑车组将预制构件吊装入坑，严禁抛掷和杠棒将构件滑入坑内。

3）先吊装底部结构，安装无误后，在底部结构四周对称地回填土并夯实，将其固定，然后吊装上部结构（立柱），按设计要求的方法将预制件之间的连接铁件连接可靠。

（3）安装要求。

1）底部结构安装后，以控制桩校正，并在其四周填土夯实。

2）进行上部结构组合安装，以控制桩校正立柱中心，检查根开尺寸。

3）预制件之间连接铁件，必须按照设计图要求方式进行连接件的防锈处理。

4）进行立柱顶面整基操平，如需用细骨料混凝土抹面垫平，其强度应不低于立柱混凝土强度，厚度不小于 20mm，并按规定养护。

5）钢筋混凝土预制件组装时不得敲打和强行组装。

6）整基基础安装完毕，对包括防腐处理及立柱顶抹平处理，进行全面检查，符合要求后，填写施工记录，申请隐蔽工程验收检查。

4. 基础防腐

装配式预制基础的底座与立柱连接的螺栓、铁件及找平用的垫铁，必须采取有效的防锈措施，常用方法有以下几种。

（1）热镀锌。埋置于土壤中的构件和连接铁件，均应在工厂经热镀锌，热镀锌是一种比较好的防腐方法。

（2）浇制混凝土保护层。基础构件的连接铁件，可以浇灌混凝土或水泥砂浆，制成保护层，又称保护帽。浇筑水泥砂浆或混凝土时应与现场浇筑基础同样养护，回填土前应将接缝处以热沥青或其他有效的防水涂料涂刷。

（3）涂刷沥青。沥青在常温下是固体，加温即溶成液体，有较好塑性。能抵抗酸、碱、盐的侵蚀。在工程上，常用沥青液体涂刷铁件表面或缠以麻丝等物，再在麻丝上涂刷沥青。

（4）环氧沥青漆。环氧树脂未固化前是液体，加入固化剂后即固化为固体。固化后的环氧树脂具有良好的物理机械性能、电绝缘性能、耐化学腐蚀性能，并对金属和非金属材料有优异的粘结力。环氧沥青漆多用于具有碱性或酸性土壤及地下水位较高的基础防腐上。使用方法是在基础铁件上先涂刷锌黄底漆一遍，再刷 2～3 遍环氧沥青漆，必须注意清底干净，涂刷严密。

（三）回填土施工

回填是项重要的工作，它直接影响杆塔基础上拔力或倾复力的大小，特别是装配式基础。应该引起施工单位的重视。

基坑的回填夯实，按其重要性不同，可将不同型式的基础分为三类：铁塔预制基础、拉线预制基础、铁塔金属基础及不带拉线的混凝土电杆基础属第一类；现场浇筑铁塔基础、现场浇筑拉线基础属第二类；重力式基础及带拉线的杆塔本体基础属第三类。

（1）第一类基础的基坑回填夯实，必须满足下列要求。

1）对适于夯实的土质，每回填 300mm 厚度夯实一次，夯实程度应达到原状土密实度的 80%及以上。

2）对不宜夯实的水饱和粘性土，回填时可不夯，但应分层填实，其回填土的密实度亦应达到原状土的 80%及以上。

3）对其他不宜夯实的大孔性土、砂、淤泥、冻土等，在工期允许的情况下可采取二次回填，但架线时其回填密实程度应符合上述规定。工期短又无法夯实达到规定的，应采取加设临时拉线或其他能使杆塔稳定的措施。

（2）第二类基础的基坑回填方法应符合第一类的要求，但回填土的密实度应达到原状土密实度的 70%及以上。

（3）第三类基础的基坑回填可不夯实，但应分层填实。

坑内有水时，回填时应先排出坑内积水。石坑回填应以石子与土按 3:1 掺合后回填夯实。

杆塔及拉线基坑的回填，凡夯实达不到原状土密实度时，都必须在坑面上筑防沉层。防沉层的上部不得小于坑口，其高度视夯实程度确定，并宜为 300～500mm，经过沉降后应及时补填夯实，在工程移交时坑口回填土不应低于地面。

接地沟的回填宜选取未掺有石块及其他杂物的好土，并应夯实。在回填后的沟面应筑有防沉层，其高度宜为 100～300mm。工程移交时回填处不得低于地面。

五、注意事项

1. 现浇基础安全注意事项

（1）模板应用绳索和木杠滑入坑内。

（2）模板的支承应使用钢支撑架或方木，采用吊梁应有足够的强度，搁置应稳固。

（3）模板支撑应牢围，并应对称布置；高出坑口的加高立柱模板应有防止倾覆的措施。

（4）拆除模板应自上而下进行；拆下的模板应集中堆放；木模板外露的铁钉应及时拔掉或打弯。

（5）人工搅拌混凝土的平台应搭设稳固、可靠。

（6）人工浇筑混凝土遵守下列规定。

1）浇筑混凝土或投放大石时，必须听从坑内捣固人员的指挥。

2）坑口边缘 0.8m 以内不得堆放材料和工具。

3）捣固人员不得在模板或撑木上走动。

（7）机电设备使用前应进行全面检查，确认机电装置完整、绝缘良好、接地可靠。

（8）搅拌机应设置在平整坚实的地基上，装设好后应由前、后支架承力，不得以轮胎代替支架，机械传动处应设防护罩。

（9）搅拌机在运转时，严禁将工具伸入滚筒内扒料。加料斗升起时，料斗下方不得有人。

（10）用手推车运送混凝土时，倒料平台口应设挡车措施；倒料时严禁撒把。

（11）基础养护人员不得在模板支撑上或在易塌落的坑边走动。

（12）使用过氯乙烯塑料薄膜养护基础时，应有防火、防毒措施。

（13）采用暖棚养护，应采取防止废气窒息、中毒措施。

2. 装配式基础安全注意事项

（1）人力安装三盘的规定。

1）人力往坑内下落三盘时，应用滑杠和绳索溜放，不得直接将其翻入坑内。

2）人力往坑内溜放底拉盘时，坑内不得有人。坑内调整底拉盘方位时，应使用铁钎或撬杠。往坑内传递安装部件时应直接传递，严禁抛扔。

3）溜放三盘时的操作人员（拉绳人及撬杠人）都必须站在三盘后侧用力，不得站在三盘前侧或坑边危险处。

（2）吊装法安装三盘的规定。

1）吊装用的工器具使用前应经检查合格。

2）抱杆根应视土质情况与坑口保持不少于 0.5m 的距离。抱杆根应挖小坑（深度约 0.2m）并埋土固定，防止受力后滑移。

3）三盘吊起时应设控制绳，预防三盘离地碰撞抱杆，三盘吊至坑口时，坑内不得有人；作业人员不得站在吊起的三盘上下坑操作。

4）在坑内进行三盘找正时，作业人员应站在三盘侧面。

（3）预制基础。

1）用人力在坑内安装预制构件，应用滑杠和绳索溜放，不得直接将其翻入坑内。

2）吊装预制构件应遵守：① 工器具和预埋吊环在使用前应进行检查。② 抱杆根部应视土质情况与坑口保持适当距离，并采取防止抱杆倾倒及坑口塌落的措施。③ 吊件应设控制绳，吊件临近坑口时，坑内不得有人。④ 作业人员不得随吊件上下。⑤ 坑内预制构件吊起找正时，作业人员应站在吊件侧面。

【思考与练习】

1. 名词解释：混凝土的和易性、坍落度、耐久性、配合比、水灰比。

2. 混凝土的强度与哪些因数有关？关系如何？线路杆塔基础对组成混凝土的各成分有什么要求？对钢筋有什么要求？

3. 钢筋的绑扎应符合哪些规定？钢模板在组装时，应符合哪些质量标准？

4. 一般基坑土方的挖掘有哪几种方法？对于渗水速度不同的水坑应如何开挖？流砂坑如何开挖？淤泥坑如何开挖？

5. 现场浇制钢筋混凝土基础前应做哪些准备？混凝土在浇灌与捣固过程中应遵守哪些规定？基础养护到什么时候可以拆模？拆模时应注意哪些事项？

6. 铁塔混凝土预制装配式基础如何安装？

◢ 模块 3　灌注桩基础施工（Z04F1003 Ⅰ）

【模块描述】本模块包含灌注桩基础施工一般规定、施工准备、施工等。通过内容介绍、流程图示例、要点归纳，能够掌握灌注桩基础施工。

【正文】

一、作业内容

（1）桩的作用和分类。桩的作用是将上部建筑结构的荷载传递到深处承载力较大的土层上，并使软土层挤实，以提高土壤的承载力和密实度，保证建筑物的稳定和减少沉降量。

桩的种类很多，按桩在土壤中工作的性质分端承桩和摩擦桩。端承桩是穿过软土层并达到岩石或坚硬土层上的桩；摩擦桩是完全设置在软质土层中的桩，它除桩尖处有一定的反力外，主要靠桩身表面与土之间的摩擦阻力来支持建筑物荷载。按桩的制作方式分为预制桩和灌注桩。灌注桩根据成孔方法不同分为旋转钻机钻孔灌注桩、冲击振动钻孔灌注桩和爆扩桩。

（2）冲击钻孔灌注桩施工流程如图 4–3–1 所示。

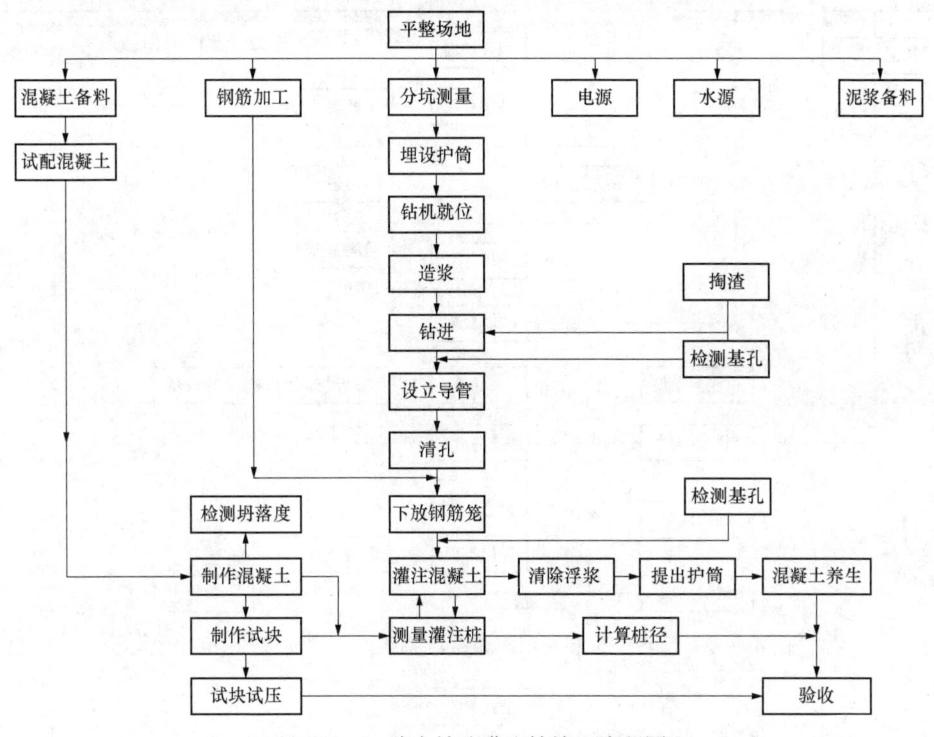

图 4–3–1　冲击钻孔灌注桩施工流程图

（3）旋转钻机和利用泥浆循环系统成孔灌注桩的施工流程如图 4–3–2 所示。

（4）桩基地上部分施工。桩基地上部分施工流程如图 4–3–3 所示。

二、作业前准备

1. 现场准备

（1）清除地上、地下障碍物，修通进场公路，设置供电、供水系统，并平整施工场地。

（2）按设计图纸分坑测量，并在不受影响的地点设置桩基轴线和高程的控制桩，做好记录。

（3）根据钢筋的设计长度设置钢筋笼加工棚和水泥储放棚，并设置备用电源、砂石堆放场地及出渣场地。

（4）泥浆护壁冲击钻机成孔灌注柱，应设置 2 倍单柱方量的黏土存储场地。

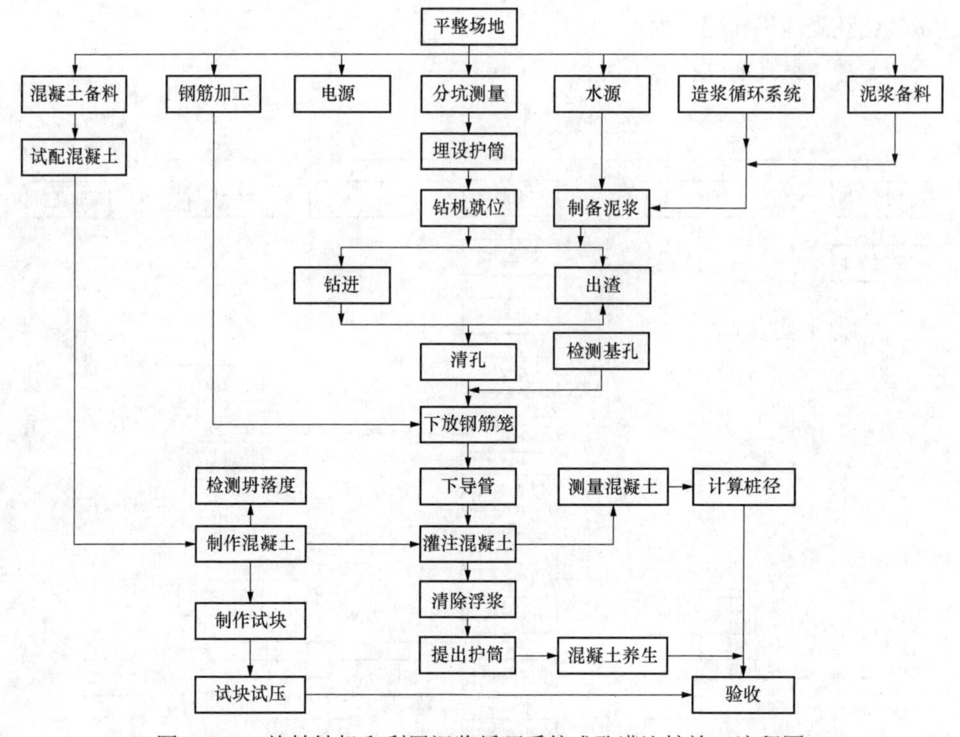

图 4–3–2 旋转钻机和利用泥浆循环系统成孔灌注桩施工流程图

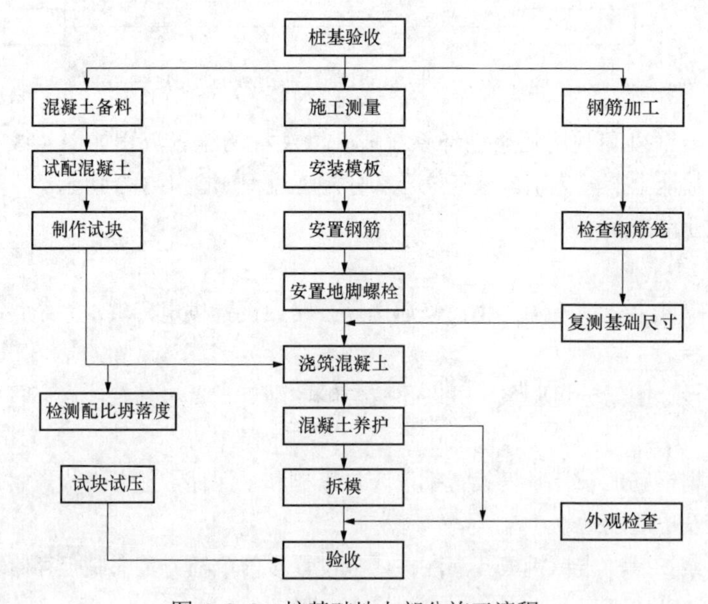

图 4–3–3 桩基础地上部分施工流程

（5）泥浆护壁旋转钻机成孔灌注桩，应设置一个 3 倍单桩方量的泥浆池和一个 2 倍方量的泥浆沉淀池。

2. 工具、材料的准备

（1）灌注桩基础施工所需要的工具主要有：反循环旋转钻机、泥浆比重计、黏度计、含砂仪、搅拌机、卷扬机、电焊机、钢筋加工机、护筒、导管、漏斗、储料斗、斗车、发电机、测锤、台秤、水准仪、水平尺、塔尺、花杆、经纬仪、枕木、钢模板、振动棒、泥浆泵、捣固钎、混凝土球塞、大剪等。

（2）灌注桩基础施工所需要的材料同开挖式基础施工中所用到的材料。见图 4–3–2。

3. 技术准备

（1）熟悉施工图纸，掌握质量验收标准，对全体施工人员应进行技术交底和安全教育。

（2）查勘和复测桩位，了解地形、地质情况，对桩位附近的障碍物（如电力线、电缆、电话线等）应进行调查并作妥善处理。

（3）复核中心桩，平基放样分坑，布置好控制桩。

（4）桩队应确定施工人员、质安员及桩机负责人，制定安全措施及桩机操作规程。

4. 黏土与制浆

（1）野外鉴定黏土制浆特征。野外鉴定具有下列特征的黏土均可制造泥浆。

1）风干后用手不易扒开捏碎。

2）破碎时，断面有坚硬的尖锐棱角。

3）切开时，表面光滑、颜色较深。

4）湿后有黏滑感，加水和成膏后，易搓成直径 1mm 的细长泥条，用手指揉捻，感觉砂粒不多。

（2）制浆性能和指标。制浆的性能和技术指标一般由泥浆比重、黏度、含砂量和胶体率等四项指标来确定。

密度指泥浆与 4℃时同体积水的质量比。泥浆用泥浆目睹计测。

黏度指液体间相对移动所发生的内摩擦力。黏度用 1006 型野外黏度计测定，即以 $500cm^3$ 泥浆通过 5mm 漏斗孔所需时间（s）表示。

含砂量泥浆内所含砂和黏土颗粒的体积百分比，含砂量可用含砂仪测定。

胶体率是泥浆一昼夜的沉淀率。用量杯盛满 $100cm^3$ 泥浆液，盖好玻璃片，静置 24h 后，从 $100cm^3$ 中减去量杯上部澄清体体积数，称为胶体率。

（3）调制钻孔泥浆。调制钻孔泥浆时，根据钻孔方法和地质情况采用不同性能指标，一般可参照表 4–3–1 选用。

表 4–3–1 钻孔用泥浆性能指标

地质情况	密度	黏度（s）	含砂量（%）	胶体率（%）
一般地层	1.1～1.3	16～22	＜8～4	＞95
松散易坍地层	1.4～1.6	19～28	＜8～4	＞95

注 1. 正循环旋转钻、冲击钻用上限值，反循环旋转钻用下限值。
2. 土层砂性大用上限值，黏性大用下限值。
3. 地质较好、孔径较小、桩深浅者，用上限值；反之用下限值。

5. 按桩位挖坑并埋设护筒

挖坑时，基坑直径应大于护筒直径 100～150mm，护筒一般用 4～8mm 钢板制作，护筒埋设应符合下列规定。

（1）护筒直径应大于钻头直径。用旋转钻机时，护筒直径宜大于钻头直径 100mm；用冲击钻机时，护筒直径宜大于钻头直径 200mm。护筒内径应大于设计桩径 50mm，以便核正桩中心。

（2）护筒中心与桩位中心偏差不得大于 50mm。单桩基础护筒偏差应满足验收规范中整基基础尺寸允许偏差的规定。

（3）护筒周围应用黏土填实，以防地表水浸入孔内和孔内泥浆流水。

（4）护筒长度应不少于 2m，若在较厚的松散层上开孔时，护筒长度应适当增大到 2.5m。护筒顶面宜高出地面 150～200mm。

（5）护筒埋设深度在黏土中不宜小于 1m，在砂土中不宜小于 1.5m，并保持孔内泥浆面高出地下水位 1m 以上，受江河水位影响的桩基工程，应严格控制护筒内外的水位差。

6. 挖设泥浆池、沉淀池和泥浆循环槽

（1）泥浆池的容积应不小于单根桩体积的 3 倍，为了有利于泥浆在池中充分沉淀，应将泥浆池分做成制浆池、沉淀池、储浆池三级设置，沉淀池大小为单根桩体积的 2 倍。

（2）进浆：采用泥浆泵，将储浆池中的熟泥送入孔内。

（3）出浆：通过泥浆槽返回沉淀池，泥浆槽长度宜大于 15m，槽底坡度在 1%左右。

（4）泥浆循环净化系统布置如图 4–3–4 所示。

（5）制备的泥浆要有一定的备用量。

（6）开钻前，施工现场应备有足够的钢筋、水泥、砂石。现场材料的堆放应使水泥不受潮；砂、石不受污，钢筋笼不变形。

（7）钻机易损零件应有足够的备件，泥浆泵应有两台，一台工作，一台备用。

（8）稳机前要检查复核桩位中心。天轮、立轴、桩位中心应在同一垂直线上（前后、左右两个方向检查）。桩机安装平稳、牢固，试机运转正常后检查各项工作，就绪后才能开始。

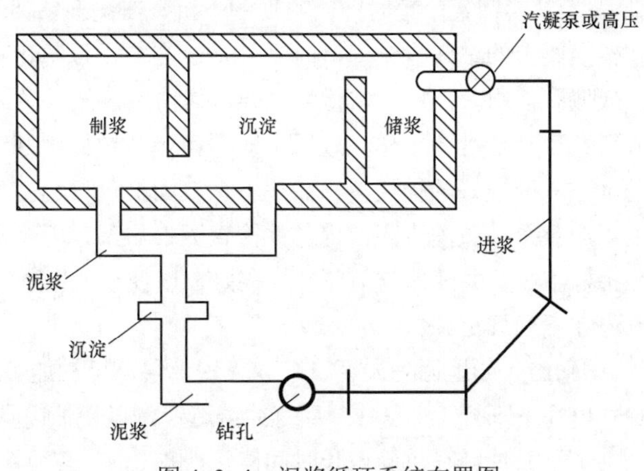

图 4–3–4　泥浆循环系统布置图

三、危险点分析与控制措施

桩基础施工中存在的危险点主要有工具使用不当、机具使用不当引起倒架、设备损坏、砸伤工作人员、工作人员触电等。

控制措施如下。

（1）应设专人指挥，作业人员听从统一指挥。

（2）作业前全面检查机电设备，确保电气绝缘和制动装置良好，传动部分有防护罩。

（3）钻机和打桩机运转时不得进行检修。

（4）打桩时，起吊速度应均匀，被吊桩下方严禁有人；吊装前应将装锤提起，并固定牢靠；发现异常应停止锤击，检查处理后方可继续作业；停止作业或转移桩架时，应将桩锤放到最低位置。

（5）电钻应使用封闭式防水电机，电缆不得破损、漏电。

（6）接钻杆时，应先停止电钻转动，后提升钻杆。

（7）严禁作业人员进入没有护筒或其他防护设施的钻孔中工作；坑边应有防护措施，夜间应有照明，防止人员掉入坑内。

（8）吊放、焊接网笼时，应防止伤人。

四、操作步骤和质量标准

（一）冲击钻成孔施工

（1）首先将钻架平稳地立于桩位。立钻架时钻机的安装应符合下列要求。

1）钻机中心与桩基中心偏差不得大于 50mm，钻杆中心偏差应控制在 20mm 以内。

2）钻机底座下方用道木垫实，钻杆用扶正器固定，扶正器用地锚固定，确保钻机找正后不发生移动。

3）安装钻机时，为补偿钻架吊锤时前部出现的下沉，在垫塞钻架时，要让钻架前部高于后部，使钻架横梁上的钻绳滑轮槽口向后 10cm 左右，以防止移锤出渣时钻架前移，而造成斜孔或偏孔，同时，要经常检查钻架工作情况，及时做好调整。

（2）冲击钻成孔。当一切准备工作完成后，即用第一节钻杆接好钻头，另一端接上钢丝绳，吊起潜水钻对准埋好的护筒，徐徐放下至地面桩位标记处，即可先空转，然后缓慢钻入土中，至整个钻头基本入土内，并检查无误后，才能正常钻进。每钻进一节钻杆前，应准备好下一节并随即与前节钻杆接好，以便迅速钻进。

冲击钻成孔应遵守下列规定。

1）开孔时应低锤勤击。如地面为淤泥、细砂等软土层，可在加 0.5mm 左右厚的小块片石和黏土后，再往下干打 1m 左右，反复冲击造壁，以使护筒脚密实。

2）在钻孔过程中，严禁冲锤在桩孔内长时间停留，停工时，必须将冲锤提出孔口。

3）一般黏土和亚黏土，开钻时无需加土，即可放水湿打，使其成浆。并在进钻的同时向桩孔内补充进水，使桩孔内不断溢出泥砂水，以防止吸锤和减少出渣次数。但应注意进水、出水不能太大，使桩孔内泥浆密度在 1.3～1.5 为宜。

4）开始钻基岩时应低锤勤击，以免偏斜。如发现钻孔偏斜，应立即回填厚为 30～50cm 片石，之后重新钻进。

5）遇孤石时可以抛填近似硬度的片石或卵石，用高冲程冲击或高低冲程交替冲击，将大孤石击碎挤入孔壁。

6）在各种不同土层中施钻时，可按表 4–3–2 冲击钻成孔施工要点进行施工。

表 4–3–2　　冲击钻成孔施工要点

适用土层	施工要点	效果
在护筒中及护筒脚下 3m	小冲程高 1m 左右，泥浆密度 1.4～1.5；土层不好时加入小片石和黏土块	造成坚实孔壁
黏土层	中、小冲程高 1～2m；加精水；经常清除钻头上的泥块	防黏钻、吸钻，提高钻进效率
粉砂或中粗砂层	中、小冲程高 1～2m；泥浆密度 1.3～1.5；抛黏土块、勤冲、勤掏碴	反复冲击造成坚实孔壁，防止坍落
卵石层	中、高冲程 2～3m；泥浆密度 1.3～1.5；掏碴	加大冲击能量，提高钻进效率
基岩	高冲和 3～4m；泥浆密度 1.3～1.5；勤掏碴	加大冲击能量，提高钻进效率
坍塌回填重钻	小冲程 1mm 左右，反复冲击；加黏土块及片石；泥浆密度 1.3～1.5	造成坚实孔壁

7）必须准确控制松绳长度，既要勤松、少松；又要免打空锤，并经常检查钢丝绳磨损情况、卡扣松紧程度、转向装置等是否灵活，以免掉钻。

8）一般每进尺1m应出碴一次，出碴时应出净。出碴以后，应立即加入黏土，且应一次加足。加黏土时，应是先浸湿的，最好是将黏土合成泥团投入。

（3）冲击钻施工中常见的故障及处理。

1）偏锤和斜孔。因糊钻造成偏锤或斜孔时，将钻锤提出水面，清除黏结的泥土；因遇孤石或墙石、有倾斜地层或软硬交界地层造成偏锤或斜孔时，可向偏锤侧投入片石块，再行施钻。

2）卡锤。因不规则孔形未处理、坍孔落石、掉工具，钻锤尺寸突变、落锤太猛等，都可造成卡锤。出现卡锤时绝对不能用快速猛提锤方法处理，而应以慢速反复试提，使锤松动，用钻锤拉动。而后将钻锤提出水面向孔内投入片石块，用低锤勤击通过卡锤段。

3）吸锤。吸锤多发生在强风化岩层和白胶泥层中时的高锤猛击。其处理方法同卡锤一样，不同之处是每次投入的片石较多，且在该地质层每出碴一次，需投石块一次。

4）掉锤。发生掉锤时应尽快组织力量捞锤。其方法是：对称下打捞钩。严禁为了打捞方便，采用空压机清孔或排水清孔的办法，否则会造成埋锤事故。

5）坍孔。坍孔的现象有钻空内水位突然下降、孔口冒出细密水泡、出碴量显著增加、进尺不大或根本不进尺，甚至负进尺、钻机负荷显著增大等，这些现象均表明孔壁已有坍塌，发现坍孔后应先分析判断坍孔位置，用片石、粘石混合回填到坍塌段0.5m以上，待水位稳定，沉淀密实，再继续钻孔。如坍塌严重，应将钻孔全部回填重钻。

（二）旋转钻机成孔施工

（1）钻头选择。一般黏土、亚黏土、淤泥和砂土层可用双裙笼式合金钻头，配合泵吸反循环钻进排碴；进入基岩时，可换用牙轮合金钻头，配合泵吸反循环钻进排碴。

（2）安装旋转钻机。旋转钻机的安装要求同冲击钻机的安装要求。

（3）钻进。钻进时应注意下列事项。

1）为使钻进成孔正直，扩孔率小，应使钻头旋转平稳，力求钻杆垂直无偏晃地钻进，即钻杆尽量在受拉状况下工作。

2）控制钻进速度。在硬黏土层钻进时，可用一挡转速，并放松起吊钢丝绳，自由进尺；在普通黏土和砂黏土层钻进时，可用二、三挡转速，自由进尺；在砂土或含少量卵石层钻进时，宜用一、二挡转速，并控制进尺，以免陷没钻头或吸钻渣速度跟不上；在遇地下水丰富和易坍孔的粉砂土层钻进时，宜用抵挡慢速钻进，减少钻头对粉砂土的搅动；在加大泥浆密度和提高水头情况下，进尺可稍快，以期较快通过粉层；在淤泥层钻进时，转速为二、三挡，但应控制进尺，以免抽吸钻渣速度跟不上而出现糊钻。在开孔和钻进至岩土分层时，要特别注意合理选择成孔工艺参数。

3）当一节钻杆钻完时，应先停止转盘转动，然后吊起钻头至距底20～30cm，并继续使用反循环系统将孔底沉碴排净，再接钻杆继续钻进。每钻进2m或地层变化处，应捞碴查明土质，以确定桩长。

4）启动真空泵后，如发现循环不正常，泵身抖动，泥水减少，甚至中断。其原因多为管路漏气或钻头钻杆堵塞，应及时检查钻杆法兰盘螺栓有无松动，泥浆泵石棉垫处有无漏气，水龙头填料压盖有无松动。

5）在施工过程中，若发现工作平台下沉或倾斜应及时调整。

6）如遇憋钻时，可停止进尺或以逆时针方向转动。当情况严重时，应停钻提升钻具，分析原因。

7）应加强泥浆管理，勤清理循环系统，保持泥浆有好的技术性能，以保证成孔质量和施工进度。

8）泥浆循环系统的总电源线要求架空，电动机和电气箱需接地良好。

（4）旋转钻机施工常见故障及其处理如下。

1）钻孔偏斜。查明孔偏斜位置和程度。在偏斜处将钻头上下反复扫孔，使钻孔正直。偏斜严重时，回填砂砾土或黏土混合到偏斜处以上，待沉密实后重钻。

2）糊钻（吸钻）。在软塑黏土层中旋转钻进时，因进尺快、钻碴大、出浆口堵塞等易造成糊钻。一般应控制进尺，以防糊钻。如发生糊钻严重，应将钻头提出孔口，清除钻头黏糊物等。

3）缩孔。塑性土层遇水膨胀会造成缩孔卡钻时，采用上下反复扫孔处理。因严重磨损的钻头使得钻孔小于设计桩径时，应焊补钻头后再行扫孔。

4）钻杆折断或掉钻。钻杆折断后，应防止留置时间过长、发生埋钻或埋杆的事故，发生掉杆时应尽快将其打捞上来。

（三）清孔

（1）冲击钻成孔多采用空气机清孔。清孔时一般先下放钢筋笼，再放浇制导管，浇制导管最下节带有高压进气嘴，并与空压机相连，利用空气压力将孔底渣石抽到孔口外。如桩基地质良好，又不用钻架吊装钢筋笼时，可先放浇制导管清孔，后吊装钢筋笼。

（2）空压机清孔应按下列规定进行。

1）清孔开始时，先送水，后送气，严格保证孔内水位。供水时，不要让水直接冲孔壁。

2）导管未送气时，不可将导管插入孔底，应离孔底泥浆2.0m左右，以防泥浆沉淀而堵塞气管。

3）清孔过程中，应视出渣浓度慢慢下放导管。当导管下放至孔底 0.5m 时，要将导管前后左右移动，但移动时要避免碰孔壁。

4）当孔内排出的泥浆用手触及无粗粒感觉，密度在 1.3 以下，含砂量不大于 4% 时，清孔即达到要求。

5）停止清孔时，应将导管提升 1m 左右，再按先停气、后停水的规定停机。

（3）旋转钻孔清孔。在一般地质条件下，优先采用反循环系统清孔。在粉砂层和软流塑的淤泥地质条件下采用正循环系统清孔。采用正循环系统清孔，一般清孔时间需 2h 以上；如用反循环系统清孔，由于真空泵抽吸力较大，一般 20min 左右即可。当孔内泥浆密度≤1.5kg/m^3，孔底沉渣厚度≤5cm 时为合格。

（4）终孔后需将钻头稍稍提起使其空转，并启动泥浆循环系统将孔内沉渣排出。

（5）清孔取样应选在距孔底 20～50cm 处，其密度不是必备指标，对软地质其值可以偏高；清孔的保证指标是沉渣厚度应满足桩基础施工质量及检测的要求。

（6）清孔达到标准后，应尽快转移钻机进行后道工序。

（四）钢筋骨架的制作与安装

（1）钢筋骨架的制作。钢筋骨架可以集中加工制作。大型钢筋骨架宜就地制作，以免装卸、运输中变形。主筋应尽可能用整根的。必须连接时宜用搭接焊接，并注意接头方向，以免钩挂导管。搭接焊接见图 4–3–5（a）。

钢箍圆度要求准确，接头宜用电焊；钢筋与主筋的连接应用点焊，每隔一定的距离（2m 左右）设置一根直径 10mm 的圆箍，以增强钢筋骨架的刚性。为确保主筋的位置正确，组装钢筋骨架可用木样板。木样板有两块半圆形木板拼成，上面开有与主筋数量相等的凹槽。木板样见图 4–3–5（b）。

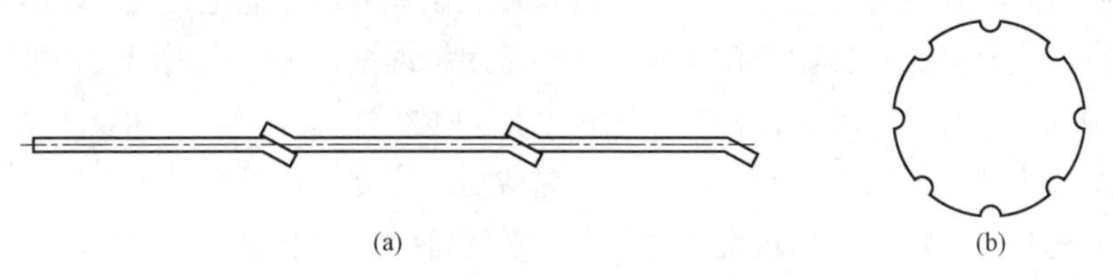

图 4–3–5　主筋的连接及组装示意图

（a）搭接焊接；（b）木样板

（2）主筋接头处理。按设计要求，采用平面搭接焊。在搭接时，采用双面焊，其焊长不小于 5*d*（*d* 为钢筋直径），同时在同一截面内接头不超过 50%。吊装时，利用钻机和 2–2 滑车组起吊钢筋笼，如果钢筋笼刚度不够，可临时用 8 号线绑扎补强钢筋，待起吊吊件垂直后，就可去掉补强钢筋。在坑口处两钢筋笼对接时。应采用单面立焊，其焊长≥10*d*，同时往同一截向内接头不超过 50%。

（3）镦粗直螺纹连接技术。近年来，随着桩基础的普遍应用，镦粗直螺纹连接技术对较粗的钢筋，如ϕ18 及以上的钢筋在质量、工效方面具有优势，在满足 JGJ 107《钢筋机械连接技术规程》要求的前提下，钢筋越粗优势越明显。根据基础使用的主筋规格选用合适的镦粗机及其配套的套丝机。每批钢筋进场后，对钢筋进行镦粗试验，并用镦粗合格量来确定最佳的镦粗压力及缩短量的最终值。线路工程镦粗方式采用方式主要为冷镦粗，冷镦是通过机械模具的挤压而使钢筋端头变粗，镦粗过渡段坡度不大于 1:5。当加工后镦粗头不合格时，应切掉镦粗头再重新进行镦粗（切除部分应包括钢筋夹持段和镦粗段）。镦粗后允许镦粗段有纵向裂纹，但不允许有横向裂纹。停车前模具应处于开户状态，停车程序应先卸工作的压力，再停控制电源，最后切断总电源。

加工钢筋丝头时，应采用水溶性切消液，不得在不加切削液的情况下套丝。首先根据钢筋直径选择走刀次数，钢筋直径 12～32mm 一次走刀，钢筋直径 32mm 以上二次走刀，同时根据钢筋规格确定螺纹的大小，并对旋刀进行调试，先大后小，适中调试确定无误后，紧固微调定位螺钉，防止松动，同时合刀定位装置一定要到位。当套丝完毕，需回倒车时首先要开启刀壳，使刀具胀开，然后才能倒退反转，回腿结束后，再闭合刀具。松开轧头取出钢筋，每个钢筋端头直螺纹应用环规检查，并用护套保护。旋切刀具一副为四片，按顺序 1、2、3、4 排列，装刀不能装反与混乱。旋切刀装入刀架后，4 片刀具的高度要保持一致。并使刀具架内做 1/4 的等距排列，对中相等，同时刀架箱与刀架及刀具的接触面保持清洁，不能有杂物或铁屑。完整螺纹部分牙形饱满，牙顶宽度超过 0.25*P* 的秃牙部分。由于在输电线路灌注桩基础施工中，考虑到钢筋笼分节段制作时存在着加工误差，加之主筋焊连成整体后，不能进行转动，因此采用扩口加长型连接套筒来连接主筋，则丝头一端采用标准型，另一端采用加长型。丝头加工质量控制主要有三个要素：*a* 螺纹中径尺寸、*b* 螺纹加工长度、*c* 螺纹牙型。其检验量具和检验方法根据规程进行，丝头加工完成后，应立即加以保护，在加长型丝头端旋入连接套筒，并用塑料布包裹防锈，在标准型丝头端旋上塑料保护帽。

镦粗时，套筒使用优质碳素结构钢，如采用 45 号钢，其性能符合优 GB/T 699《质碳素结构钢》，其强度大于所连接的主筋强度，其外观质量检测无裂缝或其他缺陷，并应进行防锈处理。外形尺寸符合 JG 171《镦粗直螺纹钢筋接头》，其内螺纹应均匀，能保证螺纹塞规的顺利旋入。镦粗直螺纹主筋的连接及组装示意图如图 4–3–6 所示。

在坑口焊接钢筋笼时，制筋笼须用钢管或方木架住，以便焊接，在吊装过程中，钢筋笼应保持垂直，徐徐下落，不能碰撞孔臂。灌注混凝土前，钢筋笼应用吊环临时固定，固定时应找正位置。

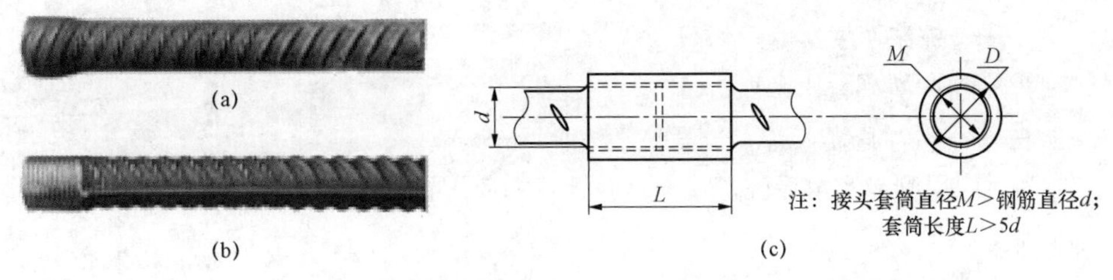

图 4–3–6　镦粗直螺纹主筋的连接及组装示意图

（a）头部镦粗；（b）头部绞丝；（c）连接示意图

（五）水下灌注混凝土

1. 施工配合比设计

（1）施工混凝土配合比按《普通混凝土配合比规程》并经实验确定。

（2）按施工配合比计算施工用料时，还应乘 1.2 的充容系数。现场应用时，如遇雨天，还应根据砂、石含水率进行砂、石、水的调整。

（3）坍落度为 16～20cm，碎石粒径不得大于 3cm。

（4）为了改善混凝土的流动性，减少或消除混凝土的离析，延长混凝土的初凝时间，防止堵塞导管等现象，在有条件时可在混凝土中加入缓凝型减水剂（木质素磺酸钙），也称木钙粉，其掺量≤0.25%，减水率 15%。这样可在水灰比不变的情况下节约水泥用量。

2. 压水冲灌

压水冲灌混凝土是水下灌混凝土的关键。一般采用隔水球法进行冲灌。隔水球参照图 4–3–7 制作。压水过程中混凝土浇灌不得中断，直到导管下端埋入混凝土 1.0m 以上。压水冲灌成功的标志是导管内没有泥浆水。

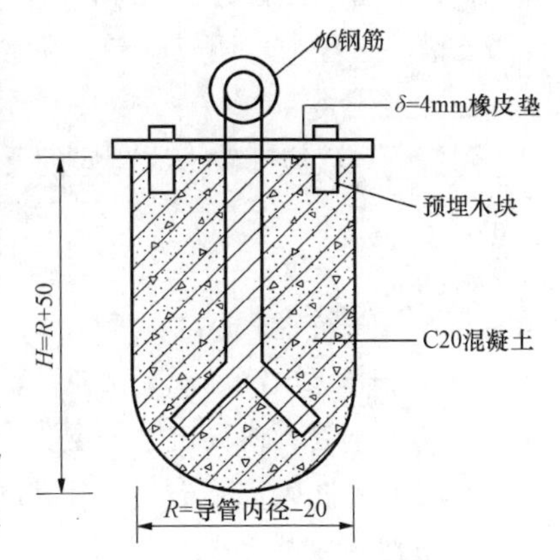

图 4–3–7　隔水球制作

压水冲灌所需最小混凝土量 Q 计算公式为

$$Q=\frac{\pi}{4}D^2h\varphi+\frac{\pi}{4}d^2\frac{\gamma_1}{\gamma_2}H \quad (4\text{–}3\text{–}1)$$

式中　D ——桩径，m；

h ——压水冲灌所必需的灌注深度，即埋管深度加导管端余量，m；

φ ——充容系数，一般取 1.2；

d ——导管内径，m；

γ_1 ——泥浆密度；

γ_2 ——冲灌混凝土密度；

H ——孔内泥浆水深，一般取孔深值，m。

冲灌后应用测绳实测灌注深度 h，并计算相应埋管深度。分别为

$$h = H - H_0$$

$$h_1 = H_1 - H_0$$

式中 h ——实测灌注深度，m；

H ——压水冲灌前测量孔深，m；

H_0 ——压水冲灌后的测量孔深，m；

H_1 ——导管在孔中总长度，m；

h_1 ——埋管深度，m。

3. 灌注

压水冲灌成功后继续将混凝土从导管向孔内浇灌，随着混凝土的上升，应适当提升和拆卸导管。提管时，应保证导管始终埋入混凝土 1.0～1.5m，最多不超过 6m。在混凝土灌注过程中，还应设专人经常测量导管的埋深。

4. 桩径计算

每拆管一次应计算一次相应的桩径，其计算公式为

$$D = \sqrt{\frac{4(Q - Q_1)}{\pi h}} \tag{4-3-2}$$

式中 D ——桩径，m；

Q ——该段浇灌混凝土量，m；

Q_1 ——导管内高出管外混凝土量，m；

h ——孔内混凝土的上升高度，m。

5. 混凝土浇筑高度

为保证桩顶的浇制质量，混凝土的浇注高度一般要超过设计标高 1.2m。当采用空压机清孔时，混凝土的浇注高度可以减少至超过设计标高 0.6m 左右。一般在钢护筒还未拔出前，先用人工将混浆层挖出。如条件不许可，就应立即将钢护筒拔出，待开挖桩基上部基坑时，再将混浆层截除。

6. 水下灌注混凝土技术要求

（1）检查灌注工具应符合下列要求。

1）使用的隔水栓或隔水球应有良好的隔水性能，宜采用预制的混凝土球塞（混凝土标号 C25），并确保球塞在开灌时能顺利排出。

2）导管应采用直径为 200～250mm 的钢管制作，其直径偏差不应超过 2mm，内

壁表面应光滑并有足够的强度和刚度，壁厚度不小于3mm，导管的分节长度视工艺要求而定，底管长度不宜小于4m，导管接头应密封良好不能渗水和便于拆装，宜用法兰或双螺纹方扣快速接头。导管使用前应试拼装，试水压。试水压力为0.6～1.0MPa，导管提升时不得挂住钢筋笼，为此设置防护三角形加劲板或锥形法兰护罩。导管下部应焊设加强箍。

（2）灌注过程应遵照下列要求进行。

1）为使隔水栓能顺利排出，导管底部至孔底距离（沉渣面）宜为300～500mm；桩直径小于600mm时可适当加大导管底部至孔底距离。当球塞排出后，不得将导管插入到孔底。

2）应有足够的混凝土储备量，压水过程混凝土浇筑不得中断，使导管下端一次埋入混凝土面下1m以上，压水冲灌所需最小混凝土量应经计算确定。

（六）承台、横梁的浇制

（1）施工完毕的桩，需经中间验收合格后，才能进行承台和横梁施工。在施工时需按施工缝处理新旧混凝土接合面。当设计有要求时，按设计要求进行。当设计无要求时，应按GB 50204《混凝土结构工程施工质量验收规范》的规定执行。

（2）模板需有足够的强度、刚度和稳定性，不得产生变形；模板面应平整光滑、拼缝严密、不漏浆、支撑牢固。

（3）地脚螺栓要固定牢固，单腿尺寸误差和整基基础尺寸允许误差应满足GB 50233《110kV～500kV架空送电线路施工及验收规范》规定。

（4）承台、横梁的浇制应连续浇筑，不应留施工缝。

（5）当基础承台较大时，经设计单位同意，可填充大卵石或块石，但应遵守下列规定。

1）充填卵石或块石的强度不能低于混凝土粗骨料的强度。

2）充填数量不得超过混凝土体积的25%。

3）充填石料之间及石料与钢筋的距离不得小于100mm。

（6）大型承台、横梁的浇制，应采取措施以防止因混凝土水化热产生温差裂缝。

（7）浇制完后的养护、拆模及继续养护应按GB 50204的规定执行。

（8）混凝土试块制作，同一配合比每基不得少于一组；当单基混凝土量超过100m^{3}时，每个承台做一组；大型承台每班组做一组。所做试块的养护，需在相同条件下进行。

质量标准见模块Z04F1004Ⅱ。

五、注意事项

（1）桩式基础的施工场地应平整，附近障碍物应清除，作业有明显标志或围栏。

（2）作业前应全面检查机电设备，电气绝缘和制动装置必须良好，传动部分应有防护罩，电缆应有专人收放。

（3）钻机运转时不得进行检修。

（4）灌注桩施工遵守下列规定。

1）潜水钻机的电钻应使用封闭式防水电机，接入电机的电缆不得破损、漏电。

2）孔顶应埋设护筒，埋深应不小于1m。

3）不得超负荷进钻。

4）应由专人收放电缆线和进浆胶管。

5）接钻杆时，应先停止电钻转动，后提升钻杆。

6）严禁作业人员进入没有护筒或其他防护设施的钻孔中工作。

7）应按规定排放泥浆，保护好环境。

【思考与练习】

1. 灌注桩基础根据成孔方法的不同分为哪几种？桩基础施工流程包括哪两大部分？

2. 桩基础施工中存在哪些危险点？控制措施有哪些？

3. 冲击钻孔灌注桩，其施工流程如何？冲击钻成孔施工要注意哪些事项？

4. 桩基地上部分施工流程如何？桩基础施工现场准备要做哪些准备？

5. 泥浆护壁成孔灌注的护筒埋设应符合哪些规定？钢筋笼吊装应符合哪些规定？

6. 冲击钻成孔多采用怎样清孔？旋转钻孔清孔怎样清孔？空压机清孔应按哪些规定进行？

模块4　桩基础施工质量检测及施工记录（Z04F1004Ⅱ）

【模块描述】本模块包含桩基础施工质量检测、施工记录等。通过知识讲解，掌握桩基础施工质量要求及检测方法、施工记录的填写、评级及移交资料的准备。

【正文】

一、桩基础施工质量检测

（一）桩基础施工质量要求

1. 桩基础施工原材料的质量要求

（1）水泥应有出厂合格证明书及化验报告，不同厂家、不同品种、不同强度等级的水泥按采购的批次、批量进行取样检验，各项化学指标应符合国家相关标准的规定。包装应完整，注明生产日期，封口紧密，无受潮、结块、硬化现象。水泥每200t为验收批量。因保管不善受潮结块时，必须进行标号试验，并在使用时将受潮结块剔出。在选择和使用时必须遵守下列规定。

1）不得将不同种类和不同标号的水泥混合存放。

2）不同种类和不同标号的水泥，不准在同一基础腿内使用。

3）水泥标号通过查看包装标志及合格证应符合混凝土配合比设计要求。水泥存放时间通过查看出厂日期应在三个月以内。

（2）砂必须颗粒坚硬、洁净，砂中的含泥量应≤5%，砂不宜混有草根、树叶、树枝、塑料品、煤块、炉渣等杂物。砂中若含有云母、轻物质、有机物、硫化物及硫酸盐等有害物质，其含量（按质量计）应≤2.0%；轻物质含量（按质量计）≤1.0%；硫化物及硫酸盐含量（折算成 SO_3 按质量计）≤1.0%；有机物含量（用比色法试验）颜色不应深于标准色，如深于标准色，则应按水泥胶砂强度试验方法，进行强度对比试验，抗压强度比不应低于 0.95。选择货源后，应取样到有检验资格的单位检验合格后方可采用。

（3）石的强度、规格通过检查试验报告应符合 JGJ 52《普通混凝土用砂、石质量及检验方法标准（附条文说明）》规定。石的粒径：卵石不宜大于 50mm，碎石不宜大于 40mm，用于配筋桩的不宜大于 30mm，且不大于钢筋间最小净距的 3/4。骨料必须清洁，不允许有泥土，并用清水冲洗附着的外层。选择的石场货源应充足并取样到有检验资格的单位检验合格后方可采用，若改变货源，必须重新取样试验。

（4）混凝土浇制及养护用水应符合下列规定。

1）饮用水及清洁的河溪水可不用化验，只进行外观检查。水中不应含有油脂及影响水泥正常凝结与硬化的有害杂质或糖类。

2）污水和 pH 值少于 4 的酸性和含硫酸盐超过水重 1%的均不准使用。

3）选取的水源必要时应取样以专门试验室进行化验鉴定，合格后才能使用。

（5）用于工程的钢材，其钢种、规格应符合国家规定，且满足设计要求，表面不得有折叠、裂缝、刮痕、结疤、麻点、分层等缺陷。如无出厂证明时，应按设计要求的钢种进行下列试验。

1）机械强度试验：抗拉强度、屈服点、延伸率等。

2）化学分析：碳、硫、磷、锰、硅等的含量。

3）设计要求的其他试验。

2. 成孔质量及清孔要求

（1）为了保证成孔质量，防止扩大钻径，应使钻头旋转平稳，力求钻杆垂直无偏晃地钻进，即钻杆尽量在受拉状态下工作。在钻进过程中要随时掌握钻头所刮刻地层的性质、状态，选择不同的钻头采用正或反循环钻进成孔，并合理地控制好钻机转速、泵量、钻头压力及钻进速度。

1）不同地质的不同钻头：对黏土、粉土、强风化岩石采用刮刀钻头，对中粗砂砾采用焊齿钻头，对砾石、卵石、孤石采用滚刀钻头，对弱风化软质岩石采用牙轮钻头。

2）钻孔方法：对黏土、淤泥质土、强风化岩石等采用正循环钻进成孔，工效低；对中粗砂、砾石、卵石等地质条件采用反循环钻进成孔，工效高。在工程桩施工时为避免塌孔事件，桩施工时应远距离跳打。

3）钻进速度：① 对于淤泥和黏土质，钻进速度不宜大于 1m/min。② 对于松砂岩层，钻进速度控制在 3m/h。③ 对于卵石、砾石层，以中慢速钻进。④ 对于风化岩或其他硬质土应以钻头不跳动为准。

（2）在钻进时，要保持桩孔内泥浆的比重为 1.1～1.3，不同地层有不同的造浆性，因此应加强泥浆管理，勤清理循环系统，随时调节加入的泥浆比重，使孔内泥浆比重、浓度（含砂率）及胶体率（黏度）保持正常。

（3）当钻进中发现土层与设计地质资料出入较大时，应及时报告技术主管。

（4）若发现工作平台（基础垫木）下沉或倾斜应及时调整，增加支垫面积。

（5）泥浆泵放入泥浆池沉没的深度，应使液面平泵窗口一半即可。泵下端吸水口距泥浆池底不小于 400mm。

（6）钻进达到桩的设计深度时，桩队应先自行校正，然后与质检人员一起测量桩深，合格后才能停钻清孔。

（7）在一般地质条件下，旋转钻机清孔应优先采用反循环系统。只有在粉砂层和淤泥地质条件下，才采用正循环系统。采用正循环清孔一般需 2h 以上，采用反循环系统清孔，一般需 20min 左右。清孔用泥浆泵冲孔换浆，把孔底沉渣、碎石残块清除干净，同时降低桩孔泥浆比重，减少孔内泥浆的含砂量。清孔的要求，要使孔底沉渣的厚度不超过 200mm，清孔后泥浆的比重≤1.15，含砂率≤8%，黏度≤28s。清孔后须将钻杆稍稍提起使其空转，并启动泥浆循环系统，将孔内沉渣排出。清孔取样应选在孔底 500mm 以内的泥浆。

（8）清孔前如果停钻时间较长，应重新下钻头至桩的深度，慢速转动以搅松孔底沉渣，以利清孔。

（9）成孔的质量有四个指标，即钻孔中心偏差、钻孔直径、倾斜度和孔深，应达到要求。

3. 钢筋的加工焊接要求

（1）桩基工程焊接应由持证焊工施焊，所用焊条应符合 GB 50233《110kV～500kV 架空送电线路施工及验收规范》的规定。焊条必须有出厂证明书，在使用前应做外观检查，选用的焊条应与被焊金属的强度性能相当；受潮的焊条必须经过处理，并经工艺性能试验，合格后方可使用。焊药剥落者不准使用。

（2）钢筋混凝土预制桩的钢骨架制作规定如下。

1）钢筋骨架的主筋连接宜采用电焊对焊，当采用搭接焊时，应确保接头上下主筋轴线在同一直线上。双面焊的搭接长度不小于 5*d*，单面焊的搭接长度不小于 10*d*，其中 *d* 为钢筋直径。

2）同一截面内主筋接头数量不得超过主筋根数 50%，同一钢筋两个接头的距离应大于 30*d*，最小不小于 500mm。主筋间距应均匀，间距误差不应超过±10mm。

（3）灌注桩钢筋骨架制作规定如下。

1）主筋接头用电焊，当采用搭接焊时，按上述（2）的 1）、2）要求执行。

2）钢筋笼制作的允许偏差应符合表 4–4–1 的规定。

表 4–4–1　钢筋笼制作的允许偏差　mm

项次	项目	允许偏差	项次	项目	允许偏差
1	主筋间距	±10	3	直径	±10
2	箍筋间距	±20	4	长度	+100

3）内、外箍采用闪光对接焊接，如采用双面搭接焊，搭接长度不小于 6*d*，焊缝厚度不小于 0.4*d*，宽度不小于 0.8*d*；桩主筋与内箍筋点焊成笼，外箍筋与主筋点焊成笼或绑扎。

4. 浇筑要求

（1）坍落度。水下灌注的宜为 16～22cm；干作业成孔的宜为 8～10cm；套管成孔的宜为 6～8cm。

（2）灌注桩各工序应连续施工，且应遵守下列规定。

1）灌注桩的成孔深度需符合设计要求。以摩擦力为主的桩，沉渣厚度不得大于 300mm；以端承力为主的桩，沉渣厚度不得大于 100mm。

2）浇筑混凝土时，同一配合比的试块，每班不得少于 1 组，且每根不得少于 1 组。

3）灌注混凝土的实际浇制量不得小于计算体积，按体积换算的平均直径或直测桩径，不得小于设计桩径。

4）钢筋笼保护层厚度：水下灌注混凝土桩允许偏差–20mm；非水下灌注混凝土桩的允许偏差–10mm；灌注桩的平面位置及垂直度的允许偏差应符合表 4–4–2 的规定。

表 4–4–2　灌注桩施工允许偏差

项目	允许偏差	
	1～2 根，单排桩基垂直于中心线和群桩基础的边桩	条形桩基沿顺中心方向和群基础的中间桩
灌注桩	1/6 桩径	1/4 桩径

5）室外日平均气温连续 5 天稳定，且低于 5℃时，灌注混凝土应按冬季施工有关规定采取保温措施。

（二）桩基础施工质量检测

1. 桩基础施工质量检测要求

（1）桩基工程是高压架空送电线路工程中大型隐蔽工程，其质量检测与验收是全过程的，应在隐蔽前就开始进行。

（2）桩基础质量检测的另一个重要内容是：对施工过程中各工序工艺执行情况进行检查与监督，对施工过程出现过的异常情况进行分析其对质量的影响程度。

灌注桩成孔、清孔、冲灌是否严格按施工工艺标准实施；是否出现过斜孔、缩孔或坍孔现象；灌注混凝土各阶段计算直径是否均大于设计直径，混凝土灌注量是否大于计算体积。

（3）单腿及整基尺寸偏差和整基基础尺寸允许误差应满足 GB 50233 的规定。全部试块强度不小于设计强度。

（4）施工中出现过施工工艺失误、出现过严重影响质量的异常现象或试块强度不符合设计要求、实际地质情况与设计严重不符，而对桩基工程质量或承载能力有疑问时，可采用荷载试验和用水电效应法等其他检测手段进行检查。其试验桩别、试验数量是由设计、施工及其他有关单位共同研究决定。当设计、建设和运行单位对施工质量检测有特殊要求时，应增加检测。

2. 桩基础施工质量检查方法及检测标准

（1）用钢尺测量并与设计图纸核对地脚螺栓、钢筋规格数量应符合设计要求，且制作工艺良好。

（2）检查试块试验报告，混凝土强度不小于设计值。

（3）清孔后用吊垂法测量桩深不小于设计值。

（4）测量实际灌注混凝土量，充盈系数≥1。

（5）用钢尺测量桩径，其偏差不超过设计值−50mm。

（6）用经纬仪测量连梁（承台）标高，应符合设计要求。

（7）用超声波检测钢筋保护层厚度水下偏差不超过设计值−20mm，非水下偏差不超过设计值−10mm。

（8）用钢尺测量连梁（承台）断面尺寸偏差不超过设计标准的−1%。

（9）用钢尺测量连梁（承台）保护层厚度偏差不超过设计值−5mm。

（10）用经纬仪或钢尺测量整基基础中心位移横、竖线路偏差不超过 30mm。

（11）用经纬仪或钢尺测量整基基础扭转一般塔偏差不超过 10′，高塔偏差不超过 5′。

（12）用钢尺测量同组地脚螺栓中心对立柱中心偏移不超过10mm。

（13）用经纬仪测量基础顶面间高差不超过5mm。

（14）用钢尺测量基础根开及对角线螺栓式铁塔偏差不超过±2‰；插入式铁塔偏差不超过±1‰；高塔偏差不超过±0.7‰。

（15）外观观察混凝土表面应平整光滑，无缺陷。

二、施工记录填写及移交资料

1. 施工记录

施工记录应真实、齐全，填写应标准、正确。

2. 移交资料

（1）灌注桩验收，应移交下列资料。

1）混凝土材料检验或材料合格证。

2）灌注桩结构图。

3）钢筋笼（加工及吊装）隐蔽验收记录见表4–4–3。

表4–4–3　　钢筋笼（加工及吊装）隐蔽验收记录表

工程：　　　　　　　　钢筋笼设计外径：

桩号：　　　　　　　　钢筋设计长度：

脚别：　　　　　　　　钢筋笼主筋设计规格：

节序编号	成笼日期	节长（m）	主筋规格及数量（数量×直径×长度）	内钢箍规格及数量（个数×直径）	外箍规格数量（数量×直径）	吊装日期	桩端间距（m）	焊接长度（m）	备注

记录：　　　　　　质检员：　　　　　　施工负责人：

注　1. 最下节为“1”。

2. 焊接长度系指搭部分，并需注明单面或双面施焊。

3. 端部间距距孔底用“+”表示，伸入台阶用“　”表示。

4）泥浆护壁成孔灌注桩成孔记录见表4–4–4。

表 4-4-4 泥浆护壁成孔灌注桩成孔记录

施工单位： 工程名称：

施工班组： 气候：

钻机类型： 设计桩顶标高：

设计桩径： 自然地面标高：

施工日期	班次	桩位编号	钻孔时间（min）	钻孔直径（cm）		护筒埋深（m）	孔底沉渣厚度（cm）	孔底标高	泥浆种类	泥浆指标			备注
				设计	实测					密度	黏度	含砂量	

工程负责人： 质检员： 记录：

5）混凝土灌注桩施工记录见表 4-4-5。

表 4-4-5 混凝土灌注桩施工记录

工程： 设计孔深：

桩号： 设计桩径：

施工日期： 灌注平均桩径：

设计标号： 实际标号：

钻孔深度			清孔开始时间			清孔完成时间			清孔后坑深	
清孔管长			灌注管长			管端间距			开灌时间	
导管编号	灌注管长 e_0	桩管长度 e_1	空管长度 e_2	剩余长度 H	潜注深度 h	末管深度 H_0	埋管深度 h_1	灌注混凝土量 Q	灌注直径 D	管内超管外混凝土 Q_1

续表

导管编号	灌注管长 e_0	桩管长度 e_1	空管长度 e_2	剩余长度 H	潜注深度 h	末管深度 H_0	埋管深度 h_1	灌注混凝土量 Q	灌注直径 D	管内超管外混凝土 Q_1

施工负责人: 质检员: 记录:

注 $h_1 = H - H_0$ 或 $h_1 = H_1 - H_2$；

$h = H_{01} - H_{02}$；

$D = \sqrt{\dfrac{4(Q-Q_1)}{\pi h}}$；

$Q_1 = (H_0 - e_2)d^2\pi/4$。

6）桩检测记录。

7）混凝土试块强度报告。

（2）桩基础工程验收，应移交下列资料。

1）工程地质勘测报告（地质竣工图）。

2）桩位测量放线图（施工测量记录）。

3）设置变更通知单。

4）桩基结构竣工图。

5）事故处理及遗留缺陷记录。

6）灌注桩基础检查及评级记录见表 4–4–6。

表 4–4–6 灌注桩基础检查及评级记录

桩号		塔号		基础型		桩孔号	
现场负责人				灌注日期	年 月 日 时止		浇制湿度
技术负责人		成孔方式			年 月 日 时止		
钻孔直径	m	钻孔深度	m		孔底沉淀厚度		cm
混凝土设计标号	级	材料用量（kg/m³）	水	水泥	砂子		石子
水泥品种		砂子规格			石子粒径		cm
坍落度	cm	试块强度	MPa		钢筋骨架长度		m
钢筋骨架直径	m	箍筋间距	mm				
主筋规格、数量及间距							
扩筒顶标高	m	漏斗体积	m³		导管截面积		m²
导管编组情况							m

续表

封水方法				隔水栓前断拉线时下降深度			m
灌注时间（h/min）	拆管次序	混凝土灌注量		孔内混凝土面标高（m）	折管长度（m）	埋管深度（m）	图例
		斗数	折算盘				
							漏斗 护筒 导管 护筒标高 混凝土面标高 导管埋深
混凝土量	合计		m^3				
备　注	此记录每次填写一份				评级		

施工负责人：　　　　　　　　　　　　　　　　　　　检查人：

【思考与练习】

1. 桩基础施工质量要求有哪些？
2. 桩基础施工质量检测应在什么时候进行？
3. 灌注桩验收，应移交哪些资料？
4. 桩基础工程验收，应移交哪些资料？

◢ 模块 5　掏挖型基础开挖（Z04F1005 Ⅱ）

【模块描述】本模块包含掏挖型基础施工的一般要求、施工基面的平整、全掏挖基础的开挖、半掏挖基础的开挖等。通过内容介绍、流程讲解，熟悉掏挖型基础施工的一般要求，掌握施工基面的平整、全掏挖基础及半掏挖基础的开挖方法。

【正文】

一、作业内容

掏挖型基础是指在杆塔基础施工时，保证紧贴基础周围的原状土全部或大部分不被破坏而成型的基础。常见的掏挖型基础可分为以下两类。

（1）全掏挖型基础如图 4–5–1（a）、（b）和（c）所示。图 4–5–1（c）又称嵌固式基础。

（2）半掏挖型基础如图 4–5–1（d）所示。

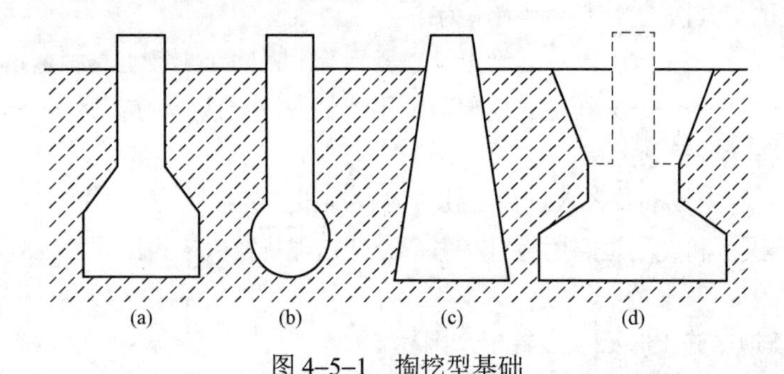

图 4–5–1　掏挖型基础

（a）、（b）、（c）全掏挖型基础；（d）半掏挖型基础

二、作业前准备

（1）查找基础施工图纸，弄清基础型式、基础埋深。

（2）根据杆塔基础坑中心桩进行基础分坑，找到基础坑开挖的位置。

（3）根据基础坑所在位置的土壤情况准备好相应的挖坑工具。如黏土、亚黏土、松砂石等地区应准备短把镐、铲或其他工具；岩石地区则要准备钻孔用的凿岩机或钢钎、铁锤、掏勺及砸药、雷管、导火索等。

三、危险点分析与控制措施

掏挖型基础开挖中存在的危险点如下。

（1）土石回落坑内砸伤坑内工作人员，其控制措施为：

1）基坑施工的全过程必须设安全监护人。

2）挖坑时，应及时清除坑口附近浮土、石块，坑边禁止外人逗留，工作人员不得在坑内休息。

3）在超过 1.5m 深的坑内工作时，向外抛土石应防止土石回落坑内。

4）坑深超过 2m 时，应设爬梯，供施工人员上下用。

5）基坑施工人员一律戴安全帽。

6）在施工过程中，应随时注意土质条件有无变化、裂缝等异常现象。隔夜再重新开挖基坑之前，应检查坑壁有无变形、裂缝等异常现象，经确认安全无误后再继续掏挖。

7）基坑开挖后不能当天浇制混凝土时，坑口应设置防水土坎，高出地面 0.2m，且必须用防雨水用具覆盖，以防雨水流入，造成坍方。在易坍方的地区，如当天不能浇制混凝土时，应缓挖扩大头部分。

（2）挖破地下管线，造成触电。控制方法是进行土石方开挖前应调查清地下管线情况，防止损坏其他管线，造成人员触电伤害。

（3）挖坑工具伤人，其控制措施为：

1）距坑口边1m范围内不准堆土及工器具等，以防止土及工具掉落坑内伤人。

2）基坑内只允许一人挖掘。挖掘应采用特制的短把镐、铲或其他工具。挖掘工具用手或绳索传递，严禁抛掷。

（4）其他行人或动物掉入坑内受伤，其控制措施为：

1）在居民区和交通道路附近开挖基础，开挖现场白天应设醒目标志，夜间应挂红灯，并设坑盖。

2）城镇地区施工时必须设置安全围栏。

（5）有毒有害气体伤人。控制方法是在下水道、煤气管线、潮湿地、垃圾或有腐质物等附近挖坑，坑深超过2m时，应戴防毒面具，向坑中送风等。

（6）炸药、雷管运输不当，爆炸伤人，其控制措施为：

1）炸药、雷管应由专门人员押运。

2）炸药、雷管应分别运输、携带和存放，严禁和易燃物品放在一起，并设专人保管。

3）运输中雷管应有防震措施，如在车辆不足的情况下，允许同车携带少量炸药（不超过20kg），携带雷管人员应坐在驾驶室内，车上炸药应有专人管理。

4）携带电雷管时，应将引线短路，电雷管与起爆器不得由同一人携带，雷雨天不应携带电雷管。

5）运送炸药时，不得使炸药、雷管受到强烈冲击挤压。

（7）炸药和雷管保管、使用不当，爆炸伤人，其控制措施为：

1）爆破工作必须由有爆破资质的人员担任。

2）爆破施工必须有专人指挥，设置警戒员，防止危险区内有人通行或逗留。

3）装填炸药时不得使炸药、雷管受到强烈冲击挤压。

4）雷管和导火索连接时，应使用专用的钳子夹雷管口，严禁碰雷汞部分和用牙咬雷管。

5）在强电场下严禁用电雷管。

6）使用电雷管时，起爆器由专人保管，电源由专人控制，闸刀箱应上锁；放爆前严禁将点火钥匙插入起爆器；引爆电雷管应使用绝缘良好的导线，其长度不得小于安全距离，电雷管接线前，其脚线必须短接。

7）使用的导火索要有足够的长度，点火后点火人员要迅速离开危险区；如需在坑内点火时，应事先考虑好点火人能迅速撤离坑内的措施。

8）遇有哑炮时，应等20min后再去处理，不得从炮眼中抽取雷管和炸药；重新打眼时深眼要离眼0.6m，浅眼要离原眼0.3～0.4m，并与原眼方向平行。

9）爆破时应考虑对周围建筑物、电力线、通信线等设施的影响，必要时应采取保护措施。

四、操作步骤和质量标准

1. 施工基面的平整与降低

（1）当设计图纸有降低基面要求时，应在杆塔中心桩的前、后、左、右钉上副桩，以便施工基面平整和降低（简称平降基）后恢复中心桩。

（2）根据杆塔基础根开、基础底阶边宽、基础边坡最小距离及设计降低基面等尺寸，确定平降基边缘线。

（3）平降基一般采用人工开挖，当土方量较大或遇岩石时，应采用松动爆破法施工。应注意不因降基而将基坑四周土壤振松。

（4）为了保证接地装置施工质量，可在平降基的同时将弃土方向的接地沟挖至设计深度并埋好接地线，然后降基弃土，并注意接地线接头位置应设置标记。

（5）如果设计图纸有护面要求，则在施工降低基面时，应考虑护面厚度，以便清理基面浮土。

（6）平降基弃土应采取适当措施，以避免损害建筑物和占用农田。

（7）平降基完成后，应用经纬仪恢复杆塔位中心桩。

2. 全掏挖型基础的开挖

（1）根据确认的杆塔中心桩及基础尺寸，测量定出基础坑口开挖尺寸线。

（2）基坑施工分为开挖和清理两个步骤。基坑施工一般采用人工挖掘。

（3）基坑初挖时，宜比设计规定尺寸小30～50mm，以便中间修整基坑。

（4）基坑开挖至接近设计深度时，再挖掘扩大头部分。在基坑底部钉立基坑中心桩，边挖边检查尺寸。各部分尺寸应预留50mm左右，待清理基坑时再修整。

（5）基坑清理应从上而下进行，严格按设计图纸的基础外形尺寸施工。

（6）基坑清理完毕后，应测量断面尺寸及坑深，并做好记录。整基基坑清理完毕后，应立即测量基础根开及对角线等项尺寸，其误差在确认符合GB 50233《110kV～500kV架空送电线路施工及验收规范》的规定后，方可进行下一道工序施工。

（7）对于中等强风化或风化的Ⅲ、Ⅳ类岩石地区的掏挖型基础，可采用人工挖掘与放小炮开挖相结合的方法成型。

（8）岩石地区的掏挖型基础施工，除执行岩石基础开挖有关技术规定外，其基坑开挖应按如下步骤操作。

1）根据确认的杆塔中心桩及基础尺寸测量定出基础坑口开挖尺寸线。

2）按开挖尺寸线挖掘样洞，深度为 50～100mm。

3）经检查复核，确认样洞无误后，视岩石坚硬程度挖掘基坑护洞：较坚硬的岩石可放小炮，挖深 0.2～0.3m，注意装药量要适当，不要炸松洞壁；强风化的岩石，人工挖掘 0.3～0.5m 或者更深。

4）基坑开挖可采用松动爆破法。人工掏挖修整坑壁及坑底，岩碴应清除干净。

（9）在试验试点的基础上，推广光面微差爆破的先进施工工艺。

3. 半掏挖型基础的开挖

（1）根据确认的杆塔中心桩、基础上阶边宽尺寸及设计要求的放坡系数，测量定出基础坑口开挖尺寸线。

（2）人工开挖基坑。当基坑挖至上阶顶面高度时，应竖直向下挖掘至设计深度，然后进行扩大头的掏挖。

（3）阶台部位及扩大头部位的开挖，宜预留 50mm 左右，以便清理基坑时修整。

（4）基坑开挖和清理，应同时遵守以下规定。

1）基坑初挖时，宜比设计规定尺寸小 30～50mm，以便中间修整基坑。

2）基坑开挖至接近设计深度时，再挖掘扩大头部分。在基坑底部钉立基坑中心桩，边挖边检查尺寸。各部分尺寸应预留 50mm 左右，待清理基坑时再修整。

3）基坑清理应从上而下进行，严格按设计图纸的基础外形尺寸施工。

4）基坑清理完毕后，应测量断面尺寸及坑深，并做好记录。

5）岩石地区的掏挖型基础施工，执行岩石基础开挖有关技术规定。

6）基坑开挖和清理过程中，还应执行掏挖型基础施工中安全措施的要求。

五、注意事项

（1）本模块适用于 330kV 以上高压架空电力线路的掏挖型基础。

（2）掏挖型基础必须按设计的基础图组织施工。当需要将其他基础形式改为掏挖型基础时，应经现场设计代表签证同意后，方准施工。

（3）掏挖型基础适用于地质条件为黏土、亚黏土（硬塑）、松砂石及不同风化程度的岩石。当地下水位高于坑底时，不宜用掏挖型基础。

（4）为了保证掏挖型基础尺寸准确，地表土及杂物必须清理干净，并平整。

（5）如遇基础尺寸有增大或超深时，其增大或超深部分应用混凝土填充，并保证钢筋笼在立柱中的尺寸准确。

（6）地质条件为岩石的掏挖型基础，除执行本规定外，还必须执行岩石基础开挖有关的技术规定。

（7）掏挖型基础的施工质量应符合 GB 50233《110kV～500kV 架空送电线路施工及验收规范》的有关规定。

【思考与练习】

1. 什么叫掏挖型基础？掏挖型基础有哪两种类型？

2. 掏挖型基础坑开挖的一般规定有哪些？

3. 全掏挖型基础坑开挖要注意哪些事项？

4. 半掏挖型基础坑开挖要注意哪些事项？

模块6 掏挖型基础浇制（Z04F1006Ⅱ）

【模块描述】本模块包含掏挖型基础施工混凝土的浇制、安全预控措施等。通过内容介绍，掌握掏挖型基础浇制施工方法。

【正文】

一、作业内容

（1）掏挖型基础施工适用于地质条件为黏土、亚黏土、松砂石及不同风化程度的岩石。当地下水位高于坑底时，不宜用掏挖型基础。

（2）钢筋的加工绑扎、模板的组装。

（3）混凝土的搅拌、浇灌与振捣。

（4）基础的养护与拆模。

二、作业前准备

1. 技术准备

（1）技术资料的准备。技术资料包括杆塔明细表、基础型式配制表、基础施工图、基础施工手册。

（2）对施工人员进行技术交底，交底的内容包括基础的型式、尺寸、施工方法、安全措施、质量要求等。

2. 工具器的准备

掏挖型基础浇制需用到的工具器有混凝土搅拌用的工具（如小型搅拌机或钢板、铁锹等）、钢筋加工机器（包括拉、弯、割）、插入式振捣器、磅秤、坍落度筒、试块盒、测量工具（如经纬仪、垂球、钢尺）及模板等。

3. 材料准备

掏挖型基础浇制所用到的材料与现浇混凝土基础相同。

三、危险点分析与控制措施

掏挖型基础浇制时存在的危险点与现浇混凝土基础施工时存在的危险点相类似，主要危险点及控制措施如下。

（1）支模过程中因模板倒塌或跌落将工作人员砸伤，控制措施是：模板应连接牢固、可靠，防止倾覆。

（2）混凝土浇筑过程中砸伤、碰伤、触电，控制措施如下。

1）检查搅拌机料斗挂钩情况时，料斗下方不得有人。

2）搅拌机必须装设支架，不能以轮胎代替支架；搅拌机运转时，严禁将工具伸入滚筒内扒料；清洗搅拌机时，人身体不得进入滚筒内。

3）搅拌机应可靠接地。

4）搭设的下料平台应牢固可靠。

5）坑边不准堆放工具和材料，并经常检查坑边有无裂缝。

6）用手推车向坑内倾倒混凝土时，倒料平台口应有挡车设施，倒料时不得将手推车撒把。

7）操作电动振捣棒的人员应戴绝缘手套；坑下人员应戴安全帽。

四、作业步骤与质量标准

（1）配置钢筋骨架。针对掏挖型基础型式、特点配置钢筋骨架并进行焊接或绑扎。

（2）安装主柱模板。全掏挖型基础浇制前，应在地面以上部分安装主柱模板。半掏挖型基础也应安装主柱模板，其方法执行模板安装的有关规定。

（3）混凝土的搅拌、浇灌与振捣。

1）混凝土的搅拌。掏挖型基础混凝土用量较少，现场宜采用机械搅拌，也可用人工搅拌。当采用人工搅拌混凝土料时，应严格执行“三干四湿”的搅拌方法，确保混凝土配料拌和均匀。三干四湿是指水泥和砂子先干拌2次，加人石料后干拌1次，加水后湿拌4次。

2）混凝土的浇灌与振捣。混凝土浇制前应复查基础根开、对角线、地脚螺栓根开及地脚螺栓中心偏移等尺寸符合要求后，方可浇制混凝土。

为保证掏挖型基础扩大头部位的混凝土容易捣固密实，可将其混凝土坍落度适当选大一级，机械振捣选用5～7cm。为满足混凝土和易性要求，可适当调整含砂量或增减水泥浆量，保持水灰比不变。

浇制混凝土的振捣管理，具体措施为：① 使用插入式振捣器振捣，以提高混凝土的强度和密度性。振捣器应由有经验的技工人员操作，并设专人监督检查。② 使用插入式振捣器的振捣方法有两种：一种是垂直振捣，另一种是斜向振捣。使用时要快插慢拔，插点要均匀排列、逐点移动、顺序进行，不得遗漏，达到均匀振实。③ 振捣器插点移动间距，应不大于振捣棒作用半径（一般半径为300～400mm）的1.5倍。④ 振捣上一层，振捣器应插入下一层30～50mm，以消除层间的接缝。⑤ 振捣器的振捣深度，一般不应超过振捣器长度的1.25倍和振捣棒的上盖接头处。⑥ 振捣器在每一位置上的振捣延续时间，以混凝土表面呈水平并出现水泥浆和不再出现气泡、不再显著沉落为宜。振捣时间一般为20～30s。⑦ 用手持捣件分层插捣时，应由高处向低处插捣、均匀布点、顺序进行，直到出现水泥浆为止。

（4）混凝土基础的养护管理及拆模。

1）基础浇制完后，应将露出基础的地脚螺栓表面上的砂浆等杂物清除干净，并涂黄油保护。

2）及时将基础顶面用砂浆抹面：直线塔四个基础顶抹成平面；转角及终端塔应根据设计提出预偏要求，抹成斜面。

3）加强混凝土基础的养护管理。注意保护基础周边使其湿润。养护时间执行钢筋混凝土基础施工中的有关技术规定。

4）基础养护到规定的强度时即可拆模。

混凝土基础浇筑的质量检查（包括坍落度、配合比和强度等）按现浇钢筋混凝土基础施工中的有关规定执行。

五、注意事项

（1）为保证掏挖基础的浇制质量，粗骨料宜用0.5～4cm的连续级配骨料，也可用85%、2～4cm的石子与15%、0.5～1cm的石子混合使用。

（2）混凝土的强度等级应按设计图纸规定执行。

（3）在基础养护到期后，应填写养护记录。

（4）基础拆模后，应立即对整基基础根开、对角线及地脚螺栓根开、对角线等尺寸进行复检，在符合规范要求后填写施工技术记录。

【思考与练习】

1. 为保证掏挖基础的浇制质量，粗骨料宜选用什么样的骨料？

2. 为保证掏挖型基础扩大头部位的混凝土容易捣固密实，混凝土坍落度怎样选择？

3. 什么叫“三干四湿”的搅拌方法？

4. 为加强浇制混凝土的振捣管理，具体措施有哪些？

5. 掏挖型基础施工中存在哪些危险点？

◢ 模块7　岩石基础施工（Z04F1007Ⅱ）

【模块描述】本模块包含岩石基础施工的一般规定、岩石基础的强度和构造要求、施工基面的清理和分坑定位、岩石孔的开挖、砂浆和混凝土的浇灌与养护等内容。通过内容介绍、流程讲解，了解岩石基础的强度和构造要求，掌握岩石基础施工的一般规定和施工工艺。

【正文】

一、作业内容

（1）岩石基础是通过水泥砂浆或混凝土在岩孔内胶结，使锚筋与岩体结成整体以承受杆塔传来外力的基础。

（2）岩石基础具有如下优点。

1）土石方开挖量小，不存在基础施工回填的工作量。

2）基础浇制的混凝土量小，节约钢筋、水泥等原材料；减少了人力运输工作量。

3）抗上拔、下压力高，安全可靠。

4）不需要加工和安装模板（除承台外），施工方便、周期短，具有一定的经济效益。

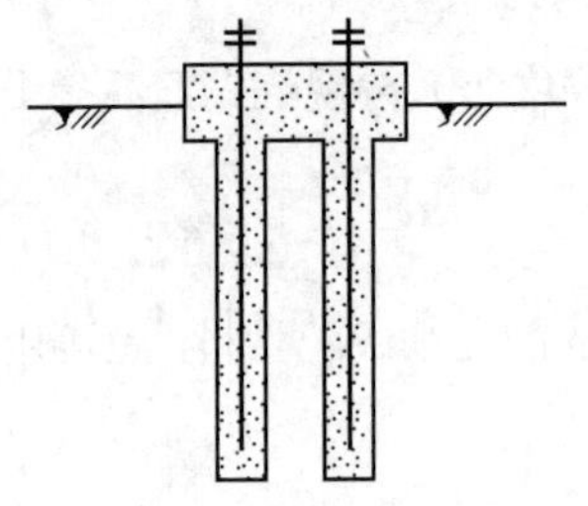

图4-7-1 直锚式岩石基础

（3）岩石基础常用形式有直锚式、承台式、嵌固式、掏挖式，另外还有拉线岩石基础。

1）直锚式岩石基础如图4-7-1所示，一般用于裸露或覆盖层薄的Ⅰ类，即未风化或微风化的硬质岩石中。它是将铁塔地脚螺栓直接锚入用钻机钻成的岩石孔内，顶部浇以不小于塔脚底板尺寸的混凝土承台，其厚度应满足设计要求。

2）承台式岩石基础如图4-7-2所示，一般用于覆盖层稍厚的轻风化或中等风化的Ⅱ、Ⅲ类岩石中。它是将群锚型锚筋锚固在下部基岩中，作为基础底盘，基础的立柱地脚螺栓则安装浇制在承台中；锚桩用砂浆或细石混凝土锚固，承台用钢筋混凝土浇成。

图4-7-2 承台式岩石基础

3）嵌固式和掏挖式岩石基础分别如图4-7-3和图4-7-4所示，一般用于中等风化或强风化的Ⅲ、Ⅳ类岩石地区。它是采用人工开挖或放小炮开挖成型，安装地脚螺栓和钢筋后进行浇制。

4）拉线岩石基础（如图 4–7–5 所示），一般用于微风化或中风化的岩石处。它是将拉线棒用水泥砂浆或细石混凝土直接锚在拉线棒岩孔内。

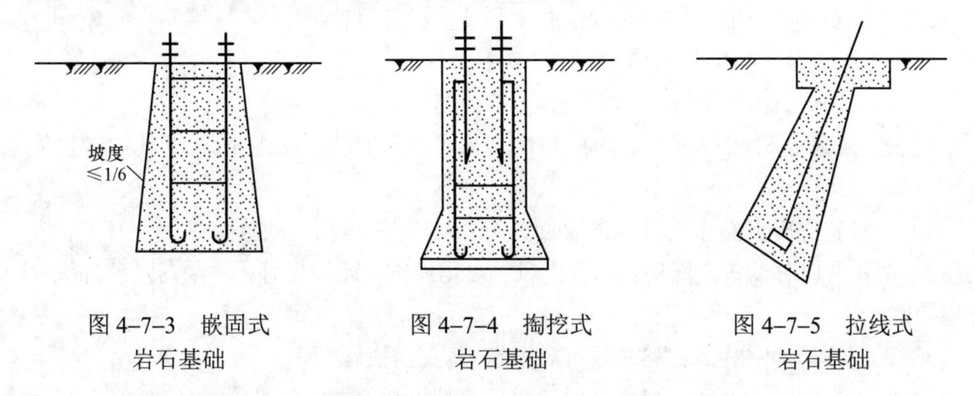

图 4–7–3 嵌固式岩石基础

图 4–7–4 掏挖式岩石基础

图 4–7–5 拉线式岩石基础

二、作业前准备

（1）工具、材料的准备。准备合格的钻孔机、铁锤、钢钎、掏勺、搅拌混凝土的锹、拌板、捣固工具等；准备好符合要求的混凝土材料、符合设计规定的钢筋。

（2）根据设计规定查找岩石基础构造要求。岩石基础构造上的要求如下。

1）锚筋直径不得小于 16mm，根部必须设有可靠的锚固措施，一般采用绑条式、锚板式、焊螺帽式和弯钩式加固端头，钢筋根部加固形式如图 4–7–6 所示。

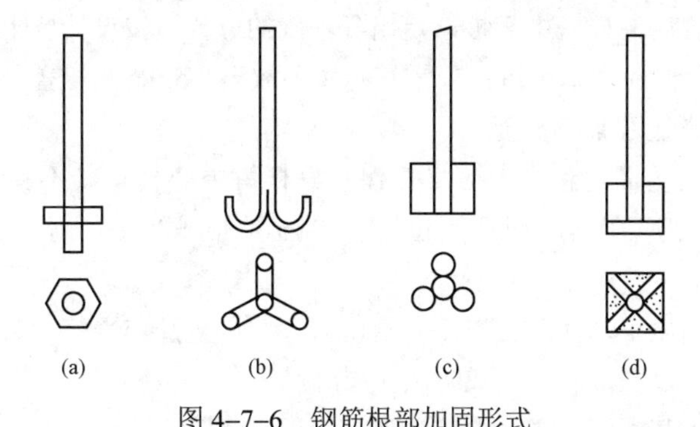

图 4–7–6 钢筋根部加固形式

（a）焊螺帽式；（b）弯钩式；（c）绑条式；（d）锚板式

2）直锚式和承台式岩石基础的底脚螺栓和锚筋，在基岩中的锚固深度 h 值应符合：① 对Ⅰ、Ⅱ类轻微风化岩石：$h \geqslant 25d$；② 对Ⅲ类中等风化岩石：$h \geqslant 35d$；③ 对Ⅳ类强风化岩石：$h \geqslant 45d$；

其中，d 为地脚螺栓或锚筋的直径。

3）锚孔直径 D，一般取用（2～3）d，对软质岩石钻孔不宜小于 $d+50$mm。

4）群锚桩的间距，要求Ⅰ类岩石处不小于4D，Ⅱ、Ⅲ类岩石中不小于6D，最小孔距不应小于160mm，其中，D 为锚孔直径。

5）岩石基础填充的水泥砂浆或混凝土强度等级应符合规定。

三、危险点分析与控制措施

岩石基础施工存在的危险点如下。

（1）因工具、机械使用不当造成粉尘伤人、风压伤人、机械伤人。其控制措施如下。

1）钻机和空压机操作人员与作业负责人之间应保持通信畅通。

2）钻孔前应对设备全面检查，进出风管不得绞结，连接良好，注油器及各部螺栓坚固可靠。

3）采用钻架钻空时，钻架必须可靠固定，防止坍塌。

4）钻机工作中发生冲击声或机械运转异常时，必须立即停机检查。

5）装拆钻杆时，操作人员站立的位置应避开风马达回转机和滑轮箱。

6）风管控制阀操作架应加装挡风护板，并应设置在上风向。

7）吹气清洗风管时，风管端口严禁对人。

（2）砸药爆砸伤人、误爆伤人。控制措施为同桩基础开挖。

四、操作步骤与质量标准

1. 清理施工基面、分坑定位

（1）根据复测后的杆塔中心桩，定出各基础的位置，按设计要求，开挖和清理施工基面。清理的范围应比基坑坑口或锚筋孔边各放出0.5m。当覆盖层较厚时，为了防止坍塌，应放出坡度以保证安全。

（2）清理施工基面过程中，应尽量保护好杆塔中心桩使其不移动。如要清理掉或可以移动时，则应在其四周适当位置打上控制桩，以便在清理施工基面后恢复桩位。

（3）清理后的施工基面应使岩石暴露出来，并尽量开挖平整。若岩石不易铲平，地面标高的差别可以在浇制承台或防风化层时操平。

（4）清理施工基面过程中，如需爆破，应用小炮，以保证岩石地基的整体性和稳定性。

（5）各种岩石基础的分坑定位方法如下。

1）直锚式岩石基础。先测量分出各个腿的中心位置，并打上标记；再根据地脚螺栓根开定出每个腿地脚螺栓的中心位置，并做好标记。

2）承台式岩石基础。先根据分坑尺寸分出各个坑的中心位置和坑口位置；然后在承台坑开凿完成后，再根据锚筋的分布情况，定出锚筋孔的中心位置。

3）嵌固式和掏挖式岩石基础。按分坑尺寸定出各个坑的中心位置和坑口位置，并做好标记。

（6）分坑时如发现坑口或岩孔位于岩石裂隙处，应停止开凿，及时与设计单位联系，研究处理措施。

2. 岩石基础坑开挖

开挖应逐基核查岩石地基的表面覆盖层厚度和岩体的稳定性、坚固性、风化程度、层理和裂隙情况。当发现与设计不符合时，可根据本节的要求进行验算，并会同设计单位及时采取措施，因地制宜地做好修改方案，一般常有下列几种。

（1）将直锚式改为嵌固式。

（2）增加锚筋根数，或增大孔径和锚筋直径。

（3）各塔腿处岩石表面标高不同时，可调整承台高度，岩石表面标高不同时承台高度调整如图 4–7–7 所示。

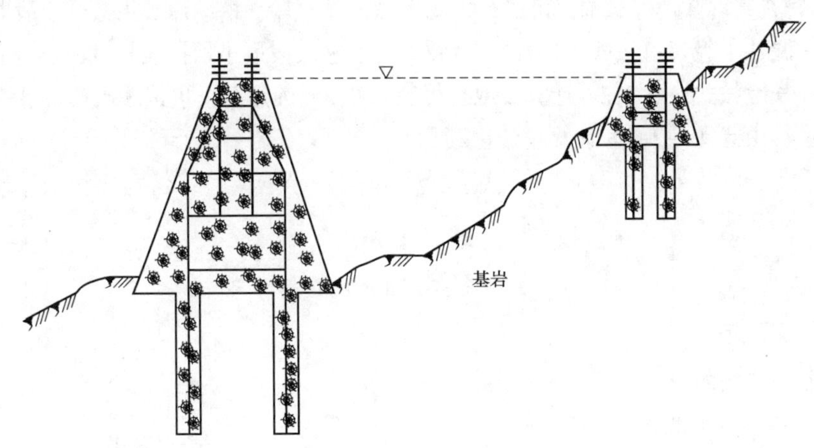

图 4–7–7　岩石表面标高不同时承台高度调整图

（4）当基岩覆盖层较厚，覆盖土已能满足基础抗拔和抗压要求时，则可不用岩石基础或如图 4–7–8 所示进行开挖处理。

3. 岩石坑孔的开凿

（1）岩石坑的开凿。

1）嵌固式和掏挖式岩石基础一般用在风化较严重的岩石上，基坑一般采用人工开挖，如果需用爆破，宜采用松动爆破。爆破不应破坏岩石坑壁的完整性和基岩的稳定性。

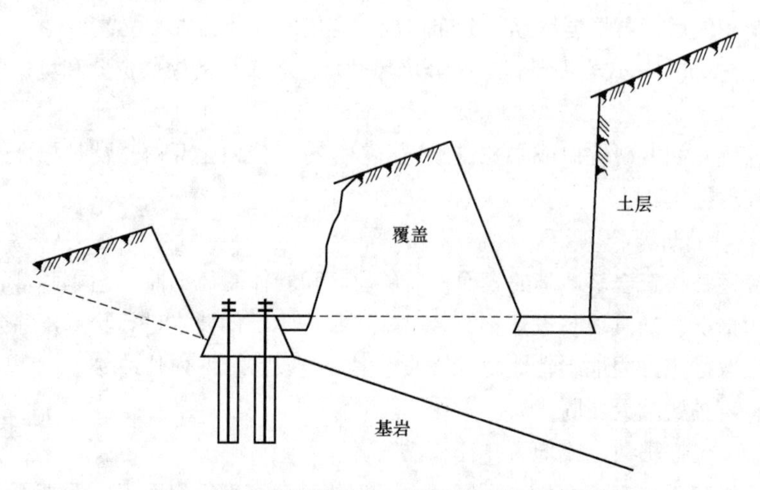

图 4-7-8 基岩覆盖土时岩石基础坑开挖处理

2）岩石基坑开挖爆破前，可进行松动爆破漏斗试验。松动爆破指数。一般取 0.8，松动爆破漏斗半径尺可按式（4-7-1）计算，松动爆破按最小抵抗线长度凿出炮孔，最小抵抗线长度按式（4-7-2）计算。炮孔可装入 0.2kg 的炸药，再按爆出的漏斗半径修正装药量，由式（4-7-3）计算单位用药量

$$R = R_1 - 0.1 \quad (4\text{-}7\text{-}1)$$

$$W = R / n \quad (4\text{-}7\text{-}2)$$

$$Q = E(0.4 + 0.6n^3)\ W^3 \quad (4\text{-}7\text{-}3)$$

式中 R ——爆破漏斗半径，m；

R_1 ——岩石基坑半径，m；

W ——最小抵抗线长度，m；

n ——爆破指数；

Q ——炸药量，kg；

E ——单位用药系数，kg/m^3。

松动爆破漏斗示意图如图 4-7-9 所示。

3）在风化比较轻的岩石地区，当采用爆破开挖基坑时，可在基础中心打一个主炮孔，再在基础坑内圈打一些防振孔，以控制放炮时坑壁的振裂破坏范围，保证基础岩石的整体稳定性。主炮孔直径一般取 30～36mm，深度为 0.5～1.0m；防振孔一般为 10～14 个，直径可以与主炮孔相同，深度控制在 0.5m 左右。主炮眼与防振孔如图 4-7-10 所示。

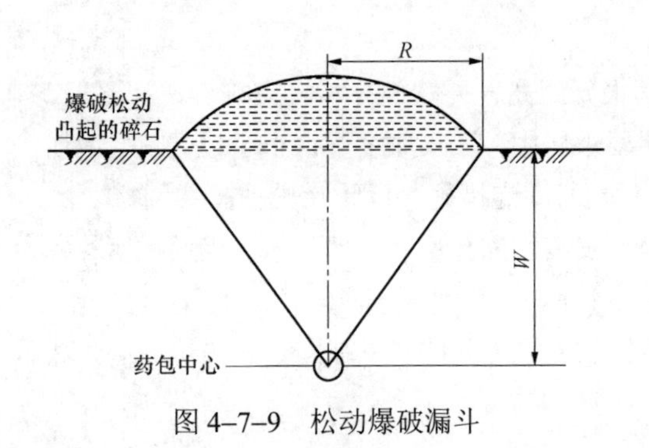

图 4-7-9 松动爆破漏斗

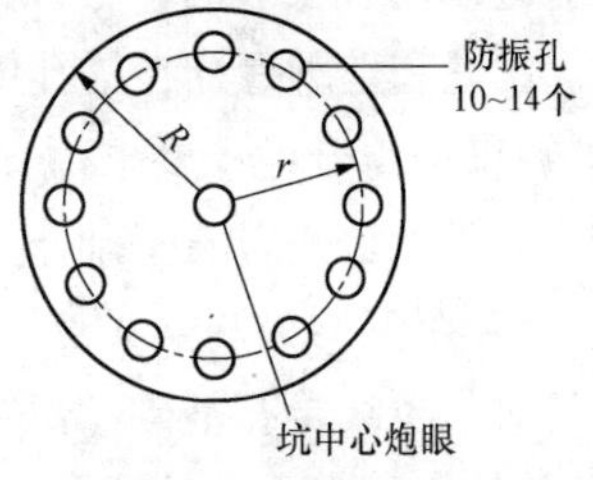

防振孔
10~14个
R
r
坑中心炮眼

图 4-7-10 主炮眼与防振孔

4）用于岩石爆破的岩石钻孔，其成孔直径较小，一般采用人工打孔或内燃凿岩机钻孔。用内燃凿岩机钻孔时应注意：① 凿岩机启动后，应让机器先空转 1min 左右，使机体温度稍为升高，再开始钻孔。② 钻孔时，应使钎子竖直对准炮眼中心，双手应紧握凿岩机把手，适当加些压力，使机器不至在钎尾上跳动。另外，不得用人身压机器，以免断钎时发生人身事故。③ 开始钻孔时用短钻杆，炮眼较深时再换长钻杆，并钻成口大底小的眼孔，以免卡钎。④ 操作时，必须戴好风镜、口罩和安全帽，并应随时注意机器运转情况，一旦发现不正常现象，应立即停止运转和进行检修。

5）岩石坑的开挖要保证设计的锥度，不得开凿成上大下小或鼓肚形。石坑不应产生负误差。开凿成形后，应将坑内浮土及坑壁上松散的石块清除干净。

（2）岩石锚桩钻孔。

1）用于岩石基础锚固地脚螺栓和钢筋的锚桩岩石钻孔，直径较大，一般为 60～120mm，深度可达 2m 或更深，一般采用专用钻机钻孔。钻孔时要及时排出岩粉，以免钻头难以拔出。

2）对锚桩钻孔的要求：① 孔位正确。施钻前要准确测定孔位，可用 10mm 厚钢板制成模板固定在地面上，施钻时从模板孔中钻进。② 成孔倾斜度不得超过 2%。在钻机就位后，必须将底座调平、垫稳，以防止钻孔时钻机因振动而倾斜。③ 成孔深度不小于设计值。④ 成孔直径不得产生负误差，正误差为+20mm。

3）岩石基础锚孔钻成后，要进行清孔。孔中的石粉、浮土及孔壁上的松石必须清除，要用清水将孔清洗干净，并用泡沫将水吸干。如果清孔后，暂不安装、浇制，则应盖好孔口，以防止风化或杂物进入孔中。

4. 砂浆和混凝土的浇注与养护

（1）锚筋和地脚螺栓的安装。

1）锚筋和地脚螺栓安装前，应将锚孔和岩坑清理干净，超深部分要用细石混凝土充填。锚筋和地脚螺栓上的浮锈要清除掉。对易风化岩石，从开孔到浇注的间歇时间应尽量缩短。

2）地脚螺栓安装时，必须找正，其根开距离、外露部分长度应符合设计要求。

3）锚筋和地脚螺栓在锚孔中的位置要求居中，埋入深度不得小于设计值，钢筋保护层的厚度应符合设计要求，安装后要有临时固定措施，以防止松动。

4）对于承台式岩石基础，要先将锚筋安装入锚孔后，再绑扎承台钢筋，使其成为一体，承台钢筋与锚筋交叉点要用细铁线绑扎。

5）对于拉线岩石基础，要先将拉线棒放入坑内，使其下端固定在锚坑中心，然后找正拉线棒地面出土处的位置。

（2）砂浆和混凝土的浇注与养护。

1）岩石基础浇注用的砂浆和混凝土的强度等级按设计要求执行，一般直锚式和承台式锚桩填充用的水泥砂浆或细石混凝土强度等级不得小于C20级；嵌固式和掏挖式锚桩的混凝土强度等级不得小于C15级。

2）锚孔浇注前，要将锚孔岩石壁用水湿润，以保证砂浆（或细石混凝土）与坑壁的黏结力。

3）水泥砂浆的水灰比应由试验确定，一般可以控制在0.4～0.5。水泥与砂的比例范围可采用1:1～1:1.5，砂浆稠度取3～7cm，水泥标号不应低于525号。

4）拌制砂浆和混凝土时，原材料要过秤，要严格控制水灰比和坍落度，搅拌宜采用机械搅拌。采用减水剂时用量应控制好。

5）灌注时要分层捣固密实，一次不应浇灌得太多，以防石子卡住形成空隙。岩孔内的浇注量不得少于设计规定值。捣固时要防止锚筋或地脚螺栓位置移动。

6）对于承台式岩石基础、锚筋和承台的浇注可以分别进行，也可以一次连续浇注完成。采用一次浇注完成时，应先支模板，安装好承台钢筋和地脚螺栓，再进行锚孔灌浆，最后浇注承台。承台浇制应在锚桩浇注的初凝时间内进行。

为了保证承台与岩石黏结牢固，承台下部岩石面应打毛，应用钢刷或扫帚清扫，并用清水冲洗，坑内积水应排净。

7）掏挖式岩石基础混凝土浇制参照模块Z04F1002Ⅰ的技术规定执行。

8）对浇制的砂浆和混凝土的强度检查，应以同条件养护的试块为依据，试块制作数量为每基每种标号各一组。

9）水泥砂浆和混凝土浇制完毕，应做好养护工作，基础顶面要覆盖草袋或其他遮盖物，定时浇水保护湿润，养护时间不得少于五昼夜。冬季施工养护要采取相应的保温养护措施，如采用暖棚法、蓄热法养护，可以加入早强剂、减水剂，以减小水灰比，加强振动捣固，加速混凝土硬化。

10）基础浇制完成后，应再对每个塔腿的尺寸和整基基础的尺寸进行检查，其尺寸允许误差应符合 GB 50233《110kV～500kV 架空送电线路施工及验收规范》中的要求，并做好施工技术记录。

（3）防风化处理。

1）为了防止岩石基面继续风化，保证岩石基础稳定可靠，应按设计要求对基础周围表面进行防风化处理。通常的办法是，在基础周围岩面上浇一层混凝土保护层。设计无明确要求时，要求保护层范围不得小于 1.2 倍坑（孔）深，厚度不小于 25mm，岩石基础防风化如图 4–7–11 所示。

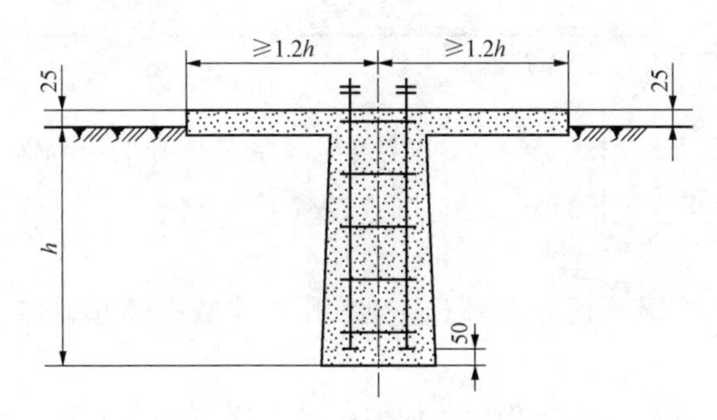

图 4–7–11　岩石基础防风化

2）防风化保护层一般采用细石素混凝土进行浇制，强度等级按设计要求执行。

3）浇层防风化层前，应将岩石基面打毛并用清水清洗干净，以保证混凝土的粘结强度。

4）防风化层浇制完成后，要认真进行养护，以防止层薄干裂。

五、注意事项

（1）各类岩石基础施工的基本程序如下。

1）直锚式岩石基础。清理施工基面、分坑、浇灌水泥砂浆（或细石混凝土）、浇制小承台、养护、拆模。

2）承台式岩石基础。清理施工基面、分坑、打锚筋孔、安装锚筋、浇灌锚孔水泥砂浆（或细石混凝土），待达到设计强度的 70%后，绑扎承台钢筋，安装承台模板和地脚螺栓，浇制承台混凝土，养护、拆模、回填土，亦可一次浇注完成。

3）嵌固式和掏挖式岩石基础及拉线岩石基础。清理施工基面、分坑、挖凿坑孔、安装地脚螺栓和钢筋或拉线棒、浇灌混凝土养护。

（2）岩石基础应按设计要求施工。基础施工开挖后，应逐基核查岩石地基的表面覆盖层厚度和岩体的稳定性、坚固性、风化程度、层理和裂隙情况。

（3）铁塔基础边坡距离的控制是保证塔位稳定性的重要因素，应按设计要求予以保证。当塔位临近悬崖陡壁时，若设计无明确规定，则对基础边坡的最小距离要求可参考表4–7–1的要求予以控制。

表4–7–1 基础边坡最小距离要求（坑、孔深的倍数）

边坡地形	直锚和承台式		嵌固式和掏挖式	
	岩石坚固完整	岩石风化破碎	岩石坚固完整	岩石风化破碎
一面临空	1.5	2.0	2.5	3.0
二面临空	2.0	2.5	3.0	3.5
三面临空	2.5	3.0	3.5	4.0

注 表中的数值，系从单腿基础中心算起。

（4）岩石基础施工开挖、爆破、下钢筋笼及浇制过程均应确保安全，其具体措施应按有关安全规程和规定执行。

【思考与练习】

1. 岩石基础具有哪些优点？岩石基础常用的型式有哪些？各类岩石基础适用于哪些场所？

2. 直锚式岩石基础的施工程序如何？承台式岩石基础的施工程序如何？嵌固式和掏挖式岩石基础及拉线岩石基础的施工程序如何？

3. 岩石基础构造上的要求有哪些？

4. 用内燃凿岩机钻孔时应注意哪些事项？岩石锚桩钻孔有哪些要求？锚筋和地脚螺栓的安装应注意哪些事项？

5. 直锚式岩石基础如何分坑定位？承台式岩石基础如何分坑定位？嵌固式和掏挖式岩石基础如何分坑定位？

6. 砂浆和混凝土的浇注与养护有哪些规定？

◢ 模块8 岩石基础强度试验方法（Z04F1008Ⅱ）

【模块描述】本模块包含岩石基础强度试验一般方法、加荷试验、破坏型式等。通过内容介绍，掌握岩石基础强度试验方法。

【正文】

一、岩石基础强度试验一般方法

岩石基础强度主要是看岩石的上拔力是否足够，故对岩石基础强度试验一般做上拔力强度试验。试验的方法步骤如下。

1. 现场布置试验的仪器、设备

上拔试验布置图如图 4–8–1 所示。在基础的两端对称地布置油压千斤顶顶升装置，油压千斤顶间距 7～8m，在油压千斤顶上装有油压表，通过油压表可将油压换算为顶升力。再在油压千斤顶上安放加荷钢梁，钢梁中间采用钢丝绳或连接杆与地脚螺栓连接，这样能使地脚螺栓在加荷载时受力。然后，在地脚螺栓顶部和紧靠基础的岩面上装上 4 个百分表测量地脚螺栓和基础两侧岩面在各个加荷阶段的变形情况。

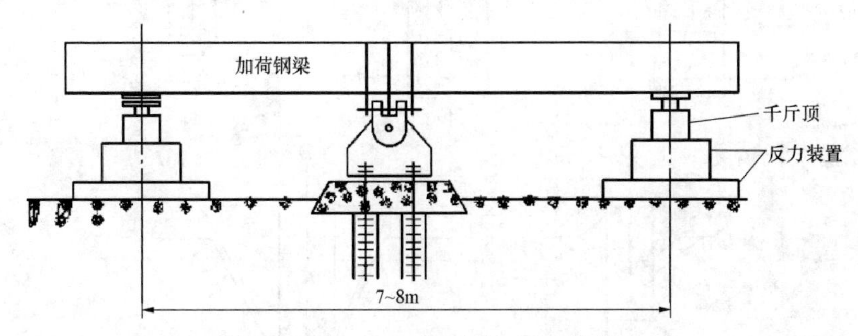

图 4–8–1　岩石基础上拔试验布置图

2. 岩石基础加荷试验

试验加荷时，从 40%荷载开始加荷，每级荷载加大 10%，采取每间隔 5～10min 加荷一次，观测基础变形情况。以最大设计上拔力为 100%，验收性试验加大到 100%为止，测出岩石基础的上拔强度；破坏性试验加到 100%以后，每次增加 20%的荷载，直至破坏，测出岩石基础的破坏强度。

二、岩石基础破坏型式

试验中岩石基础破坏一般有以下 5 种型式，如图 4–8–2 所示。

（1）锚筋或地脚螺栓被拉断。原因是上拔力超过了锚筋或地脚螺栓的抗拉强度，破坏的外形如图 4–8–2（a）所示。

（2）锚筋被拔起。原因是上拔力超过了锚筋与砂浆（或混凝土）的黏着力，破坏的外形如图 4–8–2（b）所示。

（3）锚筋连同砂浆（混凝土）一起被拔起。原因是上拔力超过了砂浆（混凝土）与岩孔壁的黏着力，出现的现象，如图 4–8–2（c）所示。

（4）地面隆起，剖面上出现反喇叭形破裂。原因是上拔力超过了岩体的强度，岩面出现以孔为中心的同心圆状裂隙，出现的现象如图 4–8–2（d）所示。

（5）岩体被抬起。原因是上拔力超过岩体中先成的结构面（层面、裂隙、节理等）所围起来的结构体质量及相邻岩块对它的阻力，从而产生岩体被抬起，外形如图 4–8–2（e）所示。

图 4–8–2（a）、（b）、（c）三种破坏型式可以人为地提高其强度从而满足设计要求，而图 4–8–2（d）、（e）两种破坏型式则很大程度上受岩石强度和其完整性来控制，因

此岩体抗拔力是岩石基础设计的关键。

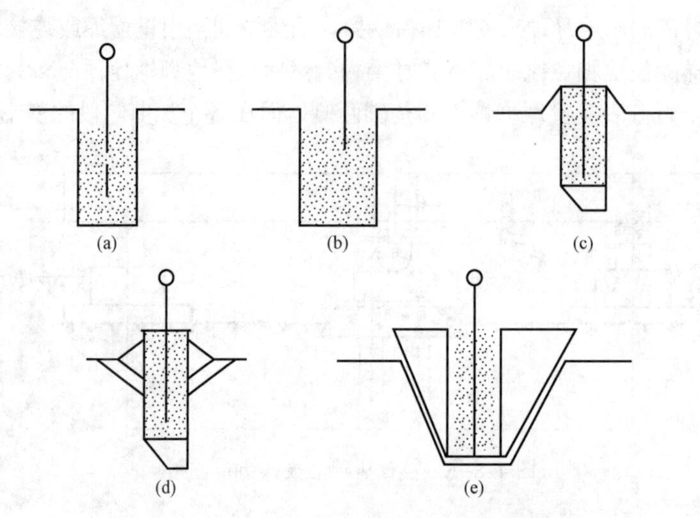

图 4-8-2 试验中岩石基础破坏的五种型式

（a）锚筋或地脚螺栓被拉断；（b）锚筋被拔起；（c）锚筋连同砂浆一起被拔起；（d）地面隆起，剖面上出现反喇叭形破裂；（e）岩体被抬起

【思考与练习】

1. 怎样检验岩石基础上拔强度？
2. 怎样对岩石基础做加荷试验？
3. 岩石基础的破坏型式有哪几种？

◢ 模块 9 岩石爆破法（Z04F1009Ⅱ）

【模块描述】本模块包含岩石爆破的基本规定、爆破材料、爆破药包的计算、爆破方法等。通过内容介绍、流程讲解，掌握岩石爆破的工艺标准和质量要求。

【正文】

一、作业内容

（1）普通爆破法。该爆破方法是当炸药引爆后转化为大量的气体膨胀，在瞬间（10^{-6}～10^{-5}s）产生几千至几万 MPa 压力和 2000～5000℃高温，致使周围介质遭受强烈的破坏。破碎特点是高压、瞬时，有震动、噪声、飞石、瓦斯。炸药爆破是化学爆炸。

（2）微差爆破法。此爆破法是在普通爆破法基础上发展起来的，当炸药引爆后转化为气体膨胀，在 0.1～1s 产生几百 MPa 压力和 3000～5000℃高温。破碎特点是高压、瞬时，有震动、噪声、飞石较少。炸药爆破是气体膨胀。

（3）静态破碎法。静态破碎是采用一种无声破碎剂的固体膨胀原理进行开裂型破碎方法的爆破。它是将无声破碎剂用水拌成浆体，填在岩石或混凝土钻孔中，经水化作用后，在常温下产生约30MPa以上的膨胀压，待10～24h，便在无震动、无噪声、无飞石、无毒气的情况下，把整体岩石或混凝土破碎。破碎特点是低压、慢加载（速度是10^4～10^5m/s）全无公害。炸药爆破是固体膨胀。

二、作业前准备

（1）做好安全准备工作。具体有：

1）建立指挥机构，明确爆破人员的分工、职责。

2）做好防止爆破有害气体、噪声对人体危害的各项措施。

3）对在危险区内的建筑物、构筑物、管线、设备等采取安全保护措施，防止爆破地震、飞石和冲击波的破坏。

4）在爆破危险区的边界设警戒哨岗和警告标志。

5）将警告信号的意义、警告标志和起爆时间通知所有工作人员和当地单位的居民。起爆前，督促人、畜撤离危险区。

（2）选定爆破材料。

1）炸药。爆破施工中常用到的炸药主要有硝铵炸药、硝化甘油炸药及黑火药等。炸药的品种选择因地制宜。

2）雷管。按起爆方式的不同雷管有火雷管及电雷管。电雷管又分为即发雷管和迟发雷管。雷管一般选用6号或8号雷管。

3）导火索。导火索是用于传递火焰引燃火雷管或黑火药的起爆材料，它是用黑火药做心药，用麻、线和底做包皮。导火索的规格应与雷管相适应，长度要足够（最短不少于1m）。

4）传爆线。它又称导爆线，外表与导火索相似，是用高级烈性炸药制成，主要用于深孔爆破和大量爆破药室的起爆，不用雷管。

5）无声破碎剂（Soundless Cracking Agent，SCA）。凡是在不允许产生飞石、巨大的震动、巨大的声响和不允许有毒气体的场所，如居民区、水库、构筑物附近和有旅游区等地方，均可采用无声破碎技术。

（3）确定爆破方法。爆破方法应根据爆破场地地形情况、周围设施及各种爆破方法的特点灵活考虑。当爆破地点周围环境条件和施工条件允许时（即对爆炸没有防护要求），一般建筑工程岩石爆破多采用普通爆破法，也可采用微差爆破法。普通爆破类型按以下方法选择。

1）荒野地带及远离建筑物处，可采用抛掷爆破。

2）邻近建筑物、农田处，可采用松动爆破。

3）因成孔条件情况差，宜采用分层爆破。

凡在不允许产生飞石、巨大的震动、巨大的声响和不允许有毒气体的场所，如居民区、水库、构筑物附近和有旅游区等地方，均可采用无声破碎法。

（4）爆破药包药量的计算。

1）标准抛掷药包药量计算为

$$Q = qw^3e \tag{4-9-1}$$

式中 Q ——药包质量，kg；

q ——岩石单位体积炸药消耗系数，kg/m³，见表4-9-1；

w ——最小抵抗线，m；

e ——不同炸药的换算系数。

表4-9-1 标准抛掷药包的炸药单位消耗量

土的分类	一～二	三～四	五～六	七	八
q（kg/m³）	0.95	1.10	1.25～1.50	1.60～1.90	2.00～2.20

爆破漏斗断面图如图4-9-1所示。

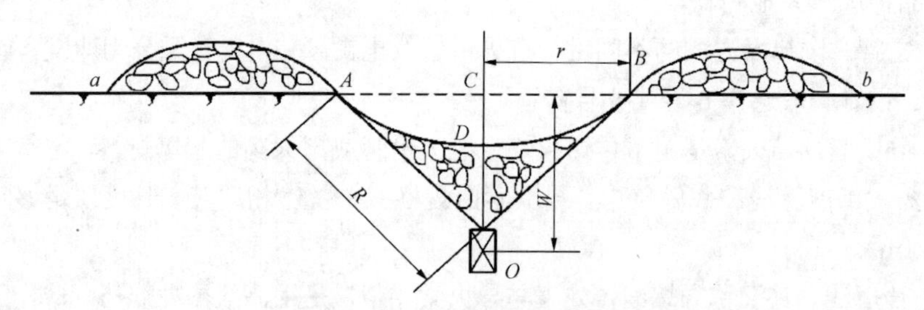

图4-9-1 爆破漏斗断面图

R—破坏半径；W—最小抵抗线；r—漏斗半径；O—药包

各种炸药的换算系数见表4-9-2。

表4-9-2 各种炸药换算系数

炸药种类	换算系数	炸药种类	换算系数
二号岩石硝铵	1.0	62%硝化甘油	0.75
威力强大硝铵	0.84	黑火药	1.70

2）松动爆破药包药量计算

$$Q = 0.33qw^3e \quad (4\text{–}9\text{–}2)$$

3）加强抛掷爆破药包药量计算

$$Q = qw^3 f(n)e \quad (4\text{–}9\text{–}3)$$

式中　n ——爆破作用指数，$n = \dfrac{\gamma}{w}$；

$f(n)$ ——爆破作用指数函数，$f(n) = 0.4 + 0.6n^2$。

三、危险点分析与控制措施

岩石爆破存在的危险点有以下三个方面。

（1）爆破器材运输危险点包括炸药、雷管运输不当，爆炸伤人。其控制措施为：

1）炸药、雷管应由专门人员押运。

2）炸药、雷管应分别运输、携带和存放，严禁和易燃物品放在一起，并有专人保管。

3）运输中雷管应有防震措施，如在车辆不足的情况下，允许同车携带少量炸药（不超过 20kg），携带雷管人员应坐在驾驶室内，车上炸药应有专人管理。

4）携带电雷管时，应将引线短路，电雷管与起爆器不得由同一人携带，雷雨天不应携带电雷管。

5）运送炸药时，不得使炸药、雷管受到强烈冲击挤压。

（2）打孔危险点包括工具使用不当，造成人身误伤。其控制措施为：

1）钢钎打孔时，应检查锤把与锤头固定是否可靠；打锤人严禁站在扶钎人侧面，并不得戴手套；扶钎人应戴好安全帽。

2）风（电）钻打孔时，操作人员应佩带护目眼睛，带耳塞，操作人员应站在上风侧，且不得触及钻杆。

（3）爆破施工危险点：炸药和雷管保管、使用不当，爆炸伤人。其控制措施为：

1）爆破工作必须由有爆破资质的人员担任。

2）爆破施工必须有专人指挥，设置警戒员，防止危险区内有人通行或逗留。

3）装填炸药时不得使炸药、雷管受到强烈冲击挤压。

4）雷管和导火索连接时，应使用专用的钳子夹雷管口，严禁碰雷汞部分和用牙咬雷管。

5）在强电场下严禁用电雷管。

6）使用电雷管时，起爆器由专人保管，电源由专人控制，闸刀箱应上锁；放爆前严禁将点火钥匙插入起爆器；引爆电雷管应使用绝缘良好的导线，其长度不得小于安全距离，电雷管接线前，其脚线必须短接。

7）使用的导火索要有足够的长度，点火后点火人员要迅速离开危险区；如需在坑内点火时，应事先考虑好点火人能迅速撤离坑内的措施。

8）遇有哑炮时，应等20min后再去处理，不得从炮眼中抽取雷管和炸药；重新打眼时深眼要离原眼0.6m，浅眼要离原眼0.3～0.4m，并与原眼方向平行。

9）爆破时应考虑对周围建筑物、电力线、通信线等设施的影响，必要时采取保护措施。

四、作业步骤与质量标准

（一）普通爆破法

1. 炮眼位置、孔深、孔距的确定

（1）炮眼的位置应选择在有较大、较多的临空面处，避免选择在岩石裂缝处或是石层变化的分界线上。炮眼的布置，一般为交错梅花形，依次逐排起爆，如图4–9–2所示。

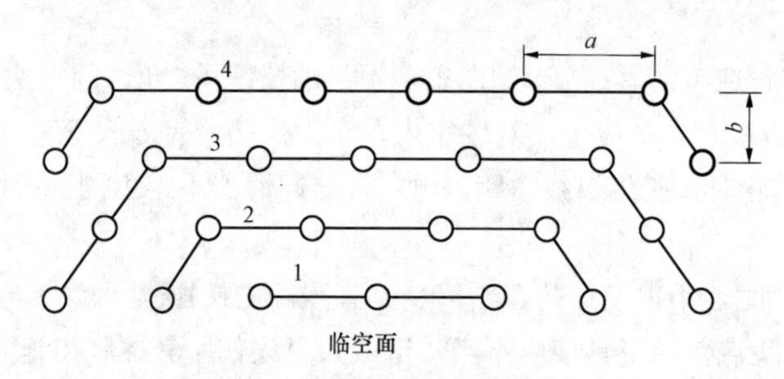

图4–9–2 爆破顺序示意图

a—眼距；*b*—排距

（2）炮眼深度与最小抵抗线的确定。炮眼深度是随着岩石软硬的性质来确定的，一般按以下方法确定。

1）坚硬岩石炮眼深度

$$L=(1.1\sim1.5)H \tag{4–9–4}$$

式中 H ——爆破层厚度。

2）中硬岩石炮眼深度

$$L=H \tag{4–9–5}$$

3）松软岩石炮眼深度

$$L=(0.85\sim0.95)H \tag{4–9–6}$$

计算抵抗线 W，也是随着岩石硬度和爆破层厚度来确定的，如图4–9–3所示，一般取

$$W = (0.6 \sim 0.8)H \qquad (4\text{-}9\text{-}7)$$

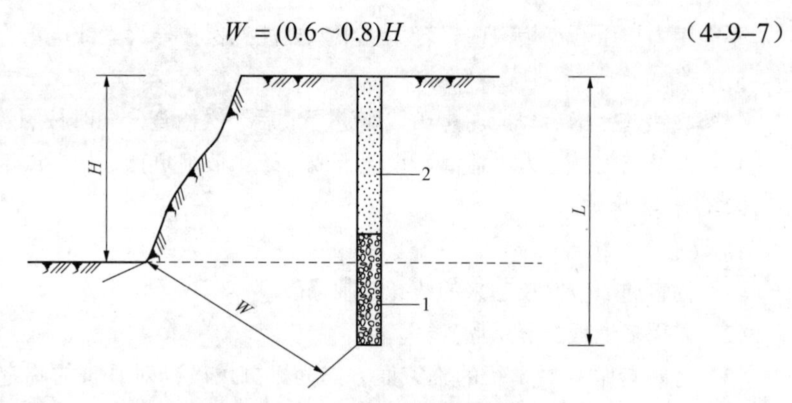

图 4–9–3 炮眼深度与计算抵抗线的位置

1—炸药；2—填塞物；L—炮眼深度；H—爆破层厚度；W—最小抵抗线

（3）炮眼距离的确定。它是根据具体要求，以及按照不同的起爆方法确定的，其中火花起爆时，炮眼距离 $a = (1.4 \sim 2.0)W$ ；电力起爆时，炮眼距离 $a = (0.8 \sim 2.0)W$ 。炮眼爆破时，排距 $b = (0.8 \sim 1.2)W$ 。

2. 凿岩施工

凿岩可采用人工打眼或机械打眼。当土方量不大、机械设备不足或受施工条件限制的狭窄地形，可采用人工打眼。人工打眼采用钢钎、铁锤、掏勺等工具。机械打眼采用风动凿岩机（又称手风钻）和风镐（铲）打眼。

3. 装药

（1）炮眼爆破法装药前必须检查炮眼位置、深度与方向是否符合规定要求，同时将炮眼中的石粉、泥浆除净（可用风吹法），如炮眼内有水要掏净，为防止炸药受潮，可以在炮眼底部放一些油纸或使用经防潮处理的炸药。

在干眼中可装粉药，粉药可用勺子或漏斗分批装入，每装一次，必须用木制炮棍轻轻压紧，如装卷药时，可用木制炮棍将药卷顺次送入炮眼并轻轻压紧；起爆药卷（雷管）设在装药全长的 1/3～1/4 位置上（由炮眼口部算起）。

装药时，应特别小心，严禁使用铁器。不准用炮棍用力挤压或撞击。

（2）药壶爆破法。装药在主药包未装入炮眼前，先用少量炸药将炮眼底部扩大成药壶型，然后埋设炸药进行爆破。

（3）裸露药包爆破药包应设置在岩块表面有凹陷的地方，对岩块体积大于 $1m^3$ 的石块，药包可分数处放置，药包上使用草皮、黏土或不易燃烧的柔软物体覆盖。

4. 填塞炮泥

炮泥应就地取材，可用一份黏土、两至三份粗砂及适量的水混合而成。填塞要密实，不能用力挤压，在炮眼内轻轻捣实中，要注意保护导火索或电雷管的脚线。

5. 放炮

装药、填塞完毕后，应对爆破线路进行最后一次检查，同时按照爆破安全操作的有关规定，发出信号，人员撤离，设置警戒，才由放炮负责人指挥放炮。

（二）微差爆破法

1. 微差爆破特点

（1）为普通爆破发展起来的浅孔控制爆破。

（2）采用多炮眼的分层爆破。

（3）每排炮眼，对平行的临空面方向为抛掷爆破；对垂直的临空面方向为松动爆破。

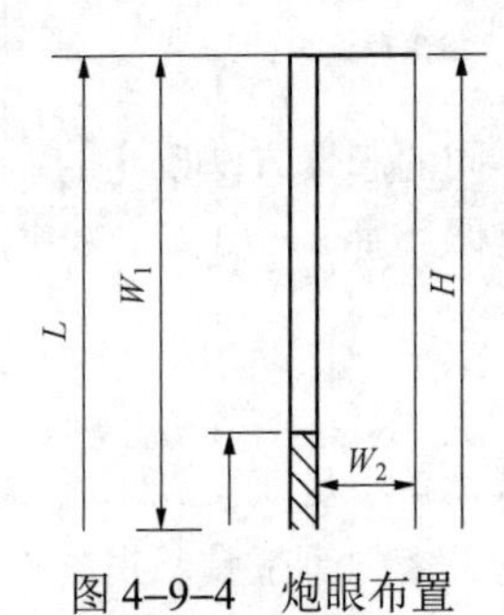

图 4–9–4 炮眼布置

（4）当前排炮眼起爆进入抛掷状态时，次后炮眼起爆达到控制前排炮眼的抛掷作用，其要求时间间隔很小。

（5）电雷管的时限为秒级，不能达到控制效果。采用 DH–1 系列非电毫秒雷管，相邻段号时间差为 25ms。

（6）非电毫秒雷管以导爆管连接，可按需要长度订货。

2. 炮眼布置

炮眼布置，如图 4–9–4 所示，其方法如下。

（1）同排炮眼孔距 a 为

$$a = 2n_1w_1 \tag{4–9–8}$$

式中 w_1 ——顺炮眼方向的最小抵抗线；

n_1 ——爆破指数，$n_1 \leqslant 0.75$。

（2）炮眼排距 b 为

$$b = w_2 \tag{4–9–9}$$

式中 w_2 ——平行炮眼方向的最小抵抗线。

炮眼布置可为棋盘型、梅花型、等腰三角形等几种。

（3）炮眼深按成孔直径的 25～35 倍，且不宜大于 1.2m，分层爆破的层高为 H，则炮眼深应满足

$$l = (1.1～1.5)H \tag{4–9–10}$$

其他步骤同普通爆破法。

（三）静态破碎法

1. 炮眼位置、孔深、孔距的确定

（1）最小抵抗线 W：无钢筋和少钢筋混凝土 $W=30\sim40\text{cm}$，多筋混凝土 $W=20\sim30\text{cm}$。

（2）孔距和排距：无筋混凝土，$a=30\sim40\text{cm}$；钢筋混凝土，$a=15\sim30\text{cm}$。排距 $b=(0.6\sim0.9)a$。多排布孔，钻孔采用梅花形。多排布孔布置图如图 4–9–5 所示。

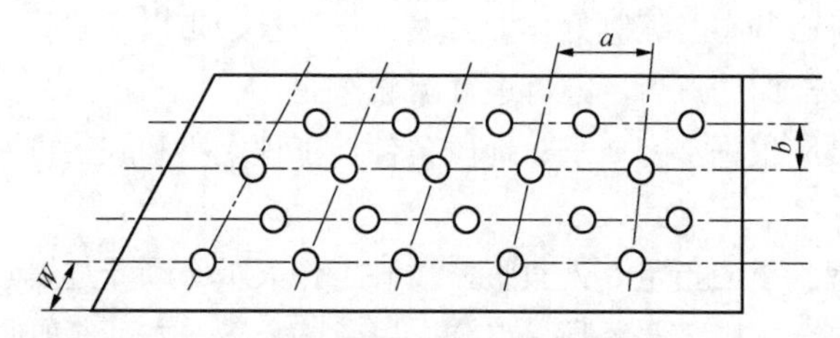

图 4–9–5　多排孔布置图

a—孔距；b—排距；W—抵抗线

（3）孔径和孔深。孔径宜为 30～55mm。孔深：无筋混凝土，$L=(0.75\sim0.8)H$；钢筋混凝土，$L=(0.95\sim1.0)H$。

2. 搅拌无声破碎剂（SCA）

SCA 每袋为 5kg，加水量为 SCA 质量的 30%～50%，每袋即加入 1500～1700mL 干净的水。搅拌时先把量好的水倒入桶中，再把 SCA 倒进去，随即开动手持式搅拌机拌至均匀，搅拌时间一般为 40～60s。在施工温度低于 10℃时，要用 40℃的热水搅拌。

3. 填充

搅拌好的 SCA 浆体，要在 10min 内用完，因为它的流动度损失较快，久置使灌孔困难。对于垂直的孔，可直接将 SCA 倾倒进去。对于斜孔或水平孔，可用挤压式灰浆棒将 SCA 压入孔中，为防止倒流出来，可用塞子堵口。向上孔的填充可用灰浆棒压入孔中。多排孔先灌在周边的一、二排孔，经 10～20h 再灌三、四排孔，依次类推。

4. 养护

（1）在春、秋、夏季，SCA 填充后，一般不用覆盖（除雨天外），发生裂纹后，可用水浇缝，以加快 SCA 的膨胀作用。

（2）在冬季，SCA 填充后，要用草席或油毡等覆盖保温。

5. 操作要求

（1）必须按环境温度选用破碎剂。

（2）按生产厂提供的使用说明书进行作业。

（3）控制水灰比，拌和要均匀，填充时孔口留 20mm 不填塞。

（4）日光直射时孔口应覆盖，环境温度低于 100℃要覆盖保温，环境温度低于 0℃应增温养护。

（5）裂缝出现时，可向裂缝内灌水，裂缝不再发展时即可进行清渣。

五、注意事项

（1）大中型爆破施工，特别是在城镇、风景名胜区和重要工程设施附近进行爆破施工时，施工单位必须事先编制好作业方案，报经县、市以上主管部门批准，并征得所在地县、市公安部门同意后，方可进行爆破作业。

（2）石方爆破应根据工程要求、地质条件、工程大小和施工机械等合理选用爆破方法。

（3）爆破工程施工应指定专人负责，爆破工作人员必须受过爆破技术训练，熟悉爆破器材性能和安全规则，并经县、市公安局考试合格，方可参加爆破工作。

（4）爆破工程所用的爆破材料，应根据使用条件选用并符合现行国家标准、部标准。

（5）爆破材料的购买、运输、储存、保管，应遵守国家关于爆破物品管理条例的规定。

（6）在水下或潮湿的条件下进行爆破时，宜采用抗水炸药。

（7）露天爆破如遇浓雾、大雨、大风、雷电或黑夜，均不得起爆。

（8）处理哑炮应严格按国家有关规定执行。

（9）SCA 施工时，为了安全最好戴防护眼镜，SCA 填充后 5h 内不要靠近孔口直视孔口，以防万一发生喷出时伤害眼睛。

（10）SCA 对皮肤有轻度腐蚀性，碰到皮肤后立即用水清洗。

（11）SCA 要存放在干燥场所，切勿受潮。

（12）按实际施工温度选择合适的 SCA 型号，不可互用。

【思考与练习】

1. 线路岩石基坑有哪几种爆破方法？
2. 普通爆破法爆破类型怎样选择？炮眼位置如何确定？装药量如何计算？
3. 微差爆破法有哪些特点？炮眼位置如何确定？装药量如何计算？
4. 静态破碎爆破法有哪些特点？布孔设计如何设计？操作上有哪些要求？

◢ 模块 10　基础检验方法及标准（Z04F1010Ⅲ）

【模块描述】本模块包含混凝土的坍落度检查、混凝土的试块检查、回弹仪现场检验及半破损检验方法等。通过内容介绍、图形示例、原理讲解，掌握基础检验方法及标准。

【正文】

一、混凝土坍落度的检查

混凝土在浇筑地点的坍落度，每一工作班日或每个基础腿至少检查两次。实测的混凝土坍落度与要求坍落度之间的允许偏差应符合表 4–10–1 的要求。

表 4–10–1　混凝土坍落度与要求坍落度之间的允许偏差　mm

要求坍落度	允许偏差	要求坍落度	允许偏差
＜50	+10	＞90	±30
50～90	+20		

混凝土的坍落度是评价混凝土和易性及混凝土稀稠程度的指标。坍落度的测定方法如图 4–10–1 所示。用白铁皮做成一个截头圆台形筒，上口直径 10cm，底口直径 20cm，高度 30cm。

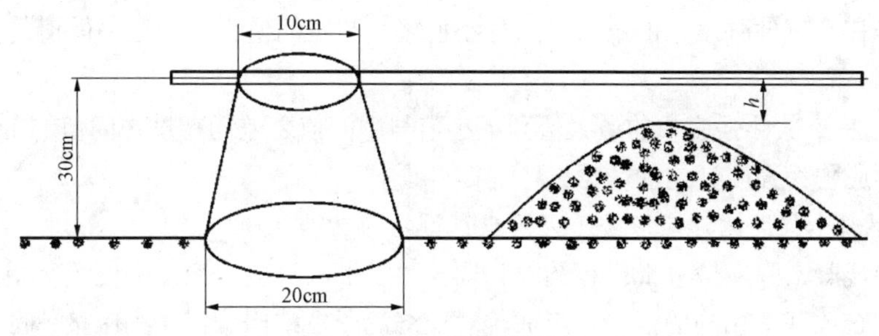

图 4–10–1　坍落度测定

坍落度测定时，把圆筒放在铁板上，将拌和好的混凝土分三次放入，每次放入筒高的三分之一，用直径 15mm、长 50cm 的铁棒捣固 25 次。如此连续操作三次，使混凝土与筒口相平，然后把筒轻轻提起，这时混凝土就自然坍落下来，用尺量坍落下来的高度就是混凝土的坍落度。为保证测定准确，必须试验三次，取其平均值。

二、混凝土的试块检查

混凝土的强度可通过试块去近似检查。

1. 混凝土的试块制作及强度检查

混凝土的试块应采用钢模制作，钢模应做成可拆卸的铁制模盒。在将混凝土注入模合之前，应先在钢模内壁涂一层脱模剂，再将拌和好的混凝土分三次注入特制的边长为 150mm 钢模内，并用铁棒捣实，在钢模内静放两昼夜，然后按与现场基础相同的条件养护 28 天，拆模后就做成了边长为 150mm 的标准尺寸的立方体试件。

试件做成后，将其放到耐压机上作抗压试验，测得每平方毫米面积上所受到力的牛顿数，即为混凝土的强度。如混凝土强度等级为C20，即指该试件强度为$20N/mm^2$。

2. 混凝土的试块制作数量及试块强度取值

（1）用于检查结构构件混凝土质量的试件，应在混凝土的浇筑地点随机取样制作。其养护条件与构件（基础）相同。试件的留置应符合下列规定。

1）转角、耐张，终端及悬垂转角塔的基础，每基应取一组，每组3个试件。

2）一般直线塔基础，同一施工班组每5基或不满5基应取一组（为了减少对基础怀疑范围，宜每基取一组），单基或连续浇筑混凝土量超过$100m^3$时亦应取一组。

3）按大跨越设计的直线塔基础及拉线塔基础，每腿应取一组，但当基础混凝土量不超过同工程中大转角或终端塔基础时，则应各基取一组。

（2）每组三个试件应在同盘混凝土中取样制作，并按下列规定确定该组试件的混凝土强度代表值。

1）取三个试件强度的平均值。

2）当三个试件强度中的最大值或最小值之一与中间值之差超过中间值的15%时取中间值。

3）当三个试件强度中的最大值和最小值与中间值之差均超过中间值的15%时，该组试件不应作为强度评定的依据。

3. 混凝土强度的评定应按下列要求进行

（1）混凝土强度应分批进行验收。同一验收批的混凝土应由强度等级相同、生产工艺和配合比基本相同的混凝土组成，对现浇混凝土结构构件，尚应按单位工程的验收项目划分验收批，每个验收项目按现行国家标准GB 50300《建筑工程施工质量验收统一标准》确定。对同一验收批的混凝土强度，应以同批内标准试件的全部强度代表值来评定。

（2）当混凝土的生产条件在较长时间内能保持一致，且同一品种混凝土的强度变异性能保持稳定时，应由连续的三组试件代表一个验收批，其强度应同时符合下列要求

$$m_{fcu} \geqslant f_{cu.k} + 0.70\sigma_0 \tag{4-10-1}$$

$$f_{cu.min} \geqslant f_{cu.k} - 0.70\sigma_0 \tag{4-10-2}$$

当混凝土强度等级不高于C20时，尚应符合下式要求

$$m_{cu.min} \geqslant 0.85 f_{cu.k} \tag{4-10-3}$$

当混凝土强度等级高于C20时，尚应符合下式要求

$$m_{cu.min} \geqslant 0.9 f_{cu.k} \tag{4-10-4}$$

以上式中　m_{fcu} ——同一验收批混凝土强度的平均值，N/mm²；

$f_{cu.k}$ ——设计的混凝土强度标准值，N/mm²；

σ_0 ——验收批混凝土强度的标准差，N/mm²；

$f_{cu.min}$ ——同一验收批混凝土强度的最小值，N/mm²。

验收批混凝土强度的标准差，应根据前一检验期内同一品种混凝土试件的强度数据，按式（4–10–5）确定

$$\sigma_0 = \frac{0.59}{m}\sum_{i=1}^{m}\Delta f_{cu.i} \tag{4-10-5}$$

式中　$\Delta f_{cu.i}$ ——前一检验期内第 i 验收批混凝土试件中强度的最大值与最小值之差；

m ——前一检验期内验收批总批数。

注意，每个检验期不应超过 3 个月，且在该期间内验收总批次不得超过 15 组。

（3）当混凝土的生产条件不能满足上述（2）的规定，或在前一检验期内的同一品种混凝土没有足够的强度数据用以确定验收批混凝土强度标准差时，应由不少于 10 组的试件代表一个验收批，其强度应同时符合下列要求

$$m_{fcu} - \lambda_1 s_{fcu} \geqslant 0.9 f_{cu.k} \tag{4-10-6}$$

$$f_{cu.min} \geqslant \lambda_2 f_{cu.k} \tag{4-10-7}$$

式中　s_{fcu} ——验收批混凝土强度的标准差，N/mm²。当 s_{fcu} 的计算值小于 $0.6 f_{cu.k}$ 时，取 $s_{fcu} = 0.06 f_{cu.k}$；

λ_1、λ_2 ——合格判定系数。

验收批混凝土强度的标准差 s_{fcu} 为

$$s_{fcu} = \sqrt{\frac{\sum_{i=1}^{n} f_{cu.i}^2 - n m_{fcu}^2}{n-1}} \tag{4-10-8}$$

式中　$f_{cu.i}$ ——验收批内第 i 组混凝土试件的强度值，N/mm²；

n ——验收批内混凝土试件的总组数。

合格判定系数，应按表 4–10–2 取用。

表 4–10–2　　合格判定系数

试件组数	10～14	15～24	≥25
λ_1	1.70	1.65	1.60
λ_2	0.90	0.85	

（4）对零星生产的预制构件的混凝土或现场搅拌批量不大的混凝土，可采用非统计法评定。此时，验收混凝土的强度必须同时符合下列要求

$$m_{fcu} \geqslant 1.15 f_{cu.k} \tag{4-10-9}$$

$$m_{cu.min} \geqslant 0.95 f_{cu.k} \tag{4-10-10}$$

当对混凝土试件强度的代表性有怀疑时，可采用非破损检验方法或从结构、构件中钻取芯样的方法，按有关标准的规定，对结构构件中的混凝土强度进行推定，作为是否应进行处理的依据。非破损检验方法，可采用回弹仪进行，并遵守 JGJ/T 23《回弹法检测混凝土抗压强度技术规程》的规定。

三、回弹仪现场检验

（一）外形

混凝土回弹仪外形如图 4–10–2 和图 4–10–3 所示。

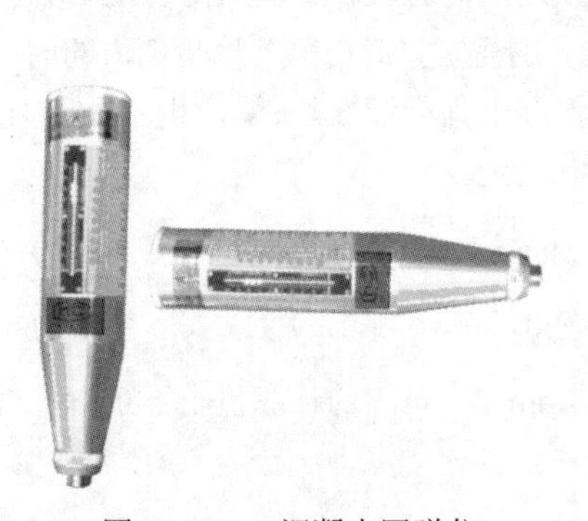

图 4–10–2 混凝土回弹仪

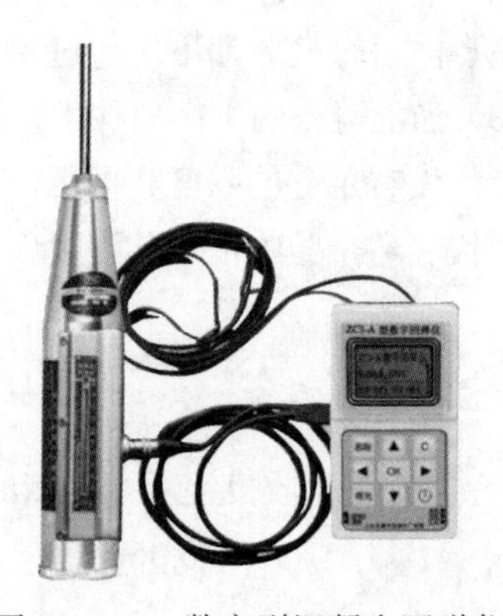

图 4–10–3 数字型混凝土回弹仪

（二）回弹仪测混凝土强度原理

当回弹仪的弹击锤被一定的弹力打击在混凝土表面时，混凝土的反力使弹击锤回弹，其回弹高度可通过回弹仪读出并与混凝土表面硬度成一定的比例，因此通过测得的回弹值及混凝土的碳化深度可推求出混凝土的抗压强度。

（三）回弹仪测混凝土强度方法

1. 选择测点

测点宜在混凝土结构面上选择（最好是侧面），所选的每个测点距外露钢筋、预埋件不宜小于 30mm，测点不应在气孔或外露石子上，且所有的测点应在测区范围内均匀分布，相临两测点间距不宜小于 30mm。

2. 测回弹值

检测时，将弹击杆顶住混凝土表面，使回弹仪的轴线始终垂直于构件的混凝土检

测面，缓慢均匀施压，待弹击锤脱钩冲击弹击杆后，弹击锤回弹带动指针移动，在示值刻度线上指示出回弹值。

读出回弹值后，逐渐对仪器减压，使弹出杆自仪器内伸出复位，待下一次使用。

测回弹值时应注意：同一测点只应弹击一次，每一测区应记取16个回弹值，每一测点的回弹值读数估读至1。

3. 测碳化深度

采用适当的工具在测区表面有代表性的位置形成直径约 15mm、深度大于混凝土碳化深度的孔洞，孔洞形成后将孔洞中的粉末和碎屑除净（不得用水擦洗），然后用浓度为1%的酚酞酒精溶液滴在孔洞内壁的边缘处，当已碳化与未碳化界线清楚时，再用深度测量工具测出已碳化深度。测量不应少于 3 次，取其平均值，每次读数精确至0.5mm。

4. 回弹值计算

计算测区平均回弹值时，应从该测区的16个回弹值中删除3个最大值和3个最小值，余下10个回弹值按式计算

$$R_{\mathrm{m}}=\frac{\sum_{i=1}^{10}R_i}{10} \tag{4-10-11}$$

式中 R_{m}——测区平均回弹值，精确至0.1。

R_i——第 i 个测点回弹值。

5. 确定混凝土强度

根据计算得出的回弹值及碳化深度查JGJ/T 23—2001中的附录A测区混凝土强度换算表，可得混凝土强度。

四、半破损检验法

半破损检验基础混凝土强度方法有回弹法、钻芯法等。钻芯法是用金刚石空心薄壁钻头或钻芯机，从混凝土结构构件中钻取混凝土芯样，然后将该芯样拿去做抗压强度试验，得到的抗压强度即为该基础的抗压强度。由于芯样直接从结构中钻取，因而更能直接反映混凝土的真实情况。

【思考与练习】

1. 如何测定混凝土的坍落度？

2. 如何通过试块检查混凝土强度？

3. 如何用回弹法检验基础混凝土的强度？

第五章

杆塔组立

模块 1　杆塔组立概述（Z04F2001Ⅰ）

【模块描述】本模块包含混凝土电杆组立、铁塔组立、杆塔组立常用的工器具及选择，通过概念讲解、工艺介绍、图形举例，了解杆塔型式及其组立方法。

【正文】

一、钢筋混凝土电杆组立概述

（一）混凝土电杆的分类

（1）根据杆体截面的不同，混凝土电杆可分为等径杆和锥形杆，等径杆常用直径有ϕ300 和ϕ400 两种规格；锥形杆主杆锥度为 1/75，梢径常有ϕ190、ϕ230、ϕ270 等几种规格。

（2）根据组装方式，混凝土杆又可分为单杆、“A”型杆、“Π”型杆和三联杆等，其常见基本型式如图 5-1-1 所示。

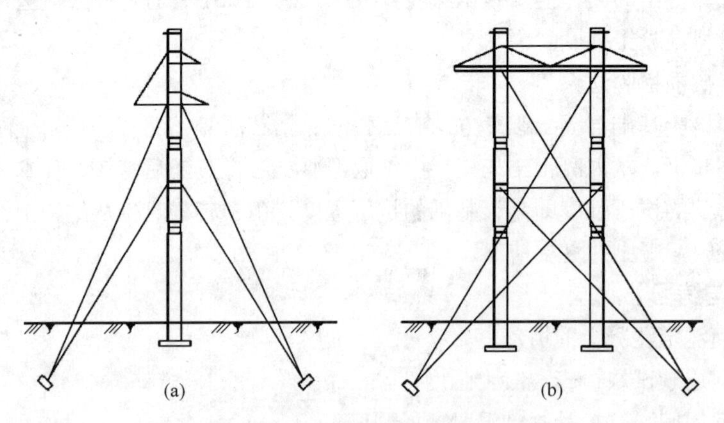

图 5-1-1　钢筋混凝土电杆型式

(a)“A”型单杆；(b)“Π”型双杆

（3）根据在架空线路中的作用，可分为直线杆、耐张杆、特种杆等三类。直线杆用于线路直线段中，主要承受架空线路的垂直和水平荷载；耐张杆用于线路直线耐张、转角、终端等杆位，此类杆可以控制事故范围，并承受事故情况下的断线拉力；特种杆则用于线路分支、换位、跨越等特殊用途杆位。

（二）混凝土电杆组立方法

混凝土电杆组立方法可分为整体组立和分解组立，整体组立混凝土电杆的主要方法有倒落式人字抱杆整体立杆、吊车整体起吊等方法。在混凝土电杆无条件整体组装的地形情况下可使用冲天单抱杆、吊车分解组立的方法。

1. 倒落式人字抱杆整体立杆

倒落式人字抱杆整体立杆方法一般是先将焊接好的电杆与横担及附件在地面顺线路方向整体组装完毕，在电杆根部附近按一定的初始角预立人字抱杆，抱杆头部与电杆吊点之间用钢丝吊绳相连，用钢丝绳牵引抱杆顶端使抱杆转动，电杆整体随之绕地面支点扳转起立。它是借抱杆的旋转倒落，钢筋混凝土杆的旋转和吊点系统、牵引系统、制动系统、拉线控制系统等设备共同配合来完成立杆工作的。此方法简单、方便，高空作业少，安全性高，施工速度快，是目前送电线路杆塔施工中广泛使用的一种方法。常用钢筋混凝土杆整体起吊布置图，如图 5–1–2 所示。

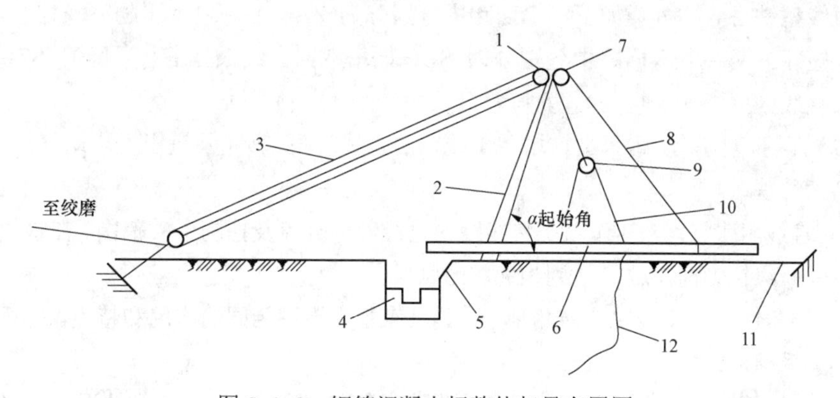

图 5–1–2　钢筋混凝土杆整体起吊布置图

1—抱杆帽；2—抱杆；3—牵引滑车组；4—底盘；5—马槽；6—钢筋混凝土杆；7—第一吊点滑车；8—第一吊点绳；9—第二吊点滑车；10—第二、三吊点绳；11—制动系统；12—临时拉线

2. 冲天单抱杆起吊电杆

适用于 10～35kV 线路的常见单柱电杆。整体吊装是按设计的杆高，将钢筋混凝土杆段在地面排直焊好，一次吊装完毕。这种钢筋混凝土杆的一般高度可达 21m，但它需要有较高的抱杆，因此受到工具设备的限制。混凝土电杆在无条件整体组立的地形情况下，将杆段按设计的杆高在地面排直焊好，选定抱杆坐落的位置，安装四侧临

时拉线，利用冲天单抱杆分解将杆身起吊完毕，高空组装横担、附件。

3. 用吊车起吊电杆

适用于10～110kV线路电杆。该种方法多用于施工地点交通便利，吊车可到达的地点，该方法可以很好的保证施工质量和施工安全，减少高空作业，施工效率高，但受交通、起吊重量和吊臂高度的限制。

（三）立杆方法的选择原则

（1）在施工现场地形条件许可时，应采用倒落式人字抱杆整体立杆的方法。

（2）对于杆高为21m及下的电杆，交通便利的地点应采用吊车整体起吊。

（3）对于地形条件差，施工作业面狭窄无法采用上述两种方法的，采用冲天单抱杆起吊电杆的方法。

二、铁塔组立概述

（一）铁塔的分类

1. 按用途分类

（1）直线型铁塔。直线型铁塔（含悬垂转角塔）用于线路的直线地段或小转角处，主要承受导线及地线的垂直荷重和水平风压荷重。

直线型铁塔名称分类如下：单回路中分别分为ZB—酒杯塔（平腿）、ZBC—酒杯塔（长短腿）两种，双回路中分别分为SZ—同塔双回直线鼓型塔（平腿）、SZC—同塔双回直线鼓型塔（长短腿）两种。

（2）耐张型铁塔。耐张型铁塔用于线路的直线耐张、转角及进出变电站终端等处，它包括三种铁塔。

1）直线耐张铁塔，其作用是将线路的直线部分分段及控制事故范围。在事故情况下，承受断线拉力而不致扩展到相邻的耐张段。

2）转角铁塔用于线路的转角地点，其具有耐张铁塔相同的作用和特点。在正常情况下，承受导地线向内角的合力。

3）终端铁塔，位于线路的起止点，它同时允许线路转角。在正常情况下承受线路侧与构架侧的架空线不平衡张力；在事故情况下它承受架空线的断线张力。

耐张型铁塔名称分类如下。

1）单回路：ZJ—直线转角塔（平腿）、ZJC—直线转角塔（长短腿）、J—耐张转角塔（平腿）、JC—耐张转角塔（长短腿）、DJ—终端塔。

2）同塔双回路：SZJ—同塔双回直线转角塔（平腿）、SZJC—同塔双回直线转角塔（长短腿）、SJ—同塔双回耐张转角塔（平腿）、SJC—同塔双回耐张转角塔（长短腿）、SDJ—同塔双回终端塔。

（3）特殊型铁塔。包括用于跨越、换位、分支等特殊要求的铁塔。

1）跨越铁塔，当线路跨越河流、铁路、公路或其他电力线等障碍物时，常常需要较高的直线塔或耐张塔，一般以直线塔较多。跨越塔分为普通跨越塔和大跨越塔，后者是指跨越档档距超过 1000m 且高度在 100m 以上的铁塔。

2）换位铁塔，主要起导线换位作用，有直线换位塔和耐张换位塔两种。

3）分支铁塔，用于线路分支处，有直线分支和耐张分支两种。

2. 按导线回路数分类

（1）单回路铁塔，导线仅有一回（交流三相、直流两相），无地线或为一至两根地线的铁塔。

（2）双回路铁塔，导线为两回（交流六相、直流四相）同塔架设，地线为一至两根的铁塔。

（3）多回路铁塔，导线为三回及以上同塔架设的铁塔。

3. 按结构型式分类

（1）拉线塔，铁塔的拉线一般用高强度钢绞线做成，能承受很大的拉力，因而使拉线塔能充分利用材料的强度特性而减少钢材耗用量，但其占地面积较大。

（2）自立式铁塔，指不带拉线的铁塔，因其塔身较宽大，刚性好，也称刚性铁塔。

（3）自立式钢管铁塔，此类铁塔近年在国内城市电网中应用较为普遍。

（二）铁塔型号及型式

铁塔型号以名称代号表达，其名称代号一般是按 GB 2695《输电线路铁塔型号编制规则》的要求规定。

1. 表示铁塔用途分类的代号

表示铁塔用途分类的常用代号见表 5–1–1。

表 5–1–1　铁塔用途分类代号表

序号	种类	代号	序号	种类	代号
1	直线塔	Z	6	换位塔	H
2	耐张塔	N	7	分支塔	F
3	转角塔	J	8	直线转角塔	ZJ
4	终端塔	D	9	拉线塔	L
5	跨越塔	K			

2. 表示铁塔外形或导地线布置形式的代号

铁塔外形或导地线布置形式代号见表 5–1–2。

表 5–1–2　　铁塔外形或导地线布置形式代号表

序号	种类	代号	序号	种类	代号
1	上字型	S	8	V 字型	V
2	三角型	J	9	干字型	G
3	叉骨型	C	10	鼓　型	Gu
4	猫头型	M	11	伞　型	Sn
5	桥型	Q	12	羊字型	Y
6	酒杯型	B	13	倒伞型	Sd
7	门型	Me			

3. 拉线塔简介

拉线塔按电压等级分为 110、220、330、500kV 及 750kV。

拉线塔按其外形分为单柱式、门型、V 型（拉 V 塔）及猫头型（拉门塔）。如图 5–1–3～图 5–1–5 所示。

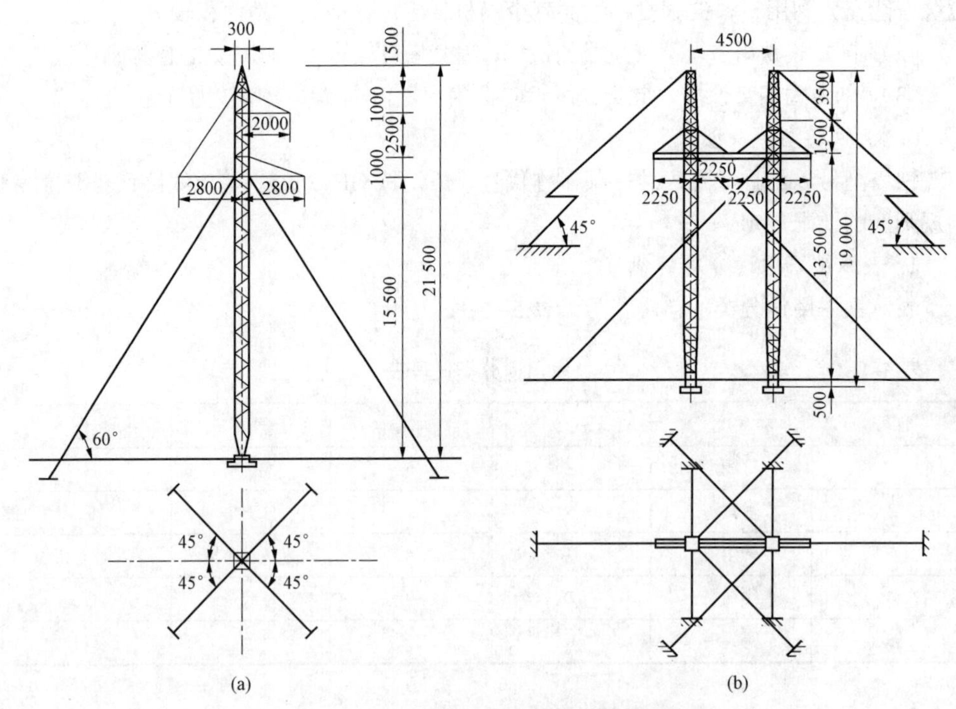

图 5–1–3　110kV 单柱式及门型拉线塔单线图

（a）Z 型杆；（b）J（0°～10°）耐张杆

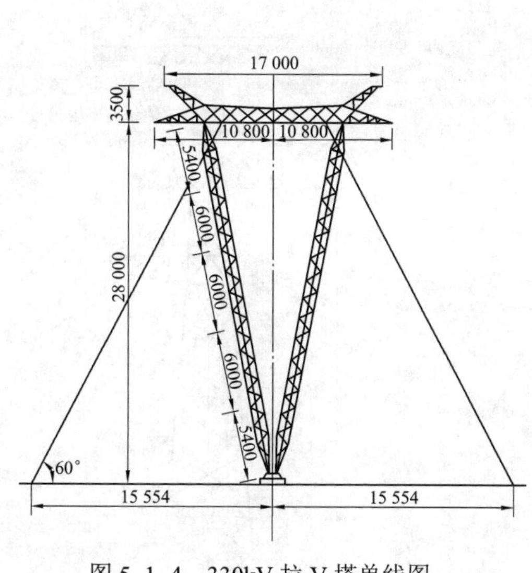

图 5–1–4　330kV 拉 V 塔单线图

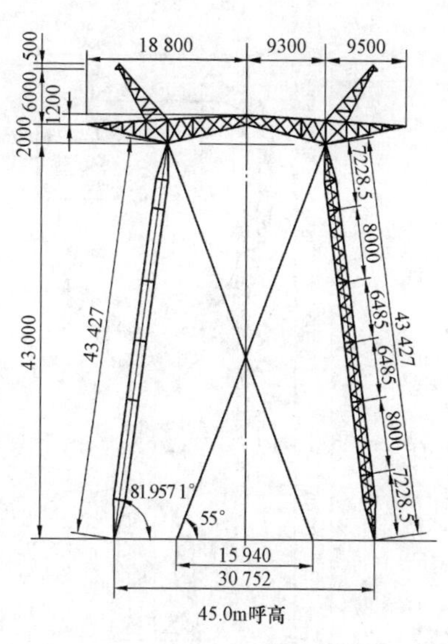

图 5–1–5　750kV 拉门塔单线图

4. 自立式铁塔

由于电压等级、回路数的不同，铁塔有多种型式。常用各种塔型如图 5–1–6～图 5–1–31 所示。

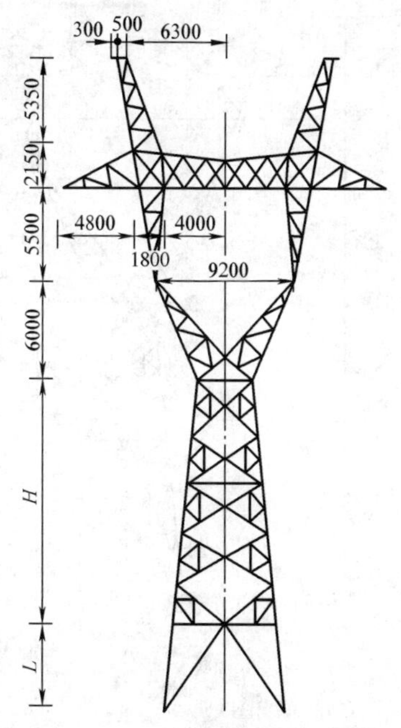

图 5–1–6　330kV ZB11 直线塔单线图

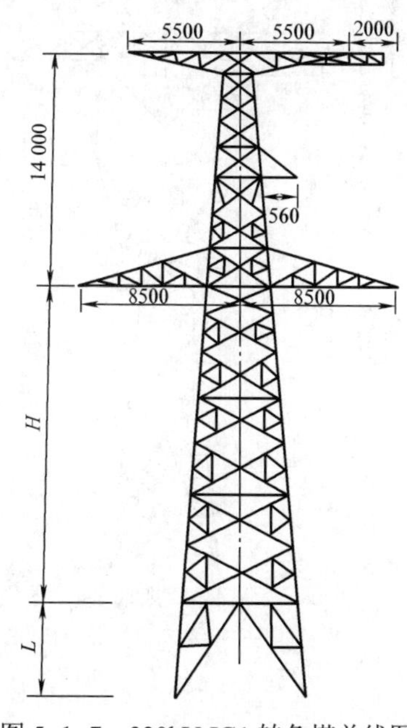

图 5–1–7　330kV JG1 转角塔单线图

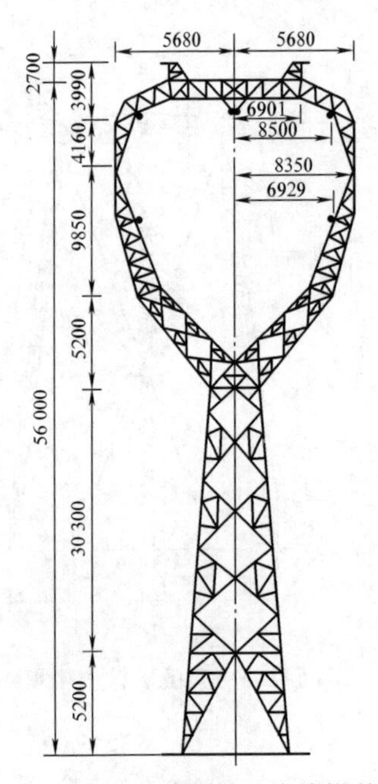

图 5-1-8 500kV 紧凑型线路直线塔单线图

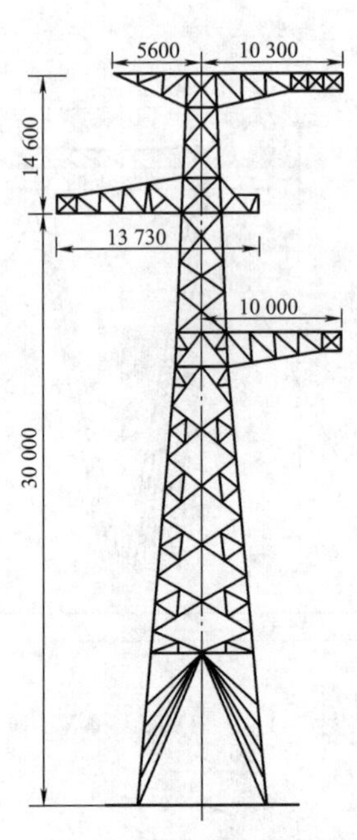

图 5-1-9 500kV 紧凑型线路转角塔单线图

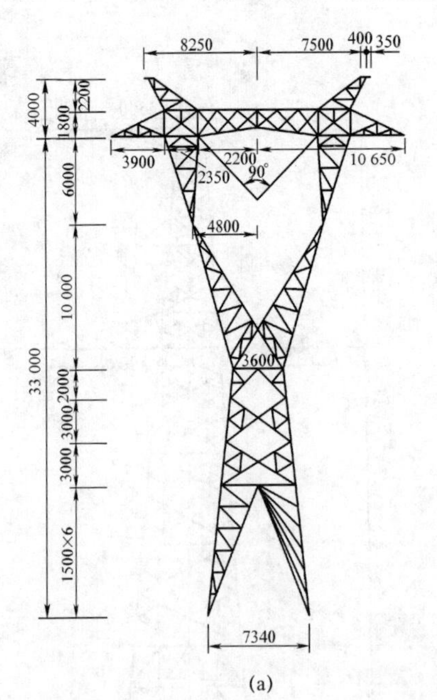

350 400 4500 6200 11 450

4000 2000 2000 1200 1400

4600 6200 13 200 2400

6000 10 000 33 000 3600 8000 9000

7340

(b)

图 5-1-10 500kV 酒杯型直线塔单线图

（a）ZVB31；（b）ZB32

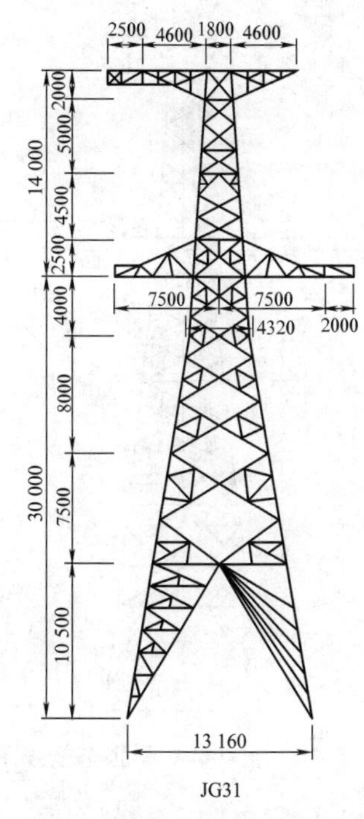

图 5-1-11　500kV 干字型转角塔单线图

图 5-1-12　500kV 直线转角塔单线图

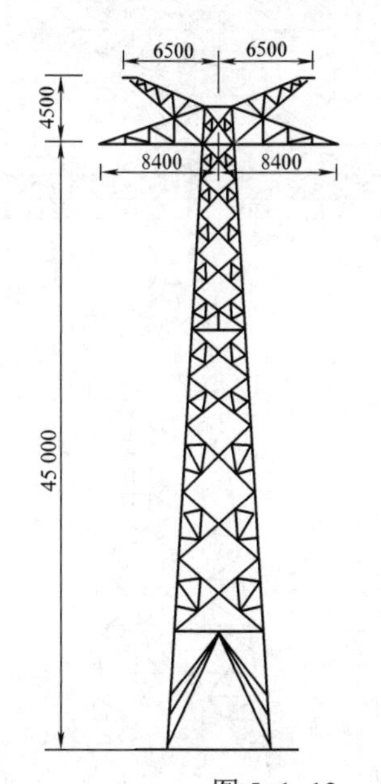

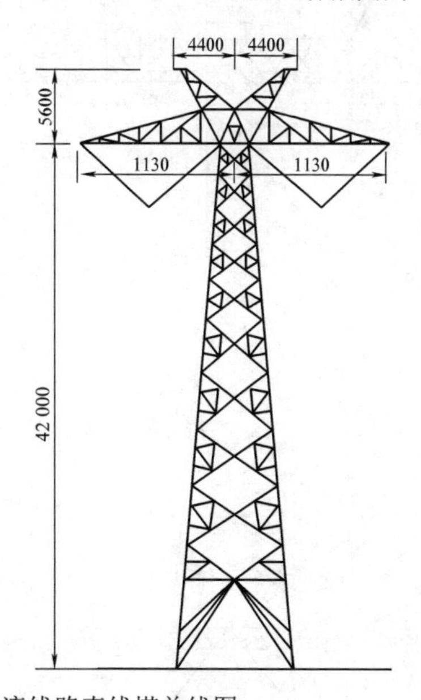

图 5-1-13　±500kV 直流线路直线塔单线图

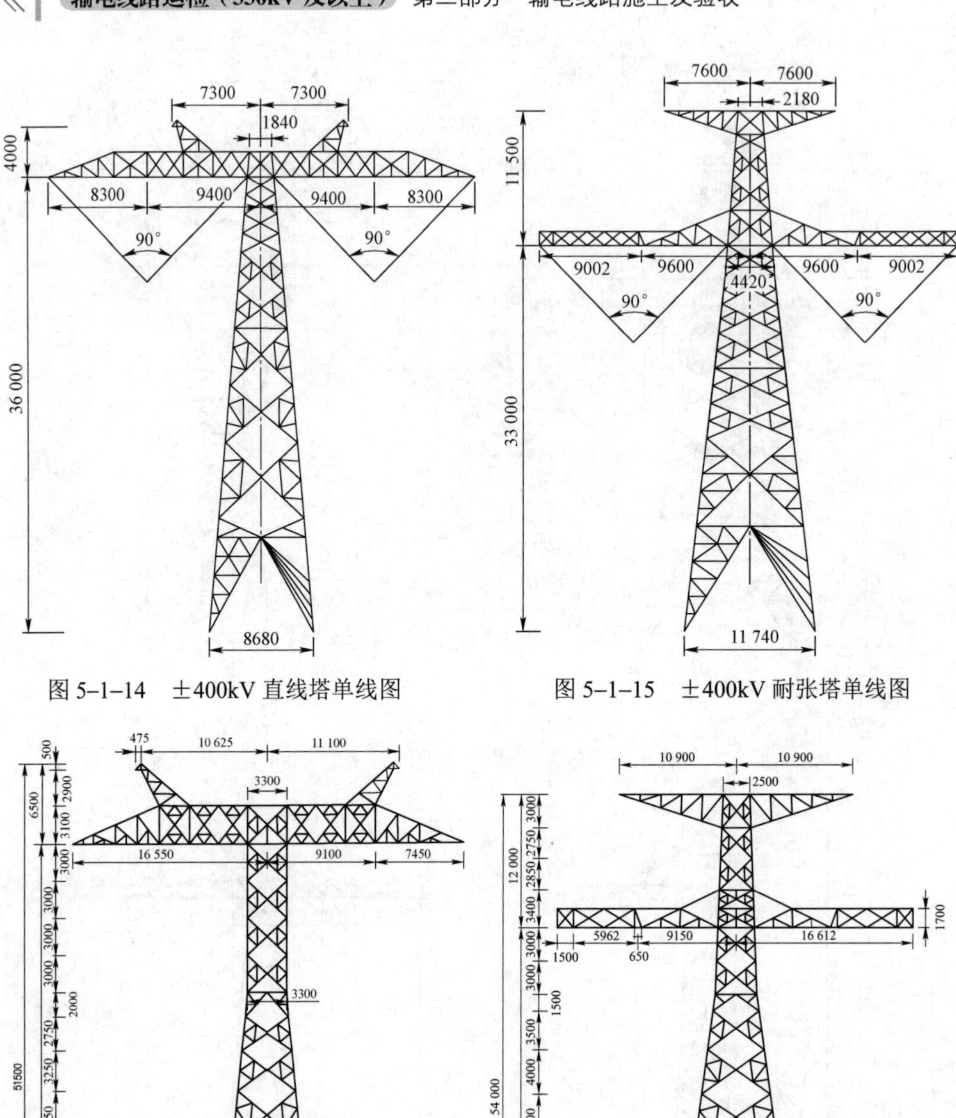

图 5-1-14 ±400kV 直线塔单线图

图 5-1-15 ±400kV 耐张塔单线图

图 5-1-16 ±660kV 直线塔单线图

图 5-1-17 ±660kV 耐张塔单线图

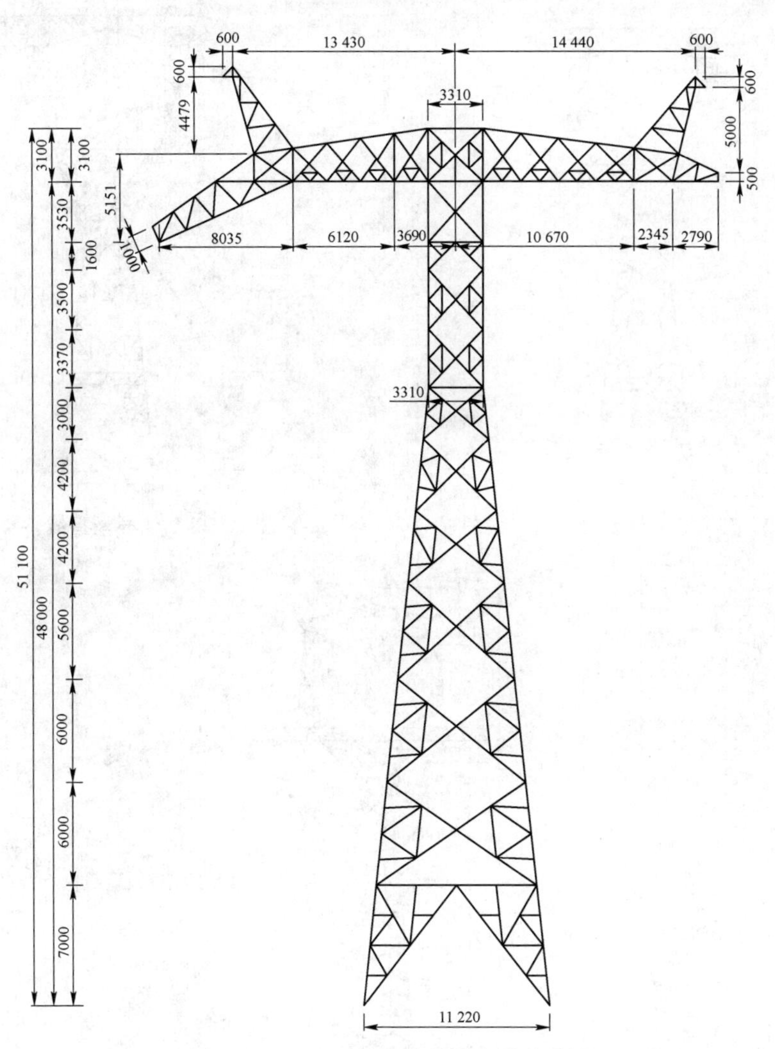

图 5-1-18　±660kV 直线转角塔单线图

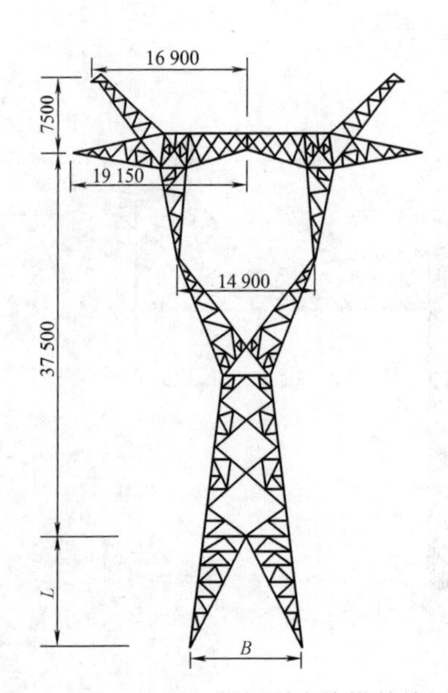

图 5-1-19 750kV 酒杯型直线塔单线图

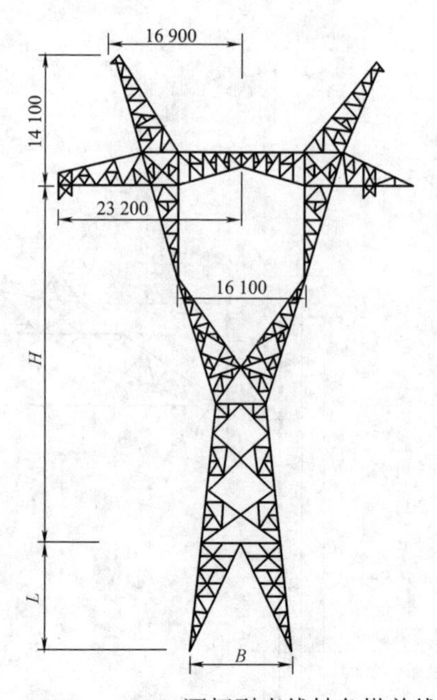

图 5-1-20 750kV 酒杯型直线转角塔单线图

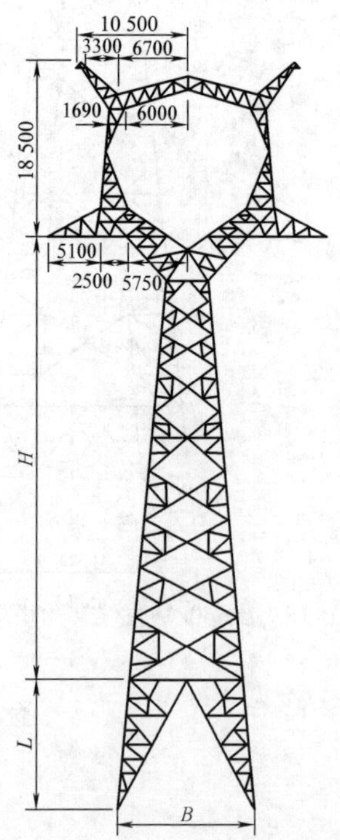

图 5-1-21 750kV 猫头型线塔单线图

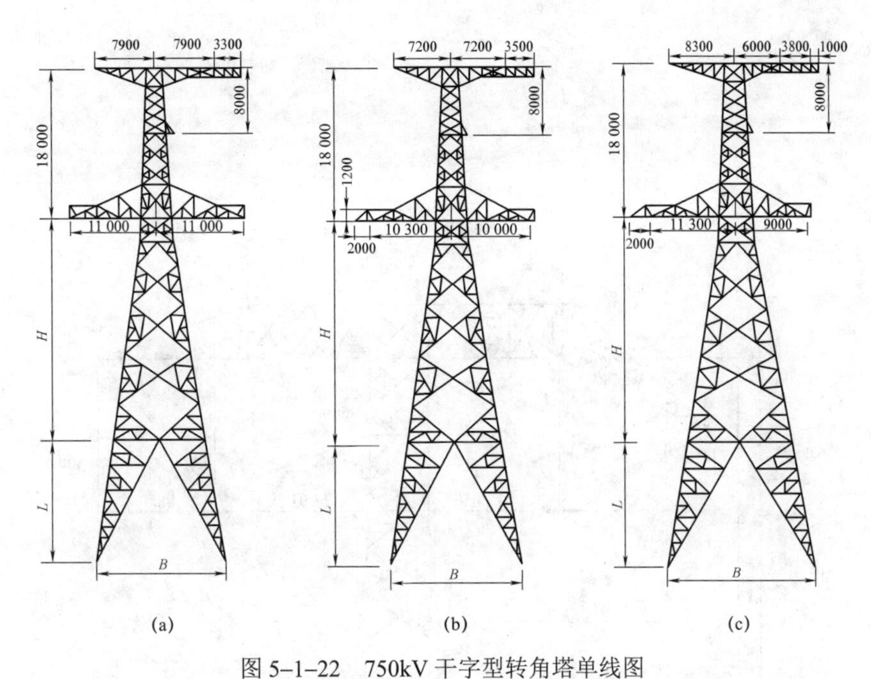

图 5-1-22　750kV 干字型转角塔单线图

（a）JG1 转角塔单线图；（b）JG2 转角塔单线图；（c）JG3 转角塔单线图

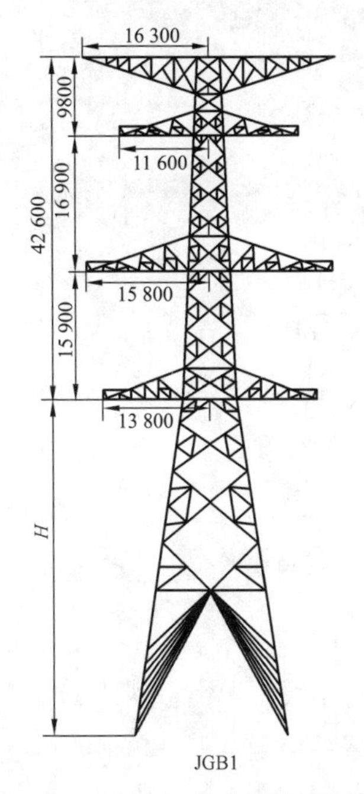

图 5-1-23　750kV 双回路直线塔单线图

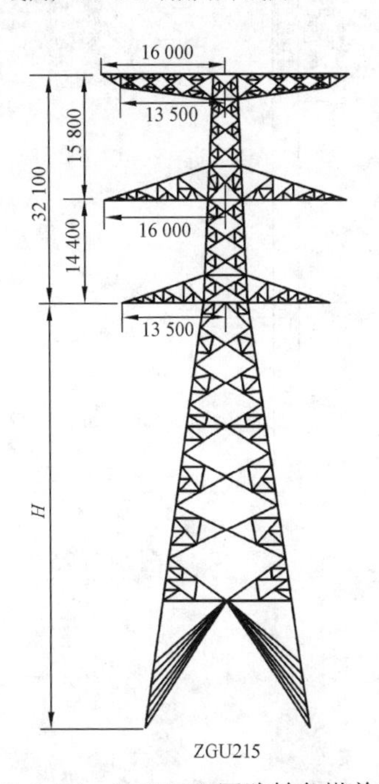

图 5-1-24　750kV 双回路转角塔单线图

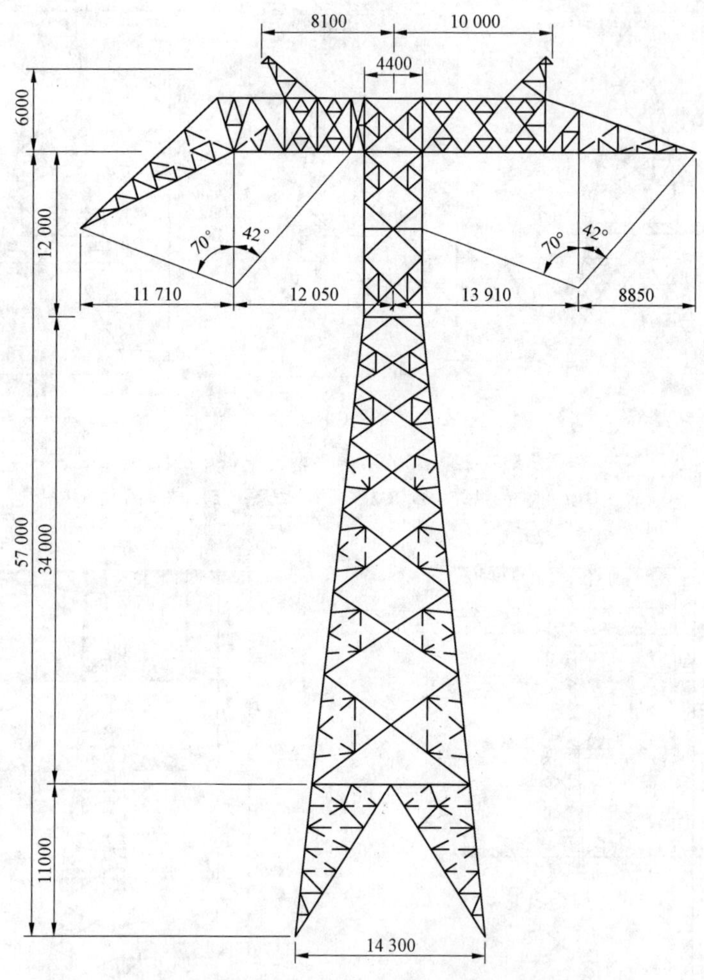

图 5-1-25 ±800kV 直线转角塔单线图

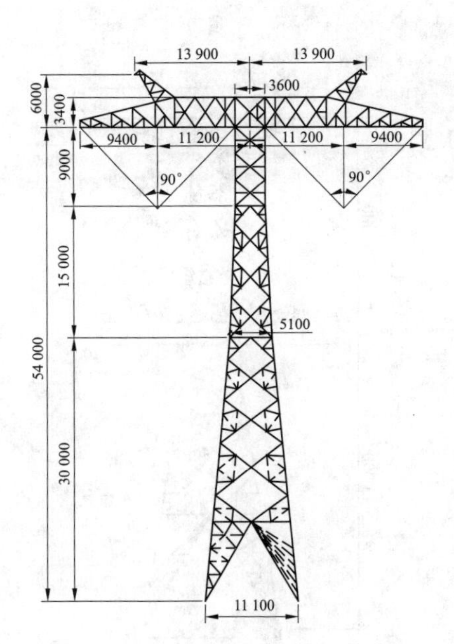

图 5-1-26　±800kV 直线塔单线图

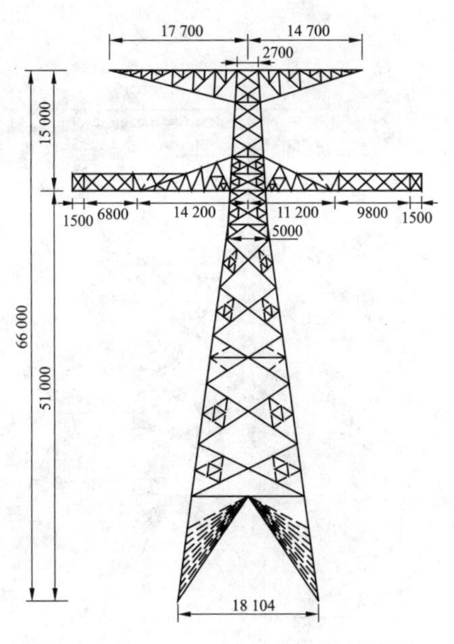

图 5-1-27　±800kV 耐张塔单线图

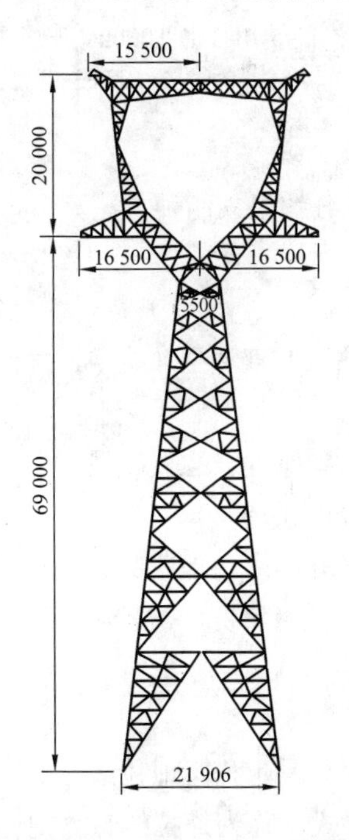

图 5-1-28　1000kV 猫头型直线塔单线图（ZMP4 塔总图）

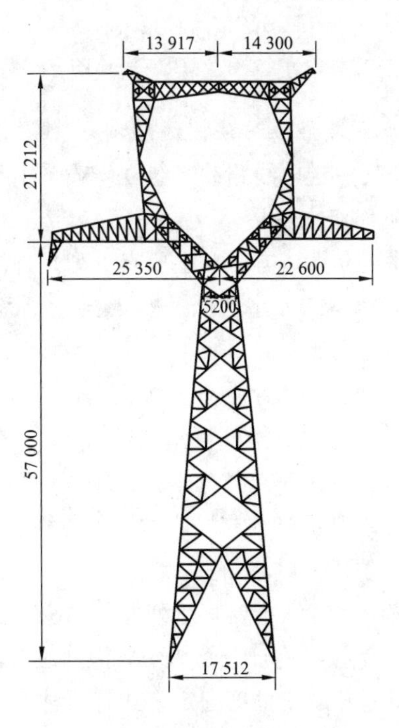

图 5-1-29　1000kV 猫头型直线转角塔单线图（ZMPJ 塔总图）

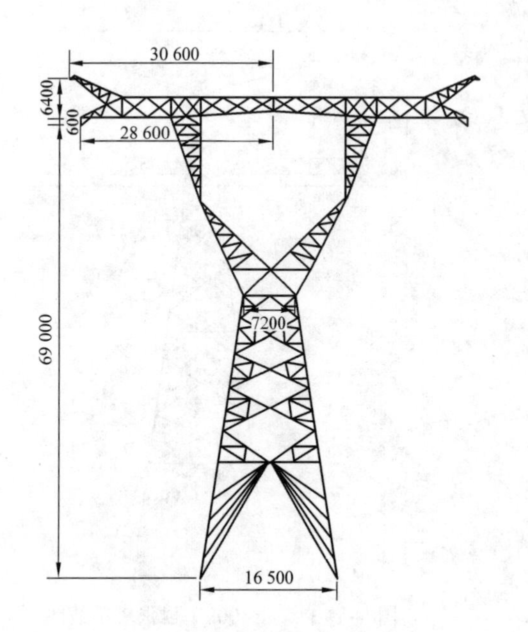

图 5-1-30 1000kV 酒杯型直线塔单线图（ZBS4 塔总图）

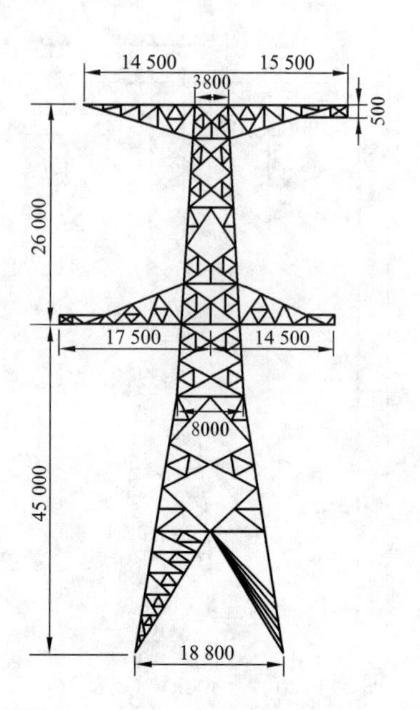

图 5-1-31 1000kV 干字型转角塔单线图（JTP3 塔总图）

（三）铁塔组立方法概述

目前架空送电线路铁塔组立一般采用整体组立和分解组立两种方法。

1. 整体组立铁塔

整体组立铁塔方法，主要有下列几种。

（1）倒落式人字抱杆整体立塔，在带拉线的单柱型或双柱型（拉V，拉门）铁塔组立中应用广泛。

（2）座腿式人字抱杆整体立塔，该方法仅适用于宽基的自立式铁塔。

（3）倒落式单抱杆整体立塔，一般用于质量较轻的铁塔。

（4）大型吊车整体立塔，适用于道路畅通、地形开阔平坦地段的各类型铁塔。

（5）直升机整体立塔。适用于各种铁塔，但施工费用昂贵，一般应用较少。

2. 分解组立铁塔

分解组塔方法主要有下列几种。

（1）外拉线抱杆分解组塔。抱杆拉线落在塔身之外，也称落地拉线。抱杆随塔段的组装而提升，其根部固定方式有两种：一种是悬浮式，称为外拉线悬浮抱杆组塔；另一种是固定式，即抱杆根部固定在某一主材上，也称外拉线固定抱杆组塔。

（2）内拉线抱杆分解组塔。抱杆拉线下端固定在塔身四根主材上，抱杆根部为悬浮式，靠四条承托绳固定在主材上，是在外拉线抱杆的基础上演变而来的新方法。

（3）通天抱杆分解组塔。抱杆座于塔位中心地面并配以落地拉线，吊装的塔片可以组装于任何方向，利用抱杆分别将相对的两塔片吊装，再进行整体拼装。此法适用于高度在 30m 以下的铁塔。

（4）摇臂抱杆分解组塔。在抱杆的上部对称布置四副或两副可以上下变幅的摇臂，摇臂抱杆又分两种：一种是落地式摇臂抱杆，即主抱杆座落在地面，随塔段的升高，主抱杆随之接长；另一种是悬浮式摇臂抱杆，如同内悬浮外拉线抱杆一样，抱杆根靠四条承托绳固定铁塔主材上。

（5）倒装组塔。上述分解组塔方法顺序是由塔腿开始自下向上组装，倒装组塔的施工次序恰好与上述方法相反，是由塔头开始逐渐向下接装，倒装组塔分为全倒装及半倒装两种。

全倒装组塔是先利用倒装架作抱杆，将塔头段整立于塔位中心，然后以倒装架作倒装提升支承，其上端固定提升滑车组以提升塔头段，并由上而下地逐段接装塔身各段，最后接装塔腿，直至整个铁塔就位。

半倒装组塔是先利用抱杆或起重机组立塔腿段，再以塔腿段代替抱杆，将塔头段整立于塔位中心；然后由上而下逐段按顺序接装塔身各段，直至塔腿以上的整个塔身与塔腿段对接合拢就位。

（6）吊车分解组塔。利用合适型号的吊车分片或分段进行铁塔组立，该方法使用工具最少，但需要有较好的道路运输条件和合适的吊装场地。

（7）无拉线小抱杆分件吊装组塔。利用一根小抱杆分片或单件吊装塔材，进行高空拼装。适用于塔位地形险峻、无组装塔片的场地及运输条件极为困难的塔位。

（8）混合组塔法。混合组塔有两种方式：一是先将铁塔下部用抱杆整体组立，铁塔上部再利用分解组塔法继续组立，这个方法称为整立与分解混合组塔法。二是吊车与轻便机具混合组塔，铁塔下部用吊车整体或分片、分段吊装；铁塔上部再利用抱杆分解组塔法完成。

（9）直升飞机分段组塔。适用于各种铁塔，尤其适用于地形极为险峻地段的铁塔，但施工费用较昂贵。

3. 选择立塔方法的基本原则

（1）基本原则是根据塔型结构、地形条件等选择安全技术上可靠、经济上合理、操作上简便、使用工具较少且有利于环境保护的组塔方法。

（2）凡是带拉线的铁塔，包括带拉线轻型单柱塔、拉门塔、拉猫塔、拉 V 塔等均应优先选用倒落式人字抱杆整体立塔。因为带拉线的铁塔在设计终勘定位时基本上考虑了地形起伏不大或虽起伏较大但塔身较轻，这就为整体立塔创造了条件。

（3）地形平坦、连续使用同类型铁塔较多时也宜优先选用整体立塔的方法。

（4）自立式铁塔以分解组塔的方法为主。分解组塔的方法较多，推荐使用内悬浮内拉线或内悬浮外拉线抱杆立塔，其他方法视机具条件、施工习惯和环保要求等具体选用。

（5）对于高度为 100m 以上的跨越铁塔，应根据塔型结构、地形条件、机具条件及环保要求等进行组立铁塔方案的比较，选择优化的立塔方案。

（四）常用工器具及选择

1. 钢丝绳

钢丝绳简称钢绳，是线路施工中最常用的绳索。他柔性好，强度高，而且耐磨损，常作为固定、牵引、制动系统中作为主要受力绳索。

（1）钢丝绳的分类。

按制造过程中绕捻次数不同可分为：

1）单绕捻钢丝绳（螺旋绕捻）。它是直接由一层或几层钢丝，依次围绕一中心绕城绳，如线路上常用的钢绞线即这种结构。

2）双重绕捻钢丝绳（索式绕捻）。它是先由一层或几层钢丝绕成股，再由几股钢丝围绕绳芯绕捻成钢绳，这两个绕捻过程是同时进行的。绳芯一般由油浸的棉、麻等纤维组成，可油润钢丝，使钢绳比较柔软，容易弯曲。双重绕捻钢绳的绕性和耐磨性适中，故在线路施工中大都采用这类钢绳。

3）三重绕捻钢丝绳（缆式绕捻）。它是把双重绕捻钢绳作为股，几股再围绕绳芯绕成钢绳，它绕性好，宜做捆绳用，但钢丝太细，工作中磨损太快，因此在起重中用得不多。

按钢丝直径螺距可分为：

1）普通结构钢绳，即每根钢丝单丝直径相同，而相邻各层钢丝螺距不同。

2）复式结构钢绳，相邻各层钢绳直径不同而螺距相同的钢丝绳。

所谓螺距（捻距）是指每一层股在钢丝绳上环绕一种的轴向距离。送电线路施工一般用普通结构钢绳。

按绕捻方向可分为：

1）顺绕钢绳，即钢丝绕成股和股绕成绳的方向一致的钢绳。这种钢绳捻性好，表面平滑一致，磨损少，耐用，但易扭转、松散，悬吊重物时易旋转，适用于拉线、制动绳。

2）交绕钢绳，钢丝绕成股和股绕成绳方向相反的钢绳。这种钢绳耐用程度差些，但不易自行松散和扭转，使用方便，应用最多。

3）混绕钢绳，相邻层股的钢丝绕捻方向是相反的，这种钢绳受力产生的扭转变形在方向上具有相抵消的作用，兼有前两种钢绳的优点。

常用普通结构钢丝绳规格如表 5–1–3 和表 5–1–4 所示。

表 5–1–3　　普通钢丝绳规格

［钢丝 6X19（1+6+12）绳纤维芯］

钢丝绳直径（mm）	钢丝直径（mm）	钢丝总面积（mm^2）	每百米质量（kg）	破断拉力（kN）
6.2	0.4	14.32	13.53	16.7
7.7	0.5	22.37	21.14	26.5
9.3	0.6	32.22	30.45	37.2
11.0	0.7	43.85	41.44	51.0
12.5	0.8	57.257	54.12	66.6
14.0	0.9	72.49	68.50	84.3
15.1	1.0	89.49	84.57	103.9
17.0	1.1	108.28	102.3	126.4
18.5	1.2	128.87	121.8	150.0
20.0	1.3	151.24	142.9	176.4

注　钢丝绳的公称抗拉强度按 1.372kN/mm^2 考虑。

表 5–1–4　　普通钢丝绳规格

［钢丝 6X37（1+6+12+18）绳纤维芯］

钢丝绳直径（mm）	钢丝直径（mm）	钢丝总面积（mm^2）	每百米质量（kg）	破断拉力（kN）
8.7	0.4	27.88	26.21	31.4
11.0	0.5	43.57	40.96	49.0
13.0	0.6	62.74	58.98	70.6
15.0	0.7	85.39	80.27	96.0
17.5	0.8	111.53	104.8	125.4
19.5	0.9	141.16	132.7	158.8
21.5	1.0	174.27	163.8	196.0

注　钢丝绳的公称抗拉强度按 1.372kN/mm^2 考虑。

（2）钢丝绳的选用。钢丝绳会承受荷重或绕过滑轮或卷筒时，同时受有拉伸、弯曲、挤压和扭转多种应力，其中主是拉伸应力和弯曲应力。通常按容许应力计算选择钢绳时，仅按拉伸力计算，而对于因弯曲引起的弯曲应力影响及材料疲劳影响时，则以耐久性的要求检验选用。

1）按容许拉力计算

$$[T]=\frac{T_{\mathrm{b}}}{KK_1K_2}=\frac{T_{\mathrm{b}}}{K_{\Sigma}} \tag{5-1-1}$$

式中 $[T]$ ——钢丝绳的容许拉力，N；

T_{b} ——钢丝绳有效破断力，N；

K ——钢丝绳安全系数；

K_1 ——动荷系数；

K_2 ——不平衡系数；

K_{Σ} ——综合安全系数。

钢丝绳的安全系数见表 5-1-5 所示。

表 5-1-5 钢丝绳的安全系数

<table>
<tr><th>工作性质</th><th colspan="2">工作条件</th><th>K</th><th>K_1</th><th>K_2</th><th>K_{Σ}</th></tr>
<tr><td rowspan="4">起立杆塔或收紧导、地线时的牵引绳，作其他起吊、牵引用的牵引绳</td><td colspan="2">通过滑车组用人力绞磨</td><td>4</td><td>1.1</td><td>1</td><td>4.5</td></tr>
<tr><td colspan="2">直接用人力绞磨</td><td>4</td><td>1.2</td><td>1</td><td>5</td></tr>
<tr><td colspan="2">通过滑车组用机动绞车、电动绞车</td><td>4.5</td><td>1.2</td><td>1</td><td>5.5</td></tr>
<tr><td colspan="2">直接用机动绞车、电动绞车、拖拉机或汽车</td><td>4.5</td><td>1.3</td><td>1</td><td>6</td></tr>
<tr><td rowspan="2">起吊杆塔时的固定绳</td><td colspan="2">单杆</td><td rowspan="2">4.5</td><td rowspan="2">1.2</td><td>1</td><td>5.5</td></tr>
<tr><td colspan="2">双杆</td><td>1.2</td><td>6.5</td></tr>
<tr><td rowspan="4">制动绳</td><td rowspan="2">通过滑车组用制动器制动</td><td>单杆</td><td rowspan="2">4</td><td rowspan="2">1.2</td><td>1</td><td>4.8</td></tr>
<tr><td>双杆</td><td>1.2</td><td>5.76</td></tr>
<tr><td rowspan="2">直接用制动器制动</td><td>单杆</td><td rowspan="2">4</td><td rowspan="2">1.2</td><td>1</td><td>5</td></tr>
<tr><td>双杆</td><td>1.2</td><td>6</td></tr>
<tr><td>临时固定用拉绳</td><td colspan="2">用手扳葫芦或人力绞车</td><td>3</td><td>1</td><td>1</td><td>3</td></tr>
</table>

2）按耐久性要求检验。滑轮、卷筒最小直径 D 可按式（5-1-2）计算：

$$D=(e-1)d \tag{5-1-2}$$

式中 e ——决定于起重牵引设备型式和工作条件系数。对起重滑车，e=11～12，对于手推绞磨卷筒，e=10～11；

d ——钢丝绳直径。

（3）影响钢丝绳强度的因素。虽然钢丝绳本身强度高，耐磨损，但使用中影响钢丝绳强度的因素也是很多的，必须引起足够重视。

1）钢丝绳产品手册提供的不同规格的钢丝绳破断力仅是钢丝绳能够达到的最大破断力，在现场我们使用钢丝绳的实际破断力往往小于最大破断拉力。

2）钢丝绳使用时，端部常常要插成绳套使用，钢绳破断力就要下降，如做成各种绳扣（绳结）连接，对破断力的影响就更大。

3）弯曲对钢丝绳也会产生影响。钢丝绳使用时，经常要通过滑轮、滚筒，钢丝绳在弯曲情况下承受荷载，破断力明显下降，特别是滑轮或滚筒直径与钢丝绳直径之比小于十倍时，钢丝绳破断力明显下降。如果钢丝绳与角钢等接触而成直角弯曲时，影响更是明显，必须采取措施，衬入圆形物。

4）钢丝绳会产生疲劳现象。钢丝绳反复通过滑轮会产生疲劳现象，导致断股。据试验，钢丝绳经滑轮超过 600 次后大量出现断钢丝的现象。

5）钢丝绳在使用中发生磨损。钢丝绳经常使用，表面必然会有磨损，如直接磨损达 5%～7%时，即使是均匀磨损，钢丝绳的强度也将下降 14%～50%，如果是局部磨损，对钢丝绳强度的影响更大。

6）滑轮槽形对钢丝绳也有影响。钢丝绳的直径与通过的滑轮槽型应相匹配，如不匹配，将影响到钢丝绳强度。

7）钢丝绳扭转对其强度也有影响。普通钢丝绳受张力后，会在钢丝绳断面上产生扭力，从而使钢丝绳的节距发生变化，当节距变化量达到原节距的 15%时，钢绳破断力明显下降，如由扭转而引起劲钩，则对钢绳强度影响更大。

此外，钢丝绳的锈蚀、外伤、摩擦、受到高温等因素均可能影响钢绳的强度，所以使用钢丝绳必须按有关规定选取合适的安全系数。

（4）钢丝绳的使用和维护。

1）钢丝绳使用中不许扭结，不许抛掷。

2）钢丝绳使用中如绳股间有大量的油挤出来，表明钢丝绳的荷载已很大，必须停止加荷检查。

3）钢丝绳端头应编插连接，或用低熔点金属焊牢。钢丝绳末端与其他物件永久连接时，应采用套环或鸡心环来保护其弯曲最严重的部分。

4）为了减少钢丝绳的腐蚀和磨损，应该定期加润滑油（四个月加一次）在加油前，先用煤油或柴油洗去油污，用钢丝刷去铁锈，然后用棉纱团把润滑油均匀地涂在钢丝绳上。新钢丝绳最好用热油浸，使油浸达麻心，再擦去多余油脂。

5）存放仓库中的钢丝绳应成卷排列，避免重叠堆置，库中应保持干燥，防止生锈。

2. 白棕绳

（1）白棕绳的分类。根据麻股的数量和绞捻次数，麻绳可分为索式和缆式两种。送电线路施工一般采用索式白棕绳，索式白棕绳由三股麻股捻成，每股由很多麻丝捻成，两者捻向相反。根据抗潮措施的不同，麻绳又有浸油和不浸油之分。前者系用松脂浸透，抗潮和防腐能力较好，但机械强度比不浸松脂的约减少10%，后者在干燥状态下强度和弹性均较好，但受潮后强度约减少50%。根据所采用原料不同麻绳还可分为白棕绳、混合绳和麻线绳三种，白棕绳以龙舌兰麻捻成，抗拉及抗扭力强，滤水性强且耐摩擦。在线路中可起吊重物，其他两种不宜作起重用。

（2）白棕绳的选用。

1）白棕绳的容许拉力按式（5–1–3）计算，常用国产白棕绳见表5–1–6。

$$[T]=\frac{T_b}{KK_1K_2}=\frac{T_b}{K_\Sigma} \tag{5–1–3}$$

式中 $[T]$ ——白棕绳的容许拉力，N；

T_b ——白棕绳有效破断力，N；

K ——白棕绳安全系数；

K_1 ——动荷系数；

K_2 ——不平衡系数；

K_Σ ——综合安全系数，可按表5–1–7选用。

表5–1–6　国产起重麻绳（白棕绳）规格标准

绳直径（mm）	重量（kg/m）	最小破断力（kN）			绳直径（mm）	重量（kg/m）	最小破断力（kN）		
		Ⅰ级	Ⅱ级	Ⅲ级			Ⅰ级	Ⅱ级	Ⅲ级
6	0.03	3.969	2.626	1.725	26	0.48	48.708	33.124	21.854
8	0.06	6.527	4.312	2.842	28	0.55	55.958	38.122	25.088
10	0.08	9.016	5.978	3.842	30	0.63	64.876	43.61	29.302
12	0.11	11.427	7.595	4.988	32	0.72	72.912	49.098	33.026
14	0.14	15.974	10.682	7.705	34	0.81	80.752	54.488	36.652
16	0.18	19.208	13.132	8.536	36	0.91	88.200	59.682	40.18
18	0.23	24.108	16.268	10.78	40	1.12	107.506	72.912	49.098
20	0.28	30.576	20.678	13.622	44	1.36	117.698	79.968	53.802
22	0.34	36.848	24.892	16.464	48	1.61	137.20	93.688	63.014
24	0.40	42.924	29.008	19.208	52	1.90	158.76	108.094	72.618

表 5-1-7　麻绳的综合安全系数

序号	工作性质及条件	K	K_1	K_2	K_Σ
1	通过滑车组整立杆塔或紧导、地线时的牵引绳	5.5	1.1	1	6
2	起立杆塔时的吊点固定绳（单杆/双杆）	6	1.2	1/1.2	7.2/8.6
3	起立杆塔时的根部制动绳（单杆/双杆）	5.5	1.2	1/1.2	6.6/7.9
4	起立杆塔时的临时拉线（单杆/双杆）	4	1.2	1.1	5.3
5	作其他起吊及牵引用的牵引绳及吊点固定绳	5.5	1.2	1	6.6

注 1. 对于旧的起重麻绳，在考虑安全系数时，应按本表所列数值加大 40%～100%；
2. 对于受潮的素麻绳，安全系数应按本表所列数值加大 1 倍。

2）按容许最小卷绕直径选用。起重用麻绳（白棕绳）除了满足安全系数要求外，还必须满足最小卷绕直径的要求。

滑轮（或卷筒）槽底的直径 D 与起重白棕绳标称直径（外接圆直径）d 之比，在人力驱动方式应大于或等于 10，在特殊场合降低到 7 时，必须减少起重麻绳的使用应力 25%。

3. 起重滑车

起重滑车亦称滑轮，是利用杠杆原理制成的一种简单机械，它能借起重绳索的作用而产生旋转运动，以改变作用力的方向或省力。仅仅能改变力的方向的滑车，称为定滑车（或称导向滑车）；能起省力作用的滑车，称为动滑车，动滑车本身随荷重之升降而升降。在实际应用中，为了扩大滑车的效用，往往把一定数量的动滑车和一定数量的定滑车组合起来，这便是滑车组，滑车组也有省力滑车组和省时滑车组之分，在起重机械和起重工作中采用的主要是省力滑车组。输电线路施工中，滑车和滑车组的应用是非常广泛的，在组立杆塔、架线以及其他有起重作业的工序中，往往都要用到它。

（1）滑车组牵引力的计算。

1）牵引端从定滑车绕出。滑车组牵引钢绳从定滑车绕出，如图 5-1-32 所示，如果不考虑摩擦力，则拉力 F 为

$$F=\frac{Q}{n} \tag{5-1-4}$$

式中　Q ——荷重；

n ——滑车组的滑车数。

如果考虑摩擦力，则拉力 F 计算很复杂。为简化计算，可按无摩擦阻力计算，如用钢丝绳再增加荷重 Q 的 10%，如用麻绳再增加荷重的 15%。

2）牵引端从动滑车绕出。

滑车组牵引钢绳从动滑车绕出，如图 5–1–33 所示。如果不考虑摩擦力，则拉力 F 为

$$F = \frac{Q}{n+1} \tag{5–1–5}$$

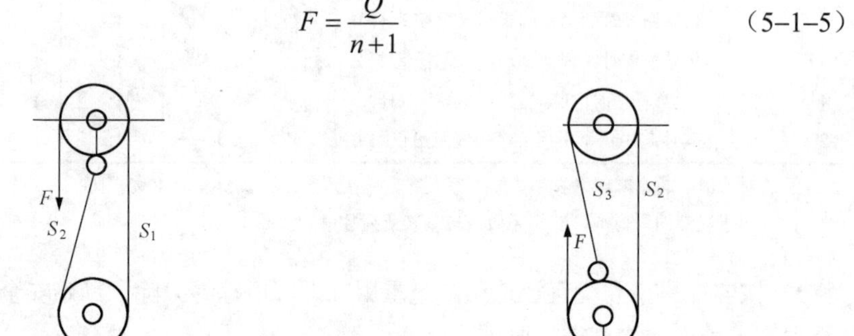

图 5–1–32 牵引绳从定滑车绕出滑车组　　　图 5–1–33 牵引绳从动滑车绕出滑车组

如果考虑摩擦力，则拉力 F 可按无摩擦阻力计算再增加荷重 Q 的 10%。

滑车组牵引力也可按表 5–1–8 和表 5–1–9 要求计算。

表 5–1–8　　牵引端从定滑车引出的钢丝绳滑车组的主要性能

滑车组的滑轮数 n	1	2	3	4	5	6	7	8
滑车组的连接方式								
每个单滑车的效率 η	0.95	0.95	0.95	0.95	0.95	0.95	0.95	0.95
牵引端的拉力 F	1.05Q	0.540Q	0.369Q	0.284Q	0.233Q	0.198Q	0.174Q	0.156Q
牵引端通过导向滑车的拉力 F' 导向滑车效率 $\eta_a = 0.96$ ）	1.09Q	0.562Q	0.384Q	0.295Q	0.242Q	0.206Q	0.182Q	0.162Q
牵引端通过导向滑车的拉力 F'（导向滑车效率 $\eta_a = 0.96$ ）	1.07Q	0.551Q	0.376Q	0.289Q	0.237Q	0.203Q	0.178Q	0.159Q

续表

滑车组的滑轮数 n	1	2	3	4	5	6	7	8
每个单滑车的效率 η	0.98	0.98	0.98	0.98	0.98	0.98	0.98	0.98
牵引端的拉力 F	1.02Q	0.515Q	0.347Q	0.263Q	0.212Q	0.178Q	0.155Q	0.137Q
牵引端通过导向滑车的拉力 F'（导向滑车效率 $\eta_a = 0.98$）	1.05Q	0.526Q	0.354Q	0.268Q	0.216Q	0.182Q	0.158Q	0.140Q

表 5-1-9　牵引端从动滑车引出的钢丝绳滑车组的主要性能

滑车组的滑轮数 n	1	2	3	4	5	6	7	8
滑车组的连接方式	F Q	F Q	F Q	F Q	F Q	F Q	F Q	F Q
每个单滑车的效率 η	0.95	0.95	0.95	0.95	0.95	0.95	0.95	0.95
牵引端的拉力 F	0.505Q	0.350Q	0.270Q	0.221Q	0.189Q	0.166Q	0.148Q	0.135Q
牵引端通过导向滑车的拉力 F'（导向滑车效率 $\eta_a = 0.96$）	0.546Q	0.365Q	0.380Q	0.230Q	0.196Q	0.172Q	0.154Q	0.141Q
牵引端通过导向滑车的拉力 F'（导向滑车效率 $\eta_a = 0.98$）	0.536Q	0.358Q	0.275Q	0.225Q	0.193Q	0.169Q	0.151Q	0.138Q
每个单滑车的效率 η	0.98	0.98	0.98	0.98	0.98	0.98	0.98	0.98
牵引端的拉力 F	0.510Q	0.340Q	0.258Q	0.208Q	0.175Q	0.151Q	0.134Q	0.120Q
牵引端通过导向滑车的拉力 F'（导向滑车效率 $\eta_a = 0.98$）	0.520Q	0.347Q	0.263Q	0.212Q	0.179Q	0.155Q	0.137Q	0.123Q

（2）滑车组绳的穿法。滑车组有普通穿法和花穿法两种。普通穿法是将钢绳自第一轮起顺序地从各轮中穿过，牵引端从最后一个轮子穿出。由于滑轮中存在阻力的缘故，这种滑车组在起重时，各根钢丝绳会产生受力不均的现象，牵引端的拉力 F 最大，

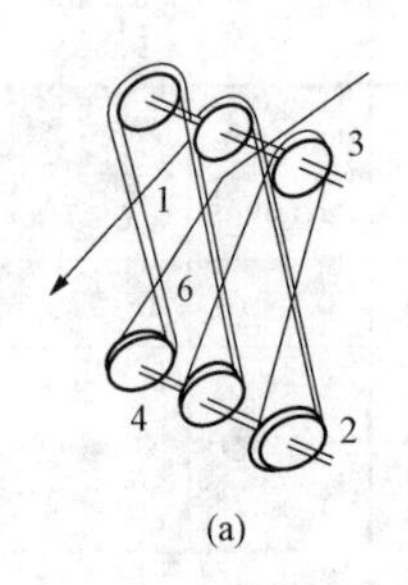

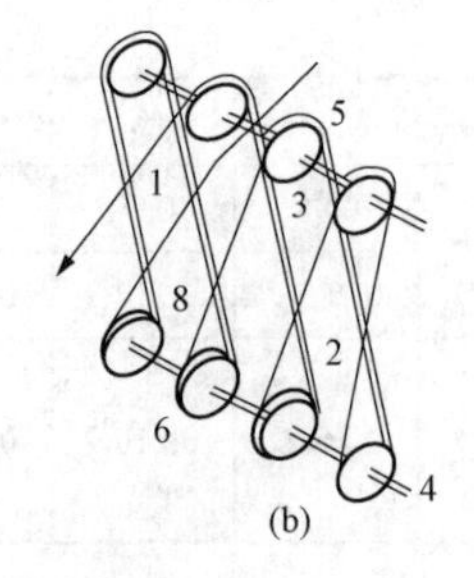

图 5–1–34 滑车组花穿法
（a）走三走三；（b）走四走四

固定端钢绳受力最小。因此，在使用走三走三或更多的滑车组时，将出现更不均匀的现象。花穿法将可避免上述这种现象。花穿法就是使牵引端由中间轮子穿出，如图 5–1–34 所示。一般送电线路施工中由于起重物体的重量相对比较小，所以一般都是普通穿法。但如果遇到起吊物很重时，要用走三走三或更多的滑车组时，就宜采用花穿法。

（3）滑车使用和保养注意事项。

1）使用前首先应检查滑车的铭牌所标起吊质量是否与所需相符，其大小应根据其标定的容许载荷量使用。

2）使用前应检查滑车轮槽、轮轴、护夹板和吊钩等各部分有无裂纹、损伤和转动不灵活等现象，有存在上述现象者不准使用。

3）滑车的轮槽直径不能太小，铁滑轮的直径应大于或等于钢丝绳直径的 10 倍。

4）滑车穿好后，先要慢慢地加力，待各绳受力均匀后，再检查各部分是否良好，有无卡绳之处。如有不妥，应立即调整好之后才能牵引。

5）滑车吊钩中心与重物重心应在一条直线上，以免重物吊起后发生倾斜和扭转现象。

6）滑轮和轮轴要经常保持清洁，使用前后要刷洗干净，并要经常加油润滑。

（4）起重滑车型号和选用。滑车的滑轮固定在轮轴上可以自由转动，在轮毂内装有青铜轴套、粉末冶金轴套的滑动轴承或滚动轴承。在输电线路施工中，一般采用滚动轴承。当采用滑动轴承时，必须定期注油润滑，以减少磨损，提高传动效率。

H 系列滑车产品型号规格均用一组文字代号表示，代号由 4 部分组成：

H △×△ □

滑车型式代号如表 5–1–10 所示。

表 5–1–10 滑车的型式代号

型式	开口	闭口	吊钩	链环	吊环	吊梁	挑式开口
代号	K	不加 K	G	L	D	W	K_B

选用滑车是先根据起吊重量和需要的滑轮数，按表 5–1–11 查得滑车滑轮槽底的直

径和配合使用的钢丝绳直径，核查所选用的钢丝绳是否符合规定。

表 5-1-11　　H 滑车系列表

轮槽底径（mm）	起重量（t）														使用钢丝绳（mm）	
	0.5	1	2	3	5	8	10	16	20	32	50	80	100	140		
	滑轮数														适用的	最大的
70	1	2													5.7	7.7
85		1	2	3											7.7	11
115			1	2	3	4									11	14
135				1	2	3	4								12.5	15.5
165					1	2	3	4	5						15.5	18.5
185							2	3	4	6					17	20
210						1			3	5					20	23.5
245							1	2		4	6				23.5	25
280								1	2	3	5	7			26.5	28
320											4	6	8		30.5	32.5
360									1	2	3	5	6	8	32.5	35

为保证钢丝绳或麻绳的耐久性，使用钢丝绳的滑车，滑轮槽底直径和配合使用的钢丝绳直径之比，应符合前述钢丝绳选用的规定。如果所选用的滑轮和钢丝绳，不符合规定，则应选用大一号的滑车。

4. 地锚

在输电线路施工中，用来固定牵引绞磨，固定牵引复滑车、转向滑车以及固定各种临时拉线等都会应用临时地锚。输电线路施工中常用的临时地锚有深埋式地锚、板桩式地锚和钻式地锚（地钻）。

（1）深埋式地锚。地锚受力达到极限平衡状态时，在受力方向上，沿土壤抗拔角方向形成剪裂面，地锚的极限抗拔计算中，土壤是按匀质体考虑的，即认为设置地锚过程中扰动土经过回填夯实后，其特性已恢复到与附近的未扰动土接近一致。实际在送配电施工中所用的深埋式地锚很难满足上述条件，因此将地锚的极限抗拔力除以安全系数 2～2.5 之后作为地锚的允许抗拔力。

按受力方向来分，深埋式地锚有垂直受力地锚和斜向受力地锚分别如图 5-1-35 和图 5-1-36 所示。

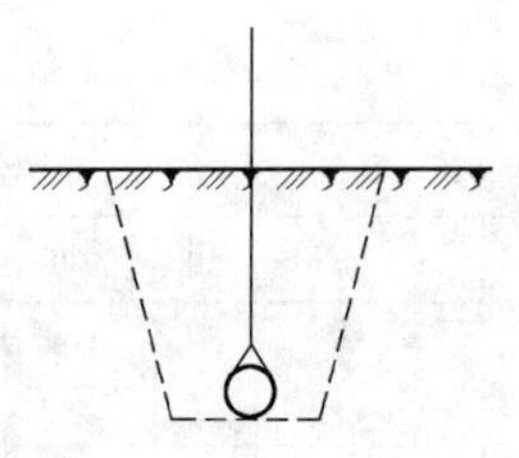

图 5–1–35 地锚垂直受力图

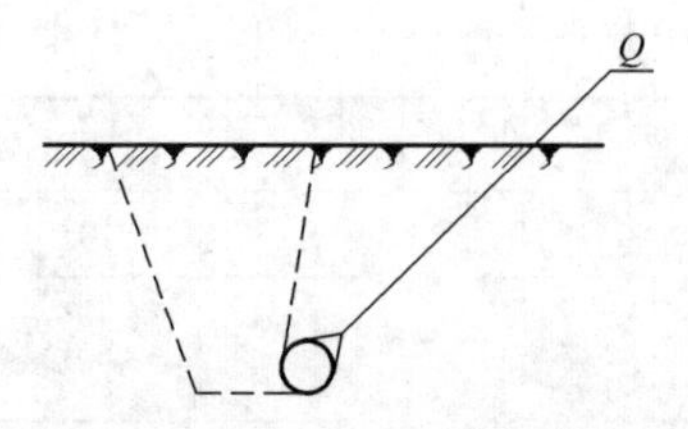

图 5–1–36 地锚斜向受力图

1）垂直受力地锚抗拔计算。垂直受力地锚的极限抗拔力，为地锚带动一直立的截四棱锥形体积木块重量如图 5–1–37 所示，其容许抗拔力按（5–1–6）计算

$$[Q]=\frac{G}{K} \tag{5–1–6}$$

式中 $[Q]$ ——地锚容许抗拔力，kN；

G ——地锚带动的截四棱锥形体积土块重力，kN；

K ——地锚抗拔安全系数。

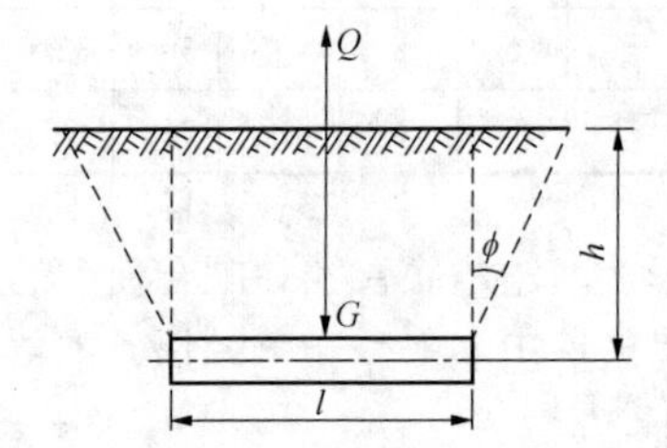

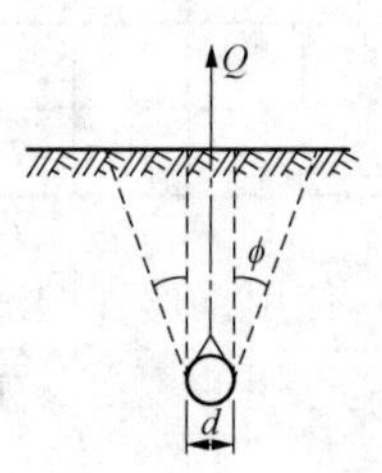

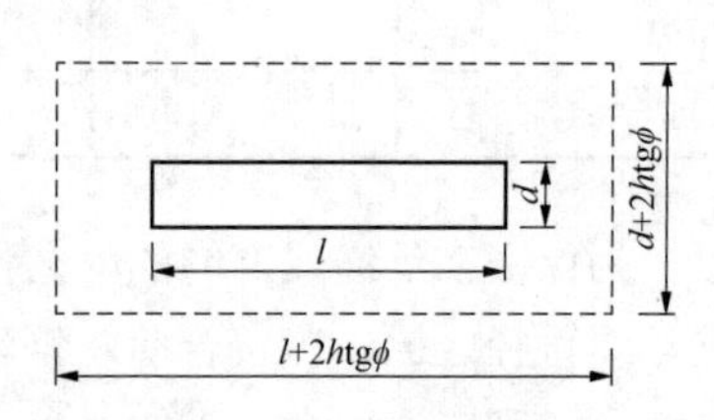

图 5–1–37 垂直受力地锚抗拔力图

截四棱锥形土壤重量为

$$G=V\gamma=\left[dlh+(d+l)h^2\tan\varphi+\frac{4}{3}h^3\tan^2\varphi\right]\gamma \tag{5–1–7}$$

式中 V ——被拉出土壤体积，m^3；

γ ——土壤单位容重，t/m^3；

d ——地横木直径，m；

l ——地横木的长度，m；

h ——地横木距地面的距离，m；

φ ——土壤计算抗拔角。

除以安全系数，得容许抗拔力为

$$[Q]=\frac{G}{K}=V\gamma=\frac{1}{K}\left[dlh+(d+l)h^2\tan\varphi+\frac{4}{3}h^3\tan^2\varphi\right]\gamma \tag{5-1-8}$$

2）斜向受力地锚抗拔力计算。斜向受力地锚的极限抗拔力为地锚受力方向上带动一截四棱锥形体积土块重量G，在受力方向上的分力，如图 5–1–38 所示，其容许抗拔力为

$$[Q]=\frac{G\sin\alpha}{K} \tag{5-1-9}$$

$$[Q]=\frac{G\sin\alpha}{K}=\frac{V\gamma\sin\alpha}{K}=\frac{\sin\alpha}{K}\left[dlh+(d+l)h^2\tan\varphi+\frac{4}{3}h^3\tan^2\varphi\right]\gamma \tag{5-1-10}$$

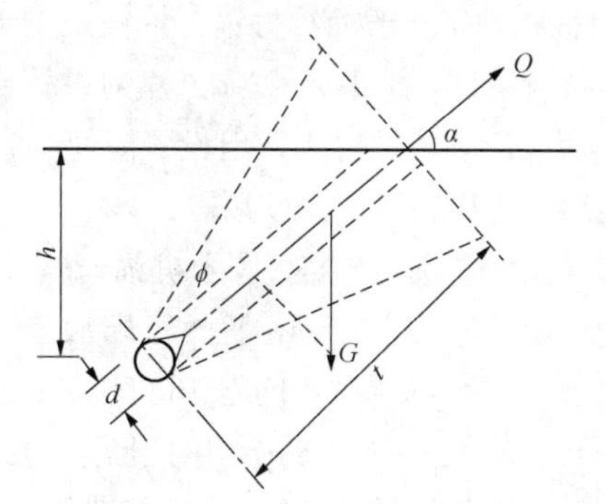

图 5–1–38　斜向地锚抗拉力图

对于几种常用长度地锚，可在表 5–1–12 或表 5–1–13 中直接查取。

表 5–1–12　　埋入硬塑黏土或亚黏土中斜向受力地锚的容许拉力（×10kN，*K*=2）

d(m)	0.15	0.18				0.20				0.22				0.25				2×0.15
h(m) ＼ *l*(m)	1.00	1.00	1.20	1.50	1.80	1.00	1.20	1.50	1.80	1.00	1.20	1.50	1.80	1.00	1.20	1.50	1.80	1.00
0.80	0.75	0.78	0.87	1.02	1.16	0.80	0.90	1.04	1.19	0.84	0.94	1.09	1.24	0.87	0.97	1.13	1.29	0.92
1.00	1.23	1.28	1.42	1.63	1.84	1.31	1.45	1.67	1.88	1.36	1.51	1.73	1.96	1.40	1.56	1.79	2.02	1.47
1.20	1.88	1.94	2.13	2.42	2.72	1.97	2.17	2.47	2.77	2.06	2.26	2.58	2.88	2.11	2.32	2.64	2.96	2.20
1.50	3.22	3.29	3.59	—	—	3.35	3.64	4.09	—	3.47	3.80	4.25	4.70	3.55	3.82	4.30	4.75	3.68
1.80	—	5.30	—	—	—	5.34	5.78	—	—	5.40	5.85	6.50	—	5.51	5.95	6.61	7.28	5.68
2.00	—	—	—	—	—	6.97	—	—	—	7.03	7.57	—	—	7.17	7.70	8.50	—	—

表 5-1-13 埋入硬状黏土中斜向受力地锚的容许拉力（×10kN，*K*=2）

d(m)	0.15	0.18				0.20				0.22				0.25				2×0.15
h(m) \ *l*(m)	1.00	1.00	1.20	1.50	1.80	1.00	1.20	1.50	1.80	1.00	1.20	1.50	1.80	1.00	1.20	1.50	1.80	1.00
0.80	1.06	1.09	1.21	1.39	1.57	1.11	1.24	1.42	1.60	1.14	1.26	1.45	1.64	1.17	1.30	1.50	1.70	1.24
1.00	1.78	1.82	2.00	2.27	2.55	1.86	2.05	2.31	2.59	1.90	2.08	2.36	2.63	1.94	2.13	2.42	2.71	3.02
1.20	2.76	2.82	3.06	3.45	—	2.86	3.11	3.50	0.88	2.90	3.16	3.55	3.95	2.96	3.24	3.64	4.04	3.08
1.50	—	4.90	—	—	—	4.95	5.33	—	—	5.00	5.40	6.00	—	5.05	5.50	6.10	6.70	5.25
1.80	—	—	—	—	—	7.82	—	—	—	7.70	8.50	—	—	8.05	8.60	9.45	—	—
2.00	—	—	—	—	—	—	—	—	—	10.3	—	—	—	10.5	11.2	—	—	—

（2）板桩式地锚。板桩式地锚一般简称桩锚。桩锚是以圆木、圆钢、钢管、角钢垂直或斜问（向受力反方向倾斜打入土中），依靠土壤对桩体嵌固和稳定作用，承受一定拉力。板桩式地锚承载力比深埋式地锚小，但设置简便，省力省时，所以在输配电线路施工，尤其是配电线路施工中得到广泛使用。

送电线路上用得最多是圆木和圆钢桩锚。圆木桩锚一般选用强度好，有韧性杂木、檀木作桩体，直径 10～12cm，长 1.1～1.5m，桩体上端加套铁箍，以防桩体在打击下开裂，用于土质较软处。圆钢桩直径 4～6cm、长 1.1～1.5m，用于土质较硬处。

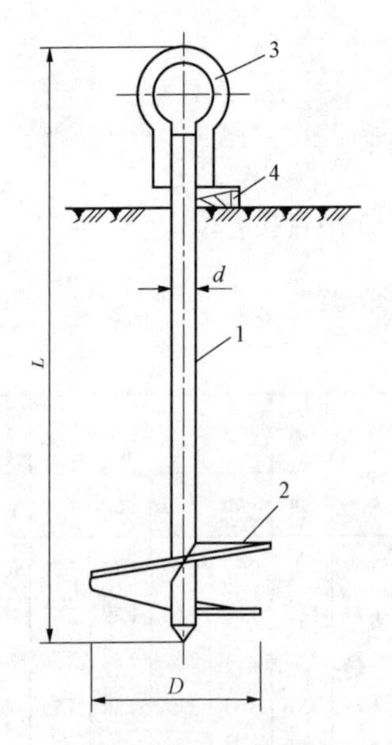

图 5-1-39 钻式地锚

1—钻杆；2—钻叶；3—拉线孔；4—垫木

桩锚可垂直或斜向打入土中，无论哪种型式，其受力方向最好与锚桩垂直，且拉力的作用点，最好靠近地面，这样受力较好。如在桩锚前适当位置加横木，抗拔力将更好。

桩锚可单个布置，也可采用两个或多个桩锚联用，但须注意，桩与桩之间距离不应小于 0.8m，桩与桩间用白棕绳或钢绳联牢，使桩锚受力时各桩锚能同时受力，桩的入土深度不小于全长的 4/5。

（3）钻式地钻。钻式地锚，一般称地钻，结构简单，如图 5-1-39 所示。

地钻一般有钻杆、螺旋片、拉环三部分组成。根据需要可做成不同规格的地钻，较常见地钻长 1.5～1.8m，螺旋片直径 250～300mm，拉力有 1t 、3t 、5t 等。

地钻使用方便简单，只须在拉环内穿入木杠，推动旋转即可将地钻钻入地层内，且不破坏原状土。使用地钻时，须在受力侧加放横木，避免地钻受力后弯曲。当采用多个地钻组成地钻群使用时，地钻与地钻的连接应使用钢丝绳、圆钢拉棒或双钩，尽可能使地钻群中每个地钻的受力均匀，且地钻间应保持一定距离。

地钻适用于软土地带，对过硬土质和地下有较大粒径卵石时不宜使用。

5. 抱杆

抱杆是线路施工中起重吊装的主要工具之一，它可以在空间造成一个支点，绳索通过支点改变受力方向，吊装杆塔或装卸材料、设备。

（1） 抱杆分类。

按抱杆制作材料分类如下。

1）圆木抱杆：用径缩率较小的杉木或红松木材制成。它的使用历史最久，但因木材的抗压强度低，抱杆的容许承载能力受限制，故目前在输电线路整体组立杆塔时已较少采用，只是在配电线路施工中及分解组塔时仍有采用。

2）角钢抱杆：用 3 号或 4 号普通碳素结构钢的角钢制作而成。为适应输电线路施工的特点，设计成分段式的桁架结构，以螺栓连接，在现场能组合和解体，便于搬运和转移。

3）钢管抱杆：应用无缝钢管作为抱杆本体制作的，往往设计成分段式的杆段，以内法兰连接，在现场能组合和解体，便于搬运和转移。

4）薄壁钢板抱杆：应用 3 号或 4 号普通碳素钢板，经弯曲后焊成薄壁圆筒状或拔梢圆锥筒状，以作为抱杆本体而制成的，并设计成分段式的，以内法兰连接，在现场能组合和解体，便于搬运和转移。

5）铝合金抱杆：铝合金的比重约为钢的 1/3，而其机械强度与 3 号钢近似，且温度适应范围大，因此输电线路施工上已采用其制作抱杆，并设计成分段式桁架结构，以螺栓连接，在现场能组合和解体，便于搬运和转移。

按使用方式可分为单抱杆和人字抱杆。.

（2） 抱杆的支承方式。

受力杆件支承方式，即抱杆端部的支承方式，也就是其端部受约束情况，对其纵向受压稳定情况影响很大。理想的杆端支承方式有以下三种。

1）铰支式：只允许杆端截面有转动而不允许有任何横向移动；

2）嵌固式：不允许杆端截面有任何转动与移动；

3）自由式：允许杆端截面自由转动与横向移动而无约束。

线路施工时抱杆的支承方式。在实际使用中，不可能都是理想的杆端支承，多数只是在近似理想的支承方式下进行工作。输电线路施工中使用的各种抱杆，按近似理想杆端支承方式可分为：

1）两端铰支抱杆。直立式独抱杆、倒落式抱杆、内拉线抱杆的根部有的直接着地，有的具备绞型支座，有的以拉线固定，其顶端以拉线固定，或牵引绳固定。这些抱杆可算两端绞支抱杆，计算时，抱杆折算长度系数 μ 取 1.0～1.1。

2）根端嵌固，顶端铰支抱杆。外拉线抱杆组塔时，其根端以钢绳绑扎嵌固于塔身，根据绑扎的松紧程度不同，对杆根截面约束情况也不同，实际上为近似嵌固端或铰支端，其顶端以地面拉线固定，实际为弹性铰支。对于这种抱杆可近似地按根端嵌固，顶端铰支处理，计算时抱杆折算长度系数 μ 取 0.7～0.8。

3）根端嵌固，顶端自由抱杆。小抱杆组塔时，其根部以钢绳绑扎嵌固于塔身，顶端不受任何支承作用。这种抱杆即倚靠其杆根之嵌固作用而维护其顶端承重，但实际其根端截面在极限状态下可有转动，是不可能绝对嵌固的。对这种抱杆，可近似地按根部嵌固，顶端自由处理，计算时抱杆折算长度系数 μ 取 2.0～2.2。

（3）抱杆的稳定。抱杆按其长度与截面比属细长杆件，这种杆件的受压强度不仅由材料压应力决定，而且还受杆件抗弯曲能力而定，通常杆件细长程度用长细比 λ 来表示

$$\lambda = \frac{\mu L}{i} \tag{5-1-11}$$

$$i = \sqrt{\frac{J}{F}} \tag{5-1-12}$$

式中 μ ——抱杆折算长度系数；

L ——抱杆长度，cm；

i ——抱杆截面回转半径，cm；

F ——抱杆截面积，cm^2；

J ——抱杆的截面惯性矩，cm^4。

对于圆木抱杆，抱杆截面回转半径等于抱杆中部直径的 1/4。

根据欧拉公式进行压杆稳定计算

$$[\delta]_{稳} = \phi[\delta] \tag{5-1-13}$$

式中 $[\delta]$ ——材料允许下压应力，N/cm^2。

ϕ ——折减系数，可按细长比 λ 查表 5-1-14 得出。

表 5–1–14　　　　　　中心受压截面压杆容许压应力折减系数ϕ

细长比λ	60	70	80	90	100	110	120	130	140	150	160	170	180	190	200
3号钢	0.86	0.81	0.75	0.69	0.60	0.52	0.45	0.40	0.36	0.32	0.29	0.26	0.23	0.21	0.19
锰钢16	0.78	0.71	0.63	0.54	0.46	0.39	0.33	0.29	0.25	0.23	0.21	0.19	0.17	0.15	0.13
木材	0.71	0.60	0.48	0.38	0.31	0.25	0.22	0.18	0.16	0.14	0.12	0.11	0.10	0.09	0.08
硬铝16	0.455	0.353	0.269	0.212	0.172	0.142	0.119	0.101	0.087	0.076					

在选择抱杆时，高度要适当，抱杆选得长，可使起吊工作改善，但A变大，声变小，抱杆受力就要减小，抱杆的长度与受力是相互制约的。

（4）抱杆的强度计算。

1）单抱杆。

$$[R]=\phi A[\delta]-G_1 \qquad (5\text{–}1\text{–}14)$$

式中　$[R]$——抱杆轴向压力，N；

ϕ——折减系数；

A——圆木抱杆中部截面面积，cm^2；

$[\delta]$——材料允许压应力，N/cm^2；

G_1——圆木中部截面以上上段自重力，N。

当抱杆两端绞支（$\mu=1$），整杆长细比$\lambda>75$时，不同规格圆木抱杆允许轴向力见表5–1–15和表5–1–16。

表 5–1–15　　　　　　径缩率 0.8%圆木抱杆许轴心受力　　　　　　kN

梢径（cm）/长度（m）	10	11	12	13	14	15	16	17	18	19	20
5	12.25	16.856	22.736	29.988	38.808	49.49	62.23	77.322	94.962	115.44	139.16
6	9.604	13.132	17.542	23.03	29.596	37.534	47.04	58.114	71.148	86.14	103.684
7	7.938	10.78	14.308	18.62	23.814	30.086	37.436	46.158	56.252	68.012	81.438
8	6.762	9.114	12.054	15.582	19.894	24.99	31.066	38.122	46.354	55.958	66.836
9	5.978	7.938	10.486	13.462	17.052	21.364	26.46	32.34	39.20	47.138	56.154
10	5.292	7.056	9.212	11.858	14.896	18.62	23.03	28.028	33.908	40.67	48.516
11	4.90	6.37	8.33	10.682	13.426	16.562	20.482	24.892	29.988	35.868	42.434
12	4.41	5.88	7.546	9.604	12.054	14.994	18.326	22.246	26.754	31.85	37.632
13	4.116	5.39	6.958	8.82	11.074	13.622	16.66	20.188	24.206	28.714	34.006
14	3.822	4.998	6.468	8.184	10.192	12.544	15.288	18.424	22.05	26.166	30.87
15	3.528	4.508	5.978	7.546	9.408	11.564	14.011	16.954	20.286	24.01	28.224

表 5–1–16　　　　径缩率 1%圆木抱杆许轴心受力（kN）

梢径（cm） 长度（m）	10	11	12	13	14	15	16	17	18	19	20
5	12.25	16.856	22.736	29.988	38.808	49.49	62.23	77.322	94.962	115.44	139.16
6	9.604	13.132	17.542	23.03	29.596	37.534	47.04	58.114	71.148	86.14	103.684
7	7.938	10.78	14.308	18.62	23.814	30.086	37.436	46.158	56.252	68.012	81.438
8	6.762	9.114	12.054	15.582	19.894	24.99	31.066	38.122	46.354	55.958	66.836
9	5.978	7.938	10.486	13.462	17.052	21.364	26.46	32.34	39.20	47.138	56.154
10	5.292	7.056	9.212	11.858	14.896	18.62	23.03	28.028	33.908	40.67	48.516
11	4.90	6.37	8.33	10.682	13.426	16.562	20.482	24.892	29.988	35.868	42.434
12	4.41	5.88	7.546	9.604	12.054	14.994	18.326	22.246	26.754	31.85	37.632
13	4.116	5.39	6.958	8.82	11.074	13.622	16.66	20.188	24.206	28.714	34.006
14	3.822	4.998	6.468	8.184	10.192	12.544	15.288	18.424	22.05	26.166	30.87
15	3.528	4.508	5.978	7.546	9.408	11.564	14.011	16.954	20.286	24.01	28.224

角钢抱杆的容许轴心受力见表 5–1–17，钢管抱杆容许轴心受力见表 5–1–18，铝合金抱杆的容许轴心受力见表 5–1–19。

表 5–1–17　　　　角钢抱杆的允许轴心受力

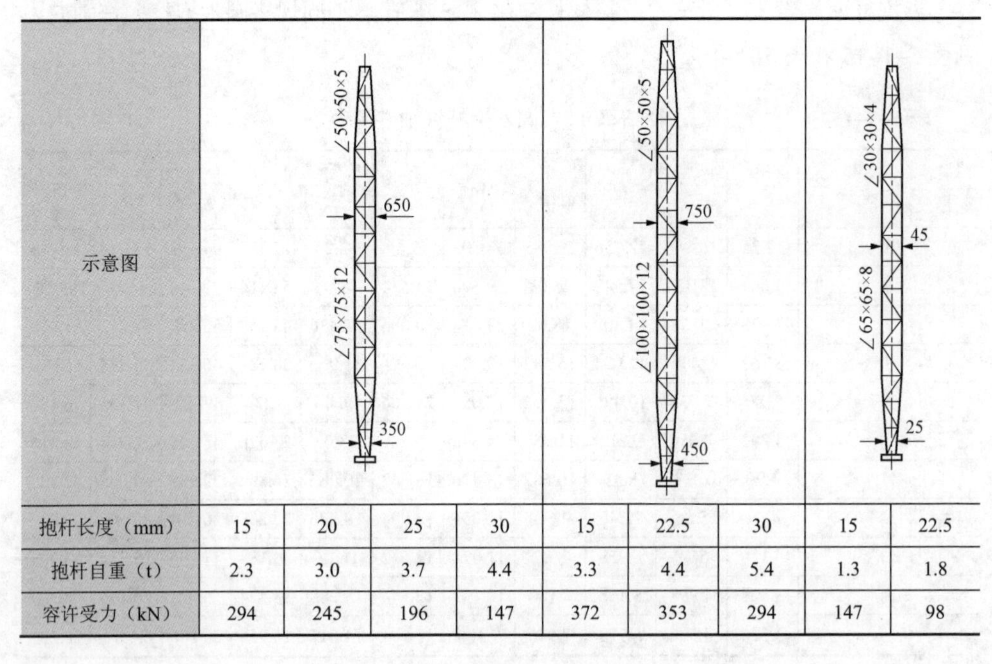

示意图									
抱杆长度（mm）	15	20	25	30	15	22.5	30	15	22.5
抱杆自重（t）	2.3	3.0	3.7	4.4	3.3	4.4	5.4	1.3	1.8
容许受力（kN）	294	245	196	147	372	353	294	147	98

表 5–1–18 钢管抱杆的容许轴心受力

容许轴心受力（kN）	抱杆长度（m）			
	8	10	15	20
29.4	159/6	159/6	273/8	325/8
49	219/8	219/8	273/8	325/8
98	219/8	219/8	273/8	325/8
147	273/8	273/8	325/8	377/10
196	273/8	273/10	325/8	426/10

注 表中分子为钢管外径（mm），分母为钢管壁厚（mm）。

表 5–1–19 铝合金抱杆的容许轴心受力

示意图	11 000	9700	15 000 ∠50×5
抱杆全长（m）	11.10	9.70	15.00
抱杆最大断面（cm²）	3535	3030	5050
自重（kg）	97	83	—
容许受力（kN）	78.4	78.4	118

2）人字抱杆。人字抱杆在垂直下压力 N 作用下，每一根抱杆所分担压力 R，如图 5–1–40 所示，因为 $\frac{\frac{N}{2}}{R}=\cos\frac{\alpha}{2}$，所以 $R=\frac{N}{2\cos\frac{\alpha}{2}}$，则有

$$R=kN \tag{5–1–15}$$

式中 k ——人字抱杆的夹角系数，$k=\frac{1}{2\cos\frac{\alpha}{2}}$。

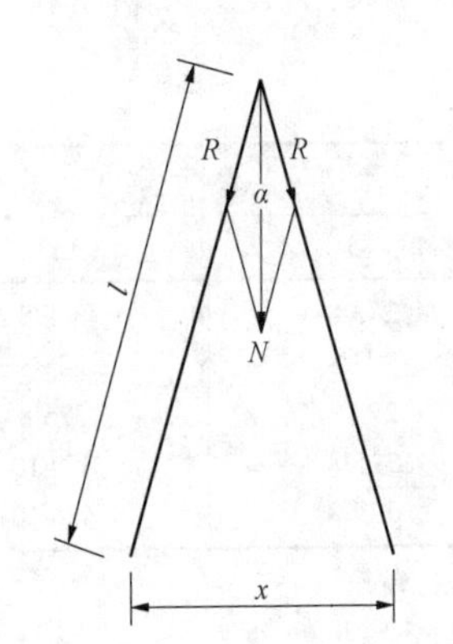

图 5-1-40 人字抱杆受力图

6. 受力工具使用注意事项

（1）起重工具均必须有出厂合格证，铭牌标明允许荷重，勿超载工作。

（2）使用前应仔细检查，有裂纹、弯曲、不灵活、卡线器钳口斜纹不明显等，均不得使用。

（3）定期润滑、维修、保养，损坏零件应及时更换。

（4）使用完毕，轻放防摔，存放干燥地点。

（5）起重工具应定期试验，其标准见表5-1-20。

表 5-1-20 主要起重工具试验标准

名称	试验静荷重（允许荷重的百分数，%）	持荷时间（min）	试验周期	备注
抱杆	200	10	每年 1 次	包括脱帽环 包括吊钩
滑车	125	10		
绞磨	125	10		
钢丝绳	200	10		
卡线器	200	10		
双钩紧线器	125	10		

【思考与练习】

1. 杆塔的主要作用是什么？
2. 杆塔按其作用有哪些分类？
3. 常用杆塔的施工组立方法有哪些？

模块 2 铁塔组立（Z04F2003Ⅱ）

【模块描述】本模块涵盖铁塔组立的常用施工方法、质量要求、检查评级以及安全措施。通过知识讲解、典型方案介绍、工艺流程图解、图表对比，掌握铁塔组立施工工艺、质量要求、检查方法以及安全措施。

【正文】

一、作业内容

铁塔组立的方法很多，内、外拉线悬浮抱杆分解组塔、内摇臂落地式抱杆分解组塔和倒落式人字抱杆整体立塔是通常使用较为普遍的几种方法，是多年施工现场立塔经验的积累，工艺较成熟，已形成了各自的标准化工艺流程和操作方法，但在实际应用中应根据塔型结构、地形等条件灵活选择应用。

（一）铁塔组立施工方法及特点

1. 内悬浮内拉线抱杆分解组塔

内拉线抱杆是指抱杆根部利用承托绳置于铁塔结构中心呈悬浮状态，抱杆上端的四根拉线固定于铁塔的四根主材上，因此称其为内拉线。抱杆随着铁塔起吊高度而提升，此方法主要适用于场地狭窄的各种自立式铁塔。

其施工优点是适用于场地狭窄的各种自立式铁塔，减少了拉线地锚，缩短了临时拉线长度，需用的工器具简单；且施工现场紧凑，不受地形、地物的制约；当铁塔处于陡坡、山脊、河岸或电力线、铁路等附近时，均可施工；吊装过程中抱杆处于铁塔结构中心，铁塔主材受力较均衡，宜于保证安装质量；减少了地面拉线操作人员，有利于提高工作效率。其施工缺点是高空作业量较多。

2. 内悬浮外拉线抱杆分解组塔

内悬浮外拉线抱杆与内拉线抱杆不同点就是将抱杆上端的四根拉线落地，固定在地面预埋的地锚上，适于起吊较重的塔片。在地形允许的条件下，该方法广泛使用于输电线路工程各种自立式铁塔的组立。

其施工优点是能广泛使用于输电线路工程各种自立式铁塔的组立，采用外拉线减少了抱杆受的轴向力，可增加起吊重量；抱杆顶部偏移对上拉线的倾角不敏感，因此抱杆顶部的活动裕度较大，便于铁塔安装。其施工缺点是外拉线受地形的影响较大；所需外拉线较长，增加了地锚数量和地面拉线操作人员。

3. 内摇臂落地抱杆分解组塔

内摇臂落地式抱杆分解组塔就是将抱杆落地直立组装在铁塔中心位置，随着铁塔起立高度抱杆杆段随之增高，抱杆杆身分段利用腰环控制垂直地面，抱杆顶端安装四副摇臂，塔片起吊时可调整摇臂起伏角度而方便塔片就位。

其施工优点是该方法适用于各种型式的直线塔、耐张塔，施工速度快、效率高、安全可靠。对500kV及以上电压等级线路的各种类型铁塔，特别是酒杯型、猫头型塔横担的吊装，更显现其优越性。其施工缺点是高空作业多、工器具繁杂，铁塔高度不宜大于50m。

4. 倒落式人字抱杆整体立塔

倒落式人字抱杆整体立塔广泛适用于地形平坦、铁塔整体组装方便的各种轻型塔型，各种拉线铁塔组立施工应优先采用。

其施工优点是高空作业少，劳动强度低，施工较为安全；与分解组立法相比，速度快、效率高。其施工缺点是施工场地要求平坦宽畅，且占地面积大，工器具复杂。

（二）施工工艺流程

1. 分解组塔施工流程

内悬浮内、外拉线抱杆分解组塔施工工艺流程基本相同，只在抱杆起立与塔腿组立前后顺序上视现场情况有可以不同，具体如图 5–2–1 所示。

内摇臂落地式抱杆与内悬浮拉线抱杆，在分解组塔工艺流程上的主要区别是用不断地接续抱杆代替提升抱杆以达到同样的起吊高度，其流程如图 5–2–2 所示。

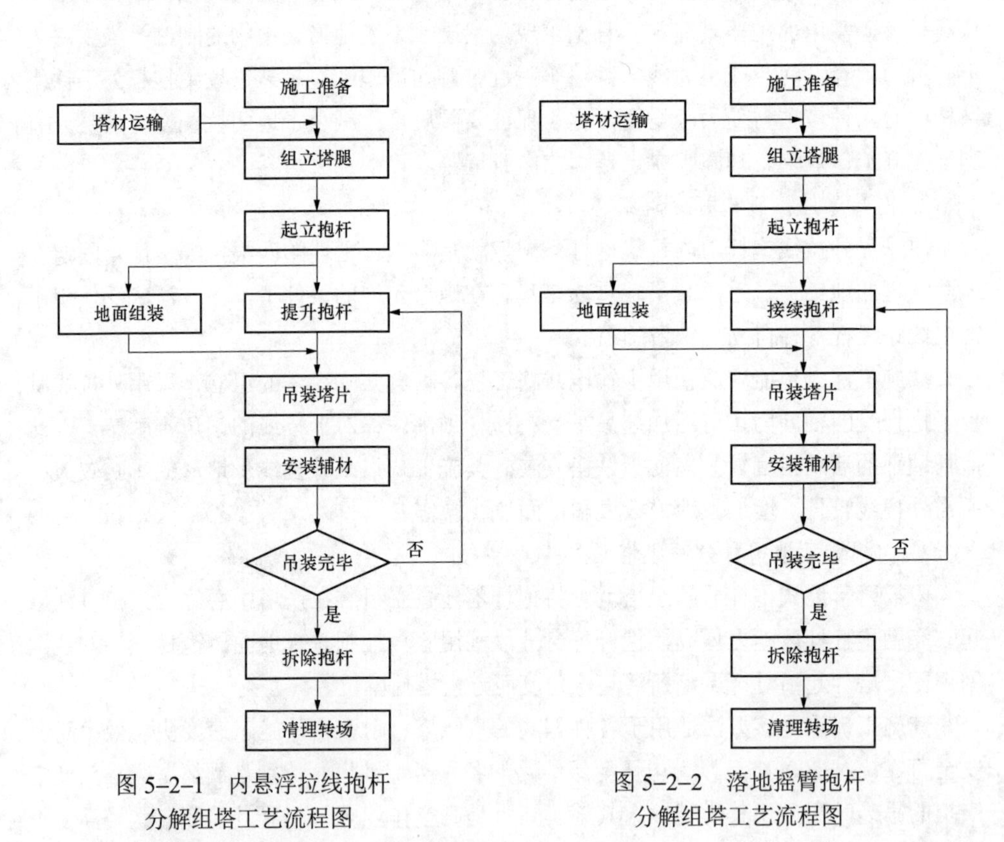

图 5–2–1 内悬浮拉线抱杆分解组塔工艺流程图

图 5–2–2 落地摇臂抱杆分解组塔工艺流程图

2. 整体组塔施工流程

倒落式人字抱杆整体立塔工艺流程如图 5–2–3 所示。

（三）杆塔地面组装

1. 对料

铁塔组立前，应先根据铁塔结构图清点运至桩位的构件及螺栓、脚钉、垫圈等，此称为对料，对料时应注意以下几点。

（1）清点构件的同时，应逐段按编号顺序排好。

（2）清点构件时应了解设计变更及材料代用引起的构件规格及数量的变化。

（3）构件应镀锌完好。如因运输造成局部锌层磨损时，应补刷防锈漆，其表面再涂刷银粉漆。漆刷前，应将磨损处清洗干净并保持干燥。

（4）检查构件的弯曲度。角钢的弯曲不应超过相应长度的 2%，且最大弯曲变形不应超过 5mm。若变形超过上述允许范围而未超过表 5–2–1 的变形限度时，容许采用冷矫法进行矫正，矫正后严禁出现裂纹。

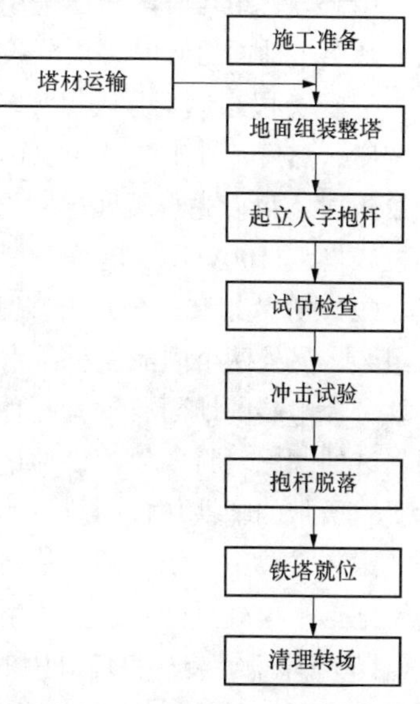

图 5–2–3　整体立塔工艺流程

表 5–2–1　采用冷矫法的角钢变形限度

角钢宽度（mm）	变形限度（%）	角钢宽度（mm）	变形限度（%）	角钢宽度（mm）	变形限度（%）	角钢宽度（mm）	变形限度（%）
40	3.5	65	2.2	90	1.5	140	1.0
45	3.4	70	2.0	100	1.4	160	0.9
50	2.8	75	1.9	110	1.27	180	0.8
56	2.5	80	1.7	125	1.1	200	0.7

2. 铁塔地面组装前的准备工作

（1）参加地面组装的施工人员均经组塔工序的施工技术交底。民工由现场施工负责人交待安全施工注意事项及现场操作基本知识。

（2）根据现场地形，确定铁塔组立方法，进而确定地面组装方法。地面组装方法主要有两种：一种是以汽车吊为主的机械吊装方法；另一种是以人力为主，用小木抱杆或三脚架配合吊装。

（3）根据确立的铁塔组立方法及地面组装方法，选择配套合适的工器具。各类工器具使用前均应认真检查，不合格者不得使用。

（4）地面组装，铁塔组装场地应进行平整，以免构件受力变形。

3. 分解组塔的地面组装

由于分解组塔时，一般采用分段吊装、分片吊装或分角吊装的方法组立铁塔，所以分解组塔地面组装时采用分段组装、分片组装或分角组装。

（1）分段组装。分段组装时应先摆好主材，两主材间距离应等于塔身宽度加两主材宽度。然后逐件组装两个侧面。侧面翻转竖起后再组装上层和底层。当塔身宽度小于 2m 时，可以先组装底层，再组装侧面，最后组装上层。分段组装适用于窄身铁塔如拉线塔、110kV 直线塔等。

（2）分片组装。分片组装时将每段塔材分成相对（即前与后或左与右）两片来进行组装，另外两个面的斜材，水平材分别带到相应的主材上。

分片组装的地面布置有两种方式：一是重叠式，二是铺开式。重叠式组装就是按照吊装的顺序，将各单片构件进行重叠组装；后吊的放在下层，先吊的放在上层。各片主材所带的辅铁（包括斜材、水平材）用麻绳绑牢，以防止上下层之间相勾住。重叠式组装主要用于地形条件差的塔位。铺开式组装就是把各片构件铺在地面进行组装，用于地形平坦处。分片组装适用身部较宽及重量较大的塔。

（3）分角组装。将塔身中的每段分成四个角，以每根主角钢为一单元进行组装。铁塔各个面的斜材、水平材都可分别带到四根主角钢上，具体方法是每根角钢带一个面的外铁及另一个面的里铁。分角吊装多用在铁塔根开大或起吊重量大的铁塔。

（4）不论何种组装方法，地面组装前应注意构件布置。

1）根据抱杆可能提升的高度、抱杆的允许承载能力等，合理确定吊装构件的分段、分片、分角及应带附铁的数量。

2）根据现场地形，塔段本身有无方向限制，以及地面组装与构件吊装是否同时进行等，确定构件的布置方位。

3）构件的分段，原则上按铁塔主材的分段进行组装。当抱杆提升高度及承载能力允许时，也可将两段主材组成一片进行吊装，以减少吊装次数。

4）吊装的构件要尽可能组装于塔基周围，不可距塔基过远或过近。

（5）地面组装注意事项如下。

1）每根主材下支点不小于两处，以便于组装。

2）如果发现铁塔的部分构件容易变形时，应用圆木进行补强。

3）每段塔片两主材之间的各种辅助材应尽可能装齐，连接螺栓要拧紧。两塔片之间的各种辅助材尽可能地连带在主材上。附铁在两片之间的分配要均衡。附铁与主材连接螺栓不要拧得太紧，螺帽盖平即可。附铁与主材应用麻绳绑扎在一起。

4）组装时应注意导线横担、地线横担的方位必须符合设计图要求。对线路转角塔横担两端有长短区分者，必须注意长横担在转角外侧，短横担在转角内侧。地线横担相反，长的在内侧，短的在外侧。

5）组装中，脚钉安装位置，螺栓的使用规格及穿入方向，垫圈的加垫位置及数量均应符合图纸或 GB 50233《110kV～500kV 架空送电线路施工及验收规范》的规定。

6）塔件吊装前，应按设计图纸做一次检查，发现问题要及时在地面进行处理，切忌留待高空作业处理。

（四）螺栓的紧固

现场施工铁塔均采用螺栓连接。螺栓紧固程度对杆塔的安装质量影响较大。如果紧固程度不够，杆塔受力后部件会较早产生滑动，力的传递就有可能出现不正常现象，对结构受力不利，但如螺栓拧得过紧也会造成螺栓本身应力过大而提早破坏。所以组塔时重视螺栓紧固非常重要。

1. 当采用螺栓连接构件时，应符合下列规定

（1）螺杆应与构件面垂直，螺栓头平面与构件不应有空隙。

（2）螺母拧紧后，螺杆露出螺母的长度：对单螺母不应小于两个螺距，对双螺母可与螺母相平。

（3）必须加垫者，每端不宜超过两个垫片。

（4）螺栓的防松、防盗应符合设计要求。

2. 螺栓的穿入方向应符合的规定

（1）对立体结构的螺栓穿入规定如下。

1）水平方向由内向外。

2）垂直方向由下向上。

3）斜向者宜由斜下向斜上穿，不便时，应在同一斜面内统一方向。

（2）对平面结构的螺栓穿入规定如下。

1）顺线路的方向，由送电侧穿入或按统一方向穿入。

2）横线路方向，两侧由内向外，中间由左向右（指面向受电侧）或按统一方向。

3）垂直方向由下向上。

4）斜向者宜由斜下向斜上穿，不便时，应在同一斜面内统一方向。

个别螺栓不易安装时，其穿入方向可予以变动。

（3）杆塔部件组装有困难时应查明原因，严禁强行组装。个别螺孔需扩孔时，扩孔部分不应超过 3mm。当扩孔需超过 3mm 时，应先堵焊再重新打孔，并应进行防锈处理。严禁用气割进行打孔或烧孔。

（4）杆塔连接螺栓应逐个紧固，其扭紧力矩不应小于表 5–2–2 的规定，4.8 级以上螺栓扭矩标准由设计规定，若设计无规定时，宜按 4.8 级螺栓扭紧力矩标准执行。

螺杆与螺母的螺纹有滑牙或螺母的棱角磨损以至扳手打滑的螺栓必须更换。

表 5-2-2　　螺栓紧固扭矩标准

螺栓规格	扭矩值（N·cm）
	4.8 级
M12	4000
M16	8000
M20	10 000
M24	25 000

（5）杆塔连接螺栓在组立结束时必须全部紧固一次，检查扭矩合格后才能架线，架线后还应复紧一遍。复紧并检查扭矩合格后，应随即在杆塔顶部至下导线以下 2m 之间及基础顶面以上 3m 范围内的全部单螺母螺栓的外露螺纹上涂以灰漆，或在紧靠螺母外侧螺纹相对打冲两处，以防螺母松动。使用防松螺栓时不再涂漆或打冲。

二、作业前准备工作

（一）作业人员准备

铁塔组立作业应按照现场交通情况、地形环境条件和作业方案的复杂程度，合理配置作业人员。一般每个作业点应配置工作负责人 1 名、安全监护人 1 名、测工 1 名、高空作业人员 8 名、技工 6 名和普工 30 名左右为宜。

（二）作业工具器准备

输电线路铁塔的设计型式、作业环境、施工方案，决定了工器具配置。不同的作业方案工器具配置主要区别在于抱杆参数的选择，参数常用有 350、500mm 和 700mm 截面格构式钢抱杆。通过起吊重量计算配置其他各受力系统相应的工器具。以内拉线内悬浮抱杆分解组塔，一次起吊重量不超过 2000kg 时，根据此重量选择的主要工器具有抱杆系统（抱杆、抱杆帽、抱杆底座、抱杆连接螺栓），抱杆控制和稳定系统（小双钩、U 形环、钢丝绳、承托绳），拉线及起吊系统（手扳葫芦、U 形环、控制大绳、机动绞磨、地锚、滑车、钢丝套、圆木、小棕绳、角钢桩）和梅花扳手、扭矩扳手、尖扳手、尖橇扛、大锤、红白旗、口哨等。

三、危险点分析与控制措施

铁塔组立阶段具有施工工艺复杂、所用工器具繁多、高空作业频繁等特点，影响安全的因素众多，危险点分析与控制显得极为重要。

1. 铁塔组装危险点分析与控制措施

地面组装方式与地形环境关系密切，作业区域因邻近塔基，有时与起吊交叉作业，其常见危险点见表 5–2–3。

表 5–2–3 铁塔组装危险点分析与控制措施

序号	作业内容	危险点	预防控制措施
1	地面组装	搬运材料碰撞伤人	搬运材料防止碰撞他人，两人同抬一根塔材时，必须同肩，同起同落，步伐一致
2		塔片倾倒伤人	拼装塔片必须用绳索控制，防止塔片倾倒伤人
3		螺栓眼孔找正伤害	应用尖扳手或小撬杠进行找正螺栓眼孔，严禁用手指找正螺栓眼孔
4		地脚螺帽脱落	单插塔腿部分时，地脚螺栓应及时加垫片，拧紧螺帽表面打铆
5		塔腿主材过长倾倒	主材连接不得超过两段，最高不得超过 10m，在四根主材未联成整体前，严禁拆除控制绳
6		绳索断裂	牵引绳、控制绳必须使用钢丝绳，严禁棕绳或其他绳索代替钢丝绳
7		高空落物打击	施工人员严禁在起吊物下方走动、逗留

2. 铁塔组立危险点分析与控制措施

铁塔组立不管采用何种起吊方案，其主要特点是起重系统复杂、高空作业量大、相互协作性很强，是安全控制重点环节。其常见危险点见表 5–2–4。

表 5–2–4 铁塔组立危险点及预控措施

序号	作业内容	危险点	预防控制措施
1	高空组装	高处作业人员无证操作	高处作业人员必须持证上岗，无证人员不得进行高处作业
2		登高人员移动过程中失去保护	安全带要系在作业上方牢固的主材上；移动过程中根据实际情况使用攀登自锁器、速差自控器、水平防坠器
3		高处作业无安全监护	现场必须设安全监护人。在转移作业位置时不得失去保护，手扶的构件必须牢固
4		抱杆固定不当	抱杆提升高度到位后，承托绳应绑扎在塔身节点上方，紧靠节点处。起吊前应检查抱杆倾斜角，其角度最大不宜超过 10°
5		提升抱杆未使用腰环	提升抱杆时必须打好两道腰环，腰环之间相距应符合技术要求，提升滑车必须用钢丝套悬挂，严禁直接挂在角铁、联板和角钉上；塔身斜材及内撑铁未安装好前严禁提升抱杆
6		起吊前抱杆反向拉线设置不当	抱杆起吊前应打好反向控制拉线；起吊时腰环不得受力；指挥人员要密切监视各部受力情况，防止吊件挂、磨塔身
7		起吊过程未监控抱杆的承受力	吊装塔头和横担时，应特别注意调整抱杆的倾斜度及稳定状况，以及控制绳的对地夹角，防止增加抱杆的承受力
8		抱杆起立前未对抱杆连接螺栓、工器具进行检查	抱杆起立前，应对抱杆连接螺栓、滑车悬挂、钢绳连接等作全面检查，凡是高处悬挂的滑车都必须封口

续表

序号	作业内容	危险点	预防控制措施
9	高空组装	超负荷起吊	起吊塔片或塔段时，应严格控制起吊重量，起吊时，控制绳必须用锚桩或地锚固定控制，严禁直接用人拉来控制
10		高空遗留工具、浮铁和活头铁	每段塔身就位完整后，应将各部构件装齐、螺栓紧固后方可进入下道工序；严禁在抱杆及铁塔上遗留工具、浮铁和活头铁等
11		工器具传递不当	高处作业人员随身所用的小型工具（如扳手、小撬杠、榔头等），必须放在专用工具袋内。上下传递物件使用绳索吊送，严禁抛掷。严禁乱插、乱放、乱挂，严防落物伤人
12		塔材绑扎、起吊安装简化	高空就位要有专人指挥、监护；吊件就位螺栓未穿齐、紧固前任何人不得在吊件上作业；所有钢丝绳与塔材绑扎点都要内垫方木外包麻袋片
13		作业人员冒险登高空	在抱杆起吊重物时，严禁在起吊构件下方向上攀登。严禁顺抱杆上下
14		上下交叉作业	高处作业人员必须做到先拴安全带后再工作，并且应尽量避免双层作业。霜冻、雨雪后高处作业必须要有防滑措施
15		ZM 塔曲臂安装开口扩大	应及时用ϕ12.5 钢丝绳和 3T 双钩将两上曲臂互连，避免开口扩大并利于调节顶架横担就位
16		起重工具使用不当	现场所用的起重工具，应按技术规定使用，严禁以小代大，以次充好
17		起重物下方有人站立或逗留	塔片起吊过程中，高处作业人员应选择合理的安全位置。待塔片到位后再进行就位安装。起重物下方严禁有人站立或逗留
18		地锚埋设不当	立塔使用的地锚必须按施工技术措施要求埋设。地锚埋设要采取防雨水冲刷、渗淹措施，防止进水后被拔出；严禁利用树桩等作锚桩用
19		机械带病运行	机械操作人员在工作开始前，应对机械进行全面检查，严禁机械带病运行
20		高空检修未设置安全监护人	高空检修、消缺工作人员不得少于两人，且必须设置安全监护人。作业时应严格按照高空检修安全工作票的要求进行操作
21	起重作业	无证人员操作机械设备	起重作业所使用的机械必须完好，保证其有效率达到 100%。起重机械操作人员应按国家有关操作规定严格操作。严禁无机械操作证人员操作机械设备
22		工器具损坏	工器具应定期检查和保养，不合格的坚决更换
23		超重起吊	起重作业时，起吊重量严格按照作业指导书中规定的重量进行起吊，严禁超重起吊
24		钢丝绳受割	起吊物件的绑扎工作，必须由专人进行绑扎。绑扎点要有防止钢丝绳受割的措施，棱角处要垫软物
25		吊件和起重臂下方有人	吊件和起重臂下方严禁有人，起重臂及吊件上严禁有人或有浮置物
26		吊件悬空停留指挥人员离开现场	吊件不得长时间悬空停留；短时间停留时，操作人员、指挥人员不得离开现场。工作结束后，起重机械的各部应恢复原状

续表

序号	作业内容	危险点	预防控制措施
27	起重作业	电力线下方或临近处起重作业	在电力线下方或临近处起重作业，必须办理安全作业票，设安全监护人，严禁起重臂跨越电力线进行作业
28		恶劣气候吊装作业	铁塔组立时接地连接及时可靠，遇有雷雨、浓雾及六级以上大风时，不得进行铁塔吊装作业

四、作业步骤和质量标准

（一）内拉线内悬浮抱杆分解组塔

内拉线抱杆分解组塔是依靠联结于已组好塔身四角顶端主材节点处的承托钢绳和抱杆拉线，使抱杆悬浮于塔身桁架中心来起吊待装塔构件的，故又称悬浮抱杆组塔。起吊塔构件提升钢绳则通过抱杆顶部的朝天滑车，塔身上的腰滑车、塔下的地滑车引出塔身之外而连向牵引设备（对于单吊组塔）或连向牵引钢绳（对于双吊组塔）。启动牵引设备，收卷提升钢绳（对于单点组塔）或连向牵引钢绳（对于双吊组塔），使塔构件徐徐吊起。待一段塔身吊装完毕，则利用已组装好的塔身提升抱杆，增大抱杆悬浮高度以继续吊装塔构件，按此重复交替作业，直到整个铁塔吊装完毕。

内拉线抱杆分解组塔按每次吊装构件数的不同，分为单吊和双吊两种组塔。内拉线抱杆单吊组塔现场设置如图 5–2–4 所示。内拉线抱杆双吊组塔如图 5–2–5 所示。

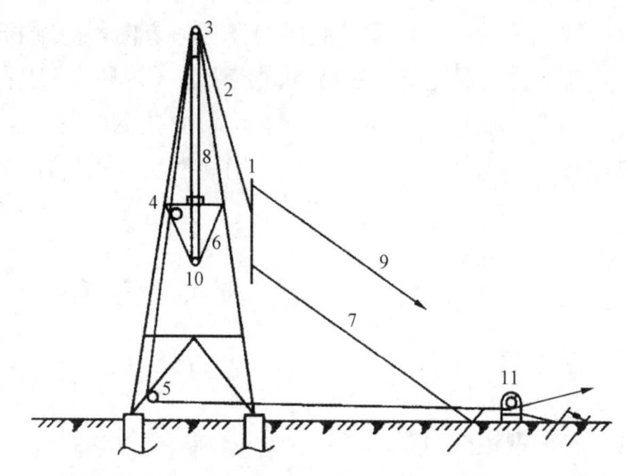

图 5–2–4　内拉线抱杆单吊组塔

1—被吊塔片；2—起吊绳；2—朝天滑车；4—腰滑车；5—地滑车；6—承托绳；7—下控制绳；8—抱杆；9—上控制绳；10—朝地滑车；11—绞磨

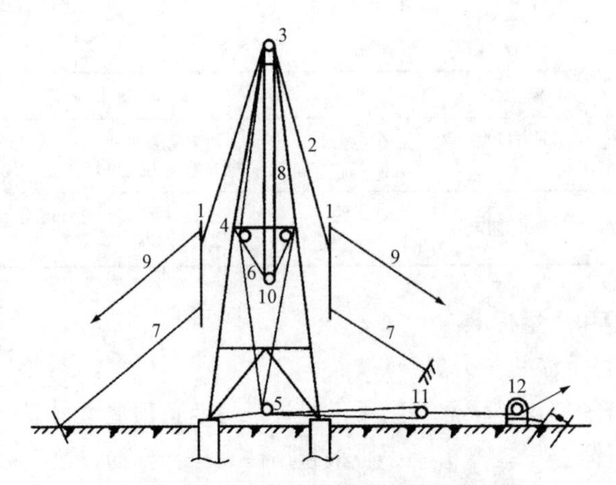

图 5-2-5 内拉线抱杆双吊组装

1—被吊塔片；2—起吊钢绳；3—朝天滑车；4—腰滑车；5—地滑车；6—承托绳；7—下控制绳；8—抱杆；9—上控制绳；10—朝地滑车；11—平衡滑车；12—绞磨

1. 主要工具及现场布置

（1）内拉线抱杆。常用的内拉线抱杆有钢管抱杆、薄壁钢板抱杆、角钢抱杆、铝合金抱杆等。

1）抱杆的结构。内拉线抱杆的上端装有朝天滑车。单吊法用单轮朝天滑车，双吊法用双轮朝天滑车。朝天滑车与抱杆的连接，一般采用套接方式。要求朝天滑轮还能在抱杆顶端沿抱杆轴线水平转动，以适应起吊绳在任何方向都能顺利通过。朝天滑轮的下面，抱杆上端适当位置设置连接上拉线的固定装置（拉环）。抱杆下端连接朝地滑车，其作用在于提升抱杆。在抱杆下端两侧焊两块带螺孔钢板用以连接下拉线的平衡滑车。抱杆宜分段连接。当用法兰连接时，应使用内法兰，以便在提升抱杆时，能顺利通过腰环。

2）抱杆的长度可由经验确定

$$L = kH \qquad (5\text{-}2\text{-}1)$$

式中 L ——抱杆长度，m；

H ——最长铁塔吊件长度，m；

k ——系数，一般取1.5～1.75。

3）抱杆的布置。组塔中抱杆升得高，塔材安装就方便，但升得过高，抱杆下部拉线受力随着增大，而且抱杆的稳定性也较差。所以抱杆应悬浮在塔内中心，且露出已组塔段的抱杆长度 L_1 与塔身内抱杆长度 L_2 之比在 2.33～2.5 间为宜。双吊时，抱杆应垂直地面，单吊时，为方便构件安装就位，抱杆可以稍向吊件侧倾斜，其倾角不得大于 15°。

（2）抱杆拉线。抱杆拉线包括上拉线、下拉线（承托系统）。

1）抱杆上拉线的布置。抱杆上拉线由四根钢绳及相应卡具所组成。钢绳的一端用卡具或 U 形环固定于抱杆顶部，另一端用卡具分别固定于已组塔段四根主材上端。上拉线与塔身的连接点，一定要选在分段接头处的水平材附近，或颈部 K 节点的连接板附近。

上拉线长度为

$$L_s = \sqrt{L_1^2 + \left(\frac{E}{2}\right)^2} \tag{5-2-2}$$

式中　L_s ——上拉线长度（不包括绑扎长度），m；

E ——钢绳与主材绑扎点断面对角线长度，m；

上拉线不但起到固定抱杆的作用，还起到控制抱杆露出塔身高度的作用。

2）下拉线布置。下拉线即承托系统，由承托钢绳、平衡滑车、卡具和双钩等组成。承托系统示意图如图 5-2-6 所示。

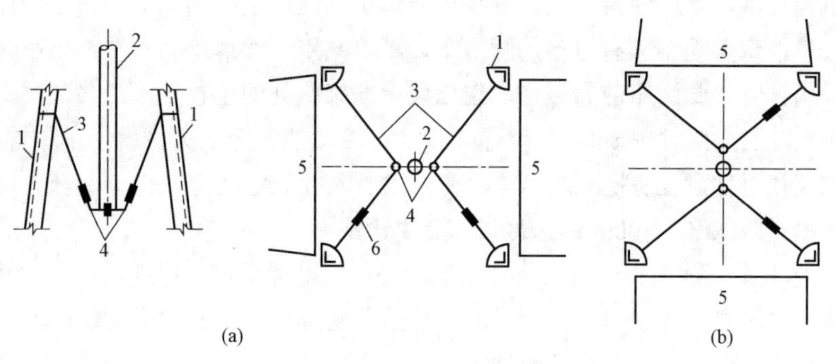

图 5-2-6　承托布置平面图

（a）左右布置；（b）前后布置

1—主材；2—抱杆；3—承托绳；4—滑车组；5—主材断面；6—平衡滑车

下拉线由两根绳穿越各自的平衡滑车，其端头直接缠绕在已组塔段主材上端，用 U 形环固定。也可通过专用具固定于铁塔主材上。下拉线在已组塔段上的固定点，一定要选择在铁塔接头处的水平材附近，或者颈部的 K 节点附近。为了保持抱杆根部处于铁塔结构中心，应尽可能使承托的两分肢拉线及双钩为等长。

两平衡滑车根据吊物位置可以前后或左右布置。当被吊构件在左右侧起吊时，平衡滑车应布置在抱杆的左、右方向，即左、右布置方式；当被吊构件在塔的前、后侧起吊时，平衡滑车应布置在抱杆的前、后方向，即前、后布置方式。采取这样的布置方式，在起吊过程中可使抱杆的下拉线受力接近均匀，还可以防止抱杆在提升过程中其底部沿平衡滑车滑动。

下拉线长度为

$$L_x = \sqrt{L_2^2 + \left(\frac{E}{2}\right)^2} \tag{5-2-3}$$

式中 L_x ——下拉线长度，m；

L_2 ——塔身内抱杆长度，m；

E ——下拉线与主材绑扎点断面对角线长度，m。

由于下拉线的长度变化较大，在组塔工作中，如果以最小计算值作为基本长度（即取在施工设计时的最小计算长度），其下拉线长度不足部分，按事先已准备好的钢绳套给延长；如果以最大计算长度作为基本长度，在组塔工作中，其下拉线多余部分，可分别缠绕于铁塔主材上。

（3）腰滑车。腰滑车是内拉线抱杆组中的一个重要工具，腰滑车的作用是为了减少抱杆所受轴向力，避免牵引钢绳与铁塔或抱杆发生摩擦与碰撞，同时设置腰滑车后可使牵引绳在抱杆两侧保持平衡，减少由于牵引钢绳在抱杆两侧的夹角不同而产生的水平力。每根牵引绳都应有自己的腰滑车，不可共用。腰滑车的布置：当吊装铁塔腿部、身部构件时，腰滑车应布置在已组塔段上端接头处的主材上；当吊装颈部、横担等“并口”以上构件时，腰滑车应布置在“并口”处主材上。无论腰滑车布置在何处，其位置应互相对称，且与抱杆起吊构件在地面上的投影角度为135°，另外，固定滑轮的钢绳套尽量短些（＜300mm），尽量靠近主角铁。

（4）地滑车。地滑车一般布置在塔底中心，用钢绳固定在塔腿主材上。地滑车的作用是将通过塔身内腰滑车的牵引绳向塔外的平衡滑车（双吊）或绞磨（单吊），双吊时可用双轮地滑车，单吊时用单轮地滑车。

（5）绞磨。绞磨应尽可能顺线路或横线路方向设置，避免45°方向布置，距离25～35m，在地势平坦地方，绞磨的固定用地钻也可用二联桩。绞磨操作人员应能观测到起吊构件的操作。

（6）牵引钢绳。牵引钢绳的布置有直接起吊和加动滑轮起吊两种形式，如图5-2-7所示。直接起吊就是将牵引钢绳通过抱杆朝天滑轮后直接绑扎在被吊构件上，其特点是抱杆受力大，起吊速度快；加动滑轮起吊就是牵引钢绳不直接与被吊构件绑扎，中间加一个动滑轮，其特点是牵引力减少近一半，抱杆受到的轴向力减少，但其起吊速度慢。一般当起吊重量较大时，采用加动滑轮的起吊方式，起吊重量较轻时，采用直接起吊方式。

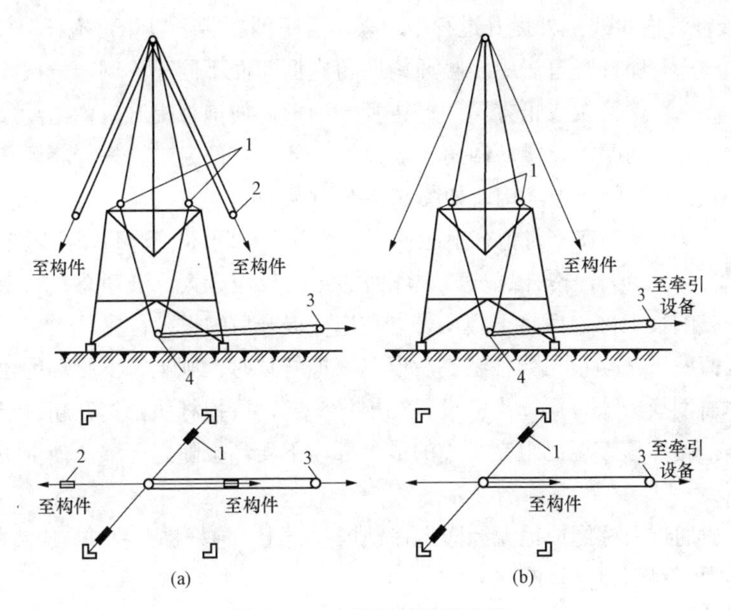

图 5–2–7　牵引钢绳的布置

（a）动滑车起吊；（b）定滑车起吊

1—腰滑车；2—动滑车；3—平衡滑车；4—地带车

牵引绳与抱杆夹角宜小于 30°，不能满足要求时，可考虑单面吊。单面吊时，为方便吊件就位，抱杆可向受力侧倾斜，但抱杆对铅垂线的倾角不宜大于 15°。

（7）控制绳。控制绳或称调节绳，主要作用是使被吊构件不与已组好的塔身摩擦、碰撞，还具有增加抱杆稳定性的作用，同时还有调正吊件位置，协助塔上操作人员在吊件就位时对孔找正的作用。

控制绳一般使用白棕绳或钢绳，当吊件重量不满 500kg 时，一般通常选用ϕ16～18 白棕绳；当吊件重量超过 500kg，通常选用ϕ11～12.5 钢绳。

控制大绳受力的大小，对抱杆及上、下拉线的受力有较大的影响，而控制大绳与地面夹角的大小，又直接影响着控制大绳的受力，为此，在布置控制大绳时，应尽可能使控制绳在抱杆两侧对称，对地夹角不大于 45°。操作时，两侧控制绳松紧适度，避免一侧紧一侧松、或两侧紧、或两侧松的情况。

在吊装腿部、身部及颈部等竖长构件时，每片构件上下端各绑一条控制绳；当起吊构件较宽而且长时，应考虑每侧使用三条大绳。此时上端绑一条，下端主材上各绑一条；吊装横担时每片两端各绑一条，这样既便于安装构件，又可减少构件本身在吊装过程中可能产生的变形。

（8）腰环。内拉线抱杆提升过程中，采用上下两副腰环以稳定抱杆，使抱杆始终保持竖直居中。腰环构造随抱杆断面不同而不同，一般都用圆钢或钢管做成正方形，每边套一钢管，使抱杆提升时由滑动摩擦变为滚动摩擦，腰环四角一般设置拉环，以便通过白棕绳将腰环固定在塔中间，腰环构造如图5-2-8所示。

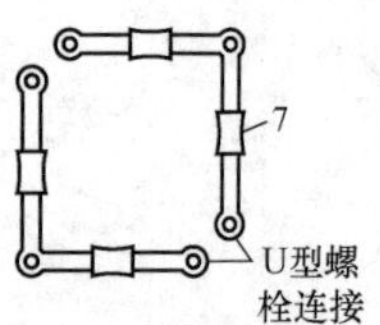

图5-2-8 腰环

在一付抱杆上应使用上、下两只腰环，腰环间至少应有2.5m的距离，抱杆越长，腰环间的距离也应越大。一般总是将上腰环设置在已组完塔段的最上部，而将下腰环设置在抱杆提升后的根部位置。

在某些情况下，当被吊构件组完后已高出抱杆顶时，则上、下腰环的位置在抱杆提升过程中需倒换一次，第一次应设置在抱杆头部，待抱杆头部提升超过已组完的塔段后，再将上腰环移设至已组完塔段的最上部，下腰环也随之上移，使上下腰环间保持要求的距离。

腰环一般通过白棕绳或尼龙绳固定在铁塔主材上。抱杆提升完毕，应将腰环放松，以免抱杆受力倾斜而将其拉断。

2. 操作方法

（1）塔腿组立见外拉线抱杆组塔。

（2）竖立抱杆。

1）竖立抱杆之前，应作好如下准备工作：① 将运到现场的各段抱杆按顺序组合起来并进行调整，使其成为一个完整而正直的整体。连接抱杆的螺栓要拧紧。② 将提升抱杆用的腰环套在抱杆上。③ 将朝天滑轮、朝地滑车、承托系统平衡滑车等装在抱杆上，把各部连接螺栓及止动螺栓拧紧。④ 将起吊钢绳穿入朝天滑车。⑤ 将抱杆临时拉线（上拉线）与抱杆头部连接。⑥ 按确定的竖立抱杆方法作好起吊及相应的滑车、牵引设备的布置。

2）竖立抱杆有三种方法，可根据设备及地形条件选用其中一种：

字抱杆整立法。人字抱杆整立内拉线抱杆现场布置见图5-2-9所示。

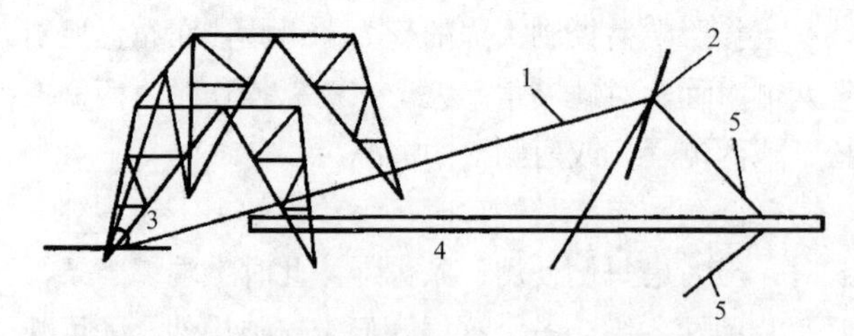

图5-2-9 小人字抱杆起立内拉抱杆布置图

1—牵引绳；2—小人字抱杆；3—地滑轮；4—抱杆；5—侧面大绳

该法的操作注意事项同倒落式人字抱杆整立混凝土杆。人字小抱杆为自动脱落式，起吊过程应注意监护，当抱杆立至约 80°时，可在塔上收紧拉线使抱杆立正，然后用腰环及绳套固定抱杆，拆除牵引工具。

利用塔腿扳立法。利用塔腿扳立内拉线抱杆的现场布置如图 5–2–10 所示。

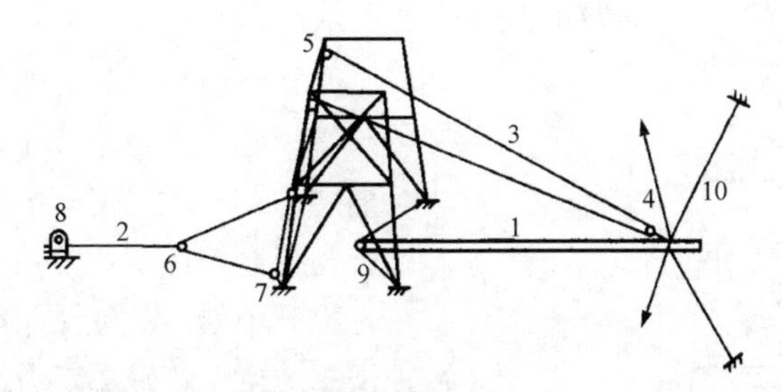

图 5–2–10　利用塔腿扳立内拉抱杆布置平面图

1—内拉抱杆；2—牵引绳；3—起吊绳；4—吊点滑车；5—转向滑车；6—平衡滑车；7—地滑轮；8—机动绞磨；9—制动绳；10—抱杆拉线

利用塔腿吊立内拉线抱杆，当抱杆立至 80°时，停止牵引，在塔腿上方收紧抱杆拉线达到抱杆立正的目的，同时将抱杆拉线固定于塔腿主材上。然后利用腰环及绳套固定抱杆，拆除牵引工具。

利用塔腿吊立法。利用塔腿吊立抱杆有两种方法。当抱杆较轻时按图 5–2–11；当抱杆较重时按图 5–2–12 布置。

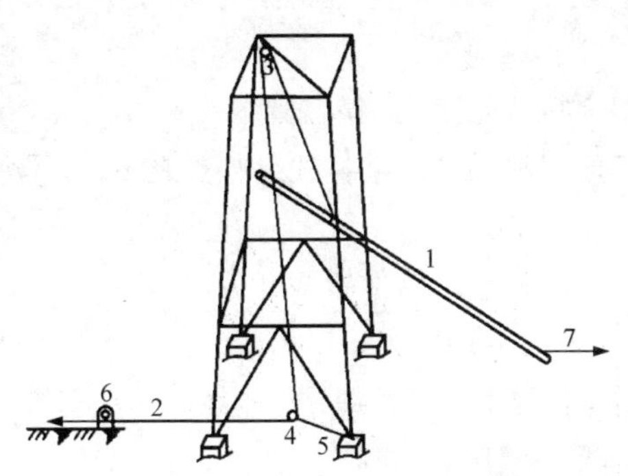

图 5–2–11　利用塔腿起吊抱杆

1—抱杆；2—牵引绳；2—起吊滑车；4—地滑车；5—钢绳套；6—机动绞磨；7—控制绳

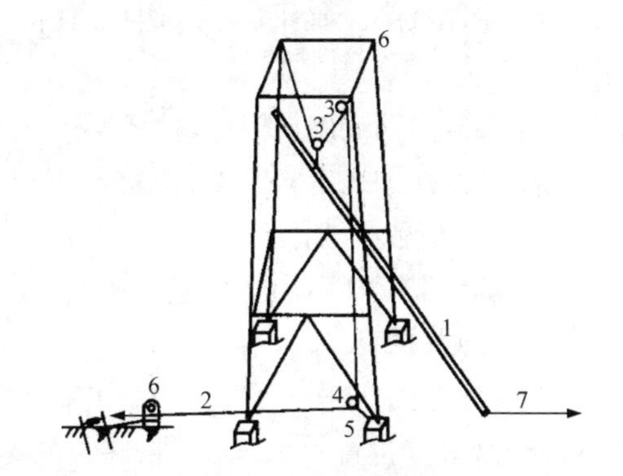

图 5–2–12　利用塔腿起吊抱杆

1—抱杆；2—牵引绳；3—起吊滑车；4—地滑车；5—钢绳套；6—机动绞磨；7—控制绳

抱杆根应用攀根绳控制，使抱杆慢慢移向塔身内。抱杆立正后，利用腰环及套绳调正抱杆，然后拆除立抱杆的牵引绳索。

3）扫尾工作。抱杆竖立后，还应完成：① 将塔腿的开口面辅助材补装齐全并拧紧螺栓。② 将上拉线及承托系统固定在塔腿的规定位置上。③ 如抱杆够高时，可作吊装构件准备，如抱杆不够高时，则准备提升抱杆。

（3）铁塔吊装参见外拉线抱杆组塔。

（4）提升抱杆的现场布置如图 5–2–13 所示。

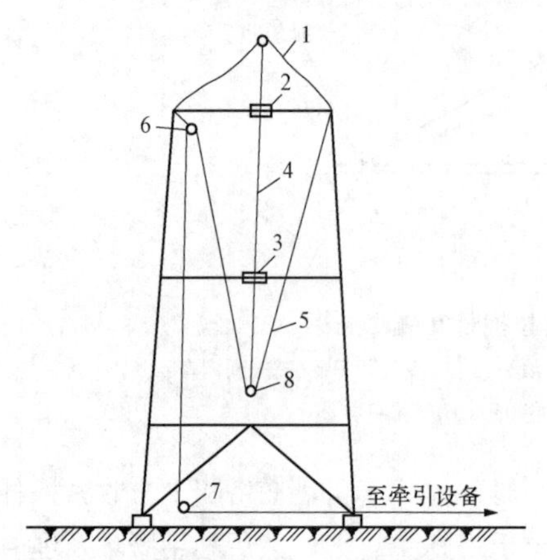

图 5–2–13　提升抱杆布置图

1—上拉线；2—上腰环；3—下腰环；4—抱杆；5—提升钢绳；6—反向腰滑车；7—转向滑车；8—朝地滑车

布置时应注意：将提升抱杆的提升钢绳的一端绑扎在已组塔段上端的主材节点处，反向腰滑车（起吊滑车）布置在已组塔段上端，与提升钢绳绑扎点成对角。这样，抱杆可在提升中始终处在铁塔结构中心。另外，地滑车应位于腰滑车下方的塔腿上。

提升抱杆操作步骤如下。

1）绑好上腰环及下腰环，使抱杆在铁塔结构中心位置直立。

2）将四根上拉线由原绑扎点解下，提升到新的绑扎位置予以固定。一般情况下，上拉线固定在已组塔段各主材最上端的节点处，各拉线固定方式应相同，拉线呈松弛状态。

3）启动绞磨，牵引提升钢绳子，使抱杆提升一小段高度，解去原抱杆受力状态下的承托系统。

4）继续启动绞磨使抱杆逐步升高至四根上拉线张紧为止。

5）将承托钢绳串联双钩后固定于已组塔段主材顶端的上拉线绑扎点之下，收紧承托钢绳，使之受力一致。

6）放松上下腰环，拆去提升抱杆的工器具，为起吊塔件做好准备。

（5）抱杆的拆除。

1）在横担中点挂一只开口滑车作起吊滑车，利用起吊钢绳，一端经起吊滑车绑扎在抱杆 1/3 高度位置，另一端经塔底转向滑车引向绞磨。

2）在抱杆根部绑一根ϕ18 的棕绳，拉至地面，用以控制抱杆降落的方位。

3）启动绞磨，收紧起吊绳，解开抱杆根部的固定钢绳和腰绳。缓降抱杆，松开四根外拉线。

4）当抱杆头部降到横担滑车时，暂停绞磨，用一抱腰绳将抱杆上部与牵引绳捆绑，以防松抱杆时翻转。

5）用人力收紧抱杆根部的白棕绳，使抱杆根部按其预定位置拉到塔身外部，直至落地为止。如果抱杆引出塔身外有困难，可拆除部分辅助材，待抱杆落地后，再将辅助材重新安装好。

（二）外拉线内悬浮抱杆分解组塔组塔现场布置示意图

内悬浮外拉线抱杆组塔就是将抱杆上端的四根拉线落地，固定在地面预埋的地锚上，其余操作及施工均与内悬浮内拉线抱杆组塔相同。

1. 现场布置

（1）内悬浮外拉线抱杆分解组塔的现场布置示意如图 5-2-14 所示。

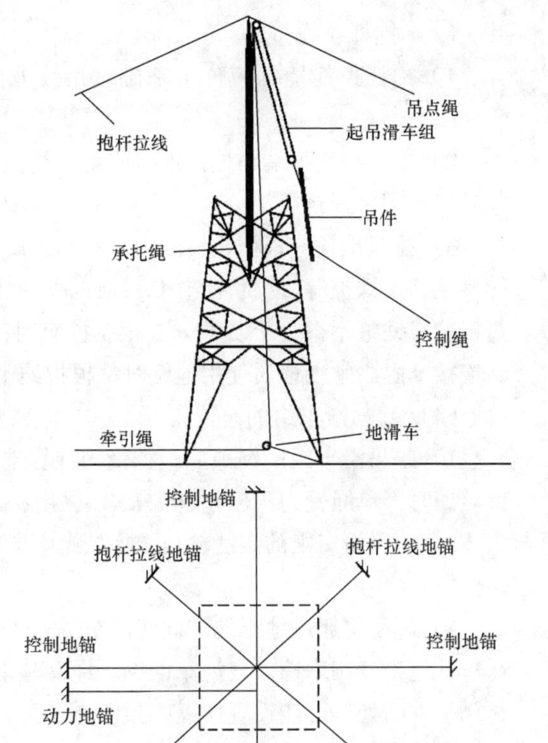

图 5-2-14 内悬浮外拉线抱杆分解组塔现场布置示意图

（2）计算抱杆长度。

1）对于干字型塔，抱杆长度应满足吊装塔身各片的要求。其长度应满足

$$L_A \geqslant \frac{2}{3}L_1 + L_2 + H_D + H_X \tag{5-2-4}$$

式中 L_A——按塔身段长度计算的抱杆长度，m；

L_1——塔身各段中最长的一段段长，m；

L_2——抱杆插入已组塔段的长度，可近似取已组塔体上端根开，m；

H_D——吊点绳的垂直高度，可近似取被吊构件上端的根开，m；

H_X——起吊滑车组收缩后的最小长度，一般取 2～4m。

2）对于酒杯型和猫头型铁塔，抱杆长度应满足吊装横担的需要。其长度应满足

$$L_B \geqslant H_h + L_3 + L_{2B} + H_D + H_X \tag{5-2-5}$$

式中 L_B——按吊装酒杯塔横担计算的抱杆长度，m；

H_h——酒杯塔横担的立面高度，m；

L_3——酒杯塔平口至横担下平面的高度，m；

L_{2B}——抱杆插入塔身部分的长度，可近似取平口的根开，m。

当抱杆根部的承托绳能挂在下曲臂靠上端时可取 $L_{2B}=0$，此时抱杆长度会稍短些。

（3）抱杆拉线布置。

1）抱杆拉线地锚应位于基础对角线方向的延长线上，拉线的对地夹角不宜大于45°。

2）抱杆拉线下端与地锚连接应用拉线控制器，以方便拉线能随时松出；若需要收紧时应另配手扳葫芦。

3）拉线地锚应根据拉线受力大小和土质条件选用，常用地锚有钢地锚、圆木地锚、螺旋地钻及铁桩等，应优先选用钢地锚。坚硬土质使用铁桩时拉线拉力应不超过15kN，每根拉线铁桩不得少于2根，2根铁桩应用花篮螺丝或双钩紧线器可调工具和钢丝绳套连接牢固。软土地质使用地钻时每根拉线不得少于2只。

（4）起吊滑车组的布置。

1）起吊滑车组的绳数应根据受力计算选择，在一般情况下，起吊绳采用ϕ13mm钢丝绳时，单绳受力不应超过15kN，采用ϕ11mm钢丝绳不应超过11kN。

2）起吊滑车组的定滑轮挂于抱杆上帽的侧面。起吊绳沿抱杆外缘引下时应防止磨碰抱杆。

3）起吊绳通过地面的转向底滑车进入绞磨。底滑车的位置应选择适当，防止起吊绳与其他构件相摩擦。底滑车的钢丝绳套与塔脚底座连接时绳套长度应适当，塔腿主材靠基础面处尽可能设置挂板或预留施工孔。

（5）其他布置。牵引装置、承托系统等布置与内悬浮内拉线抱杆组塔布置相同。

2. 塔身下段的组立

塔身下段的组立应根据塔腿质量、根开及地形条件等选择合适的方法。主材较重或者为主角钢插入式基础时宜选用单根吊装；塔腿较轻、地形较平坦且为地脚螺栓式基础时宜选用分片吊装。

如采用先起立抱杆后组立塔腿方案时，可用已立起的主抱杆起吊塔腿单根主材，现场布置示意如图5-2-15所示。将塔腿主材吊离地面后再与基础主角钢或塔脚板对接，然后再安装塔腿四个侧面辅材。

分片吊装塔腿，一种是用主抱杆吊装半边塔身，另一种是用主抱杆分别吊装四根主材及其相应的辅材，然后组合连接成为一个完整的塔身。

塔腿吊装均应选择合理的吊点位置，防止构件变形，必要时吊点处用圆木或圆钢管进行补强。塔腿组立后均应设置临时拉线，防止塔腿因自重力向内侧倾斜变形。设置临时拉线有利于塔腿的合拢。塔身下段组立后，地脚螺栓的螺帽应装齐、拧紧，接地引下线应及时与铁塔连接，以保证组塔安全。

3. 吊装塔身

吊装塔身的现场布置示意如图5-2-16所示。

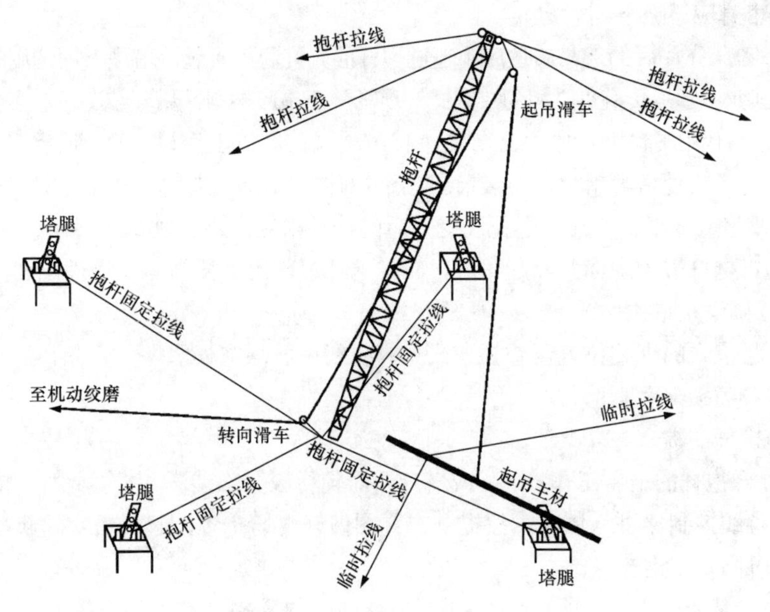

图 5-2-15　起吊主材现场布置图

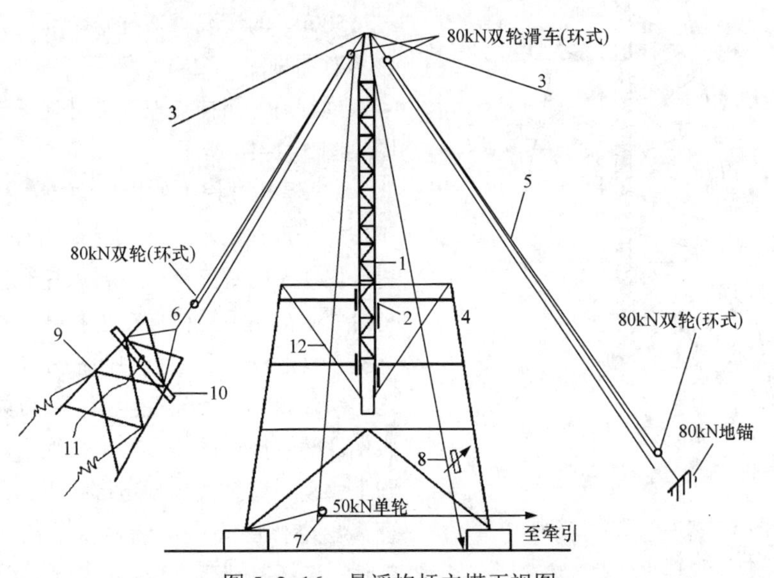

图 5-2-16　悬浮抱杆立塔正视图

1—抱杆；2—腰环；3—外拉线；4—已起立塔片；5—反向拉线；6—起吊滑车组；7—50kN 转向滑车；8—30kN 手扳葫芦；9—塔片；10—补强抱杆；11—控制绳；12—承托绳

吊装塔身应遵循下列规定。

（1）塔身分片后的起吊质量应不超过抱杆的允许起吊质量。塔型不同选用的抱杆规格不同，其允许起吊质量也不相同。因此，现场施工中应根据铁塔安装图核对实际的起吊质量。当塔材代用资料不明时，应在设计起吊质量的基础上乘以1.1的增重系数。

（2）为了方便塔片就位，吊装前应调整抱杆顶向吊件侧适当倾斜，倾斜角不宜大于10°。调整抱杆倾斜时应考虑拉线受力后的伸长影响，避免过量倾斜。

（3）当抱杆置于地面开始起吊时，应将抱杆根部用承托绳与铁塔基础连接，使抱杆固定在四个基础的中心位置。

（4）吊点绳的绑扎位置及补强方式见内拉线内悬浮抱杆组塔。

4. 抱杆的提升和拆除

（1）抱杆的提升。

1）提升抱杆的准备工作：塔腿或塔身四面辅材应全部装齐并拧紧螺栓，抱杆拉线下端通过拉线控制器进行调整，按提升布置图做好现场布置，起吊塔片的起吊滑车组尾端应临时固定在抱杆身部。

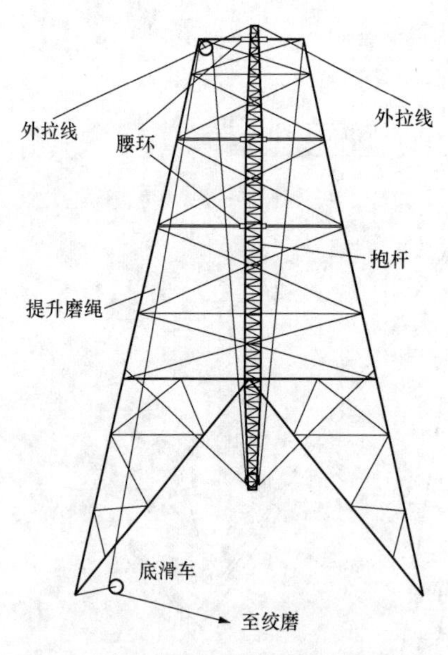

图5-2-17 双挂点单绳提升抱杆布置示意图

2）提升抱杆有两种布置方式：一种是采用双挂点单绳提升，适用于抱杆自重不超过1500kg的情况，双挂点单绳提升现场布置示意图见图5-2-17所示。另一种是四挂点双绳提升。四挂点双绳提升现场布置示意图见图5-2-18所示。

3）提升过程中的操作要点：检查准备工作完毕后，启动绞磨缓慢牵引提升抱杆。提升约1m后暂停牵引，将承托绳由塔身主材绑扎点处解开，松挂在主材某节点上再继续提升。抱杆提升过程中四根外拉线应随之均匀缓慢松出但不得完全解开，以防止抱杆倾倒。随着抱杆的提升，承托绳上端应随之向上移动，直至达到预定绑扎点再固定。抱杆高出塔体的高度应满足待吊构件能顺利就位。抱杆提升至略高出设计高度后应停止牵引。收紧承托绳，其上端应连接在已组塔体上端主材节点处的上方或相应的挂板上。缓慢松出绞磨绳，使承托绳处于受力张紧状态，检查承托绳受力是否均匀。松出提升绳，调整抱杆四侧拉线，使抱杆处于待吊构件状态。

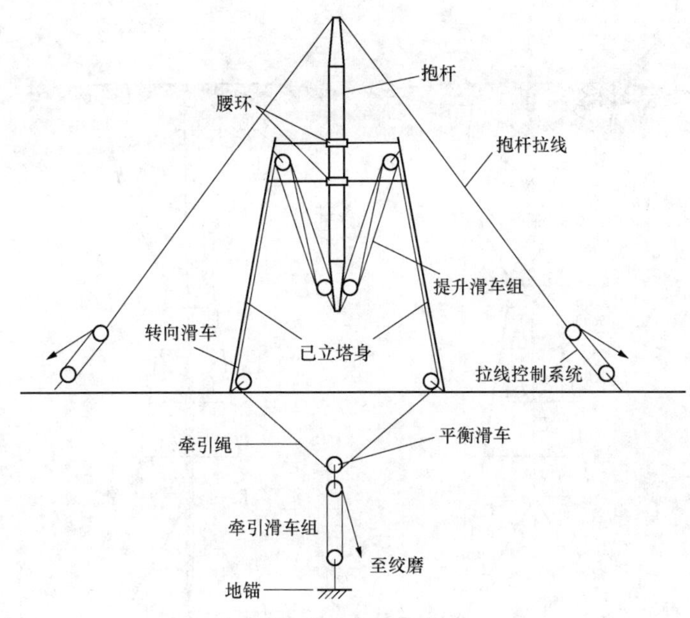

图 5–2–18　四挂点双绳提升抱杆布置示意图

（2）抱杆的拆除。直线塔抱杆的拆除如图 5–2–19 所示，耐张塔抱杆拆除如图 5–2–20 所示。如果抱杆自重超过 1500kg 时，应采用滑车组或用双绳双吊点拆除抱杆。拆除的初始阶段，外拉线应带住；抱杆下落 1～2m 后完全松出外拉线，利用起吊绳控制抱杆的稳定。

5. 吊装横担及地线支架

在各种型式铁塔头部的吊装中，以酒杯型塔的导线横担和地线支架吊装较为困难，因为它质量较大、长度较长且位置较高。横担的吊装有分片分段吊装和整体吊装，应根据抱杆允许起吊重量选择适当的吊装方法。

（1）分片分段吊装法。

1）吊装顺序：第一步分前后片吊装中横担，第二步将地线支架和边导线横担绑扎到一起同时吊装，第三步先就位边导线横担，再就位地线支架。

2）吊装中横担的操作要点：将中横担分前后两片组装于顺线路方向，利用顺线路的起吊滑车组进行吊装。调整抱杆露出横担上平面，且向受力反侧略有倾斜，当起吊滑车组受力后，抱杆宜在铁塔结构中心线位置。横担片吊装前，横担片的螺栓必须全部达到紧固标准。吊装过程中，尽量避免绳受力过大。应根据吊件的提升而适时松出控制绳，以吊件不触碰塔体为原则；两根控制绳应同步松出，使横担始终处于水平状态。吊装过程中，抱杆应始终保持在顺线路方向的塔体中心面上。横担片吊至设计位

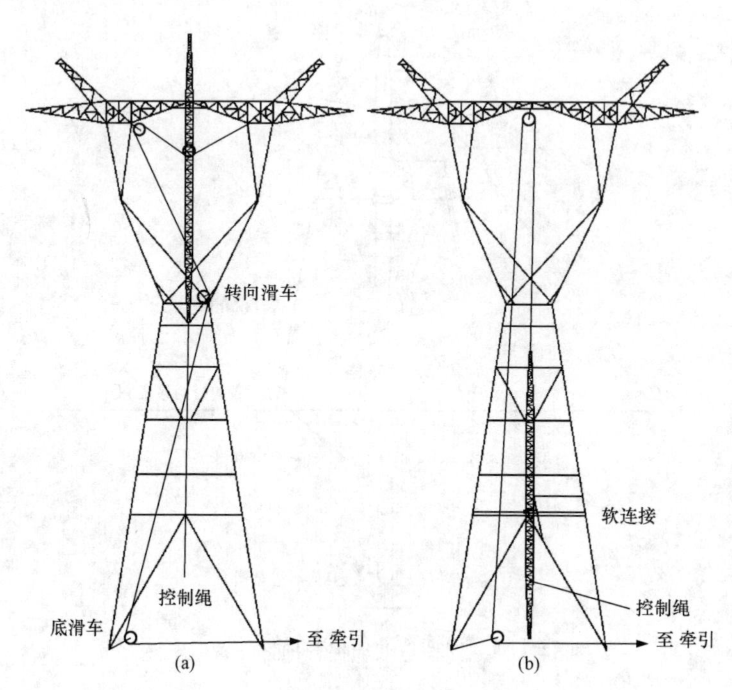

图 5-2-19 直线塔抱杆拆除示意图

（a）滑车组拆除；（b）双绳双吊点拆除

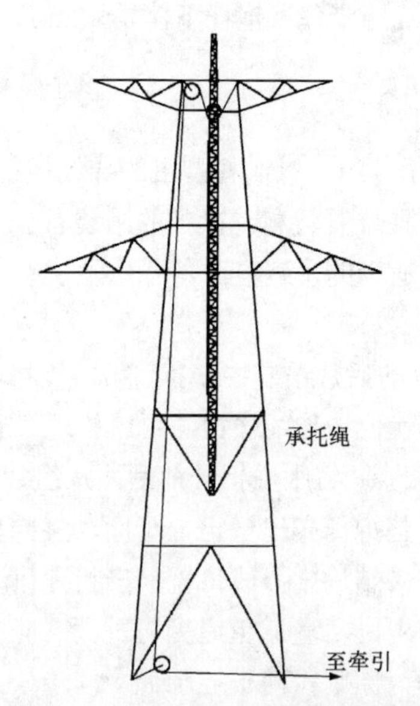

图 5-2-20 耐张塔抱杆拆除示意图

置时，调整攀根绳，使横担低端先就位，再调整上曲臂根开加固绳使高端就位。上曲臂与横担片连接处的顺线路方向交叉铁安装完毕且螺栓全部紧固后，再松出绞磨绳及吊点绳，按相同方法和步骤吊装另一片中横担。

3）吊装地线支架的操作要点：地线支架与导线边横担组装时就要组装在一起，并且要将地线支架和导线横担用钢丝套连接，并用螺栓将地线支架和横担连接，如图 5–2–21 所示。

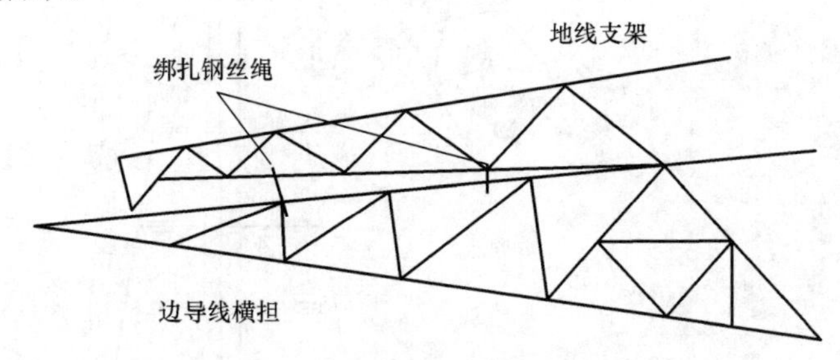

图 5–2–21　边导线横担和地线支架组装示意图

控制大绳采用两点绑扎，在边导线横担端头绑扎。吊点采用一点吊，吊点绳采用 ϕ21 钢丝套，平衡滑车采用 50kN 单轮环式滑车和起吊系统连接。

边横担起吊到安装位置后，调整抱杆和控制绳，先安装高侧就位螺丝，然后回落绞磨，安装低侧螺栓，安装好就位螺栓并紧固后，放可松开磨绳及控制绳。调整抱杆使抱杆垂直，将磨绳绑扎在地线支架上，启动牵引设备，就位地线支架。

（2） 整体吊装法。

1）整体吊装有两种组装方式：一种是横担及地线支架组装成整体；另一种是将中横担及地线支架组装成整体，边横担再单独吊装。

2）整体吊装主要是起吊质量增大，各部位工具受力增大，操作要点与分片吊装基本相同。

（三）内摇臂落地式抱杆分解组塔

1. 现场布置

内摇臂落地式抱杆包括一根主抱杆及四根摇臂。主抱杆由抱杆帽、抱杆上段、加强段、接续段和底座等组成。内摇臂落地式抱杆分解组塔的现场布置示意如图 5–2–22 所示。

抱杆底座通过四条 ϕ11mm 钢丝绳固定在铁塔基础中心。在抱杆加强段上通过长螺杆安装四个长 4m 的摇臂，分别布置在横、顺线路方向。摇臂端头与抱杆顶部通过起伏滑车组相连，使摇臂与铅垂线在 5°～80°范围内活动。摇臂端头与抱杆顶之间用 ϕ15mm 保险钢丝绳连接，使摇臂保持在水平位置。

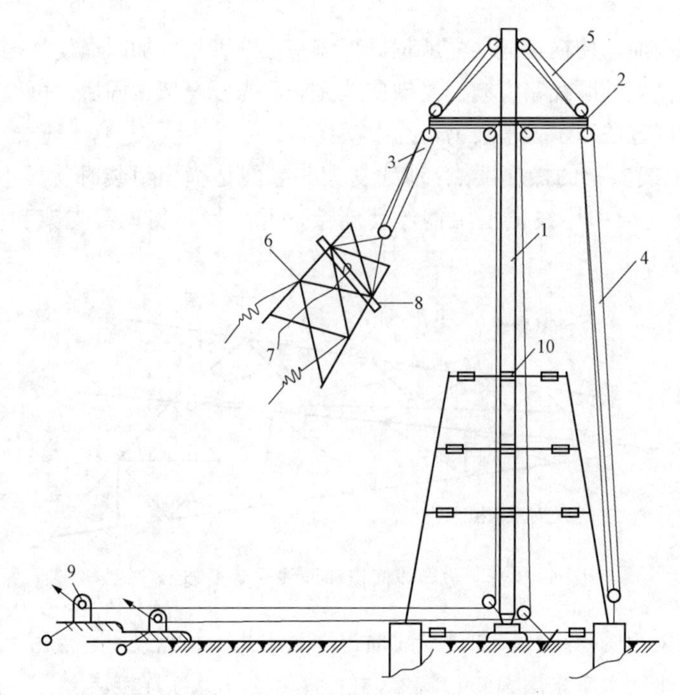

图 5–2–22 内摇臂落地式抱杆组立布置图

1—抱杆；2—摇臂；3—起吊滑车组；4—平衡滑车组；5—起伏滑车组；6—塔片；7—控制绳；8—补强木；9—机动绞磨；10—腰环

当塔片采用左右两侧起吊时，前后方向摇臂的起伏滑车组可以省略。省略起伏滑车组后，应另挂一条钢丝绳连至地面并收紧。

摇臂端头下方悬挂起吊滑车组，作起吊塔材或平衡拉线用。起吊绳经滑车组后穿过挂在抱杆杆身的转向滑车及地面处的地滑车直至绞磨。

抱杆杆身由下至上每隔 8～10m 布置一道腰环，每个腰环用四条ϕ11mm 钢绳（腰拉线）及四副双钩收紧在已组塔段的四根主材上。四根腰拉线应在同一水平面内，且受力均衡，以保证抱杆在吊塔片及倒装提升时不致倾斜。

2. 施工方法

（1）抱杆的组立。

1）抱杆组立前的准备工作。当利用塔腿起立抱杆，塔腿段高度为 6～9m 时，可组立顶部四段抱杆高度约 17m 左右；塔腿段高度为 13m 时，可组立顶部五段抱杆约为 21m 左右。将抱杆底座用四根钢绳固定于铁塔基础的中心。对于岩石等坚硬地基，底座位置的地面应平整；对于松软土质，底座下方应垫方木，防止抱杆下沉。在进行地面组装时，摇臂及起伏滑车组组装后应与主抱杆捆绑在一起，待抱杆立正后再调整摇臂位置。应在面向牵引方向的两侧及后方的抱杆上部绑扎临时拉线。抱杆的最下道腰拉线应与抱杆临时绑扎固定，防止抱杆起立过程中腰环下滑。

2）抱杆的起立。根据现场条件决定抱杆与塔段的吊装顺序，可选择先立抱杆再利用抱杆组立塔腿、塔身等；也可以先组立塔身下段，利用塔身组立抱杆再利用抱杆继续组立其他塔段。

（2）抱杆的提升。

1）提升抱杆的准备工作。将已吊装好的塔段辅材装齐并拧紧螺栓，防止塔材受力变形。在已组塔段的合适高度装好顶层的腰拉线。提升过程中腰拉线总数应不少于 2 道，以保证抱杆提升的稳定。各道腰拉线中心应与铁塔中心在同一铅垂线上。提升抱杆现场布置如图 5–2–23 所示。提升滑车布置在已组塔段呈对角线的主材节点处。两提升滑车高度应选择适当且应等高，第一次提升应不小于 12m。提升钢绳的两个尾端固定在被提升的抱杆下端，再经塔段顶端的提升滑车、塔脚处的地滑车直至平衡滑车。牵引绳由平衡滑车引至绞磨。将待接的抱杆段用钢丝绳套与提升的抱杆下端相连接。接长抱杆时，每次以一段为限。

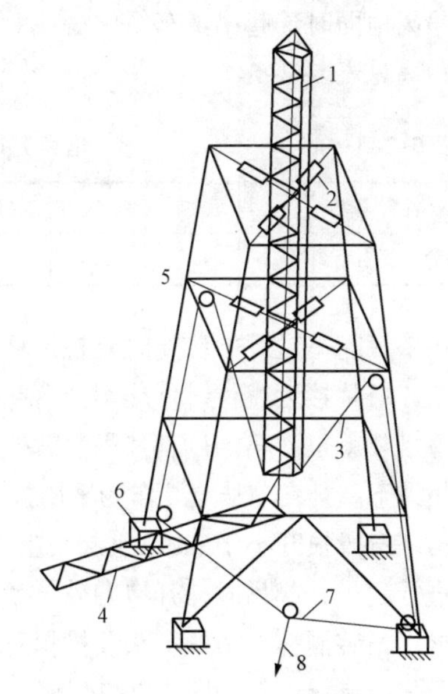

图 5–2–23　落地抱杆接续提升布置图

1—抱杆；2—腰环；3—提升钢绳；4—抱杆接续段；5—提升滑车；6—地滑车；7—平衡滑车；8—牵引钢绳

2）提升抱杆。提升抱杆时，四方起吊滑车组应通过尾绳挂在塔脚上，配合抱杆的提升由人力均匀松出。

抱杆接续段用钢绳套连接在主抱杆下端，当抱杆提升到一段高度后，慢慢将上部抱杆落下，使接续段下端对准底座并固定好；继续回落使接续段与提升段的连接螺孔对正，安装连接螺栓，最后全部松出提升钢绳。每次提升接高一段后，将提升钢绳下移以备下次再提升。接长后的抱杆伸出最上一道腰环的高度，以满足继续吊装塔片的高度为限度，但不得超过 20m。提升完毕后，重新调直抱杆，固定好腰拉线，将作为平衡拉线用的起吊滑车组收紧，准备继续进行吊装作业。

3）调整抱杆。起吊塔片前必须调直抱杆，再打好各道腰拉线，各道腰环中心应与抱杆中轴线重合，腰环每隔 8～10m 装设一道，总数不得少于 2 道。一侧起吊塔片时，与之垂直的两个摇臂应平放，并将起吊滑车组的起吊钢绳与挂在塔脚上的两条等长的

ϕ13mm 钢绳套连接，钢绳套的长度为 0.75～0.8 倍的铁塔根开，使两尾绳间夹角不大于 90°将起吊滑车组尾绳收紧并在塔脚处绑牢，以代替两侧拉线，保持抱杆垂直地面。起吊反侧的起吊滑车组，同样按两垂直摇臂起吊滑车组固定于塔脚处，但起吊滑车组尾绳应引接至机动绞磨，使抱杆顶向起吊反侧预偏 200～300mm。起吊过程中，尽可能使抱杆保持与地面垂直或向起吊侧倾斜不超过 200mm。根据塔片就位的要求，尽可能将起吊侧摇臂收起，改善抱杆受力状况。调整摇臂的起伏钢丝绳尾端应通过抱杆根部的地滑车后，固定在塔脚上。调整抱杆必须有测工用经纬仪配合监视。

（3）塔片吊装。检查塔片组装位置是否在摇臂的下方或允许的偏离范围内。要求塔片吊离地面时，起吊滑车组中心线对抱杆轴线的偏角应不大于 10°，塔片允许最大偏出距离见表 5–2–5。

表 5–2–5 塔片允许最大偏出距离 m

摇臂高度	12	16	20	24	28	32	36	40	44
允许偏出距离	2.1	2.8	3.5	4.2	4.9	5.6	6.3	7.0	7.7

在塔片起吊过程中应随时监视抱杆的变形状态，如变形较大时应停止牵引再作适当调整。塔片接近就位时，应用摇臂起伏滑车组调整塔片就位，不得用压控制绳的方法调整塔片就位。第一副塔片吊装就位后，应将起吊侧摇臂放平，并将该起吊滑车组的起吊绳下移挂在塔脚上，作为平衡拉线使用。而用原平衡摇臂进行吊装另一侧塔片。当待吊塔身段根开小于 4m，且起吊重力不超过 15kN 时，可将该段组成一节不封口的塔段进行起吊。起吊时，开口向外，就位时通过控制绳使开口向内，就位后补齐开口面塔材。吊装酒杯型塔的塔头及横担时，最上一道腰环宜打在下曲臂顶部位置。拉线应交叉与节点相连，如图 5–2–24 所示。

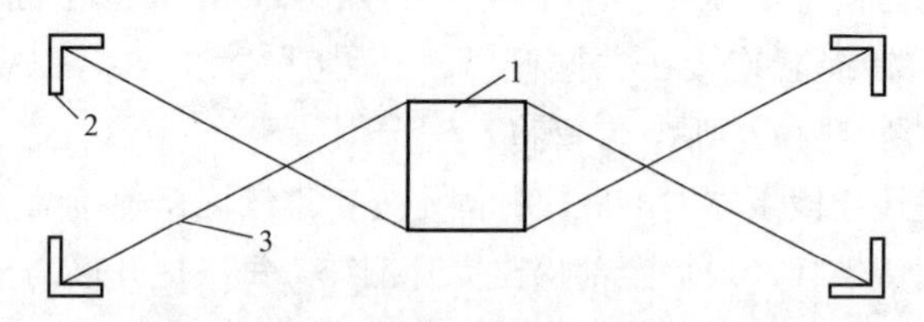

图 5–2–24 铁塔曲臂节点部位腰环布置图

1—腰环；2—主材；3—ϕ13 钢丝套

（4）抱杆的拆除。内摇臂落地式抱杆的拆除方式，可以先拆卸前后摇臂，然后将左右摇臂与抱杆上段合拢捆绑，将摇臂与抱杆一起拆除。拆除抱杆本体与提升抱杆次序相反，采用吊起后从底部分段拆除。

内摇臂落地式抱杆的拆除至只有一道腰环时，为避免抱杆在拆除过程中倾倒，应将固定于横担中部的起吊绳挂于抱杆头部。当抱杆临近地面时，用人力将其向塔体外拖出，再分段拆解以便运输。抱杆拆除后，必须随即补齐铁塔各断面的水平辅材并拧紧螺栓。塔上作业全部结束后，整理工器具、恢复现场转场。

（四）倒落式人字抱杆整体立塔

1. 现场布置

用倒落式人字抱杆整立拉线铁塔现场布置和操作方法，与整立混凝土电杆基本相同。当用倒落式人字抱杆整立自立式铁塔时，现场布置有以下几点不同。

（1）起立抱杆的布置方式。整体组立自立铁塔的抱杆布置方式一种是与铁塔朝向相同，此时应在距抱杆头部约 1m 位置的塔身上方绑扎一根ϕ150mm 的圆木，以便将抱杆搁在上面进行抱杆头部工具的组装。抱杆头部在组装时已被抬高，因此人字抱杆可直接用总牵引绳及相应的机动绞磨进行起立。另一种抱杆布置与铁塔朝向相反，将抱杆组装在与铁塔布置相对称的地面上。在铁塔腿部固定一根独抱杆，利用立塔制动绳地锚用为人字抱杆的牵引绳地锚。单独设置起立抱杆的牵引绳、制动绳、临时拉线等起立人字抱杆。

（2）制动系统的布置方式。由于整体立塔时制动绳调整范围很小，而且制动绳最大受力值出现在铁塔起立时塔头离开地面一刻，因此制动绳系统布置时一定要收紧，避免损坏地脚螺栓。制动绳的布置方式根据塔型的不同有单制动方式和双制动方式两种。单制动方式适用于 ZLV、单柱铁塔等；双制动方式适用于四脚铁塔基础和门型塔基础。

（3）为了防止自立式铁塔整立时发生塔腿变形，应对塔腿予以补强。

（4）自立式铁塔整立前，应在后方的两个基础上安装塔脚铰链，在前方的两个基础上垫以道木。垫木高度应略高出地脚螺栓的外露长度。当塔脚就位时先坐落在垫木上，避免损坏地脚螺栓。

2. 整立铁塔过程的操作

（1）铁塔起立前的检查。

1）立塔指挥人会同安全监护人负责检查的项目。总牵引地锚中心、抱杆顶、制动绳地锚中心、塔身结构中心是否在同一直线上。各岗位人员是否均已到位。铁塔组装是否符合设计图纸要求。铁塔地脚螺帽及垫板是否已配齐全并经试安装。铁塔需要补强的部位是否按施工措施规定进行补强。

2）塔根操作人检查的项目。吊点绳受力是否一致，规格是否符合要求。绑扎位置是否正确、牢固。吊点绳的平衡滑车挂钩及活门是否封闭。抱杆位置是否正确，防沉防滑措施是否可靠，抱杆脱帽的控制绳是否绑好。塔脚铰链安装是否到位，连接是否可靠。

3）制动系统操作人应检查的项目。制动器上的分制动钢绳有无叠压，有无妨碍操作的绳索或物件。制动绳在立塔前应收紧，使塔脚绞链位于基础上。制动绳与地锚的连接是否牢固，滑车组钢绳是否理顺。检查后临时拉线钢绳与塔头绑扎是否牢固，位置是否正确。

4）总牵引系统操作人应检查的项目。总牵引滑车组钢绳是否理顺，滑车组的定滑轮与地锚的连接是否牢固，动滑轮的防翻转重物是否绑扎牢固。绞磨绳是否经过地滑车进入机动绞磨。滑车组的收缩长度能满足铁塔立正后仍有一定长度，防止动、定滑车碰头。牵引设备是否运转可靠，尾部是否固定，方向是否正确。

5）临时拉线系统操作人应检查的项目。临时拉线长度能否满足立塔要求，调节装置是否可靠，与其他绳索有无交叉叠压，所在地面及上方有无其他障碍物，是否影响立塔操作。

（2）整体立塔操作。

1）当铁塔头部起立至离开地面约 0.5m 时应停止牵引，对杆塔作冲击试验，同时检查各部位地锚受力位移情况，各索具间的连接情况及受力有无异常、抱杆的工作状态、杆塔各吊点及跨间有无明显弯曲现象等。

2）随着杆塔的缓慢起立，制动绳操作人员应根据塔根负责人的指挥，使塔脚铰链始终靠近地脚螺栓又不紧贴。两侧拉线应根据指挥人的命令进行收紧或放松，使拉线松紧适度。

3）当抱杆接近失效时，牵引速度应放慢且将后方的临时拉线带住。后方拉线如为永久拉线时，应将钢绞线理顺，防止交叉、弯勾或叠压。

4）抱杆失效时应停止牵引，缓慢松出抱杆脱落控制绳使抱杆缓慢落地。控制绳操作人员必须站在抱杆的外侧。如果抱杆脱落不顺利应查明原因，采取有效措施使抱杆缓慢脱落。两根抱杆落地后抽出控制绳。

5）当铁塔起立 70°时，应减慢牵引速度，后方临时拉线应随铁塔的起立而跟随松出，制动绳应根据现场情况确定是否继续放松。

6）当铁塔立至 80°～85°时应停止牵引，制动绳适度松出，缓慢松出后方临时拉线，利用牵引系统的重力及张力使铁塔调正。

（3）铁塔就位。

1）拉线塔塔脚与基础为绞接，可以在铁塔立正后直接就位。就位后拆除绞链，用经纬仪监测调直铁塔后，打好永久拉线。

2）自立式铁塔就位的操作顺序：铁塔立正后，控制好后方临时拉线，启动绞磨使铁塔向牵引侧稍有倾斜，让牵引侧的两塔脚落在基础的垫木上，然后拆除塔脚铰链。收紧后方临时拉线，总牵引绳随之稍松出，让已拆除铰链的两只塔脚板螺孔对准地脚螺栓，落至基础顶面，并安装地脚螺帽。继续收紧后方临时拉线，总牵引绳随之慢慢松出，让铁塔向后方侧稍有倾斜，直至牵引侧的两塔脚离开垫木，并随即抽出垫木。慢慢松出后方临时拉线，利用塔身及总牵引系统的重力，使牵引侧的两塔脚板螺孔对准地脚螺栓，直至落至基础顶面，安装地脚螺帽。铁塔就位后，应将所有地脚螺栓的螺帽及垫板安装齐全并拧紧，再拆除工器具，清理现场。最后应将铁塔螺栓全部复紧一遍，并用扭力扳手进行自检，直到全部合格为止。

（五）钢管杆、塔的吊装就位与角钢塔的不同

（1）对直线钢管塔基础须找出位于顺线路方向上的两只地脚螺栓、对转角钢管塔基础须找出位于横担方向上的两只地脚螺栓，并作好标记，立塔前应再次检查确定，立塔时应仔细对正，严防出错。

（2）杆段吊离地面不宜过高，略微高过地脚螺栓即可，缓慢移动吊臂，按照所划好的印记对准基础地脚螺栓上印记，使塔底盘吊装就位。

（3）塔底盘孔与地脚螺栓不对齐时，可用一根短钢丝绳头圈住塔身，一头套在接地鼻上，一头套住大撬棍，利用别劲慢慢转动塔身对正、就位。钢管杆底盘就位示意图如图 5–2–25 所示。

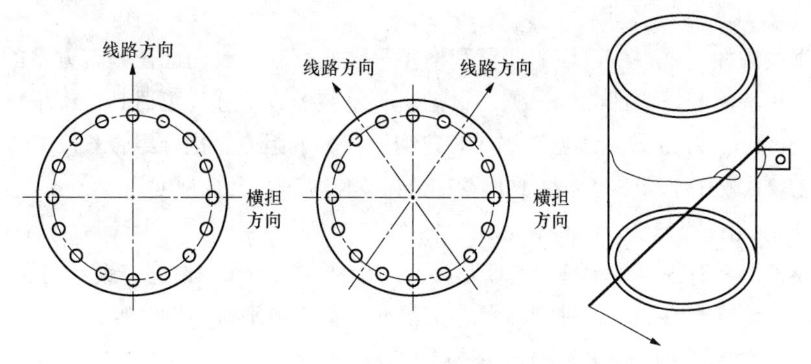

图 5–2–25　钢管杆底盘就位示意图

（4）螺孔对正后，缓慢松下塔段，完全落至立柱顶面并使之自然正直，带上地脚螺帽，注意，在地脚螺帽未完全紧固前，应定位并略带劲绷紧起吊钢丝绳。等地脚螺帽完全紧固后人员方可登塔作业、松卸吊绳。

（六）铁塔组立实例

以外拉线内悬浮抱杆方法组立某 500kV 线路工程直线塔为例。

1. 500kV 线路直线塔的主要特点

（1）铁塔横担宽、横担整体重，塔头整体几何尺寸较大。

（2）曲臂高、曲臂重，上下曲臂的交接点结构形式为 *k* 点形式。

（3）铁塔组立的难度主要集中在直线塔塔头的组立方面。

2. 方案选择

由于500kV线路直线酒杯型塔的主要特点是横担长而重、曲臂高而重且开档尺寸大，根据以往工程的施工经验，选择外拉线内悬浮大截面抱杆分解组立铁塔施工方案。

3. 准备工作

（1）按照作业指导书要求准备立塔工器具，对人员进行明确分工。

（2）根据现场地形、地质情况，确定施工现场平面布置，埋设各类地锚；牵引设备原则上应距基础中心大于1.2倍塔高，尽量顺线路或横线路方向设置，若确实受现场地形影响，难以满足上述条件时，由现场施工负责人视现场实际进行总体布置，但严禁将牵引设备置于塔基面内或直接用塔腿充当地锚，控制绳地锚应设于1.2倍塔高以外。

（3）平整施工作业场地，清除地面障碍物。

（4）校核塔型、根开、对角线。

（5）清点检查已运到桩位的塔材，按规定或使用顺序排放在适当位置。

（6）地面组装与抱杆组立。

4. 工器具参数选择

在直线酒杯型塔中，铁塔的曲臂和横担吊装难度较大。因此在施工方案的选择方面，应首先考虑其塔头部分的吊装，根据塔头吊装的方法选择工器具。组塔抱杆选择500mm×500mm×28m外拉线悬浮16Mn角钢抱杆分解组立。抱杆组合长度要求：组立ZB11、ZB21、ZB31、ZB41、ZVJ11、ZBK11、ZK11时，组合长度为23.6m（五节半）；倾斜5°时，允许吊重2t。

主要工器具有抱杆、承托绳、U形环、手扳葫芦、滑车、磨绳、钢丝绳套、圆木、机动绞磨、地锚、双钩、各种规格型号钢丝绳和梅花扳手扭力扳手等。

5. 外拉线悬浮抱杆分解组立铁塔操作

（1）地面段组立。地面段主材应采用两节350mm×350mm×4000mm小抱杆起立的方法，小抱杆不得用塔材代替，将地面段组立成三面封口、一面开口的结构，准备起立抱杆。地面段两腿水平铁不能接续时，应用补强木补强，连接水平铁。

（2）抱杆组立。

1）将抱杆在开口面接好，并仔细检查其是否平直、有无裂纹，在弯曲小于1‰的情况下，可在抱杆连接处加垫片以消除弯曲，但垫片数量不得超过2个。

2）在抱杆上布置好起吊系统，挂好上拉线，其安装位置一般在第一节与第二节抱杆连接处或第二节抱杆第二根水平辅材处；另在抱杆根部安装$\phi13$制动绳，利用塔身将抱杆立起，抱杆立起后封好开口侧塔材，用内拉线调整抱杆并固定，即可准备吊装一段构件。

（3）地面组装。

1）塔片应对称地组装在线路的前后（或左右）两侧。

2）铁塔各构件的组装应紧密、牢固并带齐两侧辅材。组装完毕后应设专人用加长扳手再复紧一遍螺栓，组装后塔片的总质量不应超出规定起吊质量。脚钉安装规格及位置应与设计要求相符。

（4）吊点绑扎。对一般塔片采用两点吊，对较大根开的塔片一般用补强木吊点绑扎，吊点钢丝绳必须受力均衡，其夹角不得大于90°。

（5）起吊。吊点和控制绳绑扎好后，将反向拉线固定，但其张力不宜过大，以稳定抱杆，全面检查各部位的布置及磨绳穿入方向，确认无误后开始牵引起吊，将构件下部控制大绳拉紧，放松上部控制绳，使构件平稳立起，在构件离开地面的过程中，构件着地的端头应设专人监护，以免塔材顶弯，构件立起后应停止牵引，检查无异常后，继续吊升至安装高度。吊装过程中，控制绳的回松速度应与起吊速度相适宜，不可使构件与塔身相碰，不可使控制绳张力过大。

（6）就位安装。塔片吊升至安装位置时，放松控制绳，使塔片就位后，应用控制绳控制，以防构件前后倾覆；待主材及斜材全部装好，包铁螺栓用加长扳手紧固后，再松开磨绳，起吊安装另一面。将两侧塔片组成整体，螺栓紧固后，方可解开吊点绳和控制绳。包铁螺栓须按图安装，统一规格。塔身一般情况下采用分片吊装。如图5–2–26所示。

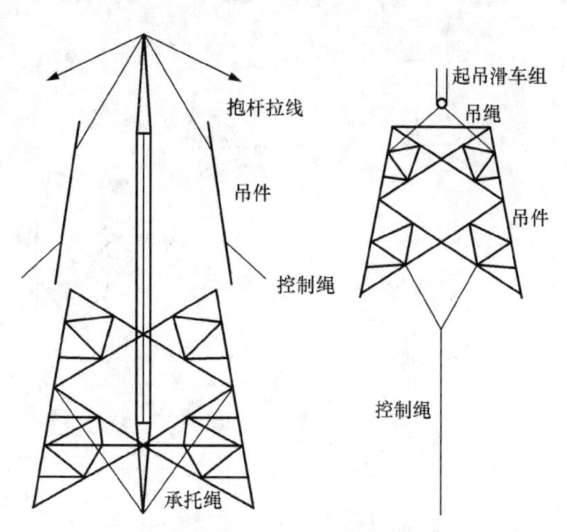

图5–2–26　直线塔塔身吊装示意图

（7）抱杆的提升及调整。抱杆提升前绑好上下腰环，使抱杆垂直固定在铁塔中央位置，解开上拉线，将其移至下一固定位置，在主材结点处装一U形环，用上拉线控制抱杆上端的稳定，并随抱杆的提升而放松。解开承托绳，将抱杆提升到所需高度，固定好承托绳，松开磨绳后调整上拉线，使抱杆合乎起吊要求后固定好上拉线，松开上下腰环，准备起吊。

（8）曲臂吊装。直线铁塔曲臂吊装时，由于起吊角度较大，反侧拉线必须收紧。曲臂安装顺序，先装对面长腿，后装起吊侧短腿。另一侧曲臂起吊时，外拉线可利用先装好的曲臂吊绳。待两曲臂就位后，互相连接成整件，再松磨绳，准备升抱杆。

酒杯型直线塔塔头结构如图 5–2–27 所示，其上下单侧曲臂（上曲臂 4+下曲臂 5）质量在抱杆最大允许起吊范围内。施工时将上下曲臂组装成整体，分左右两吊分别进行整体吊装，直线杯型塔曲臂吊装示意图如图 5–2–28 所示。若单侧上下曲臂的总质量大于允许起吊质量时，采取上、下曲臂单独分段吊装。

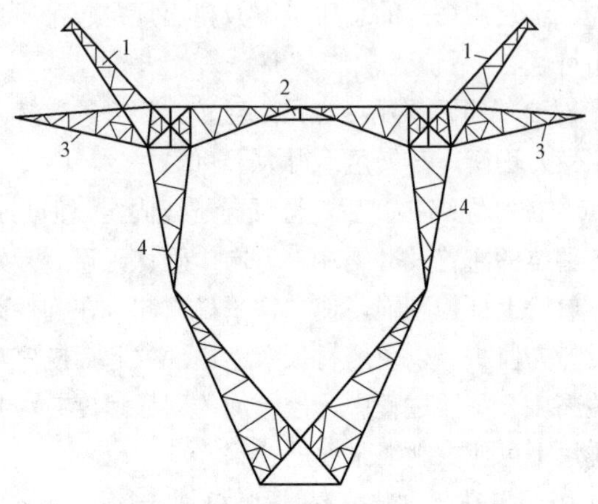

图 5–2–27 酒杯型直线塔塔头结构图

1—地线支架；2—中相横担；3—边相横担；4—上曲臂

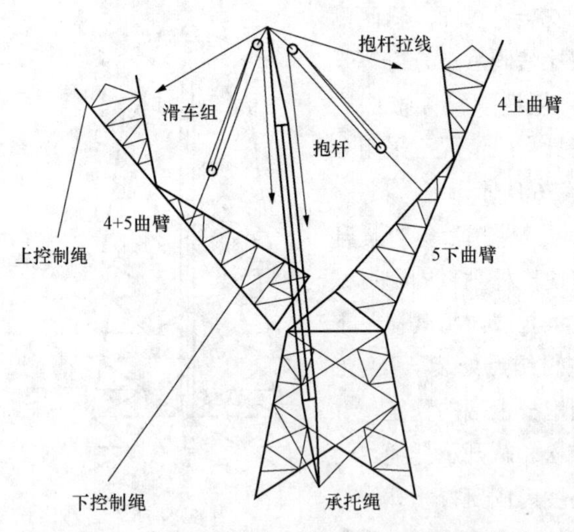

图 5–2–28 直线杯型塔曲臂吊装示意图

（9）横担吊装。500kV 输电线路工程直线酒杯型铁塔，地线支架、边导线横担、中相导线横担总质量根据抱杆最大允许起吊范围，在施工时酒杯型铁塔横担的吊装方法根据质量而定。

当铁塔横担的整体质量小于抱杆最大允许起吊质量时，将左右地线支架、边导线横担、中相导线横担组装成一个整体进行吊装，横担整体吊装示意图如图 5–2–29 所示。

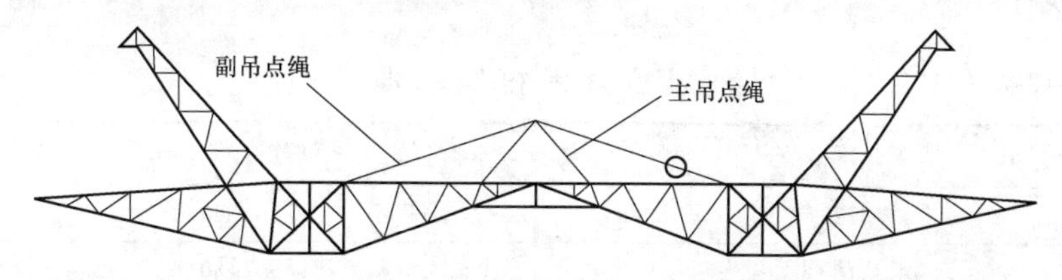

图 5–2–29　横担整体吊装示意图

当铁塔横担的整体重量大于抱杆最大允许起吊质量时，根据塔头结构，拆除左右地线支架等其他附件，在满足抱杆要求的情况下采取整体吊装。当超出部分太多，无法通过拆卸来满足时，应采取分片吊装的方法，即将中横担组成前后两片，通过补强后，分前后两片分别进行吊装，边导线横担和地线支架组装并绑扎整体起吊。

（七）铁塔组立的质量标准要求

铁塔组立施工质量应符合 GB 50233《架空送电线路施工及验收规范》、设计图纸和工艺要求，各部件应齐全，螺栓紧固合格率达到 95%（螺栓架线后应再复紧一次，紧固合格率达到 97%），检查扭矩合格后应及时安装防盗螺栓和防松螺母。

（1）铁塔各构件的组装应齐全、牢固，交叉处有空隙者，应装设相应厚度的垫圈或垫板。

（2）当采用螺栓连接构件时，应符合下列规定。

1）铁塔螺栓应使用防卸、防松装置。

2）螺栓应与构件平面垂直，螺栓头与构件间的接触处不应有空隙。

3）螺母拧紧后螺杆露出螺母的长度：对单螺母，不应小于两个螺距；对双螺母，可与螺母相平。

4）螺杆必须加垫圈，每端不宜超过两个垫圈。

（3）螺栓的穿入方向应符合下列规定。

1）对立体结构：水平方向由内向外；垂直方向由下向上。

2）对平面结构：面向受电侧顺线路方向由送电侧穿入；横线路方向两侧由内向外，中间由左向右；垂直地面方向由下向上；呈倾斜平面时，由下向上。

注意：个别螺栓不易安装时，穿入方向允许变更处理。

（4）铁塔部件组装有困难时应查明原因，严禁强行组装。个别螺孔需扩孔时，扩孔部分不应超过 3mm，当扩孔需超过 3mm 时，应先堵焊再重新打孔，并应进行防锈处理。严禁用气割进行扩孔或烧孔。

（5）铁塔连接螺栓应逐个紧固，4.8 级螺栓的扭紧力矩不应小于表 5–2–6 的规定。4.8 级以上的螺栓扭矩标准值由设计规定，若无设计规定时，宜按 4.8 级螺栓的扭紧力矩标准执行。

表 5–2–6 螺栓紧固扭矩标准

螺栓规格	扭矩值（N·m）
M12	40
M16	80
M20	100

（6）铁塔组立及架线后，其允许偏差应符合表 5–2–7 的规定。

表 5–2–7 铁塔组立的允许偏差

偏差项目	一般铁塔	高塔
直线塔结构倾斜	3‰	1.5‰
直线塔结构中心与中心桩间横线路方向位移	50mm	—
转角塔结构中心与中心桩间横、顺线路方向位移	50mm	—

（7）自立式转角塔、终端塔应组立在倾斜平面的基础上，向受力反方向产生预倾斜，预倾斜值应视塔的刚度及受力大小由设计确定。架线后塔顶端不应超过铅垂线而偏向受力侧。

（8）铁塔组立后，各相邻节点间主材弯曲度不得超过 1/750。

（9）铁塔组立后，塔脚板应与基础面接触良好，有空隙时应垫铁片，并应浇筑水泥砂浆。

（10）铁塔脚钉安装位置和方向符合工艺要求。

（11）塔材表面麻面面积不超过钢材表面总面积（内处侧）的 10%;

（12）塔材镀锌颜色基本一致，镀锌层不允许有面积超过 200mm^2 的脱落；小于 200mm^2 的脱落只允许有一处，出现时应用环氧富锌漆进行防锈处理。

（13）螺栓紧固合格率达到 97%以上，穿向应符合工艺统一要求，按规定安装防盗螺栓，其余螺栓均安装防松罩（双帽螺栓除外）；当遇接点时包括节点处所有螺栓。

（14）螺杆与螺母的螺纹有滑牙或螺母的棱角磨损以致扳手打滑的，螺栓必须更换。

（15）铁塔应保持洁净，不应有锈蚀、油渍、污泥、附着杂物等。

五、注意事项

铁塔组立是输电线路工程施工、检修中的常见作业，由于施工工艺复杂、空作业任务繁重，且受施工地形环境和自然气候条件的影响很大，因此安全风险较大，在施工中要引起高度重视。除严格按经审批的作业方案和安全工作规定组织施工外，并重点注意以下事项。

（1）经基础转序验收合格、铁塔组立施工图纸会审结束、作业方案编制审批完毕，人员、工器具、材料物资等准备工作就绪，方可进入现场铁塔组立阶段。

（2）在施工和检修前必须先进行详细的现场勘察，优化施工方案、合理选择工器具、精心规划现场布置。并要根据工程特点和工作环境条件制定切实可行的安全、质量保证措施。

（3）起吊作业应进行严格的受力验算，根据计算选择起吊方案，控制抱杆高度、起吊重量，正式吊装前必须经过首基试点，确保组塔施工的安全。

（4）全体施工人员必须经安全、技术交底熟知作业方案，特殊工种经培训合格持证上岗，工作负责人、安全监护人应由具有相应资格经验丰富的人员担任。

（5）所选用的工器具、仪器仪表必须经检验合格、有效方可进入现场使用。

（6）组塔工器具要经常检查、维修和保养，严禁以小代大或带病作业。吊点钢丝绳、起重滑车，承拖钢丝绳、抱杆等重要受力工器具要在起吊前后进行详细检查，严禁使用变形、受损的工器具。

（7）所有钢丝绳绑扎点采取内垫外包保护措施，绑扎钢丝绳套挂胶处理。

（8）铁塔组立期间接地连接可靠，施工作业应在良好天气下进行，如遇雷、雨、雪、浓雾、沙尘暴、六级及以上大风时不得进行高空起吊作业。

（9）施工现场整齐、清楚，工器具、材料分类堆放，各类施工标牌齐全清晰，作业区域、孔洞周围安全设施完备，设立安全围栏及警示标志，不得超越围栏作业，闲杂人员严禁进入施工作业区，做到安全文明施工。

【思考与练习】

1. 简要说明分解组塔地面组装构件布置应遵循的原则。
2. 试画出内拉线抱杆分解组立铁塔现场布置示意图。
3. 简要说明外拉线抱杆分解组塔的施工操作工艺。
4. 试分析铁塔组立主要的危险点及安全预控措施。
5. 简要说明铁塔组立的质量标准。

第六章

架线施工

模块1　架线施工前准备工作（Z04F3001Ⅰ）

【模块描述】本模块包含技术准备、施工机具的准备、施工现场的准备。通过内容介绍、原理分析、流程讲解、图表对比，掌握区段划分、场地选择、施工机具的配置，能够进行现场的各项准备工作。

【正文】

一、技术准备

1. 放线区段的划分

（1）传统放、紧线以耐张段为放、紧线区段长度，根据此长度将导（地）线布置在区段内各布线点，然后采用人力或机械牵引进行展放。紧线时采用一端在耐张塔挂线，另一端进行紧线的方式。

（2）张力放线施工区段的划分主要考虑以下因素。

1）通过放线滑车（包括通过转向滑车）的导线不超过 16 个放线滑车的放线长度，当选择牵、张场困难时最多不应超过 20 个放线滑车。有时受地形或跨越物的限制，必须加大放线区段长度时，要根据区段长度和跨越控制点对施工机具等进行受力分析计算，采取可靠的安全措施后方可进行。

2）与数盘导线累计线长相近的长度，以减少导线的损耗。

3）便于跨越施工，停电、影响交通等作业时间最短的长度。

4）在有上扬杆塔的反向侧作为施工段的起止杆塔。

5）非特殊情况尽量不以耐张塔作为施工段的起止杆塔。

6）避免选择不允许导地线接头的档内作施工段的起止点。

根据以上原则，放线施工区段的长度一般在 6～8km 为宜。

2. 牵引场、张力场的选择

传统架线工艺的放线场除放紧线两端的耐张塔外，耐张段的中间可能也要运送导线，张力场的选择相对较为灵活。而张力放线（包括无张力机械的牵引放线）的牵引场和张力场的选择就复杂多了，一般应按下列条件选取。

（1）牵、张机能运达的地方。

（2）场地面积、地形能满足设备、导线布置及施工操作要求。

（3）相邻直线杆塔允许作过轮临锚，即锚线角不大于设计规定和锚线作业及压接接续、升空无特殊困难。

（4）下列情况不宜作牵、张场。

1）直线转角塔作过轮临锚塔时。

2）档内有重要交叉跨越或交叉跨越次数较多时。

3）档内不允许导地线接头时。

4）临塔悬点与牵张机的进出口高差较大时。

5）耐张塔的前后侧。

6）地势低洼、容易积水的场地。

（5）受地形限制，牵引场可通过转向滑车引向线路外侧任何方位或调转 180°进行布场。牵引场转向布场应注意以下几点。

1）采用多个转向滑车时，各转向滑车的承载应均衡，即转向角度相等，滑车的承载不得超过滑车的允许承载能力。

2）靠近临塔的最后一个转向滑车应在线路中心或分相布置，与地面的夹角不大于设计规定。

3）靠近牵引机的第一个转向滑车应对准牵引机卷筒。

4）转向滑车应使用允许连续高速运转的大轮槽专用滑车，每个转向滑车均应可靠锚定。

5）转向滑车围成的区域为危险区，存在牵引绳突然脱位的危险，工作人员不应进入，不得布置其他设备材料。

（6）牵、张场的转移是采用“翻跟斗”的方法，如图 6–1–1 所示。由于张力场的布置比牵引场的布置复杂，所以牵引场尽可能设在线路的起端和终端，以减少张力场的数目。

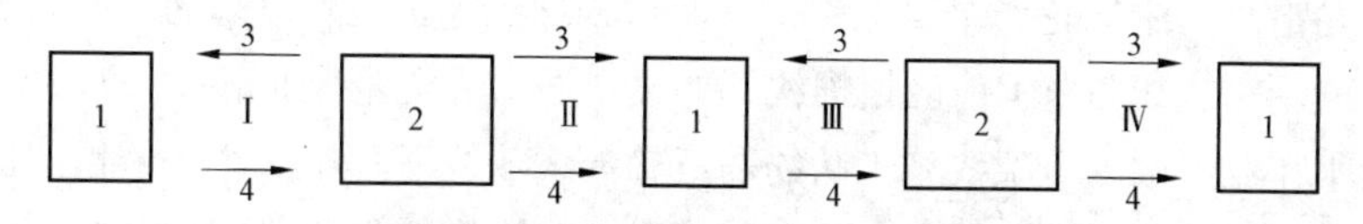

图 6–1–1　牵引场、张力场布置图

Ⅰ、Ⅱ、Ⅲ、Ⅳ—放线区段

1—牵引场；2—张力场 1；3—放线方向；4—紧线方向

3. 布线

放线前应作一个放线计划，即布线。布线的方法是根据每个线盘的线长，综合考虑接续管位置、接续次数等因素，合理安排线盘展放次序，以求停机次数最少、接头最少，提高放线效率、降低导地线损耗，紧线后接续管避开不允许有连接的档内。布线一般应考虑以下内容。

（1）放线裕度。根据地形，放线段内的布线长度，当采用人力放线时，平地增加3%，丘陵增加 5%，山区增加 10%放线裕度；当采用固定机械牵引放线时，平地增加1.5%，丘陵增加 2%，山区增加 3%放线裕度。

（2）紧线后接续管避开不允许有接续管的线档。不允许接头的线档有标准轨距的铁路，高速公路和一级公路，有轨电车和无轨电车，一、二级通信线路，110kV 及以上电力线路，管道，索道以及设计和运行上提出的不允许有接头的线档等。

（3）根据施工方法将导地线放置在合适的位置。

1）导地线的布放位置与放线方法有关，应根据选定的放线方法确定导地线的布放位置。

2）导地线布置在交通方便、地势平坦处。

3）导地线放置的位置是拖线距离最短的，达到即省力又减少导线磨损的要求。

4）地形有高低时，尽可能将线盘布置在地势较高处，从高处往低处放线，以减轻放线牵引力。

5）三相导线的放线位置应尽可能布置在一起，地线最好也和导线布置在一起，这样放线作业时便于统一指挥。

6）张力场集中布放导线时，要提前排好线盘展放次序，按照展放次序布放导线，每相导线为二分裂或多分裂子导线时，在关注展放次序的同时还要做好线盘分组。

7）导地线的布放位置要考虑吊车和放线架的位置，以方便导地线的吊装。

二、施工机具的准备

（一）放线滑车

放线滑车从轮数分有单轮、三轮、五轮等数种，但都需装滚动轴承以减少摩擦力。三轮和五轮滑车的中间轮作牵引轮用，其两边为导线轮，三轮滑车的中间轮也可作导线轮进行一牵三放线。施工前应根据线路的设计选用适合轮数的滑车。如 500kV 线路采用大流水作业，则一个架线施工队约需五轮导线放线滑车 160 个，避雷线放线滑车 90 个。滑轮的直径和槽形应符合 DL/T 685《放线滑轮基本要求、检验规定及测试方法》的规定，常用放线滑车直径和槽形见表 6–1–1，其摩擦系数不得大于 1.015。

表 6–1–1　　常用放线滑车直径和槽形

滑轮直径 D_S（mm）	适用导线		槽形	
	截面积（mm^2）	直径 D_C（mm）	槽底半径（mm）	轮槽深度（mm）
400	185～240	18～22.4	18	50
560	300～400	23.01～25.2	22	50
710	500～630	30～34.82	26	56

注　1. 滑轮直径是指滑轮径向槽底之间的距离。
2. 滑轮轮槽倾角一般为 15°，特殊需要（如为满足牵引板通过滑轮的需要）时，可增加至 20°。

此外，滑轮槽形还应保证牵引绳的抗弯连接器、旋转连接器和接续管保护套等从轮槽中通过，为此，槽底半径一般需加大 10mm。

对放线滑车滑轮轮槽的材料有如下要求：① 轮槽表面不损伤导、地线。在轮槽表面上挂合一层橡胶或橡胶合成物（最好不绝缘），当轮槽橡胶绝缘时，为使滑车仍适用于平行带电线路进行张力放线，滑车上需装专用的接地滑轮；对于支撑牵引绳的中间轮槽，同样应不易损伤导引绳和牵引绳。② 应尽量不受导引绳、牵引绳磨损，使其有较长的使用寿命。滑轮至滑车横梁有 150～200mm 的高度，轮槽间距应与牵引板的各线间距相同，以便顺利通过牵引板。③ 架线前应按上述要求对滑车进行认真检查，合格后方能使用。④ 轮槽挂胶破损或可能脱落时，应重新挂胶后才能使用。⑤ 滑车应定期清洗，加注润滑油，做好例行维护保养。

（二）压接机具

1. 液压机

液压机分手动、机动、电动等数种。送电线路工程中导、地线截面积较大的压接，多用机动液压机。常用的液压机有 100t 和 200t，当导线截面积超过 400mm^2、钢绞线截面积超过 100mm^2 时，以采用 200t 的液压机为宜。

液压泵与液压钳连接的高压油管长度在地面压接时为 4m，当高空压接需将液压泵放在横担处时高压管长度为 8m。

一个大流水作业的架线施工队需配备液压机 6～8 台，且应配备易损件，以便及时修复损坏的液压机。施工前应检查液压机是否处于良好状态。

2. 钢模

钢模分为铝管钢模和钢管钢模。根据工程中使用的导地线规格和液压机吨位，施工前应准备足量和规格适宜的钢模，并在钢模侧面用红铅油等标明，以便现场核对使用。

钢模制造时，其压模六角对边距 s 应比规程规定小 0.3～0.4mm。这是因为内径较小的钢模容易压出符合要求的管子尺寸；另外，钢模的内径经使用后会逐渐增大，当增大至等于要求压后管子的尺寸时，钢模便不能继续使用。

（三）锚固机具

1. 卡线器

卡线器（卡头）分导线卡线器和地线（钢绞线）卡线器两大类。从现场施工经验来看，钢绞线的卡线器还不太过关，有时有跑滑现象。对导线卡线器应检查其压条毛刺是否太尖利，如有此种缺陷，应用砂纸将其磨平。卡线器不得变形，如有变形应报废更新。此外，还应准备导引绳、牵引绳卡线器等。

2. 临锚绳

临锚绳有镀锌钢绞线和钢丝绳两种，其作用是进行导地线的临时锚固。临锚绳分高空和地面用两类。高空临锚因其张力较大，应使用镀锌钢绞线，两端压耐张线夹，一端或全长包胶。地面临锚可使用钢丝绳，但不得接续使用，且尾线要作可靠封固。

3. 临锚架

临锚架是在导线张力放线中，分别将从牵引场侧的牵引板和张力场的张力机上展放出的导线，锚定在地锚拉线棒前面的专用锚线架。锚线架用ϕ25mm圆钢焊接成“V”形，长420mm，开宽320mm。其上端用ϕ48mm，长240mm的铁管支撑。一个临锚架临锚两根导线。一个大流水作业架线队至少需48个临锚架方可满足施工需求。

4. 手扳葫芦

手扳葫芦是张力架线中张力机、牵引机，临锚导地线，微调导地线弧垂、导地线过轮临锚和附件安装提线等使用的工具。操作时有提升闸和下降闸，在不受力情况下提起中间小轮，链条可以自由来回抽动。应注意提升闸和下降闸在带负荷的情况下千万不能操作，以避免出现危险和将内部零件损坏而报废的情况。当手扳链条葫芦质量不过关时，会出现卡链现象，为此，在使用前要认真检查，使用中不得让泥沙进入内部，当不受力侧的链条较长时应将其打结。

（四）保护机具

1. 开口胶管

开口胶管是将内径比导线直径小1～3mm的圆盘胶管切成约800mm长的短管，再从管弯曲的内侧破开而成的，如图6-1-2所示。如果开口方向不正则使用不便，如从管弯曲的外侧破开，在胶管套在导线上时，会自行开口而导致脱落。

开口胶管安装在卡线器的后侧等处，保护导线不会被卡线器的拉紧环和卸扣等工具磨伤。直线杆塔附件安装提线时，提吊钩处导线上应事先套上开口胶管，其长度约200mm。直线杆塔附件安装，当线提起离开滑车槽时，应将导线套上开口胶管，防止放线滑车拆除时碰伤导线。

2. 接续管保护钢甲

接续管保护钢甲（钢护套）是由完全相同的两个钢制材料半圆体组成，如图 6–1–3 所示，两端加硬橡胶衬垫，扣在压好的接续管处，两端口凹槽上用直径 2mm 的铁丝捆扎数匝（与钢甲面平）后，用黑胶布缠绕，以免鞭击时损伤相邻导线。钢甲在紧线完毕安装间隔棒时拆除。

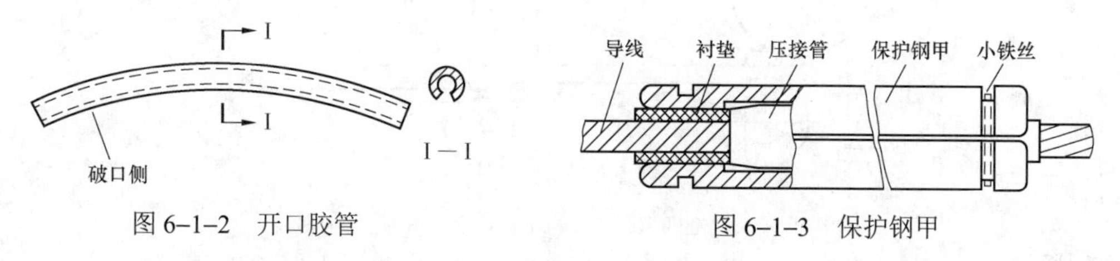

图 6–1–2　开口胶管　　图 6–1–3　保护钢甲

（五）牵张设备

1. 张力机和线盘架

（1）用途和种类。在张力放线中起控制导线或地线或牵引绳放线张力的施工机械，叫做张力机。张力机上盘绕导线或其他被牵引线索的机构称张力轮。大张力机的张力轮又称导线轮。

张力机的主要用途是控制放线张力。除此以外，当张力机的张力轮设计成具有主动驱动能力时，也能用于收卷已放出的线索，如收卷经集中压接后的导线，完成压接后的松锚作业。当驱动能力足够时，还可用于放完线后作紧线前抽余线的作业。有的张力机即为线盘架提供制动能源，还为压接管压接提供压力油源。有的张力机可将两根线张力轮的张力加起来，以便展放大规格的导线，此时需将张力轮上的线槽更换。

按导线轮的构造形式，大张力机可分为双摩擦卷筒式、靴链式、线挑列摩擦压块式等张力机。用得最广泛的张力机是采用液压制动的双摩擦卷筒式张力机。意大利 TESMC 公司制造的四线 811/140/31 张力机，属一牵四（二）张力机，如图 6–1–4 所示。其自重 9t，总张力 140kN，长×宽×高为 5.05m×2.5m×3m。意大利 TESMC 公司制造的单线 513/20/10 小张力机和国家电网公司北京电力建设研究院研制的单线 T50–4AH 型张力机的最大张力为 20kN，属无动力设备，靠手动和线轮转动后自行产生压力进行制动。

张力放线中使用的线盘架应使其放出的线有一定的、可控制的张力，该张力称张力机的尾部张力。尾部张力保证线在线盘上不松套，不会在线轮上打滑。对线盘的制动，一般采用摩擦式制动装置。

（2）张力机工作原理。现以采用液压制动的双摩擦卷筒式张力机为例，绘出张力机的工作原理如图 6–1–5 所示。

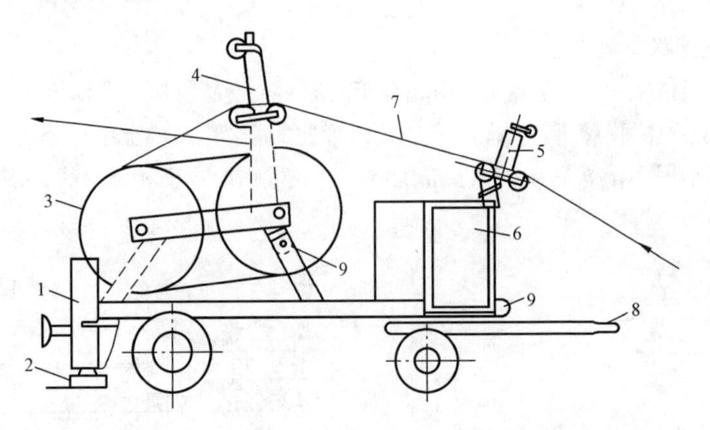

图 6-1-4 一牵四（二）张力机外形（意大利制造）

1—液压千斤顶；2—固定支撑底板；3—导线张力轮；4—前导轮；5—后导轮；
6—发动机及操作系统；7—导线；8—拖运三脚架；9—临锚板

在双摩擦卷筒中，一个是主动卷筒，能带动液压回路中的液压泵转动；另一个则是从动卷筒。导线 1 用穿复滑车相同的方法（先用棕绳进行盘绕，绳头与导线头连接，开机后卷筒旋转，导线便盘绕在卷筒上）盘绕在两个摩擦筒上。牵引机牵动线索后，导线 1 按图示箭头方向作直线运动，带动主卷筒 3 和从动卷筒 2 旋转。

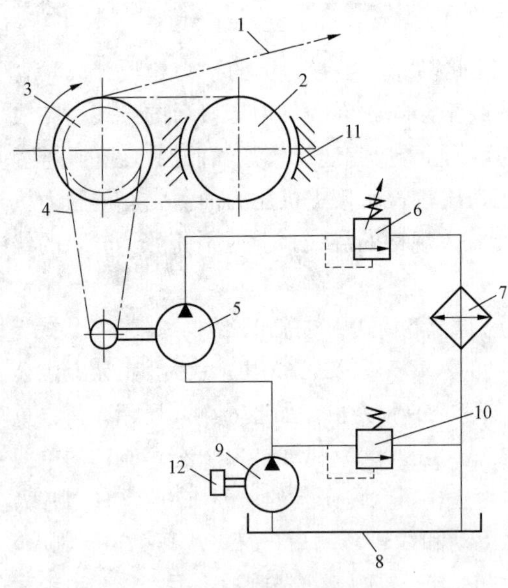

图 6-1-5 张力机工作原理图

1—导线；2—从动卷筒；3—主动卷筒；4—增速机构；
5—液压泵；6—调压阀；7—散热器；
8—油箱；9—补油及驱动液压泵；
10—系统安全阀；11—停车刹车；12—发动机

（3） 张力机及线盘架的选择。张力机及线盘架按以下条件选择。

1）大张力机导线轮组数应与同时展放的子导线根数相同。

2）大张力机上的每组导线轮应能分别独立调整和控制放线张力。有的大张力机设计成用一个液压回路控制两组相互刚接而同步运转的导线轮，亦即由一个液压回路同时控制两根子导线的放线张力，由于线盘架的摩擦力控制很难相同等原因，使放出的两根子导线长度不可能完全相同，从而使两根子导线产生张力差，为此，在牵引板上安装平衡轮，使张力差得以消除。

3）不由张力机供应制动动力的线盘架，可与任何张力机配套使用；由张力机供应制动动力的线盘架应按原设计配套方式使用。

4）大张力机导线轮直径不宜小于导线直径的40倍。

5）张力机应适应施工环境。在使用地区气象条件下，张力机应能迅速投入作业，并能连续进行牵放作业。

6）张力机的允许牵放速度应与牵引机相配合。牵引机为额定牵放速度时，张力机中的液压泵5应接近最佳转速。牵引机以最低速度牵引时，该液压泵应仍能平稳均匀的工作。

7）张力机所使用的液压油、润滑油、燃料油应尽量做到货源充足，易于采购；易损件应尽量通用，符合标准。

8）张力机的单线额定制动张力按式（6–1–1）选择

$$F = K_{\mathrm{T}} F_{\mathrm{P}} \tag{6–1–1}$$

式中 F——张力机的单线额定制动张力，N；

K_{T}——选择张力机单线额定制动张力的系数，一般牵放钢锌铝绞线时取；$K_{\mathrm{T}} = \frac{1}{6} \sim \frac{1}{5}$ 牵放钢绞线、铝包钢绞线、钢铝混绞线时取 $K_{\mathrm{T}} = \frac{1}{10}$；牵放各种钢丝绳时取 $K_{\mathrm{T}} = \frac{1}{15}$；

F_{P}——被制动线索的计算拉断力保证值或综合破断力，N。

9）线盘架应与线盘的几何尺寸及结构形式相配合。几何尺寸包括线盘宽度、线盘半径、法兰孔直径。三者均需符合线盘架的有关部位的尺寸。结构形式主要是指线盘架上的制动装置应能方便的与线盘相连接。架线前线盘架应与线盘试安装，如有不配合，应采取过渡装置等办法进行解决。

2. 牵引机和钢绳卷车

在张力放线中起牵引作用的机械叫做牵引机，包括大牵引机和小牵引机。牵引机和钢绳卷车成套设计和成套使用。

（1）牵引机的用途。牵引机是一种特殊形式的卷扬机，所以除主要用于张力放线牵引作业外，还能用于线路施工中需由绞磨等卷扬设备完成的其他各种牵引作业。牵引机在张力放线中只控制放线速度，不控制放线张力，为钢绳卷车提供动力。

（2）牵引机的种类。牵引机上盘绕钢丝绳的机构叫卷扬轮，也叫牵引轮。卷扬轮是一种通过式卷扬机构，并且均已悬臂方式安装，以便能从导引绳、牵引绳的任意中间部位向卷扬轮上盘车和随时拆除盘车。按卷扬轮形式，牵引机可分为双摩擦卷筒式和鼓轮（磨芯）式两种。有些牵引机的卷扬轮有两部相同但可分别操作的卷扬轮组成，因此可以同时或单独牵引两根或一根牵引绳。

按动力传动方式，牵引机可分为机械传动式、液压传动式、液力传动式和混合传动式四种。

配合牵引机将牵来的钢绳回盘到绳盘上的机械或机构统称为钢绳卷车，它必须对牵引机严格伺服。牵引机正向运转收进钢绳时，钢绳卷成回盘钢绳；牵引机反向运转即倒车时，钢绳卷车松出钢绳。在上述两种运行方式中，钢绳卷车须始终保持牵引机后部的钢绳上有适当的尾部张力，保证钢绳与卷扬轮间不产生相对滑移。按钢绳卷车与牵引机的装配关系，牵引机还可分为以下两类。

1）钢绳卷车与牵引机同机体安装式（此时钢绳卷车仅为牵引机的一个回盘机构）。

2）钢绳卷车与牵引机分机独立安装式。

意大利TESMC公司制造的621/150/33型大牵引机亦称一牵四牵引机，如图6–1–6所示，以及521/30/21型的小牵引机一牵一牵机，如图6–1–7所示，均为钢绳卷车与牵引机同体安装式。大牵引机的自重7.3t，牵引力为150kN，其体积（长×宽×高）为5m×2.5m×2.95m。小牵引机的自重1.94t，牵引力为30kN，其体积（长×宽×高）为3.7m×1.7m×2.6m。

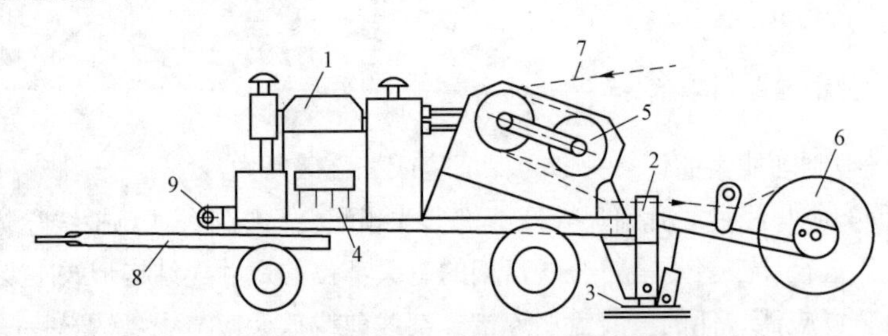

图6–1–6 一牵四牵引机外形（意大利制造）

1—发动机；2—液压千斤顶；3—固定支撑底板；4—操作系统；5—牵引轮；6—卷绳架及卷绳车；7—导线；8—拖运三脚架；9—临锚板

（3）牵引机工作原理。

1）机械传动式双摩擦卷筒牵引机工作原理如图6–1–8所示。牵引机卷扬轮双摩擦卷筒中的两个卷筒均为主动卷筒。卷扬轮的工作方式为：开动内燃发动机1，接合离合器2，发动机动力经机械式传动系统3减速和变速，传输至开式齿轮4中的中心齿轮，该齿轮如图6–1–8所示箭头方向旋转，旋转方向各为图示箭头方向，故两者为同一转向。

2）液压传动式双摩擦卷筒牵引机工作原理如图6–1–9所示。

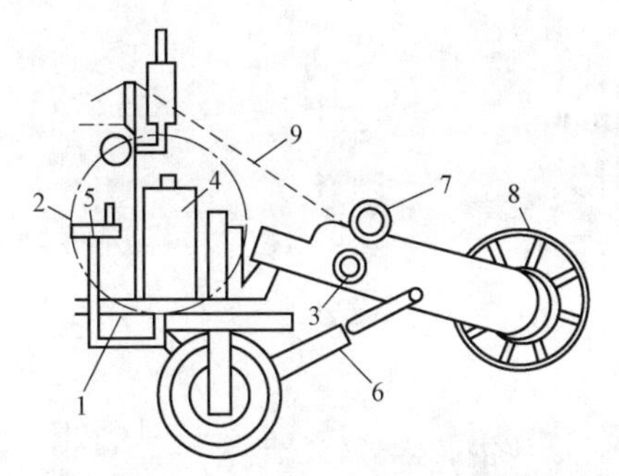

图 6–1–7　一牵一牵引机（意大利制造）

1—支撑架；2—牵引轮；3—滚筒；4—发动机及操作系统；5—排线器手柄；6—导引钢丝绳盘液压升降机构；7—排线器；8—导引钢丝绳盘；9—导引钢丝绳

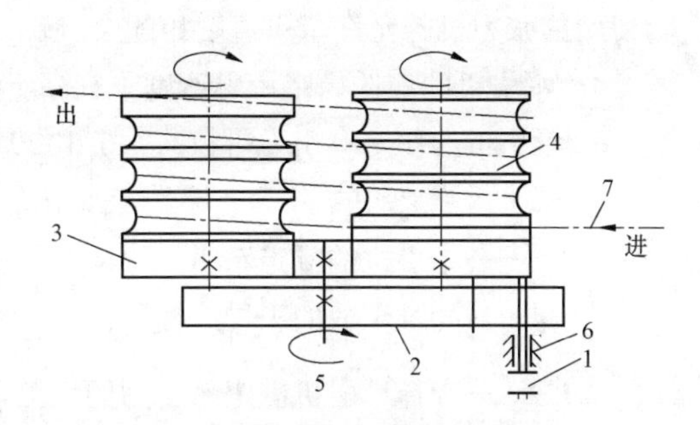

图 6–1–8　牵引机工作原理图（一）

1—离合器；2—减速传动系统；3—开式齿轮；4—卷扬轮；5—液压泵；6—停车刹车；7—牵引绳

此种牵引机与机械传动式的牵引机有许多相似之处，此种牵引机的工作方式为：开动发动机 1，接合离合器 2，主液压泵 3 开式工作。该液压泵输出的压力油驱动液压电动机 4，液压电动机 4 带动开式齿轮 5 中的中心齿轮旋转。自开式齿轮以下，传动方式与机械传动式牵引机相同，因而工作方式也相同。

因为牵引机与张力机在机械制造、运转工况方面有相同之处，所以选择牵引机时应参照张力机的选择条件。除此之外，尚应考虑的以下问题。

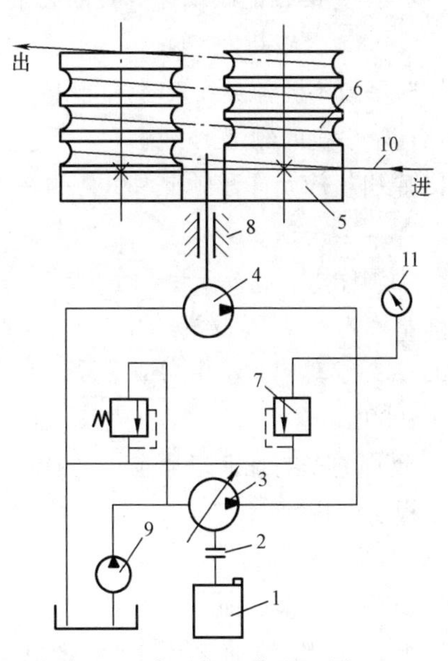

图 6–1–9　牵引机工作原理图（二）

1—内燃发动机；2—离合器；3—主液压泵；4—液压电动机；5—开式齿轮；6—卷扬轮；7—系统安全阀；8—停车刹车；9—辅助液压泵；10—牵引绳；11—张力表

a. 牵引机卷扬轮及钢绳卷车钢绳筒（盘）的直径，一般不小于钢绳直径的 40 倍。卷扬轮、钢绳筒（盘）直径过小，容易损伤钢绳，降低钢绳使用寿命。

b. 卷扬轮上应设钢绳槽。绳槽槽形、间距、两个摩擦卷筒上绳槽的相互位置等，均应有利于钢绳和卷扬轮本身，有利于钢绳连接器（抗弯连接器）通过卷筒。

c. 牵引机的额定牵引速度，不宜低于 60m/min，也无需高于 180m/min，且应与配套使用的张力机的允许牵引速度相配合（牵引机达到最佳速度时，张力机也达到最佳速度）。牵引机的最低稳定牵引速度不宜高于5m/min。

d. 牵引机的额定牵引力可按式（6–1–2）计算

$$F_n \geqslant nK_p \cdot F_p \tag{6-1-2}$$

式中 F_n ——牵引机的额定牵引力，N；

n ——同时牵放的子导线根数；

K_p ——选择牵引机额定牵引力的系数，对牵放钢芯铝绞线，取$K_p=\frac{1}{4}\sim\frac{1}{3}$；对牵放钢绞线、铝包钢线、钢铝混绞线取$K_p=\frac{1}{7}$；对牵放各种钢丝绳取$K_p=\frac{1}{10}$；

F_p ——钢芯铝绞线计算拉断力的保证值和其他线索的计算拉断力保证值或综合破断力，N。

同时牵放不同种类线索时，可用式（6–1–2）分别计算各分牵引力，诸分牵引力之和为所需牵引机的额定牵引力。

e. 牵引机应允许在额定牵引力的基础上适当超载，允许超载部分可作为尖峰负荷考虑。

f. 为确保张力放线安全，牵引机应能对施工段计算牵引力的过载进行限制。这种限制通常称为牵引力过载保护。

g. 钢绳卷车应和牵引力成套设计并成套使用。钢绳卷车为牵引机提供的尾部张力2000～5000N。

h. 钢绳卷车的几何尺寸应与钢绳筒（盘）配合，钢绳筒的容量应与导引绳、牵引绳的单根长度相配合。

（六）其他机具

1. 导引绳和牵引绳

用于牵放避雷线的钢绳叫地线牵引绳，用于牵放导线的钢绳叫导线牵引绳，它们统称为牵引绳。用于牵放牵引绳、二级及以上导引绳的钢绳一律统称导引绳。

（1）常用导引绳、牵引绳的形式及优缺点。实践证明，导引绳和牵引绳的机构形式必须是受拉后断面扭矩较小或不产生扭结的钢绳（俗称无扭钢绳）。普通结构6×19、6×37的钢绳受拉后断面扭矩较大，原结构易受损坏，不能用作导引绳和牵引绳。常用的导引绳、牵引绳结构形式及各自的优缺点如下。

1）编织式无扭钢绳。其结构形式如图6–1–10（a）所示。它由8股钢丝束相互穿编而成，钢绳断面呈正方向，其直径由斜对边测得。此种钢绳受拉后不产生断面扭矩，也不传递扭矩，本身柔软不易出金钩，是最理想的导引绳和牵引绳，但此种钢绳的编织比较困难，价格较高。

2）三股捻合加碾压抗扭钢绳。其结构形式如图 6–1–10（b）所示。它由三股三种直径的钢丝捻成束后捻合成整绳并碾压成圆形，股与绳的捻向相反。此种钢绳受拉后股与绳产生的断面扭矩方向相反，因此综合扭矩较小，加之其形状保持性能较强，受扭力作用后原结构不易改变，价格较低，因此用作导引绳、牵引绳较普遍。缺点是比较坚硬，不易盘绕，易造成金钩，易损伤放线滑车、牵引机导向轮和卷扬轮，并能因蕴存部分扭力而局部产生麻花式变形，且变形后不易修复。

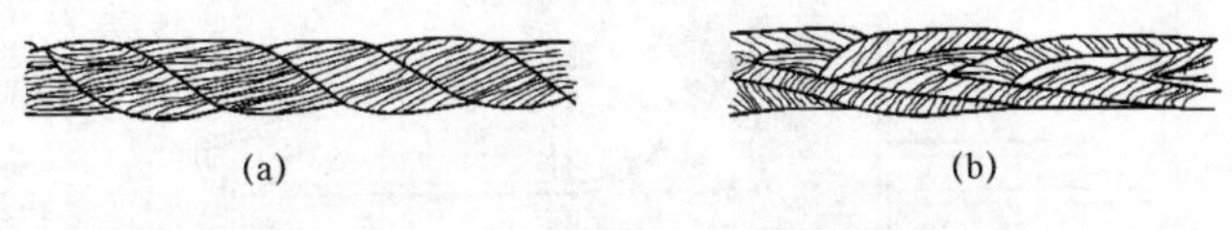

图 6–1–10　导引绳和牵引绳的结构形式

（a）编织式无扭钢绳；（b）三股捻合抗扭钢绳

（2）导引绳、牵引绳的选择。一般情况下，导引绳及牵引绳的最小安全系数均取 3。当施工段内有重要被跨越物时，为了提高牵放作业的可靠性，宜将两者的安全系数均提高为 3.5。

为了满足上述安全系数，导引绳和牵引绳的整绳综合破断力，不得小于以式（6–1–3）和式（6–1–4）计算出的最小破断力

$$F_{QP} \geqslant \frac{3}{5} nF_{p} \tag{6–1–3}$$

$$F_{PP} \geqslant \frac{3}{5} nF_{p} \tag{6–1–4}$$

式中　F_{QP}——用于牵放钢芯铝绞线的牵引绳的最小破断力，N；

n——同时牵放钢芯铝绞线的根数；

F_{p}——钢芯铝绞线计算拉断力的保证值，N；

F_{PP}——用于牵放钢绳的导引绳的最小破断力，N。

由于导、地线规格是按一定关系配合使用的，所以对于使用分裂导线的超高压输电线路的张力放线，当用式（6–1–4）选择导引绳规格时，该导引绳可直接用作地线牵引绳牵放地线。

（3）导引绳和牵引绳的分段长度。

1）导引绳一般按 800～1200m 分割成段，两端制成插接式端环，展放后段与段之间用抗弯连接器连接。

2）牵引绳的分段长度，视其钢绳卷车的形式而定。有的钢绳卷车要求牵引绳也按1000m左右分段，有的则用较长的牵引绳，其长度达3000m，甚至可大5000m，牵引绳两端亦制成插接式端环，用抗弯连接器连接。

3）抗弯连接器用许用载荷选用。

2. 绳盘和绳盘架

长度约1000m的导引绳和牵引绳，如图6–1–11（a）所示的钢管焊接成的绳盘缠绕，如图6–1–11（b）所示的左右对称、钢管焊接成整体的绳盘架支撑，绳盘架上支撑绳盘的位置有两个，下侧的用于支撑导引绳绳盘。上侧的支撑牵引绳绳盘。绳盘的直径亦有两种，小直径的用于缠绕导引绳，大直径的用于缠绕牵引绳。

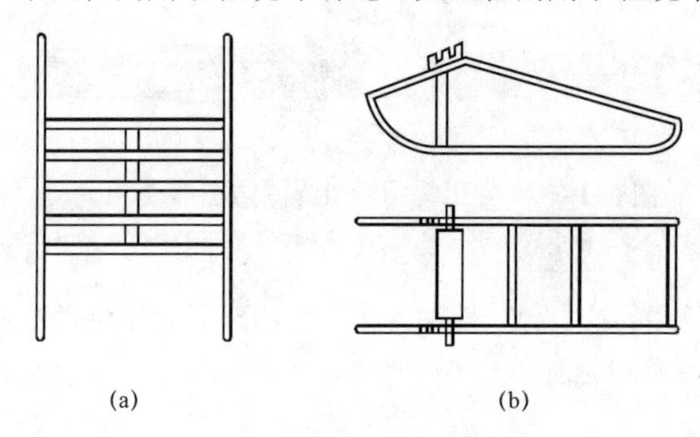

图6–1–11 绳盘及绳盘架

（a）绳盘；（b）绳盘架

长度3000m或5000m的牵引绳，用特制的绳筒，放在钢绳重绕机上缠绕和展放。

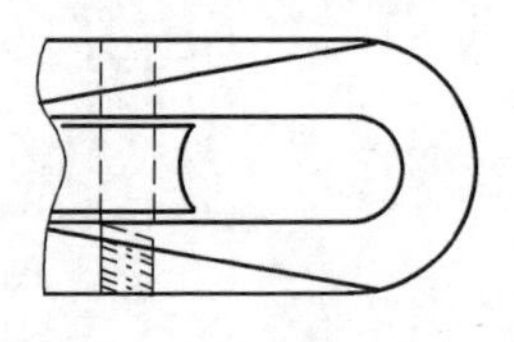

图6–1–12 抗弯连接器

3. 抗弯连接器

抗弯连接器如图6–1–12所示，它用于导引绳、牵引绳各段之间的连接。连接时注意连接器的圆环要靠牵引机侧；销钉应拧至最深处并拧紧。

4. 牵引板和旋转器

图6–1–13所示为牵引板和旋转器。张力放线用一根牵引绳同时牵放数根导线，就是通过牵引板实现的。牵引板从张力场开始，前端通过旋转器与牵引绳连接，如牵引绳受力后产生扭矩便会通过旋转器而释放，不会传至牵引板，以保持牵引板不会翻转。

5. 连接网套（蛇皮套）

连接网套用于导线、避雷线端头与牵引板或牵引绳和线与线之间的临时连接。连接网套按线的规格和种类选用，分单头和双头两种，如图6–1–14所示。

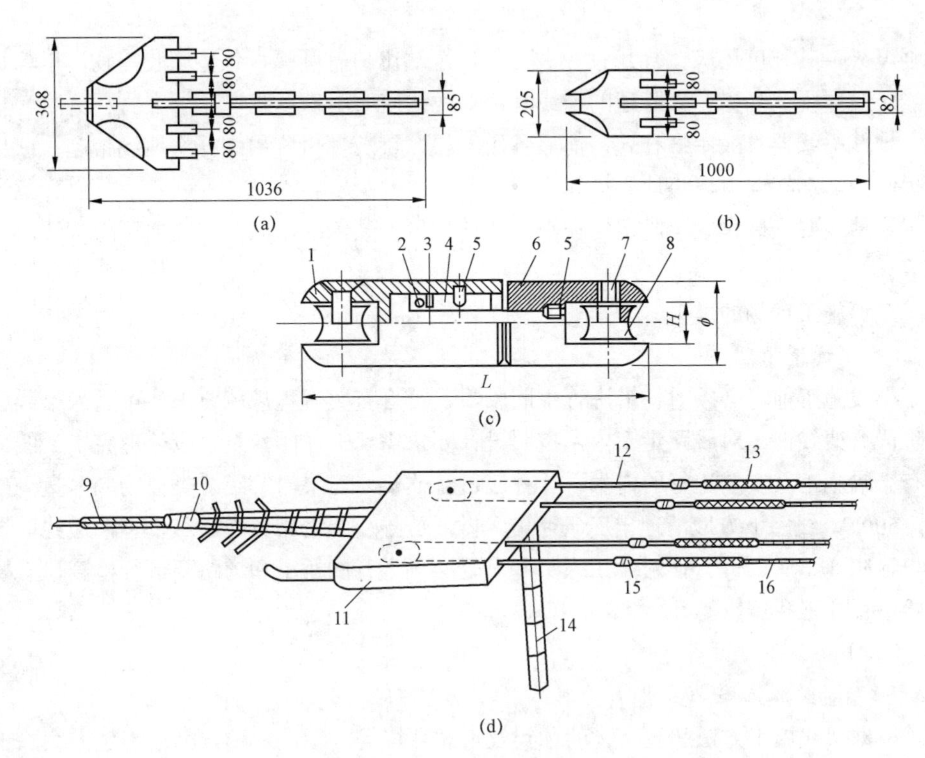

图 6-1-13　牵引板和旋转器

（a）加拿大四线牵引板；（b）加拿大二线牵引板；（c）旋转器；

（d）牵引板、牵引绳与导线连接图（意大利四线式）

1—套筒；2—轴承；3—旋转轴；4—挡块；5—螺丝；6—套筒；7—销轴；8—滚轮；9—牵引绳；10—8t 旋转器；11—牵引板；12—平衡绳；13—连接网套；14—节鞭重锤；15—3t 旋转器；16—导线

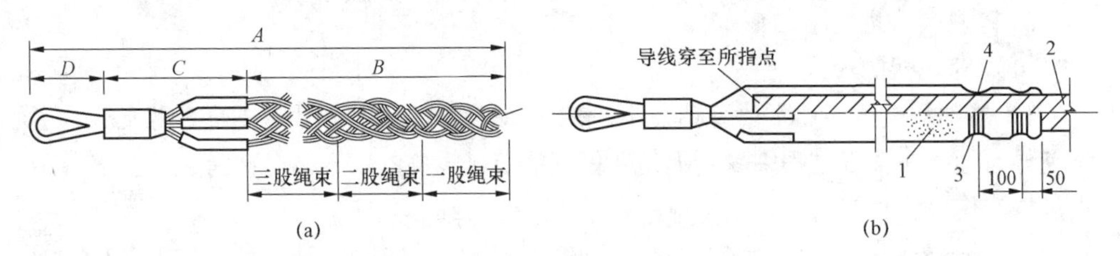

图 6-1-14　连接网套示意图

（a）外形；（b）连接方法

1—网套；2—导线；3—金属带；4—插孔

6. 提线器

提线器作为直线杆塔提起导、地线进行附件安装之用。导线提线器分二线式和四线式两种，两线之间安装有滚轮，以便于子导线的升降。导线接触的提线钩除有足够的强度外，其长度还应比导线直径大三倍，两端出口有圆弧，包垫橡胶等物，以保护导线不被磨损。当提升大跨越的导线时，提线钩应改用悬垂线夹。

地线提线器一般用螺杆式，前后各用一根，旋转螺母，用螺杆将地线带起；或用手扳葫芦，加转向滑车将地线提起。

当地线要安装预绞丝时，可在滑车的前后侧安装卡线，同时收紧便可将放线滑车拆除。

三、施工现场的准备

（一）通道清理

架线施工前，必须对杆塔进行中间验收，符合有关规程规范要求才可进入架线施工阶段。架线前，对线路走廊内，按照设计要求需要拆迁的建筑物应处理完毕。线下方有影响施工及安全运行的树木、竹林应进行砍伐，对果树等经济类植物应尽量少砍伐，500kV 线路下方应清理出三条通道，做展放导引绳之用。通道尽量直，边线取导线与地线 1/2 处。此外，对施工人员和车辆必须通行的桥梁和道路要进行检查，必要时要进行补强和填修。

（二）搭设跨越架

1. 制定跨越方案

根据架线施工方法和被跨物的种类及地理环境等，制定跨越方案。跨越方案除工艺方法外还应提出施工起止日期和安全措施等。

2. 与被跨越物业主的联系

对铁路、通信、河流、高速公路、输电线路等，要根据当地的实际情况和行业要求，提前进行联系，加强与相关部门的沟通协调，以求顺利地完成架线任务。

3. 跨越架的搭设

（1） 跨越架的形式。

1）新建送电线路通常要跨越公路、铁路、通信线及高压电力线等各种设施。为了不使导、地线在架设过程中受到损伤并保证被跨越设施的安全，对被跨越的上述各种设施均需搭设跨越架。

2）跨越架的形式、高度和宽度，应根据被跨越设施的类别、大小及其重要性确定。对重要跨越架及高度超过 15m 的跨越架，应编制搭设方案，并通过一定的审批手续。

3）跨越架一般有以下几种架构。

a. 单面跨越架。它是在靠近被跨越物的一面搭设纵向的单面跨越架，如图 6–1–15 所示。一般适用于跨越简单架设的通信线、不带电的电力线及建筑物等，此类设施即使与线相碰也不致发生危险。

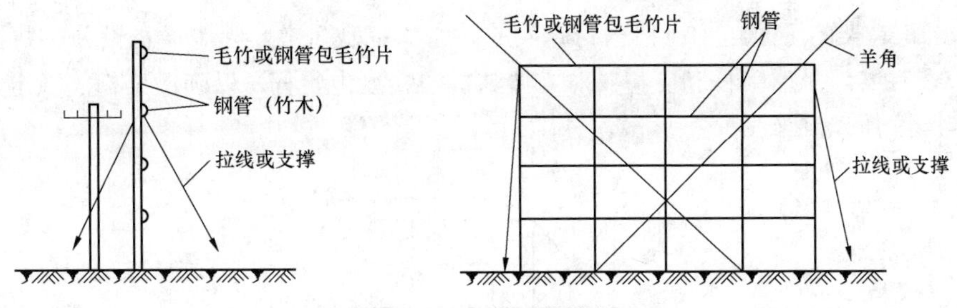

图 6–1–15　单面跨越架

b. 双面跨越架。它是在被跨越物两侧搭设的纵向跨越架且上面封顶，如图 6–1–16 所示。一般适用于跨越 10kV 及以下的电力线、多回路通信线、一般公路等，使架设的导地线不碰及被跨越物。

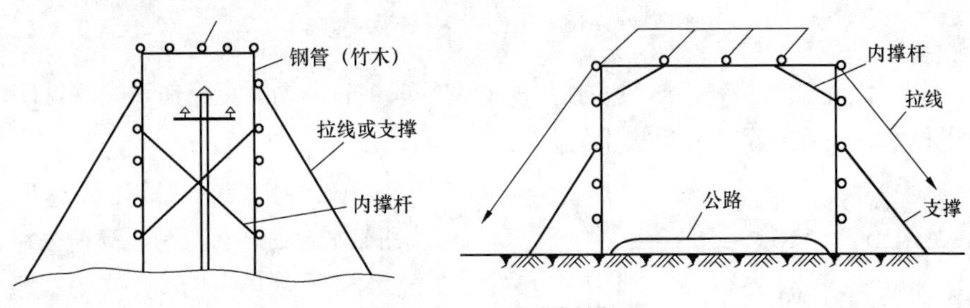

图 6–1–16　双面跨越架

c. 桁架式跨越架。它是在被跨越物的两侧各搭成一个立体桁架，以增强跨越架整体的稳定性，其顶面由毛竹或钢管包毛竹片封顶。这种跨越架，一般适用于跨越比较宽的一级公路和铁路等。对复线铁路，由于跨距较大，中间应增加一个构架，如图 6–1–17 所示。

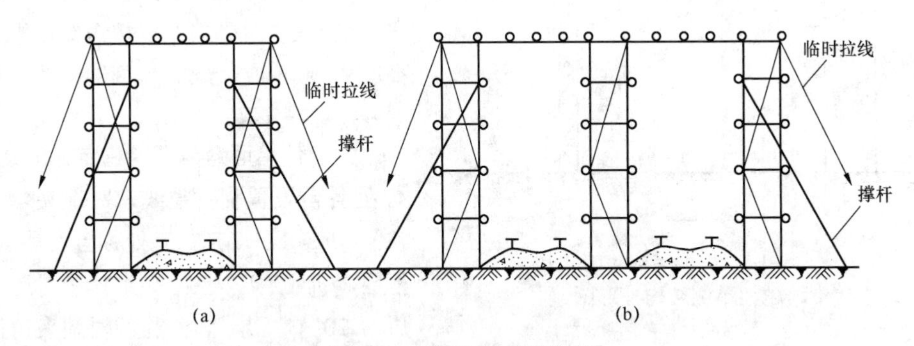

图 6–1–17　桁架式跨越架

（a）跨越铁路、一级公路；（b）跨越复线铁路

d. 跨越架的正面结构应根据跨越架的高度和宽度而定。除纵横搭设外，并要有适当数量的“×”形斜杆和支撑。对立体结构还要设内斜杆，以确保架构的稳定，如图 6–1–18 所示。

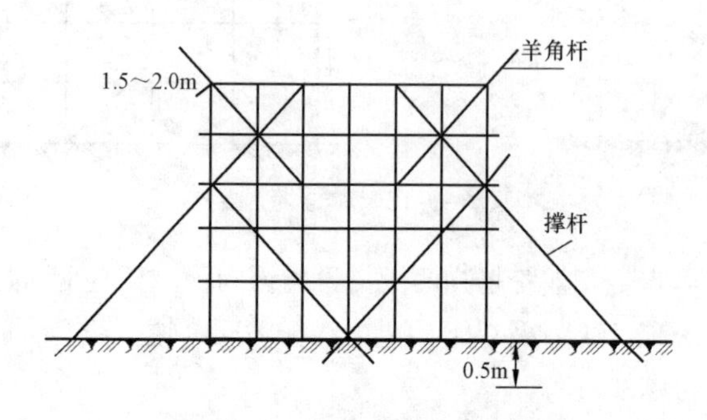

图 6–1–18　正面构架结构示意图

e. 搭设跨越架的材料，一般多使用ϕ50 钢管或毛竹。为防止磨伤导线，封顶材料多采用杉木、毛竹或钢管外包裹毛竹片搭设。

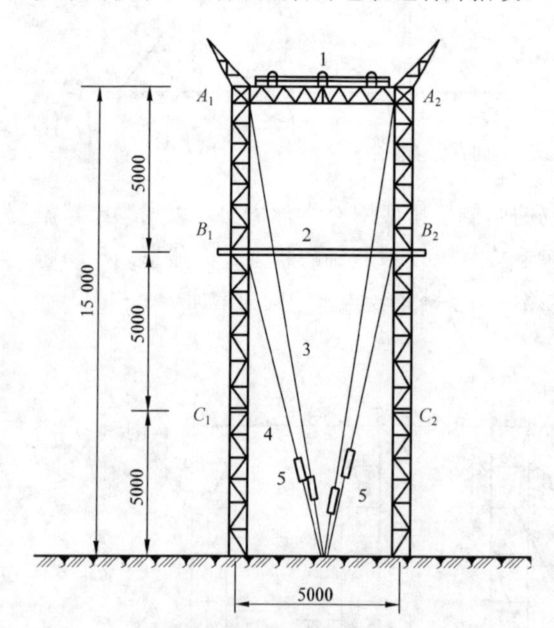

图 6–1–19　钢结构装配式跨越架单侧结构外形图

1—滚杠；2—补强横木；3—上层 V 形拉线；4—下层 V 形拉线；5—双钩

f. 钢结构装配式跨越架。在送电线路架线施工中，对跨越高速公路、多条铁路、不能停电的高压电力线路、重要架空通信线路等，必须搭设较高的跨越架进行架线施工，而且跨越架必须绝对安全可靠。钢结构装配式跨越架能较好地满足上述各种跨越施工的要求。该跨越架的立柱和横梁为角钢结构，断面为 250mm×280mm，主材用 L30×3，每段长度 5m，约重 78kg。按需要可组成高度为 10m 或 15m。单侧结构外形如图 6–1–19 所示。

为确保单面跨越架的稳定，在 A_1、A_2 处各自设置临时拉线，对地夹角为 45°。在 A_1、A_2、B_1、B_2 处各自设置上、下层 V 形拉线，上层 V 形拉线对地夹角为 20°，下层 V 形拉线对地夹角为 30°。若因地形限制无法打设临时线时，可将单面结构改为双面 A 兀形结构，必要时增设前、后侧临时拉线。

为整体组立跨越架的需要，先在地面组装成单面桁架，在 B_1、B_2 处绑一根横木，A_1、A_2 横梁上绑一根滚杠，以保护导线在展放时不被磨伤。当跨越架整体起立好后，按设计要求即打临时拉线并锚固，以防倾倒。

为确保跨越架的使用安全，设计时要进行垂直荷重和水平荷重试验。

（2） 搭设跨越架的要求。

1）跨越架的中心位置应在线路中心线上，跨越架的宽度应超出导线两侧 1.5～2m。对重要跨越架应用经纬仪测定跨越架的位置和方向，并打好标志桩。

2）跨越架的宽度与在建线路两边导线间的距离和对被跨越物的交叉角有关，如图 6–1–20 所示，其宽度按式（6–1–5）计算

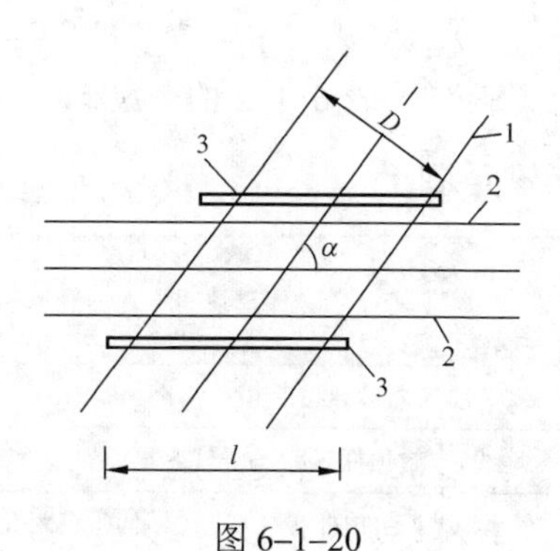

图 6–1–20

1—在建线路；2—被跨越线路；3—跨越架

$$L = \frac{D + 2b}{\sin\alpha} \tag{6–1–5}$$

式中 L——跨越架的宽度，m；

D——在建线路两边导线间的距离，m；

α——在建线路与被跨越物的交叉角；

b——两端伸出边线外面的距离，按《国家电网公司电力安全工作规程（电力线路部分）》规定为 1.5m。

3）跨越架的高度，按式（6–1–6）计算

$$H=h_1+h_2 \tag{6–1–6}$$

式中 H——跨越架搭设高度，m；

h_1——被跨越物的高度，m；

h_2——跨越架与被跨越物的最小安全距离，具体数值应符合 DL 5009.2《电力建设安全工作规程 第 2 部分：架空电力线路》的规定，m。

4）对 500kV 线路，因相间距离较大，宜分相搭设，两边相的跨越架中心定在边相与地线的等分线上。

中相跨越架的宽度 L_1 为

$$L_1=\frac{4}{\sin\theta} \tag{6–1–7}$$

边相跨越架的宽度 L_2 为

$$L_2=\frac{A+4}{\sin\theta} \tag{6-1-8}$$

式中 θ ——施工线路与被跨越物的交叉角；

A ——边相与地线横线路方向的水平距离，m。

5）跨越架与带电体之间的最小安全距离，在考虑到施工期间风速10m/s时的风偏后，应符合表6–1–2的规定。

表6–1–2 跨越架与带电体的最小安全距离

距离说明	被跨越带电体的电压等级（kV）			
	10及以下	35	110	220
架面与导线带电体水平距离（m）	1.5	1.5	2.0	2.5
无地线时，封顶杆（网）与导线带电体的垂直距离（m）	2.0	2.0	2.5	3.0
有地线时，封顶杆（网）与地线的垂直距离（m）	1.0	1.0	2.0	2.5

6）跨越架与铁路、公路及通信线的最小安全距离，应符合表6–1–3要求。

表6–1–3 跨越公路、铁路、通信线的最小安全距离 m

被跨越设施名称	铁路	公路	通信线
距架面水平距离	至路中心3.0	至路边0.6	至边线0.6
距封顶杆垂直距离	至路轨顶7.0	至路面6.0	至上层线1.5

7）跨越架搭设的要求如下。

a. 跨越架应牢固可靠，稳定性好。如使用钢管搭设，每个节点均应用专用接头螺栓固定。如用毛竹搭设，每个节点应间隔的用竹篾和铁线绑扎。

b. 架构立杆在干地内应埋入0.5m，杆坑应夯实；在泥沼地应在立杆根部垫小道木或大块石，立杆水平间距为1.5～2.0m，横杆垂直间距为1.2～1.5m，以便工作时登爬。

c. 跨越架两端及每隔6～7根立杆应设剪刀撑、支杆或拉线。架构正面和立体桁架中间应设“×”形撑杆，对角应有斜撑，上部两侧应有外伸羊角杆，架子平面用钢管作横杆，封顶杆务必用毛竹。两侧面应有支撑或拉线稳定。

d. 搭跨越架属高空作业，操作时按高空作业要求进行工作。在架子上面工作或走动，应有构件作扶手，不得在横向构件上徒手立行，更不得在顶面通过。

（3）搭设、拆除跨越架的方法。

1）搭设或拆除高压电力线跨越架时应按停电作业的规定指派专人办理停电手续，经电力部门派人到现场进行验电接地后，施工单位方可进行搭设或拆除跨越架工作。

工作时，工作点两端应做好工作接地，地面应设监护人。

2）重要设施的特殊跨越架，搭设前应与被跨越设施的单位取得联系，必要时应邀请其派员监督检查。

3）搭设跨越架应由下向上依次进行，不得上下同时进行或先搭框架后装中间构件。搭设时，所用材料下面应有人递送，上面应用绳索提吊。不准任意掷杆，以防伤人和损坏杆子。

4）带电搭设低压配电线跨越架时，上下传递物件应严格按照 DL 5009.2《电力建设安全工作规程　第 2 部分：架空电力线路》中的最小安全距离控制其接近距离，以防发生闪络和触电。工作时，下面应设专人监护。

5）拆除跨越架时，不论钢管或毛竹都应由上向下逐根进行，不得上下无次序的同时拆除或采用成片推倒的办法。拆下来的杆件应用绳索吊送，不得向下抛扔。

6）跨越架搭设完毕，应在架子上的醒目位置悬挂警告标志牌。

7）跨越架应经安全员或有经验的技工验收，合格后方可投入使用。

（三）悬挂绝缘子串和放线滑车

1. 避雷线放线滑车

（1） 直线塔地线放线滑车，根据悬垂串组装图，将线夹取下换成放线滑车即可。

（2） 耐张塔地线放线滑车要根据各塔型，考虑滑车在放线和紧线过程中，地线和滑车能否刮碰塔身来决定其固定的位置和悬挂的高度，并尽量靠近挂线孔点，以减小因划印产生的弧垂误差。

2. 导线滑车

（1） 直线杆塔包括直线转角杆塔。

1）在杆塔各相线悬挂点下方，自立塔中相在塔身的前、后侧地面铺上编织布。

2）按《杆塔明细表》及《悬垂绝缘子串组装图》，除线夹和均压环外开始进行组装，绝缘子外观检查合格和清洗干净后用 5000V 的绝缘电阻表逐个进行绝缘测定，在干燥情况下绝缘电阻不小于 500MΩ。

3）在杆塔上各相挂线孔旁挂起吊滑车，当中相为 V 形串时，其滑车应挂在挂线孔的上方。

4）直线转角塔的挂线点应根据设计说明和左、右转方向及转角数值的大小，确定挂点位置。

5）用卡瓶器卡在第三片绝缘子的钢帽上进行起吊，待悬垂串全部离地后挂上放线滑车，滑车连板上的螺栓应由张力场方向穿入，预防牵引板上的平衡锤打坏螺杆的螺纹。

6）自立铁塔中相在起吊前应做好偏拉，以防碰撞塔身。

7）挂双联悬垂串时，应用两个卡瓶器、两绝缘子串间垫以麻布木板后捆成整体，以防碰撞。

8）挂双滑车时，前后两滑车间用角钢将其撑开。

9）220kV双分裂导线悬挂两只单轮滑车时，在悬垂串下方挂一个二联板，然后再挂滑车。为防止滑车轮扭转，一般可用长竹竿进行绑扎后固定在杆塔上。

（2）耐张塔。

1）利用挂线点下侧的U形螺栓，通过卸扣和拉棒或千斤绳将放线滑车挂起；如为转角塔采用张力放线，需将滑车横梁上带链条的插销安在转角外侧，以防其进入轮槽内，影响牵引板顺利通过。

2）500kV线路的耐张塔，每相每侧均有两个U形螺栓，为了施工方便，中相滑车挂在离塔身较远的螺栓上，两边相的滑车挂在转角外侧的螺栓上。

3）前后两滑车用角钢撑开。

4）滑车在地面组装后，用8～12m的千斤绳，在前后两滑车的第1、5轮槽上来回交叉绑扎，交至中间位置后，再与起吊绳固定。滑车横梁用两根短麻绳，分别绑扎在起吊绳上，以便塔上作业人员解开麻绳后进行就位。

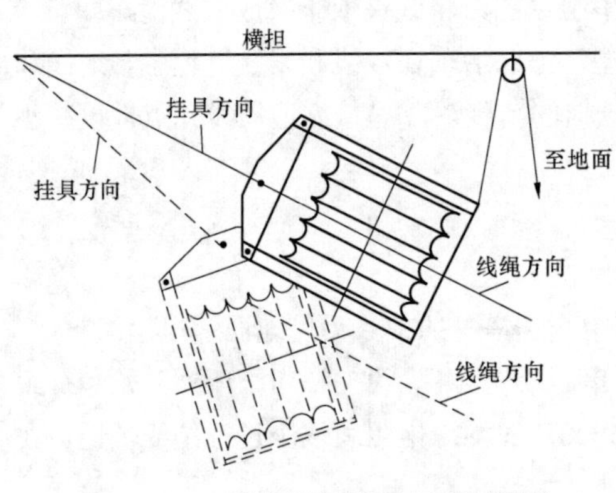

图6–1–21 转角塔放线滑车预倾斜图

对于垂直档距较小水平转角又较大的耐张塔，由于滑车重力较大，在牵放牵引绳或展放导线过程中，导引绳或牵引绳不能处于滑轮槽的底部而容易发生跳槽或掉辙，如图6–1–21中的虚线所示。为此应对此种滑车采取预倾斜措施，即以横担（内相加绑支撑杆）为吊点，将滑车从侧面的架下端，向上吊起一段高度，直至线绳的方向基本与滑车平面的方向一致为止，如图6–1–21的实线所示。

（3）放线滑车上端的连接螺栓穿向，为防牵引板的平衡锤打坏螺杆螺纹，必须从张力场穿向牵引场。

（四）设置临时拉线

耐张杆塔临时拉线的设置以耐张杆塔作为放紧线的施工区段时，为平衡放紧线的部分水平张力，保证施工安全和紧线弧垂质量，根据设计说明设置临时拉线。对临时拉线设置的要求如下。

（1）临时拉线对地的夹角应小于45°，其方向为紧线施工方向的反方向，如图6–1–22所示。

（2）临时拉线在杆塔上应固定在设计规定的位置上。如无拉线固定孔而用绑扎法时，施工前应在角钢上垫方木，并包外层轮胎，绑扎点应在结点上。

（3）拉线上须串联张力调整装置，如双钩、UT 形可调式线夹或法兰螺栓等，施工准备阶段只制作拉线，把拉线张力调至最低。紧线时在锚线端，根据紧线顺序，将各相拉线的张力调至要求值。在紧线杆塔，待某相画完印，在挂线前再将该相拉线调至要求值，以保持两端耐张杆塔在紧线画印时的正直，即档距的准确。干字形耐张塔的中相不设临时拉线。

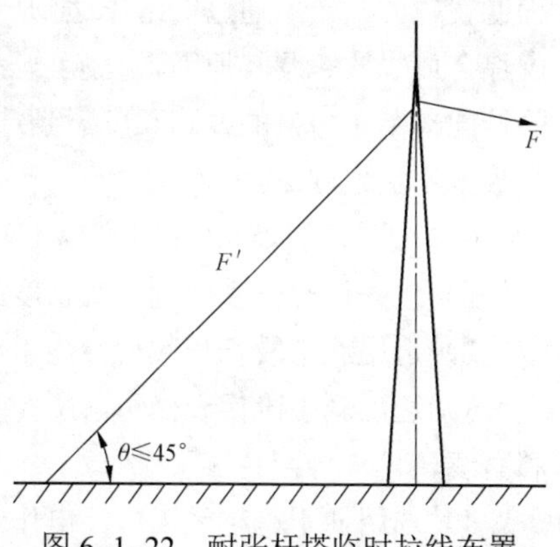

图 6–1–22　耐张杆塔临时拉线布置

（4）临时拉线的张力计算。输电线路的耐张杆塔不论是刚性的或是可挠性的，均可认为其本身是可以承受部分线向荷载的（设计一般按耐张杆塔可承受 70%的线向荷载，余 30%由临时拉线承受），临时拉线布置如图 6–1–22 所示。

实际紧挂线施工作业中，耐张杆塔本身和临时拉线所受的张力并不完全按 7:3 来分配，当杆塔上的螺栓紧固较好、永久拉线调得较紧时，其所受的紧挂线张力可能大于 70%。如果杆塔上的螺栓不紧，永久拉线没拉紧，则临时拉线所承受的紧挂线张力必定要大于 30%，基于上述情况，从安全的角度出发，按平衡架空线最大紧挂线张力的 50%考虑。计算公式为

$$F' = \frac{0.5nF}{\cos\theta\cos\gamma} \tag{6-1-9}$$

式中　F'——临时拉线张力，N；

F——导、地线挂线张力，根据施工经验，F 按比紧线张力大 10%（孤立档 20%）计算，N；

n——子导线根数；

θ——临时拉线对地夹角；

γ——临时拉线与紧线段的水平偏角。

选择临时拉线钢绳或镀锌钢绞线规格时，只考虑安全系数 3.0，而不再考虑动荷系数。

（5）临时拉线调紧后，应连同张力调整装置，用铁线绑扎牢固，防止外力损坏。

（五）牵张场的布置

（1）施工段长度主要根据放线质量要求确定，导线通过放线滑车越多，受损伤的

程度就越大。当所通过的滑车达到一定数量时，损伤程度会急剧增加；另外，也应考虑综合放线效率及其他因素。施工段的理想长度为包含16个放线滑车（包括通过导线的转向滑车在内）的线路长度。当选择牵、张场非常困难时，施工段所包含的放线滑车数量不宜超过20个。

（2）当设场位置较多时，施工段可参照如下各点优选。

1）优先使用长度接近理想长度的方案。

2）选用施工段长与数盘导线累计线长相近的方案，以减少直线压接管数量。

3）选用施工段代表档距与所在耐张段或所在主要耐张段代表档距接近的方案，以利紧线。

4）选用便于跨越施工、停电作业时间最短的方案。

5）选用以上扬杆塔作施工段起止塔的方案。

6）尽量不以耐张塔作施工段起止塔。

（3）牵、张场按如下条件选择。

1）符合下述条件可作牵、张场。

a. 牵引机、张力机能直接运达，或道路桥梁稍加修整加固后即可运达。

b. 场地地形及面积满足设备、导线布置及施工操作要求。

c. 相邻直线塔允许作过轮临锚，作过轮临锚的条件是要符合设计和施工操作的要求：① 锚线角不大于设计规定值；② 锚线及压接导线作业无特殊困难。

2）下列情况不宜用作牵、张场。

a. 需以直线转角塔作过轮临锚塔时。

b. 档内有重要交叉跨越或交叉跨越次数较多时。

c. 档内不允许导线、避雷线接头时。

d. 邻塔悬挂点与牵、张机进出口高差较大时。

（4）布置牵、张场应注意如下各点。

1）牵、张机一般布置在线路中心线上。根据机械说明书的要求确定牵、张机出线所应对准的方向。

2）牵、张机进出口与邻塔悬挂点的高差角不宜超过15°，牵、张机进出线接近水平方向时，牵、张场位置为理想位置。

3）牵引机卷扬轮、张力机导线轮、导线线轴、导引绳及牵引绳卷筒的受力方向均必须与其轴线垂直。

4）钢丝绳卷车与牵引机的距离和方位，线轴架与张力机的距离和方位应符合机械说明书要求，且必须使尾绳、尾线不磨线轴或钢丝绳卷筒。

5）牵引机、张力机、钢丝绳卷车、线轴架等均必须按机械说明书要求进行锚固。

6）下一施工段导线线盘的堆放位置不应影响本段放线作业。

7）小牵引机应布置在不影响牵放牵引绳和牵放导线同时作业的位置上。

8）锚线地锚坑位置尽可能接近弧垂最低点。

9）牵、张场必须按施工设计要求设置接地系统。

10）尽量使牵、张场不出现或少出现危险区，危险区内不得布置设备和进行作业。

11）应尽量减少青苗损失。

（5）牵、张场的布置：钢丝绳卷车与主牵引机分离时的牵引场布置如图 6-1-23 所示，张力场布置如图 6-1-24 所示。

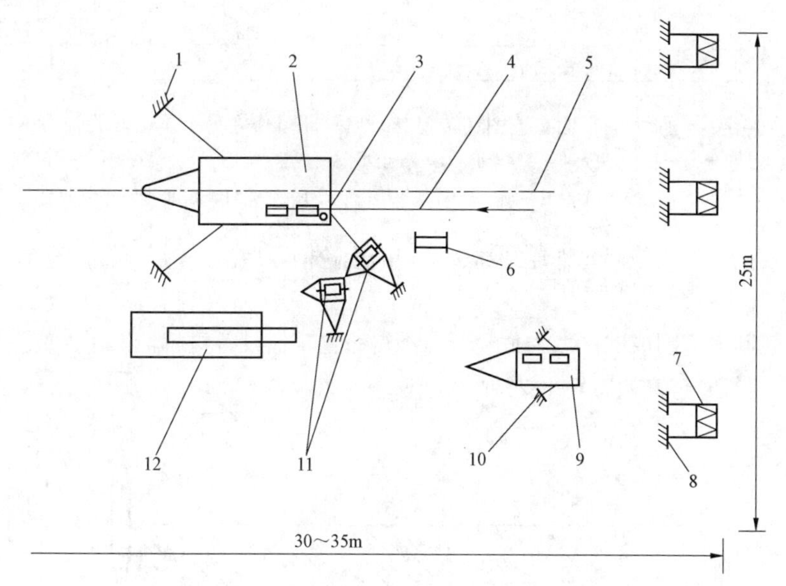

图 6-1-23　牵引场平面布置图（转向 180°后，即可作为另一施工段的牵引场）

1—主牵引机地锚；2—主牵引机；3—高速导向滑车；4—牵引绳；5—线路中心线；6—空牵引绳卷筒；7—锚线架；8—锚线地锚；9—小张力机；10—小张力机地锚；11—钢绳卷车；12—起重机

（6）受地形限制，牵张场困难时，牵引场可通过转向滑车转向布场。牵引场转向布场应注意如下各点。

1）每一个转向滑车荷载不得超过所用滑车的允许承载能力。各转向滑车荷载均衡，即转向角度相等。

2）靠近邻塔的最后一个转向滑车应接近线路中心线。

3）靠近牵引机的第一个转向滑车应使牵引机受力方向正确。

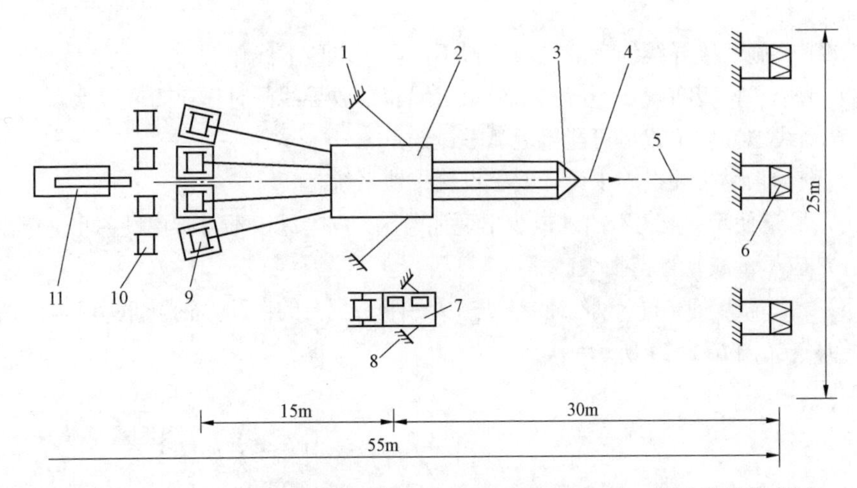

图 6-1-24 张力场平面布置图（转向 180°后，即可作为另一施工段的张力场）

1—主张力机地锚；2—主张力机；3—走板；4—牵引绳；5—线路中心线；6—锚线架；7—小牵引机；8—小牵引机地锚；9—导线尾车；10—导线轴；11—起重机

4）转向滑车应使用允许连续高速运转的大轮槽专用滑车，每个转向滑车均应可靠锚定。

5）转向滑车围成的区域为危险区，不得布置其他设备材料，工作人员不应进入。牵引场转向平面布置如图 6-1-25 所示。

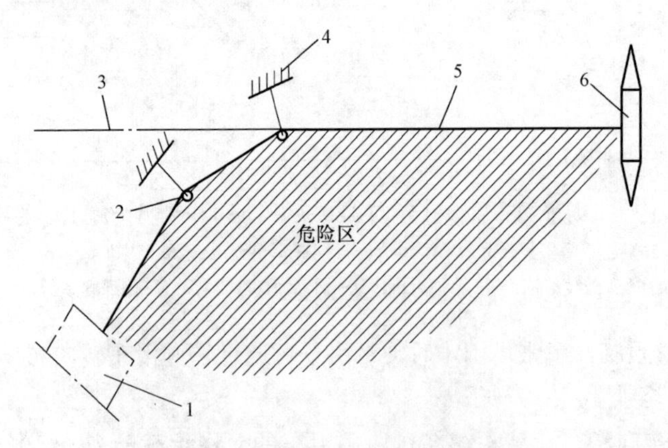

图 6-1-25 牵引场转向平面布置图

1—牵引场；2—转向滑车；3—线路中心线；4—转向滑车地锚；5—牵引绳；6—铁塔

四、其他准备工作

除上述准备工作之外，尚应包括下列几项准备工作，由于下述工作在其他模块中皆有详述，在这里只列出项目名称。

（1）线路通道调查，重点是交叉跨越及障碍物的情况调查。

（2）编写架线施工作业指导书。

（3）编写架线施工安全技术措施。

（4）进行导地线压接管检验性压接试验。

（5）对已组立的杆塔进行质量复检。

（6）进行架线施工安全技术交底。

【思考与练习】

1. 张力放线施工区段的划分应重点考虑哪些因素？

2. 布线应掌握哪些原则？

3. 简述牵引机、张力机的工作原理。

4. 导引绳及牵引绳的最小安全系数取值是多少？选择导引绳及牵引绳时，其综合破断拉力应满足什么条件？结合工作实际进行计算，以验算现场使用导引绳及牵引绳的正确性。

5. 常用跨越架的形式有哪些？对搭设跨越架有哪些要求？

模块 2　导地线展放（Z04F3002Ⅱ）

【模块描述】本模块包含人力放线、张力放线。通过工序介绍、流程讲解，掌握放线施工的一般方法，能够进行放线施工。

【正文】

一、工作内容

输电线路架线施工中导地线展放的方式可分为两大类，即人力放线和张力及机械牵引放线（简称张力放线）。考虑到保护农作物和架线质量及施工效率的需要，人力放线目前使用的较少，本部分重点介绍张力放线的工艺步骤和要求，使读者对导引绳的展放、利用导引绳展放牵引绳、展放导线、通信指挥以及导地线展放工序中常见故障的预防和处理等有一个全面的掌握。

1. 人力放线

人力放线是以耐张段为施工区段，根据线长和接头位置，将线盘分散运至布线所选位置，支起线盘后用人力牵引展放。对线盘无法运到的地方，可将线盘运至靠近的地方，支起线盘后，将线按两人能抬运的重量分成几捆或几十捆，捆与捆之间留有 3～4m 的线长，然后用多组人力将线抬起进行展放。此项作业盘线时应注意释放其内在扭力，以防出现金钩、松股等不良现象。

2. 张力放线

张力放线是在某一选定的放线区段内，两端分别放置张力机、牵引机，在张力机施加一定张力的情况下，由牵引机通过牵引钢绳进行导地线展放。根据每相子导线的根数，分为一牵一、一牵二、一牵四、一牵六等。其主要工作内容为以下几项步骤。

（1）牵引场、张力场机具设备就位。根据放线区段整体规划和地形地貌等现场实际，选定牵引场和张力场，根据场地平面布置将牵引机、张力机及其他机具设备就位。

（2）展放导引绳。在放线区段内人力展放导引绳，并将导引绳用连接器进行连接。

（3）展放牵引绳。用已展放的导引绳用小型牵、张机牵引绳。

（4）在牵张设备的作用下，通过牵引绳进行张力放线。

二、作业前准备工作

1. 牵引场、张力场的机具设备就位

张力场和牵引场的机具设备就位，首先是大张力机和大牵引机，由拖挂车牵入场地进行就位，然后将小张力机、小牵引机分别就位，并用地锚进行锚固。随后固定线盘架、进线和吊装线盘，线头穿入连接网套并与已绕于张力轮上的ϕ13 麻绳连接后，开动张力机，将导线缠绕入张力轮内，线头引出后连接在牵引板上。

2. 通信联络

（1）张力场与牵引场各配一台式对讲机，要求该台式对讲机能直接联系并能清楚地听到放线区段内所有对讲机的信号，且区段内的对讲机亦能听到牵张场的信号。

（2）在放线区段内的控制挡、压线滑车设置点、转角塔、重要跨越处以及转向牵引时的转向滑车处均设置监护通信人员。在一般地段，每三基设一点，每点配一台对讲机。

（3）通信联络指挥设在张力场。

（4）作业前指挥人应明确规定每个监护人员工作地点、范围及工作内容。若牵引绳与导线同时进行牵放，应同时进行监护。

（5）所有通信设备在使用前均应检查其灵敏度和频道的一致性，由指挥人逐一点名询问。放线的频道与紧线的频道应分开，以免造成混乱和误会。

三、危险点分析和控制措施

1. 人力放线及展放导引绳

（1）防止人员跌倒。人力放线时应由有经验的员工领线，放线时相互间应保持适当的距离，人员分布均匀，以防一人跌倒影响别人。拖线人员要行走在放线方向同一直线上，放线速度要均匀。

（2）防止导地线出现金钩。人力展放较长的导地线时，如果现场整盘搬运比较困难，可从整盘线盘上分段盘绕出来，此时应注意释放导地线的内在扭力，避免出现金钩。

（3）防止浮石滚落伤人。在有浮石的山坡地区放线时，事先应清理掉浮石，以防滚石伤人。

（4）防止线头掉落伤人。在引绳接头过滑车时，拉线人员不得在垂直下方拉绳，杆塔下面不得有人逗留，以免当绳头连接处脱开时，线头掉落伤人。

（5）避免展放的导地线或引绳在带电线路下方穿过。导地线或牵引绳不得在带电线路下方穿过。遇有特殊情况必须穿过时，必须在带电线路下方设置压线滑车，压线滑车不得使用开口式滑车，用地钻或地锚可靠锚固，并派专人监护。

2. 张力放线

（1）保证通信畅通。所有通信设备在使用前均应检查其灵敏度和频道的一致性。检查工作由指挥人逐一点名询问。不讲与工作无关的话，避免由于通信不畅延误工作甚至造成事故。

（2）防止感应电伤人。由于放线区段较长和跨越带电线路，在放线过程中牵引绳和导地线上可能产生较高的感应电压，要在牵引机、张力机的进出口侧装设接地滑车，并保证全过程可靠连接。

（3）防止导引绳被树枝等卡住。在初始牵引阶段，导引绳未完全升空前，指挥人应随时了解沿线情况，开始用慢速牵引，沿线监护人监护导引绳的升空，如有被树枝等卡住的情况，应妥善处理。

（4）防止牵引板过转角塔翻转。牵引板在过转角塔、上扬塔时容易引起牵引板翻转，转角塔的监护人员应根据牵引绳和导线在滑轮中的受力情况及时调整滑车的偏角。当发生牵引板翻转、平衡锤压在线上、导线断股等异常情况时，应立即停止牵引并进行处理。

（5）防止跑线伤人。在牵引过程中，由于连接器、蛇皮套连接不牢等原因，可能造成跑线事故，此时线路下方如果有人，极易造成人员伤害，放线过程中监护人员要站在线路外侧，同时要保护过往人员，在跨越道路处，要采取搭设跨越架等可靠的防护措施。

四、作业步骤和质量标准

1. 人力展放导引绳

在施工区段内分相人力展放导引绳，导引绳可成盘分散运至线路下方，支起绳盘后进行展放，亦可在牵、张场先盘成捆，用人力抬运至线路下方再展放。展放工作尽量从小张力机侧开始，至小牵引机时将剩余的导引绳留在小牵引机旁。展放后的导引绳用抗弯连接器进行连接，安装抗弯连接器时应注意：抗弯连接器的圆弧部分应朝牵引机的方向；螺栓应用螺丝刀拧紧。如避雷线亦用张力或牵引放线时，边相和避雷线的导引绳要防止绞扭和互相压住。

2. 展放牵引绳

（1）将牵引线盘支于小张力机后侧约 6m，绳头引入张力机的张力轮，方向为由内向外、上进上出，绕满全轮。引出绳头与导引绳头用相应吨位的旋转连接器进行连接。

（2）在小牵引机侧，将导引绳穿入牵引轮，其方向为由内向外，上进上出，绳头固定至绳架上绳盘的挂钩上。

（3）指挥人得到沿线监护人允许牵引的许可后，发布牵引指令，开始用慢速牵引，沿线监护人监护导引绳的升空，如有被树枝等卡住，应妥善处理。

（4）当整个区段内的导引绳都离地，牵引绳开始放出时，应将小张力机的控制张力逐渐提高，直至所要求的控制值，牵引速度亦可提高至 40～60m/min。

（5）当抗弯连接器接近小牵引机时，应放慢牵引速度。当抗弯连接器绕入绳盘两圈时，可停机，用人力拉紧牵引轮后侧的导引绳。回转绳盘、拆下抗弯连接器，卸下已缠满的绳盘，装上空盘，将导引绳头挂在绳盘的挂钩上，通知小张力机侧，便可继续牵引。

（6）当牵引绳放至剩余 50m 左右时，通知牵引机放慢牵引速度。当剩余两圈时停止牵引，在小张力机的后侧用人力拉住，卸下空盘，装上满盘，绳头用相应抗弯连接器连接，其圆弧应向着大牵引机，余绳绕入新盘后便可通知牵引机继续牵放。

（7）牵引绳展放完毕，在牵、张场两端，用钢绳卡线器将其临锚在地锚上。

3. 地线展放

地线的展放方法与展放牵引绳基本相同，增加的作业内容主要有以下几点。

（1）地线线头通过钢绳连接网套和旋转连接器与导引绳连接。

（2）当上一盘地线快放完，要与下一盘地线连接时，需用双头连接网套连接，中间用抗弯连接器连接。

（3）当连接网套展放至张力机前约 10m 时，停止牵引，在张力机前约 20m 处安装卡线器进行临锚。压接接续管，安装钢护套，拆除临锚后继续牵引。

（4）当地线牵引至牵引机前时停止牵引，使旋转器不进入牵引轮。在牵张两端将地线临锚在地锚上，在牵引侧回松牵引机，拆除连接网套；在线盘侧适当的位置切断多余的地线。在剩余的地线线头装上连接网套，展放另一相地线。

4. 导线展放

（1）牵引场操作和布置。

1）用ϕ11 钢绳由内向外、上进下出缠绕至牵引轮，绳尾与牵引绳用抗弯连接器连接，开动牵引机，将牵引绳引入牵引轮。当牵引绳绕满全轮并引出约 4m 后，拆除抗弯连接器，将牵引绳头挂在绳盘的挂钩上。

2）在牵引绳入口侧挂接地滑车。

3）收紧锚定牵引机的临锚手扳葫芦。牵引场布置如图 6–2–1 所示。

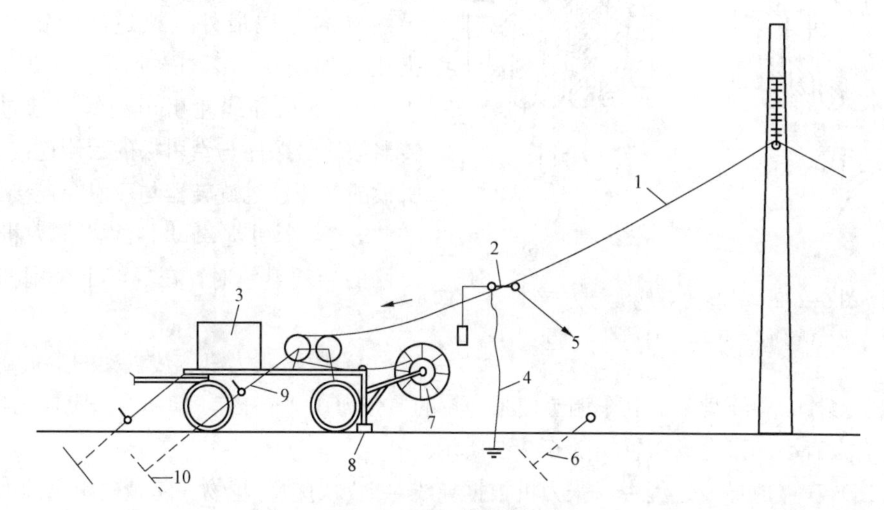

图 6–2–1　牵引场布置图

1—牵引绳；2—重锤式接地滑车；3—大牵引机；4—接地；5—ϕ13 白棕绳；6—导地线临锚地锚；7—牵引绳盘；8—道木；9—6t 手扳葫芦；10—0.5m×2m 地锚

（2）张力场操作和布置。

1）就位导线盘架，应使各线盘架正对张力机上的引轮，使导线在放出过程中不与线盘侧板摩擦。

2）根据导线布线计划所列线盘编号，将线盘吊装在线盘架上，注意线头从上方引出。

3）拆除线盘包装板和拔净钉子等杂物，检查外层导线质量是否良好，如有缺陷应及时处理或做好标记；如需切除应计算接头变动位置，是否会靠近滑车或移至不允许有接头的档内。

4）引出导线头套入连接网套，套的末端用ϕ2mm 铁丝绑扎 50mm，铁丝尾向后压平。

5）用ϕ13 棕绳缠绕在张力机的导线轮上，绳头与连接网套连接后，驱动张力机，人力拉紧棕绳，随着张力轮出线端吐出棕绳，导线便缠绕在导线轮上，在此作业过程中，线盘架应适当制动线盘，使导线在轮上不会太松。

6）导线在导线轮上的缠绕方向如图 6–2–2 所示。为防止导线通过导线轮时发生

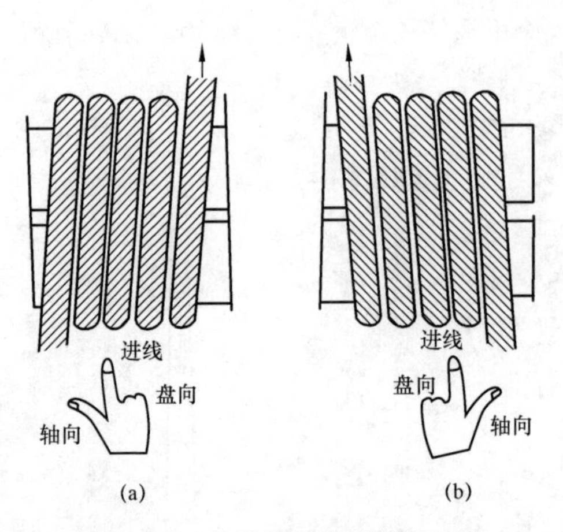

图 6–2–2 导线轮导线缠绕方向图
(a) 右捻—右手；(b) 左捻—左手

松股，导线在导线轮上的缠绕方向应与其外层线股捻回方向相同。国产钢芯铝绞线的外层采用右捻，因此，站在线盘架处面向张力机看，导线应由导线轮的左边最外一槽进线，由右边出线，如图 6–2–2（a）所示。

7）将从导线轮引出的线头通过旋转器按编号顺序与牵引板的后侧连接。牵引板的前侧通过旋转器与牵引绳连接。

8）当牵引绳牵动导线，张力机出口侧的导线悬空时，在导线上分别挂接地滑车。

9）收紧张力机、线盘架的手扳葫芦和法兰螺栓。将线盘架的刹车调至使张力轮的尾张力在 2～3kN，但所有线盘应一致，不得有大有小。张力场布置如图 6–2–3 所示。

10）在展放导线过程中，张力机根据导线对地、对被跨越物、跨越架距离的大小调整张力，但必须保持牵引板的平衡，以防其翻转或线混绞。

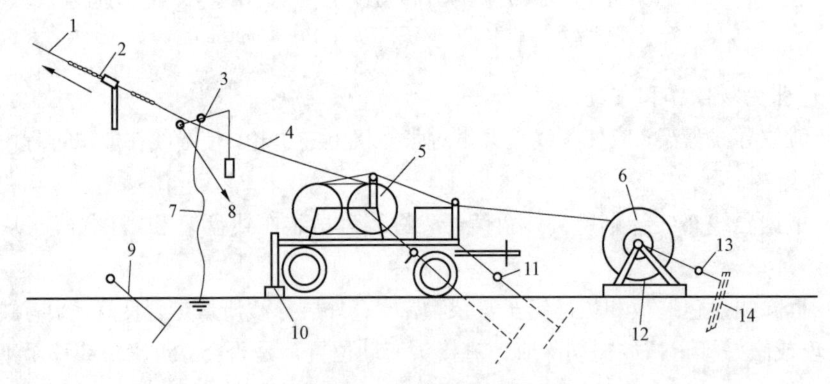

图 6–2–3 张力场布置图

1—牵引绳；2—牵四牵引板；3—重锤式接地滑车；4—导线；5—大张力机；6—导线盘；7—接地线；8—ϕ13 白棕绳；9—导地线临锚地锚；10—道木；11—6t 手扳葫芦；12—线盘架；13—ϕ20 法兰螺栓；14—角铁柱

11）当导线线盘的线长剩余 100m 左右时，通知牵引场放慢牵引速度，至余线 8m 左右时停止牵引。张力轮后的导线用卡线器卡住后再用白棕绳固定在线盘架上，卸下空盘，装上新盘。线头用双头连接网套连接后绕入线盘上，拆除卡线器，通知牵引场慢速牵引；当线头展放至张力机前侧约15m时进行临锚，压接接续管，检查合格后安装保护钢甲。张力机收紧导线，拆除临锚后，便可继续牵引，展放第二盘导线。

5. 沿线监护和牵张场地面临锚

（1）与展放牵引绳、地线一样，在放线区段内的转角塔、上扬塔、重要跨越处等设监护人员，监护牵引板通过滑车的情况，当牵引板翻转、平衡锤压在线上、导线断股等异常情况时，应立即通知停车进行处理。

（2）转角塔的监护人员应根据牵引绳和导线在滑轮中的受力情况，及时调整滑车的偏角。

（3）当导线即将牵放至牵引场时，应放慢牵引速度，适当提高张力，使导线对地有较大的距离。

（4）导线展放完毕后，在牵引场和张力场，分别将导线按顺序临锚在临锚架上。为了增大档距中各子线间的距离，减轻线间鞭击，锚线时子导线应斜向排列。

五、注意事项

1. 人力放线注意事项

（1）展放时要对准方向，中间不能形成大的弯折。

（2）放线过程中，工作人员不得站在线圈里面。线盘转动时，如果线盘向一侧移动，应及时调节线盘高低，使其不向两侧移动。展放时应有可靠的刹车措施。导线头应由线盘上方引出。

（3）领线人员要辨明自己所放线的位置，不得发生混绞。穿越杆塔放线滑车时，引线应在拉线上方通过。换位杆塔放线时，放线施工顺序要认真辨别，不要发生相互压线现象。

2. 常见张力放线故障的预防和处理

（1）线盘架与张力机之间的导线产生周期性上下跳动，主要原因是线盘架刹车磨偏或刹车盘与盘轴不垂直，刹车不均。修正刹车盘，使尾部张力接近恒定时，即可避免这一问题。

（2）牵放线开始时张力较小，导线在张力机导线轮的进（出）线槽以及牵引绳在牵引机卷扬轮的进（出）口槽处发生频繁跳槽，说明跳槽的进（出）线方向和位置不正确，应调整进（出）线导向滚筒或导向滑车的位置和方向，或调整牵、张机出线所对准的方向（对准邻塔放线滑车）。

（3）线绳在导线轮、卷扬轮的所有槽位上均容易跳槽，其原因如下。

1）两个摩擦卷筒安装位置不正确（应相互错开半个槽距），应进行调整。

2）尾部张力过小，需适当加大。

（4）在导线轮进口处附近导线发生松股，严重时出现“赶灯笼”现象，其原因如下。

1）导线制造质量差，节距不正确，回捻较松。

2）导线在张力轮上缠绕时，缠绕方向与外层铝股捻向相反。

3）尾部张力过小，导线在张力轮上打滑。

针对上述原因进行处理后，故障即可消除。

（5）张力轮、卷扬轮已刹车，但仍慢速转动。其原因是刹车的制动扭矩小于放线张力的扭矩，调整刹车行程或更换刹车片，增大制动扭矩后即可刹住。

（6）张力轮、卷扬轮已刹车，并确已停止转动，但导线、牵引绳仍在滑动，原来的架空线绳在逐渐落地。其故障原因及排除方法如下。

1）导线、牵引绳在张力轮、卷扬轮上的缠绕圈数少于要求圈数。先在机械前方将线绳临锚，然后松掉张力，拆除原缠绕，重新按正确方法或圈数缠绕。

2）尾部张力过小，需适当加大。

3）张力轮、卷扬轮表面油污过多，减小了线绳与轮表面的摩擦力，应予以清理。

（7）抗弯连接器通过卷扬轮时断裂，或钢绳端环破断、断股。其原因是连接器直径大于钢绳直径且有一定的长度，连接器位于两个摩擦卷筒之间和处于摩擦卷筒之上时的周长不同。因此，连接器由卷筒间进入卷筒上时，需增加一小段绳长。当连接器位于进口槽或出口槽附近时，需增加的绳长可通过绳在卷筒的滑动得到补偿。但当抗弯连接器进入两槽和尚离出槽仍有两槽的中间部分，钢绳在槽上的滑动便很微小，此时只能靠钢绳弹性伸长和节点变形来补偿。由此产生的附加应力，往往使接头断裂，造成跑线事故。

目前还没有能够完全避免产生附加应力的连接方式，因此在施工中应采取如下措施。

1）钢绳头采用插接法而不用压接法，经常检查端环的弯形损伤情况，如有断丝等现象应切去重插。

2）选用长度短、直径小、可挠性好的抗弯连接器，每次使用前需经严格检查。

3）连接器通过卷扬轮时，减慢牵引速度，必要时和有可能时降低张力机的张力。

4）在牵引轮上增设护罩、挡板等，用于保护操作人员和机械。操作人员站在安全位置操作，其他人员离开机械和线路下方。

（8）牵引机和张力机的导向滚轮、导向滚筒磨损过快，或其盘向产生弯曲变形。这主要是由于滚轮、滚筒处导线、牵引绳转角太大。需调整进（出）线方向或滚轮、滚筒位置。

（9）子导线间虽已调平放线弧垂，但牵引板板身仍不平，平衡锤不垂直于地面。其原因可能是牵引板上的旋转器不灵活或已损坏，或牵引板不对称受力。

（10）小牵引机已收紧导引绳一段时间后，线路上已没有多余的导引绳，但小张力机处仍未被牵动。其原因是导引绳有个别地方未连接，需找出断开点，补放一段导引绳并重新连接好。

（11）小牵引机已收卷一段时间后，靠近小牵引机的部分线档的导引绳已经架空至一定高度，而靠近小张力机的线档导引绳仍未架空；当继续牵引时，小牵引机的牵引力迅速增加，而小张力机处的绳、线仍然未被牵动。其原因是导引绳在某个放线滑车上掉辙或被树木等杂物卡住。需放松牵引力，寻找卡点，待处理后方可继续牵引。

（12）正常情况下，导引绳、牵引绳的升空过程是缓慢连续的，如个别线档突然出现快速升空并随之出现线绳舞动，说明线绳在舞动前被卡住。此时应停止牵引，检查线绳在滑车中是否跳槽、掉辙，如无上述问题，也需待线绳不再舞动时继续牵引。

（13）当牵引绳的抗弯连接器和接续管通过放线滑车时，其向前的倾斜角为5°～10°；当通过牵引板时，其向前的倾斜角在30°左右。如超过上述范围，可能是由于放线滑车转动不良，综合阻力太大，或线绳在滑车中已掉辙等原因。

（14）杆塔虽无线路水平转角，但放线滑车明显倾斜。其原因是线绳已在滑车中跳槽，滑车受力不对称，应停止牵引，将线绳吊回中间槽位。

（15）放线滑车在顺线路方向前后摆动。其原因是该滑车滑轮边缘有局部变形，变形部位与邻轮或侧架相摩碰或轴承损坏，此种滑车应立即更换。

（16）牵引板过滑车后，平衡锤压在导线上。此现象多发生在转角塔上，因转角塔的放线滑车向内倾斜，子导线呈倾斜状态。发现后应立即停机处理。

【思考与练习】

1. 简述张力放线的危险点和控制措施。
2. 简述张力场操作和布置的工艺步骤。
3. 张力展放导线时沿线监护人员应重点监护哪些内容？
4. 简述张力场操作布置的作业步骤。

◢ 模块3 导地线连接前的准备（Z04F3003Ⅱ）

【模块描述】本模块包含器材检验和压接前准备工作。通过工艺流程介绍，熟悉导地线压接前器材检验的过程、方法和相关的准备工作。

【正文】

一、器材检验

1. 导地线连接的一般规定

（1）不同金属、不同规格、不同绞制方向的导线或避雷线严禁在一个耐张段内连接。

（2）当导线或避雷线采用液压或爆压连接时，必须由经过培训并考试合格的技术工人担任。操作完成并自检合格后应在连接管上打上操作人员的钢印。

（3）导线或避雷线必须使用现行的电力金具配套接续管及耐张线夹进行连接。连接后的握着强度在架线施工前应进行试件试验，试件不得少于三组（允许接续管与耐张线夹合为一组试件）。其试验握着强度对液压及爆压都不得小于导线或避雷线设计使用拉断力的95%。

对小截面导线采用螺栓式耐张线夹及钳接管连接时，其试件应分别制作。螺栓式耐张线夹的握着强度不得小于导线设计使用拉断力的90%。钳接管直线连接的握着强度不得小于导线设计使用拉断力的95%。避雷线的连接强度应与导线相对应。

当采用液压施工，工期相邻的不同工程采用同厂家、同批量的导线，避雷线、接续管、耐张线夹及钢模完全没有变化时，可以免做重复性试验。

（4）导线及避雷线的连接部分不得有线股绞制不良、断股、缺股等缺陷。连接后管口附近不得有明显的松股现象。

（5）一个档距内每根导线或避雷线上只允许有一个接续管和三个补修管。当张力放线时不应超过两个补修管，并应满足下列规定。

1）各类管与耐张线夹间的距离不应小于15m。

2）接续管或补修管与悬垂线夹的距离不应小于5m。

3）接续管或补修管与间隔棒的距离不宜小于0.5m。

4）宜减少因损伤而增加的接续管。

（6）采用液压或爆压连接时，在施压或引爆前后必须复查连接管在导线或避雷线上的位置，保证管端与导线或避雷线上的印记在压前与定位印记重合，在压后与检查印记距离符合规定。

2. 器材检验的质量要求

（1）工程中使用的导地线和耐张管、接续管必须有符合相关标准的出厂质量检验合格证明书。

（2）钢接续管和耐张管内径及外径尺寸偏差应符合表6–3–1的规定。

（3）铝管做外观和尺寸检查时应符合下列要求。

1）表面应光滑、平整、清洁，不应有裂纹、起泡、起皮、夹渣、压折、气孔、砂眼、严重划伤及分层等缺陷。允许轻微的局部的不使板厚（或管壁厚）超出允许偏差的划伤、斑点、凹坑、压入物及修理痕迹等缺陷。

2）电气接触平面不允许有碰伤、划伤、斑点、凹坑、压印等缺陷。

3）铸件应清除飞边、毛刺，但规整的合模缝允许存在。

4）浇冒口清除后，允许有个别针孔存在，其面积不大于浇冒口面积的5%，深度不超过 1mm。

5）钻孔应倒棱去刺。

6）挤压铝管内径及外径尺寸极限偏差应符合表 6–3–2 的规定。

（4） 压接管的长度，其允许极限偏差为基本尺寸的±2%。

表 6–3–1　　钢接续管和耐张管内径及外径尺寸偏差

外径（mm）		内径（mm）	
基本尺寸	极限偏差	基本尺寸	极限偏差
≤14	±0.2	≤9	±0.15
14～22	+0.3 –0.2	9～15	±0.2
22～34	+0.4 –0.2		

表 6–3–2　　挤压铝管内径外径尺寸极限偏差

外径（mm）		内径（mm）	
基本尺寸	极限尺寸	基本尺寸	极限尺寸
≤32	+0.4 –0.2	≤22	–0.3
32～50	+0.6 –0.2	22～36	–0.4
50～78	+1.0 –0.2	36～55	–0.5

二、压接前准备工作

（1） 检查导线、避雷线的结构及规格是否与设计要求相符，严防缺股。进入压接管部分应平整完好，离管口 15m 内不应有需做补修管处理的缺陷。

（2） 不同金属、不同规格、不同绞制方向的线材，不得在同一耐张段内连接。

（3） 事先将待压的管清洗干净，并清除影响穿管的锌疤和焊渣等，洗后应将管口临时封堵并用塑料袋封装。

（4） 根据使用情况将管进行编号，测量其内外径并做好记录，划上压接部位印记。

（5） 制作线头并清洗。断线前应将线头理直，保留钢芯去除铝股时应注意以下几点。

1）不伤及钢芯。

2）铝股断面与轴线垂直（即不成马蹄形）。

3）长度应准确，其误差应在±1mm 以内。

4）线的清洗长度。对耐张管和接续管先套入铝管端，应不短于铝管套入部位；对接续管的另一端不短于半管长的 1.5 倍。

5）对运行过的旧线和进行爆压的带油线，必须进行散股清洗。散股清洗时不应改变各线股的节距，以免恢复时困难。线头清洗后应头朝上放在木板上，让其干燥。如采用爆压，线头进水必须进行烤干处理。

（6）液压设备或爆破器材的准备。

1）当采用液压设备时，应根据需压导地线规格的大小，选用 100t 或 200t 级的设备。当线路采用 LGJ—400/65 及以内的导线时，用 100t 级的液压机能完成压接工作；当采用 LGJ—500/45 及以上的导线时，以用 200t 级的液压机为宜。

2）当采用外爆压器材时，可采用普通导爆索或太乳炸药和火雷管，它们的性能必须符合使用要求。对采用普通导爆索作如下介绍。

a. 普通导爆索主要性能有以下几点。

外壳：棉、麻纤维缠绕，红色。

药量：12～149/m。

直径：≤6.2mm。

爆速：＞6500m/s。

爆轰感度：把多段导爆索按规定方法连接后，用 8 号雷管起爆应爆轰完全。

b. 普通导爆管的检验方法如下。

外壳：目测。

药量：任意抽取 200mm 导爆索段，依次将外防潮层、棉纱、纸头、内防潮层、中层棉纱、内层棉纱和芯线剥除，将药芯——黑索金收集在一张清洁的纸上，用天平称量再折合为 1m 的药量。

爆速：用导爆索法（即道特里计法）测定，其测定的组装情况如图 6–3–1 所示。在图 6–3–1 中，3、4 是长度均为 1120mm 的导爆索，4 为已知爆速的标准导爆索，3 为被测的导爆索，在每根导爆索距一端面 30mm 处做上第一标志，距第一标志 1000mm 处做上第二标志，再取一块长 180mm、厚 5mm、宽 50mm 的铅板，在其中心处刻上一条垂直于铅板轴线的 0 线，使两段导爆索的第二标志同铅板上的 0 线重合后，用细绳扎牢在铅板上，带有第一标志的导爆索端分别从铅板左右两端伸出来，再把两端导爆索的第一标志和一个 8 号雷管底端三者对齐，用黑胶布贴牢。

雷管引爆后，铅板上便得到一条两段导爆索的爆轰波相遇而造成的刻痕，用钢直尺测量刻痕和 0 线的距离，就可以计算出被测导爆索的爆速。

设标准导爆索的爆速为 v，被测导爆索的爆速为 v_x，如测得爆轰波相遇刻痕同 0

线距离为 $s$mm，并且是在铅板上被测导爆索一侧（即 0 线右侧），则

$$v_x=\frac{(1000-s)v}{1000+s} \tag{6-3-1}$$

如刻痕在铅板上标准导爆索一侧（即 0 线左侧），则

$$v_x=\frac{(1000+s)v}{1000-s} \tag{6-3-2}$$

爆轰感度和传爆性能：把几段导爆索用搭接和套接方法接起来，在一端用一个雷管起爆，如果所有导爆索都完全爆轰，没有残留，则说明该导爆索的感度传爆性能均合乎使用要求。检查的具体方法是取 8m 长导爆索，切成 1m 长的 5 段、3m 长的 1 段，用 8 号雷管起爆，导爆索感度和传爆性能试验及组装示意图如图 6–3–2 所示。

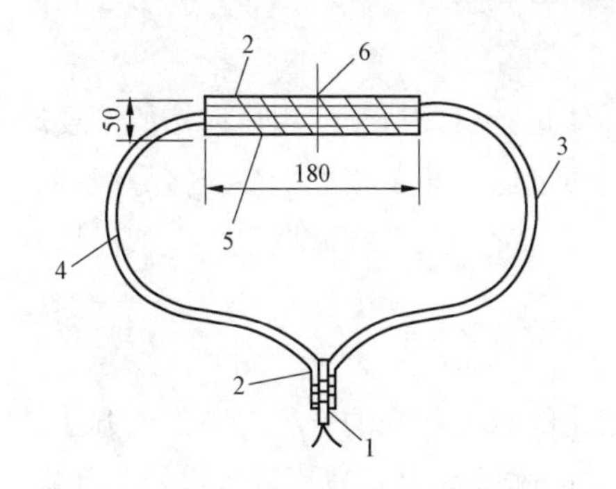

图 6–3–1　导爆索爆速测定的组装示意图

1—雷管；2—细绳；3—被测导爆索；4—标准爆速的导爆索；5—铅板；6—0 线

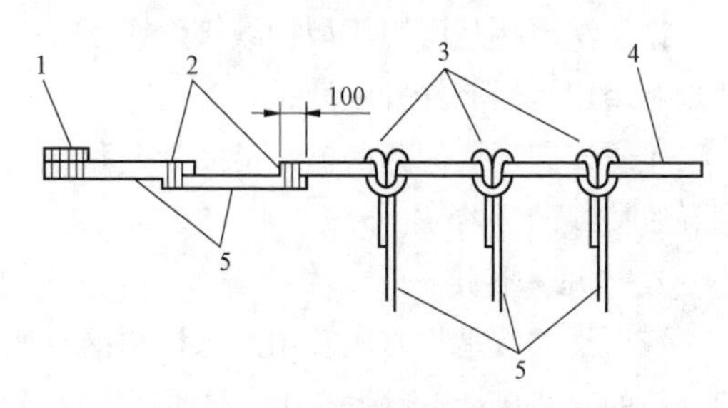

图 6–3–2　导爆索感度和传爆性能试验和组装示意图

1—8 号雷管；2—线或细绳搭接；3—束接；4—3m 长导爆索；5—1m 长导爆索

直径：用游标卡尺在索干上任意测量 5 处即可。

【思考与练习】

1. 对导地线连接所做试件的技术要求有哪些？
2. 压接前准备工作的内容有哪些？
3. 如何测定导爆索的爆轰感度和传爆性能？

◢ 模块 4　导地线连接（Z04F3004Ⅱ）

【模块描述】本模块涵盖钳压法、液压法、外爆压法连接，导地线损伤及处理。通过要点介绍工艺流程讲解、图形示例、图表对比，掌握导线压接工艺和损伤导地线

的处理方法。

【正文】

一、工作内容

导地线连接是架线施工中的重要工序环节之一，导地线连接质量直接关系线路投运以后的安全运行水平。导地线连接的工艺方法包含钳压法、液压法、外爆压法三种。外爆压压接方式受三个方面因素的影响使其使用受到限制：一是由于爆压后压接管会受到不同程度的损伤，导致送电后电晕增大；二是其产生的冲击波造成农作物受损和噪声污染；三是国家对爆炸物品的严控措施使其在保管领用方面受到严格限制。钳压连接方式受其握着力和电晕的影响，主要适用于中小截面导线（240mm^{2}以下）的直线接续。在送电线路建设中普遍使用的连接方式为液压连接。本模块重点介绍液压连接的工艺方法，对钳压法和外爆压法连接方式只作简单介绍。

1. 钳压法连接

钳压法连接是将钳压型接续管用钳压器把导线进行直线接续。钳压连接的主要原理是利用钳压器的杠杆或液压顶升的方法，将力传递给钳压钢模，把被连接导线端头和钳接管一起压成间隔凹槽，借助管壁和导线的局部变形，获得摩擦阻力，从而达到把导线接续的目的。

2. 液压法连接

液压法连接是将液压管用液压机和钢模把架空线连接起来的一种传统工艺方法。架空线的直线接续、耐张连接，跳线连接以及损伤补修等，都可以用液压进行。目前，液压法连接一般用于240mm^{2}以上钢芯铝绞线及钢绞线（避雷线）的连接。

3. 外爆压法连接

爆压连接是在炸药爆炸压力作用下，压力施加于接续管或耐张线夹管上，使管子受到压缩而产生塑性变形，将导线或避雷线连接起来，从而使连接体获得足够机械强度。

爆压连接必须按照《架空电力线路爆炸压接施工工艺规程》相关要求进行。过去曾采用过太乳炸药（又称塑B炸药），由于其本身质量问题现已被淘汰，故不予介绍，本节只介绍导爆索爆压。

二、作业前准备工作

1. 钳压法连接

钳压器按使用动力的不同，分为机械传动和液压顶升两种。图6-4-1所示为SDQ型机压钳，使用时操作手柄带动丝杠，使拉力变为压力，推动加力块，从而达到钳压的目的。

SDQ 机压钳有关数据列于表 6–4–1 中。

表 6–4–1　　SDQ 机压钳数据表

型号	最大压力（kN）	最大行程（mm）	适用导线型号	外形尺寸（长×宽×高，mm×mm×mm）	主要尺寸（mm）			质量（kg）
					a	*b*	*c*	
SDQ–12	120	20	LG—25～185 LG—35～240 LG—185～400	325×300×65	60	45	32	6.5
SDQ–20	200	30		490×460×90	90	68	48	15

野鸭式钳接器由压接钳和手摇泵两部分组成。使用时摇动手柄，使压力上升，推动钢模，达到钳压目的。液压式钳压器如图 6–4–2 所示，其数据见表 6–4–2。

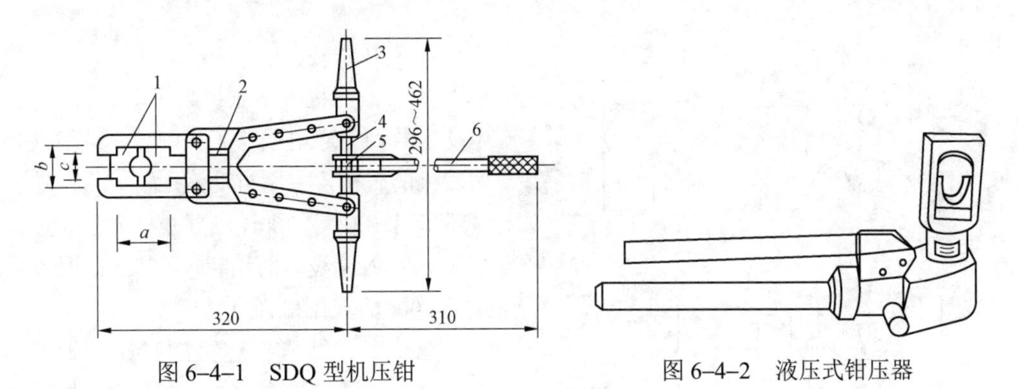

图 6–4–1　SDQ 型机压钳

1—钳模；2—加力块；3—丝杠保护罩；4—丝械；5—棘轮；6—手柄

图 6–4–2　液压式钳压器

表 6–4–2　　液压式钳压器数据表

型号	YG7.5	YG16	型号	YG7.5	YG16
输出压力（kN/cm²）	5.9	5.9	钢模宽度（mm）	5.9	5.9
适用导线截面积（mm²）	16～240	16～240	油液	10 号机械油或 YH10 号红油	
储油量（cm³）	100	125	制造厂	上海飞机制造厂	

钳压用钢模图如图 6–4–3 所示，分为上模和下模，其规格数据见表 6–4–3。

表 6–4–3　　钳压钢模规格及数据表

钢模型号	适用导线	主要尺寸（mm）			钢模型号	适用导线	主要尺寸（mm）		
		R_1	R_2	c			R_1	R_2	c
QML—25	LJ—25	6.00	6.8	4.2	QMLG—35	LGJ—35	7.35	8.5	7.0
QML—35	LJ—35	6.65	7.5	5.0	QMLG—50	LGJ—50	8.30	9.5	9.0
QML—50	LJ—50	7.45	8.2	6.3	QMLG—70	LGJ—70	9.00	10.5	12.5
QML—70	LJ—70	8.25	9.0	8.5	QMLG—95	LGJ—95	11.00	12.0	15.0
QML—95	LJ—95	9.15	10.0	11.0	QMLG—120	LGJ—120	12.45	13.5	17.5
QML—120	LJ—120	10.25	11.0	13.0	QMLG—150	LGJ—150	13.45	14.5	19.5
QML—150	LJ—150	11.25	12.0	17.0	QMLG—185	LGJ—185	14.75	15.5	21.5
QML—185	LJ—185	12.25	13.0	18.5	QMLG—240	LGJ—240	16.50	17.5	23.5

注　钢模材料为 55 号钢。

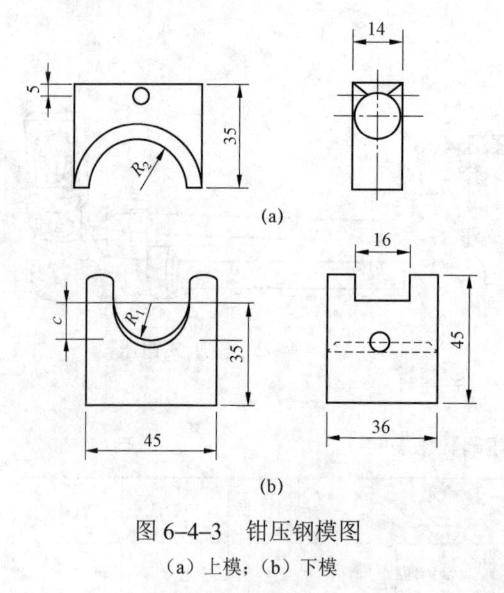

图 6–4–3　钳压钢模图
（a）上模；（b）下模

2. 液压法连接

（1）液压机。液压机分手动、机动、电动等数种。送电线路工程中导、地线截面较大的压接，多用机动液压机。常用的液压机有 100t 和 200t，当导线截面积超过 400mm²、钢绞线截面积超过 100mm² 时以采用 200t 的液压机为宜。

液压泵与液压钳连接的高压油管长度，在地面压接时为 4m，当高空压接需将液压泵放在横担处时高压管长度为 8m。

一个大流水作业的架线施工队需配备液压机 6～8 台，且应配备易损件，以便及时修复损坏的液压机。施工前应检查液压机处于良好状态。

（2）钢模。钢模分为铝管钢模和钢管钢模。根据工程中使用的导地线规格和液压机吨位，施工前应准备足量和规格适宜的钢模，并在钢模侧面用红铅油等标明，以便现场核对使用。

钢模制造时，其压模六角对边距 S，应比规程规定小 0.3～0.4mm。这是因为内径较小的钢模容易压出符合要求的管子尺寸；其次是钢模的内径经使用后会逐渐增大，当增大至等于要求压后管子的尺寸时，钢模便不能继续使用。

3. 外爆压法连接

（1）导爆索。导爆索是以猛性炸药（黑索金或太恩）为索芯，以棉麻纤维等为覆包材料，能够传递爆轰波的索状炸药。

1）导爆索由索芯（药芯）和外壳构成。索芯直径为3～4mm，由粉状猛性炸药太恩或黑索金组成，外壳是用棉麻等纤维材料缠绕制成，包裹着索芯，直径为5.6～6.2mm。有的导爆索在纤维外涂覆一层薄树脂。

2）导爆索结构如图6–4–4所示。普通导爆索结构同导火索基本相似，主要不同点只是药芯的装药，导爆索芯药是白色的黑索金，导火索芯药是黑色的黑火药。为了便于识别，在导爆索外层防潮层涂料中掺有红色染料，而导火索外层是白色涂料。

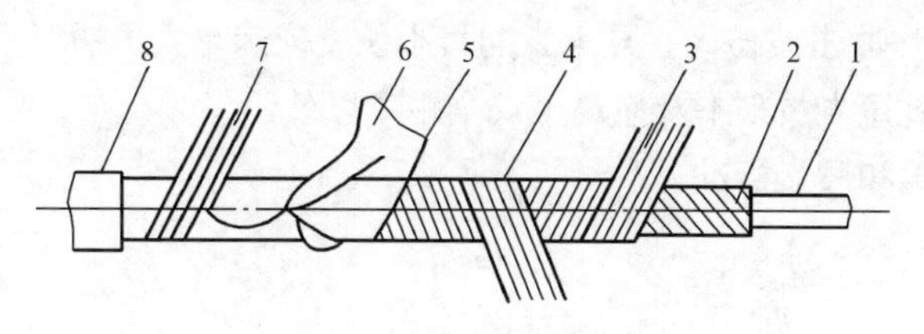

图6–4–4 普通导爆索结构

1—芯线；2—黑索金药芯；3—内层棉纱；4—中层棉纱；5—内防潮层（沥青层）；6—纸条；7—外层棉纱；8—外防潮层

3）导爆索外径为5.6～6.2mm和5.2～5.8mm两种，每卷长度为50m±0.5m，索体外观应呈红色，涂料应均匀一致，不应有油脂、严重折伤和污垢。索头应套有一个金属防潮帽或涂有防潮剂。

4）普通黑索金导爆索药量不应小于12～14g/m，爆速不低于6500m/s。

（2）雷管。使用8号工业雷管，用于引爆导爆索。

（3）导火索。用于引爆雷管，其形状与导爆索基本相同，其切割长度要满足人员撤至安全距离的要求。

三、危险点分析和控制措施

（1）防止切割导地线回弹伤人。切割导线及避雷线以前，先用细铁丝扎牢，以防切割后散股弹击伤人。在有张力的导线上割断时，开断处两端应绑住，以防回弹伤人。

（2）切割铝股时防止伤及钢芯。切割导线铝股时应分层切割，在切割靠近钢芯的一层铝股时，不要直接将铝股割断，在铝股即将割断时，用手将铝股掰断，避免伤及钢芯。

（3）防止压接时人员站在压钳上方。施压人员在操作液压钳时，特别是压接钳活塞起落时，应避开高压油管和钳体顶盖，人体不得位于压接钳上方，防止爆裂冲击伤人。

（4）防止压力过载。液压泵操作人员应与压接钳操作人员密切配合，在施压过程中要随时注意压力表指示值不得超过规定值，不得过载。如果上下钢模已经合拢而未达到规定压力值，应立即停止施压，并进行检查，如有故障应停止使用。

（5）使用电动压接设备应采用绝缘良好的电缆作电源线，设备外壳应有可靠的接地。

（6）严禁用剪刀或钳子剪切导爆索。使用导爆索时，应用锐利的刀片先在木板上切除索端的防潮帽和中间的连接管，然后按需要的长度切割。切割时应随时清除粘在木板上或刀片上的药粉和碎屑。

（7）防止爆压时碎石伤人。应选择相对平坦且地面无碎石的场地作为爆压场地，在引爆导爆索前，应将药包连同两侧线材支离地面约 1m，适当绑扎并将其埋直。

（8）防止雷管金属垫伤人。绑扎引爆雷管时，应将雷管底部朝向人员撤离的反方向，避免雷管的金属垫伤人。

（9）防止爆炸冲击波伤人。导火索的最小长度应满足人员撤至安全距离的要求，避免由于导火索过短人员来不及撤离至安全距离以外。

四、作业步骤和质量标准

（一）钳压法连接

1. 钳压操作

（1）将导线连接部分的表面用钢丝刷清洗，再用汽油擦洗干净，擦洗长度为连接长度的 1.25 倍。

（2）将钳接管用汽油洗净，然后将净化的导线从两端插入钳接管内，管两端露出导线 20mm。

（3）准备就绪后，将插入导线的钳接管放入钢模内，按图 6–4–5 所示的编号顺序钳压，上、下钢模接触后，应停留片刻（约 10s）再松开，以减少导线的弹性影响，得到较为稳定的压接后尺寸。

（4）导线端部的绑线应予保留。

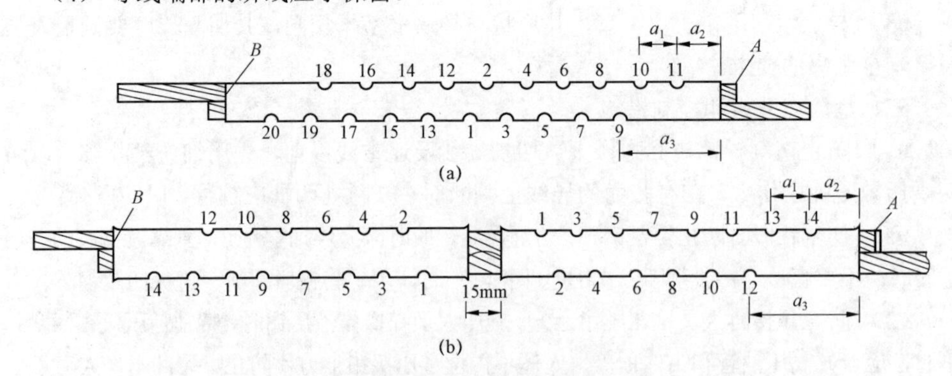

图 6–4–5 钳压连接图

（a）LGJ—95/20 钢芯铝绞线；（b）LGJ—240/40 钢芯铝绞线

A—绑线；*B*—垫片；1、2、3、…—操作顺序

2. 质量标准

（1）钳压管压口数及压后尺寸的数值必须符合表 6–4–4 的规定。

表 6–4–4　　钢芯铝绞线钳压压口数及压后尺寸

管型号	适用导线		压模数	压后尺寸 D（mm）	钳压部位尺寸（mm）		
	型号	外径（mm）			a_1	a_2	a_3
JT—95/15	LGJ—95/15	13.61	20	29.0	54	61.5	142.5
JT—95/20	LGJ—95/20	13.87	20	29.0	54	61.5	142.5
JT—120/20	LGJ—120/20	15.07	24	33.0	62	67.5	160.5
JT—150/20	LGJ—150/20	16.67	24	33.6	64	70.0	166.0
JT—150/25	LGJ—150/25	17.10	24	36.0	64	70.0	166.0
JT—185/25	LGJ—185/25	18.88	26	39.0	66	74.5	173.5
JT—185/30	LGJ—185/30	18.90	26	39.0	66	74.5	173.5
JT—240/30	LGJ—240/30	21.60	14×2	43.0	62	68.5	161.5
JT—240/40	LGJ—240/40	21.66	14×2	43.0	62	68.5	161.5

（2）压后尺寸 D 应使用精度不低于 0.1mm 的游标卡尺测量，允许误差为 ±0.5mm。

（二）液压法连接

1. 液压操作

（1）切割导线及避雷线以前，先用细铁丝扎牢，以防切割后散股弹击伤人。在有张力的导线上割断时，开断处两端应绑住，以防回弹伤人。导地线切割断面应整齐无毛刺，切割铝股时禁止伤及钢芯。连接管口附近的线股不应有明显松股或超出补修处理的损伤。

（2）耐张杆塔的导线及避雷线切割长度，是根据观测弧垂后所画印记减去耐张绝缘子金具实际丈量长度确定的。对此必须仔细认真计算和丈量，在割线前应用钢尺丈量，以免挂线后影响弧垂。

（3）对使用的各规格的接续管及耐张线夹管，应用汽油清洗管内壁的油垢，并清除影响穿管的锌疤与焊渣。

（4）避雷线的压接部分穿管前应以棉纱擦去泥土，如有油垢应以汽油清洗，清洗长度应不短于穿管长的 1.5 倍。

（5）钢芯铝绞线的压接部分穿管前，应以汽油清除其表面油垢，清除的长度对先套入铝管端应不短于铝管套入部位，对另一端应不短于半管长的 1.5 倍。

（6）对轻型防腐型钢芯铝绞线的清洗，应按下列规定进行。

1）对外层铝股应以棉纱蘸少量汽油（以用手攥不出油滴为适度）擦清表面油垢。

2）当将防腐型钢芯铝绞线割断铝股裸露钢芯后，用棉纱蘸汽油将钢芯上的防腐剂擦洗干净。

（7）钢芯铝绞线清洗后，涂801电力脂及清除铝股表面氧化膜的操作程序如下。

1）涂801电力脂及清除铝股氧化膜的范围为铝股进入铝管部分。

2）按前述第1条之（5）将外层铝股用汽油清洗干燥后，再将801电力脂薄薄地均匀涂上一层，以将外层铝股覆盖住。

3）用钢丝刷沿钢芯铝绞线轴线方向，对已涂电力脂部分进行擦洗，将压接后能与铝管接触的铝股表面全部刷到，保留电力脂进行压接。

（8）对已运行的导线，应先用钢丝刷将表面灰、黑色物质全部刷去，至显露出银白色铝为止，然后再按前述规定操作。

（9）用补修管补修导线前，其覆盖部分的导线表面应用干净棉纱将泥土脏物擦干净（如有断股，应在断股两侧涂刷少量801电力脂），再套上补修管液压。

（10）压接前必须检查管端在线上的位置，应确保管端和线上印记重合。

（11）镀锌钢绞线接续管的液压部位及操作顺序如图6–4–6所示。第一模压模中心应与钢管中心相重合，然后分别依次向管口端施压。

（12）镀锌钢绞线耐张线夹的液压部位及操作顺序如图6–4–7所示。第一模自U形环侧开始，依次向管口端施压。

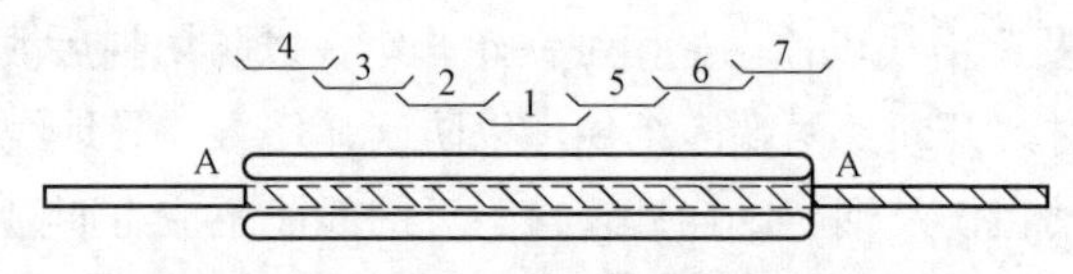

图6–4–6　镀锌钢绞线接续管的施压顺序

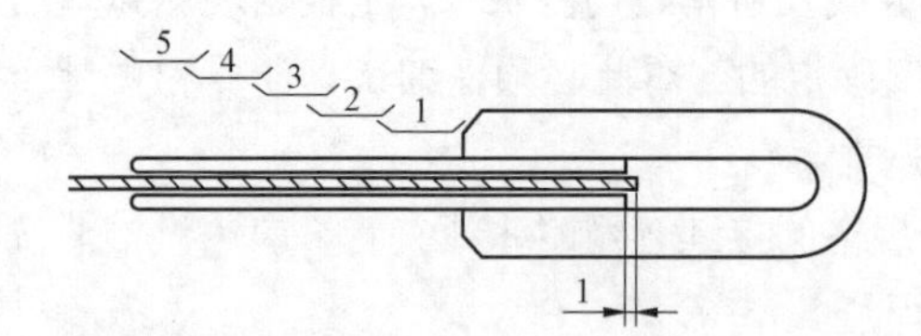

图6–4–7　镀锌钢绞线耐张线夹的施压顺序

（13）钢芯铝绞线钢芯对接式钢管的液压部位及操作顺序如图6–4–8所示。第一模压模中心与钢管中心O重合，然后分别向管口端部依次施压。

（14）钢芯铝绞线钢芯对接式铝管的液压部位及操作顺序如图6–4–9所示。

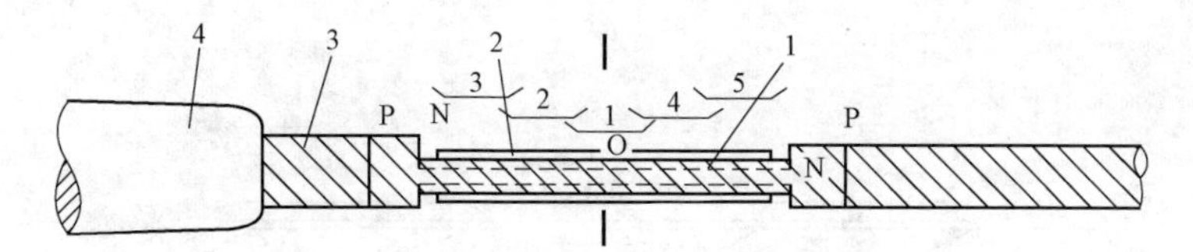

图 6-4-8　钢芯铝绞线钢芯对接式钢管的施压顺序

1—钢芯；2—钢管；3—铝线；4—铝管

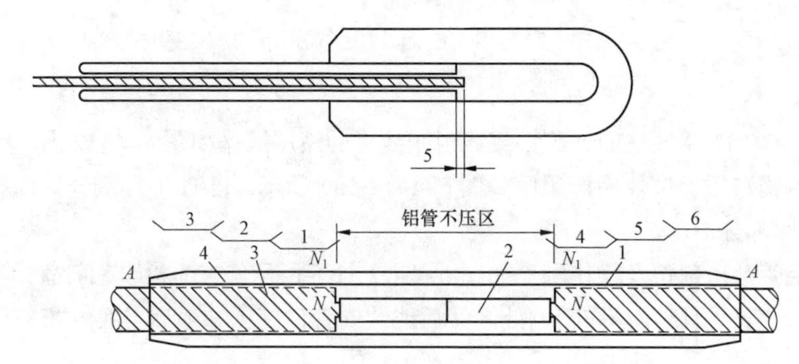

图 6-4-9　钢芯铝绞线钢芯对接式铝管的施压顺序

1—钢芯；2—已压钢管；3—铝线；4—铝管

首先检查铝管两端管口与定位印记 A 是否重合。内有钢管部分的铝管不压。自铝管上有 N_1 印记处开始施压，一侧压至管口后再压另一侧。如铝管上无起压印记 N_1 时，在钢管压后测量其铝线两端头的距离，在铝管上先画好起压印记 N_1。

（15）钢芯铝绞线钢芯搭接式钢管的液压部位及操作顺序如图 6-4-10 所示。第一模压模中心压在钢管中心，然后分别向管口端部施压。一侧压至管口后再压另一侧。如因凑整模数，允许第一模稍偏离钢管中心。

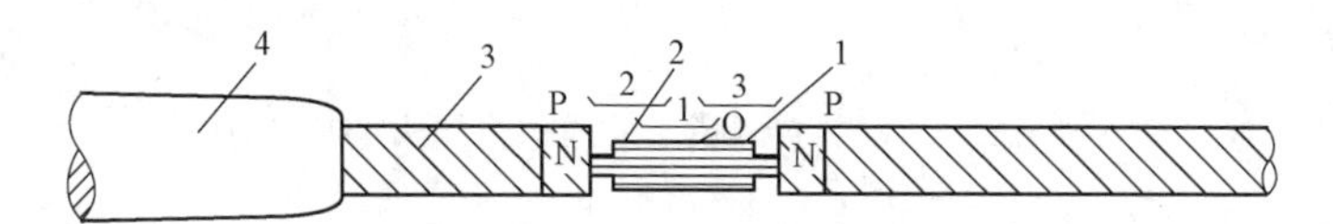

图 6-4-10　钢芯铝绞线钢芯搭接式钢管的施压顺序

1—钢芯；2—钢管；3—铝线；4—铝管

对清除钢芯上防腐剂的钢管，压后应将管口及裸露于铝线外的钢芯上都涂以富锌漆，以防生锈。

（16）钢芯铝绞线钢芯搭接式铝管的液压部位及操作顺序如图 6-4-11 所示。首先检查铝管两端管口与定位印记 A 是否重合。第一模压模中心压在铝管中心。然后分别向管口端部施压，一侧压至管口后再压另一侧，但也允许对有钢管部分的铝管不压的做法。

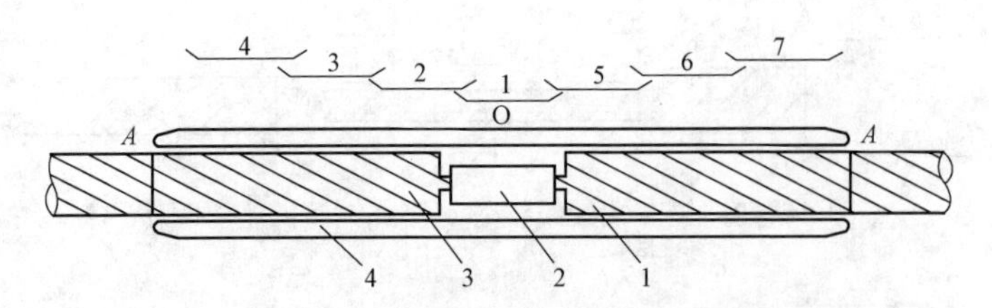

图 6-4-11 钢芯铝绞线钢芯搭接式铝管的施压顺序

1—钢芯；2—已压钢管；3—铝线；4—铝管

（17）GB 1179 规格的钢芯铝绞线耐张线夹的液压操作如图 6-4-12 所示。

1）钢锚液压部位及操作顺序如图 6-4-12（a）所示。自 U 形环侧开始向管口连续施压，凸凹部分不压。

2）铝管液压部位及操作顺序如图 6-4-12（b）所示。首先检查铝管管口与印记 *A* 是否重合。第一模压在钢锚凹槽处，然后连续向管口施压。最后自第一模向引流板侧再压一模。

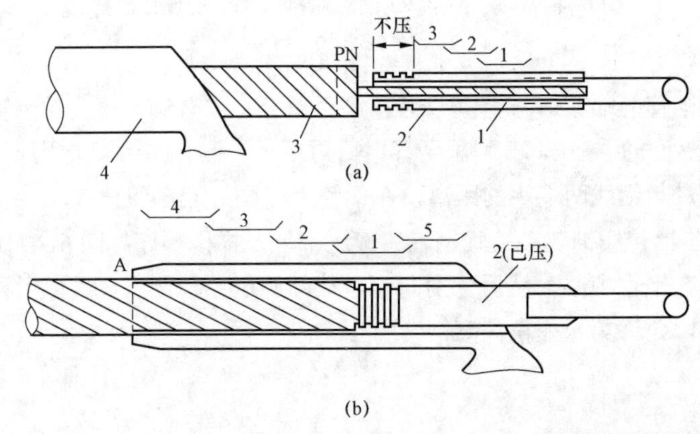

图 6-4-12 GB 1179 钢芯铝绞线耐张线夹的施压顺序

1—钢芯；2—钢锚；3—铝线；4—铝管

（18）GB 1179 规格的钢芯铝绞线耐张线夹的液压操作如图 6-4-13 所示。

1）钢锚液压部位及操作顺序如图 6-4-13（a）所示。白凹槽前侧开始向管口端连续施压。

2）铝管分两种管型时，第一种液压部位及操作顺序如图 6-4-13（b）所示。首先检查右侧管口与钢锚上定位印记 *A* 是否重合。第一模自铝管上有起压印记 *N* 处开始，连续向左侧管口施压。然后自钢锚凹槽处反向施压，此处所压长度对两个凹槽的钢锚最小为 60mm，对三个凹槽的钢锚最小为 62mm。在压铝管时，如引流板卡液压机油缸，不能按以上要求就位时，可将引流板转向上方施压。

第二种铝管的液压部位及操作顺序如图 6–4–13（c）所示。自铝线端头处向管口施压，然后再返回在钢锚凹处施压。如铝管上没有起压印记 *N* 时，则当钢锚压完后，用尺量出 L_Y+f，在铝管上画上起压印记。

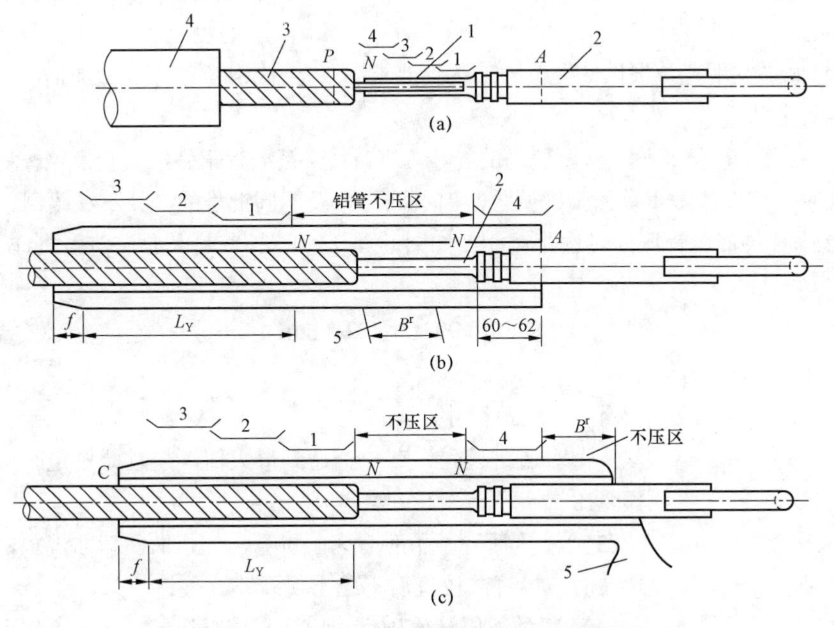

图 6–4–13　GB 1179 钢芯铝绞线耐张线夹的施压顺序

1—钢芯；2—钢锚；3—铝线；4—铝管；5—引流板

（19）钢芯铝绞线耐张线夹铝管液压时，其引流连板与钢锚 U 形环的相对角度位置应符合该工程施工技术措施上的有关规定。

（20）与各种钢芯铝绞线耐张线夹连接的引流管的液压部位及操作顺序如图 6–4–14 所示，其液压方向为自管底向管口连续施压。

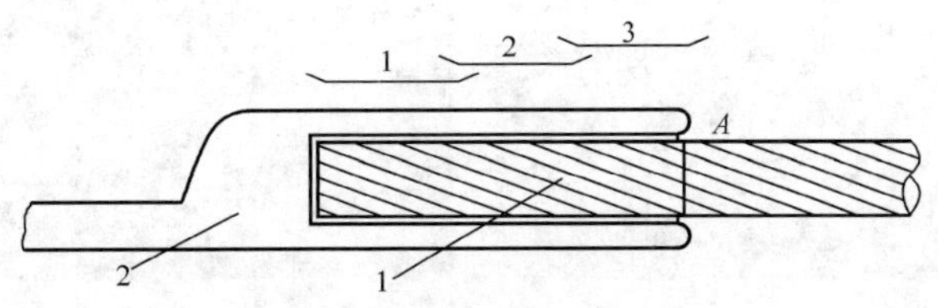

图 6–4–14　钢芯铝绞线耐张线夹引流管的施压顺序

1—铝线；2—引流管

2. 质量标准

（1）工程检验性试件，应符合下列规定。

1）架线工程开工前，应对该工程实际使用的导线、避雷线及相应的液压管同配套的钢模，按前述液压操作工艺制作检验性试件。每种型式的试件不少于 3 根（允许接续管与耐张线夹做成一试件）。试件的握着力均不应小于导线及避雷线保证计算拉断力的 95%。

2）如果发现有一根试件握着力未达到要求，应查明原因，改进后做加倍的试件再试，直到全部合格。

3）相邻的不同工程，若所使用的导线、避雷线、接续管耐张线夹管及钢模等均没有变动时，可以免做重复的强度试验，但不同厂家及不同批号的产品不在此例。

（2）各种液压管压后对边距尺寸 S 如图 6–4–15 所示，其最大允许值由式（6–4–1）计算

$$S=0.866\times(0.993D)+0.2\ (\text{mm}) \tag{6–4–1}$$

式中 D ——管外径，mm；

S ——各种液压管压后对边距尺寸，mm。

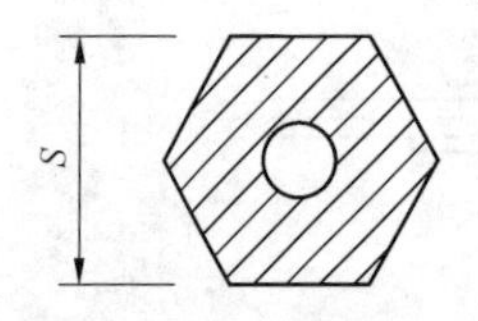

图 6–4–15 液压管

三个对边距只允许有一个达到最大值，超过此规定时应更换钢模重压。

（3）液压后管子不应有肉眼可看出的扭曲及弯曲现象，有明显弯曲时应校直，校直后不应出现裂缝。

（4）各种液压管施压后，应认真填写记录。液压操作人员自检合格后，在管子指定部位打上自己的钢印。质检人员检查合格后，在记录表上签名。导线液压压接成品如图 6–4–16 所示。

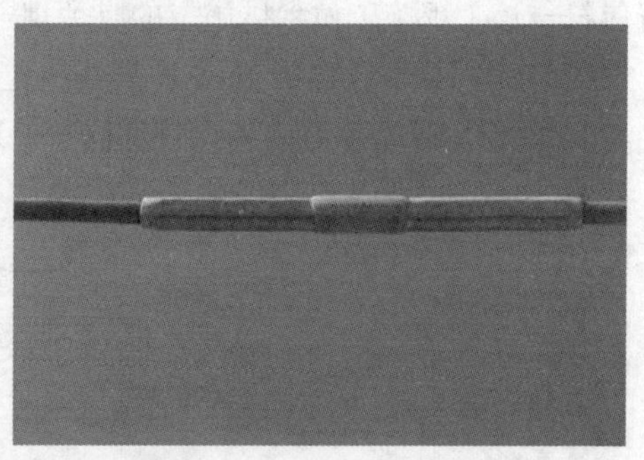

图 6–4–16 导线液压压接成品

（三）外爆压法连接

1. 爆压操作

（1） 管外加保护层。为使外爆压管爆后表面美观、光洁，防止烧伤，管外表面应加保护层，其厚度和长度应满足下列要求。

1）采用导爆索时，可用滤油纸、石蜡松香溶液或用水浸透的黄板纸。

2）用厚度大于 0.5mm 的黄板纸时，起始端头应锉成坡 1:1，以免爆压时铝管表面烧伤。用黄板纸时须完全浸透，缠上导爆索后即进行爆压，如停留时间长，纸上水分不足，则保护效果不佳。

3）铝质压接管和耐张线夹 1.5～3.0mm。

4）铝（钢）质补修管和 T 形线夹大于 3.0mm。

5）钢质压接管和耐张线夹 0.5～1.0mm。

6）长度应比药包长 5～10mm。

7）所有铝管药包两端，在包药前均需从管口起，在药包与保护层之间增绕 3～4 层黑胶布，以改善管 1:1 缩径（缩颈）形态，缠绕长度约 30mm。

（2） 药包制作。

1）各种管型所用的基准药包、附加药环尺寸、层数、位置及雷管位置和朝向都必须按 SDJ 276《架空电力线外爆压接施工工艺规程》执行。

2）采用普通导爆索时，必须紧密缠绕，并严禁硬弯和硬折。

3）引爆补修管和 T 形线夹药包的雷管应固定在抽匣盖板的侧面。

（3） 引爆与清理。

1）引爆前，应将药包连同两侧线材支离地面约 1m，适当绑扎并将其埋直，呈松弛状态。

2）引爆前必须再次复核药包和雷管位置以及管口与线材上标志重合情况，如发现不符，应立即纠正。

3）管口线材应用黑胶布包绕 2～3 层，其长度为 20～30mm，以防爆炸产物损伤线材表面。钢芯铝绞线耐张线夹引流板及弯头内侧亦应采取保护措施，防止烧伤和变形。

4）引爆后管的外表残存的保护层应擦抹干净。钢绞线压接管和耐张线夹爆压后，管体表面及外露的线头均应涂防锈漆。

2. 质量标准

（1） 制作试件。制作 3 根试件，其操作按有关规范要求进行。试件的握着力均不应小于该种线材保证计算拉断力的 95%。钢芯铝绞线的圆形接续管和耐张线夹试件还应进行轴向解剖检查，其钢芯应无损伤。试件中如有一件不合格，应查明原因，改进并加倍再试，待全部合格后方可进行正式施工。

（2）施工现场的外观检查。

1）外爆管上两层炸药发生残爆时，应割断重接。单层炸药发生残爆时允许补爆，但补爆的药包厚度不得改变，且补爆范围应稍大于残爆范围。补爆部分的铝管表面，应加保护层，以防烧伤。

2）管口外线材明显烧伤、断股；管体穿孔、裂纹；圆形接续管、耐张线夹管口与线材上所作管口端头位置尺寸线误差超过 4mm；发现存在上述现象应割断重接。

3）钢芯铝绞线接续管爆后弯曲不大于管长 2%时允许校直；超过 2%或校直后有裂纹及显槌痕者，应割断重接。

4）爆压管表面烧伤可用砂纸磨光，但烧伤面积和深度有下列情形之一者，应割断重接：① 烧伤面积超过爆压部分总面积 10%者；② 圆形接续管和耐张线夹烧伤深度大于 1mm 的总面积超过 5%者；③ 椭圆形接续管烧伤深度大于 0.5mm 的总面积超过爆压部分 5%者。

（四）导地线损伤及处理

采用人力放线或机械牵引放线的导线及避雷线，展放以后要进行一次查线，以检查导线及避雷线的损伤情况，及时作出补修处理。

1. 无需修补

导线在同一处的损伤同时符合下列情况时，可不作补修，只需将损伤处棱角与毛刺用 0 号砂纸磨光。“同一处”指损伤截面积在该损伤处的一个节距内的每股铝线沿铝股损伤最严重处的深度换算出截面积总和，如损伤深度达到直径 1/2 时，按断股论。

（1）铝、铝合金单股损伤深度小于直径的 1/2。

（2）钢芯铝绞线及铝合金绞线损伤截面积为导电部分截面积的 5%及以下（不断股），且强度损失小于 4%。

（3）单金属绞线损伤截面积为 4%及以下（不断股）。

2. 需要修补

导线在同一处损伤需要补修时，应按下列规定执行：

（1）导线（铝股）损伤补修处理标准，应符合表 6–4–5 的规定。

表 6–4–5 导线损伤补修处理标准

处理方法	线别	
	钢芯铝绞线与钢芯合金绞线	铝绞线与铝合金绞线
以缠绕或补修预绞丝修理	导线在同一处损伤的程度已经超过前条的规定，但因损伤导致强度损失不超过总拉断力的 5%，且截面积损伤又不超过总导电部分截面积的 7%时	导线在同一处损伤的程度已经超过前条的规定，但因损伤导致强度损失不超过总拉断力的 5%时

续表

处理方法	线别	
	钢芯铝绞线与钢芯合金绞线	铝绞线与铝合金绞线
以补修管补修	导线在同一处损伤的强度损失已超过总拉断力的5%，但不足17%，且截面积损伤也不超过总导电部分截面积的25%时	导线在同一处损伤的程度已经超过前条的规定，但因损伤导致强度损失不超过总拉断力的5%时

注　导线的总拉断力是指保证计算拉断力。

（2）采用缠绕处理时，应符合下列规定。

1）将受伤处线股处理平整。

2）缠绕材料应为铝单丝，缠绕应紧密，其中心应位于损伤最严重处，并应将受伤部分全部覆盖；缠绕长度必须超出损伤范围两端各30mm，最短缠绕长度不得小于100mm。

（3）采用补修预绞丝处理时，应符合以下规定。

1）将受伤处线股处理平整。

2）补修预绞丝长度不得小于3个节距，或符合GB/T 2314《电力金具通用技术条件》预绞丝中的规定。

3）补修预绞丝应与导线接触紧密，其中心应位于损伤最严重处，即损伤最严重处位于预绞丝两端各50mm以内，使损伤部位全部被覆盖。

（4）采用补修管补修时，应符合下列规定：

1）将损伤处的线股先恢复原绞制状态。

2）补修管的中心应位于损伤最严重处，需补修的范围应位于修补管两端以内各20mm。

3）补修管可采用液压或爆压，其操作应符合本节二、三的规定。

3. 需要重新连接

导线在同一处损伤符合下述情况之一时，须将损伤部分全部割去，重新以接续管连接。

（1）导线损失的强度或损伤的截面积超过上述采用补修管补修的规定时。

（2）连续损伤的截面积或损伤强度都没有超过上述以补修管补修的规定，但其损伤长度已超过补修管能补修范围时。

（3）复合材料的导线钢芯有断股时。

（4）导线出现灯笼的直径超过导线直径的1.5倍而又无法修复时。

（5）金钩、破股已使钢芯或内层铝股形成无法修复的永久变形时。

4. 避雷线损伤处理

用作避雷线的镀锌钢绞线，其损伤应按表6–4–6的规定予以处理。

表6–4–6 镀锌钢绞线损伤处理规定

绞线股数	处理方法		
	以镀锌铁线缠绕	以补修管补修	锯断重接
7		断1股（无补修管时割断重接）	断2股
19	断1股	断2股（无补修管时割断重接）	断3股

五、注意事项

（1）必须按导线规格选择相应的钳压钢模，并调整钳压器止动螺丝，使两钢模间椭圆槽的长径比钳压管压后标准直径 D 小0.5～1.0mm。

（2）必须按顺序号码进行操作，两导线间应加接触用垫片。

（3）液压使用的钢模应与被压接管相配套，凡上模与下模有固定方向时，则钢模上有明显标记，不得错放。液压机的缸体应垂直地面，并放置平稳。

（4）各种液压管在第一模压好后应检查压后对边距尺寸（也可用标准卡具检查）。符合要求后再继续进行液压操作。压接时相邻两模至少应重叠5mm。液压机的操作必须使每模都达到规定的压力，而不以合模为压力的标准。

（5）导爆索和雷管不得同车运输，雷管应使用带有软质内衬的专用木盒保管。

【思考与练习】

1. 导地线连接有哪些方法？各适用什么范围？

2. 导地线压接前清洗的工艺步骤有哪些？

3. 导地线液压连接操作应遵守哪些规定？

4. 液压管压后对边距尺寸是如何规定的？在实际操作中如何控制？

5. 导线在同一处的损伤同时符合哪些情况时，可不作补修？不作修补的应如何处理？

6. 切割导爆索时，为什么严禁用剪刀或钳子剪切？

◢ 模块5 紧线（Z04F3005Ⅱ）

【模块描述】本模块涉及直线塔紧线、耐张塔紧线、直线塔粗紧、耐张塔微调紧线。通过内容介绍、流程讲解，掌握紧线施工的操作程序，能够进行紧线施工。

【正文】

一、工作内容

在一个施工区段的导地线展放完毕并进行连接后，接下来的一道工序就是紧线，即将展放后的导地线在施工区段的一端进行固定，在另一端用绞磨通过紧线牵引绳和滑轮组将导地线收紧，按照观测档的计算弧垂将导地线调整至满足弧垂要求，其主要工作内容如下。

（1）区段内固定端挂线或与前一区段导地线接续升空。

（2）在固定端和紧线端装设临时拉线，并按要求将拉线调紧。

（3）按照施工规范的要求选择观测档，并根据相应的弧垂观测方法设置弧垂观测点。

（4）设置绞磨和滑轮组，将待紧导地线用卡线器与紧线滑轮组连接。

（5）在弧垂观测人员的配合下将导地线紧至相应弧垂。

二、作业前准备工作

（1）检查放线质量，如有缺陷进行处理。

（2）检查接续管、补修管位置，紧线后如有可能进入直线塔前后 5m、耐张塔的耐张线夹 15m 以内时，应在牵、张场连接接续管前切除一段导线。

（3）在牵、张场压接续管，拆除地面临锚后，将线升空。

（4）选择弧垂观测档，弧垂观测档的选择应符合下列规定。

1）紧线段在 5 档及以下时靠近中间选择一档。

2）紧线段在 6～12 档时靠近两端各选择一档。

3）紧线段在 12 档以上时靠近两端及中间各选择一档。

4）观测档宜选档距较大和悬挂点高差较小及接近代表档距的线档。

5）弧垂观测档的数量可以根据现场条件适当增加，但不得减少。

（5）复测弧垂观测档的档距；如用角度法，要复测悬挂点高差；绑扎弧垂板等。

（6）耐张塔设置临时拉线，紧线后的划印、锚线及压接挂线准备工作。

（7）埋设紧线总牵引地锚、绞磨地锚、绞磨就位、穿设滑轮组。

三、危险点分析和控制措施

（1）防止临时拉线装设不合理导致横担受扭。在装设临时拉线时，要根据杆塔高度和施工规范合理选择埋设地锚的距离和深度，根据导线的应力合理选择临时拉线的直径，要将临时拉线调整至合理的张力，避免由于过松或过紧而导致在紧线时横担扭转。

（2）防止过牵引造成跑线伤人。在紧线过程中，紧线指挥人一定要和弧垂观测人员保持密切联系，不可出现超过允许值的过牵引现象，如果过牵引距离较多，紧线张力将急剧增加，可能导致卡头或牵引绳断裂，造成跑线事故。

（3）防止卡头滑脱造成跑线事故。这种现象多出现在紧地线（钢绞线）时，由于钢制卡头与钢绞线的摩擦力较小，易造成卡头滑脱。先在钢绞线外层缠绕一层铝包带，再打上卡头，即可避免卡头滑脱。

（4）防止绞磨尾线控制人员站在余线圈内。在紧线过程中，牵引绳的余线一般盘成圆圈，如果人员站在线圈内侧，一旦绞磨跑线，牵引绳极易将人员抽倒造成人身伤害。

四、作业步骤和质量标准

（一）作业步骤

1. 直线塔紧线

直线塔紧线、耐张塔平衡挂线是张力架线所特有的施工工艺。这里只介绍锚固端为直线塔，紧线端亦为直线塔的紧线工艺，其紧线段划分如图 6–5–1 所示。

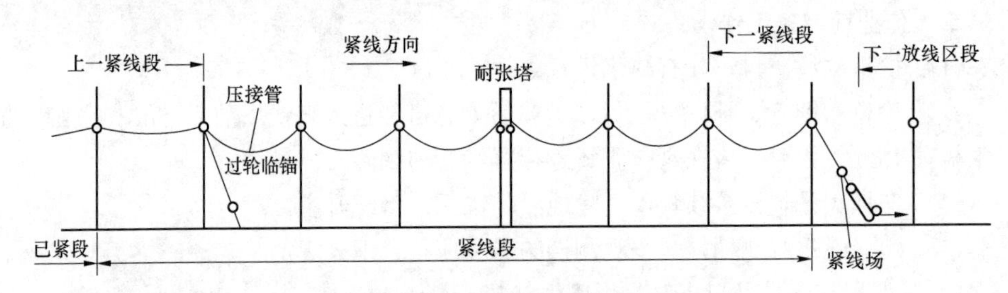

图 6–5–1　直线塔紧线紧线段的划分

（1）直线塔紧线的施工特点。

1）紧线方向只能向同一方向，即挂线端（固定端）和收紧端不能互相换位。

2）挂线端（即固定端）是通过已紧段的导线张力取得平衡。

3）紧线端当紧线段内所有塔均已划印后，通过紧线段最后一基塔的过轮临锚和在紧线塔的地面临锚取得张力平衡。

4）上一紧线段的过轮临锚，在紧线段的导线张力接近设计值时予以拆除，这样做便保护了已紧段的弧垂基本不变动，而紧线段内所有滑轮亦无其他外力，使各档弧垂都能按设计值进行调整。

5）在牵、张场前、后放线区段的线头接续后，需带张力进行升空。

6）耐张塔不再紧线，两端用临锚绳锚固后进行断线，压耐张线夹后进行平衡挂线，挂线后拆除临锚绳。

（2）子导线收紧次序。子导线收紧次序，应综合考虑如下几方面因素。

1）为了保持放线滑车的平衡受力，避免滑车因垂直荷载不对称而倾斜引起导线跳槽，应对称收紧子导线，并尽可能先收紧两边最外侧的子导线。

2）宜先收紧张力较大、弧垂较小的子导线。

3）如果在紧线前某线档中已存在驮线现象，则应先收紧被驮的子导线。

4）同相各子导线应基本同时收紧，避免因受力过程不同造成子导线间塑蠕变形的残存量不同而最终影响子导线间的弧垂误差。

（3） 直线塔紧线的程序。如图 6–5–1 所示，直线塔紧线的程序如下：

1）在紧线塔安装绞磨，在地面临锚卡线器的远侧安装紧线用卡线器，挂 3t 单轮滑车，穿钢绳后进行收紧。

2）拆除放线时设置的地面临锚，继续收紧导线。

3）当弧垂接近设计值时，将上一紧线段所设置的过轮临锚拆除。

4）弧垂调平可采用先观测好 1 根子导线，其余 3 根以该根为准进行调平。

5）所有观测档的弧垂已调好，观测档的前后档用望远镜等进行监视，各子导线间亦平时，则除紧线场的邻塔外所有塔进行划印，划印后在紧线场邻塔设过轮临锚，之后在紧线场设地面临锚。

2. 耐张塔紧线

耐张塔紧线按其布置方式可分为塔外和塔内两种紧线。

（1） 塔外紧线。

1）在紧线段的延长方向、耐张塔塔高约 3 倍的地方，设置紧线绞磨，与非张力放线紧线方法相似进行紧线。

2）弧垂观测，紧线段内各塔划印后，离耐张塔约 40m 进行空中临锚。

3）回松绞磨并相应调紧紧线塔的临时拉线，导线头落地，压耐张线夹后进行挂线。挂线后拆除高空临锚。

（2） 塔内紧线。在紧线段的延长方向，如地势低洼、鱼塘或有其他障碍而无法设置紧线地滑车时，可在塔身内设置绞磨，紧线钢绳从横担引至塔身，再从塔身引至塔底，塔内紧线布置图如图 6–5–2 所示。

3. 直线塔粗紧、耐张塔微调紧线

当紧线段内有耐张塔时，可将调整弧垂的工作分两段进行。如图 6–5–1 所示，其紧线步骤如下：

（1） 在紧线场收紧余线。在紧线场设置绞磨收紧余线，当弧垂接近设计值时，拆除上一紧线段设置的过轮临锚。

（2） 在耐张塔进行微调。在耐张塔挂线板的临锚孔上设置手扳葫芦，对各子导线的弧垂进行微调，合格后从过轮临锚塔至耐张塔进行划印。划印后的作业程序有以下两种。

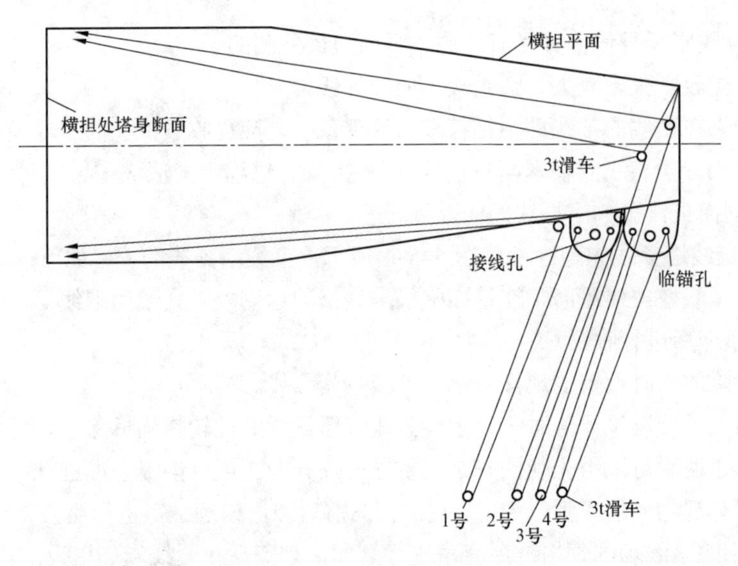

图 6–5–2 塔内紧线布置图

1）从过轮临锚塔至耐张塔进行附件安装和平衡挂线，之后再从耐张塔至紧线塔观测弧垂，并进行划印、设置过轮临锚和地面临锚。

2）先不对过轮临锚塔至耐张塔进行附件安装，而是继续调整耐张塔至紧线场的弧垂，待整个紧线段都划印后，再进行附件安装和耐张塔的平衡挂线。

后一种作业程序需对耐张塔后侧的导线进行准确划印和计算切线长度，才能保证耐张塔至紧线场的第一档弧垂的准确，而第一种作业程序则无此弊端。

（二）质量标准

（1）紧线弧垂在挂线后应立即在该观测档检查，其允许偏差为：110kV 线路为+5%，–2.5%；220kV 及以上线路为±2.5%。跨越通航河流的大跨越档其弧垂允许偏差不应大于±1%，其正偏差值不应超过 1m。

（2）导线或避雷线各相间的弧垂应力求一致，当满足上条的弧垂允许偏差标准时，各相间弧垂的相对偏差最大值不应超过：一般情况下 110kV 线路为 200mm；220kV 及以上线路为 300mm。跨越通航河流大跨越档的相间弧垂最大允许偏差为 500mm。

（3）相分裂导线同相子导线的弧垂应力求一致，在满足 1 条弧垂允许偏差标准时，其相对偏差应符合：不安装间隔棒的垂直双分裂导线，同相子导线间的弧垂允许偏差为 0～100mm；安装间隔棒的其他形式分裂导线同相子导线的弧垂允许偏差应符合：220kV 线路为 80mm；330～500kV 线路为 50mm。

五、注意事项

（1）总牵引地锚与紧线操作杆塔之间的水平距离应不小于挂线点高度的两倍，且与被紧架空线中相方向一致。

（2）紧线滑车要尽量靠近挂线点。

（3）当施工区段采用多档观测档时，应先满足最远一个观测档的弧垂要求，使其合格或略小于弧垂值；再满足较远档，使其合格或略大于弧垂值；由远及近，最后满足最前端观测档，使其合格。

（4）紧线顺序：先紧地线，后紧导线。导线为水平或三角排列时，先紧中相，后紧边相。导线为垂直排列时，按上、中、下的顺序紧线。

（5）在对孤立档进行紧线时，要特别注意过牵引长度，要严格遵照 GB 50233《110kV～500kV 架空送电线路施工及验收规范》的规定进行。

【思考与练习】

1. 试写出直线塔紧线的程序步骤。

2. 直线塔紧线施工有哪些特点？

3. 直线塔紧线后如何在耐张塔进行微调？

◢ 模块 6 弧垂调整及挂线（Z04F3006Ⅲ）

【模块描述】本模块包含弧垂观测、调整和划印、耐张塔平衡挂线、牵张场导地线对接升空。通过内容介绍、流程讲解，掌握弧垂调整及挂线的方法。

【正文】

一、工作内容

弧垂调整与挂线是架线施工的关键工序环节，弧垂调整是影响架线质量的关键点之一。其主要工作内容如下。

（1）选择观测档。按照 GB 50233《110kV～500kV 架空送电线路施工及验收规范》的规定，根据施工区段的长度，合理选择观测档。

（2）进行弧垂计算。根据设计图纸提供的应力弧垂曲线表和降温要求，计算出各观测档的弧垂值。

（3）选择弧垂观测方法，并按照选定的方法做好弧垂观测的相应准备。

（4）进行弧垂调整及划印。

（5）进行耐张塔平衡挂线。

二、作业前准备工作

1. 弧垂观测档的选择

弧垂观测档的选择应符合下列规定。

（1）紧线段在 5 档及以下时靠近中间选择一档。

（2）紧线段在6～12档时靠近两端各选择一档。

（3）紧线段在12档以上时靠近两端及中间各选择一档。

（4）观测档宜选档距较大和悬挂点高差较小及接近代表档距的线档。

（5）弧垂观测档的数量可以根据现场条件适当增加，但不得减少。

2. 温度测量

温度测量应采用棒式测线温度表，将其挂在弧垂观测档平均导地线高度的杆塔上，让太阳晒，然后读取其数值作为导地线的实测温度值。

3. 人力资源配置

根据架线施工区段的长度、观测档的数量，耐张塔平衡挂线的方式合理配置人力资源。尤其是针对该工序高空作业较多的实际，要选配好技术熟练的高空作业人员。

4. 工器具配置

弧垂调整和耐张塔平衡挂线的主要工器具为压钳、手扳葫芦、临锚钢绞线、卡头、断线钳、牵引绳、绞磨等。现场施工要根据实际情况提前做好工器具的准备与检验。

三、危险点分析和控制措施

（1）防止弧垂观测错误，发生过牵引而导致跑线事故。在紧线及弧垂调整过程中，弧垂观测者要精力集中，密切关注弧垂变化情况，在弧垂接近计算值0.5m时，要减速牵引至计算值，当弧垂小于计算值后，导线应力将急剧增加，如发现不及时将发生导致跑线事故。

（2）防止高空坠落。弧垂调整及挂线工序涉及高空作业较多，且工序繁杂，易造成高空坠落事故。施工人员应佩戴有后备保护绳的双保险安全带或使用速差自控器。高空作业人员要衣着灵便，穿软底胶鞋，并正确佩戴个人防护用具。

（3）防止作业人员站在导线内圈侧作业。在进行弧垂调整或划印时，由于导线张力较大，一旦跑线将造成对人员的严重伤害。

（4）防止高空临锚器材失效造成跑线伤人。平衡挂线使用的卡头、临锚线、手扳葫芦、等锚线器材施工前必须进行受力试验，在收紧导线后，要进行人力冲击试验后，再将导线开断，防止跑线伤人。

四、作业步骤和质量标准

（一）紧线和弧垂观测顺序

紧线顺序按先地线后导线和先中相后边相的原则。弧垂观测的前后顺序为先挂线端（即远方），后紧线场端（即近方）。

（二）弧垂观测的简单计算

从设计图纸提供的应力弧垂曲线表查出相关数据，用插入法换算出各观测挡在相应温度下的观测弧垂，如新导地线注意设计说明需降低多少温度进行观测，一般情况钢芯铝绞线的导线降温 20～25℃，良导体避雷线降温 15℃，镀锌钢绞线降温 10℃。弧垂观测值确定时，当现场气温与计算温度大于±10℃时，应重新计算观测弧垂。

由应力弧垂放线表查得的数值为一个耐张段内的代表档距的导地线弧垂，而观测档的弧垂 f_φ 需按式（6–6–1）求得

$$f_\varphi = \left(\frac{l}{l_{db}}\right)^2 \frac{f_{db}}{\cos\varphi} \tag{6–6–1}$$

式中 f_{db}——代表档距的架空线弧垂，m；

φ——观测档架空线悬挂点高差角，$\varphi = \arctan\frac{h}{l}$；

l——观测档档距，m;

h——观测档架空线悬挂点高差，m;

l_{db}——耐张段架空线的代表档距，m。

（三）弧垂观测的方法

1. 平行四边形（等长法）观测弧垂

平行四边形（等长法）弧垂示意图如图 6–6–1 所示，在观测当的两端，从放线滑车槽底，垂直向下量取 f_φ 值，一端绑扎弧垂板，另一端用弧垂镜或望远镜进行弧垂观测。

当温度变化在 3℃以内时，可在观测点一端，作 $\Delta\alpha = 2\Delta f$ 进行调整，平行四边形法弧垂示意图如图 6–6–2 所示。

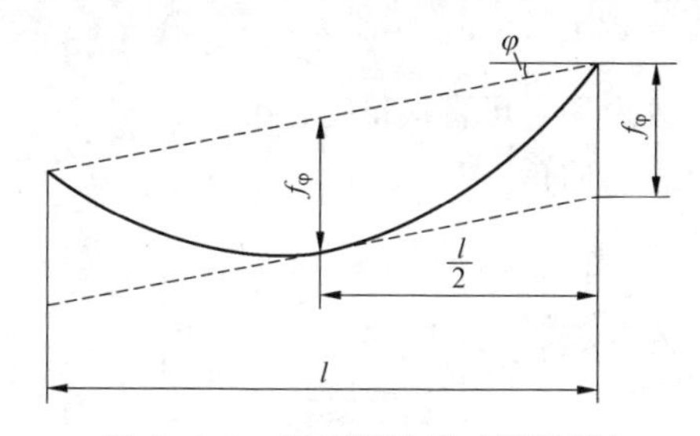

图 6–6–1　平行四边形（等长法）弧垂示意图

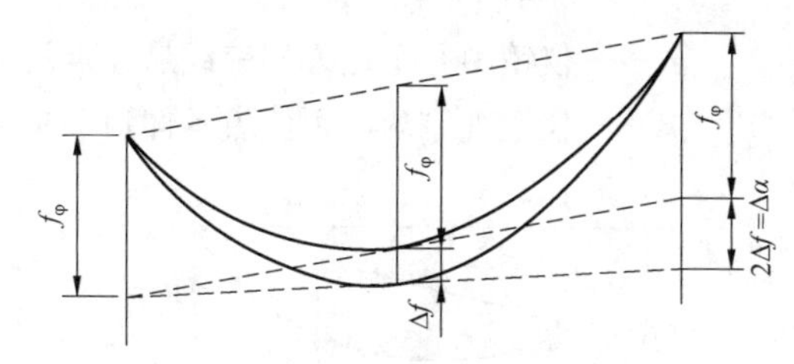

图 6–6–2　平行四边形法弧垂示意图

如温度变化大于 3℃时，则按式（6–6–2）和式（6–6–3）计算其调整值。

当温度上升时

$$\Delta\alpha = 4\left(1 + \frac{\Delta f}{f_\varphi} - \sqrt{1 + \frac{\Delta f}{f_\varphi}}\right) \tag{6–6–2}$$

当温度下降时

$$\Delta\alpha = 4\left(1-\frac{\Delta f}{f_{\varphi}}-\sqrt{1+\frac{\Delta f}{f_{\varphi}}}\right) \tag{6-6-3}$$

2. 档端角度法观测弧垂

将经纬仪支于塔中心桩处，边相支于边线悬点下方，如图 6-6-3 所示。先测得弧垂观测档的另一端线悬挂点（即滑车槽）的角度β，并复测观测档的档距 l，则线的弧垂观测角θ为

$$\theta = \arctan\left(\frac{\pm h-4f_{\varphi}+4\sqrt{af_{\varphi}}}{l}\right)=\arctan\left(\frac{\pm h}{l}-\frac{4f_{\varphi}}{l}+4\sqrt{\frac{a}{l}\cdot\frac{f_{\varphi}}{l}}\right) \tag{6-6-4}$$

$$f_{\varphi}=\frac{1}{4}(\sqrt{a}+\sqrt{a-l\tan\theta\pm h})^{2} \tag{6-6-5}$$

令 $A=\frac{\pm h}{l}-\frac{4f_{\varphi}}{l}$，$B=\sqrt{\frac{a}{l}\cdot\frac{f_{\varphi}}{l}}$ 则

$$\theta=\arctan(A+4B)$$

式中 f_{φ}——观测档的观测弧垂值，m；

h——观测档架空线悬挂点高差，m，近方（对仪器而言）悬挂点较远方悬挂点为低时取“+”号；近方悬挂点较远方悬挂点为高时取“-”号，$h=|l\tan\beta-\alpha|$；

a——仪镜中心至近方架空线悬挂点的垂直距离，可直接量得，m；

β——仪镜观测角，正值表示仰角，负值表示俯角。

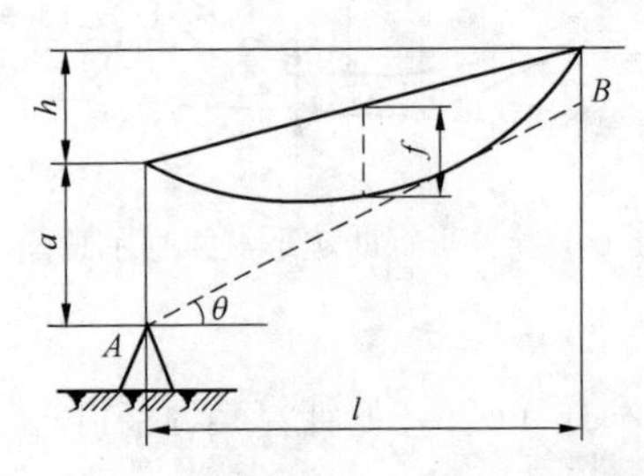

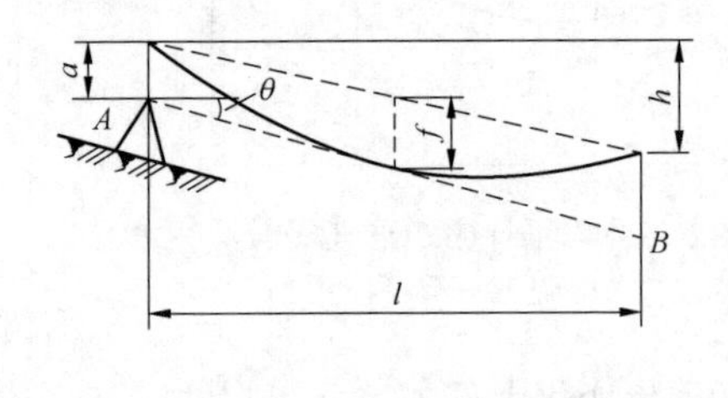

图 6-6-3　档端角度法观测弛度（档内未联耐张绝缘子串）

档端角度法不是任何情况下都可采用的，当 a 值太大和过小，弧垂值又小时，仪镜切至档距中线的位置便偏离档距中央太多而容易产生观测误差。要根据相关公

式具体确定。

3. 平视法弧垂观测

平视法观测弧垂的方法示意如图 6–6–4 所示。按式（6–6–6）算出小平视弧垂值 f_1 或大平视弧垂值 f_2。置仪器的测镜于水平状态，并使测镜中心至低悬挂点的垂直距离为 f_1，至高悬挂点的垂直距离为 f_1。观测时，调整线长，使水平视线 AB 与架空线最低点 0 相重合，则架空线的弧垂即为所要求的观测值 f_φ。

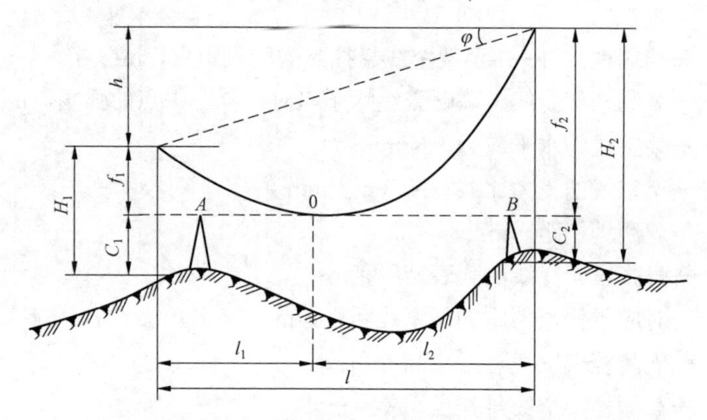

图 6–6–4　平视法观测弧垂（档内未联耐张绝缘子串）

$$f_1 = f_\varphi\left(1-\frac{h}{4f_\varphi}\right)^2 \tag{6–6–6}$$

$$f_2 = f_\varphi\left(1+\frac{h}{4f_\varphi}\right)^2 \tag{6–6–7}$$

式中　f_φ——观测档架空线档距中点的弧垂，m；

f_1——小平视弧垂，m；

f_2——大平视弧垂，m；

h——观测档架空线悬挂点高差，m。

采用平视法观测弧垂的极限条件是

$$4f > h \tag{6–6–8}$$

因此，采用平视法前，一定要核对架空线悬挂点高差与该档观测弧垂之大小，只有符合式（6–6–8）条件的情况下，才可采用平视法。

4. 异长法观测弧垂

如图 6–6–5 所示，选定一适当的 a 值，按式（6–6–9）算出相应的 b 值。分别置弧垂板于观测档两侧架空线悬挂点以下垂直距离为 a 及 b 处，调整架空线长度，使 AB

视线与架空线相切，则架空线的弧垂即为所要求的观测值f_{φ}

$$b=(2\sqrt{f_{\varphi}}-\sqrt{a})^2 \tag{6-6-9}$$

其中

$$f_{\varphi}=\frac{l^2 g}{8\sigma\cos\varphi}=\left(\frac{l}{l_{db}}\right)^2\frac{f_{db}}{\cos\varphi}$$

$$\varphi=\arctan\frac{h}{l}$$

式中 a、b——档端视点A、B至架空线悬挂点的垂直距离，m；

f_{φ}——观测档架空线未联耐张绝缘子串时，档距中点的弧垂，m；

σ——架空线的水平应力，N/mm²；

g——架空线的重力比载，N/（m·mm²）；

l——观测档档距，m；

l_{db}——耐张段架空线的代表档距，m；

f_{db}——对应于代表档距的架空线弧垂，m；

φ——观测档架空线悬挂点高差角；

h——观测档架空线悬挂点高差，m。

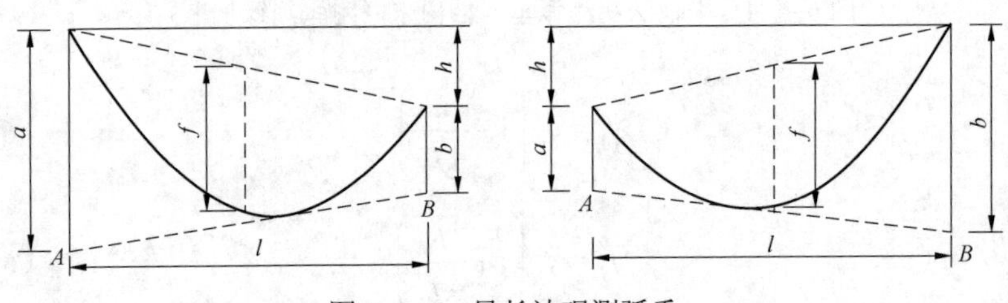

图 6–6–5 异长法观测弧垂

用异长法检查弧垂，可在检查档两端杆塔上，分别定出与架空线相切的位置，然后测出该位置与架空线悬挂点的垂直距离分别为a及b，则该档的弧垂为

$$f=\frac{1}{4}(\sqrt{a}+\sqrt{b})^2 \tag{6-6-10}$$

由于目测切点的垂直高度误差将导致弧垂误差，在实际工程计算中，要根据相关公式具体确定。

（四）弧垂调整和划印

输电线路的弧垂，尤其是四分裂导线线路的弧垂，要较容易地达到GB 50233《110kV～500kV架空送电线路施工及验收规范》的规定，必须采取合理的、合适的、严密的施工方法和合格的放线滑车及观测仪器，其主要内容有以下几点。

（1）合理地选择弧垂观测档。观测档的数目一般都比规范要求多 1～2 个。

（2）合理地选择弧垂观测方法，优先选用平行四边形法，因其观测的是档距中点的最大弧垂。如采用异长法、角度法亦应尽量观测到接近档距中点的弧垂。

（3）除观测档的各子导线弧垂需调平外，非观测档各子导线弧垂亦应调平。

（4）弧垂观测从远方开始，逐步向紧线场。

（5）弧垂调整方法或步骤可采用粗调、细调、微调等几步，使其各项误差控制在允许值的 1/2 或 1/3 后才进行划印。

（6）为了便于进行微调，牵引系统最好挂 1–1 滑车，使导线的调整线长只为绞磨磨绳松紧长度的 1/3，或者在绞磨旁并联手扳葫芦进行微调。

（7）如果紧线段较长且弧垂不易调整时可分二段或三段进行调整和划印及附件安装。如紧线段内有耐张塔，则以耐张塔进行分段紧线和附件。

（8）弧垂调整合格后，在紧线段内，除与紧线场相邻的需设过轮临锚的杆塔外，其余的杆塔均应逐基进行划印。直线杆塔于横担上的挂线孔垂直向下交于线上的点即为划印点。如为分裂导线，先划一根线，然后用三角板，一边与边线平行，另一边与已划线的该点（线）重合后，再划出其他导线上的点（线）。如不用三角板，分裂导线上的点（线）很难与线路垂直，因而影响子线间的弧垂。

（9）耐张塔的划印通过垂球和大三角板（或直尺）来完成，要记录各子线与挂线孔的垂直高度和向内角的水平位移。

（10）为了调整弧垂的方便和划印的准确，如上所述亦可在耐张塔安装手扳葫芦进行微调，此时耐张塔的划印可在空中卡线器的前侧线上划一点，用钢卷尺测量该点与挂线孔的距离，待高空临锚，拆除手扳葫芦后，将该距离数值移划至线上，该点即为划印点，省去测量高差与水平距离的工作。

（五）耐张塔平衡挂线

1. 高空临锚和断线

（1）耐张塔高空临锚、断线示意图如图 6–6–6 所示。首先测量临锚线加手扳葫芦链条长度 60%的数值定为 A。如采用地面压接临锚绳长约 45m，如采用高空压接临锚绳长约 10m。

（2）用挂梯带米绳或皮尺测量卡线器的安装位置并划印，其位置比 A 值少 0.6m。

（3）卡线器与临锚绳连接后安装在划印点上，在卡线器的后侧套上开口胶管并加绑扎。注意卡线器的安装位置应一致。

（4）用小白棕绳在卡线器的后侧与导线进行绑扎，以防断线后导线在卡线器尾部出现金钩。

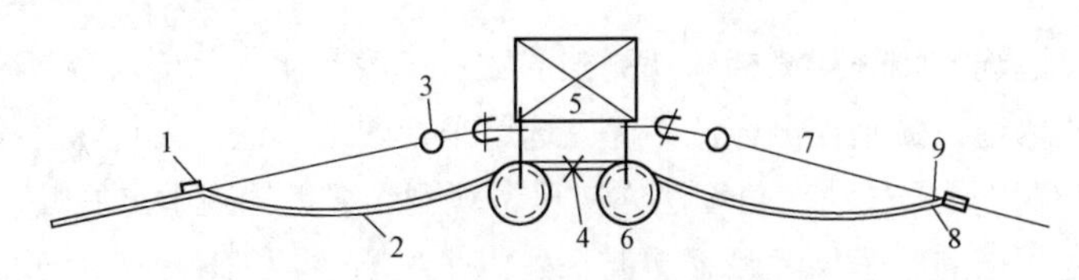

图 6–6–6 高空临锚、断线示意图

1—卡线器；2—导线；3—手扳葫芦；4—断线点；5—横担；6—放线滑车；7—临锚绳；8—开口胶管；9—短白棕绳绑扎点

（5）出线人员回塔后将手扳葫芦挂在临锚孔上，注意先挂转角外侧的子线，后挂转角内侧的子线。

（6）前、后侧同时收紧手扳葫芦，注意先收转角外侧的子导线。

（7）当滑车中的导线张力在 1kN 左右时，用两根ϕ20 白棕绳，分别从两放线滑车中间穿在卡线器方向，与欲断线的轮槽内绑扎导线，用人力拉住白棕绳后进行断线。

（8）断线后线头由白棕绳控制慢慢放至地面，按 1、2、3、4 的顺序排好和编好号码，切不可弄错。

（9）如放线滑车向转角内侧偏移较大时，由于放线滑车较重，很难使滑车上的导线松弛，为避免过多地收紧锚绳，过大地增加导线的张力，可将放线滑车的底部吊起。

（10）耐张塔平衡挂线作业时，其前后侧相邻的直线塔应先不附件。

（11）在塔上进行断线的作业人员应扎好安全带，站好位置，以防止线头蹦起刮伤和滑车的摇动。

2. 去线长度计算

为了保证弧垂质量，划印完毕后，耐张塔从划印点要切除一段线长，压耐张线夹后随耐张串进行挂线，完成架线作业。因此去线长度必须十分准确，才能保证竣工弧垂。去线的长度包括：耐张串的实测长度（算至钢芯部位）、导线在滑车槽中与挂线孔间的高差和偏移。当导线悬垂角不等于零时，上下导线因二联板引起的加减值。

（1）因高差Δh 引起的调整值ΔL_1。

1）耐张塔导线挂线点低于邻塔导线悬挂点时

$$\Delta L_1 = \frac{h\Delta h + \frac{1}{2}\Delta h^2}{l} \tag{6–6–11}$$

式中 l——挂线档档距，m；

h——挂线档导线悬挂点高差，m；

Δh——导线在放线滑车轮槽内时与导线挂点之间的高差，m。

式（6–6–11）的计算结果为去线值，即减少档内线长。

2）耐张塔导线挂线点高于邻塔导线悬挂点时

$$\Delta L_1 = \frac{h\Delta h - \frac{1}{2}\Delta h^2}{l} \quad (6\text{-}6\text{-}12)$$

式（6–6–12）的计算结果为正值时增加档内线长，若为负值时为去线值即减少档内线长。

3）耐张塔导线挂线点与邻塔导线悬点等高时

$$\Delta L_1 = \frac{\Delta h^2}{2l} \quad (6\text{-}6\text{-}13)$$

式（6–6–13）的计算结果为去线值，即减少档内线长。

（2）因滑车在导线上的角度分力作用下朝内角偏离挂线点所引起的需增加档内线长的计算公式为

$$\Delta L_2 = \Delta l \sin\frac{\theta}{2} \quad (6\text{-}6\text{-}14)$$

式中 Δl——导线对导线挂点偏移的水平距离，m；

θ——线路转角。

（3）上、下线因二联板倾角而影响线长调整量，如图 6–6–7 所示。

其计算式为

$$\Delta L_3 = \frac{0.45}{2}\arctan\theta_1 \quad (6\text{-}6\text{-}15)$$

式中 θ_1——导线悬垂角，其算式为

$$\theta_1 = \arctan\frac{G}{F}\left(\frac{l}{2} \pm \frac{\mathrm{F}h}{Gl}\right)$$

当悬挂点高差 $h > 0.1l$ 时，则

$$\theta_1 = \arctan\frac{G}{F}\left(\frac{l}{2} \pm \frac{\mathrm{F}}{G}\sin\varphi\right) = \arctan\left(\frac{GL}{2F} \pm \sin\varphi\right)$$

$$\varphi = \arctan\frac{h}{l}$$

式中 G——架空线单位长度的重力，N/m；

F——架空线的水平张力，N。

（4）去线长度ΔL，通式为

$$\Delta L = \lambda_{长}（或\lambda_{短}）\pm \Delta L_1 - \Delta L_2 \pm \Delta L_3 \quad (6\text{-}6\text{-}16)$$

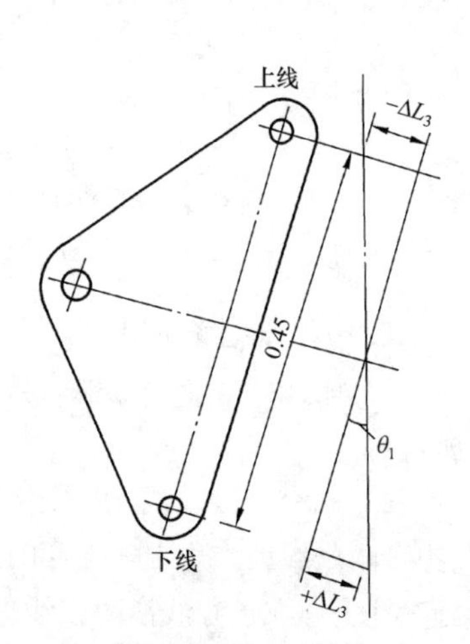

图 6–6–7 上下线因二联板倾角影响线长量

去线时，应按式（6–6–16）分别计算1、2、3、4各子线的去线长度，经核对无误后才可从划印点将多余的线切除。

（5）当采用耐张塔通过短临锚和手扳葫芦固定于临锚进行弧垂微调，划印采用从卡线器前端至挂线点时，去线长度则无上式中的ΔL_1和ΔL_2值。

3. 耐张线夹的压接与挂线

根据地形条件和操作工艺、耐张线夹压接的操作地点、耐张绝缘子串的悬挂方法和线的牵引地锚的位置不同，可分以下三种方式。

（1）地面压接和高空压接。

1）地面压接是断线后线头降至地面，在地面进行压接。

2）高空压接是在临锚绳上悬挂吊笼，吊笼上放置液压机具进行压接，空中操作平台悬挂示意图如图6–6–8所示。

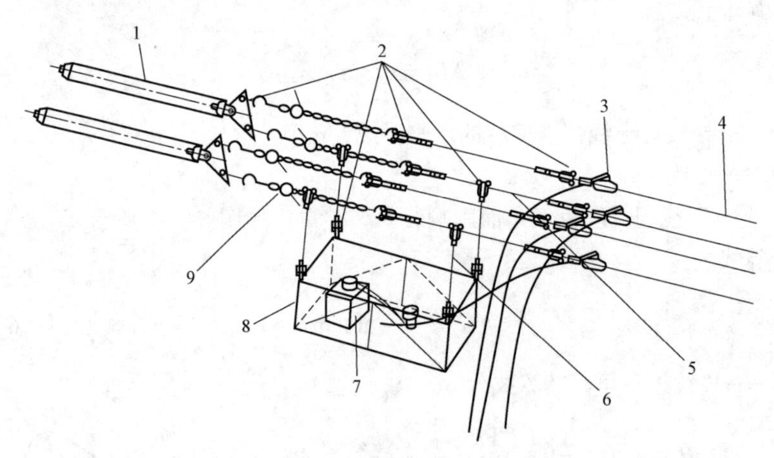

图6–6–8　空中操作平台悬挂示意图

1—耐张绝缘子串；2—特制工具环；3—卡线器；4—导线；5—锚线绳；6—钢丝绳套；7—液压机具；8—压接平台；9—手扳葫芦

（2）耐张绝缘子串的悬挂。

1）耐张绝缘子串在地面与导线连接后一起悬挂，简称地面组装挂线，如图6–6–9所示。

2）高空对接挂线又称空中对接法挂线，如图6–6–10所示，先将耐张绝缘子串1（不带耐张线夹）吊挂在挂线孔上，用两根绞磨钢绳2分别将其始端固定在二联板3的施工孔上，在子导线离耐张线夹管口约0.8m处安装卡线器4，在卡线器上安装3t起重滑车5，在横担处安装挂线滑车6，钢绳引至绞磨，收紧后耐张串从垂直状态向水平方向变化，最后作业人员出线至耐张线夹处，将耐张线夹安装至扇形调整板的中间孔位上。

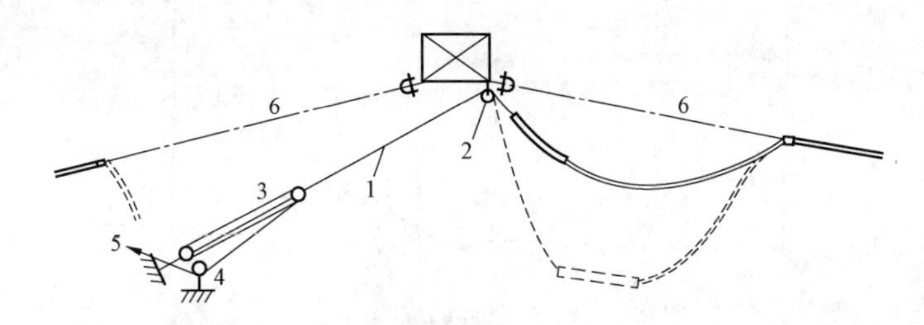

图 6–6–9　地面组装法挂线示意图

1—牵引绳；2—固定滑车；3—牵引滑车组；4—转向滑车；5—牵引设备；6—空中临锚

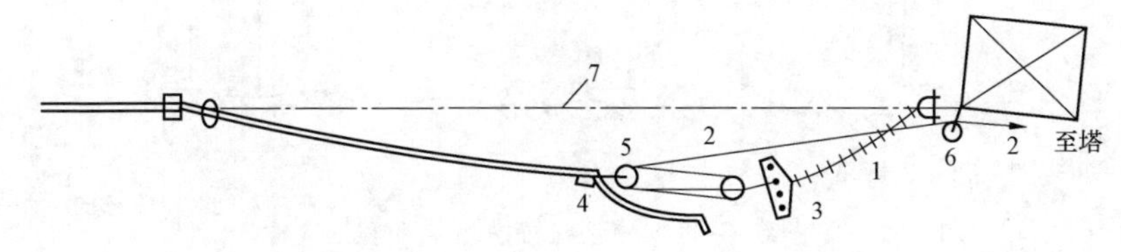

图 6–6–10　高空对接挂线（塔内挂线）示意图（省略另一子导线）

1—绝缘子串；2—绞磨钢绳；3—二联板；4—卡线器；5—起重滑车；6—挂线滑车；7—临锚绳

（3） 延长线牵引或塔内牵引挂线。挂线的绞磨设置在紧线段的延长线方向的地面称为延长线牵引挂线，如图 6–6–9 所示。如将牵引钢绳从挂线点引至塔身后再引至塔内地面称为塔内牵引挂线，如图 6–6–10 所示。

（六）牵张场导地线对接升空

牵张场导地线对接升空亦称直线松锚升空。根据松锚方法的不同，升空作业可分为分别松锚法和同时松锚法两种。下面仅介绍分别松锚法。

分别松锚法的现场布置如图 6–6–11 所示，但未画出绞磨牵引设备，其操作步骤如下。

（1） 安装绞磨于已紧线段地面临锚地锚上，磨绳通过放线段临锚地锚处的底滑车与卡线器的下侧新安的卡线器连接。

（2） 收紧磨绳，拆除放线段地面临锚系统 1。

（3） 在 1、3 地面临锚地锚上安装压线白棕绳 5 和转向滑车 6，并用人力拉紧绳尾，如导线上升时将线压住。

（4） 回松磨绳，将张牵场内的余线松至待紧线段内。如余线过多，待紧线段内的线对地距离小于 5m 时，紧线场应进行收线。

（5） 当磨绳不受力时，拆除磨绳卡线器。

（6） 当已紧线段的地面临锚系统不受力时，亦进行拆除。

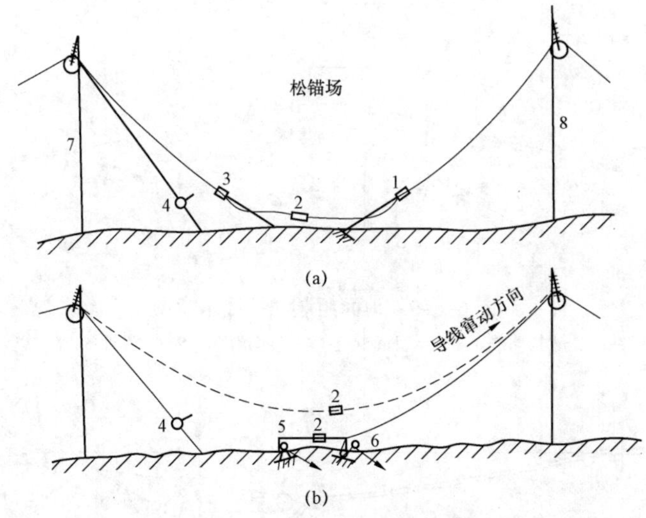

图 6-6-11 分别松锚法现场布置图

（a）松锚前；（b）松锚过程和松锚后

1—放线段临锚；2—压接管；3—已紧线段临锚；4—过轮临锚；5—压线白棕绳；6—转向滑车；7—已紧线段；8—待紧线段

（7）回松压线白棕绳，使导线慢慢升空，至白棕绳不受力时予以拆除。

（8）当升空场的地势较低，而两侧导地线悬挂点较高时，线升空的向上力必然较大，升空时有可能外层铝股产生变形或升空发生困难。此时可用如图 6-6-12 的方法进行升空作业。

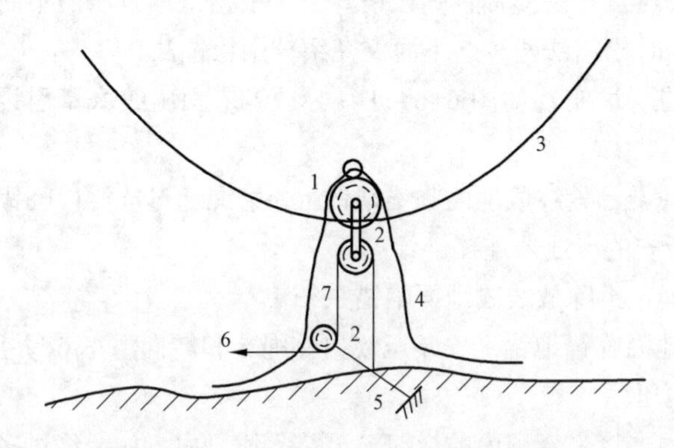

图 6-6-12 用压线滑车升空示意图

1—开口压线滑车；2—单轮起重滑车；3—导地线；4—ϕ13 白棕绳；5—地锚；6—制动设备；7—钢绳

用开口压线滑车 1 压线，在该滑车下端挂单轮起重滑车 2 和钢绳 7，钢绳始端固定于地锚 5，另一端经地滑车至制动设备 6，在开口压线滑车的顶端圆环孔上绑扎ϕ13

白棕绳。当线升空后拉住白棕绳两端，当非缺口端的拉力大于缺口端的拉力时，则开口压线滑车脱离导地线，在白棕绳的控制下慢慢将其降落至地面。

（9）两边相导线升空时，为防止压线需先升边线，后升内侧线。

（10）压接接续管时应注意以下几点。

1）不接错线号。

2）线不绞接。

3）两端卡线器至线端头的线应无缺陷，并用砂纸磨光导线表面的毛刺。

（七）质量标准

（1）紧线弧垂在挂线后应立即在该观测档检查，其允许偏差为：110kV 线路为+5%，–2.5%；220kV 及以上线路为±2.5%。跨越通航河流的大跨越档其弧垂允许偏差不应大于±2.5%，其正偏差值不应超过 1m。

（2）导线或避雷线各相间的弧垂应力求一致，当满足上条的弧垂允许偏差标准时，各相间弧垂的相对偏差最大值不应超过：一般情况下 110kV 线路为 200mm；220kV 及以上线路为 300mm。跨越通航河流大跨越档的相间弧垂最大允许偏差为500mm。

（3）相分裂导线同相子导线的弧垂应力求一致，在满足（1）中弧垂允许偏差标准时，其相对偏差应符合不安装间隔棒的垂直双分裂导线，同相子导线间的弧垂允许偏差为 0～+100mm 的要求；安装间隔棒的其他形式分裂导线同相子导线的弧垂允许偏差应符合：220kV 线路为 80mm；330～500kV 线路为 50mm。

五、注意事项

（1）观测档宜选择档距较大、悬挂点高差较小的线档作为观测档；尽量避免选择邻近转角塔的线档作为观测档。

（2）弧垂观测优先选用平行四边形法，当遇到大档距使用此方法不能观测到弧垂时，使用角度法。

（3）同相子导线应基本同时收紧或同时放松。

（4）滑车悬挂高度对弧垂的影响在弧垂调整中消除。

（5）高空作业人员的安全带应挂在横担主材上，不应挂在临锚线或手扳葫芦上。

【思考与练习】

1. 弧垂观测档选择的原则是什么？
2. 常用的弧垂观测的方法有哪几种？简述平行四边形法观测弧垂的操作方法。
3. 请写出耐张塔平衡挂线高空临锚和断线的操作步骤。
4. 请写出导线对接升空分别松锚法操作的步骤。
5. 紧线弧垂的允许偏差是如何规定的？

模块7 附件安装（Z04F3007Ⅲ）

【模块描述】本模块包含直线杆塔附件安装，间隔棒、阻尼线、跳线安装。通过内容介绍、操作方法讲解，熟练进行线路附件安装。

【正文】

一、工作内容

附件安装是架线施工的最后一道工序，紧线后导线已达设计张力，各子导线在放线滑车中的间距较小，档距中的导线容易产生鞭击，因此应尽快完成附件安装。附件安装的主要工作内容如下。

（1）直线塔附件安装。用倒链及提线器将导线提起，将导线从放线滑车中移出，将导线通过悬垂线夹、联板等与悬垂绝缘子相连。有防振锤的按照设计距离要求安装防振锤。

（2）间隔棒安装。按照设计的次档距，采用飞车或人力走线的方式，由档距的一端向另一端逐个安装间隔棒。

（3）阻尼线安装。阻尼线一般安装在大跨越的两端杆塔上，阻尼线安装前，应先安装预绞丝护线条，按设计规定在架空线上丈量固定卡位置并划印，然后将阻尼线中点与线夹中心对应，沿架空线留出要求弧垂后用固定卡固定，按“花边”再装释放形阻尼线夹，悬挂于线夹两侧的架空线上。

（4）跳线安装。将导线按照设计或实际模拟的跳线长度截割后，进行引流板压接，分项安装跳线，跳线的安装质量直接影响带电体与塔身的电气距离和架线的工艺水平，对导线的选用和制作工艺要特别注意。

二、作业前准备工作

（1）附件安装前，对绝缘子和金具的质量进行全面检查。

（2）对导地线作全面检查，将导地线上的所有遗留问题处理完毕。

1）打磨光导线上未处理的局部轻微磨伤，并特别注意线夹两侧及锚线点。

2）安装补修管。

3）拆除直线压接管保护套。

4）拆除导各种线上的各种标志物、保护物及其他异物。

（3）每一个附件安装工作点，均应在正式作业开始前设置好工作接地。工作接地可使用面积不小于16mm²的个人保安线（铜编线）。

（4）绝缘子串、导线及避雷线上各种金具上的螺栓、穿钉及弹簧销子除有固定的穿向外，均应符合《施工及验收规范》或设计要求。

（5）紧线后如因特殊原因不能及时进行附件安装，应采取下列临时防震措施。

1）放松架空线锚线张力。

2）在放线滑车处的架空线上临时装上护线条。

3）临时加装防振锤、阻尼线。

（6）附件安装前，对弧垂再次目测检查，如发现弧垂超差，要进行调整。

（7）人力资源配置。根据附件安装的具体工作项目，提前选派好合适的工作人员。尤其是针对该工序高空作业较多的实际，要选配好技术熟练的高空作业人员。

（8）工器具配置。根据附件安装的具体工作项目，提前列出工器具清单并由使用者亲自进行检查。

三、危险点分析和控制措施

（1）防止感应电伤人。附件安装时，由于导地线已架空一段时间，作业线路与带电线路交叉或平行接近时，可能产生较高的感应电压，附件安装前，应先挂设接地线或个人保安线，消除感应电压，而后再进行附件安装。

（2）防止导地线脱落。直线塔附件安装，在吊起导地线前，应先用钢丝绳索将导地线揽起，做好后备保护，防止因起吊工具失效而导致导地线脱落。

（3）作业工具和安全用具在每次使用前，都应由使用者亲自进行检查。高空作业的安全带必须挂在横担的主材上。走线或飞车作业的安全带应绑在导线上，禁止绑在飞车上。

（4）相邻塔不准同时在同一相导线上进行起吊导线、拆除放线滑车的工作。

（5）如使用飞车安装间隔棒，使用前应检查各部件连接是否牢固，刹车装置是否良好，导线的张力应进行计算，其安全系数不得小于 2.5。飞车越过电力线路，一律视为从带电体上飞越，必须保证对带电体的安全距离，飞越时应有专人监护。

四、作业步骤和质量标准

1. 直线塔附件安装

（1）悬垂线夹的安装位置不作调整时为紧线后的画印点，如需作调整，应先按位移印值移位确定线夹安装位置中心，然后由中心算起前后侧画半线夹长度加 10mm，以便缠绕铝包带或安装线夹作为标准。

（2）相邻塔不准同时在同一相导线上进行起吊导线、拆除放线滑车的工作。

（3）吊装导线的吊钩，应使用承托两较大且两端有较大圆弧的吊钩，吊钩沿线长方向的承托宽度不得小于导线直径的 2.5 倍，接触导线部分应衬胶，防止导线挤压受伤和内部压伤。

（4）吊具应固定在施工孔上，如无施工孔则必须经验算，确认安全后才可采用。

（5）直线转角塔起吊导线，当吊具开始受力后，应用白棕绳将悬垂绝缘子串拢绑在吊具上，防止当导线全部吊离放线滑车时，因其自重作用而离开安装位置。

（6）直线转角塔中相采用V形串时，如图6–7–1所示，前后侧应各用两套吊具，一套固定在横担上以承受垂直荷重；另一套固定在上曲臂以承受导线的向内力。

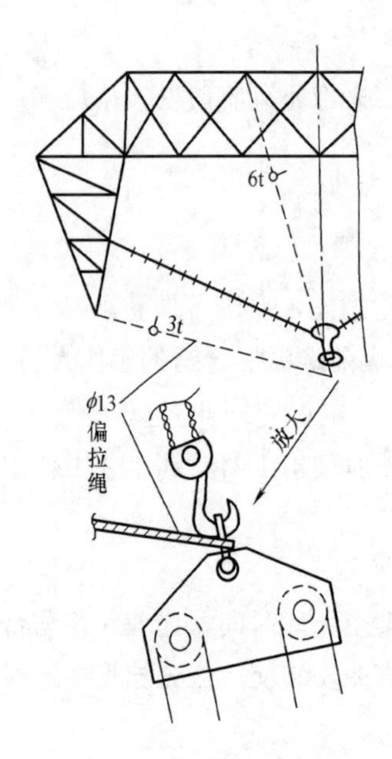

图6–7–1 直线转角塔中相V形串起吊图

（7）因四线提线器上1线与4线的距离大于五轮放线滑车第一轮槽与第五轮槽的距离，为防止导线吊离滑车后与滑车侧板相碰而损伤，在起吊前，应用小棕绳将四根子导线绑扎起来。

（8）导线提离滑车槽后分别套入长0.8m的开口胶管进行保护。

（9）用起吊设备吊起五轮滑车横担的闭开侧，当滑车横梁开口侧的插销活动后即行拔除。此时应扶住滑车以减少其摇摆而碰伤导线，将滑车脱离导线后放至地面。

（10）将水平的四根导线移位成上两下两的方形布置时，为使上两根的导线有较大的间距，以便套入四联板安装线夹，习惯的做法是：作业人员脚踩2号线手提1号线和脚踩3号线手提4号线，就可将四线变成四方形排列。

（11）拆去开口胶管，按画印点缠铝包带或预绞丝护线条，安装线夹并固定在四联板上，注意将横线路穿向的螺栓均由线的外侧穿入。回松手扳葫芦的过程要检查与拨正绝缘子串的碗口朝向。拆除吊具后安装均压环和防振锤。

（12）均压环由两个半圆或半椭圆形管组成，安装前在地面将其拆开，拆开进行试组装，其对接应当方便容易，两端管口如有错位造成不易安装时应进行校正，或与另一组对换，直至合适后才吊至塔上正式安装。

（13）防振锤的安装，首先要准确测量安装尺寸，其偏差应小于30mm，画印后对导线缠绕铝包带。安装时注意螺栓穿入方向，对四分裂导线的线路，要求螺栓从线的外侧向线内侧穿，其埋头螺母要用套筒扳手或梅花扳手拧紧，防止由于螺栓不紧导致防振锤在运行中窜动。防振锤安装后从顺线路观察应与线的垂直方向重合，即不能上翻；从横线路观察，两端重锤应与线平行，不可下垂或上翘。

2. 间隔棒安装

档距中间隔棒与间隔棒之间的距离叫次档距，其允许安装距离偏差为±3%；杆塔中心桩与第一个间隔棒之间的距离称端次档距，其允许安装距离偏差为±1.5%；间隔棒安装位置还应考虑与接续管或补修管的距离不宜小于 0.5m。

（1） 复测子导线间的弧垂，其误差应在 50mm 以内。

（2） 如采用飞车，使用前应检查各部件必须牢固，刹车装置良好，导线的张力应进行验算，其安全系数不得小于 2.5。作业人员登杆塔后，在飞车套入的导线上安装开口胶管，以防刮伤导线，作业人员上飞车后系好安全带才可行走。

（3） 间隔棒的安装位置可用下述方法测量。

1）飞车上的计数器。

2）导线长度测量车。

3）档内地势平坦时，可在地面进行丈量。

4）如地形复杂，且有河流等情况时，可采用中相与边相作业人员在线上进行测量的方法，相间高空丈量示意图如图 6–7–2 所示。

丈量尺寸 S 的计算公式为

$$S=\sqrt{L_1^2+X^2+Y^2} \tag{6-7-1}$$

式中 L_1 ——设计提供的次档距值，m；

X ——三角形排列时，边相与中相的垂直高度差，m；

Y ——中相与边相的相间距离，由塔图中查得，m。

当档距两端相间距离不等时，如图 6–7–3 所示，X 值用式（6–7–2）求得

$$X=X_1+(X_2-X_1)\frac{l_1}{l} \tag{6-7-2}$$

式中 X_1 ——中相与边相小相间距，m；

X_2 ——中相与边相大相间距，m；

l_1 ——间隔棒安装档档距，m；

l ——从小相间距侧算起的档距距离，m。

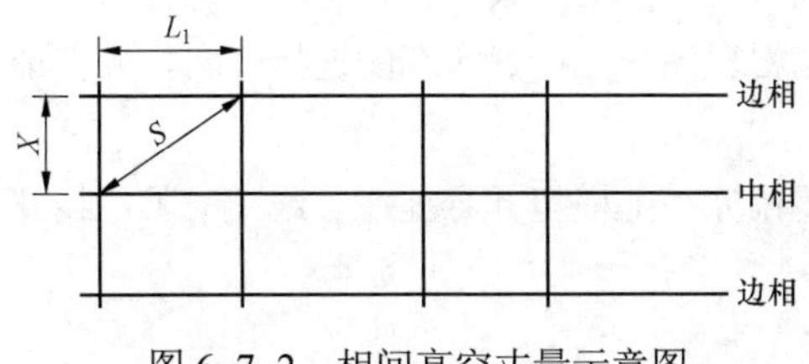

图 6–7–2 相间高空丈量示意图

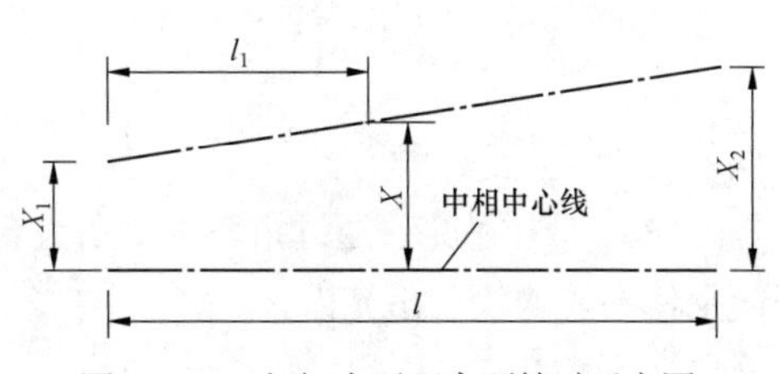

图 6–7–3 相间水平距离不等时示意图

（4）地面作业人员站在线路的外侧，指挥两边相的线上作业人员找准安装位置，使三相间隔棒与线路垂直，避免有前有后不整齐。

（5）间隔棒的上、下朝向应正确，如 JZX 4–45400 间隔棒，其握手的固定端应在上侧，活动端应在下侧。

（6）间隔棒的结构面应与导线垂直。双阻尼间隔棒用专用卡器夹握紧手后应安装销钉。

（7）间隔棒不得缺少零部件，螺栓和穿钉方向必须符合 GB 50233《110kV～500kV 架空送电线路施工及验收规范》或设计要求。

（8）间隔棒安装人员在行走中应检查导线质量，如有毛刺等缺陷应用砂纸磨光或做相应处理。

（9）飞车通过接续管或补修管前应减速，下坡时应慢速行驶，以防发生意外。

（10）拆除飞车前应在线上套入开口胶管，严防刮伤导线。

（11）当采用人力走线方式时，作业人员手扶两根上线，脚踩一根子导线稳步前行，防止晃动过大或翻扭。

3. 阻尼线安装

（1）阻尼线安装吊笼的加工。阻尼线安装需两名操作人员进行，因此必须有专门的操作平台，此操作平台可制成吊笼的形式，吊笼上配置两个铝滑轮，使吊笼能在导线上滑动，阻尼线安装示意图如图 6–7–4 所示。吊笼通过钢丝绳进行控制。

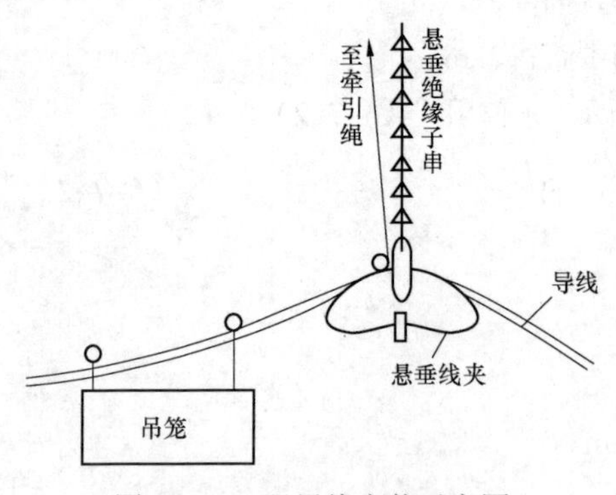

图 6–7–4 阻尼线安装示意图

（2）阻尼线的准备。阻尼线是采用与导线、地线同规格的材料。为了使安装后的阻尼线比较顺直和垂直导地线，因此导地线的阻尼线不能用紧线后的导地线，一定要用原盘剪下的导地线作为阻尼线。阻尼线的长度，可根据图纸要求的安装尺寸及弧垂值计算每根阻尼线的长度并做好记号。阻尼线的切割宜采用切割机（或手锯）进行。每根阻尼线应根据图纸压接好两端的连接金具，并在地面拉直松劲盘好。

（3）悬挂吊笼。通过塔下的牵引设备将吊笼吊上横担并悬挂在导线上（阻尼线及阻尼线夹等均放在吊笼内）。

（4）阻尼线的安装。安装时按照图纸要求的安装尺寸，先由滚轮线夹挡板处开始向外用钢尺量尺寸，并画好清晰的印记，然后由外向线夹处安装。安装时先在画印处装上预绞丝护线条，再装释放型阻尼线夹，并在阻尼线夹上连接好阻尼线和按图纸位置安装上释放型防振锤，最后将阻尼线接在滚轮线夹挡板处。

（5）阻尼线的安装应与导地线垂直，阻尼线的弧垂及安装尺寸应满足图纸要求。

（6）施工时不得用脚踩释放型阻尼线夹及释放型防振锤，以防误动作引起人身事故。

（7）为加快阻尼线的安装速度，宜用两个吊笼在直线塔的两侧同时进行安装。

（8）耐张塔的阻尼线及防振锤的安装可在挂线前进行。

4. 跳线安装

（1）用接近导地线直径的旧棕绳实测所需跳线之长度，或者直接使用设计提供的跳线长度。在导线测量时，作业人员应走横担而不可在耐张串上走。

（2）将测得的跳线长度与设计提供的长度进行比较，并加 0.5～1.0m 的裕度后截取跳线长度。

（3）用作跳线的导线，尤其是 500kV 线路的跳线必须是未经展放的导线。跳线从线盘中取出至吊到塔上安装，不应使其产生永久变形。

（4）引流管压接，应注意引流连板的方向正对耐张管上的连接抛光面，如图 6–7–5 所示。如引流板方向不对，则跳线安装后便会产生歪扭。

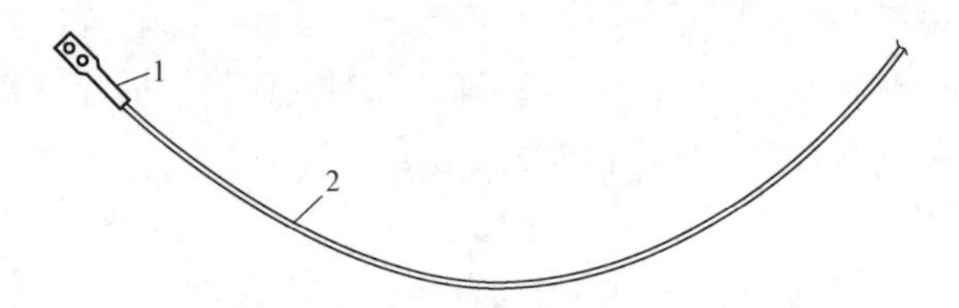

图 6–7–5　对挤压成型的耐张线夹引流管与跳线方向图

1—引流管；2—跳线

（5）四根跳线的引流管均压好后，分别用铝股与吊装的白棕绳连接。两边相分别在耐张线夹附近挂单轮滑车将跳线吊起。中相跳线需用三根白棕绳进行起吊。引流板安装前要用钢刷刷其接触面并涂刷电力脂。

（6）在跳线串上悬挂挂梯，操作人员在挂梯上将跳线装入线夹内。

（7）分别测量各跳线的弧垂值和跳线串的倾斜角，此时由于跳线未装重锤，所测得的倾斜角会小些，跳线弧垂亦会大些。

（8）中相的间隔棒当垂直式的挂梯不能达到安装点时，可将挂梯改成走廊式安装在跳线的下方，一端固定在耐张线夹附近，另一端固定在跳线串下方。

（9）跳线间隔棒的平面一定要与跳线垂直。跳线线夹的连板，尤其是中相的跳线线夹连板，一定要在跳线的分角线上。

（10）双孔式的TJ–12400或TJ–12300跳线间隔棒。当跳线与拉棒间的距离过小或太大时均无法使用。如距离过小可在跳线上缠绕铝包带再套上开口胶管后用铝股将两者绑扎在一起而不发生摩擦。如距离过大，但又不会与其他部位摩擦时，则不作处理。

五、注意事项

（1）紧线完毕后，应尽快进行附件安装。避免导线在滑车中因风震和在档距中相互鞭击而受损。

（2）垂直档距较小时，可用一套吊具，垂直档距较大时可用两套吊具，分别固定在横担的前后侧，使横担不会扭转。

（3）附件安装的质量直接影响线路投运后的安全稳定运行，施工时的质量问题就是投运以后的安全问题，要高度重视施工质量和工艺美观度。

（4）安装后的跳线应呈悬链自然下垂，不得扭曲和出现金钩，其对杆塔及拉线、金具等的电气间隙以及跳线的弧垂要符合设计规定。

（5）悬垂线夹安装后，绝缘子串应垂直地平面。个别情况其顺线路方向的位移不应超过5°，且最大偏移值不应超过200mm，连续上下山坡处杆塔上悬垂线夹的安装距离应符合设计规定。

（6）如悬垂串使用合成绝缘子，要特别注意对其保护，拆开包装后，要放在帆布上面。严禁施工人员作为梯子攀爬合成绝缘子。

【思考与练习】

1. 直线塔附件安装对吊装导线的吊钩有什么技术要求？
2. 间隔棒安装的距离误差是如何规定的？
3. 阻尼线安装有哪些注意事项？
4. 四分裂导线跳线的安装应注意哪些关键环节？

◢ 模块8 光纤电缆的架设（Z04F3008Ⅲ）

【模块描述】本模块包含复合光缆架空地线（OPGW）及缠绕光纤电缆（GWWOP）的架设。通过内容介绍、图形示例、操作流程介绍，能够进行光纤电缆架设。

【正文】

一、工作内容

光纤通信与电缆或微波等通信方式相比，具有传输频带宽、通信容量大、传输距离远、抗电磁干扰性强等特点。因此，在输电线路架设施工中同时敷设电力通信光缆已是不可缺少的重要分部工程。电力通信光缆可以分为复合光缆架空地线 OPGW、全介质自承式光缆 ADSS、缠绕光纤电缆 GWWOP 三种。ADSS 是架设在已建线路上，只作通信用而没有避雷线的功能。GWWOP 是将光缆缠绕在原有避雷线上，可在已建的架空避雷线上使用。由于 OPGW 具有普通避雷线和通信光缆的双重功能，实现防雷、通信的双重效果，并且承受拉力大，对风、水、雷击等气候有较好的耐受能力，架设施工也较方便，所以目前新建的架空高压输电线路上多架设复合光缆架空地线 OPGW。本模块对 GWWOP 只在工作内容部分作简单介绍，主要以 OPGW 为例介绍光纤电缆的架设。

1. 缠绕光纤电缆 GWWOP

（1） GWWOP 结构。GWWOP 的缠绕方向与避雷线外层线股捻制方向一致，如图 6–8–1（a）所示。缠绕光纤电缆结构，如图 6–8–1（b）所示。

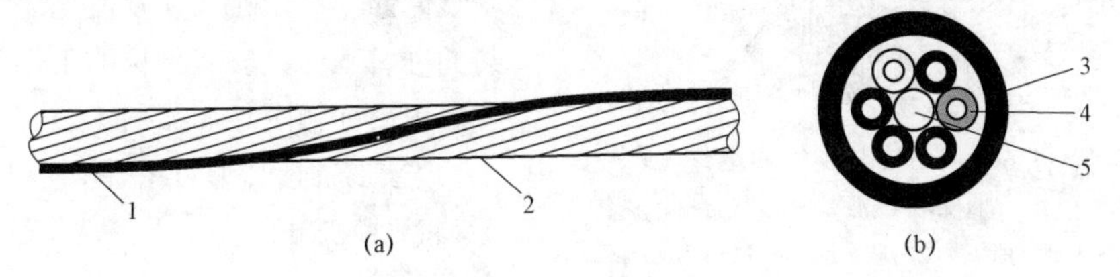

图 6–8–1　避雷线上缠绕的光缆及光缆的结构

（a）缠绕方向；（b）结构图

1—光纤电缆；2—地线；3—碳氧（氟碳乙烯）树脂；4—氟化物树脂光纤；5—玻璃钢（FRP）加强芯

（2） GWWOP 的牵引机和缠绕机。GWWOP 的缠绕作业是通过安装于架空避雷线上的光缆缠绕机来完成的，而光缆缠绕机的缠绕作业则是通过安装于架空避雷线上的牵引机的牵引来进行的。

牵引机作业如图 6–8–2 所示，重约 45kg，总长 740mm，当悬垂坡度为 30° 时牵引力可达 1kN，进行速度 0～25m/min。

光缆缠绕机如图 6–8–3 所示，重约 58kg，外形尺寸为长 750mm、宽 500mm，最大转动半径 680mm，机旁安装的光缆线轴尺寸为外径 700mm、内径 300mm、宽度 200mm，可绕光缆长度 3500m。

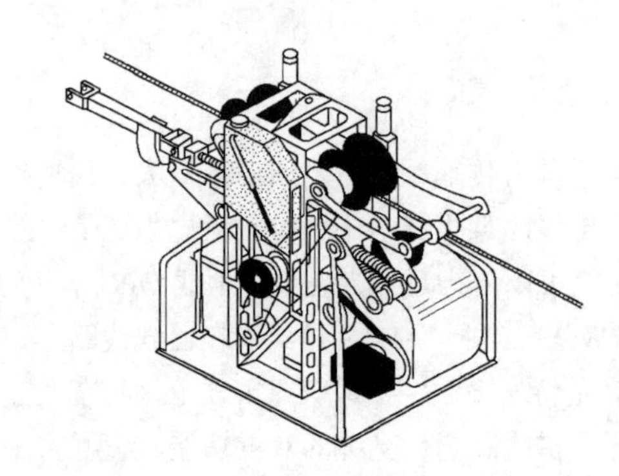

图 6–8–2 牵引机作业

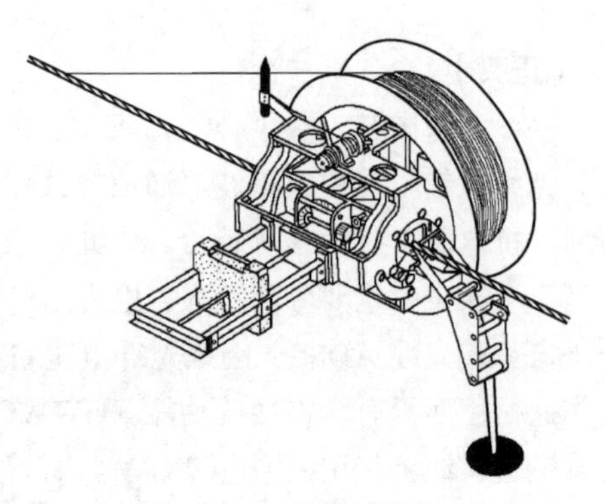

图 6–8–3 光缆缠绕机

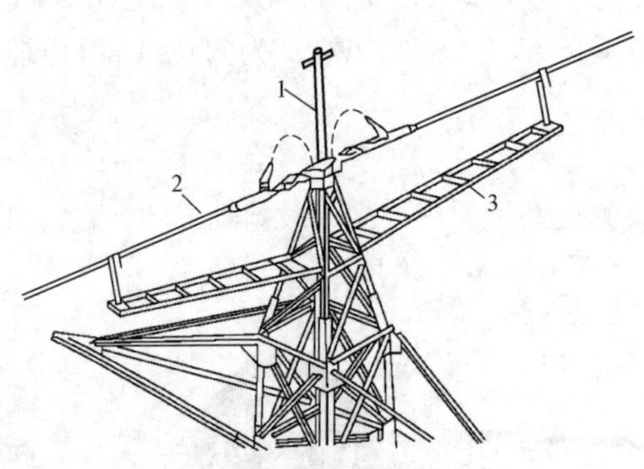

图 6–8–4 安装到位的工作小梯和过渡用吊杆

1—过渡用吊杆；2—架空地线；3—工作小梯

（3）缠绕作业和附件安装。缠绕工作由线路的一端开始。将牵引机、缠绕机安至避雷线上开始缠绕后，分三个过渡小组，分别在第二、第三、第四基杆塔上安装“过渡吊杆”和“工作小梯”，拆除防振锤，按金具组装图在避雷线上画出金具安装位置，做好机具过渡及光缆附件安装的准备工作，安装到位的工作小梯和过渡用吊杆如图 6–8–4 所示。

当缠绕到第二基杆塔时慢慢将机具停下，将光缆松出 5～7m，取下光缆轴并将其牢固地固定在塔身不妨碍作业的地方，然后用过渡吊杆分别将牵引机和缠绕机吊过杆塔，通过一个直通塔如图 6–8–5 所示。

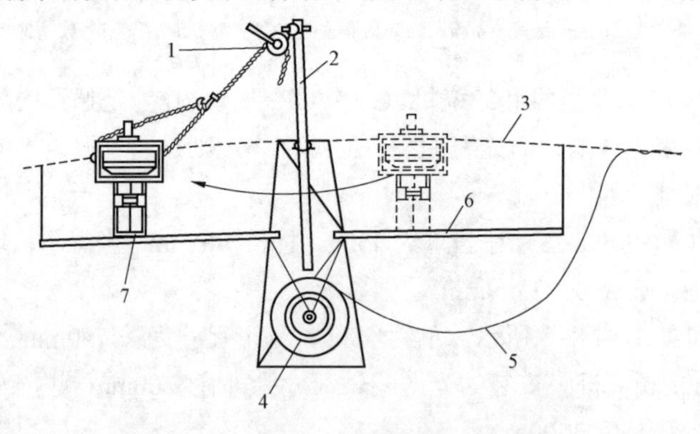

图 6–8–5 通过一个直通塔（跨接塔）

1—杠杆式滑轮；2—过渡用吊杆；3—架空地线；4—光缆线轴；5—光缆；6—工作小梯；7—缠绕机

缠绕机移过杆塔后便可安装后侧的附件及杆塔跳线，检查缠绕机处于正常状态后用卡线器在前侧。

将光缆临时锚固便可开机继续缠绕。当缠绕机离开杆塔约 30m，即可安装前侧的附件。跨接线后杆塔两侧附近安装也完毕后的光缆安装示意如图 6–8–6 所示。

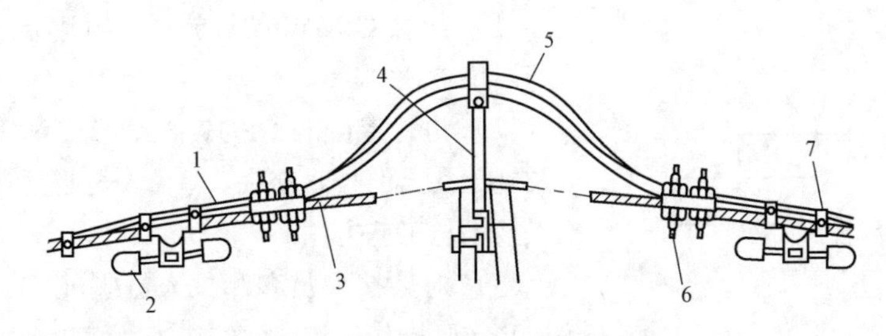

图 6–8–6 跨接线的光缆安装示意

1—保护管；2—缓冲器；3—架空地线；4—跨接线夹；5—用钢线加强的保护管；6—终端线夹；7—固定线夹

光缆的接头都在杆塔处用专用仪器制作。首先将前后侧的接头引入杆塔身，如图 6–8–7 所示，分段固定后穿入专用箱，将多余的光缆切除后，缆头插入专用接续仪器进行自动接通，接头处卷入杆塔中适当高度的专用箱内。线路两端的光缆则引至地面，与地沟光缆相接后进入机房。

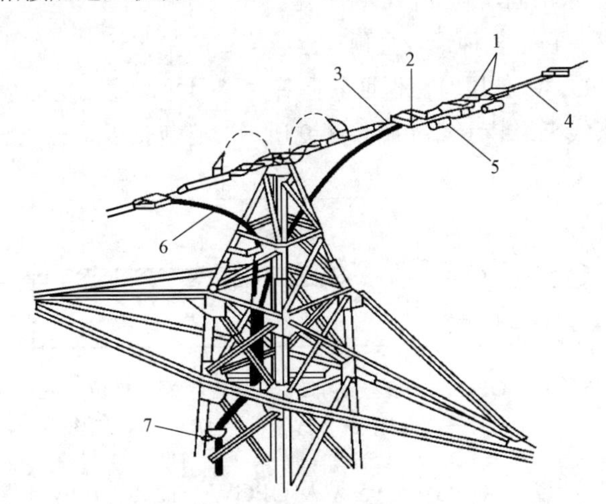

图 6–8–7 终端安装示意

1—固定线夹；2—终端线夹；3—架空地线；4—保护管；5—缓冲器；6—用钢线加强的保护管；7—保护管支撑线夹

2. 复合光缆架空地线 OPGW

OPGW 架设工艺流程如图 6–8–8 所示。

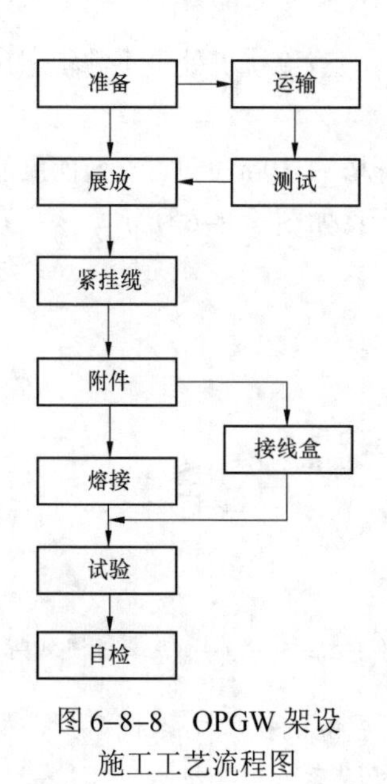

图 6-8-8 OPGW 架设施工工艺流程图

二、作业前准备工作

1. 施工人员准备

除应遵照线路本体张力架线施工对人员的要求之外，还应特别作好如下准备。

（1）结合 OPGW 架设施工，组建专门的劳动组织和岗位责任制。

（2）进行专门的 OPGW 架设施工和确保施工质量及施工安全的技术交底，有关人员必须真正掌握其施工技术与工艺方法。

（3）对熔接人员和测试人员应进行专门的技术培训和实际操作训练，并经考试、试验合格和领导批准者，才能上岗。

2. 工程材料准备

OPGW 金具除部分采用国产的普通连接金具如直角挂板、U 形环等外，其他多为进口配套金具，如预绞丝耐张线夹、悬垂线夹、防振锤、并沟线夹及接线盒等。在验收检查时应注意，由于 OPGW 供货厂家不同，其提供的配套金具也有所不同。

（1）耐张线夹。它是一种铝合金预绞丝缠绕式的耐张线夹，绞线内侧有一层金刚砂，当绞线缠在 OPGW 外层时可保证其握着力，因此该线夹也称金刚砂耐张线夹。OPGW—95 型耐张线夹组装示意如图 6-8-9 所示。它包括以下三个部分。

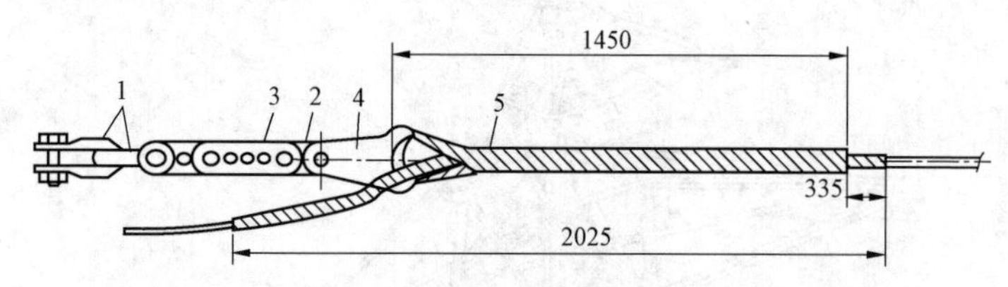

图 6-8-9 OPGW—95 型耐张线夹组装示意（单位：mm）

1—U 形环；2—单联板；3—调节板；4—拉环；5—耐张线夹

1）外层铝合金预绞丝。OPGW—95 型及 OPGW—124 型分别由两倍 8 股 ϕ3.75mm 及两倍 7 股 ϕ4.68mm 的铝合金绞丝构成，内侧贴金刚砂。

2）内层铝合金预绞丝即护线条。OPGW—95 型及 OPGW—124 型分别由 14 股 ϕ2.88mm（长 2025mm）及 15 股 ϕ3.39mm（长 2450mm）的铝合金绞丝构成，内外侧均贴金刚砂。

3）外层铝合金预绞丝的挂线端套入特制拉环。拉环由铸钢制造，将铝绞丝耐张线夹与耐张挂线金具相连接。

这种线夹在施工时不用任何特殊工具，质量轻、省料、握着力大。安装时先装护线条，再装线夹。护线条能保证 OPGW 受到均匀的机械压力，使铝管等单元不会发生明显变形。

（2）预绞丝悬垂线夹。它的结构和组装方式如图 6–8–10 所示。预绞丝悬垂线夹由以下四个部分组成。

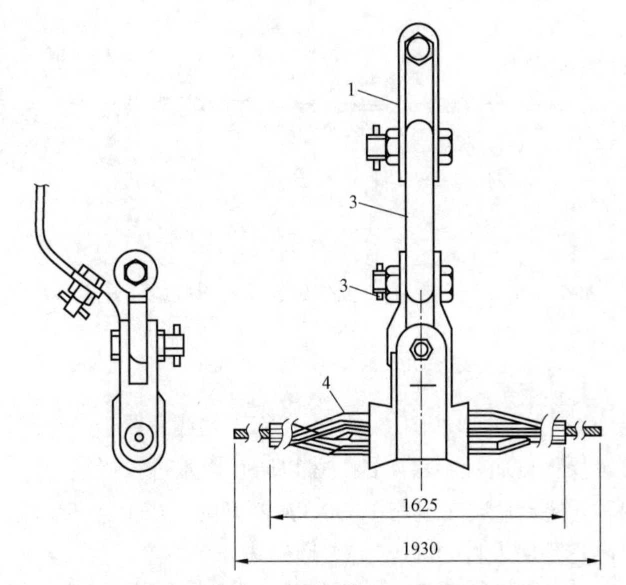

图 6–8–10　OPGW—95 型直线悬垂金具组装图（单位：mm）

1—直角挂板；2—延长环；3—U 形环；4—悬垂线夹

1）船体形的钢夹。装于线夹最外侧，与悬挂金具相连接。

2）外层预绞护线条。OPGW—95 型为 11 根ϕ6.12mm 护线条组成，它能增加线夹刚度和保护 OPGW 不会损伤。

3）圆筒形衬垫。由两个半圆形的胶套组合而成，置于内外层护线条之间，长度约 30cm。它能有效地减轻局部弯曲对铝管及光纤的影响，以及由于微风振动、舞动带来的损害。

4）内层预绞丝护线条。OPGW—95 型为 10 根ϕ4mm 护线条组成，紧贴 OPGW 缠绕。

（3）防振锤。防振锤为多频音叉式，其锤头较短，防锈措施用镀锌，对夹板的紧固要求严格，需用扭力扳手检验安装效果。OPGW—95 型防振锤安装示意如图 6–8–11 所示。

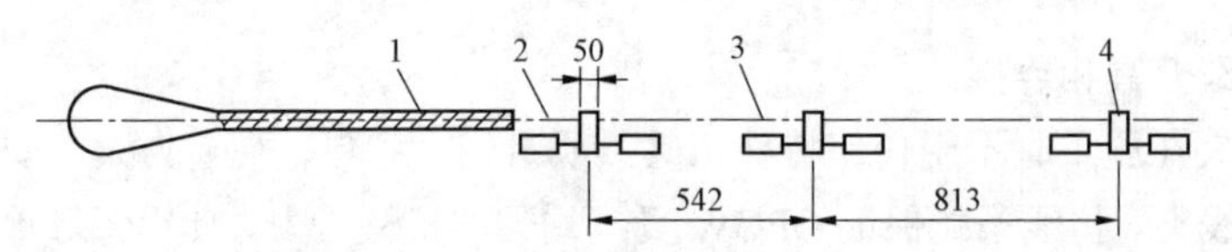

图 6–8–11 OPGW—95 型防振锤安装示意（单位：mm）

1—耐张线夹 FODEA；2—线夹护线条；3—OPGW—651FT12；4—防振锤 SBVD

（4）并沟线夹及固定线夹。并沟线夹、固定线夹及专用接地线的安装示意如图 6–8–12 所示。

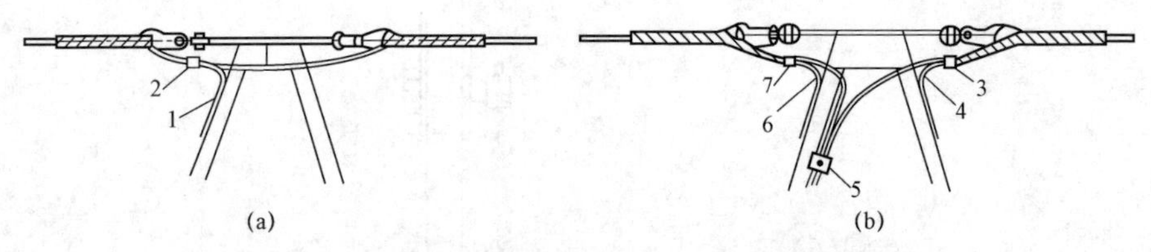

图 6–8–12 并沟线夹、固定线夹及专用接地线安装示意

（a）OPGW 耐张不断开；（b）OPGW 耐张断开

1、4、6—接地专用线；2、3、7—并沟线夹；5—固定线夹

（5）接线盒。接线盒外形如图 6–8–13 所示，接线盒置于一个圆筒形罩内，不仅质量轻，易于接续操作，而且不易腐蚀，可以防止雨水进入接线盒内。接线盒分为接续盒和终端盒两种。接续盒装在线路中 OPGW 断开的杆塔上。终端盒一般装在变电所进出线门型架上，它是用来将 OPGW 与普通光缆连接后置于盒内。

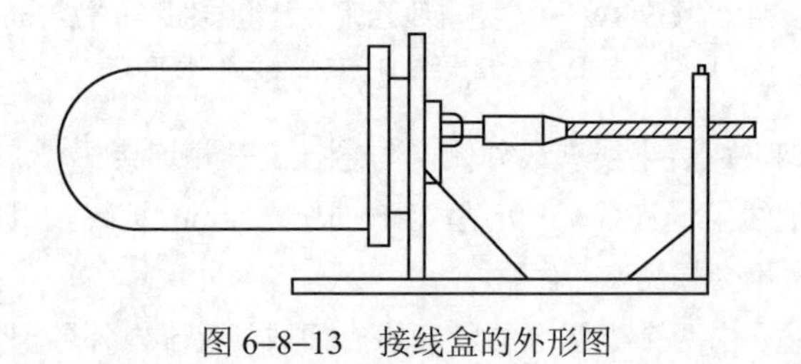

图 6–8–13 接线盒的外形图

3. 施工机具准备

OPGW 架设施工所用的工器具分为两部分，一部分是 OPGW 专用工器具，一般在订货时由 OPGW 制造厂家提供，另一部分是普通工器具。但无论是厂家提供还是施工单位自筹的工器具均应对其型号、规格、性能和质量等进行认真检查及试验，合格的才能发至现场使用。常用 OPGW 专用工器具见表 6–8–1。

表 6-8-1 OPGW 专用工器具表

序号	名称	规格	单位	数量
1	紧线器	OPGW 专用	个	10
2	放线滑车	轮径不小于 600mm（尼龙）	个	70
3	防扭鞭	OPGW 专用	条	6
4	旋转连接器	OPGW 专用（30kN）	个	4
5	网套连接器	2m 长，OPGW 专用	个	4
6	扭力扳手	OPGW 专用	个	10
7	熔接设备	OPGW 专用	套	1
8	测试设备	OPGW 专用	套	1

三、危险点分析和控制措施

（1）对于 OPGW 装卸均应采用起重机械，轻吊轻放，对露出缆盘的 OPGW 在吊装时垫设方木，防止钢丝绳压伤 OPGW，运输时将光缆加以固定，坚决杜绝侧面放置。

（2）OPGW 必须经单盘测试后方准使用。

（3）OPGW 在展放时，应当天由材料站运到现场，当天展放，当天将线紧好，严禁在现场存放缆盘。

（4）OPGW 紧线完毕应立即安装防振锤，OPGW 在滑轮上停留时间最多不得超过 48h。

（5）OPGW 在施工过程中必要的弯曲必须严格遵循供货厂家提供的最小弯曲半径要求。一般安装时 OPGW 最小弯曲半径为 500mm，并不得与架好的导线、避雷线交叉摩擦。

（6）在放线过程中，所使用的网套连接器必须与 OPGW 固定牢固，不得跑线与滑移。

（7）OPGW 展放必须经过小张力机进行张力放线，不能直接从缆盘上牵引。

（8）架线人员在展放过程中，必须派专人看护防扭鞭，并随时报告通过滑车情况。沿线跨越的监护人员应随时注意 OPGW 展放牵引情况，发现问题及时报告处理。

四、作业步骤和质量标准

（一）OPGW 展放

1. 展放 OPGW 操作要点

（1）首先将 OPGW 置于线盘架上，OPGW 从线盘上方引向张力机，进入张力轮时，应上进上出，右进左出（缠绕方向与 OPGW 外层线股捻向一致），并应绕满张力轮槽（张力轮槽数至少应有六道）。

（2）OPGW用ϕ16mm尼龙绳穿过张力轮后，其端头套入网套连接器，网套连接器通过抗弯连接器与防扭牵引板相连，防扭鞭再经防捻连接器与牵引绳相连至牵引机。

（3）防扭牵引板一般由供应OPGW厂家提供，一般结构示意如图6-8-14所示。

（4）一切连接及准备妥当之后，即可开始牵放OPGW。开始牵放和连接机具（连接工具、防扭牵引板等）通过放线滑车时，均应放慢牵引速度。

（5）正常牵引速度为20m/min，最大速度不得超过30m/min。

（6）线盘架制动力，一般情况下不宜超过800N。

（7）展放过程中，应始终监视OPGW是否发生扭转，如有发生应立即停止展放，查明原因进行处理，且应控制每百米旋转次数不得超过五次。

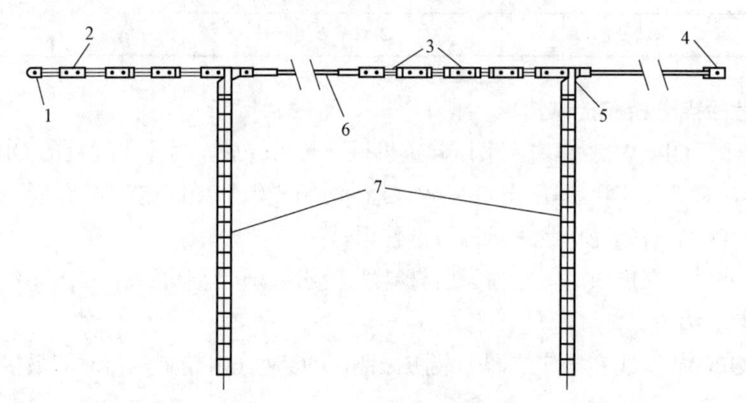

图6-8-14 防扭牵引板示意图

1—系于转环头；2—防扭元件；3—滑轮校正链；4—系于缆线牵引孔；
5—可以方便的拆开；6—钢丝绳；7—摆重链

（8）张力机设定张力越小越好，以能使OPGW避开跨越架等障碍物和对地面5m以上为原则。张力机的设定张力一般宜为OPGW标称拉断力的13%～15%。

（9）牵引机牵引力最大不得超过OPGW标称拉断力的18%。

（10）OPGW展放至接头塔后，应再牵引一段预留尾线，预留尾线长度约为杆塔高度的1.3倍。尾线应盘好，盘绕直径应不小于1.2m。然后，放置在塔顶平面处，用铁线绑扎牢靠，并在与塔材及绑扎接触处垫以麻袋片等纺织物。

2. 临锚及安装始端线夹

（1）临时锚线。一个放线段的OPGW展放完后，即应在始端（张力机端）及终端（牵引机端）将OPGW临时锚固（临锚），临锚在塔上以过轮临锚方式进行。临锚张力为紧线张力的50%，OPGW端头余线（尾线）应保持为塔高的1.3倍以上，始端及终端塔侧的OPGW锚固卡具一般应使用由OPGW制造厂家提供的专用卡线器，以免 OPGW 内部铝管变形而损坏光纤。

（2）安装始端线夹。在临锚完成后，即可在始端塔安装预绞丝耐张线夹。预绞丝的安装方法如下：由中间向两端有序地缠绕内层铝合金预绞丝，其缠绕方向与 OPGW 外层绞制方向相反，其位置按尾线控制长度确定，缠绕时必须一次缠紧缠好，与 OPGW 贴合紧密，不允许拆开再缠绕。

外层铝合金预绞丝缠绕前必须将其与内层预绞丝相应的划印记号对齐。然后由拉环出口处向线挡中央方向的 OPGW 缠绕，必须一次缠紧。然后将特制铸钢拉环套入外层预绞丝弯环内。一人握住拉环，另一人由另一方向（与第一次缠绕方向相反）缠绕另一半预绞丝，直至缠完为止，然后再安装锚线塔其他耐张连接金具。

将预先准备好的吊装耐张线夹的钢丝绳用卸扣与调节板连接，用绞磨及牵引钢丝绳将耐张线夹挂至避雷线横担挂孔为止。牵引过程中，应当先松张力机上的 OPGW 再进行牵引，一边松出 OPGW 一边牵引，尽量减少 OPGW 向下的压力，如图 6-8-15 所示。

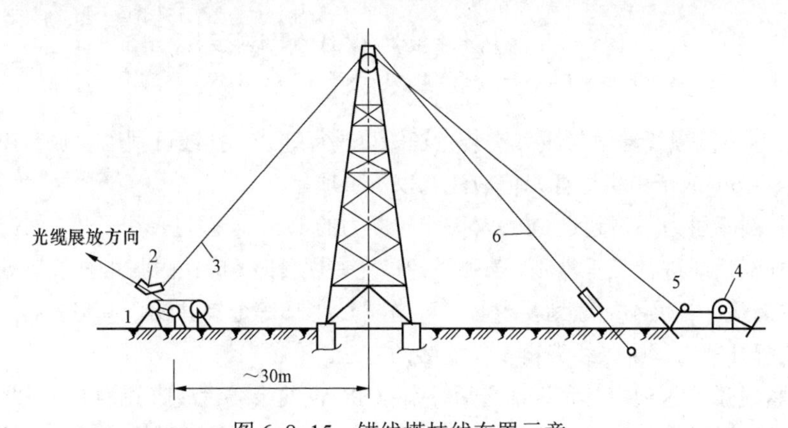

图 6-8-15　锚线塔挂线布置示意

1—小张力机；2—耐张金具串；3—牵引绳；4—机动绞磨；5—地滑车；6—临时拉线

（二）紧线与挂线

（1）OPGW 紧线弧垂观测档的选择与一般导线、避雷线弧垂观测档选择要求基本相同，但在选择观测档弧垂时，一定要查 OPGW 弧垂表，因为 OPGW 耐张段与一般导线、避雷线耐张段有可能不同，其代表档距和观测档距的弧垂也不同，应特别注意。

（2）弧垂观测方法，与导线、避雷线弧垂观测方法相同。

（3）OPGW 紧线的观测弧垂达到设计值后，应继续保持紧线机的拉力不变，时间为 1h，使 OPGW 扭转应力消失。

（4）OPGW 紧线方法，可以用牵引机直接牵引也可以用手扳葫芦在塔上紧线。

1）牵引机牵引紧线。当始端塔处已安装好预绞丝耐张线夹后，此时牵引机等机具未拆除，即可再起动牵引机缓缓牵引 OPGW，使其弧垂达到设计标准值。即在紧线塔和该紧线段所有直线塔放线滑轮处划印。

2）手扳葫芦紧线。即在紧线塔避雷线支架处打好反向平衡拉线，并安装手扳葫芦和专用卡线器等索具，调整手扳葫芦进行紧线操作，如图 6–8–16 所示，弧垂调整好之后，即按前述要求划印。

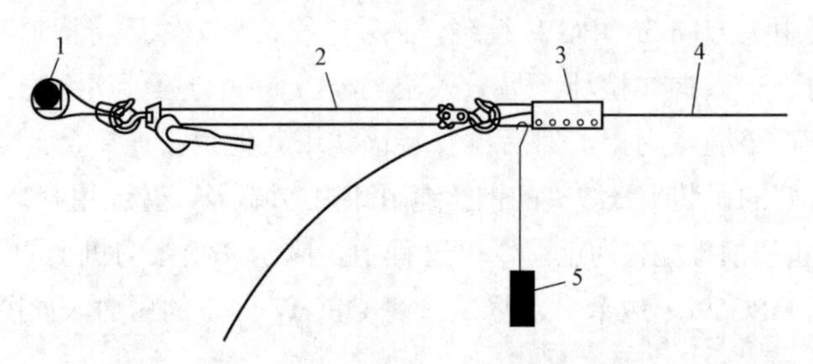

图 6–8–16 塔上手扳葫芦紧线索具连接示意

1—地线横担主材；2—手扳葫芦；3—卡线器；4—OPGW；5—重锤

（5） 紧线侧预绞丝耐张线夹安装完毕即可进行挂线，挂线可利用手扳葫芦等索具（见图 6–8–16）或牵引机进行，但应注意以下事项。

1）挂线牵引力不得超过 OPGW 额定拉断力的 18%，一般过牵引长度应小于 0.1m。

2）挂线后即进行弧垂复测。若弧垂超过允许误差时，应在耐张塔挂线塔处利用调整板孔位调整，若仍不能达到要求时，可增减 U 形环等金具并配合调整板孔位调整。严禁采取解开预绞丝耐张线夹再重新安装的办法。

3）紧线弧垂达到规范允许值之后，应将 OPGW 的余线盘成直径为 1.2m 以上小盘，放置在铁塔横材的平面处，并用绳线绑扎固定，但要注意与铁塔构件及铁线接触处应垫以麻袋片等织物，严禁将 OPGW 的余线悬挂在塔腿上。

（三）附件安装及熔接

附件安装及熔接的工作内容包括直线塔 OPGW 悬垂线夹的安装、直通式耐张线夹的安装、防振锤的安装、接地引流线安装、OPGW 引下线安装、OPGW 熔接和测试、接线盒的安装等。

1. 附件安装操作要点

（1） 直线塔悬垂线夹的安装，如图 6–8–17 所示。

1）按 OPGW 观测弧垂时确定的划印处安装。

2）在避雷线横担前后侧的 OPGW 上的适当对称位置，各装一只专用卡线器。利用在避雷线横担下主材固定的一根ϕ15.5mm 钢丝绳套和一个 30t 手扳葫芦，将上述两只卡线器相连。两只卡线器间的距离为 L，使用单线夹时 L 取 2m，使用双线夹时 L 取 2.4m。

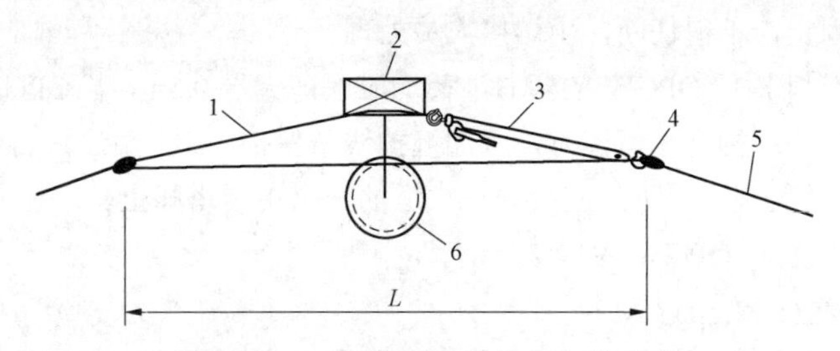

图 6-8-17 直线塔悬垂线夹安装示意

1—ϕ15.5mm 钢绳套；2—地线支架；3—手扳葫芦；4—专用卡线器；5—OPGW；6—放线滑车

3）收紧手扳葫芦，使 OPGW 的张力转移到钢绳套和手扳葫芦上。

4）卸掉放线滑车，按划印点安装预绞丝和悬垂线夹。

5）拆除手扳葫芦、钢绳套和卡线器。

（2）直通式耐张线夹的安装。

1）直通式（即 OPGW 不断开）的耐张线夹安装方法，与 OPGW 断引的安装方法相似，亦用手扳葫芦和专用卡线器等索具进行安装，过牵引长度亦应控制在 0.1m 以内。

2）直通式耐张串的 OPGW 弧垂（即跳线）取 0.8～1.0m，并保证 OPGW 最小弯曲半径不得小于 0.5m，且需用特制接地线夹将 OPGW 固定在杆塔上。

3）预绞线耐张线夹安装受力后，不得再重复使用。

（3）防振锤安装。

1）防振锤的型号、规格及安装距离应按设计规定。

2）防振锤安装不得直接卡在 OPGW 上，应安装在缠绕好的护线条上。护线条及防振锤的安装，均应用工作平台。可用 ϕ60mm×3.5m 竹竿或铝合金梯子做工作平台。

3）防振锤卡紧螺栓的扭矩值宜为 40～50N·m。

（4）接地引流线的安装。

1）OPGW 均应与全线铁塔逐基接地。专用接地引流线一般由 OPGW 制造厂家提供，专用接地引流线一端连接在 OPGW 的并沟线夹内，另一端连接至塔身接地夹具内。具体的连接方式依照设计图纸。

2）接地线一般统一安装在避雷线支架的大号侧，并在 OPGW 的上方。接地线安装要松弛，保证悬垂线夹向塔身内、外摆动 60°不受力。

（5）OPGW 引下线安装。

1）分段塔或架构处 OPGW 引下时，一般用 OPGW 制造厂家提供的引下线固定夹具固定于塔材上，而无须在塔上打孔。固定夹具每隔 2m 安装一个，引下线自避雷线支架沿塔身主材引至铁塔下方接线盒，但多余的OPGW仍盘在接线盒上方的铁塔平面构件上，临时固定，不得切断，由熔接人员处理。

2）在操作过程中，OPGW的弯曲半径均应保证大于0.5m，若OPGW到第一个夹子前，有可能与铁塔构件相摩擦时，应加缠护线条保护。

3）为了一致美观，引下线应统一在铁塔的一个指定塔腿上。

2. 接线盒安装和OPGW的熔接及测试

（1） 接线盒及余缆的安装。

1）接线盒应固定在塔身统一的主材上，其高度应距铁塔基础面不小于6m。安装接线盒时螺栓应紧固，橡胶封条必须安装到位。

2）OPGW对接后的多余长度（即余缆）按OPGW的允许弯曲直径盘成一捆，置放在接线盒的上方，并用8号镀锌铁线或专用线夹固定在塔身水平材上。OPGW绑扎的外层应垫以胶垫，且绑扎点不少于三处，确保余缆在风吹时不会晃动。

（2） PGW光纤的熔接与测试。

1）OPGW 架设后在耐张塔通常是断开的，必须通过光纤熔接实现两段光纤芯的连通，熔接好光纤的OPGW置于接线盒内，并在塔上固定。

2）光纤熔接是通过两金属电极电弧放电实现熔接。光纤熔接操作步骤是：首先用砂轮锯锯开外层铝股及钢股，再用专用工具逐层剥开套管和光纤被覆，用无水酒精清洁光纤，用光纤专用刀切割光纤，然后将光纤放入熔接机的光纤固定座中，选择“寻找光纤”进行光纤端面检查，如光纤切口端面符合要求，则屏幕上显示端面与轴向相垂直且平整；如果端面品质不佳，则显示端面楔形或其他不规则形，应将光纤重新切割。

3）光纤熔接是由熔接机自动进行的。熔接完毕，应进行光纤衰减值测试。每接好一条纤芯，应立即进行测试，以便立即检查接头熔接质量。测试的光纤衰减值符合要求时，将光纤由熔接机移出固定。标准单模允许熔接损耗应小于0.03dB/处。

4）光纤线路的损耗包括光纤损耗和接头损耗。其损耗的测试方法有剪断法、插入法、背向散射法。剪断法和插入法使用的是光功率计，背向散射法常用的是光时域反射仪。目前，使用后一种方法较广泛，因为它获得的技术数据较多，便于建立档案资料及运行维护。

5）光纤的熔接操作应符合：① 光纤的熔接应由专业人员操作；② 剥离光纤的外层铝套管、塑料套管、骨架时不得损伤光纤；③ 雨天、大风、沙尘或空气湿度过大时不应进行熔接作业。

6）每千米线长的损耗为0.368dB（由厂家保证）。

7）每个接头的损耗为0.1dB（由施工单位保证）。

五、注意事项

（1）严禁使用网套连接器进行紧线，必须采用专用卡线器。

（2）紧完线后余缆应盘好（直径不小于 1.2m）并包以麻袋片，固定在塔顶平面上，做到防磨、防盗、防破坏。

（3）OPGW 展放必须经过小张力机进行张力放线，不能直接从盘上牵引。

（4）接头引下线及进入接头盒的弯曲半径，应严格按要求施工，严防弯曲半径过小，损坏光纤。

（5）OPGW 外层铝合金线及铝包钢线损伤的处理规定。

1）铝合金线断一股，可用单铝丝缠绕。铝合金线磨损超过单股直径 1/3 时，按断股处理；

2）铝包钢线磨损露钢时，应先刷防锈漆，再用铝单丝缠绕，再刷防锈漆。

（6）安装线夹、固定夹具、并沟线夹及防振锤等金具时必须使用厂商认可的力矩扳手，并控制线夹对 OPGW 的压应力符合相关要求。

（7）OPGW 金具多数为进口产品，备量有限，施工人员领取后必须妥善保管、使用。

（8）展放及安装过程中，必须严格组织管理，严守技术纪律，保证通信畅通，避免 OPGW 过张力牵引，不得扭曲、折弯、挤压和冲击，保证光纤及铝管不受损伤，OPGW 通过放线滑车时，其包络角（光缆在滑车上的包络区间所对的圆心角称为包络角）不得大于 60°。

【思考与练习】

1. 简述 GWWOP 缠绕光纤电缆缠绕作业的操作步骤。
2. 简述 OPGW 复合光缆架空地线附件安装的操作要点。
3. OPGW 复合光缆架空地线施工应注意哪些事项？

◢ 模块 9 施工要求及工程验收（Z04F3009Ⅲ）

【模块描述】本模块包含施工及验收的基本规定、导地线架设质量等级评定标准及检查方法两部分内容。通过内容介绍、操作流程讲解、图表对比、图形示例，掌握架线施工及验收的基本规定、导地线架设质量等级评定标准及检查方法。

【正文】

一、施工及验收的基本规定

1. 放线的一般规定

（1）放线前应有完整有效的架线（包括放线、紧线及附件安装等）施工技术文件。

（2）放线过程中，对展放的导线或架空地线（也称地线，下同）应进行外观检查，且应符合下列规定。

1）导线或架空地线的型号、规格应符合设计。

2）对制造厂在线上设有损伤或断头标志的地方，应查明情况妥善处理。

（3）跨越电力线、弱电线路、铁路、公路、索道及通航河流时，必须有完整可靠的跨越施工技术措施。导线或架空地线在跨越档内接头应符合设计规定。当设计无规定时，应符合表6–9–1的规定。

表6–9–1　　导线或架空地线在跨越档内接头的基本规定

<table>
<tr><th>项目</th><th colspan="2">铁路</th><th>公路</th><th>电车道（有轨或无轨）</th><th>不通航河流</th></tr>
<tr><td>导线或架空地线在跨越档内接头</td><td colspan="2">标准轨距：不得接头
窄轨：不限制</td><td>高速公路、一级公路：不得接头
二、三、四级公路：不限制</td><td>不得接头</td><td>不限制</td></tr>
<tr><th>项目</th><th>特殊管道</th><th>索道</th><th>电力线路</th><th>通航河流</th><th>弱电线路</th></tr>
<tr><td>导线或架空地线在跨越档内接头</td><td>不得接头</td><td>不得接头</td><td>110kV及以上线路：不得接头
110kV以下线路：不限制</td><td>一、二级：不得接头
三级及以下：不限制</td><td>不限制</td></tr>
</table>

（4）放线滑车的使用应符合下列规定。

1）轮槽尺寸及所用材料应与导线或架空地线相适应。

2）导线放线滑车轮槽底部的轮径应符合DL/T 685《放线滑轮基本要求、检验规定及测试方法》的规定。展放镀锌钢绞线架空地线时，其滑车轮槽底部的轮径与所放钢绞线直径之比不宜小于15。

3）对严重上扬、下压或垂直档距很大处的放线滑车应进行验算，必要时应采用特制的结构。

4）应采用滚动轴承滑轮，使用前应进行检查并确保其转动灵活。

2. 非张力放线

（1）由于条件限制不适于采用张力放线的线路工程及部分改建、扩建工程可采用人力或机械牵引放线。

（2）导线在同一处的损伤同时符合下列情况时可不作补修，只将损伤处棱角与毛刺用0号砂纸磨光。

1）铝、铝合金单股损伤深度小于股直径的1/2。

2）钢芯铝绞线及钢芯铝合金绞线损伤截面积为导电部分截面积的5%及以下，且强度损失小于4%。

3）单金属绞线损伤截面积为4%及以下。

说明：（1）同一处损伤截面积是指该损伤处在一个节距内的每股铝丝沿铝股损伤

最严重处的深度换算出的截面积总和。

（2）损伤深度达到直径的1/2时，按断股处理。

（3）导线在同一处损伤需要补修时，应符合下列规定。

1）导线损伤补修处理标准应符合表6–9–2的规定。

表6–9–2　导线损伤补修处理标准

处理方法	线别	
	钢芯铝绞线与钢芯铝合金绞线	铝绞线与铝合金绞线
以缠绕或补修预绞丝修理	导线在同一处损伤的程度已经超过2.（2）条的规定，但因损伤导致强度损失不超过总拉断力的5%，且截面积损伤又不超过总导电部分截面积的7%时	导线在同一处损伤的程度已经超过2.（2）条的规定，但因损伤导致强度损失不超过总拉断力的5%时
以补修管补修	导线在同一处损伤的强度损失已经超过总拉断力的5%，但不足17%，且截面积损伤也不超过导电部分截面积的25%时	导线在同一处损伤，强度损失超过总拉断力的5%，但不足17%时

2）采用缠绕处理时应符合下列规定。

a. 将受伤处线股处理平整。

b. 缠绕材料应为铝单丝，缠绕应紧密，回头应绞紧，处理平整，其中心应位于损伤最严重处，并应将受伤部分全部覆盖。其长度不得小于100mm。

3）采用补修预绞丝处理时应符合下列规定。

a. 将受伤处线股处理平整。

b. 补修预绞丝长度不得小于3个节距，或符合GB/T 2337《预绞丝》中的规定。

c. 补修预绞丝应与导线接触紧密，其中心应位于损伤最严重处，并应将损伤部位全部覆盖。

4）采用补修管补修时应符合下列规定。

a. 将损伤处的线股先恢复原绞制状态，线股处理平整。

b. 补修管的中心应位于损伤最严重处，需补修的范围应位于管内各20mm。

c. 补修管可采用钳压、液压或爆压，其操作必须符合本模块中有关压接的要求。

说明：导线总拉断力是指计算拉断力。

（4）导线在同一处损伤出现下述情况之一时，必须将损伤部分全部割去，重新以接续管连接。

1）导线损失的强度或损伤的截面积超过本模块表6–9–2采用补修管补修的规定时。

2）连续损伤的截面积或损失的强度都没有超过本规范表6–9–2以补修管补修的

规定，但其损伤长度已超过补修管的能补修范围。

3）复合材料的导线钢芯有断股。

4）金钩、破股已使钢芯或内层铝股形成无法修复的永久变形。

（5）作为架空地线的镀锌钢绞线，其损伤应按表6–9–3的规定予以处理。

表6–9–3　　镀锌钢绞线损伤处理规定

绞线股数	处理方法		
	以镀锌铁线缠绕	以修补管补修	锯断重接
7		断1股	断2股
19	断1股	断2股	断3股

3. 张力放线

（1）在张力放线的操作中除遵守以下规定外，尚应符合SDJJS2《超高压架空输电线路张力架线施工工艺导则》中的规定。

1）电压等级为330kV及以上线路工程的导线展放必须采用张力放线。

2）良导体架空地线及220kV线路的导线展放也应采用张力放线。110kV线路工程的导线展放宜采用张力放线。

（2）张力展放导线用的多轮滑车除应符合DL/T 685《放线滑轮基本要求　检验规定及测试方法》的规定外，其轮槽宽应能顺利通过接续管及其护套。轮槽应采用挂胶或其他韧性材料。滑轮的磨阻系数不应大于1.015。

（3）张力机放线主卷筒槽底直径$D \geqslant 40d \sim 1000$mm（$d$为导线直径）。张力机尾线轴架的制动力与反转力应与张力机匹配。

（4）张力放线区段的长度不宜超过20个放线滑轮的线路长度，当难以满足规定时，必须采取有效的防止导线在展放中受压损伤及接续管出口处导线损伤的特殊施工措施。

（5）张力放线通过重要跨越地段时，宜适当缩短张力放线区段长度。

（6）张力放线时，直线接续管通过滑车应防止接续管弯曲超过规定，达不到要求时应加装保护套。

（7）一般情况下牵引场应顺线路布置。当受地形限制时，牵引场可通过转向滑车进行转向布置。张力场不宜转向布置，特殊情况下须转向布置时，转向滑车的位置及角度应满足张力架线的要求。

（8）每相导线放完，应在牵张机前将导线临时锚固，为了防止导线因风震而引起疲劳断股，锚线的水平张力不应超过导线保证计算拉断力的16%，锚固时同相子导线间的张力应稍有差异，使子导线在空间位置上下错开，与地面净空距离不应小于5m。

（9）张力放线、紧线及附件安装时，应防止导线损伤，在容易产生损伤处应采取有效的防止措施。导线损伤的处理应符合下列规定。

1）外层导线线股有轻微擦伤，其擦伤深度不超过单股直径的 1/4，且截面积损伤不超过导电部分截面积的 2%时，可不补修。用不粗于 0 号细砂纸磨光表面棱刺。

2）当导线损伤已超过轻微损伤，但在同一处损伤的强度损失尚不超过总拉断力的 8.5%，且损伤截面积不超过导电部分截面积的 12.5%时为中度损伤。中度损伤应采用补修管进行补修，补修时应符合上述 2.（3）4）条之规定。

3）有下列情况之一时定为严重损伤。

a. 强度损失超过保证计算拉断力的 8.5%。

b. 截面积损伤超过导电部分截面积的 12.5%。

c. 损伤的范围超过一个补修管允许补修的范围。

d. 钢芯有断股。

e. 金钩、破股已使钢芯或内层线股形成无法修复的永久变形。

达到严重损伤时，应将损伤部分全部锯掉，用接续管将导线重新连接。

4. 连接

（1）不同金属、不同规格、不同绞制方向的导线或架空地线，严禁在一个耐张段内连接。

（2）当导线或架空地线采用液压或爆压连接时。操作人员必须经过培训及考试合格、持有操作许可证。连接完成并自检合格后，应在压接管上打上操作人员的钢印。

（3）导线或架空地线必须使用合格的电力金具配套接续管及耐张线夹进行连接，连接后的握着强度应在架线施工前进行试件试验。试件不得少于三组（允许接续管与耐张线夹合为一组试件）。其试验握着强度对液压及爆压都不得小于导线或架空地线设计使用拉断力的 95%。

对小截面导线采用螺栓式耐张线夹及钳压管连接时，其试件应分别制作。螺栓式耐张线夹的握着强度不得小于导线设计使用拉断力的 90%。钳压管直线连接的握着强度不得小于导线设计使用拉断力的 95%。架空地线的连接强度应与导线相对应。

（4）采用液压连接，工期相近的不同工程，当采用同制造厂、同批量的导线、架空地线、接续管、耐张线夹及钢模完全没有变化时，可以免做重复性试验。

（5）导线切割及连接应符合下列规定。

1）切割导线铝股时严禁伤及钢芯。

2）切口应整齐。

3）导线及架空地线的连接部分不得有线股绞制不良、断股、缺股等缺陷。

4）连接后管口附近不得有明显的松股现象。

（6）采用钳压或液压连接导线时，导线连接部分外层铝股在洗擦后应薄薄地涂上一层电力复合脂，并应用细钢丝刷清刷表面氧化膜，应保留电力复合脂进行连接。

（7）各种接续管、耐张管及钢锚连接前必须测量管的内、外直径及管壁厚度，其质量应符合GB/T 2314《电力金具通用技术条件》的规定。不合格者，严禁使用。

（8）接续管及耐张线夹压接后应检查外观质量，并应符合下列规定。

1）用精度不低于0.1mm的游标卡尺测量压后尺寸，其允许偏差必须符合SDJ 276《架空电力线路外爆压接施工工艺规程》或DL/T 5285《输变电工程架空导线及地线液压压接工艺规程》的规定。

2）飞边、毛刺及表面未超过允许的损伤，应锉平并用0号砂纸磨光。

3）爆压管爆后外观有下列情形之一者，应割断重接。

a. 管口外线材明显烧伤，断股。

b. 管体穿孔、裂缝。

4）弯曲度不得大于2%，有明显弯曲时应校直。

5）校直后的接续管如有裂纹，应割断重接。

6）裸露的钢管压后应涂防锈漆。

（9）在一个档距内每根导线或架空地线上只允许有一个接续管和三个补修管，当张力放线时不应超过两个补修管，并应满足下列规定。

1）各类管与耐张线夹出口间的距离不应小于15m。

2）接续管或补修管与悬垂线夹中心的距离不应小于5m。

3）接续管或补修管与间隔棒中心的距离不宜小于0.5m。

4）宜减少因损伤而增加的接续管。

（10）钳压的压口位置及操作顺序应按图6-9-1所示进行，连接后端头的绑线应保留。

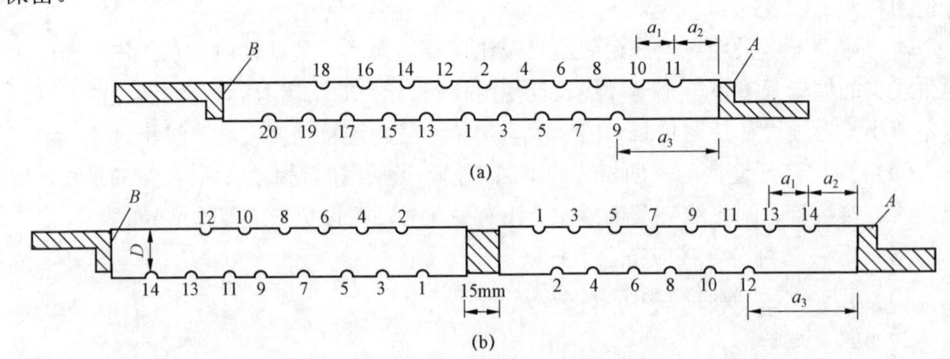

图6-9-1 钳压管连接图

（a）LGJ—95/20钢芯铝绞线；（b）LGJ—240/40钢芯铝绞线

A—绑线；*B*—垫片；1、2、3、…—表示操作顺序

（11）钳压管压口数及压后尺寸的数值必须符合表 6–9–4 的规定，压后尺寸允许偏差应为±0.5mm。

表 6–9–4　　钢芯铝绞线钳压压口数及压后尺寸

管型号	适用导线		压模数	压后尺寸 D（mm）	钳压部位尺寸（mm）		
	型号	外径（mm）			a_1	a_2	a_3
JT—95/15	LGJ—95/15	13.61	20	29.0	54	61.5	142.5
JT—95/20	LGJ—95/20	13.87	20	29.0	54	61.5	142.5
JT—120/20	LGJ—120/20	15.07	24	33.0	62	67.5	160.5
JT—150/20	LGJ—150/20	16.67	24	33.6	64	70.0	166.0
JT—150/25	LGJ—150/25	17.10	24	36.0	64	70.0	166.0
JT—185/25	LGJ—185/25	18.88	26	39.0	66	74.5	173.5
JT—185/30	LGJ—185/30	18.90	26	39.0	66	74.5	173.5
JT—240/30	LGJ—240/30	21.60	14×2	43.0	62	68.5	161.5
JT—240/40	LGJ—240/40	21.66	14×2	43.0	62	68.5	161.5

（12）采用液压导线或架空地线的接续管、耐张线夹及补修管等连接时，必须符合 DL/T 5285《输变电工程架空导线及地线液压压接工艺规程》的规定。

（13）当采用爆压导线或架空地线的接续管、耐张线夹及补修管等连接时，必须符合 DL/T 5285《输变电工程架空导线及地线液压压接工艺规程》的规定。

5. 紧线

（1）紧线施工应在基础混凝土强度达到设计规定，全紧线段内杆塔已经全部检查合格后方可进行。

（2）紧线施工前应根据施工荷载验算耐张型、转角型杆塔强度，必要时应装设临时拉线或进行补强。采用直线杆塔紧线时，应采用设计允许的杆塔做紧线临锚杆塔。

（3）弧垂观测档的选择应符合下列规定。

1）紧线段在 5 档及以下时靠近中间选择一档。

2）紧线段在 6～12 档时靠近两端各选择一档。

3）紧线段在 12 档以上时靠近两端及中间可选 3～4 档。

4）观测档宜选档距较大和悬挂点高差较小及接近代表档距的线档。

5）弧垂观测档的数量可以根据现场条件适当增加，但不得减少。

（4）观测弧垂时的实测温度应能代表导线或架空地线的温度，温度应在观测档内实测。

（5）挂线时对于孤立档、较小耐张段及大跨越的过牵引长度应符合设计要求；设计无要求时，应符合下列规定。

1）耐张段长度大于300m时过牵引长度不宜超过200mm。

2）耐张段长度为200～300m时，过牵引长度不宜超过耐张段长度的0.5‰。

3）耐张段长度为200m以内时，过牵引长度应根据导线的安全系数不小于2的规定进行控制，变电所进出口档除外。

4）大跨越档的过牵引值由设计验算确定。

（6）紧线弧垂在挂线后应随即在该观测档检查，其允许偏差应符合下列规定。

1）一般情况下应符合表6–9–5的规定。

2）跨越通航河流的大跨越档弧垂允许偏差不应大于±1%，其正偏差不应超过1m。

（7）导线或架空地线各相间的弧垂应力求一致，当满足上一条的弧垂允许偏差标准时，各相间弧垂的相对偏差最大值不应超过下列规定。

1）一般情况下应符合表6–9–6的规定。

表6–9–5　　弧垂允许偏差

线路电压等级	330kV及以上
允许偏差	±2.5%

表6–9–6　　相间弧垂允许偏差最大值

线路电压等级	220kV及以上
相间弧垂允许偏差值（mm）	300

注　对架空地线是指两水平排列的同型线间。

2）跨越通航河流大跨越档的相间弧垂最大允许偏差应为500mm。

（8）相分裂导线同相子导线的弧垂应力求一致，在满足上一条弧垂允许偏差标准时，其相对偏差应符合下列规定。

1）不安装间隔棒的垂直双分裂导线，同相子导线间的弧垂允许偏差为100mm。

2）安装间隔棒的其他形式分裂导线同相子导线的弧垂允许偏差应符合下列规定。

a. 220kV为80mm。

b. 330～500kV为50mm。

（9）架线后应测量导线对被跨越物的净空距离，计入导线蠕变伸长换算到最大弧垂时必须符合设计规定。

（10）连续上（下）山坡时的弧垂观测，当设计有规定时按设计规定观测。其允许偏差值应符合本节的有关规定。

6. 附件安装

（1）绝缘子安装前应逐个将表面清洗干净，并应逐个（串）进行外观检查。安装时应检查碗头、球头与弹簧销子之间的间隙。在安装好弹簧销子的情况下球头不得自碗头中脱出，验收前应清除瓷（玻璃）表面的污垢。有机复合绝缘子伞套的表面不允许有开裂、脱落、破损等现象，绝缘子的芯棒与端部附件不应有明显的歪斜。

（2）金具的镀锌层有局部碰损、剥落或缺锌，应除锈后补刷防锈漆。

（3）采用张力放线时，其耐张绝缘子串的挂线宜采用高空断线、平衡挂线法施工。

（4）为了防止导线或架空地线因风振而受损伤，弧垂合格后应及时安装附件。附件（包括间隔棒）安装时间不应超过 5 天。大跨越永久性防振装置难于立即安装时，应会同设计单位采用临时防震措施。

（5）附件安装时应采取防止工器具碰撞有机复合绝缘子伞套的措施，在安装中严禁踩踏有机复合绝缘子上下导线。

（6）悬垂线夹安装后，绝缘子串应垂直地平面，个别情况其顺线路方向与垂直位置的偏移角不应超过 5°，且最大偏移值不应超过 200mm。连续上、下山坡处杆塔上的悬垂线夹的安装位置应符合设计规定。

（7）绝缘子串、导线及架空地线上的各种金具上的螺栓、穿钉及弹簧销子，除有固定的穿向外，其余穿向应统一，并应符合下列规定。

1）单、双悬垂串上的弹簧销子均按线路方向穿入。使用 W 弹簧销子时，绝缘子大口均朝线路后方。使用 R 弹簧销子时，大口均朝线路前方。螺栓及穿钉凡能顺线路方向穿入者均按线路方向穿入，特殊情况两边线由内向外，中线由左向右穿入。

2）耐张串上的弹簧销子、螺栓及穿钉均由上向下穿；当使用 W 弹簧销子时，绝缘子大口均应向上；当使用 R 弹簧销子时，绝缘子大口均向下，特殊情况可由内向外，由左向右穿入。

3）分裂导线上的穿钉、螺栓均由线束外侧向内穿。

4）当穿入方向与当地运行单位要求不一致时，可按运行单位的要求，但应在开工前明确规定。

（8）金具上所用的闭口销的直径必须与孔径相配合，且弹力适度。

（9）各种类型的铝质绞线，在与金具的线夹夹紧时，除并沟线夹及使用预绞丝护线条外，安装时应在铝股外缠绕铝包带，缠绕时应符合下列规定。

1）铝包带应缠绕紧密，其缠绕方向应与外层铝股的绞制方向一致。

2）所缠铝包带应露出线夹，但不超过 10mm，其端头应回缠绕于线夹内压住。

（10）安装预绞丝护线条时，每条的中心与线夹中心应重合，对导线包裹应紧固。

（11）安装于导线或架空地线上的防振锤及阻尼线应与地面垂直，设计有特殊要求时应按设计要求安装。其安装距离偏差不应大于±30mm。

（12）分裂导线间隔棒的结构面应与导线垂直，安装时应测量次档距。杆塔两侧第一个间隔棒的安装距离偏差不应大于端次档距的±1.5%，其余不应大于次档距的±3%。各相间隔棒安装位置应相互一致。

（13）绝缘架空地线放电间隙的安装距离偏差，不应大于±2mm。

（14）柔性引流线应呈近似悬链线状自然下垂，其对杆塔及拉线等的电气间隙必须符合设计规定。使用压接引流线时其中间不得有接头。刚性引流线的安装应符合设计要求。

（15）铝制引流连板及并沟线夹的连接面应平整、光洁，安装应符合下列规定。

1）安装前应检查连接面是否平整，耐张线夹引流连板的光洁面必须与引流线夹连板的光洁面接触。

2）应用汽油洗擦连接面及导线表面污垢，并应涂上一层电力复合脂。用细钢丝刷清除有电力复合脂的表面氧化膜。

3）保留电力复合脂，并应逐个均匀地拧紧连接螺栓。螺栓的扭矩应符合该产品说明书的要求。

7. 光缆架设

（1）光缆盘运到现场后，应进行下列检查和验收。

1）光缆的品种、型号、规格。

2）光缆盘号。

3）光缆长度。

4）光纤衰减值（由指定的专业人员检测）。

5）光缆端头密封的防潮封口有无松脱现象。

（2）光缆盘应直立装卸、运输及存放，不得平放。

（3）光缆架线施工必须符合下列规定。

1）光缆架线施工必须采用张力放线方法。

2）选择放线区段长度应与光缆长度相适应。

（4）张力放线机主卷筒槽底直径不应小于光缆直径的 70 倍，且不得小于 1m。设计另有要求的除外。

（5）放线滑轮槽底直径不应小于光缆直径的 40 倍，且不得小于 500mm。滑轮槽应采用挂胶或其他韧性材料。滑轮的磨阻系数不应大于 1.015。设计另有要求的除外。

（6）牵张场的位置应保证进出线仰角满足制造厂要求。一般不宜大于 25°，其水平偏角应小于 7°。

（7）放线滑车在放线过程中，其包络角不得大于 60°。

（8）牵引绳与光纤复合架空地线的连接宜通过旋转连接器、防捻走板、专用编织套或出厂说明书要求连接。

（9）张力牵引过程中，初始速度应控制在 5m/min 以内。正常运转后牵引速度不宜超过 60m/min。

（10）应控制放线张力。在满足对交叉跨越物及地面距离时的情况下，尽量低张力展放。

（11）牵张设备必须可靠接地。牵引过程中导引绳和光纤复合架空地线必须挂接地滑车。

（12）牵张场临锚时光缆落地处必须有隔离保护措施，以保证光缆不得与地面接触。收余线时，禁止拖放。

（13）紧线时，必须使用专用夹具。

（14）光纤的熔接应由专业人员操作。

（15）光纤的熔接应符合下列要求：

1）剥离光纤的外层套管、骨架时不得损伤光纤。

2）防止光纤接线盒内有潮气或水分进入，安装接线盒时螺栓应紧固，橡皮封条必须安装到位。

3）光纤熔接后应进行接头光纤衰减值测试，不合格者应重接。

4）雨天、大风、沙尘或空气湿度过大时不应熔接。

（16）光缆引下线夹具的安装应保证光缆顺直、圆滑，不得有硬弯、折角。

（17）紧完线后，光缆在滑车中的停留时间不宜超过 48h。附件安装后，当不能立即接头时，光纤端头应做密封处理。

（18）附件安装前光缆必须接地。提线时与光缆接触的工具必须包橡胶或缠绕铝包带，不得以硬质工具接触光缆表面。

（19）施工全过程中，光纤复合架空地线的曲率半径不得小于设计和制造厂的规定。

（20）光缆的紧线、附件安装，除本规定外应符合上述 5 和 6 的有关规定。

（21）光纤复合架空地线在同一处损伤、强度损失不超过总拉断力的 17%时，应用光纤复合架空地线专用预绞丝补修。

二、导地线架设质量等级评定标准及检查方法

关于导地线架设质量等级评定标准及检查方法，在 DL/T 5168《110kV～500kV 架空电力线路工程施工质量及评定规程》、DL/T 5235《±800 及以下直流架空输电线路工程施工及验收规程》中作了详细描述，主要内容为：表 5.4.1 导线、避雷线展放质量等级评定标准及检查方法（线表）；表 5.4.2 导线、避雷线连接质量等级评定标准及检查方法（线表）；表 5.4.3 紧线质量等级评定标准及检查方法（线表）；表 5.4.4 附件安装质量等级评定标准及检查方法等四部分内容。需要说明的是，该规程所引用

的 GBJ 233《110kV～500kV 架空电力线路施工及验收规范》标准已废止，应将其更换为 GB 50233《110kV～500kV 架空送电线路施工及验收规范》，本模块按照 DL/T 5168 标准的表号全文引用上述四个表格，见表 6–9–7～表 6–9–10。

表 6–9–7 导地线展放质量等级评定标准及检查方法（线表）

序号	性质	检查（检验）项目	评级标准（允许偏差）		检查方法
			合格	优良	
1	关键	导地线规格	符合设计要求		与设计图纸核对，实物检查
2	关键	因施工损伤补修处理	符合 GB 50233 第 7.2.3、7.2.5、7.3.9 条规定	平均每 5km 单回线路不超过 1 个，无损伤补修档大于 85%	检查记录，现场检查
3	关键	因施工损伤接续处理	符合 GB 50233 第 7.2.4、7.2.5、7.3.9 条规定	平均每 5km 单回线路不超过 1 个，无损伤接续档大于 90%	检查记录，现场检查
4	关键	同一档内接续管与补修管数量	符合 GB 50233 第 7.4.9 条规定	每线只允许各有一个	检查记录，现场检查
5	一般	压接管与线夹间隔棒间距	符合 GB 50233 第 7.4.9 条规定	间距比 GB 50233 规定的大 0.2 倍	检查记录，现场检查
6	外观	导地线外观质量	符合规定	无任何损伤导地线之处	检查记录，现场检查

注 该表引自 DL/T 5168 表 5.4.1。

表 6–9–8 导地线连接质量等级评定标准及检查方法（线表）

序号	性质	检查（检验）项目	评级标准（允许偏差）		检查方法
			合格	优良	
1	关键	压接管规格、型号	符合设计和 GB 50233 要求		与设计图纸核对
2	关键	耐张、直线压接管试验强度（$\%P_b$）①	95		拉力试验
3	关键	压接后尺寸	符合 GB 50233 要求或推荐值		游标卡尺量
4	关键	爆压后铝管表面烧伤	符合 GB 50233 要求	无烧伤	观察
5	一般	压接后弯曲（%）	2	1.6	钢尺测量
6	外观	压接管表面质量	无起皱、无毛刺、防腐处理	整齐光洁，美观	观察

注 该表引自 DL/T 5168 表 B.0.16。

① P_b 为导线或避雷线的保证计算拉断力。

表 6–9–9 紧线质量等级标准及检查方法（线表）

序号	性质	检查（检验）项目		评级标准（允许偏差）		检查方法
				合格	优良	
1	关键	相位排列		符合设计要求		与设计图纸及现场标志核对
2	关键	对交叉跨越物及对地距离		符合设计要求		经纬仪测量
3	关键	耐张连接金具绝缘子规格、数量		符合设计要求		与设计图纸核对
4	重要	导地线弧垂（紧线时）	110kV（%）	+5，–2.5	+4，–2	经纬仪和钢尺弛度板
			220kV 及以上（%）	±2.5	±2	
			大跨越（%）	±1（最大 1m）	±0.8（最大 0.8m）	
5	重要	导地线相间弧垂偏差（mm）	110kV	200	150	经纬仪和钢尺弛度板
			220kV 及以上	300	250	
			大跨越	500	400	
6	一般	同相子导线间弧垂偏差（mm）		无间隔棒双分裂导线	+100	经纬仪和钢尺弛度板
				有间隔棒其他分裂形式导线 220kV 330～500kV	80 50	
7	外观	导地线弧垂		符合设计要求	线间距均匀协调美观	观察

注 该表引自 DL/T 5168 表 5.4.3。

表 6–9–10 附件安装质量等级评定标准及检查方法（线表）

序号	性质	检查（检验）项目	评级标准（允许偏差）		检查方法
			合格	优良	
1	关键	金具及间隔棒规格、数量	符合设计和 GB 50233 要求		与设计图纸核对
2	关键	跳线及带电导体对杆塔电气间隙	符合设计和 GB 50233 要求		钢尺测量
3	关键	跳线连接板及并沟线夹连接	符合 GB 50233 第 7.6.15 条要求	平整光洁	检查螺栓紧固
4	关键	开口销及弹簧销	符合设计要求	齐全并开口	现场检查
5	关键	绝缘子的规格、数量	符合设计和 GB 50233 要求	干净、无损伤	用 5000V 绝缘电阻表在安装前测试
6	重要	跳线制作	符合 GB 50233 要求	曲线平滑美观，无歪扭	观察

续表

<table>
<tr><th rowspan="2">序号</th><th rowspan="2">性质</th><th rowspan="2" colspan="2">检查（检验）项目</th><th colspan="2">评级标准（允许偏差）</th><th rowspan="2">检查方法</th></tr>
<tr><th>合格</th><th>优良</th></tr>
<tr><td>7</td><td>重要</td><td colspan="2">悬垂绝缘子串倾斜</td><td>5°（最大 200mm）</td><td>4°（最大 150mm）</td><td>经纬仪观测及钢尺测量</td></tr>
<tr><td>8</td><td>重要</td><td colspan="2">防振锤及阻尼线安装距离</td><td>±30</td><td>±24</td><td>钢尺测量</td></tr>
<tr><td>9</td><td>重要</td><td colspan="2">铝包带缠绕</td><td>符合 GB 50233 第 7.6.9 条要求</td><td>统一、美观</td><td>观察</td></tr>
<tr><td>10</td><td>重要</td><td colspan="2">绝缘避雷线放电间隙（mm）</td><td colspan="2">±2</td><td rowspan="4">钢尺测量</td></tr>
<tr><td rowspan="2">11</td><td rowspan="2">一般</td><td rowspan="2">间隔棒安装位置</td><td>第一个（%L′[①]）</td><td>±1.5</td><td>±1.2</td></tr>
<tr><td>中间（%L′）</td><td>±3.0</td><td>±2.4</td></tr>
<tr><td>12</td><td>一般</td><td colspan="2">屏蔽环、均压环绝缘间隙</td><td>±10</td><td>±8</td></tr>
<tr><td>13</td><td>外观</td><td colspan="2">瓷瓶开口销子螺栓及弹簧销穿入方向</td><td>符合 GB 50233 第 7.6.7 条规定</td><td>穿向一致、整齐美观</td><td>望远镜观察</td></tr>
</table>

注 该表引自 DL/T 5168 表 5.4.4。

① L′ 是指次档距。

【思考与练习】

1. 放线的一般规定有哪些？
2. 为什么电压等级为 330kV 及以上线路工程的导线展放必须采用张力放线？
3. 导地线连接应遵守哪些规定？
4. 导地线连接质量等级评定有哪些关键项目？

第七章

接 地 工 程 施 工

模块 1　接地体埋置（Z04F4001 Ⅰ）

【模块描述】本模块包含接地体埋置形式、土壤电阻率及其杆塔接地电阻等内容。通过内容介绍、流程讲解，了解接地体的埋置形式，熟悉各类土壤的土壤电阻率及其与杆塔工频接地电阻之间的关系，掌握大跨越塔接地电阻的要求。

【正文】

一、作业内容

接地体埋置形式有单杆及单基础铁塔水平敷设接地装置、双杆水平敷设接地装置和铁塔水平敷设接地装置。

1. 单杆及单基础铁塔水平敷设接地装置

单杆及单基础铁塔水平敷设接地装置正面及平面如图 7–1–1 所示。

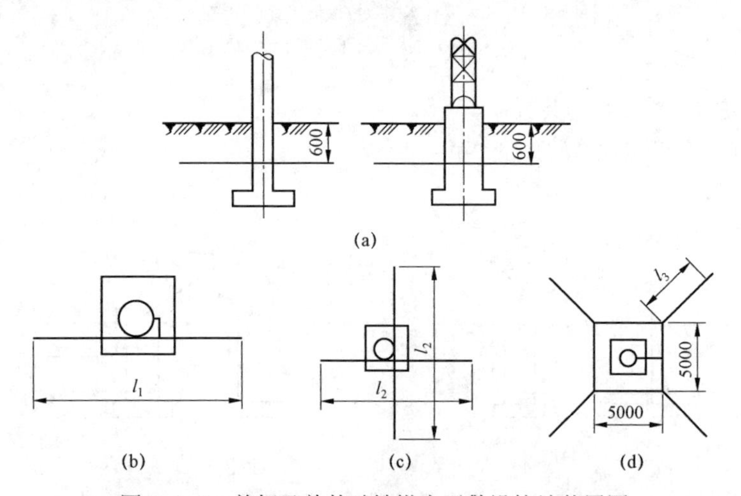

图 7–1–1　单杆及单基础铁塔水平敷设接地装置图

（a）单杆及单基础铁塔水平敷设接地装置正面图；（b）、（c）、（d）单杆及单基础铁塔水平敷设接地装置平面图

l_1，l_2，l_3—接地体长度

2. 双杆水平敷设接地装置

双杆水平敷设接地装置正面及平面如图 7–1–2 所示。

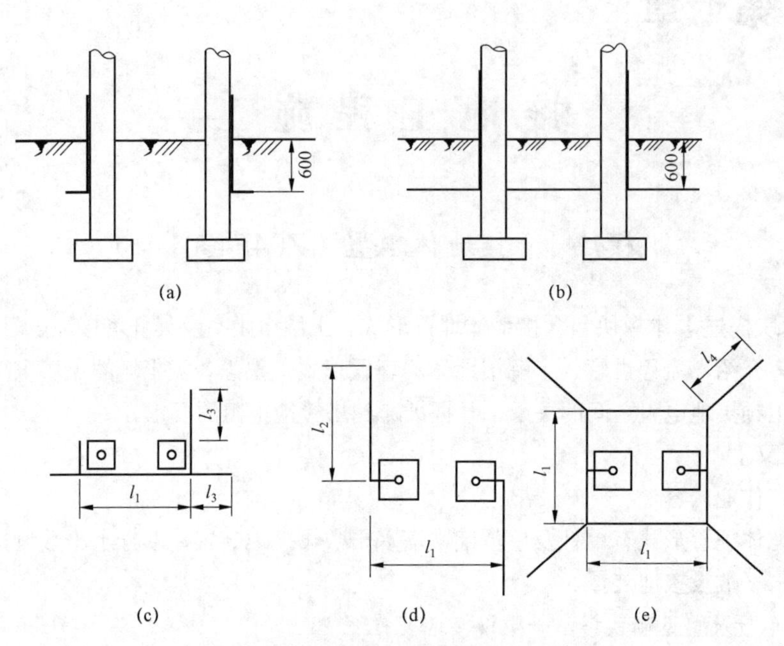

图 7–1–2 双杆水平敷设接地装置图

（a）、（b）双杆水平敷设接地装置正面图；

（c）、（d）、（e）双杆水平敷设接地装置平面图

3. 铁塔水平敷设接地装置

铁塔水平敷设接地装置如图 7–1–3 所示。

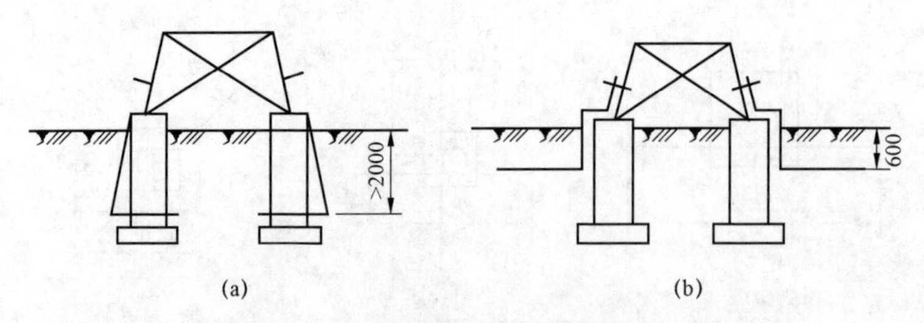

图 7–1–3 铁塔水平敷设接地装置图（一）

（a）、（b）接地装置正面图

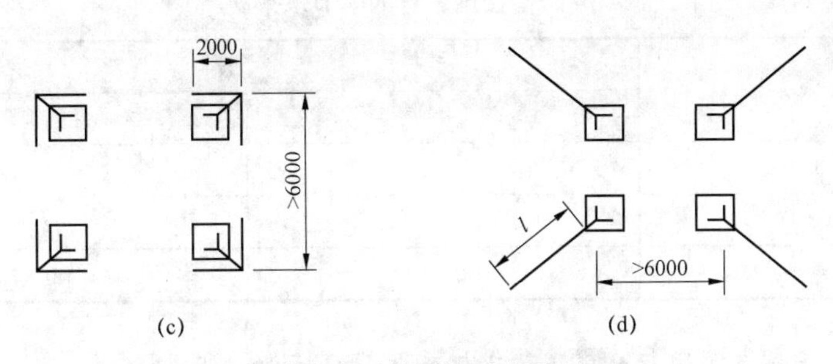

图 7–1–3　铁塔水平敷设接地装置图（二）
（c）、（d）接地装置平面图

二、作业前准备

1. 判断杆塔基础所在地区的土壤电阻率

工程设计中，各类土壤的电阻率见表 7–1–1。

表 7–1–1　常用土壤计算用电阻率

土　壤　类　别	电阻率（Ω·m）
耕土、腐殖土、黏土、淤泥、黑土、泥沼地带、盐渍土	1×10^2
石质黏土、潮湿沙土、黄土、细沙混合土、亚沙土、亚黏土	3×10^2
湿砂、风化砂、砂质土壤、砾石混合砂土、河砂淤积土	6×10^2
砂子（干砂）、含有卵石和碎石的砂土、含硬质砂岩的亚黏土	10×10^2
卵石、碎石、风化岩石、风化泥质页岩	20×10^2
花岗岩、石英岩、石灰岩	20×10^2 以上

计算防雷接地装置所采用的土壤电阻率，GB/T 50064《交流电气装置的过电压保护及绝缘配合设计规范》规定，应取雷季中最大可能的数值，建议按式（7–1–1）计算

$$\rho = \rho_0 \psi \tag{7–1–1}$$

式中　ρ——土壤电阻率，Ω·m；

ρ_0——雷季中无雨水时所测得的土壤电阻率，Ω·m；

ψ——考虑土壤干燥所取的季节系数。

季节系数ψ根据规程规定，可采用表 7–1–2 所列数据。测定土壤电阻率时，如土壤比较干燥，则应采用表中较小值，如比较潮湿，则应采用较大值。

表 7–1–2 防雷接地装置的季节系数ψ

埋深（m）	ψ	
	水平接地体	2～3m的垂直接地体
0.5	1.4～1.8	1.2～1.4
0.8～1.0	1.25～1.45	1.15～1.3
2.5～3.0（深埋接地体）	1.0～1.1	1.0～1.1

2. 根据土壤电阻率与杆塔工频接地电阻确定接地体型式

（1）在土壤电阻率$\rho \leqslant 100\Omega \cdot m$的潮湿地区，塔的自然接地电阻不大于表 7–1–3 的规定，可利用铁塔和钢筋混凝土杆的自然接地（包括铁塔基础以及钢筋混凝土杆埋入地中的杆段和底盘、拉线盘等），不必另设人工接地装置，但发电厂、变电站的进线段除外。在居民区，如自然接地电阻符合要求，也可不另设人工接地装置。

表 7–1–3 有避雷线架空输电线路杆塔的工频接地电阻

土壤电阻率ρ（$\Omega \cdot m$）	100及以下	100～500	500～1000	1000～2000	2000以上
工频接地电阻（Ω）	10	15	20	25	30

（2）如土壤电阻率很高，接地电阻很难降低到30Ω时，可采用6～8根总长不超过500m的放射形接地体或连续伸长接地体，其接地电阻可不受限制。

（3）在$100 < \rho \leqslant 300\Omega \cdot m$的地区，除利用杆塔和钢筋混凝土杆的自然接地外，还应加设人工接地装置。接地体埋设深度不宜小于0.6m。在$300 < \rho \leqslant 2000\Omega \cdot m$的地区。一般采用水平敷设的接地装置，接地体埋设深度不宜小于0.5m。在耕地中的接地体，应埋设在耕作深度以下。

（4）在$\rho > 2000\Omega \cdot m$的地区，可采用6～8根总长度不超过500m的放射形接地体，或连续伸长接地体。放射形接地体可采用长短结合的方式。接地体埋设深度不宜小于0.3m。

（5）大跨越高塔为了减少接地电阻值，常采用两个接地装置的形式，一个接地装置是环型与放射型组合型的外接地装置；另一个接地装置是利用基础的钢筋（如灌注桩的钢筋）作为接地体，称为内接地装置，这两个接地装置分别用接地引下线接在铁塔塔脚的角钢处。

三、危险点分析与控制措施

接地体埋置过程中存在的危险点有以下两点。

（1）挖破地下管线，造成触电。控制方法是进行土石方开挖前应调查清地下管线情况，防止损坏其他管线，造成人员触电伤害。

（2）爆破施工危险点：炸药和雷管保管、使用不当，爆炸伤人。这些危险点的控制措施如下。

1）爆破工作必须由有爆破资质的人员担任。

2）爆破施工必须有专人指挥，设置警戒员，防止危险区内有人通行或逗留。

3）装填炸药时不得使炸药、雷管受到强烈冲击挤压。

4）雷管和导火索连接时，应使用专用的钳子夹雷管口，严禁碰雷汞部分和用牙咬雷管。

5）在强电场下严禁用电雷管。

6）使用电雷管时，起爆器由专人保管，电源由专人控制，闸刀箱应上锁；放爆前严禁将点火钥匙插入起爆器；引爆电雷管应使用绝缘良好的导线，其长度不得小于安全距离，电雷管接线前，其脚线必须短接。

7）使用的导火索要有足够的长度，点火后点火人员要迅速离开危险区；如需在坑内点火时，应事先考虑好点火人能迅速撤离坑内的措施。

8）遇有哑炮时，应等 20min 后再去处理，不得从炮眼中抽取雷管和炸药；重新打眼时深眼要离原眼 0.6m，浅眼要离原眼 0.3～0.4m，并与原眼方向平行。

9）爆破时应考虑对周围建筑物、电力线、通信线等设施的影响，必要时采取保护措施。

四、作业步骤质量标准

（一）接地沟位置测定及开挖

（1）根据设计图纸，进行接地沟位置测定。

（2）因避开道路、地下管道、电缆和岩石等障碍物必须改变接地沟的形状时，应符合以下要求：

1）接地装置为环形的改变后仍为环型。

2）接地装置为放射型的，改变后可不受限制，但应尽量减少弯曲。

3）若不能按设计图纸开挖接地沟敷设接地体，应根据具体情况，在施工记录上绘制接地装置敷设简图，并标明其位置和尺寸。

4）在倾斜地形应按等高线开挖接地沟，避免被雨水冲刷或受其他侵害。

（3）确定沟位置后，即可进行接地槽开挖。接地沟的开挖应按下列要求进行。

1）挖掘深度应符合设计要求。挖掘宽度以方便挖掘和敷设为原则，一般为 0.3～0.4m。

2）接地沟应尽量减少弯曲。

3）挖掘方法可采用人工挖掘或爆破施工，可根据现场具体情况确定。

4）接地沟底面应平整，并清除沟中一切可能影响接地体与土壤接触的杂物。

（二）接地体敷设

1. 接地体的敷设步骤

（1）检查接地槽的深度是否符合设计规定。

（2）对接地体进行质量检查和必要的调整工作，连接焊口不得有开焊或裂纹等缺陷，否则应进行补焊。

（3）按设计的接地型式敷设接地体，接地体为扁钢时，则扁钢应立放。

（4）带有垂直接地极的接地装置，应先将接地极打入土壤中，然后再进行接地带和极管的连接（焊接）。打入极管的方法如下。

1）置接地极于指定的位置上，使用适当夹具扶正接地极；扶接地极者应站锤击方向的侧面，防止误击或击偏伤人。

2）锤击接地极，将接地极打入土壤至要求的深度为止。当利用大锤打击时，应先检查锤头是否牢靠，锤把是否结实，禁止使用不符合安全要求者；开始打击时，应轻轻进行，待接地极稳定后再用力。

2. 接地体的敷设要求

（1）接地体的规格及埋深不应小于设计规定。

（2）接地体敷设后，应保持平直，不得有明显的弯曲、裂纹等缺陷。

（3）采用扁钢接地体时，应将扁钢置于沟内，采用打入式垂直接地体时应垂直打入，并防止晃动。

五、注意事项

（1）接地沟位置在测定时，应尽量避开道路、地下管道和电缆等建筑物。

（2）不能按原设计图形敷设接地体时，应在施工记录上绘制接地装置敷设简图。

（3）敷设水平接地体时，在倾斜地形宜沿等高线敷设，两接地体间的平行距离不应小于5m。

（4）挖好接地槽后，应及时敷设接地体和培土夯实。

【思考与练习】

1. 画出单杆及单基础铁塔水平敷设的接地装置正面图和平面图。

2. 画出双杆水平敷设接地装置的正面图及平面图。

3. 画出铁塔水平敷设接地装置的正面图及平面图。

4. 如何敷设接地体？接地体敷设有什么要求？

模块2　降阻剂应用（Z04F4002 Ⅰ）

【模块描述】本模块涵盖降阻剂类型、降阻剂的埋设等。通过内容介绍、流程讲解，熟悉各类降阻剂的降阻机理，掌握降阻剂的使用方法。

【正文】

一、作业内容

（一）降阻剂类型

1. 物理降阻剂

（1）组成：由电解质、固化剂、导电混凝土和填充材料等组成，是一种黑色优质矿物复合材料，如图 7–2–1 所示。含有大量的半导体元素和钾、钙、铝、铁、钛等金属化合物。

图 7–2–1　物理降阻剂

（2）主要技术参数、性能。

1）降电阻率：60%～90%（土壤电阻率越高，降电阻越显著）。

2）稳定性：有效期 25 年以上。

3）保水性、吸水性高。

4）温度适应范围：–40～1000℃试样不爆裂，无自然和焦化物产生。

5）pH 值：7～8.5。

6）表面凝固时间：15～45min。

7）密度：干密度 $1.05g/cm^3$，湿密度 $1.4～1.6g/cm^3$。

2. 降阻原理

降阻剂中的高分子有机物与强电解质等混合，加入固化剂后，发生化学反应，生成固、液共存状态的硬化树脂凝胶体，强电解质水溶液被网络结构的高分子所包围，不易溶解和流失，因此形成良好的导电性，同时由于降阻剂具有像水一样的流动性，在施工浇筑后，形成一个很强的密实体，产生了较好的“树枝效应”，有效地扩大了导体与土壤的接触面积，进一步降低了接触电阻。从而，使接地装置的接地电阻得到降低。

（二）接地模块

1. 接地模块的组成

以 TK 系列为例，它是由一种以碳素材料为主体的导电性、稳定性较好的非金属矿物质组成。TK 系列接地模块分为 TK—01 三孔三棱形、三孔六棱形、实心六棱形、圆柱形等各种型号。TK—02为方形接地模块。TK—01型净重为60kg，TK—02型净重为24kg。TK系列降阻模块如图7-2-2所示。

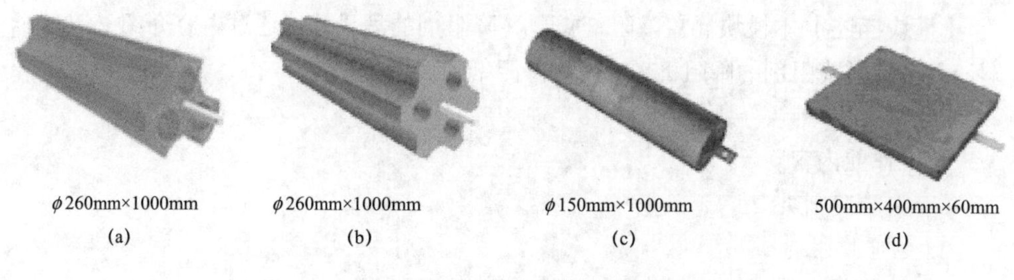

图7-2-2 TK系列降阻模块

（a）三孔六棱形；（b）实心六棱形；（c）圆柱形；（d）方形

2. 接地模块的降阻原理

接地模块埋入大地后，其中的非金属材料与大地构成一个接触良好的整体。一方面它能够与土壤紧密接触，扩大散流面积，降低与土壤间的接触电阻；另一方面它向周围土壤孔隙中流动渗透，降低周围土壤电阻率，在接地体四周形成一个电阻率变化平缓的低电阻区域，使整个地网接地电阻显著降低。由于TK系列接地模块具有很强的保湿性、吸湿性和稳定的导电性，金属接地体通过外围的非金属的模块材料与大地的接触电阻将大大减小，达到良好的降阻作用。

二、作业前准备

1. 材料用量的确定

（1）物理降阻剂用量视不同土壤而定，在接地体上应敷设5～15cm厚度的降阻剂，推荐用量如下：

1）水平敷设的接地体降阻剂用量：当土壤电阻率$\rho \leqslant 500\Omega \cdot m$时，用量为10～15kg/m；当土壤电阻率$500 < \rho \leqslant 1000\Omega \cdot m$时，用量为15～20kg/m；当土壤电阻率$1000 < \rho \leqslant 2000\Omega \cdot m$时；用量为20～30kg/m；当土壤电阻率$\rho > 2000\Omega \cdot m$时，用量为30～35kg/m。

2）垂直敷设的接地体降祖剂用量：当土壤电阻率$\rho \leqslant 500\Omega \cdot m$时，用量为12～16kg/m；当土壤电阻率$500 < \rho \leqslant 1000\Omega \cdot m$时，用量为16～22kg/m；当土壤电阻率$1000 < \rho \leqslant 2000\Omega \cdot m$时；用量为22＜32kg/m；当土壤电阻率$\rho > 2000\Omega \cdot m$时，用量为32～40kg/m。

（2）高分子化学降阻剂用量：垂直接地极用量为50L；水平接地极用量25L。

（3）接地模块的用量视土壤电阻率及接地电阻数值而定，推荐用量见表7-2-1。

表 7–2–1　　接地模块用量　　单位：块

土壤电阻率（Ω·m）\ 接地电阻值（Ω）	10	5	4	2	1
100	2	4	5	9	18
200	4	7	9	18	35
300	6	11	14	27	53
400	7	14	18	35	70
500	9	18	22	44	88
600	11	21	27	53	105
700	13	25	31	62	123
800	14	28	35	70	140
900	16	32	40	79	158
1000	18	35	44	88	175

2. 施工前检查

（1）降阻剂应是同一品牌、同一型号的产品。

（2）水清无污染，水中无泥沙等杂质。

三、作业步骤、质量标准

（一）物理降阻剂的施工

1. 采用水平接地体时物理降阻剂的施工

（1）挖 0.8～1.2m 深的水平长坑，其长度按接地体长度而定，在沟底部形成 200mm×200mm 的凹槽，接地体部分用小金属或钢筋头支起，然后将接地引下线按设计要求涂刷防锈漆。

（2）现场将降阻剂料、水按 3:2 的比例放在一大口容器中搅拌均匀，拌成浆糊状后倒入已放好接地体的坑中（切记不可固化后放入），待降阻剂表面凝固后，在靠近降阻剂表面处填上约 0.3m 厚的细土，再填其他土并夯实。采用水平接地体时物理降阻剂的施工图如图 7–2–3 所示。

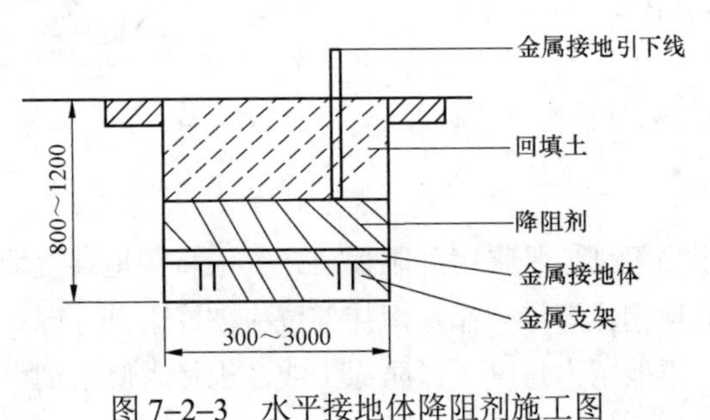

图 7–2–3　水平接地体降阻剂施工图

2. 采用垂直接地体时物理降阻剂的施工

（1）人工开挖一大口接地坑，将加工好的钢管作为外模放入接地坑中，再把接地极放在钢模中央，使它们处于垂直位置，钢模外用细土回填。

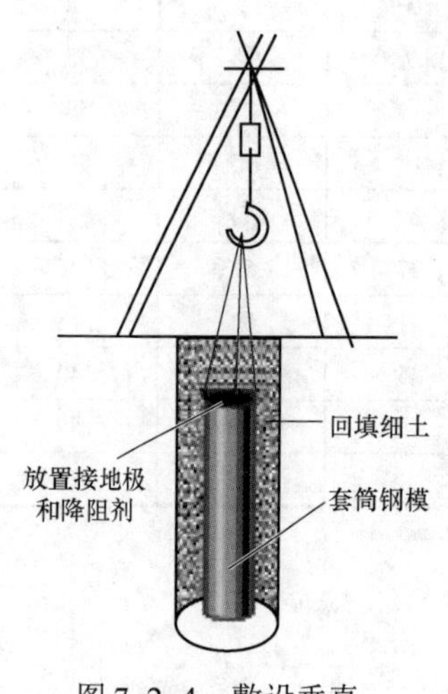

图7-2-4 敷设垂直接地极降阻剂的施工图

（2）按水平接地体调制降阻剂方法将降阻剂调制好，调好后将其倒入钢模与接地极之间，然后用起重机向上将钢模拉出，再浇水夯实。采用垂直接地体时物理降阻剂的施工方法如图7-2-4所示。

3. 回填及测试

回填上层土壤并夯实，恢复地面形状。24h后可进行接地电阻的定性测试，一周后，可进行接地电阻的稳定测试。

（二）接地模块的施工

1. 接地极

接地极接地模块施工图如图7-2-5所示，将深2.5m直径1m的接地极坑挖好，再将接地模块插在坑中央，焊接好接地引线与接地模块的接地极，然后盖上细土用力踩实后，再用原土回填。

2. 水平接地带

水平接地带接地模块施工图如图7-2-6所示，挖好深1m、宽0.5m的水平接地沟，铺设好接地模块，扁钢接头部分用焊接焊牢。焊接长度为0.08m，再在其上盖上细土，用力夯实，然后用原土回填。

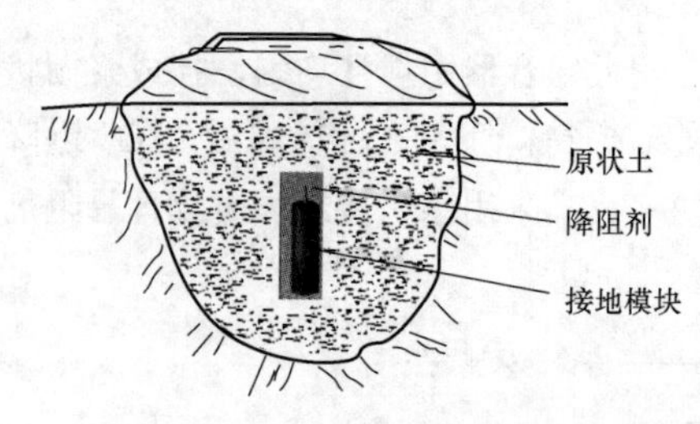

图7-2-5 接地极接地模块施工图

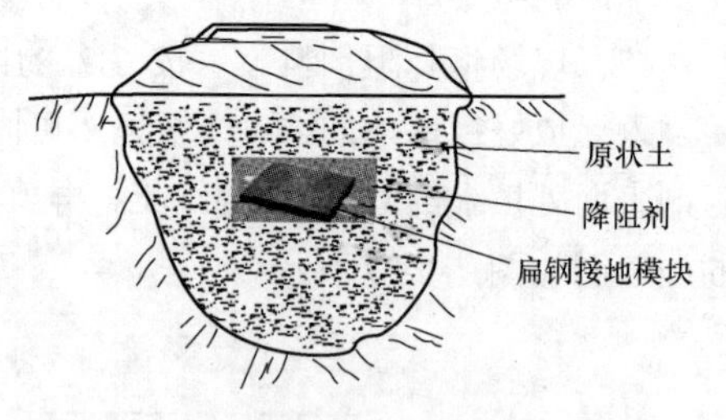

图7-2-6 水平接地带接地模块施工图

四、注意事项

（1）无论是采用降阻剂还是采用降阻模块，都应将接地装置埋在冻土层以下。

（2）接地模块的扁钢应焊接牢靠，焊接部位应被降阻剂包围。

（3）回填土时，不能用力过度，以防原土或沙土掺入降阻剂内。

（4）接地模块在铺设时一定要轻拿轻放，以防接地模块在铺设过程中断裂、破损。

（5）接地扁钢引出地面部分，要采用涂底漆的方法进行防腐处理。

【思考与练习】

1. 降低杆塔的接地电阻有哪些方法？

2. 简述降阻剂的降阻原理。

3. 简述降阻模块的降阻原理。

4. 简述物理降阻剂的埋设方法。

◢ 模块 3　接地装置施工（Z04F4003 Ⅰ）

【模块描述】本模块包含接地装置的材料、敷设、连接、回填等。通过内容介绍、流程讲解，掌握接地装置施工方法及要求。

【正文】

一、作业内容

1. 接地装置的材料

接地装置是由接地体及接地引线两部分组成，对这两部分的要求是：

（1）接地体的材料要求。

1）接地体的材料一般采用钢材。

2）人工接地体水平敷设的可采用圆钢、扁钢，垂直敷设的可采用角钢、钢管、圆钢等。

3）接地体的导体截面应符合热稳定与均压的要求，且不应小于表 7–3–1 所列规格。

表 7–3–1　　钢接地体和接地引下线的最小规格

种　类	规格及单位	地上（屋外）	地下
圆钢	直径（mm）	8	8/10
扁钢	截面（mm^2）	48	48
	厚度（mm）	4	4
角钢	厚度（mm）	2.5	4
钢管	管壁厚度（mm）	2.5	3.5/2.5

注　1. 电力线路杆塔的接地体引下线截面积不应小于 $50mm^2$，并应热镀锌。

2. 地下部分圆钢直径，分子对应于架空线，分母对应于发电厂及变电站。钢管壁厚：分子对应于埋于土壤，分母对应于埋于室内素混凝土地坪中。

4）敷设在腐蚀性较强场所的接地体，应根据腐蚀的性质采取热镀锡、热镀锌等防腐措施，或适当加大截面。

5）对非腐蚀性地区，一般采用有ϕ10mm圆钢作接地体。

（2）接地引下线材料要求。

1）在实际线路工程中，接地引下线采用ϕ12mm圆钢。

2）接地体引下线的截面不应小于表7-3-1的规定。

3）接地引下线应与钢筋混凝土杆的避雷线支架、导线横担有可靠的电气连接。

4）利用钢筋兼作接地引下线的钢筋混凝土杆，其钢筋与接地螺母、铁横担或瓷横担的固定部分应有可靠的电气连接。外敷的接地引下线可采用镀锌钢绞线，其截面不应小于50mm^2。

2. 接地体敷设、连接及回填

接地体敷设的内容已在模块1中作过介绍。接地体的连接有焊接及爆炸压接。当接地体敷设、连接完成后即可进行地槽的回填。

二、作业前准备

（1）按设计规定准备好合格的接地装置材料。

（2）选用合格的施工工具并进行检查，合格后方可使用。接地装置施工所需用的主要工具有钢筋加工机、电焊机、配电箱、氧气瓶、乙炔瓶、锹、镐、钢丝钳、扳手等。

（3）检查接地体、接地引线是否已按要求敷设完毕，降阻措施是否符合规定。

（4）接地装置施工应准备齐全施工技术资料。接地装置施工的人员应经过技术交底，并熟练掌握接地装置施工技术。焊工应由考试合格的正式工担任。

三、危险点分析与控制措施

接地装置施工过程中存在的危险点如下。

（1）进行接地体、接地引线连接时爆炸伤人、烧伤及触电。控制措施有：

1）焊接工作必须由有资质证的人员担任。

2）禁止使用有缺陷的电焊工具和设备，防止电焊机、电源线和焊把漏电。

3）运输和放置氧气瓶时应套配橡皮圈，防止滚动和暴晒等引起爆炸。

4）焊接时，焊工应穿帆布工作服，戴工作帽，上衣不准扎在裤子里，口袋须有遮盖，脚面应有鞋罩，戴防护皮手套，戴防护目镜。

5）进行焊接工作时，必须设有防止金属渣飞溅的措施。

（2）工具、材料伤人。控制措施如下：

1）现场埋设接地体时防止弹伤脸和眼睛。

2）挖地槽时注意防止尖镐伤脚或磕伤手。

四、作业步骤和质量标准

1. 接地体的连接

接地装置的连接必须可靠，除设计规定断开处用螺栓连接外，其他均应用焊接或爆压连接，并应将连接处的铁锈等附着物清理干净。

（1）焊接连接。

1）焊接操作要点应遵守焊接施工操作规程。

2）搭接长度：圆钢为直径的 6 倍，并双面施焊；扁钢带为其宽度的两倍，并应四面施焊。

3）带有垂直极管的接地装置，垂直极管与钢带或圆钢的连接应按设计规定进行，若设计无规定时，可按图 7–3–1 所示的连接方式进行。

（2）爆炸压接的连接宜在现场进行，并符合下列规定。

1）爆炸压接连接操作应遵守外爆压接施工工艺规程的有关规定。

2）爆压管壁厚不得小于 3mm，长度不得小于：当采用搭接时，为圆钢直径的 10 倍；当采用对接时，为圆钢直径的 20 倍，如图 7–3–2。

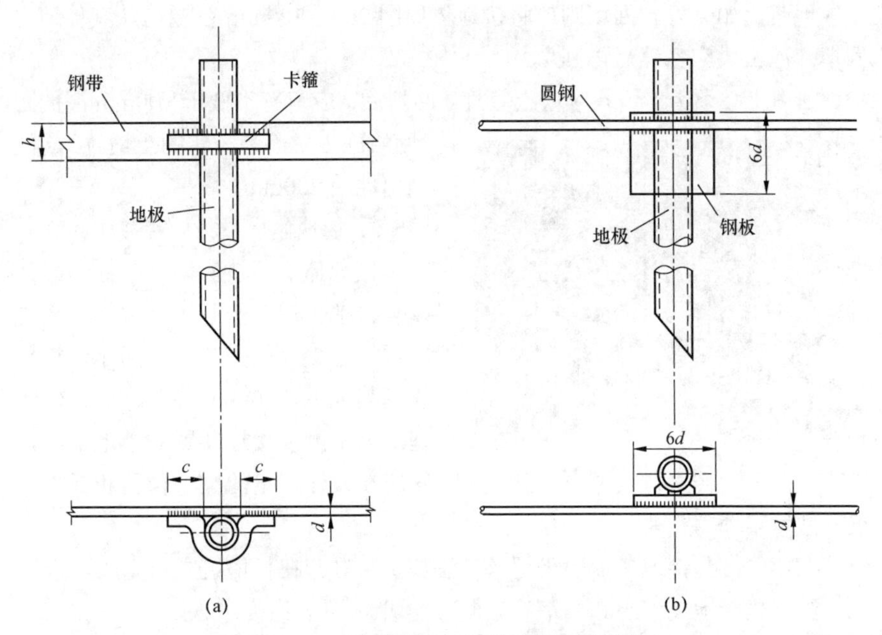

图 7–3–1　垂直极管与钢带或圆钢的连接

（a）垂直极管与钢带的连接；（b）垂直极管与圆钢的连接

h—钢带宽度；c—卡箍伸出部分的宽度；d—接地体直径

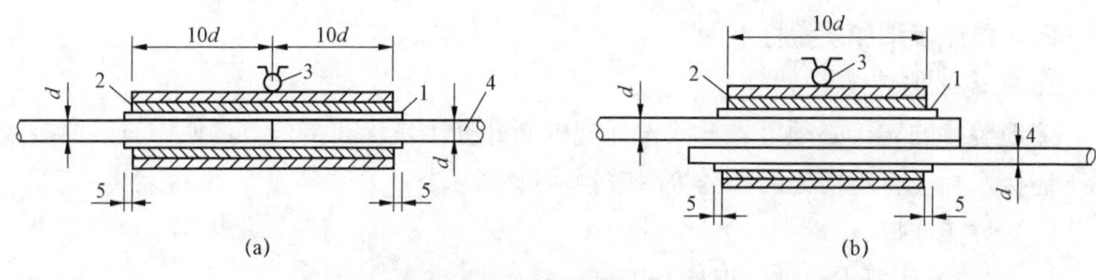

图 7-3-2 爆压连接圆钢示意（单位：mm）

（a）圆钢对接爆压；（b）圆钢搭接爆压

1—钢管；2—炸药包；3—雷管；4—圆钢；5—炸药边线到压接管边线的距离；d—圆钢直径

接地装置加工后，应妥善保管，并在施工前按照各桩号设计型式运往现场。在运输中，应谨慎装卸，避免焊缝损坏或出现不易修复的硬弯。

接地引下线与杆塔的连接应接触良好，并应便于打开测量接地电阻。当引下线直接从架空避雷线引下时，引下线应紧靠杆身，并应每隔一定距离与杆身固定一次。

2. 接地体的回填土

（1）接地沟的回填土应尽量使用好土，土中不得掺杂石块、树根和其他杂物。对于在山区地带，如无好土回填则应将接地体周围 200～300mm 范围内从其他地方运来好土回填。冻土块应打碎后再回填。

（2）回填土必须夯实，并应依次夯打。回填后，应留有不低于 100mm 高的防沉层（回填冻土及不易夯实的土壤时，防沉层应高出地面 200mm）。

图 7-3-3 接地引下线与杆塔连接方式图

3. 接地体引下线的连接

接地体引下线应采用热镀锌导体，下端与接地体焊在一起，上端用连板与杆塔用螺栓连接，如图 7-3-3 所示。接地引下线及其地下 300mm 部分，必须做防腐处理。为了测量接地装置的接地电阻，引下线应在设计规定的位置预留断开处。

五、注意事项

（1）在山区，当接地槽需要采用爆破法施工时，应在杆塔组立前完成。

（2）深埋式接地装置应和杆塔施工同时完成。

（3）在雷雨季节，接地装置的施工应在架线前完成。

（4）接地装置的施工应遵照设计单位确定的措施施工。

（5）如土壤电阻率很高，接地电阻很难降到 30Ω 以下时，可采用 6～8 根总长不超过 500m 的放射形接地体或连续伸长接地体。

（6）用盐类水溶液与土壤混合降低接地电阻时，必须将接地体热镀锌处理。

【思考与练习】

1. 对接地体和接地引下线材料有哪些要求？

2. 接地装置施工过程中存在哪些危险点？如何控制？

3. 接地体的连接有哪几种方法？接地体焊接应符合哪些规定？接地体爆炸压接应符合哪些规定？

4. 接地体的引下线如何连接？接地体的回填土时应遵守哪些规定？

模块 4　接地电阻及土壤电阻率测量（Z04F4004 Ⅰ）

【模块描述】本模块包含接地电阻及土壤电阻率测量等。通过内容介绍、图形示例、流程讲解，熟悉土壤电阻率的测量方法，掌握接地电阻的测量方法。

【正文】

一、作业内容

1. 杆塔接地电阻测量

杆塔接地电阻测量的目的是检查杆塔接地电阻是否合格，是否能保证当线路产生雷击过电压时能迅速将雷电流泄入大地，从而使线路不遭受过电压的危害。

杆塔接地电阻测量方法很多，本书主要介绍普遍使用的 ZC—8 型接地电阻测量仪测接地电阻及数字式钳型接地电阻测试器测接地电阻。ZC—8 型接地电阻测量仪外形及结构如图 7–4–1 所示，钳型接地电阻测试仪结构如图 7–4–2 所示。

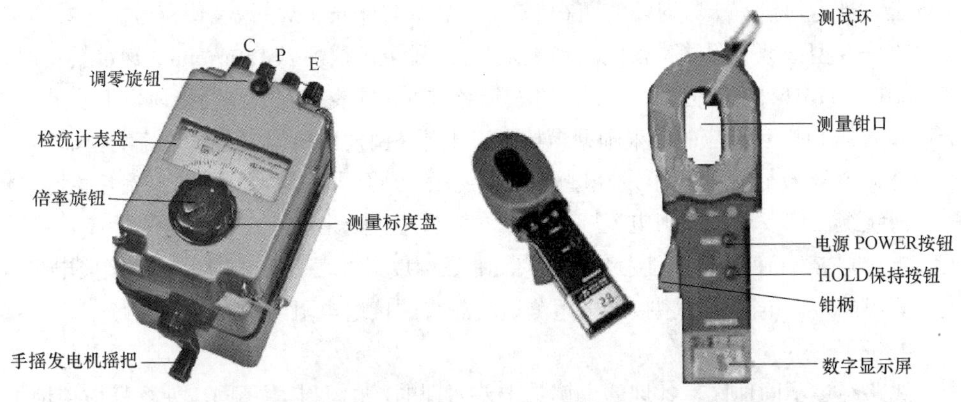

图 7–4–1　ZC—8 型接地电阻测量仪　　图 7–4–2　钳型接地电阻测量仪

其中，测量钳口可张合，用于钳绕被测接地线；POWER 为电源开关按钮，控制电源的接通及断开；HOLD为保持按钮，按此钮可保持仪表的读数，再按一次则脱离HOLD状态；数字（液晶）显示屏用于显示测量结果以及其他功能符号；钳柄可控制钳口的张合；测试环用于检验钳型接地电阻测量仪的准确度。

钳型接地电阻测试仪是利用电磁感应原理通过其前端卡口（内有电磁线圈）所钳入的导线（该导线已构成了环向）送入一恒定电压 U，该电压被施加在接地装置所在的回路中，钳型接地电阻测试仪可同时通过其前端卡口测出回路中的电流 I，根据 U 和 I，即可计算出回路中的总电阻，即

$$\frac{U}{I}=R_x+\frac{1}{\left(\frac{1}{R_1}+\frac{1}{R_2}+\cdots+\frac{1}{R_n}\right)} \tag{7-4-1}$$

式中 U——钳型接地电阻测试仪所加的恒定电压；

I——钳型接地电阻测试仪卡口测出的回路中电流；

R_x——被测接地电阻。

$1/R_1+1/R_2+\cdots+1/R_n$ 为 R_1、R_2、…、R_n 并联后的总电阻，在分布式多点接地系统中，通常有被测接地电阻 R_n 远远大于 R_1、R_2、…、R_n 并联后的总电阻，所以 $U/I=R_n$。

事实上，钳型地阻表通过其前端卡环这一特殊的电磁变换器送入线缆的是1.7kHz的交流恒定电压，在电流检测电路中，经过滤波、放大、A/D转换，只有1.7kHz的电压所产生的电流被检测出来。正因这样，钳型地阻表才排除了商用交流电和设备本身产生的高频噪声所带来的地线上的微小电流，以获得准确的测量结果，也正因为如此，钳型地阻表才具有了在线测量这一优势。实际上，该表测出的是整个回路的阻抗，而不是电阻，不过在通常情况下它们相差极小。钳型地阻表可即刻将结果显示在LCD显示屏上，当卡口没有卡好时，它可在LCD上显示“open jaw”或类似符号。

ZC—8型接地电阻测量仪测接地电阻时，当发电机摇柄以150r/min的速度转动时，产生105～115Hz的交流电，测试仪的 E 端经过5m导线接到被测物接地引下线上，P 端钮和 C 端钮接到相应的两根辅助探棒上。电流 I 由发电机出发经过电流线由探棒 C' 至大地，电压 U 由发电机出发经过电压线由探棒 P' 至大地，被测物和电流互感器TA的一次绕组回到发电机，由电流互感器二次绕组感应产生电流 I' 通过电位器 R_s，借助调节电位器 R_s 可使检流计到达零位，从而通过标度盘及倍率旋钮即可读出接地电阻。这样测出的接地电阻比钳型接地电阻测试仪测得的接地电阻准确度要高。

2. 土壤电阻率的测量

线路经过不同地区，各地的土壤是千差万别的。由于土壤不同，使得杆塔接地电阻大小不同，为使杆塔的接地电阻符合规定，在进行接地装置施工前，应测量出土壤的电阻率，从而确定出适合的接地体形式。

二、作业前准备

准备好合格的测量工具、仪表，并对测量仪表进行检查，合格后方可使用。

（1）进行杆塔接地电阻测量所需的工具、仪表有接地电阻测量仪一只、接地探针两根、多股的铜绞软线三根、扳手两把、榔头一把、凿刀一把、钢丝刷一把。

（2）检查测量仪表的好坏。对ZC—8型的接地绝缘电阻表使用前：一是要进行静态检查。检查时，看检流计的指针是否指“0”，如果指针偏离“0”位，则调整调零旋扭，使指针指“0”；二是要进行动态测试。动态测试时，可将电压接线柱“*P*”和电流接线柱“*C*”短接，然后轻轻摇动摇把，看检流计的指针是否发生偏转，如指针偏转，说明仪表是好的，如指针不发生偏转，则仪表损坏。

对国产701型接地电阻测试器使用前必须检查干电池和蜂鸣器是否正常，如干电池良好，但揿下*C*钮时耳机内听不到蜂音，这是由于蜂鸣器内炭精受潮凝结的缘故。此时可启开右侧箱盖，用钢笔杆轻敲数下，以帮助引起振动。当插入耳机揿下按钮，耳机内发出蜂音，则表示仪器良好。

（3）断开接地引下线与杆塔的连接，并在接地引下线上除锈，以保证线夹与接地引下线连接良好。

（4）根据接地装置施工图查出接地体的长度。

三、危险点分析与控制措施

接地电阻测量过程中存在的危险点主要是电击，其控制措施如下。

（1）雷雨天气严禁测量杆塔接地电阻。

（2）测量杆塔接地电阻时，探针连线不应与导线平行。

（3）测量带有绝缘架空地线的杆塔接地电阻时，应先设置替代接地体后方可拆开接地体。

四、作业步骤、质量标准

（一）接地电阻测量

1. 用ZC—8型接地电阻测量仪测接地电阻

（1）布线、连线。在离接地引下线距离为接地体长度2.5倍的地方打入一电压接地探针*P*′，离接地引下线距离为接地体长度4倍的地方打入一电流接地探针*C*′，并用绝缘连接线分别将*P*′与仪表上的*P*端钮相连、*C*′与仪表上的“*C*”端钮相连，接地引下线与E端钮相连。ZC—8型接地绝缘电阻表测量接线如图7–4–3所示。

为保证测量的准确性，*P*′*C*′的连线不能与线路方向平行，也不能与地下热力管道平行，且*P*′*C*′打入地下的深度不得小于0.5m。当地下接地体很长，无法使测量连接线达到接地体长度的2.5及4倍时，可采用经验数据长度，即电压线采用20m，电流线采用40m。

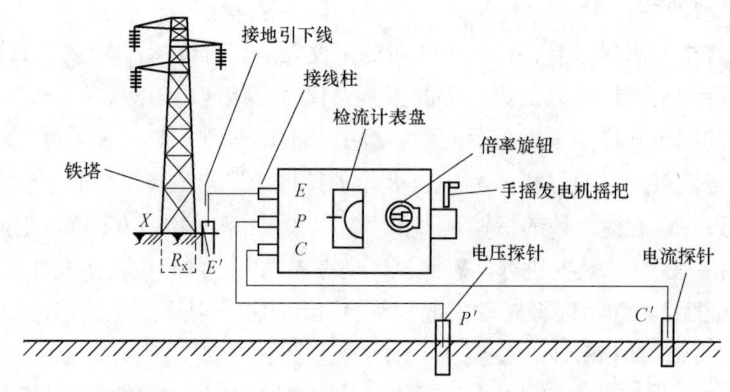

图 7–4–3 ZC—8 型接地摇表测量接线布置

（2）测量。先将仪表倍率旋钮调在最高挡，慢慢匀速摇动手摇发电机的摇把，同时旋动“测量标度盘”使检流计指针指于中心线，当检流计指针接近平衡时，加快摇把的转速，应使之达到 120r/min，并调整“测量标度盘”使检流计指针指于中心线上。此时，测量标度盘上的读数乘倍率旋钮的倍数即为所测得的接地电阻。如果此时测量标度盘上的读数小于 1，则应减小倍率旋钮的倍数重新按上述方法测量。

2. 用数字式钳型接地电阻测试器测接地电阻

（1）按下 POWER 按钮后，仪表通电。此时钳表处于开机自检状态。应注意在开机自检状态时一定要保持钳表的自然静止状态，不可翻转钳表，钳表的手柄不可施加任何外力，更不可对钳口施加外力，否则将不能保证测量精度。

（2）开机自检状态结束后，液晶的显示为 *OL*，此时说明自检正常完成，并已进入测量状态。

如果开机自检时出现了 *E* 符号或自检后未出现 *OL*，而是显示其他一些数字，则说明自检错误，不能进入测量状态。出现这种情况有以下两种可能：

1）钳口在钳绕了导体回路（而且电阻较小）的情况下进行自检。此时只须去除此导体回路后，重新开机即可。

2）钳表有故障。

（3）自检正常结束后（即显示 *OL*），用随机的测试环检验一下仪表的准确度，检验时，显示值应该与测试环的标称值一致，例如：测试环的标称值为 5.1Ω 时，显示为 5.0Ω 或 5.2Ω 都是正常的。

（4）按住钳柄，使钳口张开，用钳口钳住被测接地体的接地引下线，然后松开钳柄，此时，显示屏上即会显示出被测接地体的接地电阻数值。

1）如果在测量电阻时，显示 *OL*，则说明被测电阻超过 1000Ω。已超出本仪表的测量范围。

2）如果在测量时，液晶屏显示 *L*0.1，则说明被测电阻小于 0.1Ω，已超出本仪表测量范围。

3)如果在测量过程中液晶显示屏上出现了电池符号,则说明电池电压已低于5.3V,此时测量结果已不十分准确，应立即更换电池。当电池电压低于 5.3V 时，测量结果往往偏大。

4）如果在开机自检后，并没有显示电池符号，但每当压动钳柄时即自动停机，这也说明电压过低，应立即更换电池。

5）本仪表在开机 5min 后，液晶屏即进入闪烁状态，闪烁状态持续 30s 后自动关机，以降低电池消耗。如果在闪烁状态按压 POWER 按钮，则仪表重新进入测量状态。

用数字式钳型接地电阻测试器测接地电阻的现场如图 7–4–4。

图 7–4–4　钳形接地电阻测试仪测接地电阻的现场

（二）土壤电阻率测量

测量土壤电阻率时，在被测地区按照直线埋在土内四根棒，它们之间的距离为 *S*，棒的埋入深度不应低于 *S*/20。打开 C_2 和 P_2 的连接片，用四根导线连接到相应的探测棒上，如图 7–4–5 所示。

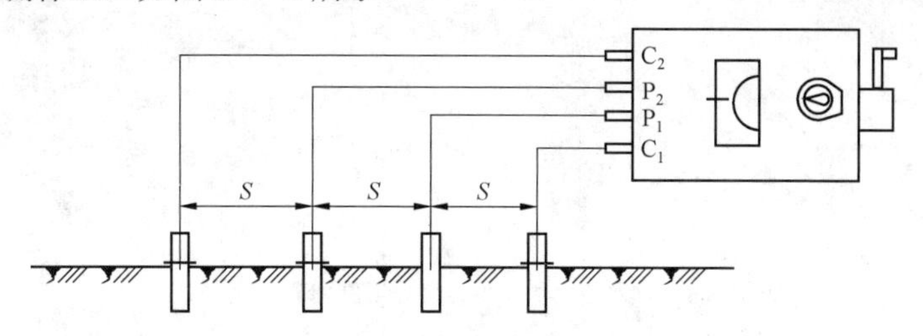

图 7–4–5　ZC—8 型接地绝缘电阻表测量土壤电阻率接线布置图

接好线后按测接地电阻的方法测出接地电阻的数值 *R*，则土壤电阻率为

$$\rho=2\pi SR\times10^2 \qquad (7\text{–}4\text{–}2)$$

式中　ρ——土壤电阻率，Ω·m；

R——接地电阻测量的读数，Ω；

S——棒间距离，cm。

五、注意事项

（1）用 ZC—8 型接地电阻测量仪测接地电阻时，仪表应放置平稳。

（2）用接地电阻测量仪测接地电阻时，至少应测量两次，如两次测量结果误差不大，则取这两次测量的平均值，如两次测量结果误差较大，则应分析原因，重新测量。

（3）当检流计的灵敏度过高时，可将电位探针插入土壤中浅一些，当检流计的灵敏度不够时，可沿电流探针、电压探针注水湿润。

（4）钳型接地电阻测试器开机自检时应使仪表处于松弛的自然状态，单手握持仪表时手指不可接触钳柄。这对保证测量精度是很重要的。

（5）当被测电阻较大时（例如大于 100Ω），为保证测量精度，最好在按 POWER 按钮之前（即仪表通电之前），按压钳柄使钳口开合 2～3 次，再启动仪表。这对保证大于 100Ω 电阻的测量精度是很重要的。

（6）任何时候都要保持钳口接触平面的清洁。

（7）长时间不使用仪表时应从电池仓中取出电池。

【思考与练习】

1. 试述 ZC—8 型接地电阻测量仪测的结构。使用 ZC—8 型接地电阻测量仪测杆塔接地装置的接地电阻前应做哪些检查？如何检查？

2. 画出用 ZC—8 型接地电阻测量仪测杆塔接地电阻的接线图。

3. 简述用 ZC—8 型接地电阻测量仪测杆塔接地装置接地电阻的方法。

4. 简述用数字式钳型接地电阻测量仪测杆塔接地装置接地电阻的方法。

5. 土壤电阻率如何测量？

6. 接地电阻测量过程中存在什么危险点？控制措施有哪些？

第八章

特殊施工方法及新工艺

◢ 模块 1 带电跨越及大跨越导地线展放（Z04F5001Ⅲ）

【模块描述】本模块涉及跨越带电线路、不封航直升机放线施工等。通过内容介绍、图形示例、流程讲解，了解跨越带电线路和不封航放线施工方法。

【正文】

一、输电线路跨越施工概述

导地线由于型号或结构不同，放线的方法也不尽相同，并且截面积越大，所需要的牵引力也越大。放线时通常先施放导引绳，再由导引绳施放牵引绳，最后由牵引绳施放导地线。如果导线截面积较大，牵引绳还会有大牵引绳取代小牵引绳的改换过程，此时新换上来的大牵引绳称为二级牵引绳，同样道理有时还会用到三级牵引绳。

传统的跨越施工采用的导引绳主要有尼龙绳或钢丝绳等，由于其抗拉强度和绝缘性能较低，特别是其受力状态下的自重比载［指线缆材料单位长度质量折算到单位截面积上的荷载，单位为 N/（m・mm^2）］较大等原因，一般使用在停电或停航情况下的跨越施工中。自从迪尼玛（Dyneema）绳出现，由于其具有抗拉强度高、自重比载小、弹性变形小、绝缘性能好等特性，很快就被应用到了输电线路带电跨越或轻型直升机施放导引绳的大跨越施工中，并显示了无比的优越性。

二、迪尼玛缆绳介绍

（1）迪尼玛（高分子聚乙烯纤维）缆绳技术特性。

1）质量小，密度小于水（仅为 0.97g/cm^3），比同等直径的钢丝缆绳轻 87.5%。

2）强度高，是同等直径钢丝绳强度的 1.5 倍。

3）耐腐蚀和耐用性，可长期耐受海水及化学品的腐蚀，在紫外线照射下性能不变。

4）超强耐磨性，在所有化工材料制品中耐磨性最好，且摩擦系数小。

5）超强耐低温，在−269℃液态氦中仍能保持应有的耐冲击性、韧性和延展性，在温差反复变化条件下性能基本不变。

6）吸水性，基本不吸水。

7）绝缘性能，一根长 3.7m 的迪尼玛绳在 640kV 的试验电压下 5min 不被击穿（被雨淋湿后绝缘性能将明显降低）。

（2）迪尼玛缆绳主要规格及技术参数，见表 8–1–1。

表 8–1–1 迪尼玛缆绳主要规格及技术参数表

序号	直径ϕ（mm）	股数	断裂强度（tf）	每 100m 理论质量（kg）
1	6	12	3.0	2.5
2	12	12	10.0	8.5
3	16	12	18.0	16.0
4	20	12	24.0	25.0
5	22	12	28.0	29.0
6	25	12	35.0	38.0
7	28	12	48.0	50.0

注 生产厂家不同，以上参数可能会略有不同。

三、带电跨越施工方法介绍

下边以一个工程为例，具体介绍用迪尼玛绳作绝缘吊桥进行带电跨越的施工方法。

1. 工程概况

本工程为某 500kV 线路在 N_x～N_y 号塔间跨越某 500kV 直流线路（K_x～K_y 号塔）工程，现场详细情况示意如图 8–1–1 所示。

2. 施工过程

以一侧边导线为例。

（1）安装承力索滑车。N_x 和 N_y 号跨越塔上采用 50kN 专用尼龙滑车作承力索滑车，并用专用挂具和钢丝绳悬挂于铁塔横担上。

（2）安装迪尼玛承力索。施放承力索（ϕ12mm 迪尼玛绳，拉断力不小于 100kN，长度 570m）。承力索在两端的 N_x 号、N_y 号塔处通过承力索滑车锚固于地面。

（3）安装绝缘吊桥。在跨越带电线路的正上方位置，于承力索上加挂绝缘吊桥，绝缘吊桥由形似梯子的一系列托架组成，如图 8–1–2 所示。

安装绝缘吊桥的方法是先将绝缘吊桥预挂在两根迪尼玛承力索上，然后将承力索腾空，再用控制绳拉动绝缘吊桥使所有托架张开，当绝缘吊桥被拉到带电线路的正上方后将其固定，至此绝缘吊桥安装完毕，安装后的情况如图 8–1–3 所示。

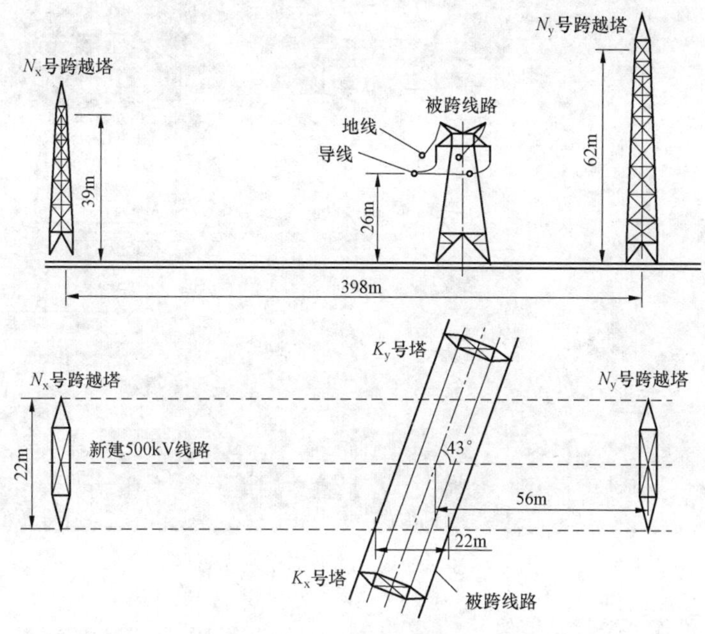

图 8-1-1 交叉跨越基本情况示意

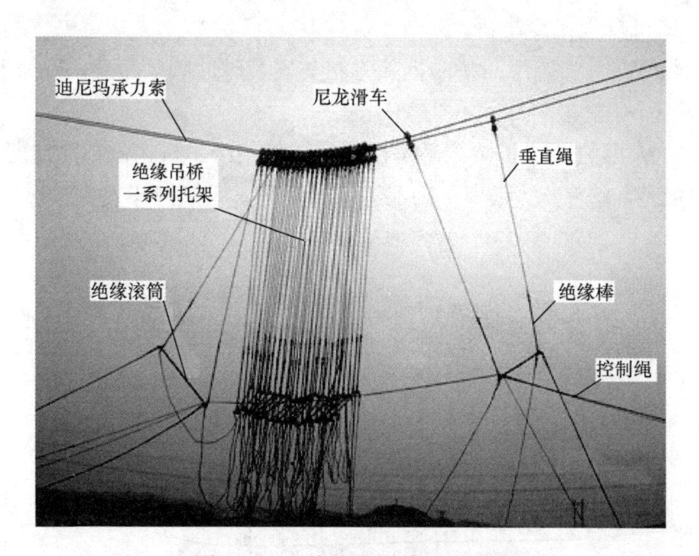

图 8-1-2 绝缘吊桥构成示意图

后续的导地线放线、紧线等均与正常施工相同，但放线过程中应注意绝缘吊桥与带电线路必须保持一定的安全距离。

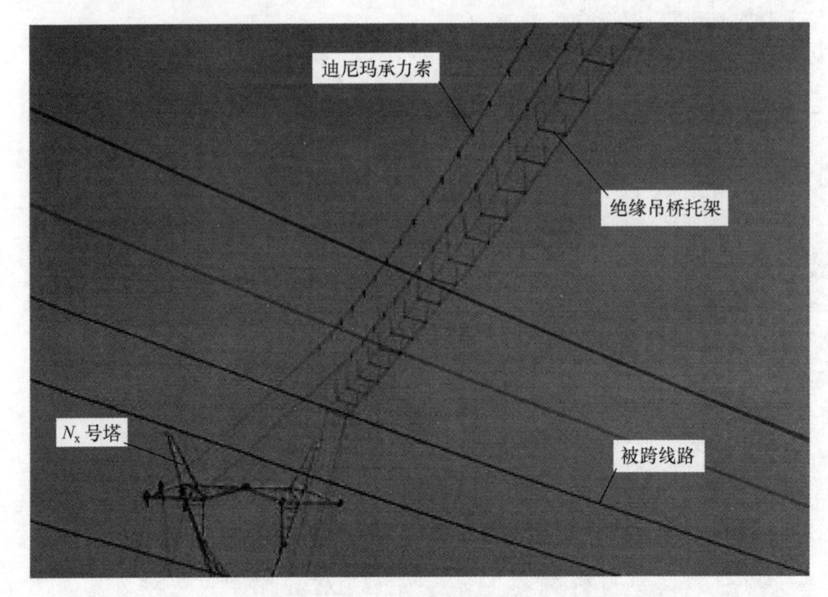

图 8-1-3 交叉跨越施工现场布置图

3. 拆除绝缘吊桥及其构件

当放线区段内导线已在两侧耐张塔上挂好，N_x 和 N_y 号塔上附件及跨越档导线间隔棒安装完毕后即可拆除绝缘吊桥。

（1）拆除绝缘吊桥。绝缘吊桥的拆除方法与安装时的顺序相反，按如下步骤进行，如图 8-1-4 所示。

1）首先在 N_y 号塔侧牵引绝缘吊桥控制绳，使绝缘吊桥越过被跨线路，牵引过程中 N_x 号塔侧应保持有适当的张力，确保绝缘吊桥与被跨线路不发生接触。

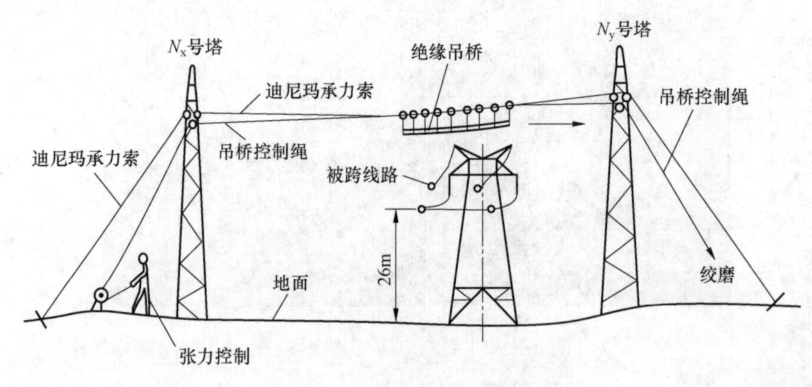

图 8-1-4 拆除绝缘吊桥示意

2）当绝缘吊桥拉至 N_y 号塔时，塔上操作人员依次拆下吊桥滑车，然后将绝缘吊桥落至地面。

（2）拆除承力索。绝缘吊桥拆除后，即可在 N_x 号塔侧，用 $\phi 6$ 迪尼玛绳抽回承力索，在 N_y 号塔侧施加适当张力并在承力索尾端连接 $\phi 12$ 绝缘绳，当承力索全部越过被跨线路后，可松开 $\phi 6$ 迪尼玛绳，并在 N_x 号塔侧进行回收，并一同抽下 $\phi 12$ 绝缘绳。

（3）拆除其余器具。吊桥和承力索拆除后，即可拆除其他器具，包括承力索滑车、工具滑车、绳套等。至此，拆除工作全部完成。

四、不封航大跨越放线施工介绍

跨越江河架设输电线路采取临时封航的办法，在一定程度上可以减少船只航行带来的风险，但却存在影响正常水运、施工费用高、施工期长等问题。例如，某地 500kV 长江大跨越工程，该工程虽然工期比计划提前 8 天完成，但仍用了 23 天时间，施工期间封航 14 次，有关部门出动巡艇 98 艘次，禁航时间累计达 46h，参加封航的工作人员多达 3120 人次。因此，有的施工单位开始研究并采用不封航的施工方法。特别是近年来这样的事例越来越多，并且逐步成为大跨越施工中的主要施工方法。

下面以 500kV 某线路长江大跨越工程为例，具体介绍不封航进行大跨越放线施工的方法。

1. 工程简介

该项工程跨江段铁塔按“耐一直一直一耐”分布，共有 6 基塔，其中，直线跨越塔 2 基，均为双回路跨越塔，耐张塔 4 基（两岸各 2 基），跨江段现场实照如图 8–1–5 所示。2 基直线跨越塔档距为 2303m，两岸直线塔至耐张塔均为 700m，

图 8–1–5　跨江段现场实照

2 基跨越塔全高均为 346.5m，500kV 某线路跨越长江工程如图 8–1–6 所示。该项工程导线采用四分裂 AACSR—500 型铝包钢芯铝绞线，下导线挂线点高度为 292m；地线一根为 AC—360 型铝包钢绞线，另一根为 OPGW。

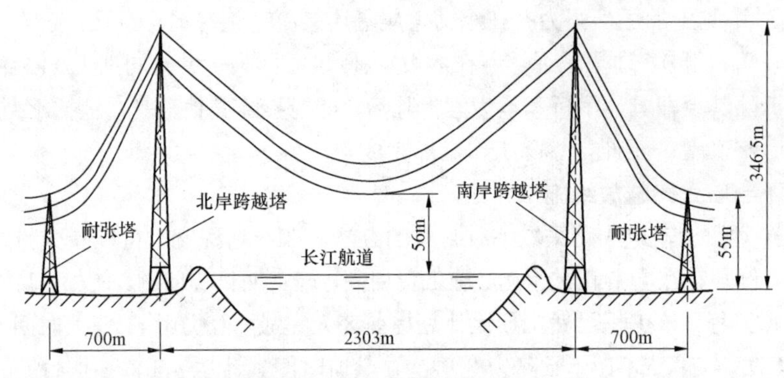

图 8–1–6 500kV 某线路跨越长江工程

该项工程除去高塔电梯井安装及天气等的影响，架线施工有效作业时间为 25 天。由于采取了不封航作业方案，仅封航费用就节省了 200 余万元。该工程不仅是我国输电线路施工史上跨距最大的一次跨越施工，也创造了当时跨越塔世界最高的纪录，曾被誉为“世界输电第一跨越工程”。

2. 不封航跨越施工关键技术

（1）导引绳的选择。本次不封航跨越施工采用轻型直升机施放导引绳，由于轻型机牵引力较小，故选用迪尼玛绳作导引绳，一级导引绳为$\phi 5$ 迪尼玛绳。

（2）特制专用小张力机。本工程采用$\phi 5$ 迪尼玛绳作一级导引绳，需要能加载 900N 力的小型张力机 1 台。经过施工单位认真研究、试验，制成了所需张力机。该张力机最大运行速度 2.5m/s，绳盘可容纳$\phi 5$ 迪尼玛绳 4500m，并能自动调节转速，保证提供稳定张力。专用小张力机结构形式如图 8–1–7 所示。

（3）研制专用对口滑车。直升机开始牵引作业后中间不能停止或返回，滑车必须可靠，因此特研制出一种专用滑车。

该滑车采用两侧封闭的结构，可防止迪尼玛绳跳槽或被卡滞情况的发生。这种专用滑车由上下两个大轮槽小轮径的滑车组成，并使两个滑车槽口相对。迪尼玛绳专用对口滑车的结构形式，如图 8–1–8 所示。

3. 施工过程

先展放上游侧的地线，然后再展放其他导线及另一根 OPGW。一级导引绳用直升机牵引施放，然后用张牵机逐次牵引二级导引绳、牵引绳及导（地）线。展放导线采用一牵二方式。

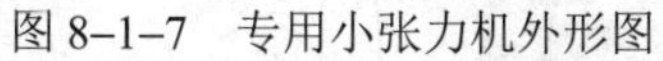

图 8–1–7　专用小张力机外形图

图 8–1–8　专用对口滑车

（1）展放一级导引绳（ϕ5 迪尼玛绳）。

1）将小张力机布置在北岸耐张塔和跨越塔之间，距跨越塔约 400m，并将 4200mϕ5 迪尼玛绳装入绳盘。

2）将ϕ5 迪尼玛绳拉向跨越塔，然后在塔上用人工将其从对口滑车的两滑车之间槽口中穿过，继续向南牵引，当牵引至直升机预定停机坪后将其临时锚地。

3）在ϕ5 迪尼玛绳的前端，加入保险后串接一根 20mϕ9 钢丝绳，并在钢丝绳首末端分别挂上 70kg 和 150kg 重锤，将钢丝绳首端再与一段牵引绳相连（其首端装有挂钩，以便与直升机挂接）。

4）直升机飞至停机坪上空后缓缓下降，到达适当高度后悬停，地面操作人员将牵引绳前端的挂钩挂接到直升机腹部的吊钩上，然后将临时锚固松开。锚固松开后先进行全面检查，一切无误后即可指挥直升机爬升并开始向南岸牵引，直升机挂接迪尼玛导引绳的情况如图 8–1–9 所示。

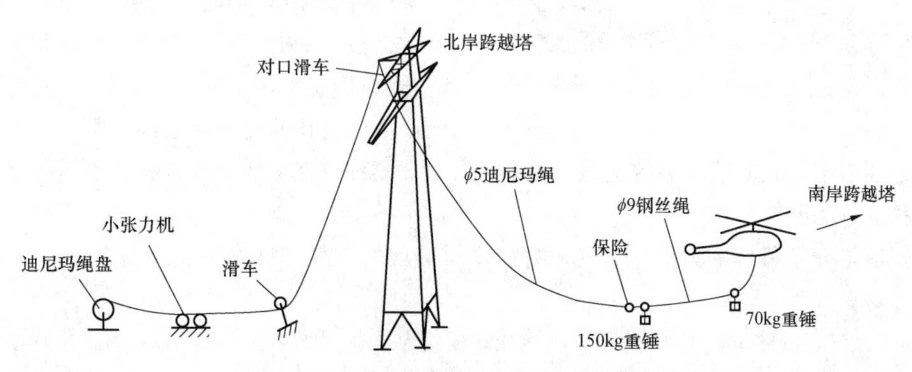

图 8–1–9　直升机挂接迪尼玛导引绳的情况

5）当直升机飞越南岸跨越塔上空时，将ϕ5 迪尼玛绳放落于塔顶中间部位的朝天滑车槽口中，如图 8–1–10 所示。

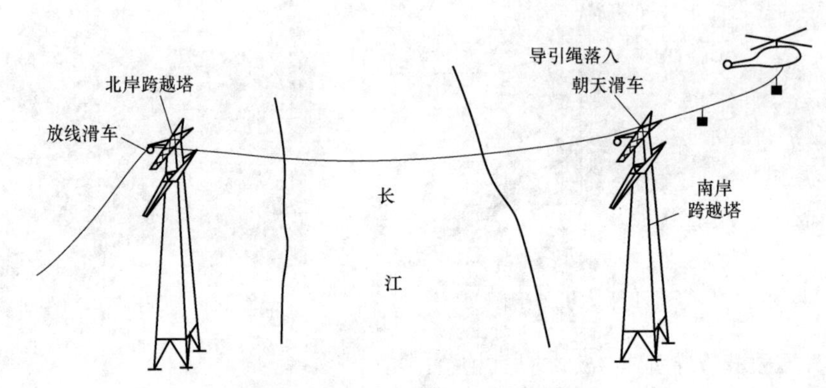

图 8–1–10 迪尼玛绳落入朝天滑车

图 8–1–11 直升机抛放重锤情形

6）当导引绳准确落入朝天滑车槽口后，直升机即可一边下降高度一边继续向南岸耐张塔方向飞行，当下降到适当高度时将重锤抛落地上，然后悬停在预定位置并释放牵引绳挂钩，随后直升机就可以飞离现场。图 8–1–11 为直升机正在抛放重锤的照片。

7）将ϕ5 迪尼玛导引绳与 1.5t 小张力机上的ϕ13 迪尼玛绳相连接，此后便可逐级牵放二级导引绳、牵引绳及导地线等。

（2）高空移位。一级导引绳是从北跨越塔一侧地线支架滑车和南跨越塔朝天滑车上通过的，在南岸先将导引绳从朝天滑车移到地线滑车，此后即可展放地线。但其他导线、地线（OPGW）必须将牵引绳在高空中移位才能展放。

以下介绍移位的方法。首先做好张牵机的现场布置。具体布置情况如图 8–1–12 所示。

1）左右回路间转移牵引绳。以地线牵引绳从下游侧移位到上游侧为例。开始移位前的预备状态：靠下游侧一条ϕ16 牵引绳已穿挂于两岸跨越塔地线支架上的滑车中，两侧受北岸25t牵引机和南岸20t张力机控制，保持牵引绳对江面保持一定的安全距离。移位分五步骤进行，如图 8-1-13 所示。

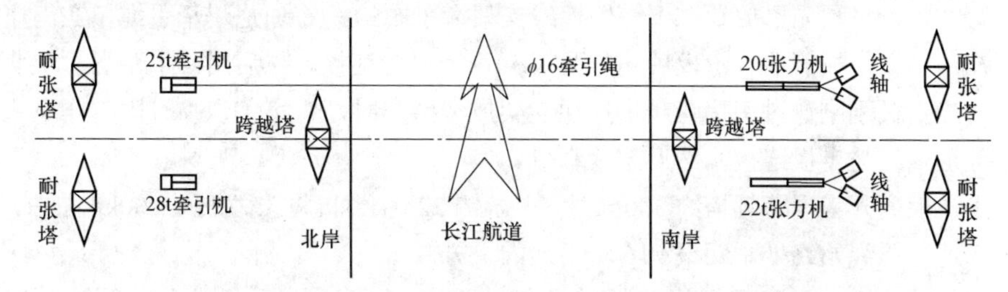

图 8-1-12　两岸张牵机布置平面示意

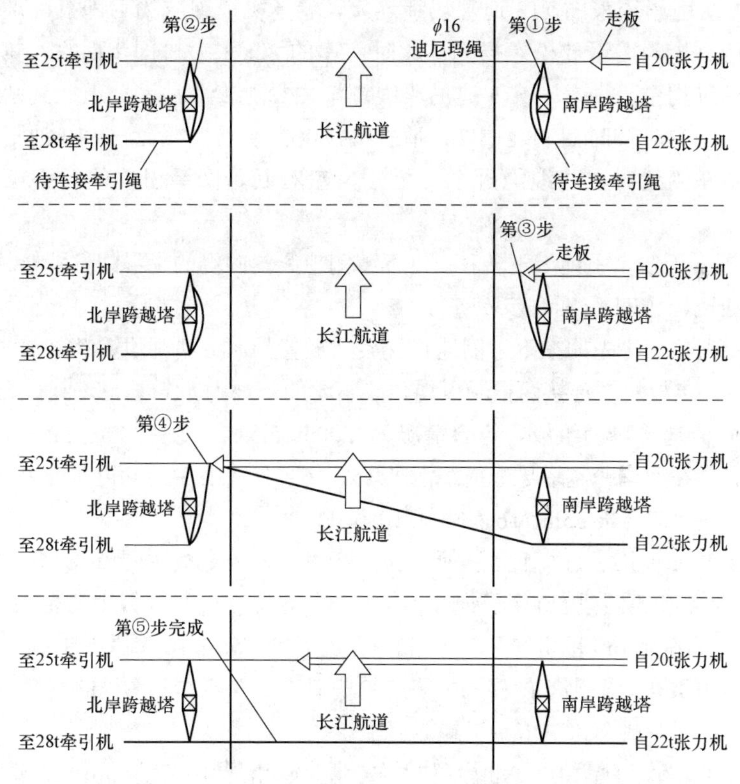

图 8-1-13　左右回路间牵引绳移位施工过程示意

第①步，将待连接牵引绳（ϕ13 迪尼玛绳）从 22t 张力机上施放到南岸跨越塔，穿过上游侧地线支架滑车后引至下游侧地线支架放线滑车旁，然后临时加以固定。

第②步，在北岸用相同方法，将北岸ϕ13 迪尼玛绳牵至北岸跨越塔并临时固定在地线支架放线滑车旁。

第③步，将预先已放置在下游侧地线支架滑车中的ϕ16 迪尼玛牵引绳，在南岸侧连接在一牵二走板前端，走板后端与两根ϕ16 牵引绳连接。然后用 25t 牵引机从北岸牵引，当走板刚刚通过南岸跨越塔地线支架放线滑车时，将第①步临时固定在塔上的ϕ13 迪尼玛绳与走板连接，然后继续牵引。

当走板离开南岸跨越塔约 300m 时，上游侧 22t 张力机将张力加至 800kg 左右，保持ϕ13 迪尼玛绳始终处于两根ϕ16 牵引绳的上方。

第④步，当走板行至北岸跨越塔滑车附近时，将第②步已经准备好的ϕ13 迪尼玛绳与被牵过来的ϕ13 迪尼玛绳进行相连。然后，将预先准备的 2t 卷扬机缆绳（图中未画）与从南岸牵来的ϕ13 迪尼玛绳连接，卷扬机缆绳吃力后即拆除迪尼玛绳与走板的连接。接着慢慢放松卷扬机，此时南岸的 22t 张力机同步回收。第⑤步，在卷扬机放松过程中，北岸侧ϕ13 迪尼玛绳逐渐由松弛变为张紧，当达到两边ϕ13 迪尼玛绳受力均匀时及时启动北岸 28t 牵引机，当将卷扬机缆绳与ϕ13 迪尼玛绳的连接点牵至滑车附近时，将缆绳拆下。至此，左右回路间牵引绳的转移工作便全部完成。

2）同侧导地线牵引绳上下转移。以下游侧地线向同侧的上导线位置转移为例，如图 8–1–14 所示。施工分四个步骤进行：

第①步预备。将先期在下游侧地线支架上放置的ϕ16 牵引绳，与一牵二走板 12 的前端连接，走板后端连接两根牵引绳，靠下游的一根为ϕ16 迪尼玛绳，靠塔身的一根由多段ϕ16 迪尼玛绳组成，组合情况为 500m+5m+5m+2×1000m+5m+5m+1000m+267m。另外，在两岸跨越塔导线放线滑车 15、16（分别由 3 只滑轮并排组合而成）的中滑轮上，各穿挂一根 55mϕ16 牵引绳 10 和 11。

第②步串入牵引绳 11。启动张牵机拉动牵引绳，将走板 12 拉过滑车 14，至第三段 5m 牵引绳 7 和第四段 5m 牵引绳 8 的结点到达滑车 14 附近时，用两台 8t 卷扬机（图中未画出），将两根 5m 牵引绳 7、8 放松并解结后将 55mϕ16 牵引绳 11 串接于其中。将滑车 14 中的ϕ16 牵引绳 2 移入中间滑轮槽口中，在两岸张牵机的配合下拆除两台 8t 卷扬机，从而完成南跨越塔牵引绳转移工作。

第③步串入牵引绳 10。在北岸用同样方法将牵引绳 10 串入 5mϕ16 牵引绳 4、5 之间。然后，在两岸张牵机的配合下拆除北岸的两台 8t 卷扬机。

第④步牵引绳完成上下转移。将已经穿入滑车 15 和 16 的多段组合牵引绳进行适当调整，完成牵引绳转移工作。

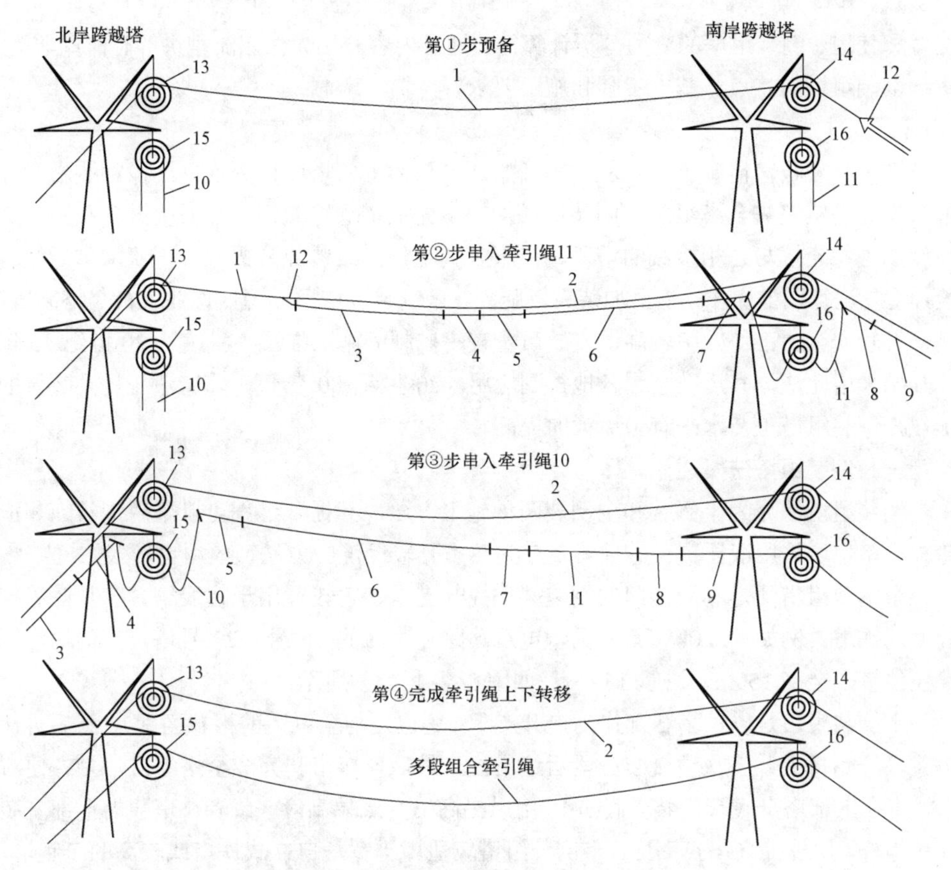

图 8-1-14 同回线路上下间牵引绳移位施工过程示意

1、2—ϕ16 牵引绳；3—500m 牵引绳；4、5—5m 牵引绳；6—2×1000m 牵引绳；7、8—5m 牵引绳；9—1000m 牵引绳；10、11—55m 牵引绳；12—一牵二走板；13～16—三只滑轮组合的滑轮组

【思考与练习】

1. 迪尼玛缆绳有哪些技术特性？
2. 如何应用迪尼玛缆绳进行带电跨越放线施工？
3. 简述带电跨越电力线路施工过程。

模块 2 倒装分解组塔施工工艺（Z04F5002Ⅲ）

【模块描述】本模块包含倒装分解组塔的施工工艺流程、操作方法、施工机具的配置和使用、倒装组塔的受力分析计算等。通过内容介绍、工艺流程讲解、计算举例，掌握倒装组塔的特点、基本步骤和施工要求。

【正文】

铁塔组立正常情况下都是从塔腿开始，自下而上依塔段排列次序逐段加装塔身，最后安装塔头完成全塔组立。倒装组塔指的是先把塔头组装好，然后提升塔头至一定高度加进并连接与之相接续的塔段，接下来就是将已组装部分提升，再次加进后续塔段，重复进行以上操作，直至加装完塔腿为止。倒装组塔可以降低作业人员登塔高度，是一种较安全、工作效率较高、安装质量较易控制的施工方法。我国从20世纪70年代开始采用此法，其后在全国各地得到应用。20世纪80年代，随着液压提升装置的出现，倒装组塔工艺水平有了更大的提高。

一、倒装组塔法概述

倒装组塔法分为半倒装和全倒装两种施工方法，其提升过程可以采用钢丝绳和滑轮提升，也可采用液压提升。前者是广为熟悉且较经济的方法，应用也较多。

全倒装组塔法是利用专门的倒装架作提升支承，它较适用于拉线塔、窄基塔等较轻型的铁塔。例如：220kV某双回输电线路跨越某江的26号、27号塔，它们均为钢管拉线塔、全高159m、塔重159.8t，如图8-2-1（a）所示。

半倒装组塔是以铁塔腿部作为提升支承（这也是与全倒装的根本区别），然后再从塔头段开始每提升一次便接装一段后续塔段，最后连接塔腿完成全塔组立。为方便对接，可在上部塔身底端安装“假腿”，用以提高塔身底端高度，或者在塔腿的上部安装起吊抱杆，用以提高吊点高度。半倒装组塔较适用于宽基自立式铁塔或较高的跨越塔。例如：110kV某线跨越某江的3号和4号跨越塔，全高均为94m，塔重74.6t，塔身主材为双并角钢结构，铁塔根开12.33m，如图8-2-1（b）所示。

倒装组塔与正常组塔虽然组装顺序相反，但分解而成的每个塔段仍为正常组装方法，对此不再赘述。

二、半倒装分解组塔

此处介绍的是在塔腿上加装起吊抱杆的施工方法。

1. 组立塔腿

塔腿有四个面，预留一个开口面不装辅材，以便将塔头移入或组立于塔位中心。另外，在安装塔腿之前，预先将起吊抱杆的支座安装在主材的指定位置。预留开口面根据地面组装塔头的方位及起吊的牵引方向而定。组装辅助材时，一并在四面将起吊抱杆的平支撑和底座安上。塔腿主材的接头连扳也要事先装好，并只安装下部的两个螺栓，尽量减少螺栓以避免给提升增加障碍。

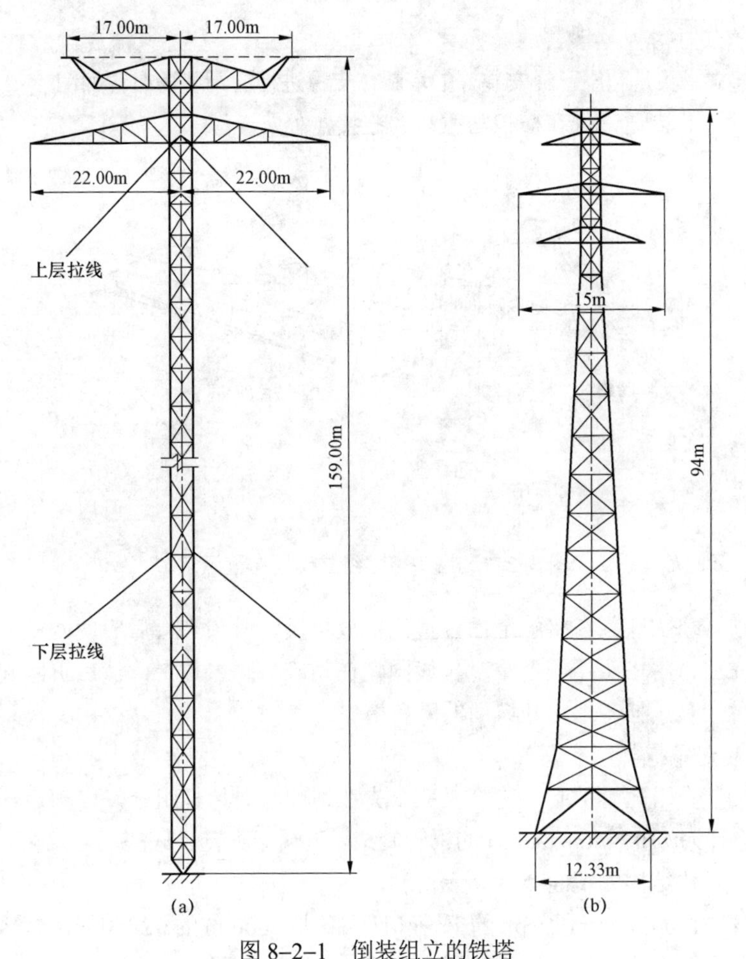

图 8-2-1　倒装组立的铁塔

（a）全倒装组塔；（b）半倒装组塔

为保证总提升时塔身底部能顺利通过塔腿顶部达到预定高度，主材间的水平材应临时安装在主材接头连扳的外侧，待总提升完成后再将其安装于主材内侧。

2. 塔头组装

塔头组装应使塔头中心线与开口方向垂直，其底部的位置应确保塔头起立后位于塔位中心。塔头的高度以塔头组立时各个部位均不碰触到塔腿为宜；酒杯、猫头等塔形的塔头组装高度还应保证塔头最宽构件（通常是横担）起立后应超出塔腿顶部 1～2m。

为了减少起立塔头的荷重，挂导线的横担可暂不安装，待合拢后再安装。对于“干”“上”字形铁塔，在塔头段的上部（例如地线支架）最好预先挂上滑轮，以备吊装抱杆及横担之用。

3. 整体起立塔头

整体起立塔头是利用已经安装好的塔腿作支撑进行的，现场布置如图 8-2-2 所示。起立塔头的绑扎点通常选在横担与主材的连接点处。

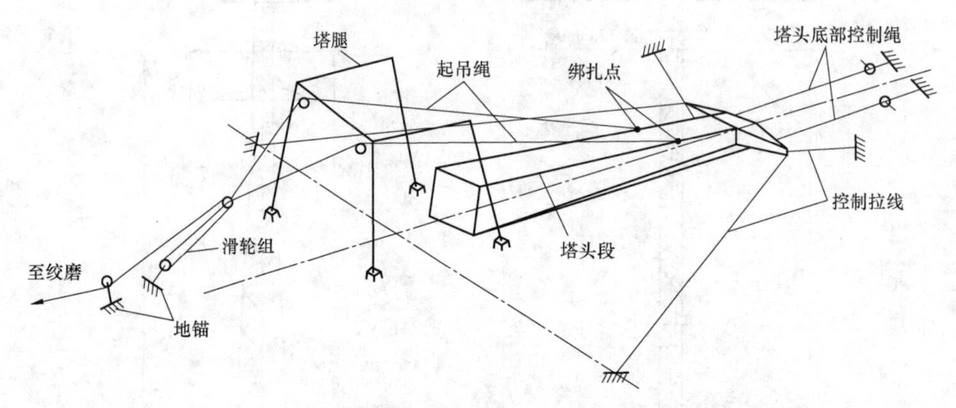

图 8-2-2 塔头整体组立现场布置示意

起立前，塔头底部在接触地面位置应铺放垫板，塔头立直后应使四根主材立于垫板上。起立后，将塔头用四条临时拉线固定在相应塔腿主材上，然后拆除起立塔头时使用的各种用具，补齐塔腿开口面的所有塔材。

4. 安装起吊抱杆

临时加装在塔腿上的起吊抱杆，应事先在地面与斜撑杆组合好，然后一起吊装上去。起吊抱杆为ϕ108/5mm 长 3m 的钢管制成，下端球脚置于底座的球窝内，上端装配两只滑轮，具体结构如图 8-2-3 所示。

斜撑杆是由ϕ40/2mm 长 3m 的钢管和两端各长 300mm 的ϕ28/3mm 钢管焊接而成，然后分别装上具有正、反丝扣的连接头，其结构形式如图 8-2-4（a）所示。

平支撑由长 1.8m 的ϕ40/2mm 钢管和槽形钢板焊接而成，上端装上长 450mmϕ28/3mm 并带有丝扣的连接头，用以连接塔腿顶面的水平材，结构形式如图 8-2-4（b）所示。

起吊抱杆吊装前，在塔头顶部地线支架（或横担）两端悬挂的 10kN 滑轮槽内穿以起吊绳。然后，用牵引装置将起吊抱杆和斜撑杆一并吊上去。

抱杆的球脚落入抱杆底座后，将两根斜撑杆固定在水平材上，然后转动斜撑杆端部的连接头，使起吊抱杆与塔腿主材间形成一个微小的倾角。

抱杆底座的安装位置根据不同塔型设计，主要应考虑抱杆的有效高度和强度，如塔腿主材上无螺孔可利用时，应在铁塔加工时在每根主材上增加两个专用螺孔。吊装起吊抱杆的现场布置如图 8-2-5 所示。

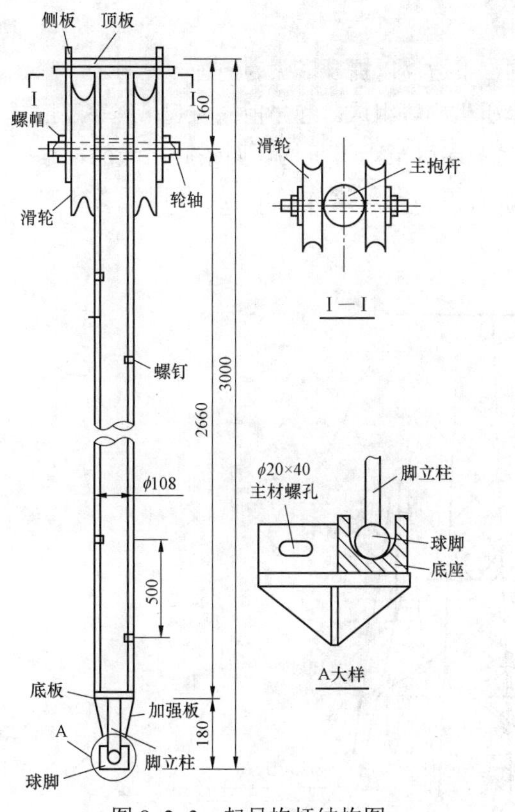

图 8-2-3 起吊抱杆结构图

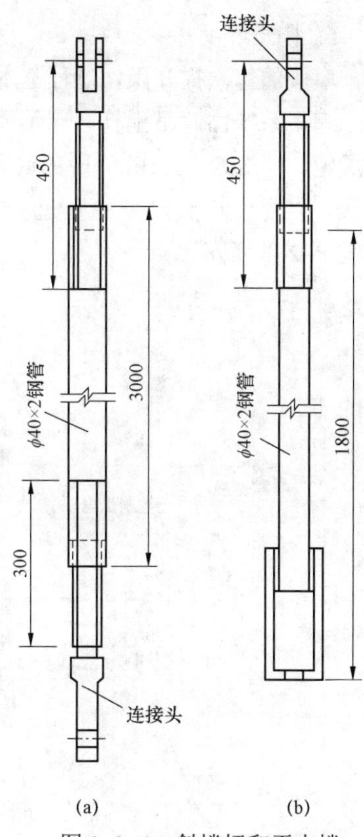

图 8-2-4 斜撑杆和平支撑

（a）斜撑杆；（b）平支撑

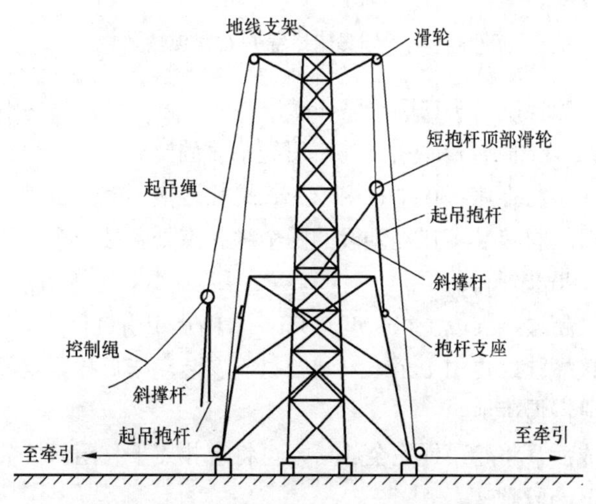

图 8-2-5 吊装起吊抱杆和斜撑杆示意

5. 提升塔段

塔段的每次提升操作过程基本相同，下边仅以提升塔头为例进行说明。

起吊系统由起吊抱杆、起吊绳、牵引机构等组成。起吊前先将起吊绳穿过抱杆顶部滑轮，一端绑扎于塔头段的底部，另一端引至牵引机构。四条起吊绳的松紧度应一致，以保证塔头段平稳升起。一切准备停当即可指挥起吊，起吊时现场布置情况如图 8–2–6 所示。

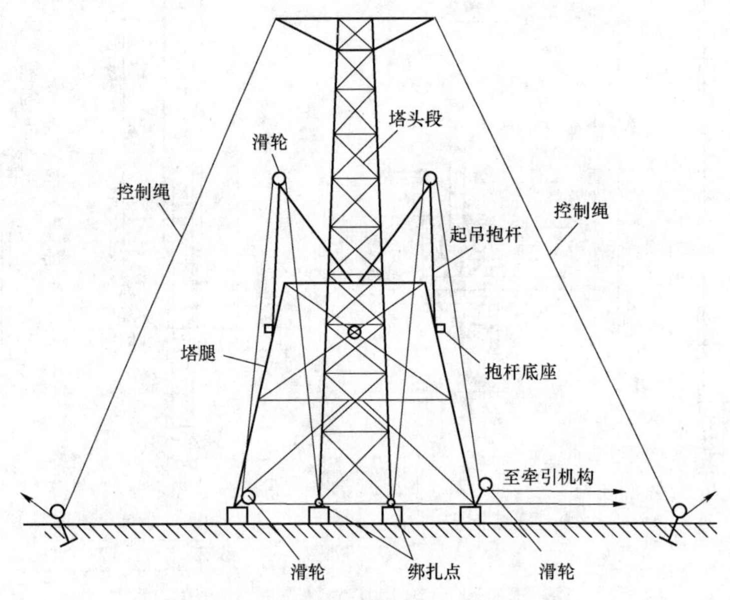

图 8–2–6　倒装组塔提升布置现场示意

提升过程中，应控制塔头在顺线路和横线路两个方向的偏移均不大于 200mm。

塔头段离地约 1m 时暂停牵引，将牵引绳临时固定。这时，将下段各主材分别接装至提升段的相应主材上，每根主材用一个长螺栓连接，然后携带接装段主材继续提升。为了方便下段塔材接装，在提升段的四个绑扎点处各挂一个单滑轮，滑轮内穿入一根ϕ16 棕绳以便吊装辅材。

塔头段提升至超过接装段主材长度 0.3m 后，停止牵引进行接装段的组装。组装顺序是先装上端连接螺栓，再由上至下安装辅材，安装完毕后拧紧全部螺栓。缓慢放松牵引绳，使接装段慢慢落地。

上述工作完成后，将起吊绳完全放松，再将绑扎点下移至新接装塔段的根部，然后继续提升安装下一段。

6. 连接塔腿

一般提升 3～4 次即可完成铁塔的组立，其中最后一次提升称为“总提升”。此时抱杆、起吊绳、牵引绳等将处于最大受力状态。总提升的目的是将上部塔段与塔腿进行连接。

当提升段主材接近塔腿高度时放慢牵引，然后暂停调整并对位后，即可放落起吊绳，使提升段主材落入塔腿上端的接头板内，随后，立即将接头螺栓安上并初步拧紧，待全部就位后再统一拧紧一次。

7. 拆除起吊抱杆

塔腿连接完毕后，先拆除起吊绳，然后拆除起吊抱杆等。

8. 吊装横担

如果事先没有把全部横担安装在塔头上，最后还要进行横担安装。对于“干”字形塔，横担的吊装分为单边吊装和双边吊装两种，横担吊装前应在与横担连接的铁身主材间临时用双钩紧线器收紧，当横担就位时立即穿上螺栓，随后松开双钩。至此，铁塔全部安装完毕。

三、全倒装组塔

全倒装组塔是利用所谓的倒装架将铁塔从塔头段开始，不断提升不断接入下一段，最终接入塔腿完成全塔组立的施工方法。全倒装组塔与半倒装组塔有许多异同点，本文仅介绍与半倒装组塔不同之处。

全倒装组塔的施工布置如图 8–2–7 所示。

1. 倒装架安装

倒装架的安装通常有以下两种方法。

（1）利用塔头段组立倒装架。塔头段已立于铁塔的中心位置，螺栓全部拧紧并且四面已打好临时拉线并收紧。然后就可利用塔头段组装倒装架，组装过程一般选择单侧吊装，一侧立起后用拉线固定，再吊装另一侧，倒装架吊装完成后四面应打上固定拉线。

（2）利用抱杆起立倒装架。首先，在准备组立倒装架的位置进行地面操平、夯实并垫上枕木，也可事先修筑倒装架混凝土基础。然后，即可用“人”字抱杆逐一吊装倒装架立柱，最后安装横梁。倒装架立好后，同样四面应打上固定拉线。

2. 倒装提升

全倒装组塔的提升方法与半倒装基本相同，但应注意以下几点。

（1）待接段应在预定地点事先组装好。

（2）上部塔身的提升高度应略大于待接装段的高度。

（3）提升过程中应密切监视避免发生刮碰，如有问题随时停止提升并进行处理。

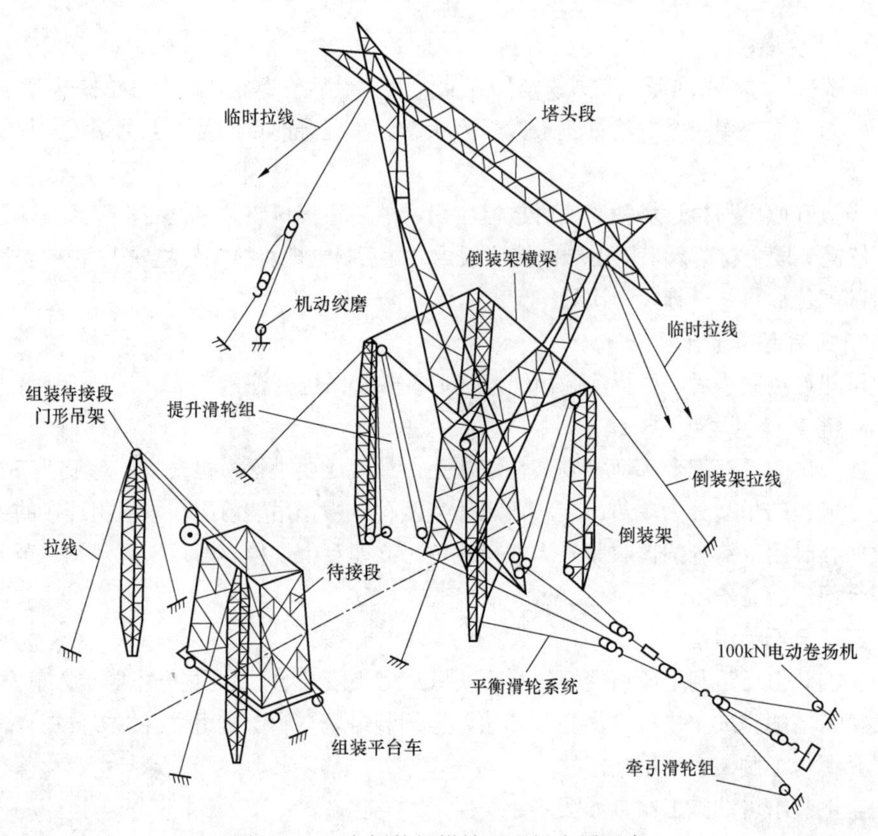

图 8-2-7 全倒装组塔施工现场布置示意

（4）待接段入位后下落提升段，当完全对位后立即安装所有螺栓并拧紧。

（5）待接段接好后经检查确无问题后，即可拆卸提升系统的下滑轮及吊挂件，将吊点下移至新提升段的底端，做好接装下一段的准备。

（6）如当天不能完工，过夜前应将安装完的塔体落地，封好拉线，设专人看守现场。

3. 滑轮组布置

提升使用的滑轮分为提升系统、平衡系统和牵引系统三个滑轮组，如图 8-2-8 所示。

提升系统滑轮组各腿钢丝绳的穿法及上、下滑轮的吊挂方向应一致。提升时，不得妨碍提升或磨损塔体。

牵引、平衡系统滑轮组均应布置在较平坦的地面上，钢丝绳移动不得受阻，必要时可布置在平整的垫板上。平衡系统滑轮组应确保工作时各条钢丝绳能灵活走动。

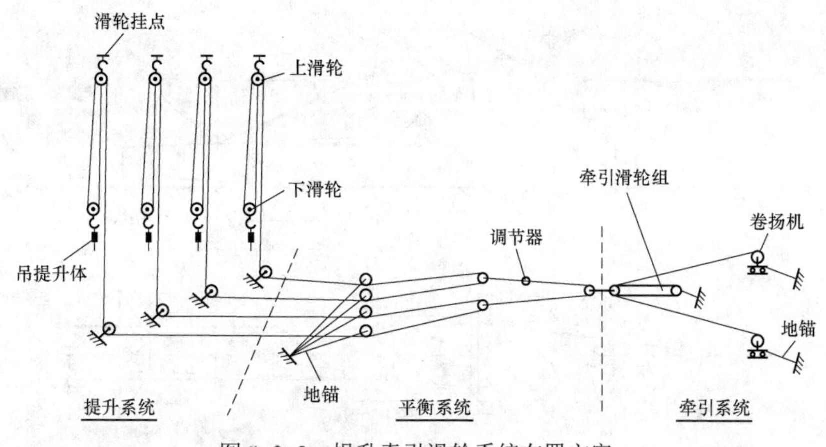

图 8–2–8　提升牵引滑轮系统布置方案

提升过程中应随时检查所有滑轮是否有卡滞、扭转、转动不灵活或钢丝绳扭绞等情况，发现问题应及时处理。

4. 铁塔临时拉线的操作

铁塔临时拉线无论是人工还是自动控制，均应有效。铁塔提升过程中应随升随放，确保提升体正直平稳上升。

铁塔临时拉线如使用滑轮组控制，滑轮组应有防扭措施，避免钢丝绳扭绞。

5. 观测与监视

施工中应从横、顺线路两个方向观测提升过程中塔体是否倾斜，塔体顶端偏移应控制在 0.3～0.5m 以内（视塔高而定），如偏差较大应及时调整临时拉线。

6. 指挥及通信

指挥所应选在能够观察到整个施工现场，并且接近塔位和牵引机械的位置。通信联络应确保畅通、可靠。

四、倒装组塔施工计算

（一）整立塔头段的受力分析

以半倒装组立铁塔为例，整立塔头段的受力情况如图 8–2–9 所示。为简化计算，忽略塔头段坡度和滑轮摩擦阻力的影响。

（1）起吊绳的受力按式（8–2–1）计算

$$T=\frac{9.807G_0H_0}{H\sin\delta+h\cos\delta} \tag{8–2–1}$$

式中　T——起吊绳所受力的合力，N；

G_0 ——塔头段质量，kg；

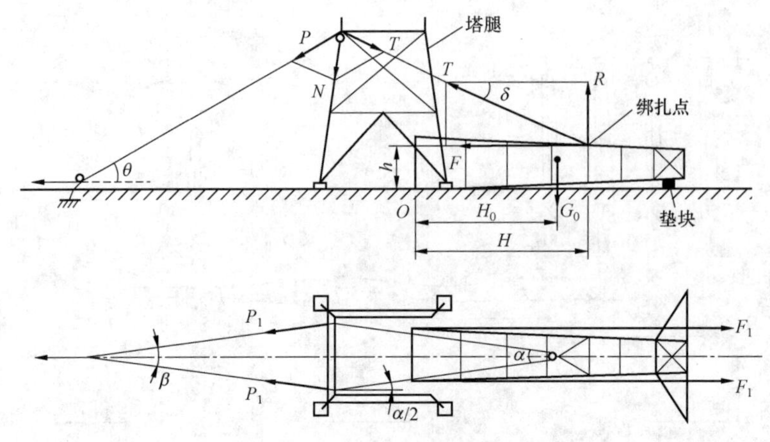

图 8–2–9 整立塔头的受力分析

H_0——塔头段重心高度，m;

H——塔头段起吊绳绑扎点高度，m;

h——塔头段起吊绳绑扎点至塔头段底部着地点水平面的垂直距离，m;

δ——起吊绳与塔头（平卧）轴线间的夹角。

（2）牵引绳受力按式（8–2–2）计算

$$P_1=\frac{T}{2\cos\frac{\beta}{2}} \tag{8–2–2}$$

式中 P_1——牵引绳受力，N;

T——起吊绳所受力的合力，N;

β——两牵引绳间的夹角。

（3）制动绳的受力按式（8–2–3）计算

$$F_1=\frac{T\cos\delta}{2} \tag{8–2–3}$$

式中 T——起吊绳所受力的合力，N;

F_1——制动绳的受力，N。

（4）塔腿支承强度的验算。在整立塔头过程中，塔腿起支承作用，这时应考虑塔腿主材及水平材受压后强度能否满足要求。

压杆的稳定压应力应满足

$$\sigma=\frac{N}{\varphi A}\leqslant[\sigma] \tag{8–2–4}$$

式中　N——压杆外荷载，N；

φ——中心受压状态下压杆的容许压应力折减系数；

A——压杆横截面积，cm^2；

$[\sigma]$——许用应力，N/cm^2。

塔腿主材的外荷载 N 为

$$N=T_1(\sin\delta+\sin\theta) \tag{8-2-5}$$

其中

$$T_1=\frac{T}{2\cos\frac{\alpha}{2}} \tag{8-2-6}$$

式中　θ——牵引钢绳与地平面间的夹角；

T_1——单根起吊绳的受力，N；

δ——起吊绳与塔头（平卧）轴线间的夹角；

α——两起吊绳间的夹角。

由于起吊绳的作用，塔腿顶端水平材承受压力，其荷载为

$$N_s=\frac{1}{2}T\left(\tan\frac{\alpha}{2}+\tan\frac{\beta}{2}\right) \tag{8-2-7}$$

式中　N_s——塔腿顶端水平材的轴向压力，N。

根据施工经验，由于主材规格较大，外荷载对于主材不起控制作用，因此主要应验算水平材的稳定应力能否满足要求。

（二）总提升牵引力分析与计算

总提升时，提升段的荷重应包括被提升塔段自身荷重、风压荷重、偏心荷重及附加工具荷重。其中，风压及偏心荷重予以省略，附加工具总质量取 300kg。总提升时牵引力的计算分析，如图 8–2–10（a）所示。

（1）一条塔腿提升重力的计算。

$$G_T=\left(\frac{G}{4}K_1K_2+G_2\right)\times 9.807 \tag{8-2-8}$$

式中　G_T——一条塔腿的提升重力，N；

G——总提升塔体质量，kg；

G_2——一条塔腿的附加工具质量，kg；

K_1——动荷系数，一般取 1.2；

K_2——不平衡系数，一般取 1.2。

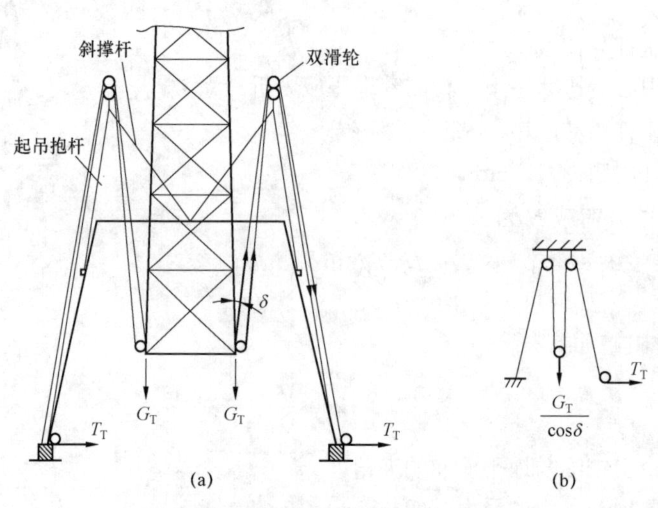

图 8-2-10 总提升牵引力计算分析

（a）总提升牵引力系；（b）滑轮组力系

（2）起吊绳受力 T_T 的计算。

起吊系统为一对 2 滑轮组，如图 8-2-10（b）所示，T_T 的计算公式为

$$T_T = \frac{G_T}{n\cos\delta}\frac{1}{\eta^n} \tag{8-2-9}$$

式中 δ——起吊绳与吊件铅垂线间的夹角；

η——起吊滑轮组的效率，一般取 0.95；

n——起吊绳的数目。

（3）总牵引力 P。

$$P=NT_T \tag{8-2-10}$$

式中 N——受牵引绳牵引作用的塔腿数量，通常为 4。

（三）例题计算

现有一基 220kV JK-23 跨越塔，采用半倒装组塔方法，全塔总重 11 804kg，总提升质量（除去塔腿重量）G 为 9100kg，试计算总牵引力 P，施工布置情况如图 8-2-10 所示。

解：

将 G 代入式（8-2-8），则每根抱杆的提升重力为

$$G_T = \left(\frac{9100}{4}\times1.2\times1.2+\frac{300}{4}\right)\times9.807 = 32\,863.3(\text{N})$$

设 δ=6°，起吊绳数为 2，应用式（8-2-9），则起吊绳受力为

$$T_T = \frac{32\ 863.3}{2\cos 6^\circ} \times \frac{1}{0.95^2} = 18\ 307.1\text{(N)}$$

总牵引力为

$$P = NT_T = 4 \times 18\ 307.1 = 73\ 228.4\ \text{(N)}$$

【思考与练习】

1. 什么是全倒装组塔和半倒装组塔？
2. 半倒装组塔如何进行塔腿连接？
3. 全倒装组塔如何布置提升牵引滑轮系统？

模块 3　直升机吊装组塔（Z04F5003Ⅲ）

【模块描述】本模块包含直升机吊装飞行特性、基本理论计算、吊挂机构与连接方式、吊装过程及吊装作业注意事项等。通过内容介绍、公式推导、图形示例、流程讲解，了解国内外直升机组塔方法。

【正文】

直升机由于具有可在空中悬停和平稳爬高的技术性能，用它可以执行其他类型飞机或施工机械难以完成的工作，因此在不同领域获得了广泛应用。在输电线路施工及运行中，可以用来展放导地线、线路巡视，还可用于吊装运载等。

本文通过某工程实例，介绍直升机吊装组塔施工工艺及技术特点。

一、直升机吊运飞行特性

1. 直升机飞行的力学特性

直升机能够利用旋翼的旋转实现爬升或下降，也可在一定高度上悬停，如图 8–3–1 所示，其工作时的力学特性如下。

（1）悬停时：$T=G$。

（2）垂直爬升：$T>G$。

（3）垂直下降：$T<G$。

为使直升机能够获得前进的拉力，可适当控制直升机旋翼的旋转平面有一定的倾斜角，旋翼拉力 R 由两部分组成。

（1）T（上升力），用以平衡重力 G。

（2）P（水平拉力），用以克服机体所受阻力 I。

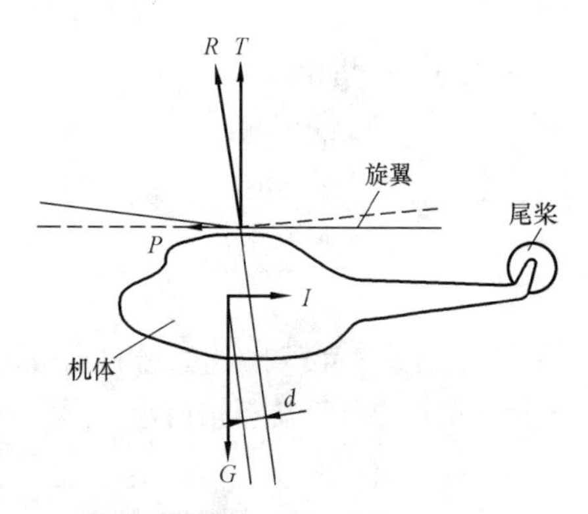

图 8–3–1　直升机工作原理示意

由于 R 产生了一个相对于重心的力矩

“$d \times R$”将导致机头向下倾斜。当$|T|<|R|$时，垂直升力减小。对于旋翼拉力R而言，旋翼平面的任何倾斜（前进、转弯或侧滑）都将使上升力减小。

尾桨（反扭矩旋翼）的功能是平衡机体不向旋翼转动方向扭转。

2. 直升机吊装组塔作业特点

（1）受地形影响，飞行高度多变。

（2）受气流影响，易造成直升机颠簸、侧倾或侧滑，易引起吊挂物摆动。

（3）直升机在吊装时，功率消耗大，旋翼处于大扭矩工作状态。

（4）施工中受地形或场地影响，有时须临时着陆，飞行员要有灵活的驾驶技术。

（5）直升机悬停时稳定性差，而吊装组塔的整体就位与分段对接作业要求吊件稳定，飞行员必须与现场指挥密切配合。

（6）直升机作业效率与飞行高度、气温等有关，高海拔及高温度地带，直升机吊运能力将有所下降。

3. 直升机吊塔飞行的特性

（1）吊塔飞行直接影响到直升机飞行的姿态，如图8–3–2所示，这时的力平衡关系有

$$\sum y=0 \quad T-(G+q)\cos\theta-I\sin\theta=0 \tag{8–3–1}$$

$$\sum x=0 \quad P+(G+q)\sin\theta-I\cos\theta=0 \tag{8–3–2}$$

$$\sum M_z=0 \quad T_x+P_y-qx_1-M_z-\Delta M_z=0 \tag{8–3–3}$$

式中 M_z——平衡力矩；

I——直升机前行所受阻力；

G——直升机重力；

θ——直升机俯角；

P——直升机旋翼水平拉力；

q——塔重；

ΔM_z——直升机抬头力矩。

由于θ很小，$\sin\theta\approx\theta$；$\cos\theta=1$；将式（8–3–3）进行替代整理得到

$$\theta=\frac{I-P}{G+q} \tag{8–3–4}$$

从式（8–3–4）可见，直升机吊塔飞行时影响到仰俯角θ变化的因素增加了塔重q。当直升机重心移至旋翼轴前边时，随着吊重的增加将使直升机抬头力矩增大，仰俯角θ减小。

（2）考虑塔身受空气阻力影响，如图8–3–3所示，直升机力和力矩的平衡关系

如下

$$\sum y=0 \quad T-(G+q)\cos\theta-I\sin\theta-q_1\sin\theta=0 \tag{8-3-5}$$

$$\sum x=0 \quad P+(G+q)\sin\theta-I\cos\theta-q_1\cos\theta=0 \tag{8-3-6}$$

$$\sum M_z=0 \quad T_x+P_y-qx_1+q_1y_1-M_z-\Delta M_z=0 \tag{8-3-7}$$

式中　q_1——塔身所受空气阻力。

当θ很小时，近似计算可用式（8-3-8）。

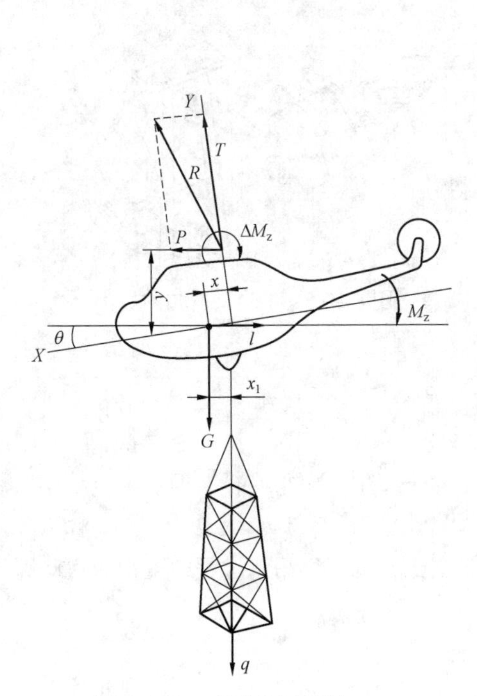

图 8-3-2　直升机吊塔时平衡力系图

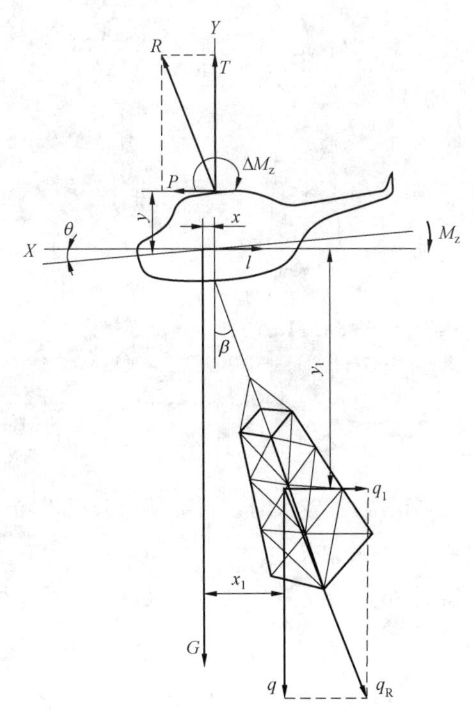

图 8-3-3　直升机吊塔飞行时的平衡力系

二、吊挂索具及连接方式

1. 吊挂索具及吊挂连接方式

直升机吊挂索具由吊索、挂具、脱扣装置、主吊索、吊钩五个部件构成，如图 8-3-4 所示。吊钩具有自动脱扣功能，脱扣时只要操作脱扣装置即可将主吊索和吊钩一起脱掉。这种专业索具在紧急情况下应能自动脱钩，如图 8-3-5 所示。

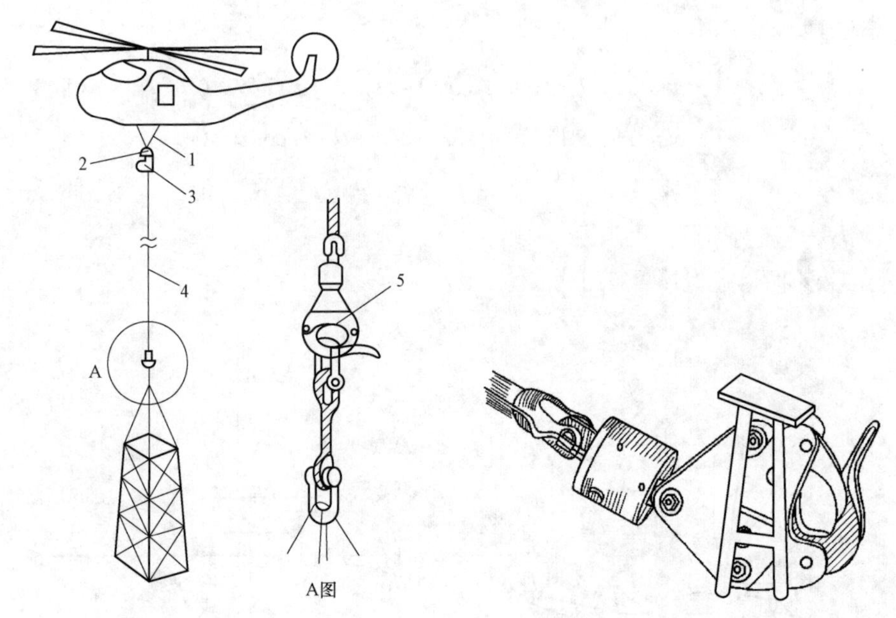

图 8–3–4 吊挂索具及连接方式

1—吊索；2—挂具；3—脱扣装置；4—主吊索；5—吊钩

图 8–3–5 能自动脱扣的吊钩

$$\theta=\frac{I+q_1-P}{G+q} \tag{8–3–8}$$

当阻力 q_1 较大时，将会使直升机增加一个低头力矩，俯角 θ 将增加。

2. 主吊索长度

主吊索长度关系到吊装就位的准确性和安全性。直升机吊运过程中重物的摆动周期为

$$T=2\pi\sqrt{\frac{L}{g}} \tag{8–3–9}$$

$$f=\frac{1}{T}=\frac{1}{2\pi\sqrt{\frac{L}{g}}} \tag{8–3–10}$$

式中 L——主吊索长度，m；

g——重力加速度，9.807m/s²。

如果 L 越大，则 f 越低，但 T 增加。理论上，L 越大越有利直升机控制摆动以保持正常飞行，但太长也是不必要的。当 L=30m 时，吊件的摆动频率为 0.09Hz，摆动周期为 11s，这个周期已能满足飞行员在操作上修正直升机的飞行状态了。实践证明，主

吊索过短会导致吊件就位困难。

3. 吊挂索具及吊挂方式

直升机吊运时，吊件的稳定除与上述主吊索长度有关外，还与吊件重量、体型尺寸及所采用的吊挂方式有关。直升机有几种吊挂方式，如图 8–3–6 所示。

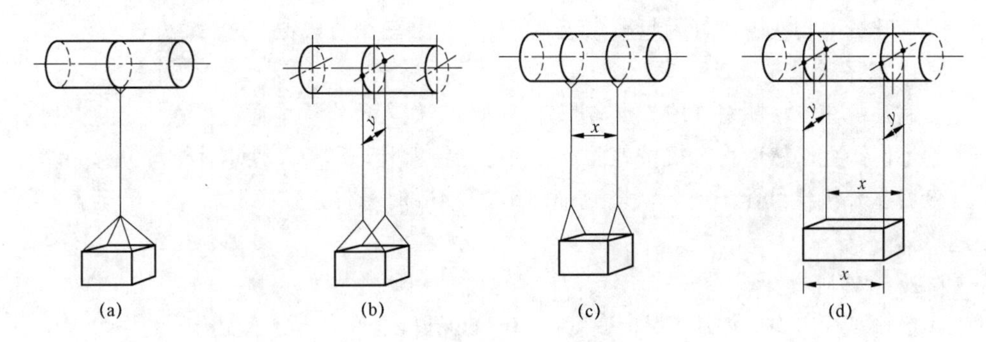

图 8–3–6　吊索的几种吊挂方式

（a）单点连接；（b）双点横列连接；（c）双点纵列连接；（d）四点连接

（1）单点连接。图 8–3–6（a）所示为一种最简单、常用的吊挂方式，吊件仅有较小摆动，稳定性尚好。

（2）双点连接。双点吊挂有两种，横列连接如图 8–3–6（b）所示，纵列连接如图 8–3–6（c）所示。其中前者对偏航有稳定作用，后者对仰俯有稳定作用。这两种吊挂方式产生的稳定力矩，可按式（8–3–11）和式（8–3–12）计算。

横列连接时

$$M_S = \frac{Gy^2}{57.3L} \tag{8–3–11}$$

纵列连接时

$$M_S = \frac{Gx^2}{57.3L} \tag{8–3–12}$$

式中　G——吊件重量，kN；

L——吊索长度，m。

（3）四点连接。四点连接如图 8–3–6（d）所示，它可同时对仰俯、偏航起稳定和抑制作用，适合于吊装车辆、集装箱等，其稳定力矩按式（8–3–13）计算

$$M_S = \frac{G(x^2 + y^2)}{57.3L} \tag{8-3-13}$$

式（8–3–12）和式（8–3–13）表明：吊件越量，吊挂点距离越大，吊挂索具越短，则吊件的稳定性越好。

三、吊装铁塔

直升机吊装铁塔，分为起吊、运输、就位组装三个阶段。

1. 起吊阶段

直升机在待吊铁塔（段）上方悬停，地面工作人员将铁塔通过吊索挂于直升机自带的工作钩上，然后直升机按地面指挥命令徐徐上升、移位，使塔体逐渐立起。塔体立直后直升机继续上升，当铁塔底部离地3～4m时悬停，待稳定后即可吊运至安装地点。

2. 运输阶段

运输飞行应均匀加速，保持速度在50～60km/h之间。当受气流影响铁塔可能出现摆动时，飞行员应设法加以抑制。

3. 就位组装阶段

这是直升机吊装组塔的关键工序，分为整体吊装就位和分解吊装就位两种情形。具体做法将在后续内容中介绍。

直升机吊装铁塔，应注意的事项如下。

（1）直升机悬停应考虑风向影响，直升机逆风悬停可使旋翼输出功率减少，加之尾桨的方向稳定作用，易于使直升机保持稳定。而顺风悬停尾桨作用不佳，方向难以保持。侧向风会使直升机沿风向飘移，旋翼受侧风影响会引起直升机仰俯状态发生变化，并朝迎风方向倾斜，右侧风悬停比左侧风会更有利。

（2）避免发动机出现单发工作状态，单发悬停是指直升机有一台发动机失效的工作状态，这时作业将是十分危险的。一旦出现单发悬停，直升机应果断偏离作业地点，尽快摘开工作钩，同时地面施工人员也应紧急撤离。

（3）飞行前对吊装过程可能出现的种种不利条件应充分予以估计，必要时应进行计算验证。

四、施工现场布置及准备工作

（一）前期准备

1. 料场及临时停机坪的选择

料场和停机坪应就近选择，如条件有限也可分开，但停机坪附近必须设有加油系统。料场和停机坪应能“通电、通交通、通信息”，地势平坦并能存放施工所需器材，满足摆放塔材和组装铁塔的需要。

2. 提前掌握气象情况

在制订施工作业计划前，应认真搜集和调查相关气象资料，作业尽量选在晴好天气进行。

3. 机型的选择

目前重型机，如波音—234、S—64、波音—107 等机型。分解吊装可使用中、轻型机，如 S—61、波音—107、贝尔—205、米—171、米—8、海豚等机型。总之，选择机型应根据实际情况，力求经济合理、安全可靠。

4. 办理飞行手续

使用直升机作业应按《中华人民共和国民用航空法》《中华人民共和国飞行基本规则》《通用航空飞行管制条例》等法规，提前办好相关手续，经批准后在指定地域内进行飞行作业。

（二）施工现场的准备

（1）停机坪及供油系统已准备好。

（2）铁塔或塔段组装完毕，或虽未组完但不致影响直升机作业。

（3）备齐全部机具，包括索具、导轨、地脚螺栓保护帽等。

（4）安全技术注意事项：整体吊装或分段吊装的底段，由平卧吊起至直立过程中须防备塔材变形；塔脚板进入基础地脚螺栓时，须防备地脚螺栓或基础被碰坏；在塔脚主材间加装临时支撑，如图 8–3–7 所示；将地脚螺栓涂油，试好螺母后在地脚螺栓顶部加装螺栓保护帽（防止螺栓受损）。

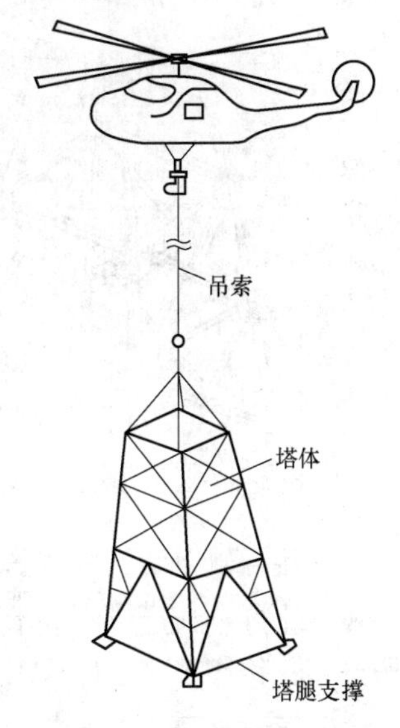

图 8–3–7　整体吊装示意图

五、吊装就位

（一）整体或铁塔底段吊装就位

直升机吊运铁塔至安装地点上空悬停，稳定后指挥直升机缓慢下降，至铁塔接近基础面时，由地面人员配合使塔脚板螺孔正好套进地脚螺栓，然后迅速安装螺母。一切正常后，即可令飞行员脱去工作钩飞离现场。

（二）分解（分段）吊装

当铁塔较重或现有直升机的承载能力不足时，应采用分解吊装法。分解吊装的关键是就位对接。施工方法有以下三种。

1. 导轨自动就位法

这是一种不需要人上塔配合就可自动就位的方法，此法既安全可靠，效率又高，但直升机须加装防止塔段扭转装置。为了实现安全自动就位，专门设计了一种限制吊件旋转的装置，使用它可阻止铁塔在空中旋转，便于飞行员调整铁塔方位使之沿导轨准确就位。所谓“导轨”根据塔形结构的不同，有多种形式，对于自立塔有内导轨和外导轨。内导轨固定于塔段顶端主角钢的内侧，同时在外侧加装定位挡板，使上部待接塔段能准确入位，如图 8–3–8 所示。这种导轨可用于普通塔或酒杯塔曲臂以下塔身的自动对接，分解吊装自动就位的施工情况，如图 8–3–9 所示。外导轨固定于塔段顶端主角钢的外侧，用于酒杯塔曲臂以上塔头部分的自动对接。

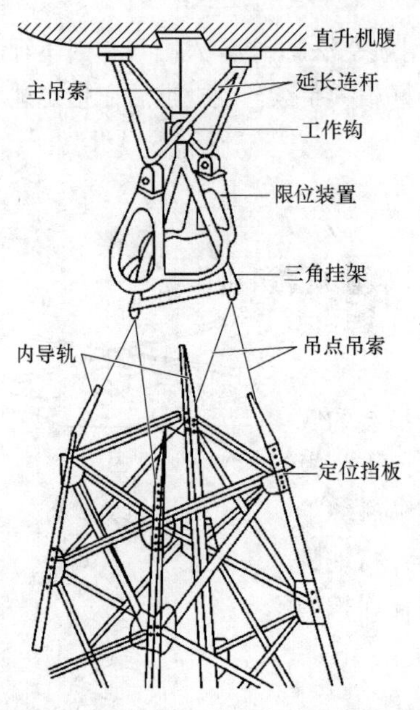

图 8–3–8　分段吊运带有内导轨的塔段

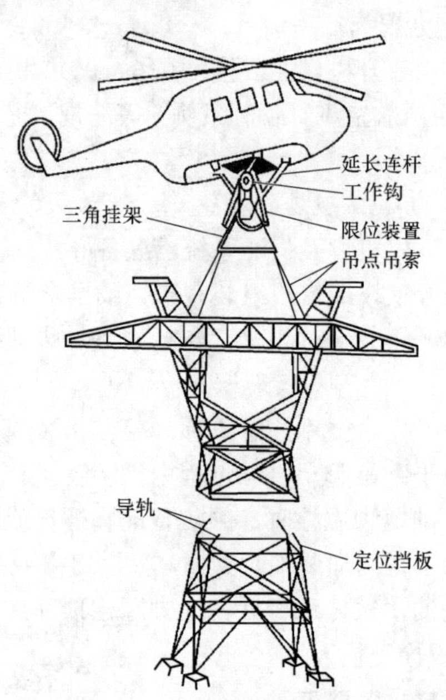

图 8–3–9　分段吊装自动就位示意

采用导轨自动就位方法施工时，直升机吊运塔段到达塔位上空即悬停，调正方位后慢慢下降，使塔段底部沿导轨下滑与下部塔身准确对正。就位完毕后，直升机即可脱开工作钩离去，之后施工人员上塔安装螺栓。

2. 塔上人工就位法

此种方法与我国传统的分解组塔法类似。直升机吊挂的塔段底部四根主角钢分别都绑有一根控制绳，塔上人员牵引绳头控制塔段方位。当直升机将塔段吊运至塔位上空时，在塔上指挥人员指挥下，缓慢下降同时调整位置使塔段准确就位，具体情况如图 8–3–10 所示。

采用这种方法塔上需有人配合，有一定危险性，要求飞行员操作精准并密切与塔上人员配合。施工注意事项如下。

（1）塔段吊点布置要正确，要求吊挂塔段悬空时与就位时的状态一致，确保四角同时就位。

（2）塔上人员在接触即将就位的塔段之前，为防止其在空中运动可能产生的静电电击，须用带有接地线并做好接地的金属钩先钩住吊件。

3. 有导轨半自动就位法

应用此种方法虽然下段塔顶有导轨，但仍需要靠人控制就位绳才能使塔段就位。具体做法，结合某单位的施工实践，简要介绍如下。

（1）选用机型：如 S—61。

（2）主要配套工具如下。

1）对接导轨，二合式内导轨及其附件（另行设计制造）。

2）主吊索（含工作钩）。

（3）索具及附件连接方式，如图 8-3-11 所示。

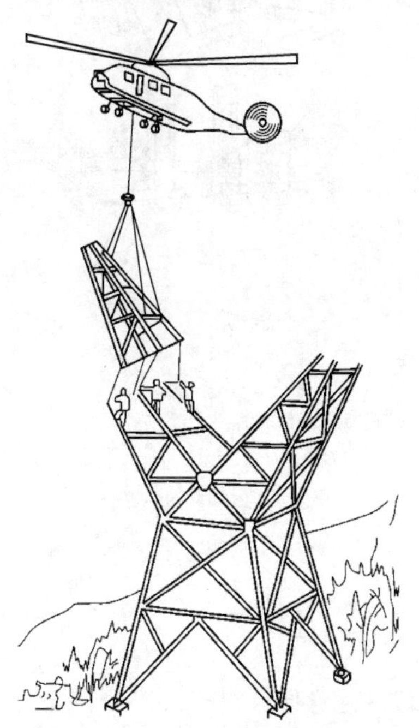

图 8-3-10 塔上人工就位示意

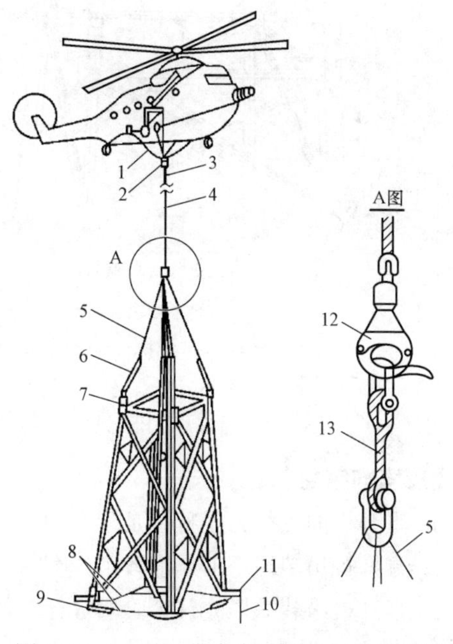

图 8-3-11 吊运带半自动就位导轨的塔段

1—连身绳；2—安全钩；3—旋转器；4—主吊索；5—吊点绳；6—内导轨；7—绑扎麻袋片；8—限位绳；9—限位板；10—辅助就位绳；11—挂绳耳板；12—工作钩；13—短绳套

（4）就位操作程序如下。

1）直升机吊运塔段至塔位上空悬停，下降至吊件底端接近地面，人工将已配置好的就位绳挂在限位耳板上并将余绳收回。

2）直升机升高、移位至目标塔位的上空，平稳下降，地面人员控制就位绳引导被吊塔段进入导轨。

（5）内导轨及附件的布置，如图 8–3–12（a）所示。内导轨 6 与外挡板 8 通过螺栓连接固定于主材上，如图 8–3–12（b）所示。利用外挡板 8 控制被吊塔段下部限位板 3 准确到位，限位板 3 上的限位板耳板 4 用于连接限位绳。

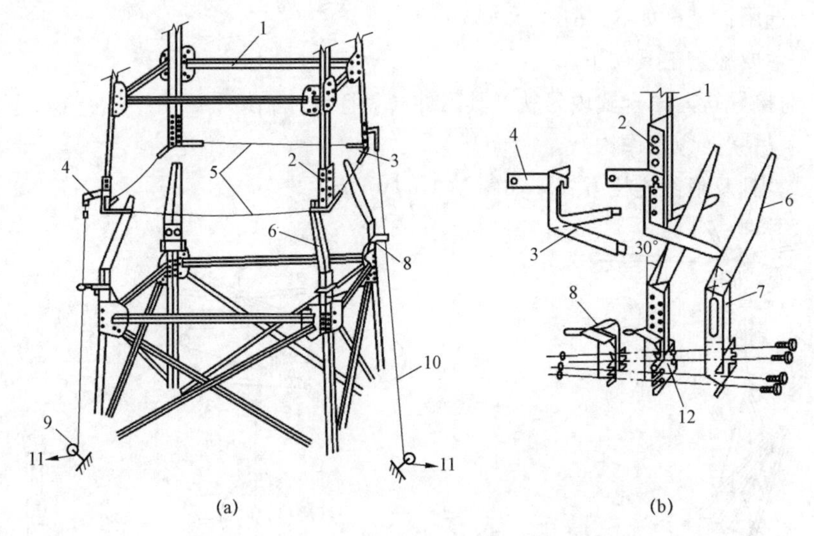

图 8–3–12 上下塔段通过导轨就位示意

（a）导轨及附件安装布置图；（b）两合式内导轨结构组装图

1—上段主材；2—主材连板；3—限位板；4—限位板耳板；5—限位绳；6—内导轨；7—下段主材；8—外挡板；9—滑轮；10—辅助就位绳；11—控制拉绳；12—固定外挡板辅助材

【思考与练习】

1. 直升机的飞行力学特性是什么？

2. 直升机吊装组塔前期准备工作有哪些？

3. 直升机吊装铁塔分几个阶段进行？每个阶段应注意什么？

模块 4 新型导线的施工工艺（Z04F5004Ⅲ）

【模块描述】本模块包含了新型导线的提出及特点；通过对新型导线的介绍；掌

握新型导线的施工工艺。

【正文】

随着电源容量、用电需求的迅速增长以及资源能源的日益紧张和环境保护的限制不断加大，需要新建线路或改造已有线路，进一步提高电网的输电能力，尤其在经济发达地区，这个问题就更加突出。低损耗、环保型、节约型、大容量的新型材料输电技术随着科学技术、材料技术、制造水平以及工艺水平的不断提高，将发挥越来越重要的作用。

本文通过某工程实例，介绍新型导线施工工艺及技术特点。

一、新型导线技术及特点

1. 全铝合金导线

目前在西欧、北欧、北美、日本、南亚等国家，铝合金导线作为架空输电线路已广泛应用，但我国目前应用量还不到1%。全铝合金导线与目前普遍采用的钢芯铝绞线（ACSR）相比，具有弧垂特性高、耐腐蚀、表面耐损伤、伸长率大、线损小以及抗蠕变性能好等优点。

2. 耐热铝合金导线

20 世纪 60 年代日本研制了耐热铝合金导线，其连续运行温度及短时允许温度比常规 ACSR 要提高 60℃，分别为 150℃和 180℃，从而大大提高了输电能力。耐热铝合金是由 EC 级铝、少量锆和其他元素组成，具有较高的重结晶温度，所以耐热铝合金连续工作温度可达 150℃，载流量可提高 1.4～1.6 倍。同时加锆对改善导线的耐软化性和耐蠕变性有显著的效果。为减少电腐蚀，钢芯采用铝包钢。

3. 倍容量导线

倍容量导线也叫超耐热铝合金导线。该导线除具有耐热铝合金导线的优点外，最大的特点为导线允许温度可达 230℃，载流量提高约 2 倍；导线钢芯采用铝包 INVAR 线，显著地限制了导线弧垂。倍容量导线的线径、质量、张力、弧垂等特性与常用的 ACSR 基本相同，所以线路改造时，原有杆塔、基础可完全利用。

4. 新型复合材料合成芯导线

新型复合材料合成芯导线充分发挥了有机复合材料的特点，与目前各种架空导线相比，具有重量轻、强度高、热稳定性好、驰度低、载流量大、耐腐蚀的特点，从节能、节地、节材、环保、提高输电能力等方面看，具有很好的应用前景，特别适用于老线路的改造。

新型复合材料合成芯导线一般分为碳纤维芯铝绞线（ACFR）和耐热碳纤维芯耐热铝合金绞线（TACFR）两种。碳纤维芯铝绞线主要由碳纤维和热硬化性树脂构成，质量是常规钢芯的约 1/5，线膨胀系数约为 1/12。试验证明，这种新型复合材料芯导线的抗拉强度远远超过了 ACSR，在常温下的应力——伸长特性呈现弹性体，没有塑性变性，破断时的伸长量比钢绞线小，约为 1.6%，耐热性基本与 ACSR 相同；耐热碳纤维复合芯铝绞线芯线是由碳纤维为中心层和玻璃纤维包覆制成的单根芯棒，碳纤维采用聚酰胺耐火处理、碳化而成，具有高强度、高韧性、耐冲击、耐抗拉应力和弯曲应力等特点。

碳纤维复合芯导线（简称 ACCC 导线）的特点如下。

（1）强度大。ACCC 导线的抗拉强度为 2399MPa，是一般钢丝抗拉强度的 1.97 倍，是高强度钢丝的 1.7 倍。试验证明其破断力比常规 ACSR 提高了 30%。

（2）导电率高，载流量大。由于复合材料不存在钢丝材料引起的磁损和热效应，而且输送相同电力的条件下，具有更低的运行温度，可以减少输电线损 6%左右。另外，相同直径时 ACCC 导线的铝材截面积为常规 ACSR 的 1.29 倍。因此可以提高载流量 29%。在 180℃条件下运行，其载流量理论上为常规 ACSR 的两倍。

（3）线膨胀系数小，驰度小。ACCC 导线与 ACSR 导线相比具有显著的低驰度特性，在相同的试验条件下，温度从 26.1℃上升到 183℃时，常规 ACSR 导线的驰度从 236mm 增加到 1422mm，提高了 5 倍；而 ACCC 导线的驰度仅从 198mm 增加到 312mm，提高仅 0.57 倍，其驰度变化量仅为常规 ACSR 的 9.6%，在高温下弧垂不到 ACSR 的 1/10。

（4）重量轻。复合材料的密度约为钢的 1/4。单位长度总量约为常规 ACSR 的 70%～80%。

（5）耐腐蚀、使用寿命长。碳纤维复合材料与环境亲和，而且又避免了导体在通电时铝线与镀锌钢线之间的电化腐蚀问题，较好地解决铝导线长期运行的老化问题。

二、新型导线施工工艺

新型导线施工主要以张力架线为主，此处结合工程实例，讲述碳纤维复合芯铝绞线 JRLX/T（ACCC/TW）导线施工工艺。

执行标准 DL/T 5284《碳纤维复合芯铝绞线施工工艺及验收导则》（附条文说明）

（一）JRLX/T（ACCC/TW）导线张力架线一般规定

1. 导线张力架线基本特征

（1）导线展放方式全过程应处于架空状态。

（2）导线不受设计耐张段限制，可以直线塔作施工段起止塔，在耐张塔上直通放线。

（3）在直线塔上紧线并作直线塔锚线，凡直通放线的耐张塔也直通紧线。

（4）在直通紧线的耐张塔上做平衡挂线或半平衡挂线。

2. 张力放线的基本程序

（1）将牵引绳分段展放，逐基穿过放线滑车。

（2）牵引机卷牵引绳，逐步展放导线。

（3）可以用旧导线牵引新导线。

3. 滑车组选择

放线须采用橡胶或尼龙等韧性材质轮槽的滑车，并正确悬挂放线滑车以改善导线在滑车中畅通。

4. 张力确定

选择合适的放线张力，确保导线不与跨越物硬摩擦，加强每一操作环节中的导线保护等。

5. 张力机、牵引机接地要求

张力机、牵引机前必须设接地滑车，架空线路在施工期间始终保持接地，新工序接地未装设，原工序接地不得拆除，严格执行 DL 5009.2。

6. JRLX/T（ACCC）导线张力架线施工应具备的施工条件

（1）张力场选择在线路中心线或延长线上，防止导线出现转角。

（2）耐张塔允许不打临时拉线作带张力半平衡挂线，带张力平衡挂线时，横担承受的不平衡张力为相张力的 1/2。

（3）耐张金具组合串中应具有较大调整范围的调整金具。

（4）直线塔宜设附件安装作业孔，耐张塔宜设锚线孔，孔径与施工工具相配合，承载能力满足施工荷载要求。

（二）施工准备

1. 机具准备

（1）牵引机的变速机构以无级变速为优，牵引机的额定牵引力大于或等于被牵放导线的保证计算拉断力与牵引机额定牵引力的系数之积（单位：N，系数 K_r= 0.25～0.33）。

（2）张力机能连续平衡地调整放线张力，能与牵引机同步运转，张力机单根导线额定制动张力：单根导线额定制动张力与单导线额定制动张力的系数（单位：N，K_r= 0.17～0.20）。

（3）张力架线特种受力工器具：蛇皮套、专用卡线器就满足导线特性的要求，并与导线规格和主要机具相匹配。

2. 跨越施工准备

（1）张力架线中的跨越施工，各连接点处于架空状态，确保施工和被跨越物的安全。

（2）张力架线跨越的几何尺寸应按 SDJJS2 执行。

（3）跨越架顶部或能与导线接触部位应采取防磨保护措施。

3. 放线滑车准备

（1）JRLX/T（ACCC）导线放线滑车应满足的要求。

1）轮槽底部直径，应该大于导线直径的 20 倍。

2）轮槽深度大于导线直径 1.25 倍。

3）轮槽口宽度大于导线直径 2.4 倍，且能保证顺利通过各种连接器。

4）滑车轮槽接触导线部分应使用韧性材料，减轻导线与轮槽接触部分的挤压和提高导线防震性能。

（2）一牵一放线采用单轮滑车，牵引绳与导线同走一个滑槽。

（3）一牵二放线采用三轮滑车，牵引绳走中间滑槽，导线走两边滑槽。

（4）直线塔将放线滑车挂在悬垂绝缘子串下，耐张塔和耐张转角塔用钢绳套将放线滑车直接挂在横担下面。

（5）放线张力正常，导线在放线滑车上的包络角超过 30°，要求加挂双滑车，减小导线在滑车上散股。

（6）耐张塔挂双滑车应计算滑轮顶悬挂点的高度差或挂具长度差。

（三）张力放线

1. 张力场选择原则

（1）下列情况不宜用作张力场。

1）需以直线转角塔用过轮临锚时。

2）档内有重要交叉跨越或交叉跨越较多时。

3）设计要求档内不允许有接头时。

4）邻塔悬点与张力机进出口高度差较大时。

（2）张力场布置注意事项。

1）张力机一般布置在线路中心线上，确定张力机出线所应对准的方向。

2）张力机进出口与邻塔悬点的高度差角不宜超过 15°。

3）张力机导线轮、导线线轴的受力方向均必须与其轴线垂直。

4）牵引机、张力机、线轴架等均必须按机械说明书要求进行锚固。

2. 张力放线工操作

（1）张力放线主要计算按 SDJJS2 执行。

（2）导线盘绕方向与导线外层线股捻回方向相同，即导线处层采用右捻时，在张力机上盘绕应为左进右出。

（3）牵放前必须检查的项目。

1）跨越架牢固程度。

2）临时接地是否符合要求。

3）人员是否全部到岗，通讯联络是否畅通。

4）受力部件连接情况。

5）牵引绳或旧导线在放线滑车上有无掉槽。

（4）开始牵放时应慢速牵引，询问线路有无异常现象。全部架空后，方可逐步加快牵引速度。

（5）牵引时应先开张力机，待张力机刹车打开后，再开牵引机；停止牵引时应先停牵引机，后停张力机。

（6）放线时牵引绳、旧导线、导线过越线架时，张力应缓慢增大，以不磨遗址架为准，避免牵引绳、导线产生大幅度波动。

（7）接续管不得在张力机前进行压接，因接续管太长，不允许过滑车，应根据耐张段长和线长合理布线，确定在适宜档接续。

3. 压接

（1）接续管。

1）确认导线接续位置，压接现场导线不得接触地面。

2）应采用临时锚线的方式进行压接。

3）锚线长度应距导线端头处 16m 以外。

4）接续管包括如下配件：外压接管、内衬管、楔型夹座、楔型夹、连接器。如图 8–4–1 所示。

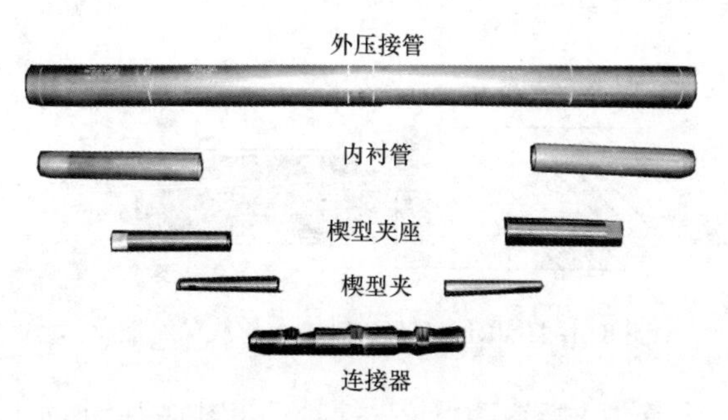

图 8–4–1　JRLX/T（ACCC）导线接续管配件

5）穿管。用洁布将导线表面擦净，长度不小于外压接管长度的 3 倍，将导线两端头穿入内衬管，然后，再把任一导线端头穿入外压接管。

6）画印。在导线端头处用楔型夹座量取等长的导线长度，并画好印记，印记处导线侧用胶布把导线缠绕，防止导线散股。如图 8–4–2 所示。

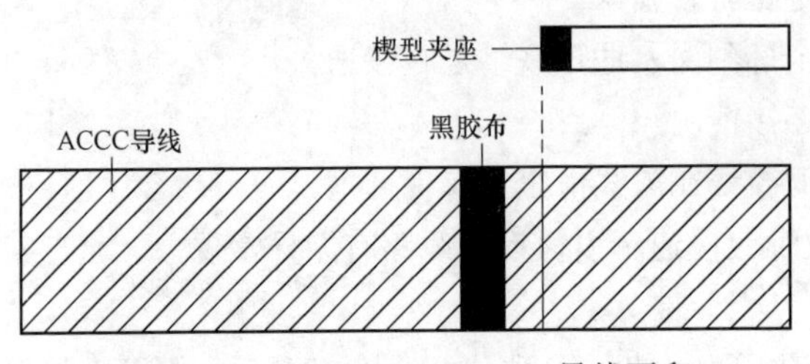

图 8–4–2 JRLX/T（ACCC）导线画印

7）剥线。在印记处将铝股分层锯割，不准损伤碳芯；用干布擦去碳芯上的油渍，并用专用细砂纸轻轻打磨碳芯，然后，再用干布将粉末擦除干净。如图 8–4–3 所示。

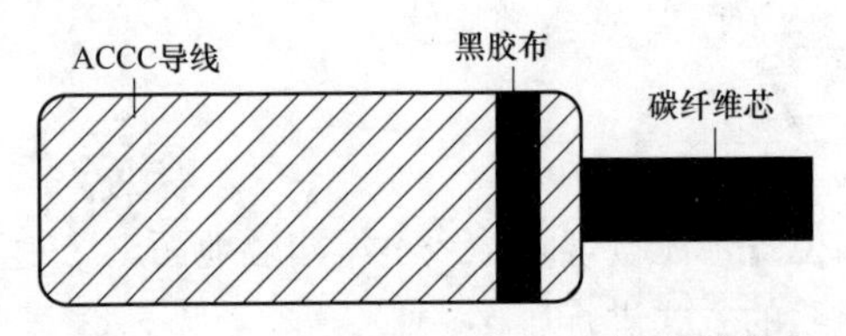

图 8–4–3 JRLX/T（ACCC）导线剥线

8）安装。

a. 把碳纤芯穿入楔型夹座，然后将碳芯穿入楔型夹，并夹住碳芯，整体滑进楔型夹座内，碳芯露出楔型夹 5mm，安装连接器。如图 8–4–4 所示。

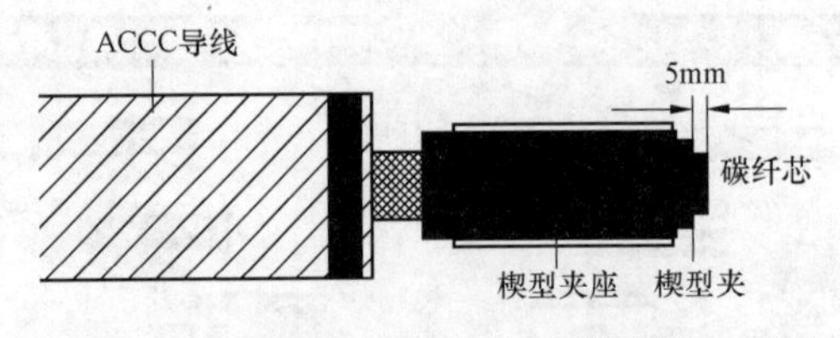

图 8–4–4 JRLX/T（ACCC）导线碳纤芯穿管

b. 将连接器拧入楔型夹座内。用扳手拧紧。如图 8–4–5 所示。

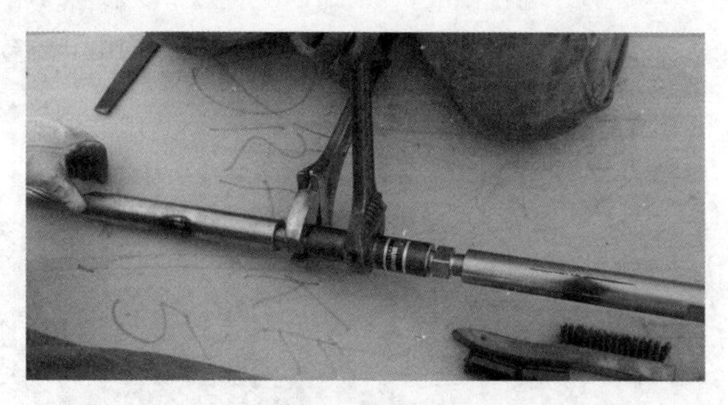

图 8–4–5　拧紧连接器

c. 拧紧连接器与楔型夹座，检查靠近导线一端，应该有 35～40mm 的碳芯露出，楔型夹锥形端头应从楔型夹座端向外拉出 5mm。另一端的安装过程与此完全相同，最后用二把扳手把连接器同步紧紧。如图 8–4–6 所示。

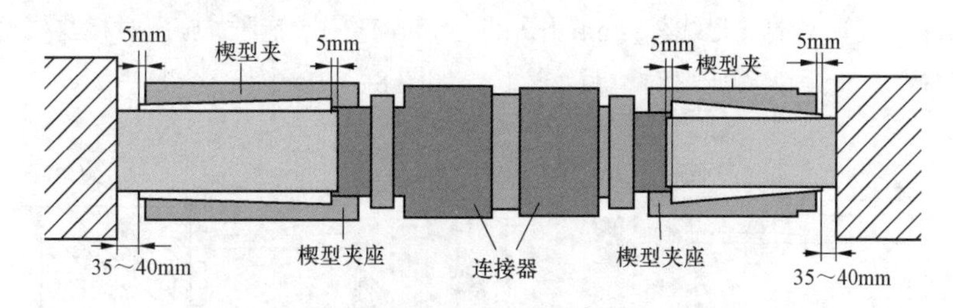

图 8–4–6　JRLX/T（ACCC）导线连接管安装

d. 用尺量出外接管的中心点的距离，在导线端头两侧铝线上画好印记（连接器中主至外压接管端口距离）。如图 8–4–7 所示。

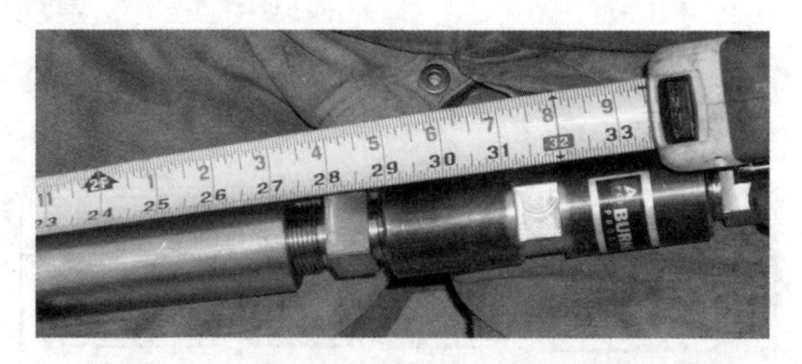

图 8–4–7　JRLX/T（ACCC）导线外接铝管画印

e. 用钢刷清除导线进入内衬管部分铝股氧化膜。

f. 对导线铝股进行均匀涂刷电力脂，并完全覆盖。用钢丝刷沿碳纤维复合芯铝绞线捻绕方向对已涂电力脂部分进行擦刷，然后用洁布擦去多余电力脂。

g. 按印记将外压接管安装到位，然后在中心印记处施压一模。如图 8–4–8 所示。

图 8–4–8 JRLX/T（ACCC）导线压接

h. 用钢刷清除内衬管表面氧化膜，均匀涂刷电力脂，将内衬管推到外压接管内。

i. 将外压接管表面涂脱模剂。

j. 在外压接管两端标记线外 8mm 开始向管口端部依次施压。施压时模与模之间的重叠处不应小于 5mm，实测压后对边距及管长。如图 8–4–9～图 8–4–11 所示。

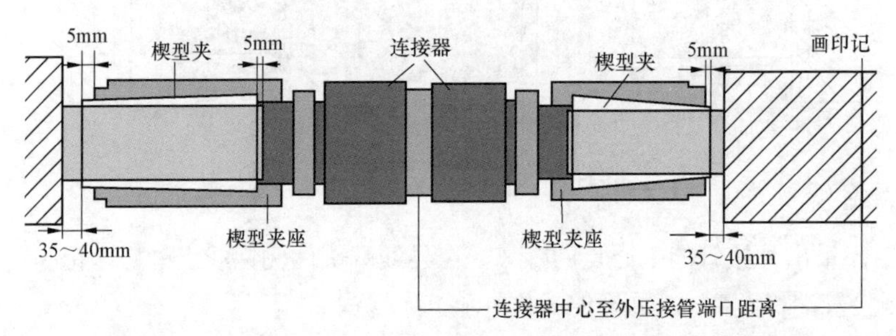

图 8–4–9 JRLX/T（ACCC）导线外压接管中心至导线端头距离

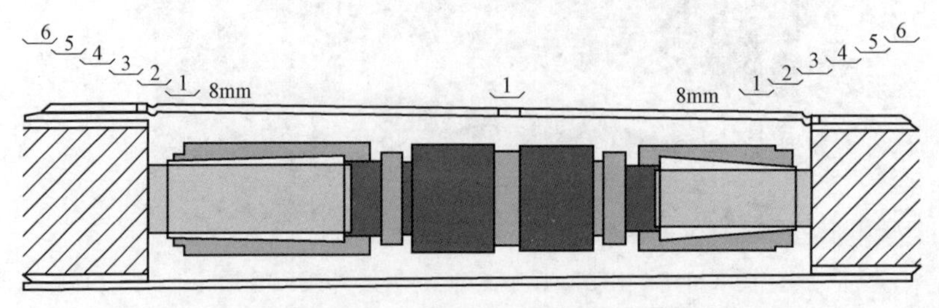

图 8–4–10 JRLX/T（ACCC）导线接续管施压顺序

注：外压接管印记外 8mm 处施压。

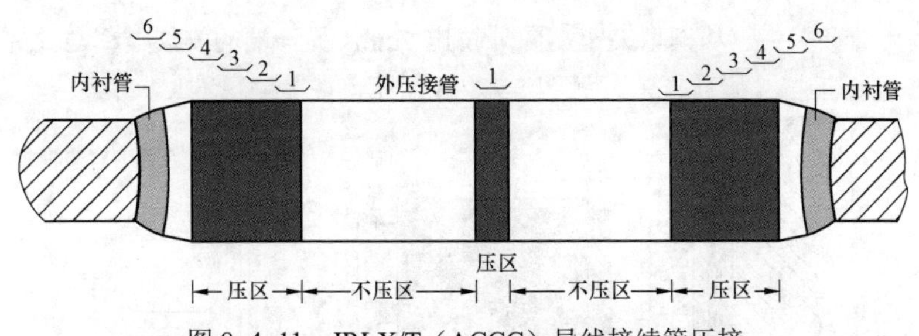

图 8-4-11　JRLX/T（ACCC）导线接续管压接

（2）耐张线夹。

1）耐张线夹包括如下配件：耐张线夹连接套、连接环、楔型夹、楔型夹座、内衬管。如图 8-4-12 所示。

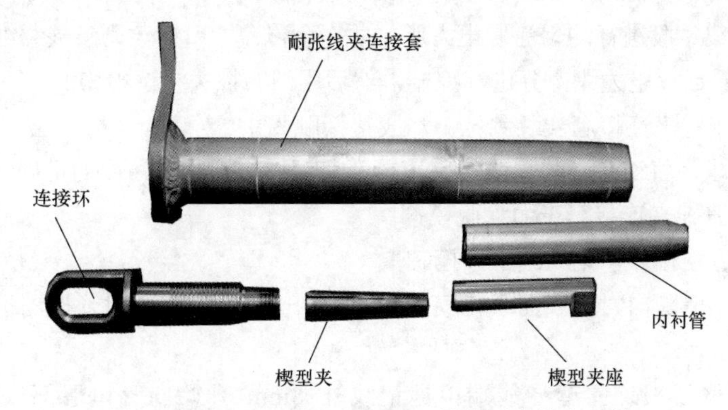

图 8-4-12　JRLX/T（ACCC）导线耐张线夹配件

2）穿管。用洁布将导线表面擦净，长度不小于外压接管长度的 3 倍，将导线端头穿入内衬管，然后，再穿入耐张线夹连接套。

3）画印记。在导线端头处用楔型夹座量取等长的导线长度，并画好印记，印记处导线侧用胶布把导线缠绕，防止导线散股。

4）剥线。在印记处将铝股分层锯割，不准损伤碳芯；用干布擦去碳芯上的油渍，并用专用细砂纸轻轻反磨碳芯，然后，再用洁布将粉末擦干净。

5）安装。

a. 把碳纤芯穿入楔型夹座，然后将碳纤芯穿入楔型夹，并夹住碳芯，整体滑进楔型夹座内。碳芯露出楔型夹 5～10mm，安装连接环。

b. 将连接器拧入楔型夹座内。用扳手拧紧。

c. 拧紧连接器与楔型夹座，检查靠近导线一端，应该有 35～40mm 左右的碳芯露出，楔型夹锥形端头应从楔型夹座端向外拉出5mm。另一端的安装过程与此完全相同，最后用二把扳手把连接环拧紧。如图8-4-13所示。

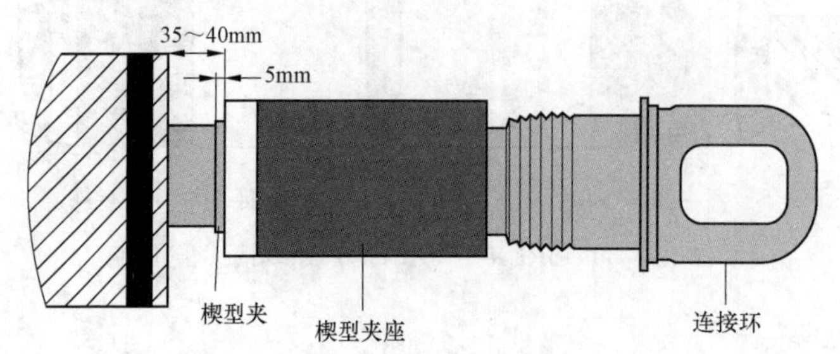

图8-4-13 JRLX/T（ACCC）导线压接管连接

d. 用钢刷清除导线进入内衬管部分铝股氧化膜。

e. 对导线铝股进行均匀涂刷电力脂，并完全覆盖。用钢丝刷沿碳纤维复合芯铝绞线捻绕方向对已涂电力脂部分进行擦刷，然后用洁布擦去多余电力脂。

f. 将耐张线夹连接套安装到位，与胶垫接触为止。

g. 按要求，将连接环与耐张线夹连接套引流板方向相对角度调正确。

h. 将耐张线夹连接套表面涂脱模剂。

i. 在靠近连接环印记处施压一模。

j. 有钢刷清除内衬管表面氧化膜，均匀涂刷电力脂，将内衬管推到耐张线夹连接套内。

k. 在耐张线夹连接套导线端口标记线外8mm开始向管口端部依次施压。施压时模与模之间的重叠处不就小于5mm。实测压后对边距及管长。如图8-4-14所示。

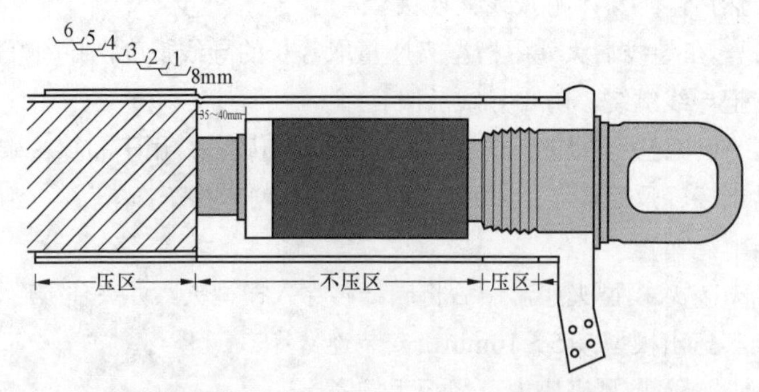

图8-4-14 JRLX/T（ACCC）导线压接管压接

注：耐张线夹联结套印记处8mm处施压。

（3）跳线线夹。

1）先清除跳线线夹内多余电力脂。

2）在导线端头处量取等长印记点到线夹口的距离，画好印记。

3）用钢刷清除导线进入跳线线夹部分的铝股氧化膜。

4）将导线穿入跳线线夹内，线夹端口正好和导线上印记重叠。

5）应使跳线线夹方向与原弯曲方向一致，由线夹端口印记处依次施压。如图 8–4–15 所示。

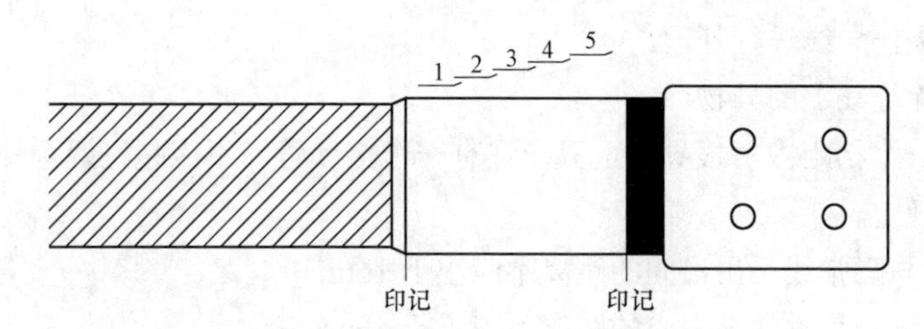

图 8–4–15　JRLX/T（ACCC）导线跳线线夹压接

4. 放线质量和施工安全

（1）张力放线过程中防止导线磨伤的主要措施。

1）换线轴时，注意线头、线尾不与张力机、线轴架的硬锐部件接触。

2）向线轴上回盘余线时，不允许蛇皮套被盘进线轴。导线局部落地时，应采取隔离措施。

3）卡具附近的导线应采取防损伤措施。

4）张力机出口张力应始终满足施工设计的规定，并在导线距离寻面最近的位置设专人监视导线离地高度。

5）接续前应将蛇皮套内的导线切除。

（2）蛇皮套、连接器、牵引绳和旧导线的连接部位是张力放线受力体系中的薄弱环节，每次使用前均应严格检查，按规定方式安装和使用。

（四）紧线

（1）紧线顺序为第一观测档紧，第二观测档松（简明紧—松—紧观测）。

（2）专用卡线器将导线卡牢，紧线侧采用滑车组紧线，其目的是减少机动绞磨的受力，用机动绞磨作牵引。

（3）以弛度观测作标准，紧线应力达到标准后，保持紧线应力不变，在昆线段内所有直线塔和耐张塔上同时画印，不完成画印，不得进行锚线作业。

（4）在耐张塔将导线临锚，使其接近设计架线张力，三天后再进行弛度观测、调整及挂线。

（5）导线挂完后，不要急于安装附件，注意观察弛度变化，确认无误后再安装附件。

综合考虑以上因素，确定紧线方法。

（五）附件安装

1. 一般要求

（1）打光导线上未处理的局部轻微磨伤，特别注意线夹两侧及锚线点。

（2）对损伤导线进行处理。

（3）拆除导线上的异物。

（4）在一个档距内每根导线上只允许有一个接续管，不应超过两个补修管，同时应满足下列规定。

1）各管与耐张线平出口间的距离不应小于 16m。

2）接续管与悬垂线夹中心的距离不应小于 16m。

3）补修管与悬垂线夹中心的距离不应小于 5m。

2. 耐张塔平衡挂线（半平衡挂线）

（1）空中临锚。空中临锚专用卡线器与杆塔的距离：当地面安装耐张线夹时取 3.0 倍挂点高，当空中安装耐线线夹时取耐张线夹 20m 以外。

（2）割断导线前，在专用卡线器后侧 0.5～1.0m 处，用棕绳将导线松绑在锚套上，防止松线时导线出现硬弯，导线弯曲必须小于 30°。割断后用绳将导线松下。

3. 直线塔附件安装

提线吊钩接触导线的宽度不得小于导线直径的 8 倍，接触部分应加衬垫，以防损伤导线。

4. 跳线安装

（1）跳线应使用未经牵引的原状导线制作。应使原弯曲方向与安装后的弯曲方向相一致，以利外观造型。

（2）以设计提供的跳线弧垂，实量跳线长，设计给的跳线长度只作参考。

（3）在地面将跳线组装成整体连同其悬垂绝缘子串一并起吊，在塔上就位安装。

（4）先把悬垂绝缘子串挂至跳串孔上，在地面将跳线组装成整体，两跳线线夹安装好后，在悬垂串处挂软梯，安装跳线线夹。

三、应用倍容量导线更换旧导线施工工艺举例

（一）工程概况

220kV ××线（××段）从××变构架至 48 号改线前均为自立式铁塔，原线型

为 LGJ–300/25 双分裂钢芯铝绞线，该段分别跨越邳苍公路、邳新公路、连徐高速公路和京杭运河和 110kV 等不同电压等级的带电线路、民房。我们根据 JRLX/T（ACCC/TW）的特性和厂家提供的线盘长度划分了多个牵张段，采用张力放线设备牵引导线，既保证了工程质量又降低了安全风险。

（二）工程材料及专用工器具技术参数

（1）JRLX/T（ACCC/TW）的特性：截面积 465mm^2，外径 25.14mm，最大拉断力 135kN，1 根碳芯，铝线根数 19 根。碳纤维芯比钢线更脆而易损坏。

（2）张力机：张力轮直径不得低于导线直径 40 倍。实用张力轮轮径为 1200mm。

（3）牵引机：选用持续牵引力不小于 3t 的牵引机。

（4）放线滑车：轮槽底部直径，应该大于导线直径的 20 倍。滑车轮槽接触导线部分应使用韧性材料，减轻导线与轮槽接触部分的挤压和提高导线防震性能。轮槽深度大于导线直径 1.25 倍。轮槽口宽度大于导线直径 2.4 倍，且能保证顺利通过各种连接器。二牵一放线采用三轮滑车。放线张力正常，导线在放线滑车上的包络角超过 30°，要求加挂双滑车，避免导线在滑车上散股。

（5）连接器：选用 3t 的旋转连接器。

（6）连接网套：选用宁波东方机具公司生产的 SWL 型连接网套，有效长度为 3m，且网套端部用铁丝绑扎，绑扎长度宜为 30～40mm。

（7）禁止使用卡线器，可使用导线厂家提供的耐张预绞丝。

（三）施工技术措施

（1）牵引场和张力场的选择。由于各盘导线都是按照区段定长加工，且本工程不允许直线压接，每盘导线便形成一个或几个耐张段，牵张场原则上选择视野开阔、方便大型车辆进出的场地。

（2）为了避免牵引时在牵张段两端的挂线滑车形成过大包络角损坏碳芯，同时为了方便紧挂线，牵引机和张力机应设置在牵张段的两端，张力轮和牵引轮距第一基铁塔的距离不小于放线滑车轮槽高度的 3 倍。

（四）跨越架的搭设

为了有效地保护沿线被跨越物，采用搭设跨越架与封顶网相结合的办法。

（1）针对高速公路、京杭运河、普通公路、民房和低压线路采用搭设跨越架的方法，具体参照跨越架塔设规范执行。

（2）对于 110kV 带电线路即要在两侧搭设跨越架，为了最大限度地降低风险，在换线前一天将带电线路用绝缘网封顶。

封网要求：宽度要超出施工导线两边各 1.5m，网的松紧要适度，保证封顶网在任何情况下对带电线路的安全距离。

（五）滑车吊挂的准备工作

（1）为了保证换线工作的顺利有序进行，在施工断内挂拆除原导线的防振锤，利用提线器将原导线提起拆除其他附件，并稳固好原导线。

（2）拆除原导线的悬垂串，将事先组装好的 XWP2–70 型瓷质绝缘子串（下面悬挂三轮放线滑车）挂起。为了防止牵张段两端悬垂串承受过大的下压力，牵张段两端的转角塔用ϕ22 吊杆悬挂放线滑车，滑车的轮槽直径应不小于 502.8mm，实际滑车轮槽直径为 600mm。重要跨越处两侧的每个悬垂串要增加一个起到双保险作用的钢丝绳套。

（3）将拆除附件后的 2 根原导线放进三轮滑车的两个边槽内。

（六）原导线与倍容量导线的连接

（1）为了避免换线时施工段两侧的耐张塔沿线路方向受力不平衡，需在两端布置反向临时拉线和稳线措施，如图 8–4–16 所示。在施工段内两侧将张力场附近的原导线耐张串拆除。

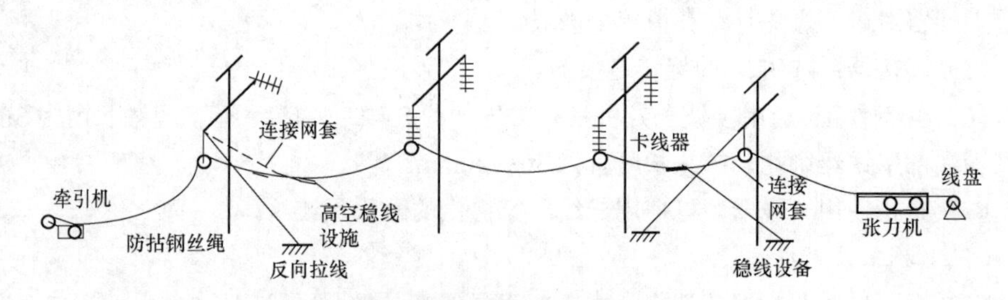

图 8–4–16 现场布置图

（2）将原导线的耐张金具和附件取下，为了方便连接部位顺利通过滑车，去除原导线的耐张压接管并安装连接网套，安装方式如图 8–4–17 所示，一定注意走板的连接，连接时将防扭器安装在走板的下方，否则容易造成走板反转。

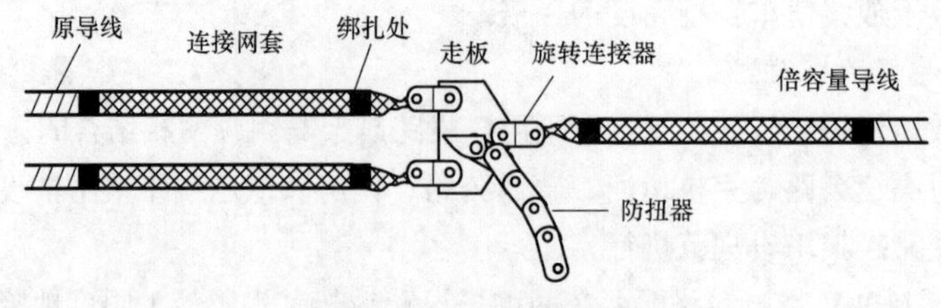

图 8–4–17 连接方式

（七）牵引机的牵引力，张力机的出口张力的控制值

在张力放线过程中，为使施工段各档的架空高度均符合规程要求，则需保证各档

的水平张力，为此又必须控制张力机出口张力等于或不小于各挡所需的水平张力 T_0，各挡的水平张力 T_0 不等，则张力机出口张力应取施工段各挡中的最大水平张力 $T_{T(max)}$。实践证明，张力机出口张力的最大值 $T_{T(max)}$ 只需由极少数被跨越物、突出物或净空条件要求苛刻的档次来控制，习惯上称这种档次为控制挡，对应的张力机出口的最大值 $T_{T(max)}$ 为张力机控制值，此时与最大张力值对应的牵引机入口牵引力为牵引机的牵引力控制值，计算原理如下：

$$T_i = \varepsilon^{i-1}T_{T(max)} + \varepsilon^{i-1}\frac{g}{\cos\beta_i}h_i \pm \cdots \pm \varepsilon\frac{g}{\cos\beta_{i-1}}h_{i-1} + \frac{g}{\cos\beta_i}h_i \tag{8-4-1}$$

$$T_i = T_{i0} + \frac{gA}{\cos\beta_i}f_{2i} \tag{8-4-2}$$

移项整理得

$$T_{T(max)} = \frac{1}{\varepsilon^{i-1}}\left[\left(T_i + \frac{gAf_{2i}}{\cos\beta_i}\right) - \left(\varepsilon^{i-1}\frac{gA}{\cos\beta_1}h_1 \pm \varepsilon\frac{gA}{\cos\beta_{i-1}}h_{i-1} + \frac{gA}{\cos\beta_i}h_i\right)\right] \tag{8-4-3}$$

根据 T_P 与 T_T 的关系得

$$T_P = \varepsilon^n mT_T \pm \varepsilon^n m\frac{gA}{\cos\beta_1}h_1 \pm \varepsilon^{n-1}m\frac{gA}{\cos\beta_2}h_2 \pm \varepsilon m\frac{gA}{\cos\beta_n}h_n - \frac{g'A'}{\cos\beta_{n+1}}h_{n+1} \tag{8-4-4}$$

将式（8–4–3）代入式（8–4–4）得

$$T_{T(max)} = \varepsilon^n mT_{T(max)} \pm \varepsilon^n m\frac{gA}{\cos\beta_1}h_1 \pm \varepsilon^{n-1}m\frac{gA}{\cos\beta_2}h_2 \pm \cdots \pm \varepsilon m\frac{gA}{\cos\beta_n}h_n - \frac{g'A'}{\cos\beta_{n+1}}h_{n+1} \tag{8-4-5}$$

即为牵引机的牵引力控制值的理论计算公式

$$f_{2i} = \frac{gAl_i^2}{8T_{i0}\cos\beta_i}\left(1 \pm \frac{h_i}{\dfrac{gAl_i^2}{2T_{i0}\cos\beta_i}}\right)\times 2 \tag{8-4-6}$$

以上式中 m——等待展放的子导线根数；

ε——放线滑车对导线的阻力系数可取略大于 1；

f_{2i}——i 档导线等效弧垂；

g——新导线的比载；

A——新导线的截面积；

g'——原导线的比载；

A'——原导线的截面积；

h_i——第 i 档的高差，在第 i 档中当 h_i 为正值时取“+”，为负值时取“–”；

l_i——第 i 档档距。

在实际应用中，式（8–4–5）的计算结果要乘以安全系数 k=1.1。

在本次施工中由于是以双分裂导线牵引单线，故 m 值取 1。由于双分裂导线的比重大于倍容量导线的比重，开始牵引时牵引力和张力比较大，随着牵引过程，两种力逐渐减小。

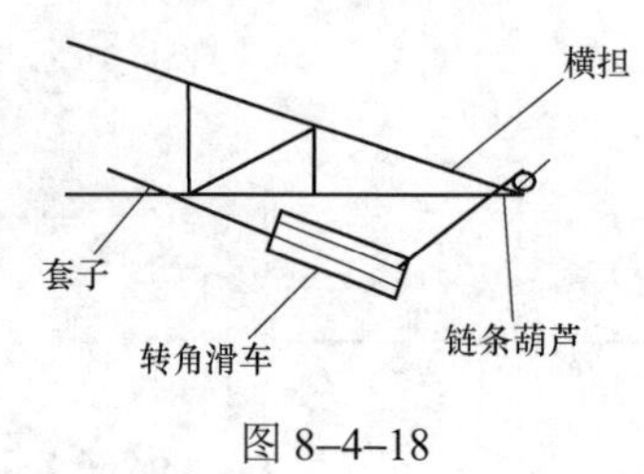

图 8–4–18

（八）转角塔滑车的预偏

转角滑车挂具长度及挂点位置应由技术人员计算确定，转角滑车在导引绳升空临锚时应做预偏，并在施工过程中适当调节，方法如图 8–4–18 所示。

（九）放线滑车倒挂及压线措施

根据设计要求凡是耐张串需要倒挂的塔位可考虑放线滑车倒挂，验算公式如下

$$\tan\theta=\frac{1}{2T}(g_1Al+G_j)+\frac{h}{l} \tag{8–4–7}$$

式中 θ——耐张绝缘子串倾角，θ 为负值表示放线滑车需倒挂或应采取防止导线上扬的措施；

T——年平均气温下无并无风时的导线拉力；

g_1——导线自重比载；

l——档距；

G_j——耐张绝缘子串量；

h——悬挂点高差，被检查杆塔的悬挂点比临塔悬挂点高时为正，反之为负。

出现上扬杆塔时应将放线滑车倒挂，也可以按图 8–4–19 进行压线或者采取适当降低放线张力达到效果。

（十）导线的牵引展放

（1）牵引前将两根原导线分别布置在三轮滑车的两侧凹槽内，新导线在三轮滑车的中间凹槽内，调整牵引机两个张力轮牵引张力，使之达到相同的张力，刚开始牵引时速度稍微放慢，然后均匀增加速度。导线在展放前，应将原导线的张力适当降低，以利于张力机出线，然后根据计算的牵张力不断调节。

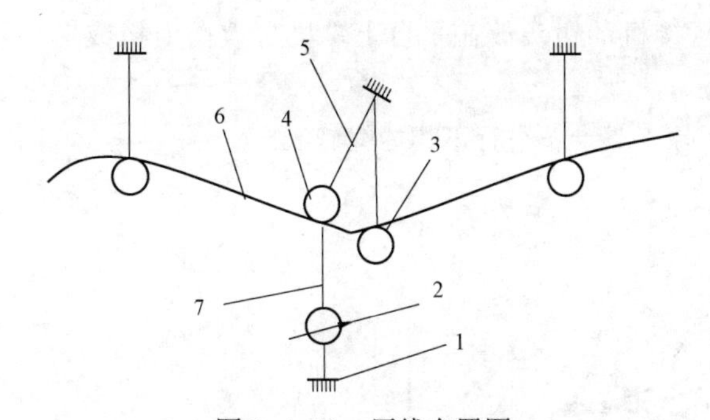

图 8–4–19　压线布置图

1—地锚（抗上拔）；2—3t 手扳葫芦；3—放线滑车；4—压线滑车；5—固定钢丝绳；6—原导线；7—压线钢丝绳

（2）放线过程中各重要跨越处和转角塔位应设置专人监护，随时注意观察重要跨越处的安全距离和走板过滑车时的情况，适当调整牵张力。

（3）牵引机应慢速启动约 5m/min，正常牵引时可增加至 30～405m/min，最大速度不得超过 6030～405m/min。

（4）一盘导线展放到还剩 6 圈左右时，应停止牵引并手工取下剩余的导线，更换导线盘后，用双头网套将两盘线临时连接；继续牵引导线，双头网套绕过张力轮后，再次停止牵引，在张力机前侧将导线临锚，取下双头网套进行直线压接，并将压接管用保护管保护；张力机反卷取下临锚，继续牵引。直线保护管的位置应事先计算确定，当保护管穿过最后一基杆塔后，应停止牵引，取下保护管后再继续。全段牵引完成后，先在牵引场侧压接挂线，完成后，张力机反卷，将张力提高到 $2T$ 后，在张力场压接挂线。

（十一）导线紧线施工

导线在展放完毕后利用牵引机进行弛度的初调，临近设计弧垂时牵张两侧临锚，具体断线方法如下：

1. 高空进行断线、划印、压接、挂线，具体方法、步骤

（1）完成牵引展放后，挂上耐张串，用图 8–4–20 所示方法借助地面绞磨将耐张串拉起。

（2）在导线上距离三联板 2m 以外卡卡头（具体距离值根据未收紧前导线弧垂确定，保证收紧倒链后，预绞丝到扇形板的距离大于 2m），如图 8–4–21 所示通过走一滑车上的倒链收紧导线。横担两侧应同时收紧，保证受力平衡。

（3）剪断导线，继续收紧到弧垂，挂好高空作业平台，进行高空压接，压接时不能压接碳芯，要用楔型夹座、楔型夹头和线夹本体依次与碳芯紧固连接，压接机

只用于压铝管。压接机的钳头放在平台上，机身放在横担或塔身内。如图 8–4–22 所示。

（4）挂线，拆除工具准备进行下相导线施工。

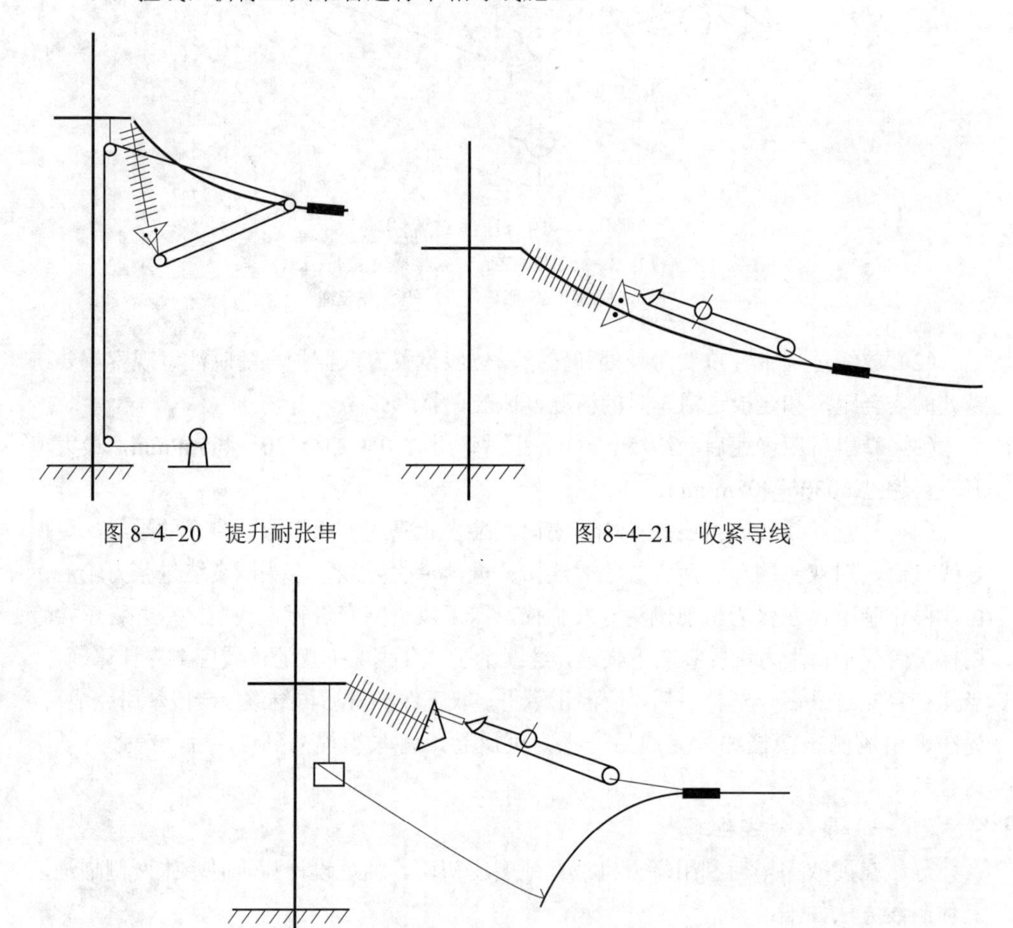

图 8–4–20 提升耐张串

图 8–4–21 收紧导线

图 8–4–22 高空断线

2. 耐张线夹的安装

（1）耐张线夹包括如下配件：耐张线夹连接套、连接环、楔型夹、楔型夹座、内衬管。

（2）穿管。用洁布将导线表面擦净，长度不小于外压接管长度的 3 倍，将导线端头穿入内衬管，然后，再穿入耐张线夹连接套。

（3）画印。在导线端头处用楔型夹座量取等长的导线长度，并画好印记，印记处导线侧用胶布把导线缠绕，防止导线散股。

（4）剥线。在印记处将铝股分层锯割，不准损伤碳芯；用干布擦去碳芯上的油渍，并用专用细砂纸轻轻反磨碳芯，然后再用洁布将粉末擦干净。

（5）安装。

1）把碳纤芯穿入楔型夹座，然后将碳纤芯穿入楔型夹，并夹住碳芯，整体滑进楔型夹座内。碳芯露出楔型夹 5～10mm，安装连接环。

2）将连接器拧入楔型夹座内。用扳手拧紧。

3）拧紧连接器与楔型夹座，检查靠近导线一端，应该有 35～40mm 的碳芯露出，楔型夹锥形端头应从楔型夹座端向外拉出 5mm。另一端的安装过程与此完全相同，最后用二把扳手把连接环拧紧。

4）用钢刷清除导线进入内衬管部分铝股氧化膜。

5）对导线铝股进行均匀涂刷电力脂，并完全覆盖。用钢丝刷沿碳纤维复合芯铝绞线捻绕方向对已涂电力脂部分进行擦刷，然后用洁布擦去多余电力脂。

6）将耐张线夹连接套安装到位，与胶垫接触为止。

7）按要求，将连接环与耐张线夹连接套引流板方向相对角度调正确。

8）将耐张线夹连接套表面涂脱模剂。

9）在靠近连接环印记处施压一模。

10）有钢刷清除内衬管表面氧化膜，均匀涂刷电力脂，将内衬管推到耐张线夹连接套内。

11）在耐张线夹连接套导线端口标记线外 8mm 开始向管口端部依次施压。施压时模与模之间的重叠处不就小于 5mm。实测压后对边距及管长。

（十二）直线塔附件安装

（1）附件安装应在紧线后 48h 内完成，附件安装时应遵守安装工艺要求，确保各种螺栓、销钉等的穿向全线统一。

（2）提线器的制作加工。提线器接触导线的长度不得小于 900mm，对导线的包络角不得大于 30°，接触部分应加衬垫，以防损伤导线。加工简图如图 8-4-23 所示，施工前应通过链条葫芦将提线器和铁塔横担连接。

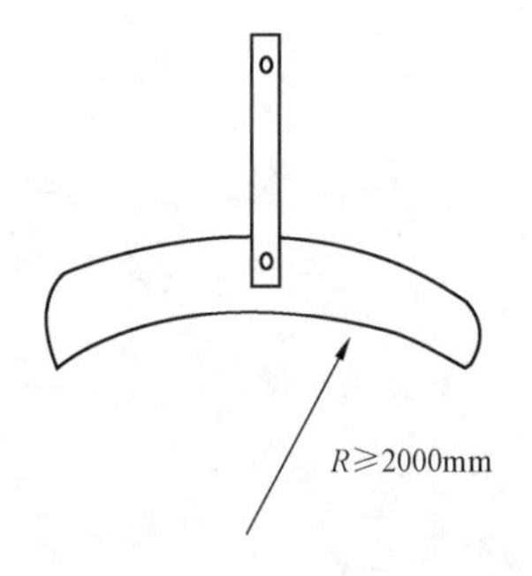

图 8-4-23　提线器简图

（3）附件安装过程。在放线滑车的顶部导线上划一印记，即悬垂线夹和预绞丝护线条的缠绕中心印记，用提线器将导线提起，要保证提线器与导线的接触部位不能影响缠绕预绞丝护线条和安装悬垂线夹。拆除放线滑车然后安装预绞丝和悬垂线夹，拆除提线器依照设计安装防振锤。

（十三）耐张塔跳线安装。跳线安装采用高空放样，在地面压接

（1）跳线应使用未经牵引的原状导线制作。应使原弯曲方向与安装后的弯曲方向相一致，以利外观造型。

（2）以设计提供的跳线弧垂，实量跳线长，设计给的跳线长度只作参考。

（3）在地面将跳线组装成整体连同其悬垂绝缘子串一并起吊，在塔上就位安装。

（4）先把悬垂绝缘子串挂至跳串孔上，在地面将跳线组装成整体，两跳线线夹安装好后，在悬垂串处挂软梯，安装跳线线夹。

【思考与练习】

1. JRLX/T（ACCC）导线张力架线的基本特征是什么？

2. 张力场布置应注意哪些？

3. ACCC复合材料合成芯导线的特点是什么？

第九章

线路竣工检查与验收

模块1　杆塔工程的检查验收（Z04F6002Ⅲ）

【模块描述】本模块包含杆塔工程验收的一般规定，验收项目、标准、方法等内容。通过知识介绍、图表对比，熟悉验收项目、标准，掌握验收方法。

【正文】

杆塔是线路工程的重要组成部分，主要起到支撑导线和避雷线及其附件并保证其安全运行的作用，杆塔按类别来分主要包括自立塔、拉线塔、混凝土电杆、钢管杆等。本模块主要对杆塔工程验收的一般规定、验收项目及标准要求等进行详细描述。

一、杆塔工程验收的一般规定

（1）杆塔工程验收必须按照GB 50233《110kV～500kV架空送电线路施工及验收规范》、Q/GDW 115《750kV架空送电线路施工及验收规范》、Q/GDW 226《±800kV架空送电线路施工质量检验及评定规程》和Q/GDW 263《1000kV架空送电线路施工质量检验及评定规程》的有关规定进行，查阅铁塔工厂验收纪要和提出的整改要求，杆塔镀锌均匀，镀锌层厚度符合GB/T 2694第4.10条规定，逐基按设计图纸登塔检查和核测。杆塔各部件应齐全，规格符合规程和图纸要求。

（2）杆塔各构件的组装应牢固，交叉处有空隙者，应装设相应厚度的垫圈和垫板。

（3）当采用螺栓连接构件时，应符合下列规定。

1）螺栓应与构件平面垂直，螺栓头与构件间的接触处不应有空隙。

2）螺母拧紧达到该规格螺栓标准扭矩值后，螺杆露出螺母的长度：对单螺母，不应小于两个螺距；对双螺母，可与螺母相平。

3）螺杆必须加垫者，每端不宜超过两个垫圈。

4）螺栓的防卸、防松应符合设计要求。

（4）螺栓的穿入方向应符合下列规定。

1）对立体结构。

a. 水平方向由内向外。

b. 垂直方向由下向上。

c. 斜向者宜由斜下向斜上穿，不便时应在同一斜面内取统一方向。

2）对平面结构。

a. 顺线路方向，按线路方向穿入或按统一方向穿入。

b. 横线路方向，两侧由内向外，中间由左向右（按线路方向）或按统一方向穿入。

c. 垂直地面方向者由下向上。

d. 斜向者宜由斜下向斜上穿，不便时应在同一斜面内取统一方向。

注：个别螺栓不易安装时，穿入方向允许变更处理。

（5）杆塔部件组装有困难时应查明原因，严禁强行组装。个别螺孔需扩孔时，扩孔部分不应超过 3mm，当扩孔需超过 3mm 时，应先堵焊后再重新打孔，并应进行防锈处理。严禁用气割进行扩孔或烧孔。

（6）杆塔连接螺栓应逐个紧固，验收时，应对重要节点等关键处的连接螺栓用扭矩扳手进行抽检，抽检数量不少于 30 颗。4.8 级螺栓的扭紧力矩不应小于表 9–1–1 的规定。4.8 级以上的螺栓扭矩标准值由设计规定，若设计无规定，宜按 4.8 级螺栓的扭紧力矩标准执行。

若螺杆与螺母的螺纹有滑牙或螺母的棱角磨损，则扳手打滑的螺栓必须更换。

表 9–1–1　螺栓紧固扭矩标准

螺栓规格	扭矩值（N·m）	螺栓规格	扭矩值（N·m）
M12	40	M20	100
M16	80	M24	250

（7）杆塔连接螺栓应在塔顶部至下横担以下 2m 之间及基础顶面以上 3m 范围内的全部单螺母螺栓的外露螺纹上涂以灰漆，以防螺母松动。使用防卸、防松螺栓时不再涂漆。

（8）杆塔组立及架线后，其允许偏差应符合表 9–1–2 的规定。

表 9–1–2　杆塔组立的允许偏差

项目	330kV	500kV	±660kV	750kV	±800kV	1000kV	高塔
电杆结构根开（‰）	±5	±3	—	—	—	—	—
电杆结构面与横线路方向扭转（即迈步）（‰）	1	5	—	—	—	—	—

续表

项目	330kV	500kV	±660kV	750kV	±800kV	1000kV	高塔
双立柱杆塔横担在主柱连接处的高差（‰）	3.5	2	—	—	—	—	—
直线杆塔结构倾斜（‰）	3	3	3	3	3	3	1.5
直线杆塔结构中心与中心桩间横线方向位移（mm）	50	50	50	50	50	50	—
转角塔杆结构中心与中心桩间横、顺线路方向位移（mm）	50	50	50	50	50	50	—
等截面拉线塔主柱弯曲	1.5‰	1‰最大30mm	—	—	—	—	—

注　直线杆塔结构倾斜不含套接式钢管电杆。

（9）自立式转角塔、终端塔应组立在倾斜平面的基础上，向受力反方向预倾斜，预倾斜值应视塔的刚度及受力大小由设计确定。架线挠曲后，塔顶端仍不应超过铅垂线而偏向受力侧。架线后铁塔的挠曲度超过设计规定时，应会同设计处理。

（10）拉线转角杆、终端杆、导线不对称布置的拉线直线单杆，在架线后拉线点处的杆身不应向受力侧挠倾。向受力反侧（或轻载侧）的偏斜不应超过拉线点高的3‰。

（11）角钢铁塔塔材的弯曲度，应按GB/T 2694《输电线路铁塔制造技术条件》的规定验收。对运至桩位的个别角钢，当弯曲度超过长度的2‰，但未超过GB 50233第6.1.11条的变形限度时，可采用冷矫正法进行矫正，但矫正的角钢不得出现裂纹和锌层剥落。

（12）为防止杆塔塔材遭窃而倒塔等，杆塔基准面以上主材2个段号的塔材连接应采用防盗螺栓。

（13）杆塔标志验收要求。工程移交时，杆塔上应有下列固定标志。

1）线路名称或代号及杆塔号。

2）耐张型、换位型杆塔及换位杆塔前后相邻的各一基杆塔的相位标志。

3）高塔按设计规定装设的航行障碍标志。

4）多回路杆塔上的每回路位置及线路名称。

（14）拉线验收检查要求。拉线安装后应符合下列规定。

1）拉线与拉线棒应呈一直线。

2）X形拉线的交叉点处应留足够的空隙，避免相互磨碰。

3）拉线的对地夹角允许偏差应为1°。

4）NUT形线夹带螺母后的螺杆必须露出螺纹，并应留有不小于1/2螺杆的可调螺纹长度，以供运行中调整；NUT 形线夹安装后应将双螺母拧紧并应装设防盗罩。

5）组合拉线的各根拉线应受力均衡。对于楔形线夹安装的拉线，应符合：① 线夹的舌板与拉线应紧密接触，受力后不应滑动。线夹的凸肚应在尾线侧，安装时不应使线股损伤。② 拉线弯曲部分不应有明显松股，断头侧应采取有效措施，以防止散股。线夹尾线宜露出 300.5mm，尾线回头后与本线应用镀锌铁线绑扎或压牢。③ 同组及同基拉线的各个线夹，尾线端方向应力求统一。

二、杆塔工程验收项目、标准、方法

（1）自立塔检查验收等级评定标准及检查方法见表 9–1–3。

表 9–1–3　　自立塔检查验收等级评定标准及检查方法

序号	性质	检查（检验）项目		评级标准（允许偏差）		检查方法
				合格	优良	
1	关键	部件规格、数量		符合设计要求		按设计图纸
2	关键	节点间主材弯曲		1/750	1/800	弦线、钢尺量
3	关键	转角、终端塔向受力反方向侧倾斜		大于 0，并符合设计要求	60° 以下转角塔 0.3%，60° 以上转角塔、终端塔 0.5%	架线后用经纬仪复核
4	重要	直线塔结构倾斜（%）	一般塔	0.3	0.24	经纬仪测量
			高塔	0.15	0.12	
5	重要	螺栓与构件面接触及出扣情况		符合本模块第一章第 3 条规定或设计要求		观察
6	重要	螺栓防松和防盗		符合本模块第一章第 7 条、12 条要求		观察
7	重要	脚钉		安装牢固、正确、齐全		观察
8	一般	螺栓紧固		符合本模块第一章第 6 条规定，且紧固率：组塔后 95%、架线后 97%		扭矩扳手检查
9	一般	保护帽		符合设计和 GB 50233 第 9.1 条规定	平整美观	观察

（2）拉线塔检查验收评定标准及检查方法见表 9–1–4。

表 9–1–4　　拉线铁塔检查验收评定标准及检查方法

序号	性质	检查（检验）项目	评级标准（允许偏差）		检查方法
			合格	优良	
1	关键	部件规格、数量	符合设计要求		核对设计图纸

续表

序号	性质	检查（检验）项目		评级标准（允许偏差）		检查方法
				合格	优良	
2	关键	节点间主材弯曲		1/750	1/800	弦线、钢尺测量
3	关键	拉线压接管连接强度 P_b[①]（%）		95		拉力试验
4	一般	拉线压接管表面质量		符合设计要求	工艺美观	观察
5	关键	直线转角塔结构倾斜（向外角）（%）		大于 0，并符合设计要求	≥0.3	经纬仪测量
6	重要	结构倾斜（%）	一般塔	0.3	0.24	经纬仪测量
			高塔	0.15	0.12	
7	重要	螺栓与构件接触及出扣情况		符合本模块第一章第 3 条规定或设计要求		经纬仪测量
8	重要	横担高差（%）	330kV	0.35	0.28	经纬仪测量
			500kV	0.2	0.15	
9	重要	主柱弯曲（%）	330kV	0.15	0.12	弦线、钢尺测量
			500kV	0.1（最大 30mm）		
10	重要	螺栓防松和防盗		符合本模块第一章第 7 条、12 条要求		观察
11	重要	脚钉		安装牢固、正确、齐全		观察
12	一般	螺栓紧固		符合本模块第一章第 6 条规定，且紧固率：组塔后 95%、架线后 97%		用扭矩扳手检查
13	一般	塔材弯曲		不超过 2‰		拉悬线测量

① P_b 为拉线的保证计算拉断力。拉线部分标准和要求见本章第 14 条规定。

（3）钢管杆检查验收评定标准及检查方法见表 9–1–5。

表 9–1–5　　钢管杆检查验收评定标准及检查方法

序号	性质	检查（检验）项目	评级标准（允许偏差）		检查方法
			合格	优良	
1	关键	部件规格、数量	符合设计要求		核对图纸
2	关键	焊接质量	符合 GB 50233 第 6.3.3 条规定	焊缝工艺美观无补焊	观察
3	关键	套接长度	不得小于设计套接长度		检查施工和监理记录
4	关键	转角终端杆向受力反方向侧倾斜（%）	大于 0，并符合设计要求	不大于 0.3	经纬仪测量

续表

序号	性质	检查（检验）项目	评级标准（允许偏差）		检查方法
			合格	优良	
5	重要	结构倾斜	不超过杆高的0.5%	不超过杆高的0.3%	经纬仪测量
6	重要	弯曲度	不超过相应长度的0.2%	不超过相应长度的0.16%	经纬仪测量

【思考与练习】

1. 当采用螺栓连接构件时，应符合哪些规定？
2. 拉线安装的检查标准是什么？
3. 工程移交时，杆塔上应有哪些固定标志？
4. 混凝土电杆纵向裂纹的评级标准是如何规定的？

模块2　导地线及附件检查验收（Z04F6003Ⅲ）

【模块描述】本模块介绍架线工程质量等级评定标准及检查方法。通过知识介绍、图表对比，掌握导地线及附件检查验收的标准和方法，达到能够进行导地线及附件检查验收的要求。

【正文】

输电线路架线工程由导地线展放、连接、紧线和附件安装等工序组成。根据各工序的施工特点，架线工程的检查验收应针对各工序的不同特点分别开展，导地线展放验收重点是导地线在展放过程中发生损伤后的修补是否符合规范，导地线连接验收重点是连接质量是否符合要求，紧线工程的验收重点是导地线与各跨越物的跨越距离及导地线弛度是否符合规程和设计要求，附件安装的验收重点是安装工艺质量是否满足要求。

一、导地线及附件检查验收一般规定

（1）跨越电力线、弱电线路、铁路、公路、索道及通航河流时，导线或架空地线在跨越档内接头应符合设计规定。当设计无规定时，应满足以下要求：当跨越标准轨距铁路、高速公路、一级公路、电车道、特殊管道、索道、110kV及以上电力线路、一级及二级通航河流时，导地线不得有接头。

（2）当采用非张力放线时，导地线在同一处损伤需修补时，应满足下列规定。

1）导地线损伤补修处理标准应符合表9-2-1的规定。

表 9–2–1　　非张力放线时导地线损伤补修处理标准

<table>
<tr><th rowspan="2">处理方法</th><th colspan="4">线　别</th></tr>
<tr><th>钢芯铝绞线与钢芯铝合金绞线</th><th>铝绞线与铝合金绞线</th><th>钢绞线（7 股）</th><th>钢绞线（19 股）</th></tr>
<tr><td>砂纸磨光处理</td><td colspan="2">（1）铝、铝合金单股损伤深度小于股直径的 1/2。
（2）钢芯铝绞线及钢芯铝合金绞线损伤截面积为导电部分截面积的 5%及以下，且强度损失小于 4%。
（3）单金属绞线损伤截面积为 4%及以下</td><td>—</td><td>—</td></tr>
<tr><td>以缠绕或补修预绞丝修理</td><td>导线在同一处损伤的程度已经超过“砂纸磨光处理”的规定，但因损伤导致强度损失不超过总拉断力的 5%，且截面积损伤又不超过总导电部分截面积的 7%时</td><td>导线在同一处损伤的程度已经超过“砂纸磨光处理”的规定，但因损伤导致强度损失不超过总拉断力的 5%时</td><td>—</td><td>断 1 股</td></tr>
<tr><td>以补修管补修</td><td>导线在同一处损伤的强度损失已经超过总拉断力的 50%，但不足 17%，且截面积损伤也不超过导电部分截面积的 25%时</td><td>导线在同一处损伤，强度损失超过总拉断力的 5%，但不足 17%时</td><td>断 1 股</td><td>断 2 股</td></tr>
<tr><td>开断重接</td><td colspan="2">（1）导线损失的强度或损伤的截面积超过采用补修管补修的规定时。
（2）连续损伤的截面积或损失的强度都没有超过本规范以补修管补修的规定，但其损伤长度已超过补修管的能补修范围。
（3）复合材料的导线钢芯有断股。
（4）金钩、破股已使钢芯或内层铝股形成无法修复的永久变形</td><td>断 2 股</td><td>断 3 股</td></tr>
</table>

注　新建线路采用 DL/T 50233；运行线路可按 DL/T 1069《架空输电线路导地线修补导则》要求。

2）采用缠绕处理时应符合：① 将受伤处线股处理平整。② 缠绕材料应为铝单丝，缠绕应紧密，回头应绞紧，处理平整，其中心应位于损伤最严重处，并应将受伤部分全部覆盖。其长度不得小于 100mm。

3）采用补修预绞丝处理时应符合：① 将受伤处线股处理平整。② 补修预绞丝长度不得小于 3 个节距，或符合 GB/T 2337《预绞丝》中的规定。③ 补修预绞丝应与导线接触紧密，其中心应位于损伤最严重处，并应将损伤部位全部覆盖。

4）采用补修管补修时应符合：① 将损伤处的线股先恢复原绞制状态，线股处理平整。② 补修管的中心应位于损伤最严重处。需补修的范围应位于管内各 20mm。③ 补修管可采用钳压、液压或爆压，其操作必须符合规程要求。

（3）当采用张力放线时，导地线在同一处损伤需修补时，应满足表 9–2–2 规定。

表 9–2–2　　张力放线时导线损伤补修处理标准

处理方法	导　线
砂纸磨光处理	外层导线线股有轻微擦伤，其擦伤深度不超过单股直径的 1/4，且截面积损伤不超过导电部分截面积的 2%

续表

处理方法	导　线
以补修管修理	当导线损伤已超过轻微损伤，但在同一处损伤的强度损失尚不超过总拉断力的 8.5%，且损伤截面积不超过导电部分截面积的 12.5%
开断重接	（1）强度损失超过保证计算拉断力的 8.5%。 （2）截面积损伤超过导电部分截面积的 12.5%。 （3）损伤的范围超过一个补修管允许补修的范围。 （4）钢芯有断股。 （5）金钩、破股已使钢芯或内层线股形成无法修复的永久变形

注　新建线路采用 DL/T 50233；运行线路可按 DL/T 1069《架空输电线路导地线修补导则》要求。

（4）导地线连接应满足以下要求。

1）不同金属、不同规格、不同绞制方向的导线或架空地线严禁在一个耐张段内连接。

2）当导线或架空地线采用液压连接时，操作人员必须经过培训及考试合格、持有操作许可证。连接完成并自检合格后，应在压接管上打上操作人员的钢印。

3）导线或架空地线，必须使用合格的电力金具配套接续管及耐张线夹进行连接。连接后的握着强度，应在架线施工前进行试件试验。试件不得少于 3 组（允许接续管与耐张线夹合为一组试件）。其试验握着强度对液压都不得小于导线或架空地线设计使用拉断力的 95%。

对小截面导线采用螺栓式耐张线夹及钳压管连接时，其试件应分别制作。螺栓式耐张线夹的握着强度不得小于导线设计使用拉断力的 90%。钳压管直线连接的握着强度，不得小于导线设计使用拉断力的 95%。架空地线的连接强度应与导线相对应。

4）接续管及耐张线夹压接后应检查外观质量，并应符合：① 用精度不低于 0.1mm 的游标卡尺测量压后尺寸，其允许偏差必须符合 DL/T 5285《输变电工程架空导线及地线液压压接工艺规程》的规定。② 飞边、毛刺及表面未超过允许的损伤，应锉平并用 0 号砂纸磨光。③ 弯曲度不得大于 2%，有明显弯曲时应校直。④ 校直后的接续管如有裂纹，应割断重接。⑤ 裸露的钢管压后应涂防锈漆。

5）在一个档距内每根导线或架空地线上只允许有一个接续管和三个补修管，当张力放线时不应超过两个补修管，并应满足：① 各类管与耐张线夹出口间的距离不应小于 15m。② 接续管或补修管与悬垂线夹中心的距离不应小于 5m。③ 接续管或补修管与间隔棒中心的距离不宜小于 0.5m。④ 宜减少因损伤而增加的接续管。

（5）导地线紧线应满足以下要求。

1）紧线弧垂其允许偏差：110kV 线路为+5%，−2.5%；220kV 及以上线路为±2.5%；跨越通航河流的大跨越档弧垂允许偏差不应大于±1%，其正偏差不应超过 1m。

2）导线或架空地线各相间的弧垂应力求一致，当满足上述弧垂允许偏差标准时，各相间弧垂的相对偏差最大值不应超过：110kV 线路为 200mm；220kV 及以上线路为 300mm；跨越通航河流的大跨越档弧垂最大允许偏差为 500mm。

3）相分裂导线同相子导线的弧垂应力求一致，在满足上述弧垂允许偏差标准时，其相对偏差应符合：① 不安装间隔棒的垂直双分裂导线，同相子导线间的弧垂允许偏差为+100mm。② 安装间隔棒的其他形式分裂导线同相子导线的弧垂允许偏差应符合：220kV 为 80mm；330～500kV 为 50mm。

4）架线后应测量导线对被跨越物的净空距离，计入导线蠕变伸长换算到最大弧垂时必须符合设计规定。

5）连续上（下）山坡时的弧垂观测，当设计有规定时按设计规定观测。其允许偏差值应符合本节的有关规定。

（6）附件安装应满足以下要求。

1）绝缘子应完好，在安装好弹簧销子的情况下球头不得自碗头中脱出。有机复合绝缘子伞套的表面不允许有开裂、脱落、破损等现象，绝缘子的芯棒与端部附件不应有明显的歪斜。

2）金具应完好，若其镀锌层有局部碰损、剥落或缺锌，应除锈后补刷防锈漆。

3）悬垂线夹安装后，绝缘子串应垂直地平面，个别情况其顺线路方向与垂直位置的偏移角不应超过 5°，且最大偏移值不应超过 200mm。连续上、下山坡处杆塔上的悬垂线夹的安装位置应符合设计规定。

4）绝缘子串、导线及架空地线上的各种金具上的螺栓、穿钉及弹簧销子，除有固定的穿向外，其余穿向应统一，并应符合：① 单、双悬垂串上的弹簧销子均按线路方向穿入。使用 W 弹簧销子时，绝缘子大口均朝线路后方。使用 R 弹簧销子时，大口均朝线路前方。螺栓及穿钉凡能顺线路方向穿入者均按线路方向穿入，特殊情况两边线由内向外，中线由左向右穿入。② 耐张串上的弹簧销子、螺栓及穿钉均由上向下穿；当使用 W 弹簧销子时，绝缘子大口均应向上；当使用 R 弹簧销子时，绝缘子大口均向下，特殊情况可由内向外，由左向右穿入。③ 分裂导线上的穿钉、螺栓均由线束外侧向内穿。④ 当穿入方向与当地运行单位要求不一致时，可按运行单位的要求，但应在开工前明确规定。

5）金具上所用的闭口销的直径必须与孔径相配合，且弹力适度。

6）各种类型的铝质绞线，在与金具的线夹夹紧时，除并沟线夹及使用预绞丝护线条外，安装时应在铝股外缠绕铝包带，缠绕时应符合：① 铝包带应缠绕紧密，其缠绕方向应与外层铝股的绞制方向一致。② 所缠铝包带应露出线夹，但不超过 10mm，其端头应回缠绕于线夹内压住。

7）安装预绞丝护线条时，每条的中心与线夹中心应重合，对导线包裹应紧固。

8）安装于导线或架空地线上的防振锤及阻尼线应与地面垂直，设计有特殊要求时应按设计要求安装。其安装距离偏差不应大于±3mm。

9）分裂导线间隔棒的结构面应与导线垂直，杆塔两侧第一个间隔棒的安装距离偏差不应大于端次档距的±1.5%，其余不应大于次档距的±3%。各相间隔棒安装位置应相互一致。

10）绝缘架空地线放电间隙的安装距离偏差，不应大于±2mm。

11）柔性引流线应呈近似悬链线状自然下垂，其对杆塔及拉线等的电气间隙必须符合设计规定。使用压接引流线时其中间不得有接头。刚性引流线的安装应符合设计要求。

12）铝制引流连板及并沟线夹的连接面应平整、光洁，安装应符合：① 安装前应检查连接面是否平整，耐张线夹引流连板的光洁面必须与引流线夹连板的光洁面接触。② 应用汽油洗擦连接面及导线表面污垢，并应涂上一层电力复合脂。用细钢丝刷清除有电力复合脂的表面氧化膜。③ 保留电力复合脂，并应逐个均匀地拧紧连接螺栓。螺栓的扭矩应符合该产品说明书的要求。

二、导地线及附件验收项目、标准、方法

（1）导地线展放质量等级评定标准及检查方法见表 9-2-3。

表 9-2-3　　导地线展放质量等级评定标准及检查方法

序号	性质	检查（检验）项目	评级标准（允许偏差）		检查方法
			合格	优良	
1	关键	导地线规格	符合设计要求		与设计图核对，实物检查
2	关键	因施工损伤补修处理	符合本文第一章第 2 条、第 3 条规定	平均每 5km 单回线路不超过 1 个，无损伤补修档大于 85%	检查记录，现场检查
3	关键	因施工损伤接续处理	符合本文第一章第 2 条、第 3 条规定	平均每 5km 单回线路不超过 1 个，无损伤补修档大于 90%	检查记录，现场检查
4	关键	同一档内接续管与补修管数量	符合本文第一章第 4 条第（5）点规定	每线只允许各有一个	检查记录，现场检查
5	关键	各压接管与线夹间隔棒间距	符合本文第一章第 4 条第（5）点规定	间距比前述规定的大 0.2 倍	检查记录，现场检查或抽查
6	外观	导地线外观质量	符合规定	无任何损伤导地线之处	检查记录，现场检查

注意，“同一档内接续管与补修管数量”“各压接管与线夹间隔棒间距”容易忽视，实际操作中如发现同一档内出现两个接续管或接续管与悬垂串线夹间距小于 5m 等情况，都是违反规程要求的，应提请施工单位整改。

（2）导地线连接质量等级评定标准及检查方法见表 9–2–4。

表 9–2–4　　导地线连接质量等级评定标准及检查方法

序号	性质	检查（检验）项目	评级标准（允许偏差）		检查方法
			合格	优良	
1	关键	压接管规格、型号	符合设计和本文第一章第 2 条、第 3 条规定		与设计图纸核对，现场登塔抽查耐张压接管
2	关键	耐张、直线压接管试验强度 P_b① （%）	95		拉力试验
3	关键	压接后尺寸	符合设计和规程要求或推荐值		游标卡现场抽查测量
4	一般	压接后弯曲（%）	2	1.6	钢尺测量
5	外观	压接管表面质量	无起皱、无毛刺	整齐光洁、美观	观察

注 1. 耐张、直线压接管试验强度 P_b 项目的检查，在施工记录资料中以检查拉力试验报告为准，拉力试验应由符合国家资质要求的机构做试验并出具报告。

2. 接续管压接后尺寸用游标卡尺检查，现场应登塔抽查耐张压接管的压接尺寸，特别是钢锚管有否欠压和过压，压接管上是否有钢印印记。施工记录中的接续管个数及位置应与现场一致。

3. 外观检查压接管表面质量，接续管采用望远镜检查管口附近不应有明显的松股现象。

① P_b 为导线或避雷线的保证计算拉断力。

（3）紧线质量等级评定标准及检查方法见表 9–2–5。

表 9–2–5　　紧线质量等级评定标准及检查方法

序号	性质	检查（检验）项目		评级标准（允许偏差）		检查方法
				合格	优良	
1	关键	相位排列		符合设计要求		与设计图纸及现场标志核对
2	关键	对交叉跨越物及对地距离		符合设计要求		经纬仪测量
3	关键	耐张连接金具绝缘子规格、数量		符合设计要求		与设计图纸核对
4	重要	导地线弧垂（紧线时）	330kV 及以上（%）	±2.5	±2	经纬仪和钢尺弛度板
			大跨越（%）	±1（最大 1mm）	±0.8（最大 0.8mm）	

续表

序号	性质	检查（检验）项目		评级标准（允许偏差）		检查方法
				合格	优良	
5	重要	导地线相间弧垂偏差 mm	330kV及以上	300	250	经纬仪和钢尺弛度板
			大跨越	500	400	
6	一般	同相子导线间弧垂偏差（mm）		330～500kV	50	经纬仪和钢尺弛度板测量
				±600kV		
				750kV		
				±800kV		
				1000kV		
7	外观	导地线弧垂		符合设计要求	线间距均匀协调美观	观察

（4）附件安装质量等级评定标准及检查方法见表9–2–6。

表9–2–6　　附件安装质量等级评定标准及检查方法

序号	性质	检查（检验）项目	评级标准（允许偏差）		检查方法
			合格	优良	
1	关键	金具及间隔棒规格、数量	符合设计和本文第一章第6条规定要求		与设计图纸核对
2	关键	跳线及带电导体对杆塔电气间隙	符合设计和本文第一章第6条规定要求		钢尺测量
3	关键	跳线连接板及并沟线夹连接	符合设计和本文第一章第6条规定要求		现场检查
4	关键	开口销及弹簧销	符合设计要求	齐全并开口	现场检查
5	关键	绝缘子的规格、数量	符合设计和本文第一章第6条规定要求	干净、无损伤	现场检查
6	重要	跳线制作	符合设计和本文第一章第6条规定要求	曲线平滑美观，无歪扭	现场检查
7	重要	悬垂绝缘子串倾斜	5°（最大200mm）	4°（最大150mm）	经纬仪观测及钢尺测量
8	重要	防震垂及阻尼线安装距离（mm）	±30	±24	钢尺测量
9	重要	铝包带缠绕	符合设计和本文第一章第6条规定要求	统一、美观	现场检查
10	重要	绝缘避雷线放电间隙　mm	±2		钢尺测量

续表

序号	性质	检查（检验）项目		评级标准（允许偏差）		检查方法
				合格	优良	
11	一般	间隔棒安装位置	第一个 I'[①]（%）	±1.5	±1.2	钢尺测量
			第一个 I'（%）	±3.0	±2.4	
12	一般	屏蔽环、均压环绝缘间隙（mm）		±10	±8	钢尺测量
13	一般	均压环安装方向和位置		安装位置符合设计和厂家要求，不反装，螺栓紧固		现场检查
14	外观	瓷瓶开口销子螺栓及弹簧销穿入方向		符合设计和本文第一章第6条规定要求		现场检查

注 1. 双串“八字形”布置悬垂绝缘子串倾斜检查应根据设计尺寸，以投影到导线上的垂直点为中心两边测量。
2. 复合绝缘子均压环外观检查应特别注意安装方向。

① I'是指次档距。

【思考与练习】

1. 导线损伤应如何进行处理？
2. 为什么规定接续管或补修管对线夹有不同的间距规定要求？
3. 评级标准对导地线相间弧垂偏差是如何规定的？
4. 跳线连接板及并沟线夹连接有哪些规定？

模块3 基础及接地工程检查验收（Z04F6004Ⅲ）

【模块描述】本模块涉及基础防沉层及防冲刷的要求、接地引下线及接地网的要求、基础外形及尺寸要求、接地电阻要求等内容。通过要点介绍，掌握基础及接地工程检查验收标准和方法。

【正文】

基础及接地工程是输电线路工程的重要组成部分。由于在验收检查阶段，大部分基础和接地工程均已隐蔽或埋在地下，因此在验收检查时，应对重点部位进行抽查，同时，需认真检查相应的施工、监理、验收等方面的记录，核查监理人员隐蔽工程旁站监理的签名。

基础和接地工程的验收主要包括基础防沉层及防冲刷措施、接地引下线及接地网、基础外形及尺寸、接地电阻等方面的内容。

一、基础防沉层及防冲刷的要求

（1）杆塔基础坑及拉线基础坑回填，应符合设计要求。一般应分层夯实，每回填300mm 厚度夯实一次。坑口的地面上应筑防沉层，防沉层的上部边宽不得小于坑口边宽。其高度视土质夯实程度确定，基础验收时宜为 300～500mm。经过沉降后应及时补填夯实。工程移交时坑口回填土不应低于地面。

（2）石坑回填应以石子与土按 3:1 掺和后回填夯实。

（3）泥水坑回填应先排出坑内积水然后回填夯实。

（4）冻土回填时应先将坑内冰雪清除干净，把冻土块中的冰雪清除并捣碎后进行回填夯实。冻土坑回填在经历一个雨季后应进行二次回填。

（5）接地沟的回填宜选取未掺有石块及其他杂物的泥土并应夯实，回填后应筑有防沉层，其高度宜为 100～300mm，工程移交时回填土不得低于地面。

（6）位于山坡、河边或沟旁等易冲刷地带基础的防护，应按设计要求做好排水沟、护坡等措施。

二、接地引下线及接地网的要求

（1）接地体的规格、埋深不应小于设计规定。

（2）接地装置应按设计图敷设，受地质地形条件限制时可作局部修改。但不论修改与否均应在施工质量验收记录中绘制接地装置敷设简图并标示相对位置和尺寸。原设计图形为环形者仍应呈环形。

（3）敷设水平接地体宜满足下列规定。

1）遇倾斜地形宜沿等高线敷设。

2）两接地体间的平行距离不应小于 5m。

3）接地体铺设应平直。

4）对无法满足上述要求的特殊地形，应与设计方协商解决。

5）接地体的埋深一般应按以下规定执行：岩石为 0.3m，山区和丘陵为 0.6m，平地为 0.8m，当设计有规定时，按设计要求执行。

（4）垂直接地体应垂直打入，并防止晃动。

（5）接地体连接应符合下列规定。

1）连接前应清除连接部位的浮锈。

2）除设计规定的断开点可用螺栓连接外，其余应用焊接或液压、爆压方式连接。

3）接地体间连接必须可靠。

当采用搭接焊接时，圆钢的搭接长度应为其直径的 6 倍并应双面施焊；扁钢的搭接长度应为其宽度的 2 倍并应四面施焊。

当圆钢采用液压或爆压连接时，接续管的壁厚不得小于 3mm，长度不得小于：搭接时圆钢直径的10倍，对接时圆钢直径的20倍。

接地用圆钢如采用液压、爆压方式连接，其接续管的型号与规格应与所压圆钢匹配。

（6）接地引下线与杆塔的连接应接触良好，并应便于断开测量接地电阻，当引下线直接从架空地线引下时，引下线应紧靠杆身，并应每隔一定距离与杆身固定。

（7）接地线回填土必须采用泥土，特别是接地线周围的泥土不得含有石块，新建线路不得采用降阻剂措施，该裕度应留给运行单位，当该杆塔遭受雷击后的接地电阻处理用。

三、基础外形及尺寸要求

基础工程是线路工程中的隐蔽工程，其内部质量以验收隐蔽工程签证及试块试验报告为准，同时核查监理人员对该检测制作试块时的旁站监督签名和记录。在竣工验收检查时，由于铁塔已经组立完成，混凝土保护帽已经浇筑完成，因此，在验收过程中除对基础的表面质量和外形尺寸进行检查外，还应抽查部分保护帽，检查保护帽质量及其杆塔地脚螺栓是否紧固、完好。对于条件允许的验收单位，应在核查试块报告的同时，也可在现场采用混凝土回弹仪检测强度或现场取混凝土芯送试验所做混凝土强度试验来验证基础强度质量。

基础外形及尺寸应符合以下要求。

（1）基础表面应平整，无露筋、无明显的损伤等缺陷，并应符合GB 50204《混凝土结构工程施工质量验收规范》的规定。

（2）浇筑基础单腿尺寸允许偏差应符合下列规定。

1）保护层厚度：–5mm（外观检查没有漏筋现象即可）。

2）立柱及各底座断面尺寸：合格–1%，优良–0.8%。

（3）浇筑拉线基础的允许偏差应符合下列规定。

1）基础尺寸。

断面尺寸：合格为–1%，优良为–0.8%。

拉环中心与设计位置的偏移：20mm。

2）基础位置。拉环中心在拉线方向前、后、左、右与设计位置的偏移：1%L。

3）X形拉线基础位置应符合设计规定，并保证铁塔组立后交叉点的拉线不磨损。

注：L为拉环中心至杆塔拉线固定点的水平距离。

四、接地电阻要求

（1）测量接地电阻可采用接地摇表。所测得的接地电阻值应根据当时土壤干燥、潮湿情况乘以季节系数，其乘积不应大于设计规定值。季节系数可参照表9–3–1所示。

表 9–3–1　　接地电阻测量的季节系数

埋深（m）	水平接地体	2～3m的垂直接地体
0.5	1.4～1.8	1.2～1.4
0.8～1.0	1.25～1.45	1.15～1.3
2.5～3.0（深埋接地体）	1.0～1.1	1.0～1.1

注　测量接地电阻时，如土壤比较干燥，则应采用表中较小值，比较潮湿时，取较大值。

（2）测量接地电阻时，应避免在雨雪天气测量，一般可在雨后三天左右进行测量。

（3）在雷季干燥时，每基杆塔不连地线的工频接地电阻，不宜大于表 9–3–2 所列数值。

土壤电阻率较低的地区，如杆塔的自然接地电阻不大于表 9–3–2 所列数值，可不装人工接地体。

表 9–3–2　　有接地线的线路杆塔的工频接地电阻

土壤电阻率（Ω·m）	100及以下	100～500	500～1000	1000～2000	2000以上
工频接地电阻（Ω）	10	15	20	25	30*

* 如土壤电阻率超过 2000Ω·m，接地电阻很难降到 30Ω 时，可采用 6～8 根总长不超过 500m 的放射形接地体或连续延长接地体，其接地电阻不受限制。

（4）中性点非直接接地系统在居民区的无地线钢筋混凝土杆和铁塔应接地，其接地电阻不宜超过 30Ω。

五、基础及接地工程验收项目、标准、方法

（1）现浇混凝土铁塔基础质量等级评定标准及检查方法见表 9–3–3。

表 9–3–3　　现浇混凝土铁塔基础质量等级评定标准及检查方法

序号	性质	检查（检验）项目	评级标准（允许偏差）		检查方法
			合格	优良	
1	关键	地脚螺栓、钢筋及插入式角钢规格、数量	符合设计要求	制作工艺良好	现场抽查，与设计图纸核对
2	关键	混凝土强度	不小于设计值		检查试块试验报告或回弹仪等抽查
3	关键	底板断面尺寸（%）	−1	−0.8	查监理记录、施工记录、中间验收记录
4	重要	基础埋深（mm）	+100，−50	+100，−0	查监理记录、施工记录、中间验收记录

续表

序号	性质	检查（检验）项目	评级标准（允许偏差）		检查方法
			合格	优良	
5	重要	钢筋保护层厚度（mm）	–5		观察
6	重要	混凝土表面质量	基础表面应平整，无露筋、无明显的损伤等缺陷，并应符合 GB 50204 的规定		观察
7	重要	立柱断面尺寸	–1%	–0.8%	钢尺测量
8	重要	回填土	坑口回填土不低于地面	无沉陷，防沉层整齐美观	观察

预制装配式铁塔基础、岩石、掏挖基础质量等级评定标准及检查方法可参照表 9–3–3。

（2）现浇拉线（含锚杆拉线）基础质量等级评定标准及检查方法见表 9–3–4。

表 9–3–4　现浇拉线（含锚杆拉线）基础质量等级评定标准及检查方法

序号	性质	检查（检验）项目	评级标准（允许偏差）		检查方法
			合格	优良	
1	关键	拉线基础埋件钢筋规格、数量	符合设计要求	制作良好	现场抽查，与设计图纸核对
2	关键	混凝土强度	不小于设计值		检查试块试验报告或回弹仪等抽查
3	关键	底板断面尺寸（%）	–1	–0.8	查监理记录、施工记录、中间验收记录
4	重要	基础埋深（mm）	+100，–50	+100，–0	查监理记录、施工记录、中间验收记录
5	重要	钢筋保护层厚度（mm）	–5		观察
6	重要	混凝土表面质量	基础表面应平整，无露筋、无明显的损伤等缺陷，并应符合 GB 50204 的规定		观察
7	重要	回填土	坑口回填土不低于地面	无沉陷，防沉层整齐美观	观察
8	一般	拉线棒	无弯曲、锈蚀	回头方向一致	观察

混凝土杆预制基础质量等级评定标准及检查方法可参照表 9–3–3。

（3）灌注桩基础质量等级评定标准及检查方法见表 9–3–5。

表 9–3–5 灌注桩基础质量等级评定标准及检查方法

序号	性质	检查（检验）项目	评级标准（允许偏差）		检查方法
			合格	优良	
1	关键	地脚螺栓、钢筋及插入式角钢规格、数量	符合设计要求	制作工艺良好	现场抽查，与设计图纸核对
2	关键	混凝土强度	不小于设计值		检查试块试验报告或回弹仪等抽查
3	关键	连梁（承台）标高	不小于设计		查监理记录、施工记录、中间验收记录
4	重要	连梁断面尺寸（%）	–1	–0.8	查监理记录、施工记录、中间验收记录
5	重要	连梁钢筋保护层厚度（mm）	–5		观察
6	重要	混凝土表面质量	基础表面应平整，无露筋、无明显的损伤等缺陷，并应符合 GB 50204 的规定		观察
7	一般	地面整理	地面无沉陷，平整美观		观察

（4）埋深式接地装置质量等级评定标准及检查方法见表 9–3–6。

表 9–3–6 埋深式接地装置质量等级评定标准及检查方法

序号	性质	检查（检验）项目	评级标准（允许偏差）		检查方法
			合格	优良	
1	关键	接地体规格、数量	符合设计要求		现场抽查，与设计图纸核对
2	关键	接地电阻值	符合设计要求	比设计值小 5%	接地电阻表测量
3	关键	接地体连接	符合本模块第二章要求		开挖，钢尺测量，外观检查
4	重要	接地体防腐	符合设计要求		开挖，外观检查
5	重要	接地体敷设	符合本模块第二章要求	平整不宜冲刷	开挖，钢尺测量，外观检查
6	重要	接地体埋深	符合设计要求	大于设计值	开挖，钢尺测量
7	重要	回填土	符合本模块第一章第 5 条要求	表面平整	观察
8	一般	接地引下线	符合设计要求	牢固、整齐、美观	观察

【思考与练习】

1. 杆塔基础坑回填应符合哪些要求？
2. 接地体间的连接有哪些规定？
3. 浇筑基础单腿尺寸允许偏差应符合哪些规定？
4. 各类土壤电阻率下的工频接地电阻值一般是如何规定的？

模块4　线路防护区检查验收（Z04F6005Ⅲ）

【模块描述】本模块介绍线路防护区检查验收的一般要求、交叉跨越的距离要求。通过知识介绍、图表对比，掌握验收标准和方法、能够进行线路防护区检查验收的要求。

【正文】

为确保输电线路的安全运行，《电力设施保护条例》对架空电力线路的防护区（保护区，下同）作出了相应的规定。在线路工程的验收中，验收人员应根据法律、规程和设计要求，对线路防护区进行仔细的检查和验收。

本模块主要对线路防护区检查验收的一般要求、交叉跨越、风偏距离、验收的项目及标准进行了论述。

一、线路防护区检查验收的一般要求

（1）架空电力线路保护区是指导线边线向外侧水平延伸并垂直于地面所形成的两平行面内的区域，在一般地区各级电压导线的边线延伸距离：330kV，15m；500kV，20m；±660kV，25m；750kV，25m；±800kV，30m；1000kV，30m。

在厂矿、城镇等人口密集地区，架空电力线路保护区的区域可略小于上述规定。但各级电压导线边线延伸的距离，不应小于导线边线在最大计算弧垂及最大计算风偏后的水平距离和风偏后距建筑物的安全距离之和。

（2）任何单位和个人在架空电力线路保护区内，必须遵守下列规定。

1）不得堆放谷物、草料、垃圾、矿渣、易燃物、易爆物及其他影响安全供电的物品。

2）不得烧窑、烧荒。

3）不得兴建建筑物、构筑物。

4）不得种植可能危及电力设施安全的植物。

（3）任何单位和个人不得在距电力设施周围500m范围内（指水平距离）进行爆破作业。因工作需要必须进行爆破作业时，应当按国家颁发的有关爆破作业的法律法规，采取可靠的安全防范措施，确保电力设施安全，并征得当地电力设施产权单位或

管理部门的书面同意，报经政府有关管理部门批准。

（4）电力线路 500m 范围内不得有采石场。当发现有废弃的采石场时，应设立“严禁采石”等警示标志，并应与相应的责任人签订禁止采石的相关协议。

二、导线与被跨越物的距离要求

（1）导线与地面的距离，在最大计算弧垂情况下，不应小于表 9–4–1 所列数值。

表 9–4–1 导线对地面最小距离 m

线路经过地区 \ 标称电压（kV）	330	500	±660	750	±800	1000
居民区	8.5	14	19.5	19.5	21（21.5）	27
非居民区	7.5	11（10.5）	15.5（13.7）	15.5（13.7）	18（18.5）	22（19）
交通困难地区	6.5	8.5	11	11	17	15

注 500kV 送电线路非居民区 11m 用于导线水平排列，括号内的 10.5m 用于导线三角排列。750、1000kV 同上。±800 送电线路居民区 21m 用于 V 串，括号内的 21.5m 用于 I 串。

（2）导线与山坡、峭壁、岩石之间的净空距离，在最大计算风偏情况下，不应小于表 9–4–2 所列数值。

表 9–4–2 导线与山坡、峭壁、岩石之间的最小净空距离 m

线路经过地区 \ 标称电压（kV）	330	500	±660	750	±800	1000
步行可以到达的山坡	6.5	8.5	11.0	11.0	13	12
步行不能到达的山坡、峭壁和岩石	5.0	6.5	8.5	8.5	11	10

（3）线路导线不应跨越屋顶为易燃材料做成的建筑物。对耐火屋顶的建筑物，亦应尽量不跨越，特殊情况需要跨越时，电力主管部门应采取一定的安全措施，并与有关部门达成协议或取得当地政府同意。500kV 线路导线不应跨越有人居住或经常有人出入的耐火屋顶的建筑物。导线与建筑物间的垂直距离，在最大计算弧垂情况下，不应小于表 9–4–3 所列数值。

表 9–4–3　　导线与建筑物之间的最小垂直距离

标称电压（kV）	330	500	±660	750	±800	1000
垂直距离（m）	7.0	9.0	11.5	11.5	17	15.5

（4）送电线路边导线与建筑物之间的距离，在最大计算风偏情况下，不应小于表 9–4–4 所列数值。

表 9–4–4　　边导线与建筑物之间的最小距离

标称电压（kV）	330	500	±660	750	±800	1000
垂直距离（m）	6.0	8.5	11.0	11.0	17	15

（5）在无风情况下，边导线与不在规划范围内的城市建筑物之间的水平距离，不应小于表 9–4–5 所列数值。

表 9–4–5　　边导线与不在规划范围内城市建筑物之间的水平距离

标称电压（kV）	330	500	±660	750	±800	1000
垂直距离（m）	3.0	5.0	6.5	6.5	7	7

（6）输电线路一般按高跨设计不砍树竹木的方案，如通过树竹木区等。运行线路的通道宽度不应小于线路边相导线间的距离和林区主要树种自然生长最终高度两倍之和。通道附近超过主要树种自然生长最终高度的个别树木，也应砍伐。

在下列情况下，如不妨碍架线施工和运行检修，可不砍伐出通道。

1）树木自然生长高度不超过 2m。

2）导线与树木（考虑自然生长高度）之间的垂直距离，不小于表 9–4–6 所列数值。

（7）对不影响线路安全运行，不妨碍对线路进行巡视、维护的树木或国林、经济作物林，可不砍伐，但树木所有者与电力主管部门应签订协议，确定双方责任，确保线路导线在最大弧垂或最大风偏后与树木之间的安全距离不小于表 9–4–6 所列数值。

表 9–4–6　　导线在最大弧垂或最大风偏后与树木之间的安全距离

标称电压（kV）	330	500	±660	750	±800	1000
最大弧垂时垂直距离（m）	5.5	7.0	8.5	8.5	13.5	14
最大风偏时净空距离（m）	5.0	7.0	8.5	8.5	13.5	14

（8）线路与弱电线路交叉时，对一、二级弱电线路的交叉角应分别大于45°、30°，对三级弱电线路不限制。

（9）架空送电线路与甲类火灾危险性的生产厂房、甲类物品库房、易燃易爆材料堆场及可燃或易燃易爆液（气）体储罐的防火间距，不应小于杆塔高度加3m，还应满足相应的规定要求。

（10）架空送电线路与铁路、公路、河流、管道、索道及各种架空线路交叉或接近距离应满足表9-4-7的要求。

表9-4-7 导线对被跨越物最小垂直距离 m

<table>
<tr><th colspan="2" rowspan="2">被跨越物名称</th><th colspan="6">线路标称电压（kV）</th></tr>
<tr><th>330</th><th>500</th><th>±660</th><th>750</th><th>±800</th><th>1000</th></tr>
<tr><td rowspan="3">至铁路轨顶</td><td>标准轨</td><td>9.5</td><td>14.0</td><td>19.5</td><td>19.5</td><td>27</td><td>27</td></tr>
<tr><td>窄轨</td><td>8.5</td><td>13.0</td><td>18.5</td><td>18.5</td><td>27</td><td>26</td></tr>
<tr><td>电气轨</td><td>13.5</td><td>16.0</td><td>21.5</td><td>21.5</td><td>27</td><td>27</td></tr>
<tr><td colspan="2">至铁路承力索或接触线</td><td>5.0</td><td>6.0</td><td>7（10）</td><td>7（10）</td><td>10（16）</td><td>10（16）</td></tr>
<tr><td colspan="2">至公路路面</td><td>9.0</td><td>14.0</td><td>19.5</td><td>19.5</td><td>27</td><td>27</td></tr>
<tr><td rowspan="2">至电车道（有轨及无轨）</td><td>路面</td><td>12.0</td><td>16.0</td><td>21.5</td><td>21.5</td><td></td><td></td></tr>
<tr><td>承力索或接触线</td><td>5.0</td><td>6.5</td><td>7（10）</td><td>7（10）</td><td></td><td></td></tr>
<tr><td rowspan="2">至通航河流</td><td>五年一遇洪水位</td><td>8.0</td><td>9.5</td><td>11.5</td><td>11.5</td><td>14</td><td>14</td></tr>
<tr><td>最高航行水位的最高船桅顶</td><td>4.0</td><td>6.0</td><td>8.0</td><td>8.0</td><td>10</td><td>10</td></tr>
<tr><td rowspan="2">至不通航河流</td><td>百年一遇洪水位</td><td>5.0</td><td>6.5</td><td>8.5</td><td>8.5</td><td>10</td><td>10</td></tr>
<tr><td>冰面（冬季温度）</td><td>7.5</td><td>水平11.0
三角10.5</td><td>11.5</td><td>11.5</td><td>22</td><td>22</td></tr>
<tr><td colspan="2">至弱电线路</td><td>5.0</td><td>8.5</td><td>12</td><td>12</td><td>18</td><td>18</td></tr>
<tr><td colspan="2">至电力线路</td><td>5.0</td><td>6.0（8.5）</td><td>7（12）</td><td>7（12）</td><td>10（16）</td><td>10（16）</td></tr>
<tr><td colspan="2">至特殊管道任何部分</td><td>6.0</td><td>7.5</td><td>9.5</td><td>9.5</td><td>18</td><td>18</td></tr>
<tr><td colspan="2">至索道任何部分</td><td>5.0</td><td>6.5</td><td>8.5</td><td>8.5</td><td></td><td></td></tr>
</table>

注 “至电力线路”括号内数字用于跨越杆（塔）顶。

（11）架空送电线路与铁路、公路、电车道、河流、弱电线路、架空送电线路、管道、索道接近的最小水平距离应小于表9-4-8的要求。

表 9–4–8　　最小水平距离　　m

接近物	接近条件		对应线路电压等级（kV）					
			330	500	±660	750	±800	1000
铁路	杆塔外缘至路基边缘		交叉取 30mm				交叉取 40mm	
			平行取最高杆（塔）高加 3					
公路	杆塔外缘至路基边缘	开阔地区	交叉取 8；平行取最高杆（塔）高				交叉取 150 或按协议；平行取最高杆（塔）高	
		路径受限制地区	6.0	8.0（15）	10（高速 20）		交叉取 150 或按协议；平行取最高杆（塔）高	
电车道（有轨及无轨）	杆塔外缘至路基边缘	开阔地区	交叉取 8，平行取最高杆（塔）高					
		路径受限制地区	6.0	8.0	10	10		
通航或不通航河流	边导线至斜坡上缘（线路与拉纤小路平行）		最高杆（塔）高					
弱电线路	与边导线间	开阔地区	最高杆（塔）高					
		路径受限制地区	6.0	8.0	10.0	10.0	12 或按协议值	
电力线路	与边导线间	开阔地区	最高杆（塔）高					
		路径受限制地区	9.0	13.0	16.0	16.0	20 或按协议值	
特殊管道和索道	过导线至管道和索道	开阔地区	最高杆（塔）高					
		路径受限制地区（在最大风偏情况下）	6.0	7.5	管道 9.5，索道顶 8.5，索道底 11		12 或按协议值	

注　接近公路一栏中括号内数值对应高速公路，高速公路路基边缘指公路下缘的隔离栏。

三、线路防护区验收项目、标准、方法

线路防护区验收标准及检查方法见表 9–4–9。

表 9–4–9　　线路防护区验收标准及检查方法

序号	性质	检查（检验）项目	标准	检查方法
1	关键	跨越或保护区内树木	符合本章节 2.8，2.9 条	观察，经纬仪、皮尺测量检查协议

续表

序号	性质	检查（检验）项目	标准	检查方法
2	关键	跨越或保护区内建筑物	符合本章节 2.3，2.4，2.5，2.6，2.11 条和设计规定	核对图纸，经纬仪、皮尺测量，检查协议
3	关键	跨越或保护区内采石场	符合本章节 1.3 和 1.4 条规定	核对图纸，观察，检查封闭协议
4	关键	交跨距离	满足本章节第 2 节的规定和设计要求	核对图纸，经纬仪、皮尺测量

【思考与练习】

1. 架空电力线路保护区的距离范围是如何规定的？
2. 500kV 架空送电线路与公路交叉跨越最小垂直距离是多少？
3. 500kV 架空送电线路与铁路接近的最小水平距离是多少？

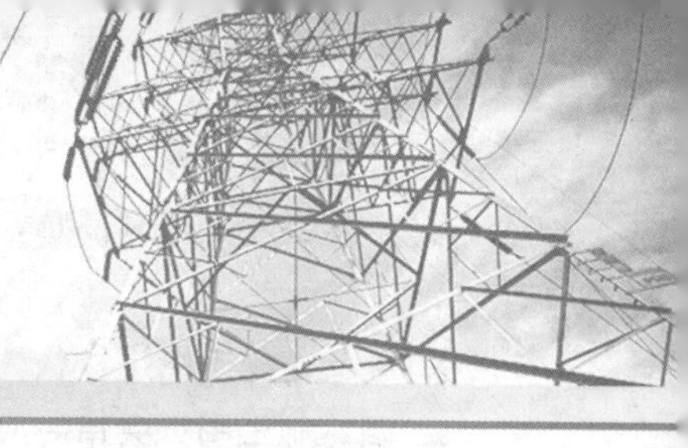
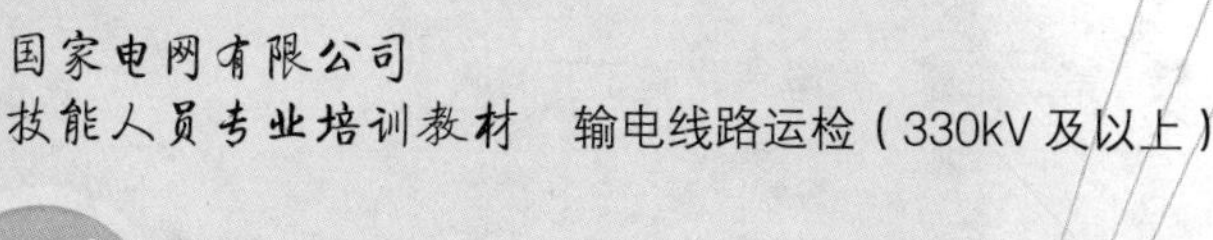

第十章

线路验收评级与生产准备

模块1 施工图图纸资料审查（Z04F7001Ⅱ）

【模块描述】本模块包含图纸审查、会检和技术交底。通过理论学习的方法培训学员竣工验收资料移交的详细内容及交接的步骤并通过现场实践进行巩固，使学员熟练掌握竣工验收资料交接所包含的图纸资料种类、明细和各种图纸移交的时间节点。

【正文】

一、施工图纸审查、会检的目的

施工图纸审查、会检（简称会审）的目的使建设单位、施工单位、监理单位更充分理解设计意图，熟悉设计图纸，了解工程的技术特点，明确施工中应注意的事项，提出并解决图纸中影响施工、质量的问题及图纸的遗漏及差错，确保按照设计要求正确施工，按国家标准及规范要求的质量完成而组织相关部门的施工图纸审查交底会。

二、施工图纸会审的要求

（1）施工图是否符合国家现行的有关标准、规程和经济政策的相关规定。

（2）施工的技术设备条件能否满足设计要求；当采取特殊的施工技术措施时，现有的技术力量及现场条件有无困难，能否保证工程质量和安全施工的要求。

（3）有关特殊技术或新材料的要求，其品种、规格、数量能否满足需要及工艺规定要求。

（4）图纸的份数及说明是否齐全、清楚、明确，图纸上标注的尺寸、坐标、标高等其他项目有无遗漏和矛盾。

三、施工图纸会审前的准备

施工图纸会审是施工前期的主要技术工作之一，因此项目施工图会审前，监理单位和建设单位参加施工的相关人员必须认真看图、熟悉施工图，了解工程情况和图纸设计中的错误、矛盾、交代不清楚、设计不合理的地方，设计提供的特殊施工技术方案、措施是否符合现场情况和施工单位的设备、技术水平等问题，尽可能把这些问题及时提出来，使有关问题在施工作业之前得到解决。参与会审的运行单位人员应结合运行经验对施工图进行认真审查。

四、施工图纸会审时应审查的内容

（一）施工图总说明和附图

1. 施工图说明书

（1）对初步设计审查意见在施工设计中采纳或不采纳的说明。

（2）输电线路的路径选择是否符合 GB 50545《110kV～750kV 架空输电线路设计规范》的规定，沿线地形、地质和交通情况介绍是否符合实际情况，特别是洪水冲刷区、不良地质区和采矿塌陷区等有无特别说明。

（3）输电线路所经路径气象条件选择是否按 GB 50545 的规定，气象区段划分是否合适，特别是对重冰区、重污区、多雷区等微气象区划分是否与实际气象情况相符合。

（4）导线和避雷线是否按 GB 50545 的规定选用，对不同覆冰区段和大跨越区段等有无特殊要求；导线、避雷线的防振措施考虑是否全面。

（5）绝缘子和金具的机械强度是否按 GB 50545 的要求选用，对于个别情况有无特殊要求的说明。

（6）绝缘配合、防雷和接地。

1）绝缘配合。① 最小间隙设计应符合 GB 50545 的要求，对不同海拔高度、不同风速、不同塔高的考虑是否全面。② 绝缘的防污设计是否依照审定的污秽区分布图所划定的污秽等级，选择合适的绝缘子型式和片数，外绝缘的有效泄漏比距是否满足电网污秽等级要求。③ 为便于带电作业，带电部分对杆塔接地部分的校验间隙，是否考虑人体活动范围距离。

2）防雷。① 防雷设计是否符合 GB 50545 的要求。② 对不同雷电活动区域，不同电压等级的输电线路采取不同的防雷措施。③ 线路的耐雷水平是否满足新建线路相应雷区的规定要求。

3）接地。① 杆塔的接地设计是否按 GB 50545 的要求，对不同土壤电阻率的地段分别考虑。② 对于土壤电阻率较高的地段，设计有无特殊的施工要求及相应的施工措施。

（7）杆塔。

1）杆塔的型式选择是否合适。

2）对于重冰区、大跨越等地段的杆塔选用是否合适，重冰区的耐张段是否符合减小冰灾倒塔危险的要求，档距严重不均匀处的杆塔是否改为耐张塔分段。

3）输电线路是否按跨越树竹林自然生长高度要求设计。

（8）导线布置。导线的排列方式是否结合线路走径，有否考虑重冰区导线舞动、大跨越等特殊情况。

（9）基础。杆塔基础型式的选择，是否符合线路沿线的地质，是否考虑施工条件等因素。对于特殊基础的设计有无特殊的施工要求。

（10）对地距离及交叉跨越。导线对地距离及交叉跨越距离是否符合 GB 50545 的要求，是否按要求进行校验。

（11）附属设施。

1）是否考虑杆塔上的杆号牌、防鸟设施等固定标志设计。

2）高杆塔是否设计装设航行障碍标志。

3）杆塔上的通信设施有无特殊的设计、施工说明，有无相应的运行维护要求。

2. 附图

（1）线路走径图。

1）线路实际走径图与说明书所述是否一致。

2）走径图上线路通过地区相关政府的批示和印章。

（2）线路进出两端变电站平面图。进出两端变电站平面图上的相序与说明书所述是否一致，有无异常。

（3）杆塔一览图。与说明书所述杆塔型式是否一致，有无差异。

（4）线路相序图。

1）线路相序与两端变电站相序是否一致。

2）导线换位相序示意图是否正确。

（5）主要设备材料表。线路主要材料是否均已列出，其数量是否基本正确。

（二）断面图及杆塔明细表

1. 线路平断面图

（1）根据断面图的地形情况，审查图上杆塔位置是否满足运行要求。

（2）根据断面图的地形，审查导线对地和交叉跨越距离是否满足规程要求。

（3）根据平断面图上沿线路情况，审查线路的杆塔型式选择是否合适。

2. 杆塔明细表

（1）杆塔型式与断面图上有无差异。

（2）杆塔档距、耐张段长、规律档距和水平转角与断面图上有无差异。

（3）气象区划分与设计说明书上是否一致。

（4）铁塔基础图号是否标明。

（5）土壤电阻率和所使用的接地装置图号是否标明。

（6）导线绝缘子串使用图号和避雷线金具串使用图号及数量是否标明。

（7）线路的各种跨越是否均已在明细表上注明。

（8）线路的各种跨越物的搬迁、改建等措施是否在明细表上注明。

（三）机电安装图纸

1. 导线和避雷线应力特性及架线弧垂曲线

（1）进线档导线和避雷线应力特性及架线弧垂曲线表是否齐全。

（2）各种气象区段的导线和避雷线应力特性及架线弧垂曲线表是否齐全。

（3）曲线图上是否注明施工所需要的说明及施工观测弧垂计算公式。

2. 导线绝缘子串和避雷线金具组合图

（1）导线绝缘子串组合图。

1）核对绝缘子安装图号与杆塔明细表安装图号是否一致。

2）绝缘子串中的挂线金具与杆塔上相应的挂线孔是否匹配。

3）核对绝缘子串组合图的部件数量编号与材料表编号是否一致。

（2）避雷线金具组合图。

1）核对金具安装图号与杆塔明细表安装图号是否一致。

2）金具组合中的挂线金具与杆塔上相应的挂线孔是否匹配。

3）核对金具组合图的部件数量编号与材料表编号是否一致。

（3）耐张杆塔跳线。

1）小于45°耐张跳线图。① 核对安装图号与杆塔明细表安装图号是否一致。② 核对跳线组合图的部件数量编号与材料表编号是否一致。③ 检查导线跳线安装图中的设计弧垂值是否满足设计规程要求。

2）上导线跳线及绝缘子串组合图。① 核对绝缘子串安装图号与杆塔明细表安装图号是否一致。② 绝缘子串中的挂线金具与杆塔上相应的挂线孔是否匹配。③ 核对绝缘子串组合图的部件数量编号与材料表编号是否一致。④ 检查导线跳线安装图中的设计弧垂值是否满足设计规程要求。

3）45°及以上杆塔外角跳线及绝缘子串组合图。① 核对安装图号与杆塔明细表安装图号是否一致。② 核对跳线组合图的部件数量编号与材料表编号是否一致。③ 检查导线跳线安装图中的设计弧垂值是否满足设计规程要求。

（4）对于大高差、大转角位置的杆塔，绝缘子串有无特殊连接措施，跳线连接有无特殊要求，其电气间隙能否满足规程要求。

3. 导线和避雷线防振锤（阻尼线）安装表

（1）防振锤安装表上有无安装说明。

（2）有无不同气象条件下的安装距离。

（3）有无安装示意图。

4. 间隔棒安装表

（1）间隔棒安装表上有无安装说明。

（2）不同气象条件下有无特殊安装要求。

5. 接地装置

（1）接地装置连接图的材料规格、数量是否正确齐全。

（2）杆塔接地装置图的材料规格、数量和埋设深度、长度是否正确齐全。

6. 换位图杆塔号与杆塔明细表中的换位杆塔号是否一致

（四）杆塔施工图

杆塔施工图审查的主要项目：检查杆塔安装图的数量是否齐全，杆塔安装图与相关联的设计应力是否一致，检查杆塔安装图有无差错。

1. 与杆塔安装图有关的设计图审查内容

（1）山区线路施工，应检查混凝土杆拉线及基坑位置地质是否稳定，如不能保证电杆运行和安装安全，应建议将混凝土杆换为铁塔，方便施工和运行。

（2）检查横担或避雷线支架加工图上的导线、避雷线挂线及跳线悬垂绝缘子串挂线孔与机电安装图上相应的金具是否匹配。

（3）检查杆塔安装图说明与说明书有无矛盾。

（4）检查杆塔安装图是首次使用还是已使用过，首次使用的图纸应了解有无特殊施工要求。

（5）检查混凝土杆安装图与预制的底、卡盘连接是否合适，特别应注意盘安装方位与电杆连接尺寸是否吻合。

2. 杆塔安装图审查内容

（1）核对杆塔图的部件数量与材料表是否一致，总装图材料表与部件图材料表是否一致。

（2）核对杆塔图上说明的技术要求与部件加工图是否一致。

（3）核对各部件间连接部位的尺寸是否正确，特别是横担加工图中的根开与电杆安装图的根开是否一致。

（4）核对各俯视图与正视图是否相配合。

（5）核对安装图上的编号与材料表编号是否相统一。

（6）拉线对带电部位的空气间隙能否满足设计规程要求。

（五）基础施工图

1. 与基础施工图相关联的设计图审查内容

（1）自立式铁塔基础的根开应与铁塔根开相统一。

（2）各种铁塔基础的顶部尺寸，即根开、地脚螺栓根开、地脚螺栓直径等是否与铁塔底座对应尺寸相匹配。

（3）检查地脚螺栓露出基础顶面高度能否满足螺帽拧紧后留有2～3扣的裕度。

（4）检查底、卡盘加工图的圆槽及抱箍圆弧的直径与混凝土杆下段相应部位的直径是否匹配。

（5）对于杆塔所配基础类型与设计提供的地质条件是否一致。

（6）设计采用新型基础，设计单位应提供新型基础试验报告。

（7）核对混凝土杆配置的三盘（底盘、拉盘、卡盘）与杆型结构图是否一致。

2. 基础施工图审查内容

（1）核对基础施工图的编号与材料表编号是否一致。

（2）核对基础施工图中所绘主筋、箍筋、地脚螺栓等的规格、数量、长度与材料表是否一致。

（3）核对每个基础的混凝土用量与材料表上所列是否正确无误。

（4）新型基础的施工，设计单位有无特殊说明。

（六）对通信线路的危险和干扰影响保护装置施工图

主要是审查设计对通信线路的危险和干扰影响保护的改造措施是否合理，措施是否满足通信要求。

五、施工图技术交底的目的

施工图技术交底是由设计部门向参加审查的人员介绍该工程的设计依据和原则、设计范围和指导思想以及设计内容等，以及线路沿线的覆冰、污秽、雷电以及地质等情况。设计单位对设计情况、施工注意事项进行详细介绍和交底，并针对不同气象条件和地质情况，着重对重冰区、大跨越、雷电活动频繁区段等的施工技术和安全生产进行技术交底。

六、施工图技术交底的要求

（1）对施工图进行全面的技术交底。

（2）对特殊区段的设计情况进行详细介绍，并对施工技术和安全生产进行技术交底。

（3）对于施工时的注意事项逐个进行技术和安全交底。

七、施工图技术交底的内容

（一）施工图总说明书及附图

1. 施工图设计编制依据及范围

（1）编制依据是按初步设计和初步设计审核意见及其他有关文件进行编写。

（2）设计范围是指工程设计范围，包括全部或部分线路本体设计，对通信和信号线路的危险和干扰影响的保护设计等。

2. 对初步设计及审核意见执行情况的说明

3. 施工图设计阶段的科研试验

4. 工程技术特性

（1）工程概况包括送电线路的名称、起讫点、电压等级、线路长度、路径曲折系数、转角次数、沿线地形、地貌及交叉跨越情况等。

（2）设计气象条件包括最高气温、最低气温、最大风速、覆冰厚度、安装情况、平均气温、雷电过电压、操作过电压等组合的气温、风速、冰厚情况等。

（3）导线和地线需要说明导线和地线的型号，导线分裂根数及排列方式，设计安全系数，最大使用应力，平均运行应力；导线和地线的换位方式、换位次数及长度；导线和地线的防振措施等情况。

（4）绝缘配合。

1）导线用绝缘子。说明一般地区、高海拔地区、大跨越区段、污秽地区的直线和耐张及跳线绝缘子串用的绝缘子型式和片数；绝缘子是否按其特性使用在多雷区、清洁区和重污区分别采用，杜绝整条线路数十公里、山区、平地或重污区使用同一类型绝缘子。

2）地线用绝缘子。说明直线和耐张绝缘子串用的绝缘子型式和片数，瓷绝缘子必须采用双联悬挂。

3）空气间隙。说明工频电压、雷电过电压、操作过电压在不同海拔高度时的空气间隙和相应的设计风速，带电检修间隙及防雷保护角。

4）接地电阻。说明不同土壤电阻率的防雷接地方式及要求的接地电阻值。

5）导线和地线的防振。说明导线和地线采用的防振措施。

6）导线和地线的换位。说明送电线路换位方式、换位次数及长度等。

7）线路金具。说明导线和地线采用的悬式和耐张金具组合情况。

8）杆塔使用情况。说明采用杆塔的型式、呼称高、转角度数、水平档距、垂直档距和全线各型杆塔使用基数。

9）基础使用情况。说明采用基础的型式，单基基础的钢材、混凝土的数量及质量，土（石）方量。

（二）线路平、断面图和杆塔明细表

1. 平断面图

对于图上大跨越、河流等地段的杆塔位置安放、杆塔的选型进行详细说明，对这些杆塔的施工是否有特殊施工要求。

2. 塔位明细表

说明明细表中未列项目的原因，未列部分是否有独立图纸介绍。

3. 交叉跨越

对于明细表中需迁改或改造的跨越物，进行改迁或改造的详细原因介绍，并对施工提出相应要求。

（三）机电安装图及说明

1. 架线施工说明

（1）导线架设。

1）说明不同区段采用的各种导线型号，并附架线弧垂曲线。

2）说明在有放松导线张力的耐张段时，另附放松张力的架线弧垂曲线。

3）说明线路经过高差较大的山区并有连续上、下山时，为使绝缘子串在杆塔上不偏移，需要对导线弧垂及线长进行调整后安装线夹。

4）对进出发电厂或变电站的孤立档距和在线路中间出现较小的孤立档距，导线施工的要求。

5）对承力杆塔的跳线，是否按每基杆塔所处条件提供计算跳线弧垂及线长，有否提供跳线连接金具相应规格螺栓的标准扭矩值。

（2）地线架设。

1）说明采用的地线型式，并附地线的架线弧垂曲线。

2）说明采用良导体地线和光纤复合架空地线（OPGW）的架设方式和接地要求。

3）说明对地线孤立档距的架设要求。

4）当导线需要放松张力，也需将相应避雷线放松张力时，对此进行施工要求说明，并附有避雷线放松张力的架线弧垂曲线。

（3）导线和绝缘避雷线换位。

1）说明导线和地线的换位方式、全线换位长度及次数，附换位施工图及两端变电站的相序情况。

2）当采用构架换位或耐张换位时，要附图说明相位关系和各带电体距离要求。

3）当采用直线换位时，要说明确定横担布置方向及杆塔位移尺寸。

（4）防振措施。说明按照送电线路振动情况，确定导线和地线的防振措施，提出对防振元件的安装要求。

（5）放线和紧线。

1）介绍导线和避雷线放线和紧线的保护措施及施工要求。

2）说明采用直线杆塔作为临时锚线时，观测弧垂对绝缘子串的要求。

3）导线对地距离和交叉跨越距离，应符合有关规定，提出对交叉跨越距离和保护要求。

4）对大档距的施工，要求在紧完线后，尽早安装线夹和采取防振措施，防止导线和避雷线损伤。

2. 金具施工图及说明

（1）施工说明。

1）各种金具要取得生产厂家的合格证书，施工单位要按照施工图设计的要求进行检查和试组装。

2）导线和地线用的耐张线夹和直线压接管，应按有关规定进行压接试验，满足抗拉强度和电气性能的要求。

3）对新产品，要绘出外形尺寸、性能要求的设计图纸，并提出质量保证措施。

4）绝缘子串及金具的设计，除按常规施工方法进行施工外，均需编定施工说明。

（2）绝缘子串安装说明。

1）悬垂绝缘子串。除单导线按常规安装绝缘子串外，对各种分裂导线采用的下垂式线夹、上扛式线夹及其他型式线夹，均应说明安装工序及其要求。对防晕金具的螺栓、销子等安装应提出防电晕要求。悬垂双联串路有否弥补污耐压比单串下降的技术措施和方法。

2）耐张绝缘子串。除按一般常规绝缘子串施工安装外，对屏蔽环、均压环、跳线等施工，应提出质量保证措施。

（3）地线安装说明。除按常规安装施工外，还要说明绝缘子放电间隙的安装方向及其他事项。

（4）间隔棒安装说明。说明采用间隔棒的型式、性能、使用范围及其安装要求。

（5）铝包带缠绕要求。要求在导线用悬垂线夹、螺栓型耐张线夹、防振锤夹头处缠铝包带，说明在不同电压等级线路上，导线上缠绕的铝包带范围与线夹宽度有关。

3. 接地装置施工图及说明

（1）是否在杆塔位明细表中注明每基杆塔的接地装置型式。

（2）当接地装置埋设好后，施工单位需实测工频电阻值，查看是否符合设计要求值。

（3）说明在岩石地区，接地体的施工要保持接地槽的土体及其他安全运行的措施。

（4）说明杆塔接地体与地下电缆、管道等的距离，施工必须满足规定的要求。

（5）对严重腐蚀地区的接地装置，必须按设计要求采取防腐蚀措施。

（四）杆塔施工图及说明

1. 杆塔施工说明

（1）说明杆塔施工及验收，要遵守的规定。

（2）说明杆塔组装、起吊时，允许起吊点的位置。

（3）说明当杆塔采用不对称结构需要施工预偏时，确定预偏的方向和数值。

（4）说明在锚塔、紧线塔设置临时拉线时，要对临时拉线在杆塔上的连接点、对地夹角、平衡张力等提出要求。

（5）在直线杆塔上架设导线和地线时，应说明允许的起吊方法。

（6）新旧线路连接或特殊受力的杆塔，说明在施工中应满足的杆塔受力条件及有关事项。

2. 杆塔图纸说明

对直线杆塔、耐张杆塔、转角杆塔、跨越杆塔、换位杆塔、终端杆塔等分别进行说明。

（五）基础施工图

1. 基础施工说明

（1）说明基础施工及验收要遵守的规定。

（2）说明施工基面的含义，并绘出示意图，以便达到正确的施工。

（3）说明拉线杆塔的主柱基础和拉线基础施工基面不在同一标高时，确定拉线根开的原则。

（4）为保护基础当采用护坡、挡墙和挖排水沟等措施时，应说明确定的杆塔号和处理方式，并附有处理简图。

（5）对有地下水的基础，需说明采取的防水措施和对基础垫层的要求。

（6）对于采用爆扩桩基础，灌注桩基础、岩石基础及掏挖基础等，要说明在施工中应遵守的事项及严格的质量要求。

（7）当基础位于有腐蚀性土壤和地下水时，要说明对基础及构件的防腐措施和要求。

（8）当塔脚和基础采用地脚螺栓连接时，要说明对浇制保护帽的要求。

（9）对严寒地区的沼泽地和地下水位高的地段，要说明采用杆塔基础的防冻胀措施及施工要求。

（10）对大孔性土壤、流沙、淤泥、沙漠、滚石和溶洞等地区的基础要说明在施工中处理的措施和要求。

（11）说明对受水淹没或冲刷基础的防护设计及要求。

（12）当采用新的基础型式时，应编写研究试验报告，得出使用的结论。

2. 基础图纸说明

对于直线杆塔基础、非直线塔基础、大跨越杆塔基础和特殊杆塔基础等，分别进行设计说明。

（六）大跨越设计施工图及说明

1. 机电施工图说明

（1）大跨越概况。说明送电线路大跨越的地点、地形、地势、河流宽度及变化情况，交通运输情况，设计档距、塔高、耐张段长度和塔位的地质、水文等情况。

（2）导线和地线的特性及架线弧垂。说明导线和地线的机电特性以及导线和避雷线的力学特性曲线和架线弧垂曲线，并要求架设时必须按当时气温进行计算。

（3）跳线施工图。对跨越耐张或转角塔，施工时应按绘制的跳线施工图，进行复核计算跳线弧垂和线长。

（4）绝缘子串及金具。由于大跨越导线、避雷线和绝缘子串荷载大，所以要求具有高强度的绝缘子串及金具。由于杆塔高，需要增加绝缘子片数等，所以需编写施工工艺流程，并按流程操作。

（5）接地装置。因大跨越设计接地电阻值要求比较低，而接地装置施工图与一般线路设计相同，所以施工时必须严格要求。

（6）高塔照明灯。为了空中航行安全，杆塔达到一定高度时，按航空单位要求，必须在杆塔上装设夜间用的航空安全灯或在下部装设夜间防空标志灯，所以要求施工时执行安装施工图。

（7）导线和地线的防振。说明导线和地线的防振措施和要求。由于大跨越振动比一般线路严重，通常采取联合防振措施，施工时按绘出施工安装图施工。

（8）导线和地线的接续。为了大跨越的安全要求，在档距内不许有接头。在耐张或转角塔上的连接也要采取加强安全的措施。

2. 杆塔施工图及说明

杆塔设计施工图的内容和要求与一般杆塔设计基本相同。不同的是杆塔高，高空风速大，覆冰厚度增加，荷载条件大，一般设有爬梯，需编写详细的施工说明。

3. 基础施工图及说明

基础设计施工图的内容和要求，与一般基础设计相同，不同的是基础作用力大。一般来说，地质条件差，采用灌注桩基础较多；良好的地质条件，也要用庞大的浇制基础并应编写严格的质量要求和施工说明。

（七）通信保护施工图及说明

用线路终勘后的路径位置、单相短路电流、大地电导率、线路电气参数等来计算通信线路、信号线路、广播线路的危险和干扰影响，确定保护措施，并说明保护措施的原则。

【思考与练习】

1. 施工图审查的目的是什么？

2. 施工图审查的要求有哪些？

3. 施工图审查前的准备工作有哪些？

4. 施工图交底的目的是什么？

5. 施工图交底的要求有哪些？

模块2 竣工验收图纸资料交接（Z04F7002Ⅱ）

【模块描述】本模块包含验收检查必须具备的条件、验收评级标准及评级方法、竣工图及资料移交、输电线路施工图、铁塔的结构及识图、地形图的阅读和应用。通过要点介绍、概念介绍、图文结合，熟悉熟悉工程验收评级方法、工程资料移交内容的要求，输电线路工程图纸中的工程术语、名称概念，掌握输电线路工程图纸的识图方法和地形图在输电线路工程中的应用。

【正文】

一、工程竣工验收及评级方法

工程验收包括隐蔽工程验收、施工工序转换的中间验收和工程结束提交投运前的竣工验收。隐蔽工程有基础工程、导地线压接工程、杆塔接地线的接地沟深度、接地线埋深和接地线回填土质量、铁塔底脚螺栓符合设计和紧固情况等。中间验收是工程需要立塔的回填前基础质量验收，基础强度符合设计要求后才能立塔；架线前需对杆塔进行中间验收，校核基础强度满足要求后才能架线工程。

（一）竣工验收必须具备的条件

（1）隐蔽工程和施工工序转换的中间验收均按规定进行，且验收检查出的缺陷已消除，无影响安全运行的缺陷。

（2）工程自检、初验收查出的缺陷已消除，不存在影响安全运行的缺陷。

（3）工程已按设计要求全部架设完毕，并已满足生产运行的要求。施工单位已进行三级自检，监理单位已进行初检，建设单位已进行预检且自检、初检、预检资料齐全、完整。

（4）建设单位已提交预检（预验收）报告，预检提出的缺陷已消除或已落实整改单位，整改单位已制定好施工措施和整改时间要求。

（5）工程建设单位接到施工单位的三级自检报告（包括缺陷记录及在施工中存在的问题）。

（6）工程监理单位已进行初检并出具工程监理报告，监理报告的内容应包括：工程规模、设计质量、施工进度与质量的评价及工程遗留问题等。

（7）有完整的竣工图纸（草图）、设备的技术资料及施工安装记录等技术文件。

（二）竣工验收一般规定

（1）竣工验收是在工程全部完成且经过施工单位、监理单位自检和初检全部结束后实施。竣工验收是对输电线路投运前整体安装质量的最终确认。

（2）竣工验收除应确认工程的施工质量外，尚应包括以下内容。

1）线路走廊障碍物及线路保护区隐患的处理情况。

2）杆塔固定的警示标志。

3）临时接地线的拆除。

4）遗留问题的处理情况。

（3）竣工验收除应验收实物质量外，尚应包括工程技术资料。

（三）验收评级标准及评级方法

本标准将一条或一个标段的架空电力线路工程定为一个单位工程；每个单位工程分为若干个分部工程；每个分部工程分为若干个分项工程；每个分项工程中又分为若干相同单元工程；每个单元工程中有若干检查（检验）项目，具体见表 10–2–1。

检查（验收）项目分为：关键项目、重要项目、一般项目与外观项目。

表 10–2–1　　架空电力线路验收工程类别划分

<table>
<tr><th rowspan="2">单位工程</th><th rowspan="2">分部工程</th><th rowspan="2">分项工程</th><th colspan="2">单元工程</th></tr>
<tr><th>单位</th><th>质量标准和评级要求</th></tr>
<tr><td rowspan="15">架空电力工程</td><td rowspan="3">基础工程</td><td>1. 现浇基础（刚性或板式）</td><td>基</td><td>见表 9–3–3</td></tr>
<tr><td>2. 现浇或装配拉线基础</td><td>基</td><td>见表 9–3–4</td></tr>
<tr><td>3. 灌注桩基础</td><td>基</td><td>见表 9–3–5</td></tr>
<tr><td rowspan="3">杆塔工程</td><td>1. 自立式铁塔组立</td><td>基</td><td>见表 9–1–3</td></tr>
<tr><td>2. 拉线铁塔组立</td><td>基</td><td>见表 9–1–4</td></tr>
<tr><td>3. 混凝土电杆或钢管杆组立</td><td>基</td><td>见表 9–1–5（6）</td></tr>
<tr><td rowspan="4">架线工程</td><td>1. 导地线展放</td><td>km</td><td>见表 9–2–1</td></tr>
<tr><td>2. 导地线连接</td><td>个</td><td>见表 9–2–3</td></tr>
<tr><td>3. 紧线</td><td>耐张段</td><td>见表 9–2–5</td></tr>
<tr><td>4. 附件安装</td><td>基</td><td>见表 9–2–6</td></tr>
<tr><td rowspan="2">接地工程</td><td>1. 表面式接地装置</td><td>基</td><td>见表 9–3–5</td></tr>
<tr><td>2. 深埋式接地装置</td><td>基</td><td>见表 9–3–5</td></tr>
<tr><td>线路护区</td><td></td><td>处</td><td>见表 9–4–9</td></tr>
</table>

1. 验收评级标准

（1）优良级。

1）关键项目必须100%地符合本标准的优良级标准。

2）重要项目、一般项目和外观项目必须100%地达到本标准的合格级标准。

3）全部检查项目中有80%及以上达到优良级标准。

（2）合格级。

1）关键项目、重要项目、外观项目检查中达到优良级标准者不及 80%，但必须100%地达到合格级标准。

2）一般项目中，如有一项未能达到本标准合格级规定，但不影响使用者，可评为合格级。

（3）不合格级：关键项目、重要项目、外观检查项目中有一项或一般检查项目有两项及以上未达到本标准合格级规定者。

2. 验收评级方法

（1）工程验收质量的检验评定工作一般由以下人员参加并负责。

1）业主代表，包括监理工程师或业主委托的运行单位代表。

2）设计单位代表。

3）施工单位代表。

（2）验收评级程序。

1）由施工单位内部进行三级验收，完成后再提交运行单位组织验收评级。评级根据模块 Z04F6002Ⅲ、模块 Z04F6003Ⅲ、模块 Z04F6004Ⅲ、模块 Z04F6005Ⅲ相关要求执行。

2）在项目施工阶段，业主代表（业主委托的监理工程师或运行单位代表）应参加隐蔽工程、单元工程、分部工程和单位工程的检查，并应将该记录反馈到竣工验收评级中。

二、竣工图及资料移交

（1）工程竣工后应移交下列资料。

1）工程施工质量验收记录。

2）修改后的竣工图。

3）设计变更通知单及工程联系单。

4）原材料和器材出厂质量合格证明和试验记录。

5）代用材料清单。

6）工程试验报告和记录。

7）未按设计施工的各项明细表及附图。

8）施工缺陷处理明细表及附图。

9）相关协议书。

10）验收总结报告或验收纪要。

（2）竣工资料的建档、整理、移交，应符合现行国家标准 GB/T 11822《科学技术档案案卷构成的一般要求》的规定。

三、110～750kV 送电线路竣工验收作业指导书

相关表格见表 10–2–2～表 10–2–7。

表 10–2–2　　基 本 条 件

工作任务	330～750kV 输电线路竣工验收	作业指导书编号	
工作条件	无 6 级及以下大风及暴雨、雷电、冰雹、大雾、沙尘暴等恶劣天气	工种	线路运行
设备类型	330～750kV 输电线路		
工作组成员及分工	作业人员：每组至少 2 人，1 人作业，1 人监护。由负责人指派担负相应工作，工作人员必须经培训合格，持证上岗		
作业人员职责	（1）工作负责人：组织并合理分配工作，进行安全教育，督促、监护工作人员遵守安全规程，检查工作票所载安全措施是否正确完备，安全措施是否符合现场实际条件。工作前对工作人员交代安全事项，对整个工程的安全、技术等负责，工作结束后总结经验与不足之处。工作负责（监护）人不得兼做其他工作。 （2）工作班成员：认真努力学习本作业指导书，严格遵守、执行安全工作规程和现场“安全措施卡”，互相关心施工安全		
标准作业时间	依具体工作而定		
制订依据	（1）GB 50233《110kV～500kV 架空电力线路施工及验收规范》。 （2）DL/T 741《架空送电线路运行规程》。 （3）GB 50545《110kV～750kV 架空输电线路设计规范》。 （4）《电力设施保护条例》和《电力设施保护条例实施细则》。 （5）DL/T 5285《输变电工程架空导线及地线液压压接工艺规程》。 （6）《国家电网公司电力安全工作规程》（电力线路部分）。 （7）DL/T 887《杆塔工频接地电阻测量》。 （8）修改后的竣工图。 （9）有关反措文件。 （10）国家电网公司十八项电网重大反事故措施		

表 10–2–3　　所 需 工 具、器 材

序号	名称	规格	单位	数量	备注
1	望远镜		台	1	
2	记录本		本	1	
3	扭矩扳手		把	若干	检测螺栓扭矩值
4	个人工具		套	1 套/人	
5	接地电阻检测仪		套	1	地面人员用

续表

序号	名称	规格	单位	数量	备注
6	个人保安线		根	1根/人	塔上人员用
7	脚扣		副	1	混凝土杆专用
8	安全带		套	1根/人	塔上人员用
9	钢卷尺		把	1	
10	测绳	根据线路等级选用	根	1	
11	安全帽		顶	1顶/人	
12	经纬仪		台	1	测量组用
13	小锄头		把	1	检查接地埋深

表10–2–4 作 业 步 骤

序号	作业要求	质量要求及其监督检查	危险点分析及控制措施
1	接受任务，进行工前准备	（1）验收前，运行专责及有关人员认真学习施工总说明及机电部分施工说明，编制验收措施，向验收人员技术交底，组织验收人员认真学习《验收措施》《110kV～500kV 架空电力线路施工及验收规范》及相关规定，交代工作重点及注意事项。 （2）接受竣工验收工作任务后，每组准备各项工器具	
2	开赴现场	文明安全行车，到达工作现场	
3	全体工作人员听工作负责人介绍工作内容及注意事项	（1）工作前，工作负责人应严格检查安全措施的实施情况，并向工作人员讲解工作任务分配、安全措施、危险点。 （2）在工作地段检查个人保安线。 （3）分小组开始工作	
4	小组到达杆塔位，准备开始登杆塔	（1）检查验收所用工器具是否齐全。 （2）检查登高工器具。 （3）核对线路名称、杆塔号	
5	攀登杆塔	登塔人员在核对线路双重命名、杆塔号后，进行登塔验收，地面人员进行护坡、基础、接地、通道等方面的验收	认清线路名称，以防误登带电设备
6	杆塔上的作业	（1）系好安全带、戴好安全帽。 （2）悬挂个人保安线。 （3）验收检查（小组负责人认真监护，做好记录）。验收内容及工作标准见表10–2–5～表10–2–7	安全带系牢，以防高空坠落。个人保安线连接可靠，防止感应电触电
7	班组工作结束	（1）工作负责人负责清点工作班成员。 （2）工作负责人收回缺陷记录。 （3）返回。 （4）整理缺陷记录，上交运行专工	

表 10-2-5　　杆塔工程验收内容及工作标准

<table>
<tr><th>序号</th><th>内容</th><th colspan="4">标　　准</th><th>说明</th></tr>
<tr><td>1</td><td>螺栓连接是否符合规程要求</td><td colspan="4">螺杆应与构件面垂直，螺栓头平面与构件间不应有间隙；螺母拧紧后，螺杆露出螺母的长度为：单螺母不应小于两个螺距，双螺母可与螺母相平；必须加垫者，每端不宜超过两个垫片；螺栓拧紧是否符合相应规格螺栓拧紧标准值</td><td></td></tr>
<tr><td>2</td><td>螺栓的穿入方向是否符合规定</td><td colspan="4">立体结构：水平方向由内向外；垂直方向由下向上；平面结构：顺线路方向：由送电侧穿入或按统一方向穿入；横线路方向：两侧由内向外，中间由左向右或按统一方向；垂直方向由下向上</td><td></td></tr>
<tr><td>3</td><td>杆塔螺孔扩孔后是否符合要求</td><td colspan="4">扩孔不得超过 3mm。当扩孔需超过 3mm 时，应先堵焊再重新打孔，并应进行防锈处理</td><td></td></tr>
<tr><td>4</td><td>工程移交时，杆塔上是否有固定标志</td><td colspan="4">每基杆塔应有线路名称杆号或代号、安全警示牌和相位标志；高杆塔按设计规定装设航行障碍标志；多回路杆塔横担上有相位、杆号及醒目标识加以区分</td><td></td></tr>
<tr><td rowspan="5">5</td><td rowspan="5">螺栓紧固扭矩是否符合标准</td><td colspan="2">螺栓规格</td><td colspan="2">扭矩值（N·cm）</td><td rowspan="5">每基杆塔抽检不少于 50 颗</td></tr>
<tr><td colspan="2">M12</td><td colspan="2">4000</td></tr>
<tr><td colspan="2">M16</td><td colspan="2">8000</td></tr>
<tr><td colspan="2">M20</td><td colspan="2">10 000</td></tr>
<tr><td colspan="2">M24</td><td colspan="2">25 000</td></tr>
<tr><td>6</td><td>铁塔上是否加装防盗帽、防松卡及警告牌</td><td colspan="4">从塔脚保护帽至塔身××m 高度（具体高度由设计确定）内螺丝加防盗帽；横担下 2m 至塔顶加防松扣母，路边或其他易遭受外力破坏的地方应加装警告牌</td><td>一般从杆塔基准面以上 2 个主材段号采用防盗螺栓</td></tr>
<tr><td>7</td><td>混凝土杆裂纹是否超标</td><td colspan="4">混凝土杆横向裂纹不能超过 0.2mm，长度不超过圆周的 1/2，每米内不得多于 3 条；纵向裂纹宽度不超过 0.1mm，长度不超过 1m；更不得有腐蚀、掉块、钢筋外露现象</td><td>适用于混凝土电杆</td></tr>
<tr><td rowspan="8">8</td><td rowspan="8">杆塔组立及架线后其允许偏差是否符合标准</td><td>电压等级</td><td colspan="2">偏差项目</td><td>允许值</td><td>适用于混凝土电杆</td></tr>
<tr><td rowspan="7">330kV 及以上</td><td colspan="2">混凝土杆结构根开</td><td>±5‰</td><td rowspan="7"></td></tr>
<tr><td colspan="2">混凝土杆结构迈步</td><td>1%</td></tr>
<tr><td colspan="2">双杆横担高差</td><td>3.5‰</td></tr>
<tr><td colspan="2">直线杆结构倾斜</td><td>3‰</td></tr>
<tr><td colspan="2">直线杆结构中心与
中心桩间横线路位移</td><td>50mm</td></tr>
<tr><td colspan="2">转角杆结构中心与
中心桩间横、顺线路位移</td><td>50mm</td></tr>
<tr><td colspan="2">等截面联系塔立柱弯曲</td><td>1.5‰</td></tr>
<tr><td>9</td><td>相邻节点间主材弯曲是否超标</td><td colspan="4">不得超过 1/750</td><td></td></tr>
<tr><td>10</td><td>基础保护帽施工质量是否合格</td><td colspan="4">保护帽的混凝土应与塔角板上部铁板结合紧密，不得有裂纹</td><td>必要时可抽查一基杆塔保护帽进行破坏性检查</td></tr>
</table>

续表

序号	内容	标　　准	说明
11	混凝土杆表面是否有裂纹掉块等现象	预应力混凝土杆及构件不得有纵、横向裂纹；普通混凝土杆不得有纵向裂纹，横向裂纹宽度不得超过 0.1mm	适用于混凝土电杆
12	混凝土杆的钢圈焊接接头是否按规定进行防锈处理	涂刷防锈油漆，使用环氧树脂包裹	适用于混凝土电杆
13	混凝土杆上端是否封堵，排水孔是否畅通	上端应封堵，放水孔应打通	适用于混凝土电杆
14	对混凝土杆的叉梁有何要求	以抱箍连接的叉梁，其上端抱箍组装的允许偏差应为±50mm。分端组合叉梁，组合后应正直，不应有明显的鼓肚、弯曲。横隔梁的组装尺寸允许偏差应为±50mm	适用于混凝土电杆
15	采用楔型线夹连接的拉线安装是否合格	线夹的舌板与拉线接触紧密，线夹的凸肚应在尾线侧；拉线弯曲部分不应有明显的松股，其断头应用镀锌铁丝扎牢，线夹尾线应露出 300～500mm，尾线回头后与本线应采取有效方法扎牢或压牢；同组拉线使用两个线夹时，其线夹尾端的方向应统一	适用于拉线电杆、拉线铁塔
16	拉线采用压接式连接时，其标准是否符合规定	液压：压接后管子不应有肉眼即可看出的扭曲及弯曲现象，有明显弯曲时应校直，校直后不应出现裂缝；压接后，在管子指定部位应有操作人员的钢印	适用于拉线电杆、拉线铁塔
17	拉线调整后是否符合标准	拉线与拉线棒应呈一直线；交叉拉线的交叉点处应留足够的空隙；拉线对地夹角允许偏差为 1°，个别特殊杆塔拉线需超出 1°时应符合设计规定；NUT 型线夹带螺母后螺杆必须露出螺纹并应留有不小于 1/2 螺杆的螺纹长度，并应装设防盗帽；拉线受力应一致。设防盗帽；拉线受力应一致	适用于拉线电杆、拉线铁塔

表 10–2–6　　架线工程验收内容及工作标准

序号	内容	标　　准	说明
1	导地线损伤补修是否符合标准	（1）导线在同一处损伤的程度已超过规定（铝、铝合金单股损伤深度小于直径的 1/2；导线损伤截面积为导电部分截面积的 5%及以下，且强度损失小于 4%），但其强度损失不超过总拉断力的 5%，截面积损伤不超过总导电部分截面积的 7%，处理方法以缠绕或补修预绞丝修理。导线在同一处损伤强度损失已超过总拉断力的 5%，但不足 17%，且截面积损伤也不超过导电部分截面积的 25%时，处理方法以补修管修补。 （2）当有以下情况时需开断重接：① 导线损失的强度或损伤的截面积超过采用补修管补修的规定时；② 连续损伤的截面积或损失的强度都没有超过本规范以补修管补修的规定，但其损伤长度已超过补修管的能补修范围；③ 复合材料的导线钢芯有断股；④ 金钩、破股已使钢芯或内层铝股形成无法修复的永久变形。 （3）钢绞线（19）断 1 股采用补修预绞丝或缠绕处理；钢绞线（7 股）断 1 股、钢绞线（19）断 2 股采用补修管处理；钢绞线（7 股）断 2 股、钢绞线（19）断 3 股及以上采用开断重接处理。	非张力放线

续表

序号	内容	标　准	说明
1	导地线损伤补修是否符合标准	（1）导线外层导线线股有轻微擦伤，其擦伤深度不超过单股直径的 1/4，且截面积损伤不超过导电部分截面积的 2%时，采用砂纸磨光处理；当导线损伤已超过轻微损伤，但在同一处损伤的强度损失尚不超过总拉断力的 8.5%，且损伤截面积不超过导电部分截面积的 12.5%时，采用补修管处理。 （2）当有以下情况时需开断重接：① 强度损失超过保证计算拉断力的 8.5%；② 截面积损伤超过导电部分截面积的 12.5%；③ 损伤的范围超过一个补修管允许补修的范围；④ 钢芯有断股；⑤ 金钩、破股已使钢芯或内层线股形成无法修复的永久变形	张力放线
2	采用缠绕处理后应达到何种标准	缠绕材料应为铝单丝，缠绕应紧密，其中心应位于损伤最严重处，受伤部分应被全部覆盖，长度不得小于 100mm	
3	采用补修预绞丝处理后应达到何种标准	补修预绞丝长度不得小于 3 个节距；补修预绞丝应与导线接触紧密，其中心应位于损伤最严重处，并应将损伤部位全部覆盖	
4	采用补修管补修后应达到何种标准	补修管的中心应位于损伤最严重处，需补修的范围应位于管内各 20mm。当采用液压时，应符合下列标准：压接后管子不应有肉眼即可看出的扭曲及弯曲现象，有明显弯曲时应校直，校直后不应出现裂缝；压接后，在管子指定部位应有操作人员的钢印	
5 。	接续管及耐张线夹压接后是否达到标准要求	（1）飞边、毛刺及表面不超过允许的损伤应磨光。 （2）不允许出现裂缝或穿孔。 （3）弯曲度不得大于 2%，有明显弯曲时应校直，校直后的连接管严禁有裂纹。 （4）压接后锌皮脱落应涂防锈漆。 （5）液压管压接后应呈正六边形，其对边距 S 的允许最大值可根据下式计算 $S=0.866\times0.993D+0.2$ 式中　S——对边距，mm； D——管外径。 三个对边距只允许一个达到最大值，超过规定时应查明原因，割断重接	
6	耐张线夹引流板的连接是否符合标准	（1）耐张引流连板的光洁面必须与引流线夹连板的光洁面接触。 （2）连接面必须涂一层导电脂。 （3）连接螺栓的扭矩须符合产品说明书所列数值	
7	各类管的安装距离是否符合要求	在一个档距内每根导线或避雷线上只允许有一个接续管和三个补修管：① 各类管与耐张线夹间的距离不应小于 15m；② 各类管与悬垂线夹的距离不应小于 5m；③ 各类管与间隔棒的距离不宜小于 0.5m	
8	导、地线的弧垂是否符合规定	跨越通航河流的大跨越档其弧垂允许偏差不应大于±1%，其正偏差值不应超过 1m	
9	导、地线各相间的弧垂是否符合规定	跨越通航河流的大跨越档的相间弧垂最大允许偏差应为 500mm	

续表

序号	内容	标准	说明
10	分裂导线同相子导线的弧垂安装是否符合要求	不安装间隔棒的垂直双分裂导线，同相子导线的弧垂允许偏差为（0～100）mm；安装间隔棒的其他形式分裂导线同相子导线的弧垂偏差220kV为80mm	
11	附件的安装是否符合要求	（1）绝缘子表面应干净，无泥垢。 （2）金具的镀锌层不得有破损、剥落或缺锌。 （3）悬垂线夹安装后，绝缘子串应垂直地面，其顺线路位移不应超过5°，最大偏移值不应超过200mm，连续上下山坡处杆塔上的悬垂线夹的安装位置应符合设计规定。 （4）悬垂串上的弹簧销一律向受电侧穿入。 （5）耐张串上的弹簧销、螺栓及穿钉一律由上向下穿，特殊情况由内向外，由左向右。 （6）分裂导线上的穿钉、螺栓一律由线束外侧向内穿。 （7）当穿入方向与当地运行单位要求不一致时，可按当地运行单位的要求，但应在开工前明确规定。 （8）金具上所用的开口销的直径必须与孔径配合。 （9）铝包带应缠绕紧密，其缠绕方向应与外层铝股的绞制方向一致；所缠铝包带露出线夹口不应超过10mm，其端头应回压于线夹内。 （10）防振锤及阻尼线应与地面垂直，其安装距离偏差不应大于±30mm。 （11）分裂导线的间隔棒的结构面应与导线垂直，各相间隔棒安装位置应相互一致。 （12）引流线应呈近似悬链线状自然下垂，其对杆塔及拉线的电气间隙应符合设计要求。 （13）铝制引流连板及并沟线夹的连接面应平整、光洁，安装应符合下列规定：① 安装前应检查连接面是否平整，耐张线夹引流连板的光洁面必须与引流线夹连板的光洁面接触。② 应用汽油洗擦连接面及导线表面污垢，并应涂上一层电力复合脂。用细钢丝刷清除有电力复合脂的表面氧化膜。③ 保留电力复合脂，并应逐个均匀地拧紧连接螺栓，螺栓的扭矩应符合该产品说明书的要求	

表10–2–7　　基础及接地工程验收内容及工作标准

序号	内容	标准	说明
1	基础防沉层是否符合要求	基础防沉层300～500mm，移交时坑口回填土不应低于地面，接地沟回填后防沉层高度为100～300mm，移交时回填土不得低于地面	
2	接地引下线及接地网安装是否符合要求	接地引下线应与杆塔连接牢固，紧贴杆塔身，铁塔的接地引下线需加可装卸的防盗帽；接地网埋深应符合设计要求	
3	易受水冲刷的地方是否打护坡	对易受水冲刷的杆塔及拉线基础需打护坡	
4	基础表面是否光洁，尺寸是否符合要求	基础表面应光洁平整，无裂纹，无凸凹不平现象，尺寸应符合设计要求	

续表

序号	内容	标　准	说明
5	接地电阻是否达到要求	现场按辅助测量射线的电压极比本杆塔接地线 L 长 20m、电流极要长 40m 检测的电阻值按季节系数换算后的工频接地电阻值应达到设计要求标准	

四、工程图纸的识读

（一）输电线路施工图作用

（1）设计单位根据施工的平、断面图确定杆塔的位置、型号、高度、基础型式、基础施工的基面以及需开方的工作量。

（2）施工图的主要作用是作为施工的技术资料和依据。施工时可根据平断面图确定放线、紧线的位置，观测弧垂的观测档；按照交叉跨越处所的垂直距离，对照现场情况，确定放、紧线过程中应采取的保护措施；对施工中工地布置、运输和器材堆放起明显的指导作用。

（3）根据杆塔基础施工图、杆塔组装图、绝缘子金具组装图以及接地施工图等图纸编制材料加工、供购计划，是编制施工工艺流程、施工组织设计的技术标准和依据。

（4）施工图是线路验收检查的依据，并是线路投运后日常运行的资料和原始依据。

（二）输电线路工程图纸识读目的

（1）有利于施工人员详细了解设计意图，熟悉图纸，了解工程的技术特点，便于施工工艺流程的编制和施工组织设计，便于施工和安装。

（2）有利于运行、检修人员组织新线路的检查、验收。对于已投运线路，通过工程图纸的识读，可以详细了解线路的设计和安装情况，为正确、安全地组织线路运行、检修奠定基础。

（三）输电线路施工图上相关的术语和名称

1. 平、断面图

（1）断面图（即平行线路断面，也称纵断面）。线路断面图包括沿线路中心线的断面地形，杆塔位置及各项地面物的位置、标高、里程、杆塔编号、杆塔型式、弧垂线等。

（2）平面图（也称俯视图）。线路平面图包括线路转角塔的转角度数、转角方向、杆塔位置、档距、里程、耐张段长度、代表档距等线路通道环境情况。

2. 水平档距

两相邻杆塔档距平均值称为水平档距，其作用是计算杆塔水平荷载。

水平档距的计算公式为

$$l_{sh}=\frac{1}{2}(l_1+l_2) \qquad (10\text{–}2\text{–}1)$$

在高差较大时，水平档距的计算公式为

$$l_{sh}=\frac{1}{2}\left(\frac{l_1}{\cos\varphi_1}+\frac{l_2}{\cos\varphi_2}\right) \tag{10-2-2}$$

式中 l_1、l_2——杆塔两侧的档距，m；

φ_1、φ_2——杆塔两侧高差角，（°）。

3. 垂直档距

两相邻杆塔导线弛度最低点之间水平距离称为垂直档距，其作用是用来计算杆塔的垂直荷重。

垂直档距的计算公式为

$$l_{ch}=\frac{1}{2}(l_1+l_2)+\frac{\sigma_0}{\gamma_v}\left(\frac{h_1}{l_1}+\frac{h_2}{l_2}\right) \tag{10-2-3}$$

式中 l_1、l_2——杆塔两侧的档距，m；

h_1、h_2——分别为杆塔两侧的悬挂点高差，m，当邻塔悬挂点低时取正号，反之取负员；

σ_0——耐张段内的电线水平应力，N/mm²，对于耐张塔，应取两侧可能不同的应力，按对应注脚号分开计算垂直档距；

γ_v——电线的垂直比载，N/（m·mm²）。

4. 代表档距

所谓代表档距是将不同的耐张段等效为一个孤立的档距，以简化导线应力的计算。代表档距又称为规律档距。

悬挂点等高时代表档距的计算公式

$$l_d=\sqrt{\frac{l_1^3+l_2^3+l_3^3+\cdots+l_n^3}{l_1+l_2+l_3+\cdots+l_n}}=\sqrt{\frac{\sum l^3}{\sum l}} \tag{10-2-4}$$

悬挂点不等高时代表档距的计算公式

$$l_d=\sqrt{\frac{l_1^3\cos^3\varphi_1+l_2^3\cos^3\varphi_2+l_3^3\cos^3\varphi_3+\cdots+l_n^3\cos^3\varphi_n}{\frac{l_1}{\cos\varphi_1}+\frac{l_2}{\cos\varphi_2}+\frac{l_3}{\cos\varphi_3}+\cdots+\frac{l_n}{\cos\varphi_4}}}=\sqrt{\frac{\sum l^3\cos^3\varphi}{\sum\frac{l}{\cos\varphi}}} \tag{10-2-5}$$

式中 φ_1、φ_2、φ_3、…、φ_n——耐张段内各档的高差角，（°）；

l_1、l_2、l_3、…、l_n——耐张段内各档的档距，m。

5. 耐张段长度

线路正常运行时承受水平拉力的两相邻承力杆塔中心间的水平距离，称为耐张段长度。

6. 档距

两杆塔导线悬挂点间（或杆塔轴线间）的水平距离，称为两杆塔的档距。

7. 应力弧垂曲线

为方便施工计算及线路在运行中的各种机械计算，通常将各个代表档距在各种气象条件下的电线应力及有关弧垂计算出来，绘成随代表档距变化的曲线图，称为电线应力弧垂曲线或电线机械特性曲线。

8. 架线弧垂曲线

为方便导线的施工安装，将各个代表档距在各种气温条件下的电线弧垂计算出来，绘成随代表档距和温度变化的曲线图，称为架线弧垂曲线或架线安装曲线。

（四）输电线路施工图识图的内容

1. 施工图总说明及附图

（1）线路设计说明书。对线路的总体路径、气象区、导、地线、杆塔、基础、绝缘配置、金具选择、接地、设计要点等进行说明。

（2）线路路径图。是在国家测绘部门出版的比例为1/50 000或1/100 000的地形图或复印图上，标出线路的起讫点的位置及中间所经点的位置。在该图上可量出线路的实际大致长度，同时可看出线路走径地形情况。

（3）杆塔一览图。

1）图上绘出了所设计线路的全部杆塔型式，图上可查出不同杆塔型号，各杆塔的设计水平档距、垂直档距、最大使用档距。

2）图上杆塔设计使用的导线、避雷线、气象区；杆塔不同呼称高的根开尺寸和杆塔高度及横担长度。

3）图上尺寸均以mm为单位。

杆塔一览图如图10–2–1所示。

（4）线路进出两端变电站平面图。本图作为接线示意图，没有比例要求，主要绘出线路两侧终端杆塔上的相序排列和变电站进线的相序排列，便于施工时正确安装。

（5）线路相序图。

1）相序图作为示意图，没有比例要求，主要绘出线路上水平排列和垂直排列互相变换时杆塔上的导线相序排列情况，如图10–2–2所示。

2）导线换位示意图。

a. 该图的平面图绘出一条线路的各处换位杆塔号、各换位段的长度和相序排列情况。

b. 该图的立体图绘出各换位处杆塔上的导线相序排列情况。

2. 平断面图及明细表

（1）平断面图（即线路平面图和断面图的复合图）如图10–2–3所示。

杆塔型式						
杆塔名称	330Gu2鼓型直线塔(7727–18)	330KSn伞型跨越塔(7741–42)	330G1干字型转角塔(7732–15)[0°~30°]	330G2干字型转角塔(7732–18)[30°~60°]	330JGu2鼓型转角塔(7736–18)[0°~30°]	330JGu3鼓型转角塔(7737–18)[30°~60°]
水平档距(m) / 垂直档距(m)	400 / 600	600 / 600	350 / 500	350 / 500	350 / 500	350 / 500
呼称高(m)	18	42	15	18	18	18
耗钢量(kg)	3265.8	15 267.1	3456.5	4635.4	6770.8	7932.3
根开(mm) 正面/侧面	4198/2936	10 000/10 000	4975	5545	4820	4840
工程使用数量(基)	1	1	1	1	2	2

杆塔型式				
杆塔名称	1H–SJ2耐张塔		49型转角塔(18m) (30°~60°)	
水平档距(m) / 垂直档距(m)	372	600	400	800
呼称高(m)	18	24	18	
耗钢量(kg)	7731.8	9276.4	4569.73	
根开(mm) 正面/侧面	4595/4595	5600/5600	5260	
工程使用数量(基)	1	1	2	

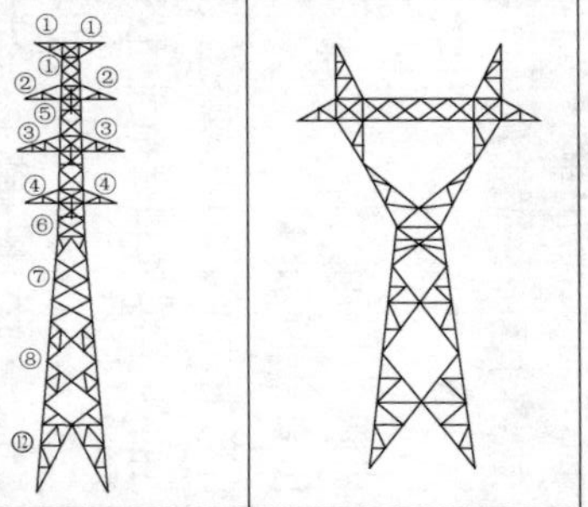

设计条件表

杆塔 / 条件	7727、7711、7732、7736、7737			
电压(kV)	110kV			
导、地线型号	LGJQ–300、GJ–50 LGJQ–150/25、GJ–35			
气象条件				
序号	工况名称	冰厚(mm)	风速(m/s)	气温(℃)
1	低温	0	0	–20
2	大风	0	30	–5
3	年平	0	0	10
4	覆冰	10	10	5
5	高温	0	0	40
6	校验	0	0	15
7	安装	0	10	0
8	外过	0	10	15
9	内过	0	15	10

杆塔统计表（330kV马虢Ⅰ、Ⅱ回线路）

序号	杆塔型号	基数	单基重（kg）	小计（kg）	备注
1	7727–18	1	3265.8	3265.8	
2	7741–42	1	15 267.1	15 267.1	
3	7732–15	1	3456.5	3456.5	
4	7733–18	1	4635.4	4635.4	
5	7736–18	2	6770.8	13 541.6	
6	7737–18	2	7932.3	15 864.6	
7	1HS–J2–24	1	9276.4	9276.4	
合计		9	65 307.4		

杆塔统计表（330kV马门Ⅰ、Ⅱ回线路）

序号	杆塔型号	基数	单基重（kg）	小计（kg）	备注
1	49–18	2	4569.73	9139.46	
2	1H–SJ2–18	1	7731.8	7731.8	
合计		3	16 871.26		

				工程	施工图设计阶段
审批		校核		杆塔一览图	
审定		设计			
审核		制图			
日期		比例		图号	序号 3

图 10–2–1　杆塔一览图

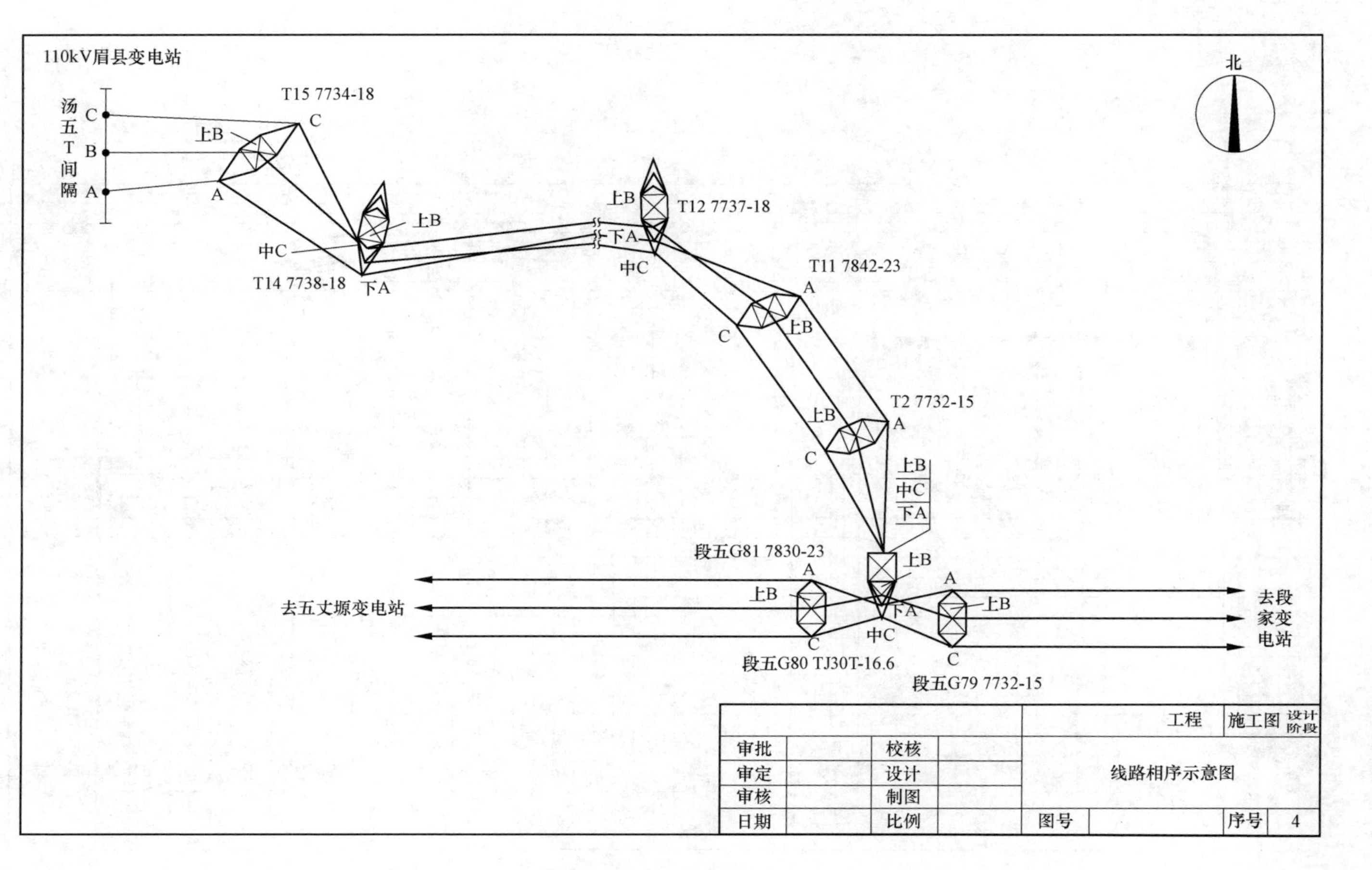

110kV眉县变电站
汤五T间隔
C
B
A
T15 7734-18
上B
T14 7738-18
中C
下A
T12 7737-18
T11 7842-23
T2 7732-15
上B
中C
下A
段五G81 7830-23
段五G80 TJ30T-16.6
段五G79 7732-15
去五丈塬变电站
去段家变电站
北
工程
施工图
设计阶段
审批
审定
审核
日期
校核
设计
制图
比例
线路相序示意图
图号
序号
4

图 10-2-2 线路相序图

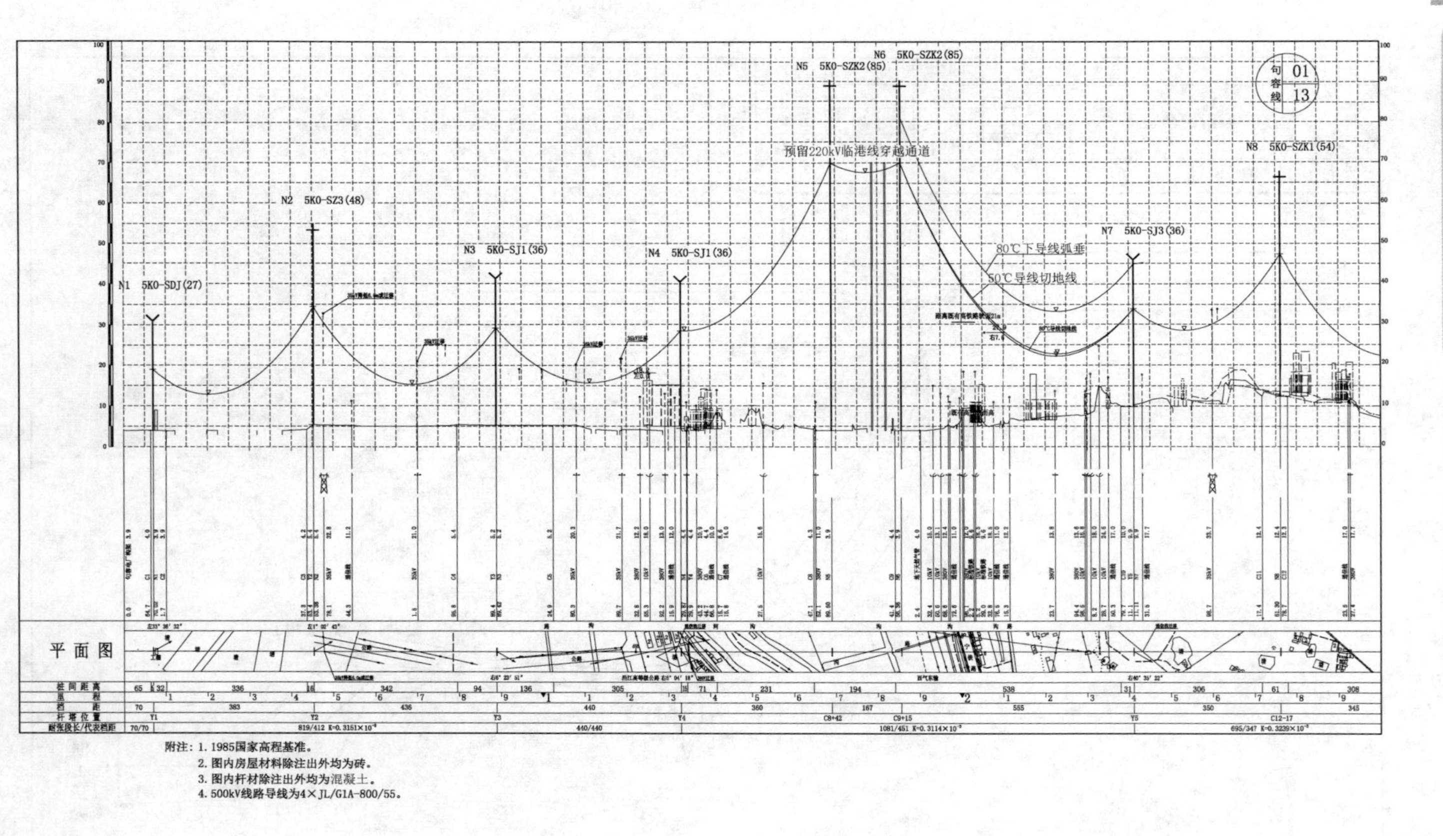
N1 5K0-SDJ(27)
N2 5K0-SZ3(48)
N3 5K0-SJ1(36)
N4 5K0-SJ1(36)
N5 5K0-SZK2(85)
N6 5K0-SZK2(85)
N7 5K0-SJ3(36)
N8 5K0-SZK1(54)
预留220kV临港线穿越通道
80℃下导线弧垂
50℃导线切地线
平面图
附注：1. 1985国家高程基准。
2. 图内房屋材料除注出外均为砖。
3. 图内杆材除注出外均为混凝土。
4. 500kV线路导线为4×JL/G1A-800/55。

图 10-2-3 平断面图

1）断面图（即平行线路断面也称纵断面）。

a. 线路断面图要求严格，有一定的比例要求，一般情况高度比例是 1/500，但因地形或其他原因，设计上也有采用其他比例的情况。断面图在平断面图的上方。

b. 线路断面图包括沿线路中心线的断面地形，杆塔位置及各交叉跨越和地面物的位置、标高、里程、杆塔编号、杆塔型式、弧垂线等。

2）平面图。

a. 线路平面图要求严格，有一定的比例要求，一般情况是 1/2000，但因地形或线路长短原因，设计上也有采用其他比例的情况。平面图在断面图的下方。

b. 平面图包括各种杆塔档距、里程、标高、耐张段长度、代表档距等。平面图还包括沿线路中心线左右两侧各 50m 内，各种跨越物与线路的交叉角度、与线路平行接近的位置，线路中心线附近的各种建筑物位置和接近距离，其他异样地形的位置、范围等情况。

（2）杆塔位明细表。是把线路平面图上的设计、施工运行所需要的各项主要数据，包括耐张段长度、塔位里程、杆塔位桩号、杆塔型式、线路转角、杆塔呼称高、档距、代表档距、杆塔施工基面及长短腿、基础型式、导线及地线绝缘子金具串组合、防振锤、间隔棒等安装方式及使用数量，被跨越物的名称及保护措施，各种杆塔基数，铁塔 ABCD 腿布置情况、横担布置方向及需要统一说明的事项汇集在一起，列成表格，便于设计、施工、运行使用，如图 10–2–4 所示。

3. 机电安装图

（1）导线和避雷线应力特性及架线弧垂曲线图如图 10–2–5 所示。

1）导线和避雷线应力特性曲线反映了导线或避雷线在不同代表档距、不同气象条件下的应力值，其按一定比例绘制在米格纸上，便于施工校核查找和运行维护使用。

2）导线和避雷线架线弧垂曲线图反映了导线或避雷线在不同气温（一般是取线路通过地区的最高气温和最低气温）、不同代表档距条件下的架线弧垂曲线，其按一定比例（每 10℃或 5℃绘一条曲线）绘制在米格纸上，便于导线和避雷线施工时计算观测档弧垂。

3）导线和避雷线应力特性及架线弧垂曲线图在图上还注明了导线或避雷线的比载荷重和观测档弧垂计算公式，便于施工计算。

4）该图纸的横坐标表示代表档距，以 m 为单位；纵坐标表示应力和弧垂，应力以 MPa 为单位，弧垂以 m 为单位。

杆塔（位）明细表　　　　第1页　共0页

设计杆号	测量桩号	杆型代号	杆位移动（m）	施工基面（m）	高低腿（m）	杆位高程（m）	档距（m）	耐张段长（m）	代表档距（m）	转角（° ′）	导线绝缘子串			地线金具串			接地装置		交叉跨越情况（次）									防振锤型号		备注
											型号	数量	防振锤	型号	数量	防振锤	ρ值（Ω·m）	图号	电力线	低压线	通信线	广播线	房屋	公路	河流	机耕地	其他	导线	地线	
G0	J0F	MJ				789.6				0°00′	NDF	3	3X1	DN1	1	1X1	≤300	JD-T												
							81	81	80	右72°26′																		FR-3	FR-2	
G1	J1F	1J-SJ4-18				788.0					NDF NSF3	3 3	3X1 3X1	DN1 DN1	1 1	1X1 1X1	≤300	JD-T										FR-3	FR-2	
							240	748	252																			FR-3	FR-2	
G2	J1F	1J-SZ1-21	+240.2			784.9					XDF	3 0	3X1 3X1	DX1	0	1X1 1X1	≤300	JD-T										FR-3	FR-2	
							279			左72°30′																		FR-3	FR-2	
G3	J2F	1J-SZ1-21	−228.3			783.6					XDF	3 0	3X1 3X1	DX1	0	1X1 1X1	≤300	JD-T										FR-3	FR-2	
							228																					FR-3	FR-2	
G4	J2F	1J-SJ4-18				774.6					NSF3 NSF2	3 3	3X1 3X1	DN1 DN1	1 1	1X1 1X1	≤300	JD-T										FR-3	FR-2	
							253	253	242	左38°49′										1	1							FR-3	FR-2	
G5	J3F	1J-SJ2-21				711.1					NSF1 NSF2	3 3	3X1 3X1	DN1 DN1	1 1	1X1 1X1	≤300	JD-T										FR-3	FR-2	
							180	180	180	左25°47′									3	2	3							FR-3	FR-2	
G6	J4F	1J-SJ2-21				708.0					NSF1 NSF2	3 3	3X1 3X1	DN1 DN1	1 1	1X1 1X1	≤300	JD-T										FR-3	FR-2	
							206	418	209																			FR-3	FR-2	
G7	J4F	1J-SZ1-21	+205.6			705.7				右47°45′	XDF	3 0	3X1 3X1	DX1	0	1X1 1X1	≤300	JD-T										FR-3	FR-2	
							212												1		1							FR-3	FR-2	
G8	J5F	1J-SJ3-18				709.6					NSF3 NSF2	3 3	3X1 3X1	DN1 DN1	1 1	1X1 1X1	≤300	JD-T										FR-3	FR-2	
							188	354	178												1							FR-3	FR-2	
G9	J5F	1J-SZ1-21	+187.6			709.5				0°00′	XDF	3 0	3X1 3X1	DX1	0	1X1 1X1	≤300	JD-T										FR-3	FR-2	
							166												1									FR-3	FR-2	
G10	J5F	1J-SJ2-18	+353.5			709.0					NDF NDF	3 3	3X1 3X2	DN1 DN1	1 1	1X1 1X2	≤300	JD-T										FR-3	FR-2	
							402	402	386	左21°57′									2						1			FR-3	FR-2	
G11	J5-1F	1J-SJ2-24		4.0		603.7					NSF2 NSF1	3 3	3X2 3X2	DN1 DN2	1 1	1X2 1X2	≤300	JD-T										FR-3	FR-2	
							376	376	376	左38°38′																		FR-3	FR-2	
G12	J6F	1J-SJ2-24		4.0		603.5					NSF2 NSF2	3 3	3X2 3X1	DN2 DN2	1 1	1X2 1X2	≤300	JD-T										FR-3	FR-2	
							303	562	284																			FR-3	FR-2	

审批		校核		工程	设计阶段
审定		设计		杆塔明细表	
审核		制图			
日期		比例		图号	序号

图 10-2-4 杆塔位明细图

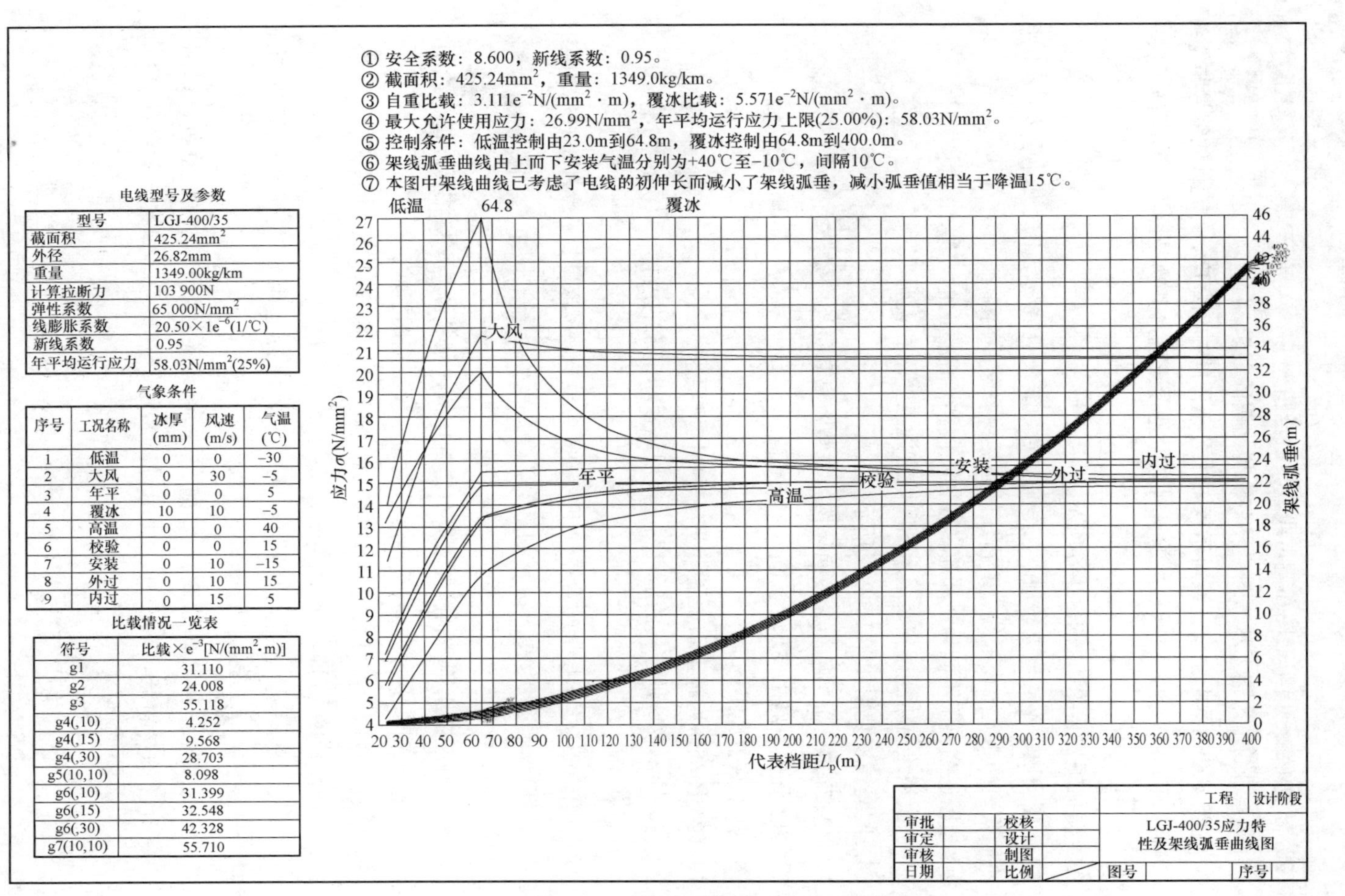

电线型号及参数

型号	LGJ-400/35
截面积	425.24mm²
外径	26.82mm
重量	1349.00kg/km
计算拉断力	103 900N
弹性系数	65 000N/mm²
线膨胀系数	20.50×1e⁻⁶(1/℃)
新线系数	0.95
年平均运行应力	58.03N/mm²(25%)

气象条件

序号	工况名称	冰厚(mm)	风速(m/s)	气温(℃)
1	低温	0	0	−30
2	大风	0	30	−5
3	年平	0	0	5
4	覆冰	10	10	−5
5	高温	0	0	40
6	校验	0	0	15
7	安装	0	10	−15
8	外过	0	10	15
9	内过	0	15	5

比载情况一览表

符号	比载×e⁻³[N/(mm²·m)]
g1	31.110
g2	24.008
g3	55.118
g4(,10)	4.252
g4(,15)	9.568
g4(,30)	28.703
g5(10,10)	8.098
g6(,10)	31.399
g6(,15)	32.548
g6(,30)	42.328
g7(10,10)	55.710

图 10–2–5　导线和避雷线应力特性及架线弧垂曲线图

（2）导线绝缘子串组合图和避雷线金具组合图。

1）这类图纸作为施工示意图，没有绘制比例的要求。

2）这类图纸识图中主要是核对示意图中各元件的排列顺序、各元件的编号与绝缘子组合顺序表是否一致，材料表中的材料型号是否正确，其次是图纸上附有施工要求和说明。

（3）防振锤安装图如图 10–2–6 所示。

1）该图列出了不同气象条件下，不同型号导线及避雷线在不同设计应力、不同风速、不同代表档距范围内导线、避雷线的防振锤安装距离。

2）该图还列出了不同导线和避雷线在不同档距范围时的安装个数。

3）图上还绘出防振锤安装示意图和附有施工要求和说明。

（4）间隔棒安装图如图 10–2–7 所示。

1）该图列出了不同档距导线间隔棒的安装距离和每档的安装个数。

2）图上还附有施工要求。

（5）接地装置施工图。

1）这类图纸作为施工示意图，没有绘制比例要求。

2）图上绘出了接地连接的示意图、所用结板和钢筋的尺寸（以 mm 为单位）、数量、安装要求。

3）这类图纸还绘出接地装置在地下埋设的方位、埋设深度、长度和埋设后的接地电阻值。其埋设深度和长度均以 m 为单位。

4. 杆塔施工图

（1）杆塔施工图绘制按制图要求有一定的比例，其制图是严格按标准进行绘制。

（2）杆塔施工图由杆塔型式单线示意图和分段结构图组成。

（3）单线示意图上有杆塔的设计参数、气象条件、荷重图，杆塔根开尺寸、基础作用力、地脚螺栓的直径和地脚螺栓安装间距。

（4）单线示意图标出杆塔分段长度、呼称高、塔头尺寸，杆塔材料汇总表列出使用材料名称、钢材号、规格、数量和质量等。

（5）分段结构图按比例绘制杆塔正面、侧面组装图，横担的正面和俯视图，并标出各分段的材料表，表中列出使用材料名称、钢材号、规格、数量和分段质量等。

（6）图上尺寸均以 mm 为单位。

防振锤安装距离										
气象区	导线及避雷线牌号	设计应力（kg/mm²）	风速（m/s）	安装距离 s（m）						
				l_0 100～150	l_0 151～200	l_0 201～250	l_0 251～300	l_0 301～400	l_0 401～600	l_0 601～800
气Ⅰ	LGJ-50/8	10.8	25	0.62	0.65	0.65	0.65	0.65	0.65	
			30	0.60	0.60	0.60	0.59	0.59	0.59	
	LGJ-70/10	10.8	25	0.75	0.80	0.81	0.81	0.81	0.82	
			30	0.74	0.75	0.75	0.75	0.75	0.75	
	LGJ-95/20	11.4	25	0.93	0.98	1.00	1.00	1.00	1.06	1.06
			30	0.93	0.98	1.00	1.00	1.00	1.00	1.00
	LGJ-120/25	10.9	25	0.95	0.99	1.04	1.06	1.08	1.10	1.10
			30	0.96	1.00	1.03	1.04	1.04	1.04	1.05
	LGJ-150/25	11.2	25	1.05	1.10	1.14	1.17	1.20	1.22	1.24
			30	1.05	1.10	1.14	1.17	1.20	1.22	1.22
	LGJ-185/30	11.9		1.16	1.22	1.26	1.29	1.32	1.35	1.38
	LGJ-240/40	11.3		1.33	1.40	1.45	1.48	1.51	1.55	1.58
	LGJ-300/40	9.88		1.38	1.47	1.52	1.56	1.59	1.63	1.66
			25							
	GJ-35	32	30	0.58	0.59	0.59	0.59	0.58	0.57	0.57
	GJ-35	34		0.60	0.61	0.61	0.61	0.60	0.59	0.59
	GJ-50	32		0.67	0.68	0.69	0.69	0.69	0.68	0.68
	GJ-50	34		0.70	0.71	0.72	0.72	0.71	0.71	0.70
气Ⅲ	LGJ-50/8	10.8	30	0.52	0.50	0.49	0.49	0.48	0.48	
	LGJ-70/10	10.8		0.66	0.65	0.64	0.64	0.63	0.63	
	LGJ-95/20	11.4		0.88	0.90	0.88	0.87	0.86	0.86	0.85
	LGJ-120/25	10.9		0.90	0.93	0.93	0.92	0.92	0.91	0.91
	LGJ-150/25	11.2		0.99	1.06	1.06	1.06	1.05	1.04	1.04
	LGJ-185/30	11.9		1.12	1.19	1.24	1.25	1.25	1.24	1.23
	LGJ-240/40	11.3		1.27	1.37	1.42	1.44	1.44	1.44	1.44
	LGJ-300/40	9.88		1.38	1.50	1.50	1.53	1.53	1.54	1.54
	GJ-35	32		0.55	0.53	0.50	0.48	0.47	0.45	0.44
	GJ-35	34		0.57	0.56	0.53	0.50	0.49	0.47	0.46
	GJ-50	32		0.64	0.64	0.61	0.59	0.58	0.56	0.55
	GJ-50	34		0.67	0.67	0.65	0.62	0.60	0.58	0.57

防振锤安装个数							
导线及避雷线牌号	l <300	l 301～450	l 451～600	l 601～700	l 701～800	l 801～1000	型号
LGJ-50/8	1	2	2	3			FD-1
LGJ-70/10	1	2	2	3	3		FD-2
LGJ-95/20	1	1	2	2	3	3	FD-2
LGJ-120/25	1	1	2	2	3	3	FD-3
LGJ-150/25	1	1	2	2	3	3	FD-3
LGJ-185/30	1	1	2	2	3	3	FD-4
LGJ-240/40	1	1	2	2	3	3	FD-4
LGJ-300/40	1	301～400 1	401～600 2	2	3	3	FD-5
GJ-35	1	2	2	3	3	3	FG-35
GJ-50	1	2	2	3	3	3	FG-50

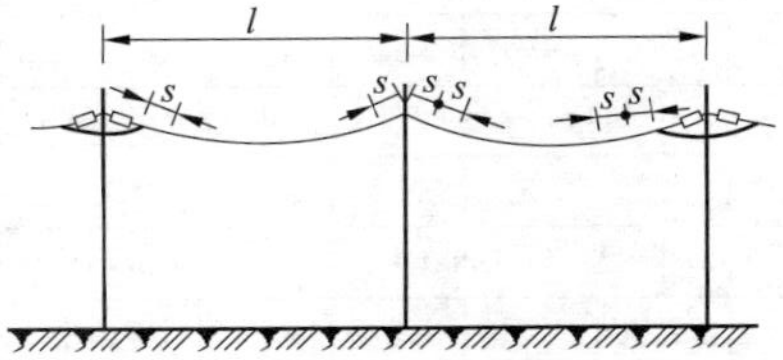

附注：

1. 防振锤安装距离直线杆塔是从悬垂线夹中心到防振锤中心，耐张转角杆塔是从耐张转动中心到防振锤中心。
2. 防振锤安装个数是指档距一端一根线上的防振锤个数。
3. 在非开阔地带，档距小于120m时不装防振锤。
4. 导线上装防振锤处在线上应缠铝包带。
5. 防振锤安装个数若为2个或3个时，其安装距离相同。
6. l_0—代表档距（m），l—实际档距（m）。
7. 安装表按以下气象条件计算：气Ⅰ+40℃–20℃，气Ⅲ+40℃–30℃。

l　l　s　s　s　s　s　s

防振锤安装示意图

				定型工程	设计阶段	
审批		校核		防振锤安装表		
审定		设计				
审核		制图				
日期		比例		图号	20008200–030902–42	月　日

图 10–2–6　防振锤安装图

档距（m）	间隔棒个数 N	平均次档距 S=L/N	次档距间距分配																
≤40	0		≤40																
41～66	1	L	0.6S	0.4S															
67～132	2	L/2	0.6S	S	0.4S														
133～198	3	L/3	0.65S	1.05S	0.8S	0.5S													
199～264	4	L/4	0.6S	S	0.85S	S	0.55S												
265～330	5	L/5	0.6S	S	0.8S	1.05S	S	0.55S											
331～396	6	L/6	0.6S	S	0.9S	1.1S	0.85S	S	0.55S										
397～462	7	L/7	0.6S	S	0.9S	1.1S	S	0.85S	S	0.55S									
463～528	8	L/8	0.6S	S	0.9S	1.1S	0.9S	1.1S	0.85S	S	0.55S								
529～594	9	L/9	0.6S	S	0.9S	1.1S	0.9S	1.1S	S	0.85S	S	0.55S							
595～660	10	L/10	0.6S	S	0.9S	1.1S	0.9S	1.1S	0.9S	1.1S	0.85S	S	0.55S						
661～726	11	L/11	0.6S	S	0.9S	1.1S	0.9S	1.1S	0.9S	1.1S	S	0.85S	S	0.55S					
727～792	12	L/12	0.6S	S	0.9S	1.1S	0.9S	1.1S	0.9S	1.1S	0.9S	1.1S	0.85S	S	0.55S				
793～858	13	L/13	S	0.6	S	0.9S	1.1S	0.9S	1.1S	0.9S	1.1S	0.9S	1.1S	S	0.85S	S	0.55S		
859～924	14	L/14	0.6S	S	0.9S	1.1S	0.9S	1.1S	0.9S	1.1S	0.9S	1.1S	0.9S	1.1S	0.85S	S	0.55S		
925～990	15	L/15	0.6S	S	0.9S	1.1S	0.9S	1.1S	0.9S	1.1S	0.9S	1.1S	0.9S	1.1S	S	0.85S	S	0.55S	
991～1056	16	L/16	0.6S	S	0.9S	1.1S	0.9S	1.1S	0.9S	1.1S	0.9S	1.1S	0.9S	1.1S	0.9S	1.1S	0.85S	S	0.55S

注：1. 次档距分配依上表计算，按四舍五入，取 m 为单位，分配完档距。

2. 举例说明 L=360，按表每相各装6个阻尼间隔棒，平均次档距 $S=L/N$=360/6=60m，次档距分配按计算为：36、60、54、66、51、60、33。

电力设计院		送电线路		工程	施工图
审批		校核		阻尼间隔棒安装表	
审定		设计			
审核		制图			
日期		比例		图号	

图 10-2-7 间隔棒安装图

5. 基础施工图

（1）基础施工图绘制按设计要求有一定的比例，其制图需严格按标准进行绘制。

（2）基础施工图的基础断面图（也称基础立面图），其图标出基础高度、立柱宽度、底板宽度，同时绘出立柱主筋与箍筋的安放间距、底板网筋的数量和安放间距，绘出地脚螺栓安放位置。

（3）基础施工图的基础俯视图（也称基础平面图），图上标出基础底板尺寸、立柱尺寸、地脚螺栓安放间距、底板网筋、角筋布置情况。

（4）立柱俯视图绘出立柱尺寸、立柱主筋安放位置、地脚螺栓安放位置，内外箍筋安放情况，同时标出主筋、外箍筋与立柱边缘的尺寸。

（5）基础施工图上标出整基塔基础施工示意图，并标出不同呼称高基础根开尺寸。

（6）施工图上标出一个基础的材料表，表中列出不同部位材料名称、使用规格、钢筋材料成型简图及尺寸、长度、数量、质量和混凝土等级、体积等。

（7）图上标注施工要求和说明。

（8）图上尺寸均以 mm 为单位。

基础施工图如图 10–2–8 所示。

6. 通信保护施工图

（1）这类图上标出所跨越的弱电通信线的抗干扰保护改造的施工示意，没有比例要求。

（2）图上对改造的要求和施工说明。

通信保护施工图如图 10–2–9 所示。

五、施工图识图要点

（1）识读施工图应先查看施工图目录，根据目录选看所需图纸。

（2）识读施工图应先看整体图后看局部图，先看文字说明后看图样，先看基本图后看详图，先看图形后看尺寸等依次仔细阅读，并应注意各图样之间的相互关系。

（3）由于施工图种类较多，识图时必须注意每张图纸上的直径、长度、深度、高度等使用单位，以免应用错误。

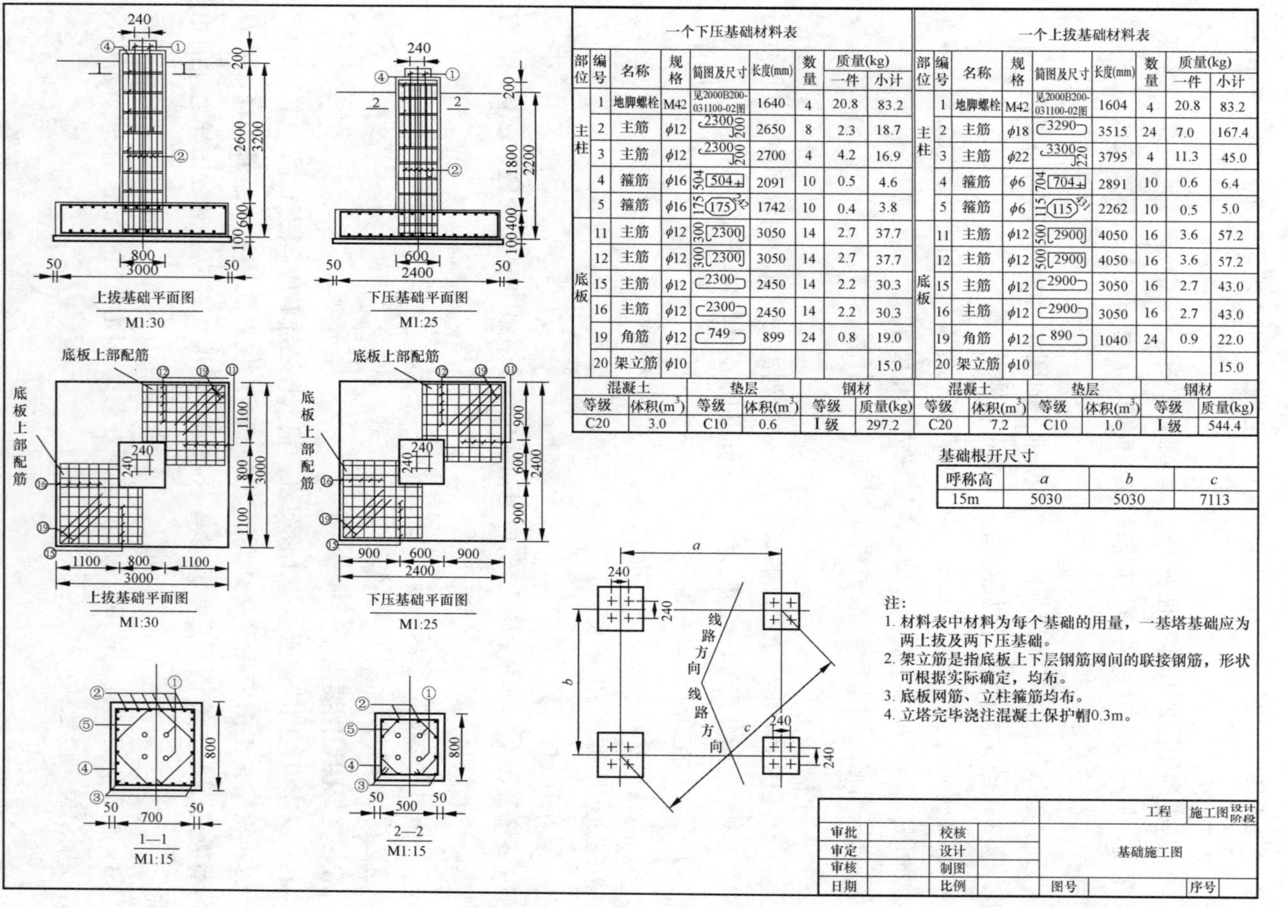

一个下压基础材料表

部位	编号	名称	规格	简图及尺寸	长度(mm)	数量	质量(kg) 一件	质量(kg) 小计
主柱	1	地脚螺栓	M42	见2000B200-031100-02图	1640	4	20.8	83.2
主柱	2	主筋	φ12	2300 200	2650	8	2.3	18.7
主柱	3	主筋	φ12	2300 200	2700	4	4.2	16.9
	4	箍筋	φ16	504 504	2091	10	0.5	4.6
	5	箍筋	φ16	175 175	1742	10	0.4	3.8
底板	11	主筋	φ12	300 2300	3050	14	2.7	37.7
底板	12	主筋	φ12	300 2300	3050	14	2.7	37.7
底板	15	主筋	φ12	2300	2450	14	2.2	30.3
底板	16	主筋	φ12	2300	2450	14	2.2	30.3
	19	角筋	φ12	749	899	24	0.8	19.0
	20	架立筋	φ10					15.0

混凝土 等级	混凝土 体积(m³)	垫层 等级	垫层 体积(m³)	钢材 等级	钢材 质量(kg)
C20	3.0	C10	0.6	I级	297.2

一个上拔基础材料表

部位	编号	名称	规格	简图及尺寸	长度(mm)	数量	质量(kg) 一件	质量(kg) 小计
	1	地脚螺栓	M42	见2000B200-031100-02图	1604	4	20.8	83.2
主柱	2	主筋	φ18	3290	3515	24	7.0	167.4
主柱	3	主筋	φ22	3300 220	3795	4	11.3	45.0
	4	箍筋	φ6	704 704	2891	10	0.6	6.4
	5	箍筋	φ6	115 115	2262	10	0.5	5.0
	11	主筋	φ12	500 2900	4050	16	3.6	57.2
	12	主筋	φ12	500 2900	4050	16	3.6	57.2
底板	15	主筋	φ12	2900	3050	16	2.7	43.0
底板	16	主筋	φ12	2900	3050	16	2.7	43.0
	19	角筋	φ12	890	1040	24	0.9	22.0
	20	架立筋	φ10					15.0

混凝土 等级	混凝土 体积(m³)	垫层 等级	垫层 体积(m³)	钢材 等级	钢材 质量(kg)
C20	7.2	C10	1.0	I级	544.4

基础根开尺寸

呼称高	a	b	c
15m	5030	5030	7113

图 10-2-8 基础施工图

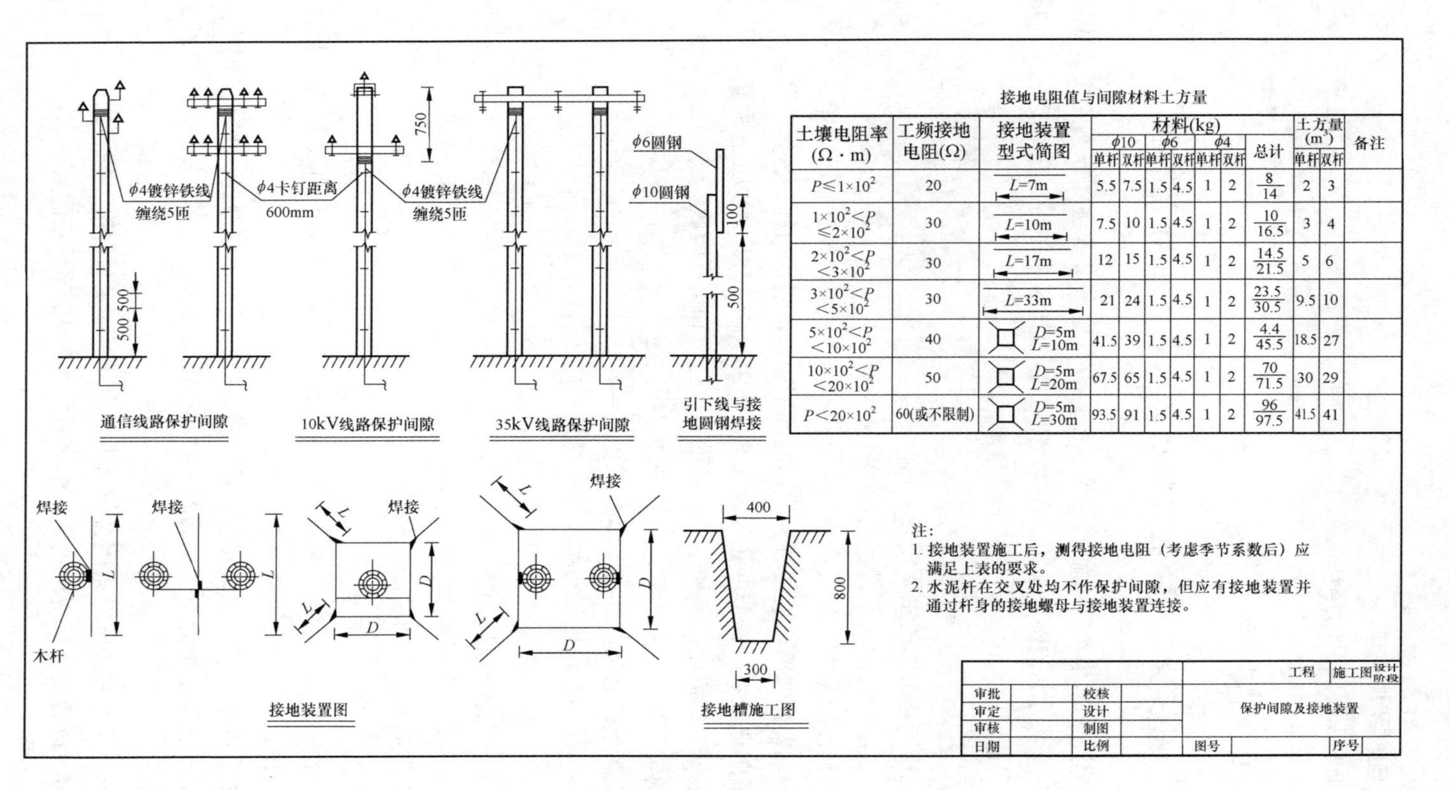

接地电阻值与间隙材料土方量

土壤电阻率(Ω·m)	工频接地电阻(Ω)	接地装置型式简图	材料(kg) φ10 单杆	φ10 双杆	φ6 单杆	φ6 双杆	φ4 单杆	φ4 双杆	总计	土方量(m^3) 单杆	双杆	备注
$P \leq 1\times10^2$	20	L=7m	5.5	7.5	1.5	4.5	1	2	8/14	2	3	
$1\times10^2 < P \leq 2\times10^2$	30	L=10m	7.5	10	1.5	4.5	1	2	10/16.5	3	4	
$2\times10^2 < P < 3\times10^2$	30	L=17m	12	15	1.5	4.5	1	2	14.5/21.5	5	6	
$3\times10^2 < P < 5\times10^2$	30	L=33m	21	24	1.5	4.5	1	2	23.5/30.5	9.5	10	
$5\times10^2 < P < 10\times10^2$	40	D=5m L=10m	41.5	39	1.5	4.5	1	2	4.4/45.5	18.5	27	
$10\times10^2 < P < 20\times10^2$	50	D=5m L=20m	67.5	65	1.5	4.5	1	2	70/71.5	30	29	
$P < 20\times10^2$	60(或不限制)	D=5m L=30m	93.5	91	1.5	4.5	1	2	96/97.5	41.5	41	

图 10-2-9　通信保护施工图

【思考与练习】

1. 施工图识图的目的是什么？

2. 施工图的作用有哪些？

3. 施工图的识图要点有哪些？

模块3 输电线路生产准备（Z04F7003Ⅲ）

【模块描述】本模块包含输电线路新投运设备生产准备实施方案的相关内容，通过典型生产准备方案范例的学习，使学员针对新投运设备能编写出可行的生产准备实施方案。

【正文】

一、生产准备工作的主要任务

（1）确定组织机构的设置及人员配备方案。

（2）参加新建输电工程项目的初步设计审查、线路路径选择等工作。

（3）参加新建线路主要装置性材料的选型工作，包括招标、评标工作。

（4）适时选派生产骨干进驻工程现场，跟踪了解工程进度和工程质量。

（5）根据工程需要，参加主要设备的入厂监造和出厂验收。

（6）制定各类生产人员的培训计划并组织实施。

（7）配备生产必需的各类工器具和备品备件。

（8）制定现场运行规程和有关生产管理制度。

（9）参加工程的阶段验收和竣工验收。

（10）参加工程的启动试运行工作。

（11）工程资料的接收和归档工作。

二、生产准备工作的具体要求

1. 组织机构及人员配备

（1）新建线路的组织机构设置应符合精简高效的要求。部门和班组的设置应合理，各职能部门和生产班组应有清晰的职责分工。

（2）生产单位应在新建线路投运前一年完成其组织机构的建立及人员配备工作，负责各项生产准备工作的组织和实施，并明确检修负责单位和人员参与生产准备的有关工作。

（3）新建线路应按国家电网公司《供电企业劳动定员标准》核定生产运行定员人数。及时熟悉设备，进行现场培训，配合做好各项生产准备工作。

2. 相关环节人员要求

生产单位应选派具有一定工作经验和专业技术水平的人员参加线路路径选择、初步设计审查和设备招标、评标工作。

3. 工程建设过程中的质量跟踪与工作配合

（1）工程建设单位应根据工程进度提前向生产单位提供一套完整的施工图纸、设计变更文件、设备说明书等设计技术资料，以便生产准备人员及时了解工程施工情况和设备性能。

（2）生产单位要参与施工图纸设计交底，提出改进意见。

（3）工程建设单位应提前向生产单位提供工程施工进度计划，以方便生产单位适时介入，进行各项生产准备工作或有关配合工作。

（4）生产单位应主动向施工单位和监理公司了解工程实际进度，及时参与配合输电线路的终勘、定位、基础工程、杆塔组立、架线施工等主要环节的工作。

（5）在工程建设的各主要阶段和主要环节，生产单位均应派人到现场，跟踪了解工程建设的质量情况，对施工过程中发生的质量问题应做好记录，及时提请监理单位注意，同时向项目建设单位反映，必要时向省公司生产运营部报告。

4. 工程的竣工验收和启动试运行

（1）生产单位应按《110kV 及以上送变电工程启动及竣工验收规程》的规定，认真做好工程的竣工验收和启动试运行工作。

（2）输电工程建设完工后，由工程建设单位组织监理单位、设计单位、施工单位和生产运行单位对工程进行预验收。对验收中发现的问题，生产单位应及时提请工程建设单位组织监理、设计、施工单位处理。对有争议的问题，由各单位协商解决。

（3）工程预验收中发现的问题组织消缺完毕后，工程建设单位、监理单位、施工单位和设计单位应配合生产单位对工程进行交接验收。

（4）生产单位应及时组织生产技术管理部门、输电线路生产管理部门、项目管理部门、施工部门关人员对工程进行交接验收，要制定全面、具体的交接验收大纲，分组进行验收；要对出厂资料、试验资料、图纸、现场设备、备品备件、工器具等进行全面验收，不留死角，全部验收合格后办理交接手续。对验收中发现的问题，提请工程建设单位组织有关单位及时处理。

（5）生产单位、施工部门应根据启动验收委员会要求，做好操作、抢修和通信保障工作。

（6）生产单位应参加验收大纲的编制和审定工作，并参与调试方案审核。在启动前，生产单位应组织运行人员对启动方案进行学习。

（7）启动投运后，工程建设单位应将竣工图纸、试验报告等有关工程档案资料在三个月内移交生产单位归档。

5. 规程和制度

（1）生产单位应按规定制订和配齐必要的生产管理制度、有关调度规程、现场运行规程及运行台账、记录等。输电线路投运前，线路运行单位应配备下列规程、制度。

1）电力安全工作规程（电力线路部分）。

2）电力安全工作规程（热力机械部分）。

3）电业生产事故调查规程。

4）110～500kV架空送电线路设计规程。

5）110～500kV架空送电线路施工及验收规范。

6）交流电气装置的过电压保护和绝缘配合。

7）交流电气装置的接地。

8）电力设施保护条例及实施细则。

9）架空送电线路专业生产工作管理制度。

10）带电作业技术管理制度。

11）电业生产人员培训制度。

12）架空送电线路运行规程。

13）现场规程。

（2）新建线路的现场运行规程的制订和审批工作，必须在工程投运前一个月完成。现场运行规程应由生产技术管理部门组织编写，并组织检修、调度、安装调试等单位有关人员会审后交本单位主管生产的领导或总工程师批准颁发执行。

（3）调度单位应会同生产单位在投运前完成变电站和线路的命名及变电站设备的命名编号工作，需要上级调度部门下达或批复的，及早提请下达或批复。生产运行部门应确保在投运前及时完成有关标志牌、警示牌的制作和挂牌工作，并要核对正确，确保无错误及遗漏。

6. 人员培训

（1）生产单位应制订系统的培训计划并认真组织实施。工程启动试运行前必须完成生产运行维护人员的上岗培训和考核工作。

（2）生产单位在安排生产人员培训时，根据需要，可专门集中一段时间，进行业务技术培训和政治思想教育，包括劳动纪律教育、安全教育、法制教育和职业道德教育。

（3）对采用新设备、新技术的输电工程，生产单位应有重点地组织有关生产人员集中培训和学习，邀请工程技术人员或厂方讲课，熟悉设备的结构、原理和技术性能，以及安装调试方法与运行、检修要求。对重点岗位、重点专业应结合工程情况择优选派骨干人员到制造厂家接受专业技术培训。工程建设单位应在设备采购合同中明确供货商的培训责任和方式等内容。

7. 备品备件和工器具

（1）生产单位应在工程建设过程中及时接收和保管好建设单位移交的专用工器具及备品备件，填写好移交清单，并按要求妥善保管。各备件清单上必须有规格、应用主设备等详细内容，以方便今后调用。

（2）工程启动试运行前，生产单位必须配备足够数量的备品备件和必需的工器具。

（3）检修和试验用工器具，原则上按规定从生产准备费中列支解决，不足部分可视工程具体情况由生产单位筹措费用配置。

三、生产准备费用的使用和管理

（1）新建输变电工程按有关规定计列生产准备费，主要用于职工宿舍及室外工程、生活福利工程征地，运行维护、检修工器具和试验仪器、仪表的购置，车辆的购置，办公、生产及生活家具购置，生产职工培训及提前进场，标示牌制作和安装等生产准备项目。

（2）生产准备费由生产单位按规定的内容使用，不得挪作他用。

四、输变电工程生产准备验收规范表

输变电工程生产准备验收规范表（线路部分）见表10–3–1。

表10–3–1　　输变电工程生产准备验收规范表（线路部分）

<table>
<tr><th>序号</th><th>工序</th><th>检验项目</th><th>标　准</th><th>验收结论</th></tr>
<tr><td>1</td><td rowspan="6">公共部分</td><td>人员配备、培训</td><td>配备了人员并培训、考试合格，有记录</td><td></td></tr>
<tr><td>2</td><td>设备台账</td><td>齐全、参数准确、单元划分正确</td><td></td></tr>
<tr><td>3</td><td>图纸资料等</td><td>齐全</td><td></td></tr>
<tr><td>4</td><td>设备投运前评价</td><td>评价准确、符合投运要求</td><td></td></tr>
<tr><td>5</td><td>现场运行规程</td><td>内容齐全正确，并经审核、总工程师批准</td><td></td></tr>
<tr><td>6</td><td>设备备品、备件</td><td>台账详细、摆放整齐</td><td></td></tr>
<tr><td>7</td><td rowspan="6">线路部分</td><td>杆塔杆号牌</td><td rowspan="4">齐全、准确，位置正确、规范</td><td></td></tr>
<tr><td>8</td><td>线路相位牌</td><td></td></tr>
<tr><td>9</td><td>线路色标牌</td><td></td></tr>
<tr><td>10</td><td>线路安全警示牌</td><td></td></tr>
<tr><td>11</td><td>安全工器具</td><td>设施器具齐全、检测合格，数量充足、放置位置正确、整齐</td><td></td></tr>
<tr><td>12</td><td>生产工器具</td><td>合格、齐全、充足、摆放整齐</td><td></td></tr>
</table>

续表

序号	工序	检验项目	标　准	验收结论
13	线路部分	巡视路线标志	科学合理、醒目	
14		安全警示牌	限高、安全距离、禁止烟火等警示	
15		办公、通信、MIS设备	齐全、完善、畅通	
总体评价				
整改意见				
验收结论				

【思考与练习】

1. 生产准备工作的主要任务是什么？
2. 新建变线路的现场运行规程的制订和审批工作的时间有什么要求？
3. 运行人员需要进行哪些培训？